LaborPraxis

Dr.-Ing. Dipl.-Chem. Jürgen Böcker

Spektroskopie

Instrumentelle Analytik
mit Atom- und Molekülspektrometrie

Vogel Buchverlag

Dr.-Ing. Dipl.-Chem. Jürgen Böcker
Jahrgang 1949, studierte Chemie an der Universität Hamburg. Am Fraunhofer-Institut für Produktionstechnik und Automatisierung (IPA) in Stuttgart baute er unter der Leitung von Prof. Dr.-Ing. H.-J. Warnecke ein instrumentelles Analysenlabor für die Oberflächentechnik. Promovierung zum Dr.-Ing. der Fakultät Fertigungstechnik.
1985 Wechsel in die Industrie. Derzeit zuständig für die Wissenschaftsbeziehungen der IBM zu den deutschen Hochschulen und Universitäten und Leitung des Dozentenprogramms der IBM.

Die Deutsche Bibliothek – CIP-Einheitsaufnahme

Böcker, Jürgen:

Spektroskopie : instrumentelle Analytik mit Atom- und Molekülspektrometrie /

Jürgen Böcker. – 1. Aufl. – Würzburg : Vogel, 1997

(LaborPraxis)

ISBN 3-8023-1581-2

ISBN 3-8023-1581-2
1. Auflage. 1997

Umschlaggrafik: Michael M. Kappenstein, Frankfurt
Herstellung: ProduServ GmbH Verlagsservice, Berlin

Geleitwort

Die instrumentelle Analytik hat infolge der Fortschritte in der Meßtechnik allgemein und insbesondere auch in der Mikroelektronik in den letzten zehn bis zwanzig Jahren eine sehr rasche Fortentwicklung erfahren und einen hohen Leistungsstand erreicht. Mit diesen Entwicklungen sind auch die Anforderungen an den Kenntnisstand des Benutzers, des Analytikers als Anwender der Analysenmethoden und -techniken gestiegen. Ein optimaler, d.h. auch problem- und praxisorientierter, Einsatz von spektroskopischen Methoden nach dem Stand der Analysentechnik ist daher nur möglich, wenn dem Anwender die methodischen Grundlagen, die gerätetechnischen Möglichkeiten und auch die Grenzen der eingesetzten Analysengeräte bzw. Analysensysteme bekannt sind.

Herr Dr. JÜRGEN BÖCKER hat als Industrieanalytiker und langjähriger Lehrbeauftragter an einer Fachhochschule in seinem Buch, das die heute wichtigsten und am verbreitetsten Methoden der Spektrometrie behandelt, dafür das Grundlagenwissen bereitgestellt. Das Buch vermittelt den neuesten Stand von Methodik und Analysentechnik - sowohl die wichtigsten theoretischen Grundlagen als auch die analysen- und gerätetechnischen Details – in einer sehr verständlichen und praxisorientierten Form. Jedes Kapitel führt den Leser von den physikalischen Grundlagen bis zu den Details der analytischen Praxis. In seiner kritischen Darstellung der Vor- und Nachteile sowie der Grenzen von Methoden und Gerätetechniken fördert dieses Buch den verantwortungsbewußten Einsatz hochinstrumentalisierter mit Computersoftware ausgerüsteter Analysenmethodik – mit dem Ziel, zuverlässige und richtige Daten zu gewinnen.

Mit dem Wissen dieses Buches wird der Analytiker nicht mehr nur Bediener eines Black-box-Systems sein, der sich sonst häufig auch einer reglementierenden Software ausgeliefert fühlt. Er wird die Zusammenhänge verstehen und damit sein «analytisches Handwerkszeug», sprich die «High-performance»-Gerätetechnik, optimal einsetzen können. Ich wünsche diesem Buch eine weite Verbreitung mit der Hoffnung, daß die von J. BÖCKER vermittelten Grundlagen und das umfangreiche Detailwissen über Methodik und Technik zu einem verantwortungsvollen Umgang mit der instrumentellen Analysenmethodik unserer Zeit beitragen.

Professor GEORG SCHWEDT, TU Clausthal

Vorwort

Die analytische Chemie mit ihrer traditionellen Fragestellung nach der qualitativen und quantitativen Zusammensetzung von Substanzen ist diejenige Disziplin, die die Chemie vor Jahrhunderten begründet und danach zu einer Wissenschaft gemacht hat. Anfang dieses Jahrhunderts rückte sie gegenüber der synthetischen Chemie mit ihren bedeutenden Entwicklungen immer mehr in den Hintergrund. Durch revolutionierende Entdeckungen und den stetig steigenden Anforderungen in den Naturwissenschaften, der Medizin, Materialwissenschaften, Technik und der Umwelt hat sie einen überwältigenden Aufschwung erfahren. Dabei hat sich in der Vergangenheit eine Akzeptanzkrise eingestellt, die die Ablehnung von Industrie und von der chemischen Industrie im besonderen zum Inhalt hat. Die analytische Chemie wird aber mit großer Geschwindigkeit ein immer bedeutenderer wirtschaftlicher Faktor, dem es nicht an Akzeptanz in der Bevölkerung mangelt. Viele Probleme etwa beim Kampf gegen Krankheiten, beim Umweltschutz und beim sparsamen Umgang mit Rohstoffen und Energie können nur mit Hilfe der Chemie gelöst werden. War die Analytik früher eher eine Dienstleistung für andere Wissenschaftsbereiche, so hat sie sich inzwischen zu einer eigenständigen Disziplin mit wachsendem Bedarf entwickelt.

Gravimetrie und Maßanalyse als die klassischen Analysenmethoden waren rein naßchemischer Natur. Die stürmische Entwicklung der Elektronik und Apparatetechnologie führte dazu, daß immer mehr chemisch-analytische Verfahren durch präzisere und schnellere physikalische Nachweis- und Bestimmungsmethoden ersetzt wurden. Die chemische Analytik ist heute weitgehend instrumentell orientiert. Die Entwicklung der instrumentellen Analytik im Verbund mit der elektronischen Datenverarbeitung hat nicht nur die Anwendungsbreite analytischer Verfahren vorangetrieben, sondern auch zu Nachweisgrenzen in nicht mehr vorstellbare Dimensionen geführt. Gleichzeitig sind die Analysenzeiten drastisch gesenkt worden. Das heißt aber nicht, daß eine aufwendige Gerätetechnik den Erfolg garantiert, aber ohne ein geeignetes Instrument geht nichts mehr. Besonders die verschiedenen spektroskopischen Methoden, wie etwa Kernresonanz-, IR- oder Massenspektrometrie werden heute genutzt, um nahezu sämtliche Fragestellungen zum strukturellen Aufbau von Molekülen oder zur qualitativen und quantitativen Zusammensetzung von Materie zu beantworten.

Von dieser Kunst der Analyse hängt der Fortschritt in der Chemie und allen ihr näher oder ferner verwandten Disziplinen ab. Jeden Tag wird uns klar, wie stark die Analytik zum technologischen Fortschritt beiträgt. Andererseits ist sie ebenso unentbehrlich, um Gefahren für die Umwelt und unsere Gesundheit zu erkennen und abzuwehren. Damit ist kurz und allgemein die Einsatzbreite der modernen Analytik umrissen, die in jedem Bereich der Wissenschaft, der Industrie und in allen Tätigkeitsfeldern der Menschen in den hochzivilisierten Staaten die Entwicklung vorantreibt.

Prüfergebnisse von Laboratorien sind in wachsendem Umfang die Grundlage für nationale und internationale Verordnungen mit Auswirkungen unter anderem auf Wirtschaft, Gesundheit und Umweltschutz. Für qualifizierte Entscheidungen sind aber zuverlässige Meßergebnisse die Voraussetzung, falsche Resultate können erhebliche Folgen haben. Deshalb definieren in der Analytik immer häufiger Schlagworte wie Qualität, Qualitätssicherung und GLP (gute Laborpraxis) die Bedingungen, unter denen die Labors arbeiten müssen. Dabei steigen die Anforderungen an die Analytik immer mehr, die Kosten für die Analysen dürfen aber aufgrund des starken Wettbewerbs und des dadurch entstehenden Kostendrucks nicht größer werden. Daher wird im allgemeinen das Ziel verfolgt, in der Analytik mit minimalem Aufwand die größtmögliche Qualität zu sichern. Das ist der Grund für einen tiefgreifenden Wandel, der derzeit in den Labors begonnen hat. Führungskräfte und Mitarbeiter im Labor müssen ihre Arbeit mehr und mehr unter Rationalisierungs-, Produktivitäts- und betriebswirtschaftlichen Aspekten sehen. Der Trend zu Automatisierung und Rationalisierung macht auch in der instrumentellen Analytik nicht halt. Die Gerätehersteller bieten hierfür immer empfindlichere, deutlich schnellere, genauere und wesentlich bedienerfreundlichere Apparate auf dem Markt an, die durch einen hohen Automatisierungsgrad von der Probenaufgabe bis zur Datenverarbeitung gekennzeichnet sind.

Computer mit entsprechender Software zur Qualitätssicherung können dabei helfen, dieses Ziel zu erreichen. Die Akkreditierung, die eine eindeutige Qualitätssicherung voraussetzt, hat sich mittlerweile etabliert. Multimedia wird auch Einzug in die Analysentechnik halten und dadurch die Möglichkeit der Fernkontrolle und -bedienung, die Aufsicht und Steuerung von komplexen Analysensystemen erlauben. Weltweite Hochgeschwindigkeits-Netzwerke werden den globalen Datenaustausch zwischen den Unternehmenseinheiten sicherstellen.

Während die Tätigkeit eines Analytikers sich früher im wesentlichen auf die Qualitätskontrolle der Produkte und die Strukturaufklärung neuer Substanzen beschränkte, ist heute die Analytik in den gesamten Produktionsprozeß integriert, um schnell eingreifen und optimieren zu können. Die früher selbständigen Abteilungen «Produktion» und «Analytik» müssen enger zusammenarbeiten, denn besonders die Optimierung von ganzen Abläufen verbessert die Wertschöpfung. Trends zur Produktivitätssteigerung in der Routineanalytik wie Kostensenkung pro Analyse, weitere Automatisierung, Bedienerfreundlichkeit, maßgeschneiderte Lösungen, schnellere Ergebnisse, Prüfmittelüberwachung und ständige Weiterbildung sind nur einige Beispiele. Durch Automatisierung können komplexe Verfahren sehr einfach und sicher ausgeführt werden. Der Analytiker muß dabei aber mit immer mehr unterschiedlichen Technologien arbeiten, die Ansprüche an das Know-how steigen. Der Trend, Analysenverfahren methodisch und technisch zu verbinden, nimmt deutlich zu. Mit den Kopplungstechniken wird die anwendungsorientierte Analytik einen bedeutenden Schritt vorankommen.

Seit der Mensch begonnen hat, industriell zu wirtschaften, belastet er seine Umwelt mehr oder minder dauerhaft mit Abgasen, Abwässern und Ablagerungen. Die nicht abbaubaren Abfallstoffe reichern sich in Boden, Wasser und Luft an, gelangen früher oder später in die Nahrungskette und erreichen irgendwann auch den Menschen. Derlei Schadstoffe ausfindig zu machen, ist Aufgabe der Umweltanalytik. Umweltfragen werden verstärkt unter Kostengesichtspunkten betrachtet, ohne die darin liegenden Entwicklungschancen für Umwelt, Wirtschaft und Gesellschaft zu sehen. Der Markt für analytische Dienstleistungen rund um den Umweltschutz ist in den letzten Jahren von großen Änderungen betroffen, der Informationsbedarf für Unternehmen ist ständig gestiegen. Die Umweltverträglichkeit von Produkten ist zum Wettbewerbsfaktor auf internationaler Ebene geworden. Bedingt durch wachsende Umweltschutzauflagen geht auch der Trend bei der Gerätetechnik durch Miniaturisierung hin zu verbrauchsarmen Analysenmethoden.

Noch immer besteht eine offenkundige Diskrepanz zwischen der steigenden Bedeutung der chemischen Analytik und den entsprechenden Ausbildungsangeboten der Hochschulen. Traditionell ist die analytische Chemie in der Bundesrepublik Deutschland mit der anorganischen Chemie verbunden. Die analytische Chemie ist eine typisch anwendungsbezogene Wissenschaft. Die Vielfalt der analytischen Fragestellungen erfordert ein hohes Maß an interdisziplinärer Zusammenarbeit, das häufig über das Gebiet der Chemie hinausgeht. Analytische Chemie fordert eigene spezifisch-analytische Kenntnisse, Denkweisen und Strategien. Diese beginnen mit der richtigen Probennahme und der kontaminationsfreien Probenbehandlung und -aufarbeitung, umfassen selbstverständlich die optimale instrumentelle Vermessung und enden mit der Datenauswertung und -interpretation. Anders als bei den klassischen chemischen Fächern findet die Entwicklung der analytischen Methoden nicht nur an den Hochschulen statt, sondern auch bei den Gerätefirmen und außerdem in den Industrielabors.

Die analytischen Instrumente sind einfacher, handlicher und kleiner geworden. Automatisierte und computergesteuerte Instrumente sollen den Analysenablauf für den Anwender stark vereinfachen und damit eine Bedienbarkeit durch angelernte Mitarbeiter ermöglichen. Aus Mangel an erfahrenem und damit teurem Personal sowie notwendiger Zeit werden Analysenmethoden nicht mehr in anwendungsreife Verfahren umgesetzt. Die Einsparung von Arbeitskraft durch Schnelligkeit und Automatisierung der Methoden werden als wirtschaftlicher Vorteil heute leider oft höher bewertet als die Richtigkeit der Ergebnisse. Es muß jedoch immer deutlich bleiben, daß die letztendliche Beurteilung der Methode und der Ergebnisse dem jeweiligen Anwender obliegt und ein Computer nur die Arbeit unterstützt. Für qualifizierte Entscheidungen aufgrund von Analysenwerten sind aber zuverlässige Meßergebnisse die Voraussetzung. Analysen mit hoher Zuverlässigkeit und globaler Vergleichbarkeit sind nicht möglich ohne gut ausgebildete Analytiker.

Aus diesen Überlegungen heraus ist das vorliegende Lehrbuch verfaßt worden. Instrumentelle Analytik darf nicht von Menschen betrieben werden, die Automaten nach Anweisung bedienen und nicht wissen, was sie tun. Es ist von einem Praktiker für die anwendungsorientierte instrumentelle Analytik verfaßt worden. Der Autor hat in seinem Chemiestudium noch die «klassischen» Gerätetechniken ohne Computerunterstützung bedient und später am Fraunhofer-Institut für Produktionstechnik und Automatisierung (IPA) in Stuttgart ein instrumentelles Analysenlabor mit allen gängigen Methoden konsequent für die Forschung und Entwicklung auf dem Gebiet der Oberflächentechnik aufgebaut. Danach flossen seine analytischen Kenntnisse bei der Entwicklung und beim Produktionsanlauf von Produkten der Hochtechnologie bei der Firma IBM ein.

Seit 1984 lehrt er das Fachgebiet instrumentelle Analytik an der Hochschule für Technik in Aalen im Fachbereich Oberflächentechnik und Werkstoffkunde. Die ursprünglich verteilten Handouts sind zu einem Vorlesungsmanuskript zusammengeflossen und über die letzten Jahre ständig erweitert und vervollständigt worden. Das nun vorliegende Buch gibt den aktuellen Stand der Gerätetechnik und deren Anwendungsmöglichkeiten wider. Sowohl die Gerätetechnik als auch die zugrundeliegenden Anwendungstechniken und -verfahren der instrumentellen Analytik sind außerordentlich innovationsfreudig und erfordern von allen Anwendern, für die ständige Erweiterung und Auffrischung früher erworbener Kenntnisse zu sorgen. Ziel ist es, dem Leser einen fachlich fundierten Einblick von den Grundlagen bis hin zu den neuesten Entwicklungen auf dem Gebiet der instrumentellen Analytik zu vermitteln. Qualifiziertes Laborpersonal in Analytik-Laboratorien, Schüler von Fachhochschulen und Auszubildende der Chemie können sich einen Überblick über die verschiedenen instrumentellen Analysenmethoden und die Vielfalt der analytischen Fragenstellungen verschaffen.

Auch Einsteigern in diese Technik werden die umfangreichen und oft komplizierten Sachverhalte in leichtverständlicher Form nahegebracht. Deshalb ist der theoretische Hintergrund auf das Notwendigste zum Verständnis der einzelnen Methoden beschränkt, alle gängigen Verfahren werden praxisnah mit ihren verschiedenen Anwendungen, Vorteilen und Fehlermöglichkeiten beschrieben. Der an Analytik interessierte Wissenschaftler wird mit einer breiten Palette unterschiedlicher instrumenteller Analysenverfahren vertraut gemacht und erhält Hinweise und Orientierungen über die verschiedenen Gerätschaften.

Ausführliche Quellenangaben und zahlreiche Hinweise auf weiterführende Literatur ermöglichen dem spezieller Interessierten, noch tiefer in die Materie einzudringen.

Stuttgart — JÜRGEN BÖCKER

Inhaltsverzeichnis

1 Einführung

Analytische Daten sind immer dann involviert, wenn physikalische, chemische oder biologische Eigenschaften eines stofflichen Systems – anorganischer oder organischer Natur –, das wir verstehen, nutzen oder verändern möchten, von den Gehalten der Bestandteile des Systems abhängen. Dies gilt gleichermaßen in allen Bereichen unserer stofflichen Welt und vieler der sich damit befassenden wissenschaftlichen oder technischen Disziplinen. Zwischen vielen dieser Disziplinen existieren Schnittstellen und Verzahnungen. Die stoffliche Palette reicht von Gesteinen, mineralischen und organischen Rohstoffen, aquatischen Systemen, der Atmosphäre, Böden, pflanzlichen und tierischen Matrizes bis hin zu unseren stofflichen Bedürfnissen.

In allen Bereichen werden vor allem zur Charakterisierung von eigenschaftsverändernden Verunreinigungen von chemischen Stoffen sehr hohe Anforderungen an das Nachweisvermögen bis an die Grenze des Möglichen gestellt, und dies bei möglichst guter Zuverlässigkeit der Informationen, die natürlich sehr kostengünstig zu erhalten sein müssen. Die drei wichtigsten Gütekriterien der Analytik:

Nachweisvermögen, Richtigkeit und Kosten

sind eng untereinander verknüpft [1.1]. Analytisches Arbeiten ist nicht umsonst, Analysen kosten Geld. Natürlich hängen die Analysenkosten stark von der Problemstellung, den eingesetzten Methoden, dem Sicherheitsgrad der Aussagen, dem Schwierigkeitsgrad der Bearbeitung und vom Gesamtumfang ab. Einfache Routineanalysen werden billiger als komplizierte Problemanalysen sein. Aus Kostengründen darf aber die Analytik nicht in eine Dumping-Preispolitik abgleiten. Stand früher der zuständige Sachbearbeiter mit dem besten, d.h. teuersten Labor bei seinem Arbeitgeber auf der sicheren Seite, so steht er heute oft mit dem billigsten am besten da, denn er spart Geld. Selbst die qualifiziertesten Arbeiten werden heute oft nur noch über den Preis verkauft.

Unter dem Druck steigender Personalkosten und sinkender Analysenpreise leiden besonders die wenig spezialisierten Analysenlabors. Da Routineanalysen nach DIN- oder DEV-Verfahren (Deutsches Einheitsverfahren zur Wasseruntersuchung) ohne spezielle Fachkenntnisse und mit verhältnismäßig wenig Aufwand bei der Probenvorbereitung abgearbeitet werden können, treten zunehmend Billiganbieter aus Nicht-EU-Ländern mit Niedrigangeboten in Erscheinung. Entsprechend dem niedrigen Preis ist dann häufig auch die Qualität des Ergebnisses. Wer nicht nur pro forma irgendwelche Werte vorweisen will, sondern «richtige» Analysen, der sollte von der Probennahme bis zur Ergebnisauswertung möglichst alles in der Hand eines Fachmanns belassen.

Heute haben sich das Spektrum der Nutzer analytischer Methoden, die Fragestellungen und die Methoden enorm erweitert. In der Technologie waren es zunächst die Halbleiter und Reinststoffe, später dann die Licht- und Supraleiter, und heute sind noch die Hochtemperaturkeramiken hinzugekommen, die zu immer besserem Nachweisvermögen herausfordern [1.2]. Die Fähigkeit, Produkte mit reproduzierbarer Qualität zu erzeugen, ist eine der wichtigsten Voraussetzungen moderner Produktionstechniken. Die Zahl der Analysenproben wächst schneller als die Menschheit. Das wird auch so bleiben, denn Verhütungsmittel sind hier nicht in Sicht. Dafür stellen sich die modernen Methoden der Analytik in einem immer komplexeren instrumentellen Gewand dar, verbunden mit einer Multiplikation der sich damit eröffnenden Möglichkeiten.

Der Vielfalt der Methoden, die die analytische Chemie für die Anwender bereithält, entspricht auf der Anwendungsseite eine Vielfalt von wissenschaftlichen Disziplinen wie Chemie, Physik, Biologie und Medizin sowie eine ganze Fülle von aktuellen technologischen Bereichen. Die Wechselwirkungen zwischen der methodischen Seite der Analytik und den anwendungsorientierten Interessen sind der Motor der Innovation in der analytischen Chemie, wobei die Zielsetzung besonders durch die Bestrebungen nach hohem Nachweisvermögen, nach verbesserter Zuverlässigkeit und nach einem günstigen Kosten-Nutzen-Verhältnis bei analytischen Verfahren gegeben ist. Dabei ist generell zu sagen, daß es in der instrumentellen Analytik noch nie möglich war, in so kurzer Zeit so viele Bestandteile in einem so günstigen Preis-Leistungs-Verhältnis zu messen wie heute. Menschliche Unzulänglichkeiten werden bereits bei der Probennahme, Aufbereitung und Probendosierung durch Automatisierung und Roboterunterstützung weitgehend kompensiert. Expertensystemähnliche Software hilft Messungen auszuwerten [1.3].

Für die aktuellen Fragen der stofflichen Charakterisierung ist je nach der gestellten analytischen Aufgabe die Erarbeitung von Verfahren auf der Basis bereits etablierter Methoden genauso gefordert wie die Weiterentwicklung der Methoden, wenn die methodischen Voraussetzungen zur Lösung auftretender Problemstellungen erst noch geschaffen werden müssen. Im Hinblick auf die Entwicklungen in der Elementanalytik sind die Verfahren der Spurenanalyse der Elemente nach wie vor hochaktuell, wobei besonders eine zuverlässige Bestimmung in immer komplizierteren Matrizes gefragt ist [1.4]. Das gilt für vielfältige Anwendungsbereiche – von neuen Werkstoffen [1.5] bis hin zu Biologie und Medizin. Analytik wird während des industriellen Prozesses an vielen Stellen in unterschiedlichster Form betrieben. Die Aktivitäten lassen sich in vier Oberbegriffe zusammenfassen: Entwicklung von Wirkstoffen, Sicherheit der Prozesse, Qualitätssicherung und Umweltschutz.

Doch was unsere Gesellschaft viel mehr bewegt als innovative Technologien, die durch das rasche Anwachsen der Weltbevölkerung wohl unverzichtbar geworden ist, sind die damit unabdingbar aufkommenden Risiken für die Umwelt und letztlich für unsere Sicherheit und Gesundheit [1.6]. Leider ist erst wenigen in unserer modernen Industriegesellschaft bewußt, daß es ohne analytische Chemie kaum gelingen wird, sowohl Technologien zu optimieren als auch die damit verbundenen Risiken und Ängste zu minimieren. So avanciert diese Disziplin von der ursprünglichen Dienstmagd der chemischen Industrie zu einem interdisziplinär gefragten eigenständigen Wissenschaftszweig, so daß es nicht mehr vermessen ist, von der «analytischen Wissenschaft» (analytical science) zu sprechen.

Viele Arbeiten und Ziele der Chemiker lassen sich auf eine einfache Formel bringen. Es geht darum, für den Menschen nützliche Stoffe zu finden und herzustellen, die als Wirkstoffe in Medizin, Tiermedizin und auch in der Landwirtschaft oder als Werkstoffe für alle Arten von bekannten oder noch zu entdeckenden Anwendungen brauchbar sind [1.7]. Leider steht die Bundesrepublik Deutschland bei den forschungsintensiven Produkten seit einigen Jahren nicht mehr auf Platz 1, sondern ist von Japan und den USA verdrängt worden. Versäumnisse in der Forschung schwächen aber die wirtschaftliche Stellung auf dem Weltmarkt. Dabei ist Deutschland auf dem Gebiet der Umwelttechnologie, die sich zu einem entscheidenden Wettbewerbsfaktor entwickelt hat, international führend [1.8].

1.1 Historie

Die Suche nach geeigneten Wirkstoffen läßt sich bis in die vorgeschichtliche Zeit zurückverfolgen. Bei der Zubereitung von Speisen lernten die Menschen zwischen Eßbarem und Giftigem zu unterscheiden. Man beobachtete auch Heilwirkungen von bestimmten Substanzen aus der Natur. Dieser Volksmedizin verdanken wir erste reproduzierbare Erfahrungen über die Anwendung von Naturstoffen in der Therapie.

Während die Einwirkung eines Stoffes auf ein biologisches System – sei es Mensch, Tier oder Pflanze – infolge der Komplexität der Vorgänge heute oft noch nicht ganz verstanden wird und eine multidisziplinäre Forschung beschäftigt, konnten erste definierte Werkstoffe schon in früher Zeit vom Menschen entwickelt und hergestellt werden. Beispiel sind die Metalle, Keramik und Glas, die Entdeckungen von Bronze und Eisen haben ganze Kulturepochen ausgelöst. Früh lernte man auch empirisch Werkstoffe mit besonderen Eigenschaften und Qualitäten herzustellen. Man wußte sie zu formen, zu härten oder zu färben.

Aus diesen prähistorischen Erfahrungen hat sich dann die moderne Wissenschaft analytisch und synthetisch weiterentwickelt. Die verschiedenen Analysenmethoden lehrten uns Zusammensetzung, Reinheit, Gitterstrukturen und Oberflächen zu verstehen. Durch das Zusammenwirken von Analyse und Synthese kann man bestimmte Eigenschaften und Strukturen verstehen, und um so gezielter können neue Werkstoffe mit besonderen Merkmalen aufgebaut werden. Die Entwicklung von neuen Hochleistungswerkstoffen mit besonderen mechanischen, thermischen, elektrischen und magnetischen Eigenschaften ist in vollem Gange.

Wenn auch die Arbeiten, die zu neuen Wirkstoffen und zu neuen Werkstoffen führen, grundverschieden sind, so fällt doch auf, daß die Forschung in beiden großen Bereichen gezielter, intelligenter und weniger empirisch wird. Das Wissen über Struktur-Wirkungs- und Struktur-Eigenschafts-Beziehungen erlaubt es, zunehmend maßgeschneidert auf molekularer Ebene die jeweilige Problemlösung anzugehen. Unterstützt von einer leistungsfähigen Analytik können solche Entwicklungen auch zu verbraucherfreundlicheren, umweltverträglicheren und ressourcensparenden Problemlösungen beitragen.

Mit der Einführung der Waage bei chemischen Experimenten durch ANTOINE LORRENT LAVOISIER (1743–1794) wird allgemein der Beginn der modernen Chemie bezeichnet. ROBERT W. BUNSEN (1811–1899) und REMINGUS FRESENIUS (1818–1897) kann man als die Väter der analytischen Chemie in Deutschland bezeichnen. BUNSEN führte bereits Mitte des 19. Jahrhunderts grundlegende Arbeiten über die chemischen Vorgänge durch, die sich in Hochöfen abspielen. Als eines seiner Resultate konnte der spezifische Brennstoffverbrauch maßgeblich reduziert werden. Professor FRESENIUS eröffnete 1848 in Wiesbaden ein Privat- und Unterrichtslaboratorium, um Forschung, Lehre und angewandte Chemie unter einem Dach vereinen zu können. Zu den Schwerpunkten dieses Institutes zählten die Analyse von Wasser, der technischen Produkte und Mineralien, die Bestimmung der Zuckerarten, des Alkohols, die Ermittlung anorganischer Bestandteile in Pflanzen sowie die Analyse der Boden- und Düngerarten und die Untersuchung der atmosphärischen Luft [1.9].

WILHELM OSTWALD (1853–1932) gab 1894 in Leipzig sein Buch mit dem Titel «Die wissenschaftlichen Grundlagen der Analytischen Chemie» heraus. Er gab ihr damit ein stärker fundiertes, naturwissenschaftliches Profil und versuchte, den von ihm geprägten Begriff von der «Dienstmagd der Chemie» für die analytische Chemie von ihr zu nehmen. OSTWALD erhielt 1909 für seine grundlegenden Arbeiten auf dem Gebiet der Katalyse den Nobelpreis für Chemie. Es folgten weitere Erkenntnisse von HENRICUS VAN T'HOFF (1852–1911), S. A. ARRHENIUS (Nobelpreis für Chemie 1903) und WALTER H. NERNST (Nobelpreis für Chemie 1920). Diese klassische Epoche der analytischen Chemie stand überwiegend im Zeichen chemischer Reaktionen, die zum analytischen Trennungsgang vereint wurden, der sich in seiner Basis über viele Jahrzehnte in der angewandten Analytik bewährte.

Die Entdeckung neuer chemischer Elemente war der größte Ansporn für einen Chemiker, wobei jede neu entwickelte Analysentechnik neue Entdeckungen zur Folge hatte. Während das Element Germanium noch mit den damals bereits eingeführten chemischen Fällungsmethoden von CLEMENS WINKLER 1886 entdeckt worden war, gelang die Isolierung der Alkalimetalle Rubidium und Cäsium im Dürkheimer Mineralwasser durch ROBERT BUNSEN mit Hilfe der Emissionsspektralanalyse, die er 1861 zusammen mit dem Physiker KIRCHHOFF (1824–1887) entwickelt hatte. Bei der chemischen Abtrennung wurden die wichtigsten Spektrallinien der beiden Metalle verfolgt und nach jeder durchgeführten Trennung derjenige Teil, in dem sich die Linien am intensivsten zeigten, weiterverfolgt. Es folgten die emissionsspektroskopischen Entdeckungen von Thallium (1861 von CROOKES), Indium (1863 von REICH und RICHTER) und Gallium (1875 von DE BOISBAUDRAN) [1.10].

Weitere Beispiele sind die Entwicklung der radiochemischen Methoden, die zur Entdeckung des Radiums und des Poloniums durch Madame CURIE im Jahre 1898 führten. MARIE CURIE erhielt im Jahre 1911 für die Entdeckung dieser Elemente sowie der Charakterisierung, Isolierung und Untersuchung des Radiums den Nobelpreis für Chemie. 1922 wurde Hafnium durch HEVESY und COSTER und 1925 Rhenium als letztes der noch im periodischen System fehlenden natürlichen Elemente durch TACKE und NODDACK mittels der gerade neu eingeführten Röntgenspektralanalyse gefunden.

Dieser positiven Phase der Erkenntnisgewinnung – Elemententdeckungen, Atomtheorie, Gastheorie, Stöchiometrie, Massenwirkungsgesetz, Kernspaltung

u. a. – überlagerte sich mit dem Aufblühen der chemischen Industrie eine negative, in der die wissenschaftliche Seite der analytischen Chemie gravierend abgewertet wurde. Die analytische Chemie war hier nur noch in erster Linie zur routinemäßigen Kontrolle der Syntheseprodukte gefragt, bei der man die Produkte unter Kostenaufwand wieder zerlegen mußte.

Zur Charakterisierung der organischen Syntheseprodukte stand über eine lange Periode fast nur die organische Elementaranalyse als einziges analytisches Prinzip zur Verfügung. Sie war von JUSTUS VON LIEBIG 1837 entwickelt worden und wurde dann vor allem von FRITZ PREGL in den zwanziger Jahren und später noch von vielen Mikroanalytikern perfektioniert. PREGL erhielt für die Entwicklung der Mikroanalyse organischer Stoffe 1923 den Nobelpreis für Chemie. Benötigte man zu Liebigs Zeiten noch Probenportionen bis zu einem Gramm, so wurden diese bis auf wenige mg reduziert. Dadurch erreichte man nicht nur kürzere Analysenzeiten, sondern ermöglichte auch die Elementaranalyse von sehr kostbaren Naturstoffen. Es fehlte nicht an Bemühungen, die Probeneinwaagen bis in den unteren µg-Bereich zu reduzieren, jedoch sind die teilweise recht aufwendigen Techniken durch die Massenspektrometrie abgelöst worden.

Überhaupt waren die zwanziger und dreißiger Jahre die Periode der klassischen Mikroanalyse. In der qualitativen Analyse schwörte man auf die Lötrohrprobierkunst und auf Mikrokristallreaktionen, die nicht nur ästhetisch, sondern auch äußerst empfindlich und zuverlässiger waren als Farb- und Tüpfelreaktionen, die allenthalben modern wurden. Die mikroanalytischen Arbeiten in den fünfziger und sechziger Jahren waren aber von einem erheblichen Negativimage der Analytischen Chemie geprägt.

Weit «analysefreundlicher» als die chemische Industrie entwickelte sich in den fünfziger Jahren die Elementanalytik in der Geochemie und Metallurgie. Hier erkannte man bereits viel früher ihre Unentbehrlichkeit für die Optimierung der Eigenschaften der Produkte (z. B. Legierungen, Stähle) und gewann detaillierte Erkenntnisse über den Aufbau der Erdkruste und somit auch für die Gewinnung der dort vorrätigen Rohstoffe. Man setzte auf Bunsens Spektralanalyse und gab viele weitere Impulse für die moderne instrumentelle Analytik. Aber trotz der nun beginnenden Nutzung physikalischer Methoden – der Spektroskopie – ist die analytische Chemie auch heute noch in erster Linie Domäne der Chemie, und sie sollte auch unbedingt federführend bleiben, da nur solide Stoffkenntnisse eine gesunde Basis der analytischen Chemie bilden.

1.2 Warum instrumentelle Analytik?

Instrumentelle Direktmethoden sind überwiegend physikalische Relativmethoden, bei denen die analytischen Meßgrößen nicht mehr wie in der klassischen analytischen Chemie z. B. die Masse eines Niederschlags, sondern elektrische Größen sind, die sich bei der Anregung mit z. B. Elektronen-, Photonen-, Neutronen- und Ionenstrahlen ergeben. Die gesuchte Konzentration bzw. die zu bestimmende Absolutmenge eines Elementes bzw. einer Verbindung muß über eine Kalibrierungsfunktion gefunden werden.

Die Vorteile der instrumentellen Analytik liegen – nach erfolgter Kalibrierung des Gerätes – zum einen in der Erfassung sehr geringer Konzentrationen bis in den extremen Spurenbereich unter Einsatz minimaler Probenmengen, zum anderen in der Schnelligkeit des Verfahrens, die einen sehr hohen Probendurchsatz ermöglicht und automatisierbar ist.

1.2.1 Spurenanalytik

Die Methoden der klassischen analytischen Chemie, die für Gehaltsbestimmungen bis zu etwa einem 1000stel Prozent sehr genaue Ergebnisse liefern, beruhen größtenteils auf chemischen Reaktionen, wie z. B. Fällungen von schwerlöslichen Reaktionsprodukten (Gravimetrie) oder stark gefärbten Reaktionsprodukten (Titrimetrie). Da die zu bestimmenden Elemente in wäßriger Lösung als Ionen vorliegen müssen, spricht man von «naßchemischen» Analysenverfahren. Diese klassischen Verfahren sind für die Bestimmung sehr niedriger Gehalte nicht mehr für eine wirtschaftliche Routineanalytik im Spurenbereich geeignet.

Soll z. B. noch eine Elementkonzentration von 1 ng/g in einer Zelle quantitativ erfaßt werden, so benötigt man bereits eine Bestimmungsmethode mit einem absoluten Nachweisvermögen im Femtogrammbereich (1 fg = 10^{-15} g). Selbstverständlich sollen die analytischen Informationen auch dann noch zuverlässig sein. Die Unzuverlässigkeit analytischer Daten gilt heute in allen Bereichen der Analytik, wenn niedrige Konzentrationen im ng/g-Bereich und darunter bestimmt werden müssen. Ursache ist das Auftreten von systematischen Fehlern, die in der herkömmlichen Analyse nur eine untergeordnete Rolle spielen, jedoch mit der Bestimmung immer niedriger werdender Elementgehalte rapide wachsen.

Während die geläufigeren statistischen Fehler den Gesetzen der Wahrscheinlichkeit gehorchen, sich deshalb mathematisch gut beschreiben und sich durch mehrfaches Wiederholen von Messungen verringern lassen, sind die Quellen für systematische Fehler oft sehr komplexer Natur, so daß selbst erfahrene Spurenanalytiker sie nur äußerst schwer erkennen und vermeiden können. Somit stellt die Minimierung systematischer Fehler das Hauptproblem der extremen Spurenanalyse dar (Bild 1.1). Die möglichst weitgehende Vermeidung dieser systemati-

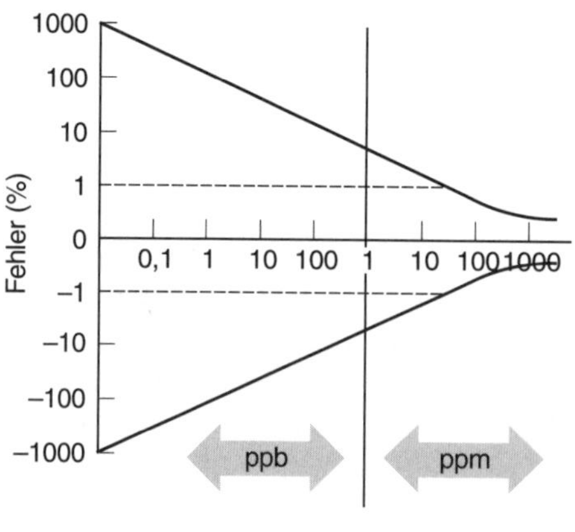

Bild 1.1 Zunahme der Unsicherheit von spurenanalytischen Daten mit kleiner werdenden Gehalten

schen Fehler erfordert sehr große Erfahrung und vor allem geschultes Kritikvermögen.

Hier geht der Trend in Richtung wirtschaftlicherer instrumenteller Direktmethoden mit aufwendigen Geräten, die auf physikalischen Prinzipien beruhen. So lautet das moderne Schlagwort: «instrumentelle Analytik». Im Hinblick auf die verbundenen Kosten spielen schnelle Direktverfahren für den Einsatz in der Routine bis hin zur Online-Prozeßsteuerung eine wichtige Rolle. Die Gerätehersteller bieten dafür eine breite Palette von Meßplätzen vom Hochleistungsforschungsgerät bis zum kleinen, robusten Routinegerät für die «Vor-Ort-Analyse».

1.2.2 Hoher Probendurchsatz

Ein Begriff, den man heute überall antreffen kann, ist Produktivität. Die Steigerung der Produktivität ist eine Voraussetzung dafür, daß ein Gesellschaftssystem seinen Bürgern eine höhere Lebensqualität bieten kann. Die private Industrie und viele öffentliche Institutionen suchen daher ständig nach Möglichkeiten, Produkte und Dienstleistungen zu verbessern. Die Hersteller wissenschaftlicher Instrumente waren in den letzten Jahrzehnten diejenigen, die am meisten zur Steigerung der Produktivität beigetragen haben. Man denke nur einmal daran, wie das typische Labor ausgesehen hat, das für die Analytik zuständig war. Es gab riesige Mengen an Glasgeräten – überall Büretten und Pipetten. Unzählige hochqualifizierte Wissenschaftler verbrachten ihren Arbeitstag am Labortisch. Aber das Ergebnis war insgesamt doch recht dürftig: Nur eine kleine Anzahl Proben wurde jeden Tag untersucht.

Heutzutage ist der Probendurchsatz durch moderne, hochproduktive Instrumente enorm gestiegen. Viele Labors untersuchen heute täglich routinemäßig Tausende von Proben, und die zusätzliche Information daraus erlaubt erfolgsversprechendere Explorationsverfahren. Wir können heute Mineralien und Öl sehr viel effizienter aufspüren, sie schneller zu Endprodukten verarbeiten und produzieren dabei weniger Abfall – und das viel kostengünstiger! Die Qualität der Roh- und Endprodukte, die die Industrie verwendet, hat sich so sehr verbessert, daß die Verbraucher zu Recht Lebensmittel, Pharmazeutika und langlebige Konsumgüter weit höherer Qualität erwarten dürfen als in der Vergangenheit.

Die Qualitätssicherung verlangt nach einer leistungsstarken Prozeßanalytik. Statt Stichproben zu nehmen, wird immer mehr dazu übergegangen, jedes einzelne Gebinde z.B. bei der Wareneingangskontrolle zu prüfen. Die Analytik muß dementsprechend mit einem deutlich erhöhten Probenaufkommen rechnen. Größerer Probendurchsatz ist bei gleichbleibendem oder eher reduziertem Personal nur durch Automatisierung und schnellen Analysenmethoden zu erreichen. Da die Probenvorbereitung oftmals die meiste Zeit in Anspruch nimmt, kann durch Verfahren, die keine oder nur geringe Probenvorbereitung brauchen, viel Zeit gewonnen werden. Der Trend geht zu Online- und Inline-Meßmethoden.

Weiter stelle man sich nur einmal die riesige Zahl von Umweltanalysen vor, die heutzutage notwendig sind. Das könnte man mit den manuellen Verfahren der Vergangenheit einfach nicht leisten. Wir könnten den Zustand der Welt, in der wir leben, viel schlechter messen und steuern, wenn wir keine modernen analytischen Instrumente hätten.

Das Abarbeiten größerer Analysenmengen ist nur noch mittels Automaten vertretbar (Routineanalysen). Effektiv arbeitende Analysenautomaten sind in der Regel billiger, als wenn die Analysen mit klassischen Geräten «per Hand» ausgeführt werden. Automaten liefern subjektiv (durch das Bedienerpersonal) nicht beeinflußte Analysenergebnisse. Bei der Verwendung von Automaten in der instrumentellen Analytik müssen folgende Typen unterschieden werden:

- □ **Teilautomaten** sind automatische Systeme, bei denen jedoch Vorgänge des analytischen Ablaufs noch manuell ausgeführt werden.
- □ **Vollautomaten** sind Systeme, die völlig selbständig alle zum analytischen Ablauf gehörenden Vorgänge abarbeiten.
- □ **Logische Automaten** sind Teil- oder Vollautomaten, die imstande sind, anhand der Meßergebnisse den Analysenablauf zu ändern (z. B. zu optimieren).
- □ **Prozeßautomaten** sind Systeme, die die Analysenergebnisse in einem Mikrocomputer weiterverarbeiten (z. B. Steuerung von Dosierpumpen).

Immer leistungsfähigere, flexiblere automatische Probenvorbereitungs- und Robotsysteme sind gefragt. Die Geräte selber erfordern aufgrund ihrer Computer- und Mikroprozessorsteuerung immer weniger Benutzeraufwand. Zur Vermeidung von Fehlern werden die Geräte mit einer automatischen Ergebniskontrolle ausgestattet. Sie geben Fehlermeldung, wenn Messungen außerhalb eines vorher festgelegten Toleranzbereiches liegen.

1.3 Spektroskopie

Die meisten Kenntnisse, die man vom Aufbau der Materie besitzt, stammen aus Experimenten, bei denen Licht – oder allgemein Strahlung – und Materie in Wechselwirkung treten. Seit der ersten, von Bunsen und Kirchhoff durchgeführten praktischen Spektralanalyse hat sich die auf der Wechselwirkung zwischen Strahlung und Materie beruhende Spektroskopie in breiter Methodenvielfalt zu einem der wichtigsten Hilfsmittel der modernen Analytik entwickelt. Dies ist sowohl auf die apparativen Fortschritte als auch auf die grundlegenden theoretischen Arbeiten zurückzuführen, die ohne die bahnbrechenden Erkenntnisse der Quantenmechanik nicht möglich wären.

Einige physikalische Erscheinungen, die mit der Wechselwirkung von Licht und Materie zusammenhängen, lassen sich mit Hilfe der Wellennatur des Lichtes beschreiben, andere nur mit Hilfe der korpuskularen Natur. Sichtbares Licht ist ein Beispiel für eine elektromagnetische Strahlung. Andere Beispiele sind die Röntgenstrahlung, die UV(Ultraviolett)- und IR(Infrarot)-Strahlung. Alle diese Strahlungen haben eines gemeinsam: Sie können als elektromagnetische Wellen, die sich mit Lichtgeschwindigkeit fortpflanzen und sich nur in ihrer Frequenz unterscheiden, aufgefaßt werden.

Die Entwicklung der klassischen Spektroskopie und die Nutzung völlig neuer Prinzipien in der spektralen Analytik sind die herausragenden Ursachen für die heutige Bedeutung der Spektroskopie. Sie besitzt ein so hohes Informationsvermögen, daß sich mit der modernen Atom- und Molekülspektroskopie praktisch jede sinnvolle analytische Frage beantworten läßt. Noch vor 30 Jahren wurden

UV- und Raman-Spektren mit Photoplatten registriert und Infrarotspektren Punkt für Punkt mit einem Galvanometer aufgenommen, röhrenbestückte Analog-Rechenverstärker als bedeutender Fortschritt begrüßt und Spektrenlisten durch mechanisches Sortieren von Lochkarten erstellt.

Kernpunkt jeder Qualitätskontrolle ist die Frage nach der Identität. Für die Praxis des Kontrollabors sind meßtechnische Verfahren erforderlich, die quantisierbare und reproduzierbare Größen liefern. Eine bestimmte Meßtechnik kann immer nur einen Teil der gesamten Eigenschaften eines Produktes widerspiegeln und sollte im Idealfall selektiv die Merkmale erfassen, an denen sich unterschiedliche Produktqualitäten äußern. Einfache Messungen sind Bestimmung von Schmelz- und Siedepunkt, Brechungsindex oder Viskosität. Besonders wenn chemische Unterschiede im Spiel sind, ist die Selektivität dieser Verfahren nicht ausreichend. Auf der anderen Seite sind naßchemische Analysen meist langwierig, vor allem, wenn eine quantitative Aussage gewünscht wird.

Spektroskopie ist die Wissenschaft über die Wechselwirkung zwischen Licht und Materie.

Der Einzug der Spektroskopie in die Analytik hat einen großen Fortschritt gebracht. Eindimensionale Analysenverfahren liefern für jede Substanz einen Meßwert (Schmelzpunkt, Retentionszeit usw.). Die Methoden der Spektroskopie sind mindestens zweidimensionale Analysenverfahren, sie liefern von einer Substanz für jedes auflösbare Wellenlängen- (oder Massen-) Intervall eines Spektrums mindestens einen Intensitätswert. Daher ist ihr Informationsvermögen groß genug, um praktisch jede analytische Frage beantworten zu können. Dies ist wohl eine der Ursachen für die erstaunliche Entwicklung der spektroskopischen Analysenmethoden.

Definitionsgemäß befaßt sich die Spektroskopie mit der Charakterisierung von Atomen, Ionen, Radikalen und Molekülen durch Aufnahme und Auswertung ihrer Spektren, die durch unterschiedliche Meßeinrichtungen, wie z.B. Atomabsorptionsspektrometer, Atomemissionsspektrometer oder Spektralphotometer erhalten werden. Im allgemeinen bestehen spektrometrische Instrumente aus den drei Komponenten Strahlungsquelle, Einrichtung zur spektralen Zerlegung und Detektor für die Messung der Strahlung.

Die praktische Spektroskopie hat sich sehr bald in zwei Richtungen entwickelt, in die **Atom**- und in die **Molekülspektroskopie**. Die analytischen Techniken nutzen dazu Übergänge in den Termschemata von Molekülen und von Atomen mit Strahlungsquanten aus Bereichen von der Röntgenstrahlung bis hin zu den Ultrakurzwellen. Bei der Atomspektroskopie geht es um die qualitative und quantitative Bestimmung von Elementen in den unterschiedlichsten Stoffen und Konzentrationsbereichen. Hierzu zählen z.B. die Verfahren der Atomabsorption, der Atomemission und der Röntgenfluoreszenz. Die molekülspektroskopischen Verfahren, wozu die UV/Vis-, IR-, Raman- und NMR-Spektroskopie gehören, geben Aufschluß über Bindungsfragen und Struktur der Moleküle. Charakteristische Banden oder Bandenkombinationen können zum qualitativen Nachweis, aber auch zur quantitativen Bestimmung der einzelnen Komponenten genutzt werden.

Auch die Verfahren der Massenspektrometrie sowie der Elektronenspektrometrie werden hier unter dem Oberbegriff Spektroskopie behandelt. Bei strenger Definition ist die Massenspektrometrie kein auf der Wechselwirkung zwischen elektromagnetischer Strahlung und Materie beruhendes spektroskopisches Verfahren, sondern ein Trennverfahren.

Die Vielfalt der verfügbaren Methoden erlaubt es, sehr spezielle Fragestellungen zu beantworten durch Mikro- und Spurenanalyse, Oberflächenanalyse, Untersuchung der Feinstruktur komplexer Systeme und die Analytik reagierender Systeme. Viele spektroskopische Methoden arbeiten zerstörungsfrei, man kann also die gleiche Probe mit verschiedenen Verfahren analysieren und hat sie trotzdem anschließend noch zur Verfügung. Das ist von größtem Wert z.B. für die Untersuchung von Kunstwerken oder der Endkontrolle von Fertigprodukten. Ganz besonders wichtig ist jedoch, daß viele spektroskopische Verfahren am Ort der zu untersuchenden Probe messen und das Analysenergebnis in «Echtzeit» zur Verfügung stellen können, um damit Regelprozesse zu beeinflussen oder auch einen Alarm auszulösen.

Es ist heute überflüssig, auf die Bedeutung physikalisch-chemischer Analysenmethoden besonders hinzuweisen. Sie gehören zum täglichen Brot jedes modernen Laboratoriums. Mit spektroskopischen Methoden lassen sich

- Rohstoffe auffinden und gewinnen,
- neue Produkte und Verfahren entwickeln,
- Produktionsprozesse gestalten und optimieren,
- die Qualität der Produkte sichern.

Bedingt durch ihre vielfältigen Einsatzmöglichkeiten, der erreichbaren Genauigkeit und ihrer hohen Nachweisempfindlichkeit sowie des häufig geringen Zeitbedarfs für eine Analyse besitzen die spektroskopischen Methoden einen hohen volkswirtschaftlichen Stellenwert. Ohne sie kann heute keine Tonne Stahl erzeugt und kein elektronisches Bauteil hergestellt werden. Die Qualität von Lebensmitteln, einschließlich Wasser und Luft, sowie von Heilmitteln wird gesetzlich gefordert und mit ihnen überwacht. Mit spektroskopischen Methoden kann man aber auch die Nebenprodukte menschlicher Aktivität kontrollieren: Müll, Abwasser und Abgas. Wissenschaftliche Grundlagenforschung von der Biochemie bis zur Astronomie ist nicht denkbar ohne die modernen spektroskopischen Verfahren.

Generell findet der Computer immer mehr Anwendung in der instrumentellen Analytik, die Apparate sind einfacher zu bedienen, und es erfolgt ein Aufarbeiten der Ergebnisse in der gewünschten Form. Häufig braucht der Operator über gar keine oder nur geringe Kenntnisse hinsichtlich der angewandten Analysenmethode zu verfügen. Die große Gefahr dabei aber ist – und das darf nicht vergessen werden –, daß die Güte eines Instruments stets von seiner Kalibrierung abhängt, und folglich muß die Richtigkeit der angegebenen Werte ständig kontrolliert werden. Das Analysengerät darf nicht zu einer «Black box» werden, insbesondere darf man nicht den errechneten Werten eines Computers blind vertrauen, er arbeitet nur das Analysenergebnis auf. Eine «richtige» Analyse wird aber durch die Sorgfalt bei der Probennahme, der Probenvorbereitung und der Wahl der analytischen Bedingungen bestimmt.

Alle in der Spektroskopie verwendeten Geräte enthalten praktisch – oft modular – eine Einheit zur Probenaufnahme und eine zur Anregung des Analysensignals. Dazu kommt ein Spektrometer, um das Spektrum im benützten Wellenlängengebiet zu erzeugen und das substanzspezifische Signal auszusondern, sowie ein Detektorsystem zur Erfassung des Meßsignals und schließlich eine Anlage, um die Meßdaten zu verarbeiten. Eine wesentliche Rolle kommt aber auch der Steuerung der gesamten Meßabläufe mit Rechnern zu. Besonders der Einsatz des Personal-Computers hat hier in den letzten Jahren die Entwicklung bestimmt. Neben der Integration von leistungsfähigen Computern haben neue Bauteile, wie Laserquellen und Lichtleitfasern, die Entwicklung vieler neuer analytischer Techniken erst ermöglicht.

Heute werden die aufwendigen Schritte der Probennahme, Bereitung und Anordnung der Probe im Gerät automatisiert, und man verwendet Lichtfaser-Bündel, um Proben untersuchen zu können, die sich außerhalb des Spektrometers befinden oder gefährlich, empfindlich oder sehr wertvoll sind. In Zukunft wird man viele Analysen, die noch heute nach Liebigs Verfahren durchgeführt werden (Probennahme, Transport ins Labor, Analyse, Rückmeldung des Ergebnisses), nun in Echtzeit am Ort der Probe entweder mit spezialisierten Kleinspektrometern oder durch optische Wellenleiter ausführen können, die verschiedene Probenorte mit einem zentralen Spektrometer verbinden.

Dieses Werk behandelt das Gebiet der Spektroskopie, es stellt kein Lehrbuch für Spektroskopiker dar. Es wendet sich vielmehr an all diejenigen – Industriechemiker und Ingenieure – die spektroskopische Untersuchungen als Hilfsmittel zur Lösung chemischer Probleme betrachten. Ihnen soll diese Einführung einen Überblick über die spektroskopischen Methoden geben und sie anregen, diese auch in ihren eigenen Arbeiten anzuwenden.

1.4 Auf der Suche nach dem «Nichts»

Von Stuttgart bis zum Roten Platz in Moskau ist es wahrhaftig kein Katzensprung. Etwa 2000 km Luftlinie liegen dazwischen. Zwei Millimeter dieser Strecke würden dabei einem ppb (parts per billion), nämlich einem Milliardstel, der Gesamtstrecke entsprechen. Schon hier – bei einer Zahl mit «nur» neun Nullen – stößt die menschliche Vorstellungskraft an ihre Grenzen. Das Vorstellungsvermögen des Menschen für Maß und Zahl ist eben auf seine täglich erlebte Umwelt bezogen: Jeder hat das Gefühl, wie schwer ein Kilogramm wiegt. Kaum jemand hat Schwierigkeiten, mit beiden Händen einen Meter anzuzeigen. Und wie lange eine Stunde dauert, weiß jeder, der einmal hat warten müssen. Bei tausend Tonnen, einem Hundertstel-Millimeter und 4000 Jahren spürt man bereits die Grenzen der Vorstellbarkeit, und bei Lichtjahren, Nanosekunden und ppb kapituliert das Begriffsvermögen völlig.

Früher war der Gebrauch derart seltener Maßeinheiten nur den Naturwissenschaftlern geläufig. Heutzutage verwendet man aber diese Bezeichnung in allen Medien, wenn von Megawatt für die Kraftwerksleitung, von Mikrogramm bei der Entdeckung eines neuen Hormons oder von 3,7 ppb einer Verunreinigung im Grundwasser berichtet wird.

Mit der Welt weit hinter dem Komma beschäftigt sich die moderne Analytik. Kaum eine Wissenschaft hat im Verlauf der letzten zwei Jahrzehnte eine so atemberaubende Entwicklung durchgemacht wie die Analytik, die Wissenschaft vom Nachweis der Stoffe und der Bestimmung von Konzentrationen. Während man vor mehr als 40 Jahren noch alle Stoffmengen jenseits von einem Zehntel Promille als «Null» betrachten mußte, können heute in einigen Bereichen Billiardstelgramm aufgespürt werden. Damit ist die Wissenschaft in Spurenbereiche vorgedrungen, die sich der Vorstellungskraft völlig entziehen – eine Leistung, die besonders der Umweltdiskussion eine ganz neue Dimension eröffnet hat. Es ist praktisch nicht mehr möglich, nichts nachzuweisen. Das gilt dann auch für die vielzitierten Rückstände in Boden, Wasser, Luft und damit in den Nahrungsmitteln.

Den «Null-Rückstand» gibt es nicht, weist doch die Analytik auch noch die Spur einer Spur nach. Null bleibt eine theoretische Größe, der man sich zwar nähern, die man aber niemals ganz erreichen kann. Bild 1.2 zeigt anschaulich die Konzentrationsangaben im Ultraspurenbereich. Der reinste Stoff, den man heute herstellen kann, ist Silizium. Trotz aufwendiger Zonenschmelzverfahren erreicht man bestenfalls eine Reinheit mit 10^9 Fremdatomen pro cm^3. Das entspricht,

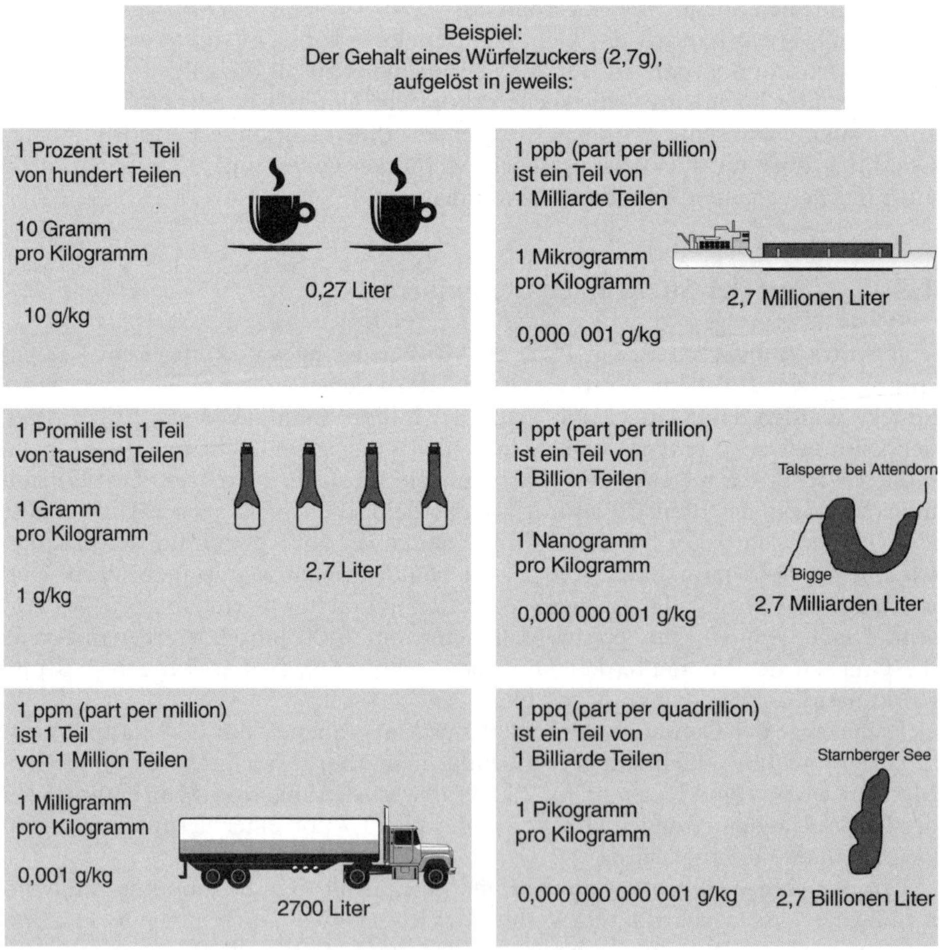

Bild 1.2 Veranschaulichung von Konzentrationsangaben

wenn man vereinfacht 10^{23} Atome pro cm^3 annimmt, einer Verunreinigung von 10^{14} Atomen, entsprechend 0,01 ppt.

Die hohe Leistungsfähigkeit der Analytik hat aber auch ihre Tücken: Immer wieder werden aus Analysenergebnissen falsche Schlußfolgerungen gezogen, denn der Umgang mit den winzigen Werten erfordert die Beachtung vieler Randbedingungen. Wir sind eben in etlichen Bereichen Gefangene der Analytik, ohne die notwendigen Antworten auf die Frage zu geben: Was ist schädlich? Die Wissenschaft läßt uns hier einfach im Stich. Die Politik weicht der Frage aus, die gesteigerte Nachweisempfindlichkeit beunruhigt die Öffentlichkeit.

Dank der extremen Empfindlichkeit moderner Analytik finden wir heute viel mehr Substanzen im Boden, im Wasser, in der Luft und in unseren Lebensmitteln, von deren Existenz man früher gar nichts wußte, weil die Gerätschaften eben fehlten.

Viele dieser Substanzen spüren wir schon in winzigsten Spuren auf, die noch weit unter ihrer Toxizitätsschwelle liegen. Bei vielen Spurenkonzentrationen wissen wir auch nichts über die toxikologische oder ökologische Relevanz, d.h., die Bewertung der Ergebnisse hat mit dem Fortschritt der Spurenanalytik nicht Schritt gehalten. Auch in der Diskussion um die Belastung der Umwelt werden immer häufiger die Begriffe ppm, ppb, ppt und seit einiger Zeit sogar ppq gebraucht, ohne daß sich die Betreffenden über die Größenordnung der mit solchen Kürzeln bezeichneten «Verunreinigungen» oder über die «Qualität» solcher Analysendaten im klaren sind.

Bei diesen Größenordnungen fällt es schwer, anschauliche Beispiele zu finden. Ein Teil auf 1000 andere, ein Promille, ist uns – vor allem unter dem Gesichtspunkt Alkohol im Straßenverkehr – noch eine vertraute Dimension. Während man sich ein ppm noch als einen Preußen in der Millionenstadt München – Eselsbrücke 1 P(reuße) p(ro) M(ünchen) – vorstellen kann, wird es bei einem ppb schon schwieriger, es entspricht 5 Personen unter der angenommenen Weltbevölkerung von 5 Milliarden. Ein ppt, die nächstkleinere Dimension, wäre die Verunreinigung eines 20 km langen Güterzuges voll Weizen (100 000 Tonnen) durch ein einziges Roggenkorn oder – auf ein Längenmaß bezogen – ein «Abschnitt» von 0,4 Millimetern der Strecke Erde – Mond. Spätestens ab hier scheitert jeder Versuch zur Anschaulichkeit.

Bei solchen Größenordnungen kann es niemand wundern, daß heute Substanzen auch dort gefunden werden, wo sie vorher niemand vermutet hätte. Immer wieder hört und liest man von solchen «Funden», die aber eben nicht bedeuten, daß die betreffenden Substanzen vorher nicht da waren; sie konnten früher nur nicht nachgewiesen werden. Das wird in der öffentlichen Diskussion oft übersehen. Nicht die Tatsache, daß irgendein Stoff überhaupt nachgewiesen wird, entscheidet über Nutzen oder Schaden, über Gefahren, über die Notwendigkeit, irgendwelche Maßnahmen zu ergreifen. Dies ist vielmehr abhängig von der Menge, die auftritt, und von der Wahrscheinlichkeit, mit der wir mit ihr in Berührung kommen. Nur die Dosis, die der Mensch wirklich aufnimmt, ist für die Betrachtung einer Wirkung maßgebend [1.11]. Schon vor fast 500 Jahren hat das der Arzt THEOPHRAST BOMBAST VON HOHENHEIM, genannt PARACELSUS, erkannt:

«Nichts ist, im Übermaß genossen, völlig unschädlich».

Es ist aber nicht ohne Ironie, daß ausgerechnet die extrem genauen Meßergebnisse der modernen chemischen Analytik verwendet werden, um gegen die Chemie und ihre «Gifte» zu Felde zu ziehen. Und dennoch, die Analytik mit ihrer modernen Technik hat den Wissenschaftlern Zugang zu Bereichen verschafft, die ihnen lange verborgen blieben. Erwähnt sei hier die Bedeutung der «Spurenelemente» für das Leben. In zu hohen Konzentrationen wirken sie toxisch, in bestimmten Konzentrationen sind sie essentiell und in zu geringen Konzentrationen verursachen sie Mangelerscheinungen.

Um aber zuverlässige Werte zu erhalten, ist natürlich äußerste Sorgfalt bei der gesamten Durchführung der Analyse erforderlich, was erst recht im Spurenbereich zutrifft. Das fängt bei der Probennahme, ihrer Aufbewahrung und Aufbereitung an, setzt sich über die Ausstattung des Labors fort und führt zur Frage der Qualifikation desjenigen, der die Bestimmung durchführt. Wer beispielsweise im Labor raucht, braucht sich nicht zu wundern, daß er höhere Cadmiumwerte findet; und wer auf gewachsten Labortischen versucht, Kohlenstoff im Bereich unter einem Milligramm pro Liter zu bestimmen, ist zum Scheitern verurteilt – von der Metallspurenbestimmung in Wasserproben, die mit Metalleimern gezogen wurden, ganz zu schweigen.

Noch problematischer ist es jedoch, daß die Wirkungen von Stoffen im Spurenbereich oft sehr unkritisch mit ihren Konzentrationen korreliert werden. Eine wesentliche Ursache hierfür ist, daß wir aufgrund unseres gewohnten linearen Ursache-Wirkungs-Denkens seit NEWTON und DESCARTES gelernt haben, zu generalisieren und zu extrapolieren. Heute müssen wir aber immer mehr feststellen, daß viele altgewohnte Vorstellungen nicht mehr zutreffen – und dies auch im stofflichen Bereich. Extrapolationen und Verallgemeinerungen, die sich bei der Bestimmung höherer Konzentrationen als sinnvoll erwiesen, sind bei sehr niedrigen Gehalten nicht mehr zulässig. Wir müssen vielschichtiger, komplexer denken lernen. Immer häufiger müssen wir neben den bequemeren Entweder-oder-Entscheidungen auch Sowohl-als-auch-Entscheidungen zulassen, wenn wir unserer komplexen Welt gerecht werden wollen.

Die Begriffe «richtig» und «falsch» lassen sich nur im Bereich der qualitativen Analytik problemlos und eindeutig anwenden. Im Bereich der quantitativen Analytik sind diese beiden Begriffe nicht eindeutig und in einigen Bereichen gar nicht anwendbar. Im allgemeinen hält man eine quantitative Analyse dann für richtig, wenn sie im Bereich statistisch festgelegter Fehlergrenzen reproduziert werden kann. Dabei spielt es dann überhaupt keine Rolle mehr, ob das Ergebnis hoffnungslos falsch ist. Das bedeutet, daß im Bereich der quantitativen Analyse zu den Begriffen «richtig» und «falsch» noch ein dritter hinzukommt, nämlich der der Vergleichbarkeit.

Eine quantitative Analyse wird dann als richtig angesehen, wenn im Bereich der vorgegebenen statistischen Sicherheit Analysenwerte wiedergefunden werden. Die Standards zum Kalibrieren des Gerätes werden in der Regel gekauft und gelten als das Maß aller Dinge. Stimmt aber der Standard nicht, finden alle Analytiker vergleichbare Werte. Somit wird die Analyse als «richtig» eingestuft, da kein Analytiker nach anderen Verfahren mit anderen Standards arbeitet. Die Möglichkeiten, richtige, falsche oder vergleichbare Resultate zu erhalten, werden in der quantitativen Analyse also unter Umständen durch Entscheid festgelegt.

1.4.1 Beispiel Platin

Von den unzähligen Beispielen, die die Notwendigkeit dieses erweiterten analytischen Denkens veranschaulichen, soll hier nur die noch weniger geläufige Situation erwähnt werden, in die uns die Einführung der Platin-Katalysatoren bringt. Die Pt-Katalysatoren tragen wesentlich dazu bei, die hohen Emissionen von Stickoxiden und Kohlenwasserstoffen zu verkleinern. Dazu werden pro Jahr etwa 50 Tonnen Platinmetalle verarbeitet [1.12]. Allerdings wird jetzt Platin in kleinen Mengen emittiert und in der Umwelt angereichert, denn auch Pt verhält sich unter den Betriebsbedingungen eines Katalysators keinesfalls indifferent. Für die bei uns verwendeten Dreiwege-Katalysatoren liegen die freigesetzten Platinmengen im mittleren ng-Bereich pro Fahrkilometer. Diese nur sehr geringen Mengen summieren sich allerdings im Laufe der Zeit beträchtlich.

Nach heutigem Wissensstand kann man noch keine gesicherten Aussagen über die physiologische Wirkung des so freigesetzten Platins beim Menschen – wie z. B. Platin-Asthma, Platinose, Krebs – machen, da die Verteilungsform und Bindungsart des Platins wesentliche Parameter zur Risikoabschätzung sind und erst hinreichend untersucht werden müssen.

Da die natürliche Allgegenwartskonzentration des Platins im menschlichen Blut bei etwa 10^{-9}% liegt, ist die erforderliche Pikogrammanalytik äußerst anspruchsvoll und erst in Entwicklung. Immerhin gelingt es heute schon, diese niedrigen Pt-Konzentrationen in uns und allen umweltrelevanten Stoffen zuverlässig zu bestimmen. Menschen, die unmittelbar mit Platin umgehen, können bereits um Größenordnungen höhere Pt-Konzentrationen aufweisen als Nichtexponierte.

Allerdings ist Platin in unserer Umwelt bereits viel stärker angereichert, als es der Emission durch die Katalysatoren entsprechen dürfte. Der Grund liegt in der Allgegenwartskonzentration des Platins z. B. in Kraftstoffen, Autoreifen, Düngern usw., so daß auch durch die Nutzung solcher Produkte Platin mobilisiert wird. Besonders bedenklich ist, daß selbst metallisches Platin in sehr feiner Verteilung von Pflanzen, Tier und Mensch aufgenommen wird und somit in unsere Nahrungskette gelangt. Deshalb steht als nächster Schritt die noch schwierigere Aufgabe an, den Mechanismus der Platinmobilität aufzuklären.

Dieses Beispiel, das für viele andere in der Beurteilung von Umweltrisiken steht, demonstriert eindeutig die Komplexität der Wechselwirkungen zwischen den Elementen und dem Leben und die große Herausforderung an die analytische Chemie hinsichtlich unserer künftigen Lebensqualität. Zwar gilt es, die moderne, hochentwickelte Analytik gerade auch für den Umweltschutz zu nutzen, es muß aber ebenso deutlich darauf hingewiesen werden, daß bei der geringsten Vernachlässigung der vielen Randbedingungen und oftmals komplizierten Zusammenhänge Tür und Tor für falsche Aussagen und Halbwahrheiten geöffnet werden.

1.4.2 Grenzen der Spurenanalytik

Das größte Problem der Spurenanalyse ist, daß analytische Daten um so unsicherer werden, je niedrigere Konzentrationsbereiche zur Bestimmung anstehen. Im extremen Spurenbereich (ng/g- bzw. pg/g-Bereich) können die Analysenfehler durchaus mehrere Größenordnungen betragen. Dies führt zwangsläufig zu der Frage, ob es unter diesen Umständen überhaupt noch sinnvoll ist, die Nachweisgrenzen der Methoden verbessern zu wollen. Diese Frage läßt sich nicht pauschal beantworten. Künftig geht es sicher immer weniger darum, noch geringere Gesamtgehalte – also relative Konzentrationen – von Elementen in biotischen Matrices bestimmen zu wollen. Hier bilden die Allgegenwartskonzentrationen der Elemente die noch sinnvollen unteren Bestimmungsgrenzen [1.13]. Vielmehr müssen möglichst niedrige absolute Nachweisgrenzen angestrebt werden, um Elemente – z. B. das Platin – bis zu den Allgegenwartskonzentrationen auch noch in kleinsten Bereichen zu erfassen.

Analysen im Pikogrammbereich sind durchaus üblich und bis in den Femtogrammbereich möglich. Das Vordringen in den Attogrammbereich zeichnet sich ab. Die Konzentrationsangabe «Null» wird damit ad absurdum geführt und ist horrender Unsinn. Leider ist aber auch heute noch in vielen Gesetzen und Verordnungen der Begriff «Konzentration Null» zu finden.

Beispiel: Der augenblickliche Stand der Spurenanalyse setzt für die Erfassung solch niedriger Konzentrationen, die durchaus noch Wirkungen – wie z. B. Änderungen der physikalischen und chemischen Eigenschaften bei Werkstoffen oder physiologischen bei Organismen – aufweisen können, beträchtliche Probenportionen von teilweise mehr als 1 g voraus. Damit können nur integrale – also über die Probe gemittelte – Aussagen gewonnen werden. Möchte man jedoch detailliertere Aussagen über die Verteilung eines Elementes – z. B. des Platins – in einer einzelnen Proteinfraktion des Blutserums machen, so benötigt man bereits um einen Faktor 10 bis 100 nachweisstärkere Bestimmungsmethoden.

Von zunehmendem Interesse ist dabei neben der summarischen Bestimmung der Elemente die **Speziation**, d. h. die Bestimmung von Elementen unter Berücksichtigung ihres Bindungszustands. Die Gesamtkonzentration eines Elementes in einer Probe läßt vielfach noch keine ausreichende Aussage über eventuelle toxische Wirkungen zu. Zur genaueren Beurteilung müssen die Bindungsformen und Bindungsstabilitäten des untersuchten Elementes bekannt sein. Die Metallspezies-Analytik, die Speziation, befaßt sich mit dieser Thematik. Zum Beispiel wirkt Chrom, das in zahlreichen Industriezweigen eingesetzt wird, in Form von Cr(VI)-Verbindungen schon in geringen Konzentrationen toxisch, da Chromat in die Zellen eindringen kann. CR(III)-Verbindungen dagegen gelten als essentiell für den Lipid- und Kohlenhydratstoffwechsel [1.14].

Diese anspruchsvolle Aufgabe ist eine besondere Herausforderung an die Kreativität und das Kritikvermögen des analytischen Chemikers für die gesamte Verfahrenskette von der Probennahme über die Probenkonservierung und Aufbereitung bis hin zur Kalibrierung des Bestimmungsverfahrens.

Die Frage die Speziation ist von besonderer Bedeutung im Bereich der Umweltwissenschaften und der Biologie, spielt aber auch im Bereich der Werkstoffe eine wesentliche Rolle. Neben der Speziation hat auch die aktuelle Aufgabe der Mikroverteilungsanalyse so sehr an Bedeutung gewonnen, daß sie sich längst zu einem eigenständigen, breiten Gebiet ausgewachsen hat. Die Verfahren der Mikroverteilungsanalyse unter Einsatz von Methoden mit höchstem Absolutnachweisvermögen haben es erst möglich gemacht, Stoffströme im Mikrobereich aufzuklären. Das gilt für Vorgänge auf der zellularen Ebene in der Molekularbiologie ebenso wie für die Frage nach dem Auftreten und der Bedeutung von Ausscheidungen an Netzebenen und Grenzflächen in den Materialwissenschaften.

1.4.3 Der Weg zu brauchbaren Spurenanalysen

Instrumentelle Analysen sind Relativmethoden und keine Absolutverfahren. Das heißt, jedes Instrument muß mit bekannten Standards kalibriert werden. Während in der Meßtechnik Meßnormale existieren, nutzt man in der Analytik Referenzmaterialen und Referenzverfahren. Dazu ist die ideale Voraussetzung, daß das erhaltene Analysensignal ungestört – also in sauber isolierter Form – vorliegt und nicht durch andere Komponenten der Probe beeinflußt wird [1.15]. Die Stärke nahezu aller spektroskopischen Verfahren ist das Erkennen und Identifizieren der untersuchten Spezies, da sie auf die atomare bzw. molekulare Struktur ansprechen. Bei Mehrkomponentengemischen werden spektroskopische Signale oft überlagert.

Solche systematischen Querstörungen von Analysensignalen treten besonders in sehr komplexen Proben – mit nur wenigen Ausnahmen – um so häufiger auf, je geringere Gehalte bestimmt werden sollen. Die noch tolerierbaren Konzentrationen anderer Bestandteile in der Probe variieren nicht nur von Methode zu Methode, sondern hängen von vielen anderen Parametern ab. In der überwiegenden Mehrzahl der Fälle benötigt man zur Kompensation der systematischen Fehler deshalb Standardreferenzmaterialien, die – genau analysiert – in ihrer Zusammensetzung der zu untersuchenden Probe sehr ähnlich sein müssen. Solche verläßlichen Standards, um die sich viele internationale und nationale Institutionen mit großem Aufwand bemühen, existieren heute erst für die wichtigsten Substanzgruppen und dann nur für höhere Gehaltsbereiche [1.16].

Gänzlich unerschlossen sind noch sehr niedrige Konzentrationsbereiche (< 1 ng/g). Deshalb führen meistens alle Versuche, feste Proben direkt – also ohne weitere Probenvorbereitung – in den noch unerschlossenen Konzentrationsbereichen rein instrumentell analysieren zu wollen, trotz vielleicht guter Reproduzierbarkeit der Ergebnisse zu unsicheren bzw. falschen Aussagen. Anhand dieser Analysendaten werden aber wirtschaftliche, umweltbezogene oder gesundheitsrelevante Entscheidungen getroffen, die nicht mehr absehbare Schäden anrichten können.

Auch hier sind die sich daraus ergebenden analytischen Probleme wieder mehrschichtig. Die methodische Seite läßt sich durch einen entsprechenden Lernprozeß im Kreise von Fachleuten relativ einfach angehen. Weit schwieriger ist es, die eben geschilderte Problematik unserer Gesellschaft – und hier wieder in erster Linie den Verantwortung tragenden Führungsschichten in Politik und Wirtschaft – näherzubringen. Sie gehen davon aus, daß Analysendaten prinzipiell richtig sind. Um diese Zahlengläubigkeit abzubauen, ist erhebliche Aufklärungsarbeit zu leisten.

Analytische Ergebnisse müssen von Analytikern interpretiert werden. Der Analytiker darf sich seine Ergebnisse nicht aus der Hand nehmen lassen. Schon der Analytiker hat oftmals Schwierigkeiten, seine Ergebnisse zu verstehen. Wie soll da ein Berufsfremder noch mitkommen. Besonders Juristen dürfen nicht in die Lage versetzt werden, analytische Ergebnisse zu gewichten. Die Grenze der Analytik liegt da, wo Berufsfremde Vorgaben an die Analytik machen. Es darf aber kein Berufsfremder in irgendeiner Weise analytische Ergebnisse kürzen, verändern oder sonstwie beeinflussen.

Auf die Frage, wie es gelingt, auch in der Spurenanalyse zu brauchbaren Ergebnissen zu kommen, muß man wieder einen Umweg über Lösungsverfahren gehen, also auf das Prinzip der klassischen Naßanalytik zurückgreifen, wie in Bild 1.3 dargestellt. Der Spurenanalytiker spricht von Verbund- bzw. Mehrschrittverfahren, bei denen chemische Aufschluß- und Trennmethoden den eigentlichen Bestimmungsverfahren vorausgeschickt werden. Eine On- oder Offline-Vortrennung mit chromatographischen Verfahren findet in der Praxis breite Anwendung. Hierdurch lassen sich die angesprochenen Querstörungen vermeiden, und das Problem der Kalibrierung kann besser gelöst werden. Allerdings muß man jetzt bei solchen Verbundverfahren andere systematische Fehlerquellen in Kauf nehmen, die sich jedoch heute recht gut beherrschen lassen.

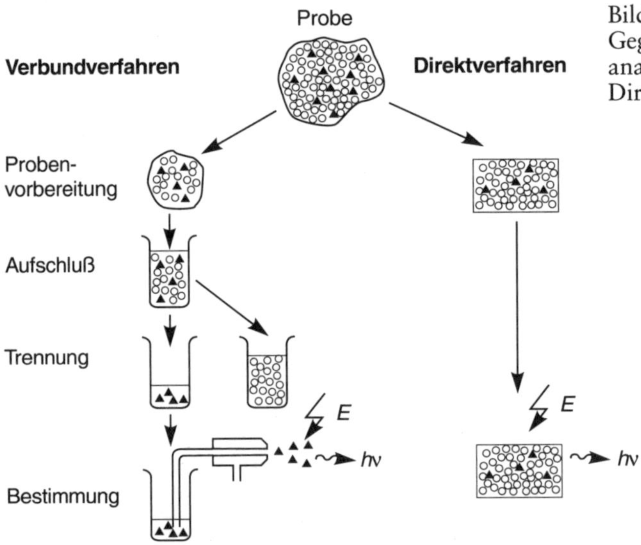

Bild 1.3 Schematische Gegenüberstellung von spurenanalytischen instrumentellen Direkt- und Verbundverfahren

Kopplungen zwischen Chromatographiegeräten und Spektrometern ermöglichen die schnelle Identifizierung von Komponenten auch in komplexen Gemischen [1.17]. Die problematischte Fehlerquelle ist die Kontaminationsgefahr, also das Einbringen von Verunreinigungen – den sogenannten Blindwerten – aus den Geräten, den Reagenzien und der Laboratoriumsluft in das analytische System. Hierbei ist es besonders schwierig, die Kontaminationen bei der Bestimmung von solchen Elementen sehr niedrig und konstant zu halten, die in der Umwelt in sehr hohen Konzentrationen vorkommen. Der Spurenanalytiker muß sich deshalb, um diese Blindwerte möglichst niedrig zu halten, sehr viele Tricks einfallen lassen, die teilweise zu sehr aufwendigen Vorgehensweisen führen: z. B. Arbeiten in Reinstraumlaboratorien oder nach außen abgeschlossene Verbundsysteme im Online-Betrieb, spezielle Reinigungsverfahren für die Reagenzien u. a.

Zur Zeit gelingt es in Einzelfällen, bis in den unteren Pikogrammbereich bzw. den ppt-Bereich vorzustoßen. Dies gilt selbstverständlich nur für wenige speziell qualifizierte Laboratorien. Mit den bisherigen Bestimmungsprinzipien scheinen somit die Grenzen der Elementanalytik hinsichtlich des Nachweisvermögens absehbar. Es sind aber neuere nachweisstärkere physikalische Prinzipien in Sicht. Mit der sich gerade entwickelnden Laserspektroskopie sind prinzipiell Nachweisvermögen bis in den Attogrammbereich möglich (1 ag = 10^{-18} g).

Leider gibt es zur Lösung der vielen anstehenden – und künftig noch stark wachsenden – Probleme keine Patentrezepte. Die jeweils beste Methode oder der optimale Methodenverbund kann immer nur im Zusammenhang mit dem anstehenden analytischen Problem diskutiert werden. Zur Lösung komplexer Probleme ist großer analytischer Sachverstand erforderlich. Andernfalls sind Fehlentscheidungen mit oft weitreichenden Konsequenzen für Gesundheit, Sicherheit und Wirtschaftlichkeit unvermeidbar [1.18]. Dabei muß bedacht werden, daß alle analytischen Methoden nur Werkzeuge sind, deren Einsatz zu optimalen analytischen Problemlösungen deshalb zusätzlich ausgeklügelte Strategien erfordert – so wie Hammer, Meißel und ein Stück Marmor noch lange keine Skulptur ergeben.

Gleichzeitig sei darauf hingewiesen, daß die Analytik nur dann möglich ist, wenn auch die Apparatehersteller entsprechende Geräte und die Chemikalienhersteller dazu die entsprechenden Chemikalien liefern können. Zusammenfassend bleibt festzustellen, daß durchaus die Möglichkeit besteht, richtige Analysen durchzuführen, die auch vergleichbar sind. Hierzu ist es eigentlich nur notwendig, Analytiker arbeiten zu lassen.

1.4.4 Probennahme

In der modernen Analysentechnik werden meist nur Kleinstmengen an Probegut für eine Untersuchung benötigt. Die dem Labor zur Verfügung gestellte Probe ist in der Regel eine Sammelprobe, die für die Analyse zunächst vorbereitet werden muß. Um die Repräsentativität der Probe zu gewährleisten, darf diese nicht beliebig klein sein. Probennahme und Probenaufbereitung sind sehr kostenintensiv, deren Vernachlässigung und Nichtberücksichtigung beträchtliche Kosten annehmen können. DIN 9000 und das Produkthaftungsgesetz erfordern darüber hinaus zunehmend auch die nachvollziehbare Dokumentation in der Eingangs-, Produktions- und Endkontrolle. Besonders deutlich wird dies bei Forderungen an den Umweltschutz, wo häufig der «Stand der Technik» mit der Analysengenauigkeit definiert wird, ohne die viel sensibleren Probennahmefehler zu berücksichtigen.

Die Aussagesicherheit gründet sich oft allein auf der Analytik bzw. dem Analysenfehler. Der Probennahme, Probenaufbereitung und Probenbereitstellung werden leider viel zu wenig Aufmerksamkeit gewidmet. Die Fehler, die bei der Auswahl des geeigneten Probennahmeortes, der Größe und der Anzahl der Proben gemacht werden, übersteigen die Analysenfehler häufig um mehrere Zehnerpotenzen. So ist für den Fachmann nicht nachvollziehbar, daß von der Analyse Genauigkeiten von mehreren Stellen hinter dem Komma gefordert werden, die Probennahmefehler aber gar nicht erlauben, diese Genauigkeit auszuschöpfen.

Ein instrumentelles Analysenverfahren kann immer nur so gut und präzise sein, wie es die Vorbereitung der Probe hierfür zuläßt. Ungenügend aufbereitete, verschmutzte oder mit störenden Begleitstoffen versehene Proben, ebenso wie quantitative Verluste durch Derivatisierungen oder sonstige chemische Umsetzungen, nehmen den empfindlichen Meßmethoden die Effizienz. Grundsätzlich kann man sagen, daß die instrumentelle Methode nur das messen kann, was im Probenvorbereitungsschritt quantitativ freigesetzt worden ist. Eine Qualitätskontrolle bedeutet deshalb auch immer die Beachtung der Probennahme [1.19]. Die Probenmenge der Einzelprobe richtet sich nach dem Probengut und dem Anteil der zu bestimmenden Parameter. In vielen Bereichen sind Probennahme und Probenaufbereitung durch Normen festgelegt, z.B. für die Prüfung fester Brennstoffe die DIN 51701, für keramische Rohstoffe die DIN 51061, für Gewürze DIN 1020 usw. Auch in der Abwasseranalytik nach DIN/DEV (Deutsches Einheitsverfahren zur Wasseruntersuchung) ist die Probennahme der erste Schritt jeder chemischen Untersuchung. Fehler auf dieser Stufe lassen sich im allgemeinen selbst durch aufwendige analytische und rechnerische Maßnahmen nicht mehr korrigieren. Die Probe darf bei der Entnahme keinen Kontakt zu Materialien bekommen, aus denen sich Substanzen lösen können, die in die Probe übergehen und das Untersuchungsergebnis beeinträchtigen können. Je nach den Untersuchungsparametern stellt die DIN/DEV hierbei unterschiedliche Anforderungen an die verwendeten Geräte [1.20]. In vielen Fällen schreibt sie weitgehend inerte Materialien wie Borsilikatglas oder PTFE vor.

Wichtig ist, daß der gesamte Querschnitt des Gutstromes gleichmäßig erfaßt wird, das Probengefäß sauber und kontaminationsfrei ist und der Probenmenge entspricht. Um einen repräsentativen Querschnitt zu erhalten, sollten in genau festgelegten Zeitabständen während des gesamten Verlaufs mehrere Einzelproben entnommen und zu einer Sammelprobe vereint werden. Am Ort der Probennahme können im allgemeinen nur wenige Untersuchungen direkt durchgeführt werden. Daher schließt sich häufig an die Probennahme noch der Transport der Proben in ein Labor an. Während dieses Transports müssen die Proben möglichst kühl und lichtgeschützt aufbewahrt werden, um einen biochemischen Abbau von Inhaltsstoffen weitgehend zu verhindern.

1.5 Stand und Trends in der Umweltanalytik

Die Umweltanalytik ist in den letzten Jahren stark in den Blickpunkt der Öffentlichkeit gerückt. Ihr Trend zur High-Tech-Analytik hält ungebrochen an. In den Bereichen Umweltpolitik, Umweltforschung, umweltfreundliche Produkte und Entsorgungsverfahren nehmen Deutschland in Europa und Japan im asiatischen Raum eine führende Rolle ein. Für nationale Projekte zum globalen Umweltschutz werden in Deutschland etwa 65 %, in Japan 80 % der Forschungs- und Entwicklungsarbeit von der Privatwirtschaft aufgewendet [1.21].

Gesetzliche Regelungen zum Schutze der Umwelt orientieren sich weitgehend an der Leistungsfähigkeit der analytischen Chemie. Die europäische Nachfrage – und hier besonders aus der ehemaligen DDR – nach Laboranalytik wird in den kommenden Jahren sprunghaft zunehmen. Die Gründe liegen in dem gestiegenen Bedarf an Umwelt- und Qualitätskontrollen sowie an der Dokumentation globaler Entwicklungen [1.22].

Das Bild von der Chemie ist in weiten Kreisen der Bevölkerung augenblicklich von großer Gegensätzlichkeit geprägt. So wird die chemische Produktion pauschal für große Bereiche der Umweltproblematik (wie z. B. FCKW, Dioxine, PCB, Pflanzenschutzmittel usw.) verantwortlich gemacht, wobei die segensreichen Aspekte vieler Produkte der Chemie wie zum Beispiel der Medikamente gern übersehen werden [1.23]. Im Gegensatz dazu steht das positive Bild, das sich der Bürger von der analytischen Chemie macht. Dabei verengt sich in der breiten Öffentlichkeit die facettenreiche analytische Chemie weitgehend auf das Anwendungsfeld der Umweltanalytik. Ihr ist es allerdings in den vergangenen Jahren gelungen, das «Umweltthema» aus der «ökologischen Nische» der Wissenschaft in den Blickpunkt der Öffentlichkeit zu rücken. Immer mehr Bürger erwarten von ihr Antworten auf die dringenden Fragen nach der An- und Abwesenheit von schädlichen oder gar toxischen Stoffen in der Umwelt, womit häufig auch berechtigte oder unberechtigte Ängste über die Auswirkungen der Schadstoffe auf die persönliche Gesundheit eng verbunden sind. Die Analytiker mögen diese «Bürgernähe» begrüßen oder nicht, zu den Verursachern und Nutznießern gehören sie gleichermaßen.

Ausgelöst wurde diese Entwicklung u. a. durch die stürmischen Fortschritte der instrumentellen Analytik in den letzten Jahren, die es gestattete, daß sich die analysierbare Stoffpalette täglich nahezu potenzierte und die Nachweisgrenzen in homöopathische Konzentrationsbereiche vordrangen. Dieser Trend ist noch ungebrochen. Zur Freude der Gerätehersteller führt er dazu, daß der Instrumentenpark der Laboratorien in immer kürzeren Abständen und leider auch mit immer größerem Kostenaufwand dem neuesten Stand der Spurenanalytik angepaßt werden muß. Das gleiche gilt übrigens auch für das Know-how, das in gewisser Weise sogar der Entwicklung in der Instrumentierung vorauseilt.

Die Wechselwirkung von Umweltanalytik und rechtlichen Regelungen liegt auf der Hand, wenn die Vorstöße in den Nanogramm- bzw. Pikogrammbereich kein Selbstzweck bleiben sollen. Der hohe Stellenwert der Ergebnisse der analytischen Chemie hat in der Folge gestaltend auf die Gesetzgebung gewirkt. Im rechtlichen Bereich hat sich damit die jeweilige Leistungsfähigkeit der analytischen Chemie abgebildet, und so wurden die wissenschaftlichen Erkenntnisse Stück für Stück in gesetzliche Regelungen zum Schutz unserer Umwelt eingebracht [1.24].

Der Gesetzgeber steht bei der Etablierung der gesetzlichen Anforderungen im allgemeinen vor dem Dilemma, einerseits die berechtigten Interessen der Öffentlichkeit, die sich weitgehend in der Form von Einzelstoffen artikulieren, zu berücksichtigen und andererseits den Vollzugsaufwand nicht aus den Augen zu verlieren [1.25]. Die gesetzlichen Grundlagen können alleine aufgrund der Vielzahl der Substanzen nicht alle Gebiete abdecken [1.26]. Dies hat in der Vergangenheit häufig dazu geführt, daß die Gesetzgebung einzelne «Modestoffe» berücksichtigte, die zwar in der Öffentlichkeit heiß diskutiert wurden, aber im nachhinein einer objektiven Bewertung ihres allgemeinen Schädlichkeitspotentials nicht standhielten [1.27].

Bei der Bewertung von Substanzen auf die menschliche Gesundheit werden meist die MAK-Werte (maximale Arbeitsplatz-Konzentration) herangezogen. Dies ist die höchstzulässige Konzentration eines Arbeitsstoffes als Gas, Dampf oder Schwebstoff in der Luft am Arbeitsplatz, die nach dem «gegenwärtigen

Stand der Kenntnis» bei achtstündiger Exposition im allgemeinen die Gesundheit des Menschen nicht beeinträchtigt und nicht unangemessen belästigt. Die Einhaltung der MAK-Werte ist das vom Gesetzgeber geforderte absolute Mindestmaß zum Schutz der menschlichen Gesundheit. Emissionen chemischer Hilfsstoffe, die heute praktisch in jedem industriell gefertigten Produkt zu finden sind, treten aber nicht nur am Arbeitsplatz, sondern auch in der eigenen Wohnung auf. Dies zeigt sich z.B. an unerwartet hohen chemischen Emissionen an Computermonitoren [1.28]. Ferner ist zu berücksichtigen, daß sich die MAK-Werte auf einen Stoff beziehen, in der Regel liegen jedoch an einem Arbeitsplatz mehrere Gefahrstoffe vor, deren Wirkungen sich addieren oder sogar potenzieren können.

Dabei ist es unbestreitbar, daß es in einigen Fällen notwendig ist, die einzelnen chemischen Verbindungen zu identifizieren und zu quantifizieren. Bei den anorganischen Substanzen, insbesondere wenn sie in wäßriger Lösung vorliegen, ist das die gängige Praxis und unter Berücksichtigung des Vollzugsaufwandes auch machbar. In diesem Zusammenhang sei nur an die eleganten spektrometrischen und ionenchromatographischen Methoden zur Kationen- und Anionen-Bestimmung erinnert, die den analytischen Aufwand minimieren.

Ganz anders muß die Situation im Bereich der organischen Chemie bewertet werden. Aufgrund ihrer Komplexität ist die Bestimmung von einzelnen organischen Verbindungen auch bei Verwendung der modernsten chromatographischen Verfahren wie HPLC oder GC-MS meist bedeutend aufwendiger und eigentlich nur bei der Fahndung nach einer beschränkten Anzahl von bekannten Verbindungen sinnvoll, die eine hohe Repräsentanz für eine Stoffgruppe mit ausgeprägtem Schädlichkeitspotential haben. Trifft dies beispielsweise für die leichtflüchtigen Chlorkohlenwasserstoffe und Pflanzenschutzmittel im Trinkwasser noch zu, so ist gerade dort die Relevanz der Bestimmung von polyzyklischen aromatischen Kohlenwasserstoffen (PAK) zweifelhaft, da bekanntermaßen diese Stoffklasse eine außerordentlich niedrige Wasserlöslichkeit hat und daher nur eine geringe Mobilität im Wasserkreislauf aufweist.

Die Metabolismusforschung ist noch eine relativ junge Wissenschaft. Unter **Metabolismus** versteht man die Um- und Abbauprozesse organischer Stoffe in der belebten und unbelebten Natur. Die analytische Verfolgung der in der Landwirtschaft ausgebrachten Pestizide, Fungizide und Herbizide ist eine sehr schwierige und komplexe Thematik, die aber für eine sinnvolle Risikoabschätzung unbedingt erforderlich ist. Um den Transport und die Verlagerung von Metaboliten zu studieren, sind Langzeitexperimente mit vielen fachübergreifenden Fragen erforderlich. Zum Beispiel ist die Umweltverträglichkeit nicht dadurch gewährleistet, daß die Substanzen wasserlöslich sind und damit der Abbau durch Mikroorganismen begünstigt wird, da auf der anderen Seite durch eine hohe Wasserlöslichkeit die Gefahr einer Grundwasserkontamination besteht [1.29].

Bei den sogenannten «chemischen Altlasten», die von Halden und Deponien der Abfallprodukte durch Sickerwässer mobilisiert werden und so in unser Grundwasser, unsere Kulturböden und letztlich in unsere Nahrungskette gelangen können, liegen die heute zu analysierenden Konzentrationen in der Regel bereits so hoch, daß sie routinemäßig erfaßt werden können [1.30]. Hinzu kommen die Umweltschäden, die auf der ganzen Welt von militärischen Einrichtungen verursacht wurden. Die Anzahl der Altlastverdachtsflächen wird in der Bundesrepublik auf etwa 240000 eingeschätzt. So unsicher wie die Datenbasis hierfür ist, so unsicher ist auch die Kostenbewertung für die Altlastenproblematik [1.31]. Hierbei besteht die analytische Aufgabe in erster Linie darin, möglichst kostengünstig zu analysieren [1.32]. Die Zahl der umweltrelevanten Altlasten ist so groß, daß sie nicht alle einzeln geprüft und bewertet werden können. Von der Gesellschaft Deutscher Chemiker (GDCh) wird deshalb eine Stoffliste mit den vorrangig zu behandelnden Stoffen herausgegeben, die unter Umweltgesichtspunkten als relevant angesehen werden [1.33]. Danach stellt sich dann die Frage nach erschwinglichen Technologien für die Sanierung [1.34].

Auch bei der Abfallanalytik handelt es sich meist um wesentlich höhere zu bestimmende Konzentrationen als z.B. bei der Rückstandsanalyse von Pestiziden. Schwierig gestaltet sich hier die viel komplexere und willkürlich zusammengesetzte Matrix, die von Charge zu Charge und von Ort zu Ort unterschiedlich ist. Eine vollständige Analyse ist kaum möglich, andererseits gehen potentielle Gefahren für Mensch und Umwelt von diskreten Einzelstoffen aus, die oft als Neben- oder Spurenbestandteile vorliegen. Deshalb werden in der Abfallanalytik sowohl Summenparameter und Schnelltests als gut auflösende chromatographische Verfahren für die Spurenanalytik eingesetzt, um matrixorientierte Aussagen über die Abfallzusammensetzung zu erhalten [1.35].

Weitgehend bewährt hat sich das analytische Konzept für Oberflächenwasser und Abwasser, das den Gewässerschutz in den Mittelpunkt auch der analytischen Aktivitäten stellt und nicht umgekehrt. So wird im gesetzlichen Bereich überwiegend darauf verzichtet, die in Abwasser oder Oberflächenwasser auftretende große Vielzahl von organischen Stoffen chromatographisch aufzutrennen, da sie in den meisten Fällen, schon aus Zeit- und Kostengründen, nicht annähernd vollständig identifiziert und quantifiziert werden können – ganz abgesehen davon, daß für die überwiegende Anzahl der uns bekannten mehr als etwa 7 Millionen chemischen Verbindungen keine toxikologische oder ökologische Bewertung vorliegt. Darüber hinaus kann häufig in der Praxis auf eine Einzelstoffaussage verzichtet werden. Dies trifft z.B. bei der Beurteilung von Abwasserbehandlungsverfahren zu, die im allgemeinen keine Stoffspezifität aufweisen, so daß der Reinigungserfolg problemlos mit einem Summenparameter beschrieben werden kann [1.36].

Die Charakterisierung der organischen Inhaltsstoffe erfolgt im Wasser daher traditionell in vielen Fällen mit Summenparametern, wobei meist Stoffe mit gleichen oder ähnlichen Eigenschaften in einem Bestimmungsverfahren zusammengefaßt werden. Die Palette der Summenparameter reicht dabei von den Kohlenwasserstoffen und dem Phenolindex mit einem schmalen Stoffspektrum bis zum CSB (chemischer **S**auerstoff**b**edarf), der eine Fülle von Substanzen erfaßt. Im Zuge von Rationalisierungsüberlegungen hat der TOC (**t**otal **o**rganic **c**arbon) im Wasserlabor an Boden gewonnen. Gegenüber dem CSB und dem BSB (**b**iologischer **S**auerstoff**b**edarf) zeichnet sich der TOC insbesondere dadurch aus, daß der Analysenablauf relativ einfach apparativ umgesetzt werden kann. Die Vielzahl von TOC-Geräten auf dem Markt sind ein Beweis dafür. Die meisten können überdies zu einem hohen Maße auch noch automatisiert werden, so daß der TOC schon heute in der Prozeßkontrolle vielfach eingesetzt wird. Auch für die BSB-Bestimmung sind neuartige, umweltfreundliche Meßgeräte auf dem Markt, die den Meßaufwand auf ein Minimum reduzieren [1.37].

Neben der chemischen Analytik gewinnen Biotests in der Abwasseranalytik an Bedeutung, da hiermit die Toxizität ermittelbar ist, die mit einer chemischen Analyse direkt nicht zugänglich ist. Bei den Biotests werden lebende Organismen in definierter Art und Anzahl eingesetzt, um mit deren Reaktion die Wirksamkeit der chemischen Inhaltsstoffe anhand ihrer Lebensäußerungen meßbar zu machen. Biotests sind also Summenparameter, die die biologische Gesamtwirkung einer Probe erfassen. Da Bakterien prinzipiell konservierbar sind, gibt es für die Anwendung von Biotests fertige Bakterienkonserven. Bei Leuchtbakterien ist die Leuchtreaktion an den Gesamtstoffwechsel dieser Bakterien gebunden. Eine Hemmung des Leuchtens dieser Bakterien in toxischen Proben wird mit einem Luminometer gemessen [1.38].

Viel anspruchsvoller liegen die Probleme bei der Abschätzung der globalen Risiken, wie z.B. durch den Treibhauseffekt, das Ozonloch [1.39] oder die Waldschäden und die vielen anderen, durch Schadstoffemissionen bedingten Veränderungen in unserer Umwelt [1.40]. Die größte Herausforderung an die Analytik besteht dabei immer dann, wenn bereits äußerst geringe Konzentrationen an Substanzen wirksam sind. Die hier relevanten Dimensionen von Konzentrationen, die teilweise bereits bis in den ppt-Bereich führen, sind nur noch schwierig vorstellbar und nicht minder schwierig zu bestimmen [1.41]. Aber nur zuverlässige Meßergebnisse bei hoher Nachweisempfindlichkeit erlauben auch zuverlässige Aussagen über die Auswirkungen bestehender Umweltbelastungen [1.42]. Diese werden dann in mathematischen Klimamodellen verknüpft, um die Vorgänge in dem komplexen System der Atmosphärenchemie zu simulieren [1.43].

Das Ansehen, das die Umweltanalytik in der breiten Öffentlichkeit erlangt hat, darf durchaus Zufriedenheit aufkommen lassen. Die Ruhe wird allerdings durch die zunehmende Kritik gestört, die sich die Analytik in der Öffentlichkeit gefallen lassen muß – insbesondere dann, wenn unliebsame Ergebnisse von Meßprogrammen oder Forschungsvorhaben verstärkt von Betroffenen mit Argumenten der analytischen Qualitätssicherung oder «guter Laborpraxis» attackiert werden. Mit wachsender Bedeutung der analytischen Ergebnisse muß die Professionalität der Umweltanalytik auf breiter Front wachsen [1.44].

Analog zur Durchsetzung des Qualitätsmanagementsystems nach DIN ISO 9000 werden sich auch Umweltschutzmanagementsysteme durchsetzen. Dabei ist zu hoffen, daß aus den Fehlern und Schwierigkeiten beim Qualitätsmanagementsystem gelernt wurde. Die EWG 1836/93 ist eine Verordnung über die freiwillige Beteiligung gewerblicher Unternehmen an einem Gemeinschaftssystem für das Umweltmanagement und die Umweltbetriebsprüfung. Mit Inkrafttreten am 1.7.1993 wird mit dieser EU-Verordnung in allen Ländern der Gemeinschaft ein Umweltschutzsystem installiert. Ziel von Umweltaudits ist es dabei, das Umweltbewußtsein in allen Organen eines Betriebes zu heben und damit eine ständige Verbesserung des Umweltstatus zu erreichen. Es ist also ein Instrument auf freiwilliger Basis, das eine systematische, regelmäßige, objektive und dokumentierte Bewertung der Leistung des Unternehmens hinsichtlich der Abläufe zum Schutz der Umwelt ermöglicht [1.45]. Öko-Audits in den Betrieben sind eine ergiebige Quelle von Verbesserungsvorschlägen, um den Umweltschutz kontinuierlich voranzutreiben [1.46].

Sicherlich wird diese neue Einrichtung auf gewisse Skepsis und zum Teil Ablehnung stoßen. Es steht aber außer Frage, daß die Menschheit über bestimmte Risiken informiert wird. Die gesamte Industrie und große Teile des Dienstleistungsbereichs haben die Aufgabe, durch eine offene und ehrliche Information dazu beizutragen, die Akzeptanz in der Bevölkerung zu verbessern. Die europäische Industrie vor allem in den überregulierten Hochlohnländern zieht sich bei der Produktion von Grundchemikalien, Massenprodukten und teilweise auch Zwischenprodukten aus den hochindustrialisierten Ländern zurück und wandert in Länder mit niedrigeren Löhnen ab. Nicht nur die Kostenunterschiede, sondern auch eine nicht zu unterschätzende Technologiefeindlichkeit in Europa, die eine schwindende Akzeptanz chemischer Prozesse in der Bevölkerung verursacht, sind dafür verantwortlich [1.47]. Riskante technische Prozesse werden aber durch eine Verlagerung in andere Länder nicht sicherer.

Die Umweltanalytik direkt vor Ort gewinnt immer größere Bedeutung [1.48] – seien es die Untersuchungen von Deponien oder Bodenaushüben oder der immer wichtiger werdende Bereich der Altlastenerfassung und -sanierung. Weiterhin ist die Vor-Ort-Untersuchung und Überwachung sogenannter Gefahrgüter zu erwähnen. Für all diese Untersuchungen ist eine schnelle Messung und Bewertung der Ergebnisse an Ort und Stelle erforderlich. So können Gefahrenquellen für Mensch und Umwelt schneller, sicherer und effektiver erkannt werden. Alle erdenklichen Analysen, insbesondere im Bereich der Spurenanalytik, können in kürzester Zeit mit modernsten Systemen durchgeführt werden. Heute besteht die Möglichkeit, nahezu alle modernen Analysengeräte in einen fahrbaren Laborwagen einzubauen. Selbst hochempfindliche Meßgeräte, wie GC-MS-Kopplungen oder ein Atomabsorptionsspektrometer, können zur mobilen Analytik vor Ort eingesetzt werden. Es werden also keine Schnelltestmethoden eingesetzt, sondern die im stationären Labor üblichen Geräte und Systeme, die den Anforderungen der dortigen Methoden (DIN-Norm oder EPA-Methode) entsprechen.

Zusammenfassend kann festgestellt werden, daß sich für die kommenden Jahre in der Umweltanalytik deutlich ein Trend zur High-Tech-Analytik abzeichnet, der auch vor besonders schwierigen Bestimmungsverfahren im Laboralltag nicht haltmacht. Die Geräte sind – gekoppelt mit moderner Elektronik, Steuerungs- und Regeltechnik – inzwischen so hochgezüchtet, daß man mit geeigneten Methoden Elemente und Verbindungen bis in den Pikogramm- und Femtogrammbereich nachweisen kann. Diese Entwicklung hat ihren Preis. Sowohl die Kosten für die Instrumentierung als auch für das hochqualifizierte Personal werden weiter zunehmen.

2 Wechselwirkung zwischen Licht und Materie

Bis zu Beginn des 20. Jahrhunderts gab es zwei Modelle zur Beschreibung der Strahlung, die Wellen- und Korpuskeltheorie, mit denen sich die verschiedenen physikalischen Phänomene beschreiben ließen. Man spricht deshalb auch vom Dualismus des Lichtes (Welle-Korpuskel). Bereits 1865 wurde von MAXWELL und HERTZ das einheitliche Wesen der elektromagnetischen Strahlung erkannt. Zur Beschreibung der Interferenz- und Beugungserscheinungen benötigt man die Wellennatur des Lichtes. Andererseits lassen sich auf den Compton-Effekt, wonach sich Röntgenlicht bei einem Stoß mit einem Elektron wie ein materielles Teilchen verhält, die Gesetze des elastischen Stoßes anwenden. Dieser Effekt läßt sich also physikalisch verstehen, wenn man das Licht als einen Strahl korpuskularer Photonen oder Quanten beschreibt. Das Strahlungsmodell der fliegenden Teilchen oder Korpuskeln geht ursprünglich auf NEWTON zurück. Quantitative Zusammenhänge zwischen den beiden Modellen wurden erstmals von PLANCK und EINSTEIN zu Beginn dieses Jahrhunderts abgeleitet.

Einen großen Schritt in der Geschichte der Naturwissenschaften mit weitreichenden Konsequenzen unternahm PLANCK im Jahre 1900. Zu dieser Zeit versuchte er, eine Theorie für die abgegebene Energie eines schwarzen Strahlers in Abhängigkeit von der Frequenz der emittierten Strahlung zu geben. Er nahm an, daß ein schwarzer Körper aus lauter harmonischen Oszillatoren (schwingungs- und strahlungsfähige Moleküle) aufgebaut ist. Nach klassischen Vorstellungen absorbieren oder emittieren solche Oszillatoren Strahlung ihrer Eigenfrequenz, wobei Absorption und Emission kontinuierlich erfolgen. Nach PLANCK erfolgen nun diese Vorgänge nicht kontinuierlich, sondern quantenhaft. Die Energie der absorbierten oder emittierten Strahlung – und damit auch die Energie der Oszillatoren – muß daher ein ganzzahliges Vielfaches eines Energiequants sein. Die Größe dieses Quants ist proportional der Eigenfrequenz ν_0 der Oszillatoren:

$$E = h \cdot \nu_0 \qquad h = 6{,}626\ 10^{-34}\ \mathrm{Js}$$

Die Proportionalitätskonstante h wird als Plancksche Konstante oder Plancksches Wirkungsquantum bezeichnet. Sie besitzt die Dimension einer Wirkung, Energie · Zeit. Die eigentliche gequantelte Größe hat die Dimension einer Wirkung, die gequantelte Energie ist hingegen nur eine Folge davon.

EINSTEIN erkannte in dem Planckschen Ausdruck das Bindeglied zwischen den beiden Modellvorstellungen des Lichtes. Der Energiebetrag E ist mit der Energie eines korpuskularen Strahlungsquantes identisch, wenn man die Eigenfrequenz ν_0 durch die beliebige Frequenz ν einer Strahlung ersetzt:

$$E = h \cdot \nu$$

Nach den Gesetzen der Mechanik haben dann auch die Photonen alle Eigenschaften, die man korpuskularen Teilchen zuordnet. Dieser Ausdruck stellt mehr als eine gewöhnliche Beziehung zwischen Energie und Frequenz dar. Er ist gewissermaßen der Ausdruck für den Bruch mit den klassischen Theorien und der Ausgangspunkt für eine völlig neue Phase in der Entwicklungsgeschichte der Naturwissenschaften. Seit Newtons Zeiten bestand die Vorstellung, daß die Energieänderungen eines jeden Systems kontinuierlich erfolgen. Sie basierte auf den Gesetzen der klassischen Mechanik und der Bruch damit machte, zumindest für den atomaren Bereich, die Entwicklung einer neuen Mechanik, der sog. Quantenmechanik, erforderlich.

Elektromagnetische Strahlung ist eine Form von Energie, wobei die Energie seiner Frequenz proportional ist. Es handelt sich um Transversalwellen, wobei die Schwingungen von elektrischem und magnetischem Vektor senkrecht aufeinanderstehen. Die Ausbreitungsgeschwindigkeit der elektromagnetischen Strahlung ist unabhängig von der Frequenz und beträgt im Vakuum 299 790 km s^{-1}. Man beschreibt die Strahlung entweder durch die Angabe der Frequenz oder durch die Angabe der Wellenlänge:

$c = \nu \cdot \lambda$ — c Lichtgeschwindigkeit
λ Wellenlänge des Lichtes
ν Frequenz des Lichtes

Elektromagnetische Strahlung kann in vielfacher Weise mit chemischen Prozessen in Wechselwirkung treten. Daneben ist es das wichtigste Hilfsmittel, um Struktureigenschaften und das chemische Verhalten von Molekülen zu bestimmen. Elektromagnetische Strahlung der unterschiedlichsten Wellenlängen und damit auch Energieinhalten wird zur Untersuchung verschiedener Aspekte von Materie benutzt. Das für analytische Aussagen genutzte Frequenzgebiet erstreckt von etwa 10^6 bis 10^{20} s^{-1}, also vom Bereich der Radiowellen, der Wärmestrahlung, des sichtbaren bis ultravioletten Lichtes bis hin zum Gebiet der Röntgen- und γ-Strahlung. Die Frequenzen von γ-Strahlen und Radiowellen unterscheiden sich um etwa 15 Zehnerpotenzen, um den gleichen Faktor differieren die Energiebeträge, die bei der Emission bzw. Absorption dieser Strahlung durch Wechselwirkung mit der Materie umgesetzt werden.

2.1 Innere und äußere Wechselwirkungen

Trifft ein Lichtstrahl der Intensität I_0 auf eine zu untersuchende Probe, so wird ein Teil dieser Strahlung an der Oberfläche reflektiert (I_r), ein anderer Teil (I_s) von eventuell in der Probe vorhandenen Teilchen gestreut und ein dritter Teil (I_a) von den Molekülen absorbiert. Der Rest I wird durchgelassen, wie in Bild 2.1 dargestellt. Es gilt somit:

$$I_0 = I_r + I_s + I_a + I$$

Man hat damit zwischen äußeren, nichtgequantelten und inneren, gequantelten Effekten zu unterscheiden.

Bild 2.1 Intensitätsschwächung eines Lichtstrahles (I_0) durch Absorption (I_a), Reflexion (I_R) und Streuung (I_S)

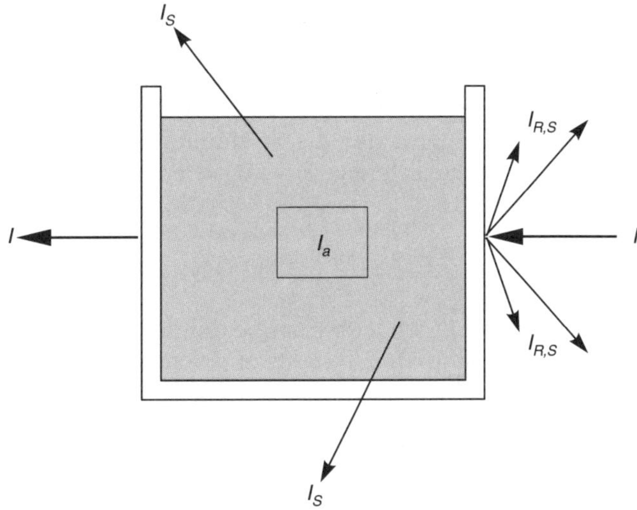

I_r hängt in bezug auf Größe und Richtung nur von den makroskopischen Eigenschaften der Probe ab und sagt nichts über deren innermolekularen Aufbau aus.

I_s wird vom Verhältnis der Teilchendurchmesser zur Wellenlänge des Lichtes bestimmt und ist am größten, wenn beide in vergleichbarer Größenordnung liegen. Streustrahlung kann sowohl von den sehr kleinen Teilchen kolloidaler Lösungen (Tyndall-Streuung) als auch von einzelnen Molekülen (Rayleigh-Streuung) ausgehen. Beim Rayleigh-Phänomen versetzt das Erregerlicht die Elektronen des Moleküls in erzwungene Schwingungen. Diese schwingenden elektrischen Dipole stellen sekundäre Strahlungsquellen dar, wobei das emittierte Licht die gleiche Wellenlänge wie das Erregerlicht hat. Auch diese Streueffekte gehören zu den äußeren Effekten.

I_a dagegen ist derjenige Anteil, der von den Molekülen absorbiert wird. Im allgemeinen wandelt sich dabei die Lichtenergie in eine andere Energieform um. Dieser Umwandlungsprozeß verläuft über Anregungszustände des Moleküls.

2.2 Absorptions- und Emissionsspektroskopie

Atome und Moleküle existieren in diskreten Energiezuständen. Zwischen diesen Zuständen sind Übergänge möglich durch Aufnahme oder Abgabe von Energie. Bei Absorptionsmessungen wird die Änderung der von einer Lichtquelle ausgehenden Strahlung beim Einführen eines absorbierenden Stoffes in den Strahlengang verfolgt. Die Materie entnimmt hierbei unter Übergang in energiereichere Anregungszustände dem Licht Energie. Je nach Energie der Strahlung können verschiedene Anregungszustände untersucht werden. Diese Anregungszustände sind Energiezustände des Atoms oder Moleküls, die bei Strahlungsabsorption eine Änderung erfahren: Das Atom oder Molekül wird von einem vorliegenden Energiezustand E_a in einen anderen Energiezustand E_e übergeführt, wobei $E_e > E_a$ ist.

Da sich diese Vorgänge in atomaren bzw. molekularen Dimensionen abspielen, gelten für sie die Gesetze der Quantentheorie, wonach ein Molekül nicht beliebige, sondern nur ganz bestimmte innere Energiezustände einnehmen kann.

Zur Anregung von Zustand *A* in den Zustand *B* ist eine diskrete Energie notwendig, d.h., es wird nur die Strahlung absorbiert, deren Strahlungsenergie *E* gleich der Energiedifferenz ΔE zwischen dem Anregungszustand *B* und dem Grundzustand *A* ist:

$$\Delta E = E_b - E_a$$

während Strahlung anderer Energie durchgelassen wird. Zwischen dem Energiegewinn des molekularen Systems und der Frequenz ν bzw. der Wellenlänge λ des absorbierten Lichts besteht die Beziehung

$$\Delta E = h\,\nu = h\,c/\lambda$$

Die Hauptaufgabe der Absorptionsspektroskopie besteht darin, Zusammenhänge zwischen der Lage und Intensität dieser Absorptionsstellen und einer Reihe von Eigenschaften der untersuchten Probe zu finden.

Umgekehrt kann auch ein «angeregtes», d.h. auf einem höheren Energieniveau befindliches Atom oder Molekül unter Aussendung von Licht der Frequenz ν in einen um ΔE energieärmeren Zustand übergehen. Man unterscheidet also Absorptions- und Emissionsspektren. Emissionsmessungen sind dadurch möglich, daß die durch hohe Temperaturen, Elektronenstoß oder Strahlungsabsorption angeregten Atome oder Moleküle ihre überschüssige Energie in Form von Strahlung wieder abgeben und dabei selbst «leuchten».

2.3 Atom- und Molekülspektroskopie

Um zu verstehen, welche Elementarvorgänge ein Molekül zur Absorption oder Emission elektromagnetischer Strahlung veranlassen können, muß man von den viel einfacheren Verhältnissen bei freien Atomen ausgehen. Für ein Atom sind nur ganz bestimmte Energieniveaus möglich, von denen jedes einer charakteristischen Elektronenkonfiguration entspricht. Alle Energieänderungen innerhalb eines Atoms kommen durch Elektronenübergänge zwischen solchen Orbitalen verschiedener Energie zustande. Wegen ihrer begrenzten Anzahl kann daher der Austausch von Energie mit der Umgebung nicht kontinuierlich erfolgen, sondern geschieht in ganz bestimmten ΔE-Beträgen, die den Energiedifferenzen der Elektronenniveaus gleich sind und denen ganz bestimmte Frequenzen des absorbierten und emittierten Lichtes entsprechen. Diese Frequenzen sind gewissermaßen die «Eigenfrequenzen» des atomaren Systems, dessen Wechselwirkung mit der elektromagnetischen Strahlung man näherungsweise – wie es die klassische Dispersionstheorie sagt – in Analogie zur Resonanz mechanischer Oszillatoren beschreiben kann. So wie z.B. eine Stimmgabel unter Energieaufnahme in Schwingungen gerät, wenn die Frequenz des erregenden Schalls mit ihrer Eigenfrequenz übereinstimmt, so finden bei der Einstrahlung der atomaren Eigenfrequenzen die «Quantensprünge» der Elektronen auf höhere Energieniveaus statt.

Aus einem Lichtkontinuum absorbiert ein Atom infolgedessen nur diejenigen Frequenzen ν_1, ν_2, ν_3 usw., die seinen Eigenfrequenzen entsprechen. Die gleichen Frequenzen können von einem angeregten Atom bei den umgekehrten Elektronensprüngen auf energieärmere Orbitale emittiert werden.

Atomspektren sind Linienspektren.

Ihre Absorptionen und Emissionen liegen im Gebiet des sichtbaren und ultravioletten Lichtes, weil die Differenzen ΔE zwischen den äußeren Elektronenschalen, zwischen denen die zugehörigen Übergänge stattfinden, gerade diesem Frequenzbereich der elektromagnetischen Strahlung äquivalent sind. Bei Atomen werden beide Übergänge, d.h. Absorption und Emission, spektroskopisch genutzt. Man unterscheidet also Atomabsorptions- und Atomemissions-Spektroskopie.

Durch den komplizierteren Aufbau sind bei Molekülen vielfältigere Energieübergänge möglich als bei Atomen. Auch das Elektronensystem eines Moleküls baut sich aus diskreten Elektronenniveaus verschiedener Energie auf und ähnelt darin weitgehend der atomaren Elektronenhülle. Deshalb findet man auch bei den Molekülen in der Nähe des Sichtbaren liegende und auf Elektronenübergänge beruhende Absorptionen. Aber es handelt sich hier nicht um einzelne Absorptionslinien, sondern um Absorptionsbanden, die aus sehr vielen einzelnen Linien bestehen.

Molekülspektren sind Bandenspektren.

Sie kommen dadurch zustande, daß bei den Molekülen im Gegensatz zu den Atomen der Elektronenübergang nicht die einzige mögliche Art der Änderung des Energieinhaltes ist. Beim Zusammentritt zweier oder mehrerer Atome zu einem Molekül entsteht ein zu Atomschwingungen befähigtes Gebilde, dessen Schwingungsenergie in ähnlicher Weise gequantelt ist wie die Energie der Elektronen.

Die durch die Eigenfrequenzen der Schwingungen bestimmten und zu ihrer Anregung erforderlichen Energiequanten ΔE sind jedoch sehr viel kleiner als die zur Elektronenanregung benötigten Energiebeträge, so daß Schwingungsabsorptionen nicht in der Gegend des Sichtbaren, sondern im energieärmeren infraroten Gebiet des elektromagnetischen Strahlungsspektrums liegen.

Im Gegensatz zu einem Atom kann schließlich ein Molekül Energie auch in Form von Rotationsenergie aufnehmen. Da die zur Rotationsanregung benötigten Energiequanten noch kleiner sind als die Schwingungsenergiequanten, liegen die Rotationsabsorptionen noch weiter im längerwelligen Teil des Spektrums, im Gebiet des fernen Infrarots und der Mikrowellen, denen Wellenlängen in der Größenordnung von Millimetern und Zentimetern entsprechen.

Lediglich die Rotationsübergänge lassen sich isoliert von anderen inneren Energiezustandsänderungen des Moleküls untersuchen. Man erhält jedoch nur dann ein Linienspektrum, wenn die Anregung an hochverdünnten Gasen erfolgt. Sonst werden die freien Rotationen der Moleküle durch zwischenmolekulare Stöße in unterschiedlicher Weise gestört, und die Linienkonturen verwischen.

Bei der Schwingungsanregung ist das nicht möglich, da die dafür erforderliche Energie stets auch zur Rotationsanregung ausreicht, so daß jeder Schwingungsübergang von einer Reihe von Rotationsübergängen begleitet ist, die sehr dicht beieinanderliegen. Noch komplizierter sind die Verhältnisse bei der Anregung von Elektronenübergängen, die stets von den verschiedensten Schwingungs- und Rotationsübergängen begleitet sind.

Jeder Schwingungs- bzw. Elektronenübergang besteht demnach aus einer Folge dicht benachbarter Linien, die bei komplizierten Molekülen mit kommerziellen Spektrometern im allgemeinen nicht mehr aufgelöst werden und zu Absorptionsbanden zusammenfließen. An festen, flüssigen oder gelösten Stoffen ist grundsätzlich die Beobachtung der Linienstruktur wegen zwischenmolekularer Störungen unmöglich. Dies ist der Grund für das Auftreten der oben erwähnten Bandenspektren, die bei den Molekülen im sichtbaren und ultravioletten Spektralbereich an die Stelle der atomaren Linienspektren treten (Bild 2.2).

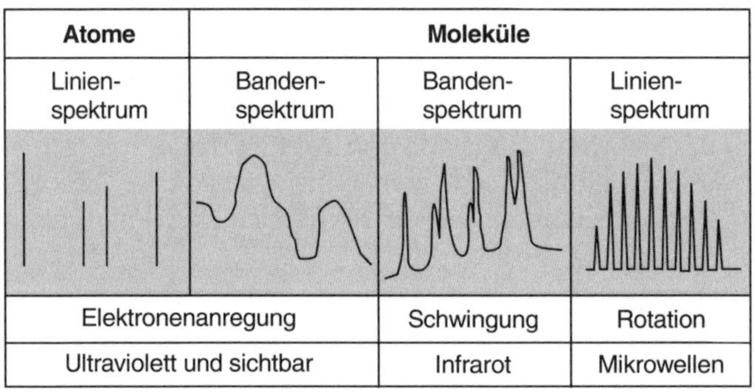

Bild 2.2 Schematische Darstellung des Rotations-, Schwingungs- und Elektronenspektrums von Molekülen bzw. Atomen

Die Quantensprünge der energiereichsten Bewegung (z. B. der Elektronenanregung) legen die Bandenlagen fest, die begleitenden Überlagerungen energieärmerer Übergänge (Rotation und Schwingung) dagegen die Bandenform.

Wie bei der Atomspektroskopie unterscheidet man auch bei den Molekülspektren die Meßarten Absorption (UV/Vis- und IR-Spektroskopie) und Emission (Fluoreszenz-Spektroskopie).

2.4 Anregungsbedingungen

Es ist die Frage zu klären, auf welche Art ein Molekül mit elektromagnetischer Strahlung in Wechselwirkung treten kann und in welcher Form die Strahlungsenergie aufgenommen wird.

Eine Absorption elektromagnetischer Strahlung ist nur bei solchen Molekülen möglich, die ein permanentes Dipolmoment besitzen.

Nach der klassischen Theorie der elektrischen Dipole führt die periodische Änderung ihrer Richtung, Größe oder auch beides im Raum zur Emission elektromagnetischer Strahlung. Ist die Frequenz der periodischen Änderung des Dipols ν_a, so ist die Frequenz der emittierten Strahlung ebenfalls ν_a. Die periodische Bewegung des Dipols klingt dabei allmählich ab, seine Energie wird in Strahlung umgewandelt.

Umgekehrt ist es ebenfalls möglich, daß ein ruhender elektrischer Dipol durch die Absorption elektromagnetischer Strahlung zu periodischen Bewegungen angeregt wird. Das elektromagnetische Wechselfeld des Lichtes greift an den positiven bzw. negativen Ladungsschwerpunkten des Dipols an und regt ihn zu den entsprechenden periodischen Bewegungen an. Diese Verhältnisse sind an einem zweiatomigen Molekül, das ein permanentes Dipolmoment besitzt (z.B. CO, HCl, NO u.a.), in Bild 2.3 schematisch dargestellt.

Bild 2.3 Änderung des molekularen Dipolmomentes durch Rotation, Schwingung und Elektronenanregung

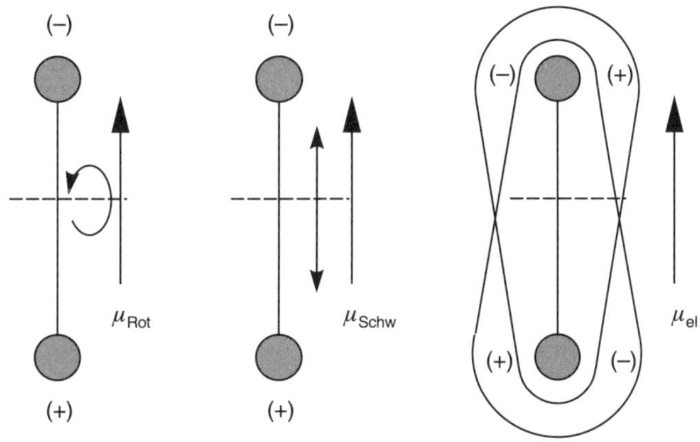

Eine Änderung des Dipolmomentes bezüglich Größe und Richtung erfolgt durch Rotation (Fall a), Schwingung (Fall b) und durch Änderung der Elektronenverteilung im Molekül (Fall c). Alle drei Bewegungsformen sind periodischer Natur. So läßt sich für den Fall a eine Rotationsfrequenz μ_{Rot}, für Fall b eine Schwingungsfrequenz μ_{Schw} und für Fall c eine Elektronenfrequenz μ_{el} angeben.

> Die periodische Änderung eines molekularen Dipolmomentes durch Rotation, Schwingung oder Elektronenanregung kann nur mit ganz bestimmten Frequenzen erfolgen.

Eine Absorption tritt dann ein, wenn die Lichtfrequenz mit einer der möglichen Dipolfrequenzen übereinstimmt. Damit wird die selektive Absorption aus einer kontinuierlichen Strahlung aller Frequenzen verständlich. Besitzt ein zweiatomiges Molekül kein Dipolmoment (z.B. H_2, N_2, Cl_2), ist also $\mu_{rot.} = \mu_{schw.} = 0$, so können Rotation und Schwingung durch Strahlungsabsorption nicht angeregt werden. Die beiden Bewegungsformen sind dann «inaktiv».

Diese Anregungsbedingungen gelten nicht nur für zweiatomige Verbindungen, sondern sind auch auf komplizierte Moleküle sinngemäß zu übertragen. Während die Absorptionsfrequenzen durch die möglichen Frequenzen des Dipols festgelegt werden, hängt die Größe der Absorption einmal von der Größe der Dipolmomentsänderung und zum anderen von der Richtung ab, die der Dipol zu dem Lichtvektor einnimmt. Je größer die Dipolmomentänderung ist, desto größer ist auch die Absorption.

Bei gegebener Größe des Dipols wird die Absorption am stärksten, wenn die Richtungen von Dipol und Lichtvektor parallel sind, sie wird Null, wenn sie senkrecht aufeinanderstehen. Diese Richtungsabhängigkeit läßt sich aber nur unter Verwendung von polarisiertem Licht und an Proben nachweisen, in denen die Moleküle orientiert sind (z. B. in Einkristallen). In allen anderen festen, flüssigen und gasförmigen Proben sind die Moleküle statistisch in alle Raumrichtungen orientiert, so daß die Richtungsabhängigkeit der Absorption nicht mehr nachweisbar ist.

2.5 Einteilung der Spektralbereiche

Das sichtbare Licht ist ein Teil des elektromagnetischen Spektrums, der vom menschlichen Auge wahrgenommen werden kann. Aus diesem Grund war es auch dieser Ausschnitt des Spektrums, der für chemische Analysen zuerst genutzt wurde. Das elektromagnetische Spektrum reicht von der energiereichen kosmischen Strahlung über die Röntgenstrahlung, die UV-Strahlung und das sichtbare Licht bis hin zur Infrarotstrahlung und zu den energiearmen Radiowellen. Die Frequenzen von γ-Strahlen und Radiowellen unterscheiden sich um 15 Zehnerpotenzen, und um den gleichen Faktor differieren die Energiebeträge, die bei der Emission bzw. Absorption dieser Strahlung durch Wechselwirkung mit der Materie umgesetzt werden (Tabelle 2.1).

Tabelle 2.1 Einteilung der Spektralbereiche

Spektrum	Wechselwirkung	Spektralbereich	Wellenlänge
Röntgenspektrum	Rumpfelektronen	Röntgen	0,01 – 1 nm
Elektronenspektrum	σ-Elektronen	Vakuum-UV	10 – 190 nm
	π-, n-Elektronen	UV	190 – 380 nm
		Vis	380 – 800 nm
Schwingungsspektrum	Oberschwingungen	nahes IR	0,8 – 2,5 µm
	Molekülschwingungen	IR	2,5 – 50 µm
Rotationsspektrum	Molekülrotation	fernes IR	50 – 500 µm
		Mikrowellen	0,5 – 3 µm

Die Emission der γ-Strahlen, deren Wellenlänge nur 10^{-11} cm beträgt, erfolgt aufgrund von Kernreaktionen. Röntgenstrahlen mit Wellenlängen von 10^{-8} cm entstehen durch Elektronenübergänge zwischen inneren Elektronenschalen, den sog. Rumpfelektronen. Sie sind praktisch unabhängig vom Bindungszustand der Atome. Zur Anregung der Rotation, der Schwingung und zur Elektronenanregung von Molekülen wird nur ein relativ kleiner Spektralbereich mit Wellenlängen von 10^{-1} bis 10^{-6} cm benutzt. Das Gebiet des infraroten, sichtbaren und ultravioletten Lichtes bezeichnet man auch als das «optische Spektrum», da hier optische Bauelemente, wie Linsen, Spiegel, Prismen und Gitter, als experimentelle Hilfsmittel benutzt werden.

Die geringste Strahlungsenergie benötigt die Rotation eines Moleküls um die drei Trägheitsachsen x, y, z. Die Strahlungsenergie ist nicht mit der Strahlungsintensität zu verwechseln. Die Strahlungsintensität ist ein quantitatives Maß der Stärke einer Strahlung und enthält die Wellenlänge λ nicht in ihrer Definition, während die Energie, hier ausgedrückt durch λ, die Qualität der Strahlung beschreibt. Die Rotation wird schon durch sehr langwellige Strahlung angeregt und fällt in den Bereich der Mikrowellen bzw. in das ferne IR.

Die Molekülschwingungen bedürfen zu ihrer Anregung höhere Energie. Die Absorption erfolgt bei kürzeren Wellenlängen im Bereich der infraroten Strahlung. Dabei beginnen die Atome oder Atomgruppen der Moleküle um ihre Ruhelage zu schwingen. Da hierbei gleichzeitig Molekülrotationen angeregt werden, handelt es sich genauer gesagt um Rotations-Schwingungs-Spektren.

Bei Wellenlängen unterhalb 800 nm, d.h. im sichtbaren und ultravioletten Bereich, reicht die Energie der Strahlung aus, um mit den Elektronen der Moleküle in Wechselwirkung zu treten. Dabei werden nur die Valenzelektronen von Verbindungen angeregt, wobei die locker gebundenen π-Elektronen der Mehrfachbindungen und die n-Elektronen von Heteroatomen langwelliger absorbieren als die σ-Elektronen der Einfachbindungen. Da hierbei alle drei Bewegungsarten angeregt werden, handelt es sich um Rotations-Schwingungs-Elektronen-Spektren.

2.6 Maßsysteme der Spektroskopie

Ein Absorptionsspektrum wird durch zwei Parameter bestimmt:

- □ Die Absorptionsstelle, bei der das Licht so energiereich ist, daß eine bestimmte Wechselwirkung zwischen Strahlung und Molekül erfolgt,
- □ die Absorptionsintensität als Maß dieser Wechselwirkung bei einer Absorptionsstelle.

2.6.1 Absorptionsstelle

Es bestehen mehrere Möglichkeiten, die Absorptionsstelle zu charakterisieren. Da die elektromagnetische Strahlung einen Schwingungsvorgang darstellt, benutzt man folgende drei Größen:

- □ die Wellenlänge λ,
- □ die Wellenzahl ν' (reziproke Wellenlänge),
- □ die Frequenz ν.

Diese Meßgrößen sind untereinander folgendermaßen verknüpft:

$$\nu' = 1/\lambda = \nu/c$$

2.6.2 Absorptionsintensität

Neben der Absorptionswellenlänge bzw. -frequenz ist die Messung der Absorptionsintensität die zweite wichtige Charakteristik, die spektroskopische Untersuchungen liefern. Die Absorptionsintensität hängt zum einen von der Besetzungsdichte, zum anderen von der Übergangswahrscheinlichkeit ab.

2.6.2.1 Besetzungsverhältnis

Neben der Lichtenergie kann auch die thermische Energie angeregte Zustände erzeugen. Das heißt, je nach der umgebenden Temperatur können die einzelnen Energieniveaus unterschiedlich besetzt sein. Eine Absorption kann nur in dem Ausmaß zustandekommen, in dem der energieärmere Zustand stärker besetzt ist als der energetisch höhere Zustand. Bei einer sehr großen Anzahl identischer Teilchen (Atome oder Moleküle) sind die einzelnen Energieniveaus unterschiedlich besetzt. Im thermischen Gleichgewicht gilt für die Besetzung der beiden Zustände E_0 des Grundzustandes und E_1 des angeregten Zustandes die Boltzmann-Verteilung:

$$\frac{N_1}{N_0} \sim \exp\left(-\frac{\Delta E}{kT}\right)$$

N_1 Teilchenzahl im angeregten Zustand
N_0 Teilchenzahl im Grundzustand
ΔE Anregungsenergie $E_1 - E_0$
k Boltzmann-Konstante ($1{,}38\ 10^{-23}$ JK^{-1})
T absolute Temperatur

Im thermodynamischen Gleichgewicht bestimmt also bei vorgegebener Temperatur der Abstand der Energieniveaus das Besetzungsverhältnis zwischen N_1 und N_0. Ist der Abstand der Energieniveaus groß gegenüber der thermischen Energie, so ist der Grundzustand bedeutend dichter besetzt als der angeregte Zustand. Liegt der angeregte Zustand nahe beim Grundzustand, dann nähert sich das Besetzungsverhältnis dem Wert Eins und wird dann von einer Temperaturänderung besonders stark beeinflußt.

Die thermische Energie kT liegt bei Raumtemperatur bei etwa 1260 J mol^{-1}, dies entspricht einer Wellenzahl von etwa 100 cm^{-1}. Das bedeutet, bei allen spektroskopischen Methoden im Frequenzgebiet unterhalb von 100 cm^{-1} ist mit einer ungefähren Gleichbesetzung der Energienieniveaus zu rechnen.

Sowohl bei der Elektronenanregung als auch bei der Schwingungsanregung sind die Energiedifferenzen zwischen Grundzustand und angeregtem Zustand normalerweise sehr viel größer als die thermische Energie, so daß die Stoffe im jeweiligen Grundzustand vorliegen und damit die maximal mögliche Menge für die Lichtabsorption zur Verfügung steht. Dagegen sind die Anregungsenergien für die verschiedenen Rotationszustände kleiner als die thermische Energie bei Zimmertemperatur. Unter normalen Bedingungen sind daher die Molekülrotationen im Gegensatz zu den Schwingungen schon thermisch angeregt. Die beobachtbaren Intensitäten sind dementsprechend geringer.

2.6.2.2 Übergangswahrscheinlichkeit

Es ist offensichtlich, daß die Absorptionsintensität davon abhängt, wie häufig Übergänge zwischen den einzelnen Energieniveaus stattfinden oder, anders ausgedrückt, wie groß die Übergangswahrscheinlichkeit ist. Nicht jeder Übergang zwischen zwei Energiezuständen ist gleich wahrscheinlich. Die Übergangswahrscheinlichkeit kann als Zahl der Energieübergänge je Zeiteinheit angesehen werden.

Die verschiedenen Übergangswahrscheinlichkeiten und damit die beobachteten Absorptionsintensitäten bei der Elektronenanregung können sich um mehrere Zehnerpotenzen unterscheiden. Bei der Spektrenaufnahme im entsprechenden UV/Vis-Bereich ist es deshalb sinnvoll, die Absorption im logarithmischen Maßstab, d.h. in Extinktion, aufzuzeichnen. Bei den Schwingungsanregungen sind die Unterschiede in den Übergangswahrscheinlichkeiten viel geringer, eine Aufzeichnung der Absorption im linearen Maßstab ist hier geeigneter.

2.6.2.3 Lambert-Beersches Gesetz

In der Absorptionsspektroskopie werden praktisch ausschließlich Intensitätsverhältnisse bestimmt. Trifft ein monochromatischer Lichtstrahl mit der Intensität I_0 auf eine Probe, die dieses Licht absorbiert, dann verläßt der Lichtstrahl die Probe mit der geschwächten Intensität I. Da ausschließlich die Schwächung der Lichtintensität durch die Absorption der Probe interessiert, sind Reflexion und Streuung störende Begleiterscheinungen, die auf verschiedene Weise eliminiert werden müssen. Das kann z.B. dadurch geschehen, daß man die Intensität I nicht auf I_0 bezieht, sondern auf ein durch Reflexion und Streuung bereits geschwächtes I_0. Praktisch verfährt man meist so, daß in einen Vergleichsstrahl der gleichen Intensität I_0 eine Absorptionszelle gleicher Bauart eingesetzt wird, die im Falle der Untersuchung an Lösungen das reine Lösungsmittel enthält. Das aus dieser Vergleichsküvette austretende Licht I_0 ist durch I_r und I_s und evtl. I_a des Lösungsmittels geschwächt.

Man definiert:

$$\frac{I}{I_0} \cdot 100\,\% = T \text{ Transmission} \qquad \frac{I_0 - I}{I_0} \cdot 100\,\% = 1 - T = A \text{ Absorption}$$

A und T sind noch keine Materialkonstanten. Sie hängen von der Schichtdicke und, da die Untersuchungen häufig an Lösungen durchgeführt werden, von der Konzentration des absorbierenden Mediums ab. Bezüglich der Intensität einer Absorption sind zwei empirische Gesetze formuliert worden. Das Lambertsche Gesetz sagt aus, daß die absorbierte Lichtmenge unabhängig von der Intensität der Strahlungsquelle ist. Das Beersche Gesetz sagt aus, daß die Absorption proportional der Zahl der absorbierenden Moleküle ist.

Daraus läßt sich die folgende Beziehung ableiten:

Lambert-Beersches Gesetz:

$$\log (I_0/I) = \varepsilon\, c\, d = E_\lambda$$

Die Größe E_λ bezeichnet man als Extinktion. Sie ist als Logarithmus des Quotienten der Intensität des einfallenden und des austretenden Lichtes dimensionslos. d ist die Weglänge des Lichtes durch die absorbierende Probe, d.h. die Schichtdicke. ε ist eine Materialkonstante, die, falls die Konzentration c in Mol/l und die Schichtdicke d in cm eingesetzt werden, als molarer Extinktionskoeffizient mit der Dimension cm/Millimol bezeichnet wird. Er gibt die Extinktion einer 1molaren Lösung bei einer Schichtdicke von 1 cm an. Bild 2.4 zeigt die Abnahme der Lichtintensität beim Durchgang durch die Absorptionszelle.

Der Zusammenhang zwischen Absorption, Transmission und Extinktion ist in Tabelle 2.2 beispielhaft dargestellt.

Eine Lichtschwächung auf $^1/_{10}\, I_0$ bedeutet also eine Absorption von 90 % bzw. eine Transmission von 10 %, die Extinktion beträgt 1,000.

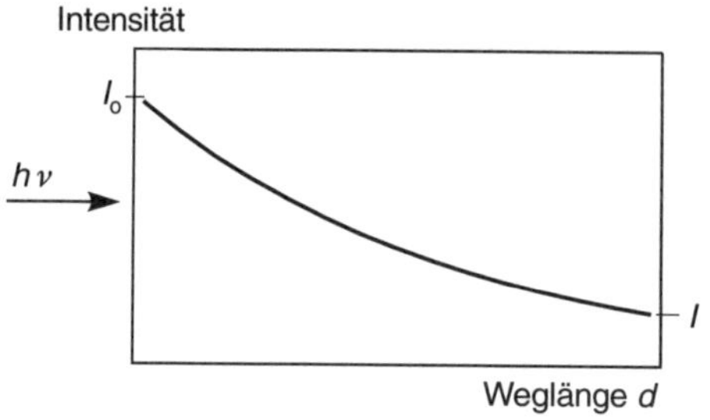

Bild 2.4 Abnahme der Lichtintensität in der Absorptionszelle

Tabelle 2.2 Beispiele für den Zusammenhang zwischen Absorption A, Transmission T und Extinktion E

I	A	T	E
$I = I_0$	0 %	100 %	0,000
$I = 1/10\, I_0$	90 %	10 %	1,000
$I = 1/100\, I_0$	99 %	1 %	2,000

2.7 Qualitative und quantitative Analyse

Mit Hilfe der Spektroskopie kann man sowohl qualitative als auch quantitative Ergebnisse erzielen. Im Idealfall müssen die Stoffe dabei aber als Reinsubstanzen vorliegen, da sich bei einem Substanzgemisch die jeweiligen Absorptionen der Einzelsubstanzen addieren, wenn nicht zusätzlich noch zwischenmolekulare Wechselwirkungen eintreten. Liegt ein unbekanntes Substanzgemisch vor, ist damit zumindest für die Molekülspektroskopie eine vorhergehende Auftrennung in die Einzelsubstanzen, z. B. mit Hilfe chromatographischer Verfahren, notwendig. Im Gegensatz dazu hat die Atomspektroskopie mit ihren Besonderheiten eine extrem hohe Selektivität, so daß hierbei eine Trennung in Einzelsubstanzen im allgemeinen nicht erforderlich ist, falls nicht irgendwelche Querstörungen auftreten.

2.7.1 Qualitative Analyse

Das Absorptionsspektrum, d. h. die graphische Aufnahme der Lichtabsorption gegen die Wellenlänge bzw. Frequenz des Lichtes, liefert die Aussage, um welchen

Stoff es sich handelt. Verschiedene Substanzen, durch die chemische Strukturformel beschrieben, unterscheiden sich in ihrem atomaren, räumlichen und elektronischen Aufbau. Jede Substanz reagiert deshalb anders bezüglich einer Elektronen-, Schwingungs- oder Rotationsanregung und liefert deshalb ein eigenes charakteristisches Spektrum. Für jede Substanz ist also ihr Absorptionsspektrum genauso einmalig wie der Fingerabdruck beim Menschen.

Bei einem Substanzgemisch erhält man das Summenspektrum aller enthaltenen Substanzen. Mathematisch liegt hier das Problem 1 Gleichung (= 1 Spektrum) mit n Unbekannten (= n Substanzen) vor. Wenn sich die Absorptionsbereiche der einzelnen Substanzen überlagern, läßt sich aus dem Summenspektrum damit nicht auf die Art und Menge der Einzelsubstanzen schließen. Nur wenn sich die Absorptionsbereiche der Einzelsubstanzen im Gesamtspektrum nicht überschneiden, kann man im Prinzip die Einzelsubstanzen identifizieren.

Ein Spezialfall liegt dann vor, wenn n^{-1} Substanzen und damit auch ihre Absorptionsspektren bekannt sind. Mit entsprechendem rechnerischen Aufwand, heute durch die integrierten Computer problemlos, kann man diese bekannten Spektren von dem aufgenommenen Summenspektrum subtrahieren, und man erhält das Spektrum der einen unbekannten Substanz.

Auf der anderen Seite wird die Aufnahme des Spektrums einer Substanz als schnelle Methode zur Reinheitskontrolle genutzt. Jede geringe Veränderung im Spektrum der Reinsubstanz deutet auf eine Verunreinigung hin. Je «komplizierter» ein Spektrum aufgebaut ist, d.h. je mehr Banden enthalten sind, um so besser ist es möglich, schon geringe Veränderungen im Spektrum zu erkennen.

2.7.2 Quantitative Analyse

Grundlage der quantitativen Analyse ist das Lambert-Beersche Gesetz, d.h. die Bestimmung der Extinktion E bei einer Wellenlänge, bei der die Substanz Licht absorbiert. Dieses Gesetz gilt für alle Arten der Lichtabsorption, also sowohl für Elektronen- als auch Schwingungs- und Rotationsanregung. Aufgrund verschiedener Ursachen können in der Realität wahre und scheinbare Abweichungen auftreten.

Das Lambert-Beersche Gesetz gilt aber streng nur für monochromatisches Licht und für ideale Lösungen (Konzentration $\rightarrow 0$), denn der molare Extinktionskoeffizient ε kann nur dann konzentrationsunabhängig sein, wenn der Zustand der absorbierenden Moleküle nicht durch intermolekulare Wechselwirkungen wie Assoziation oder Dissoziation, Komplexbildung, Änderung des Solvatationsgrades usw. konzentrationsabhängig beeinflußt wird. In der Praxis kann man meist gute Linearität zwischen der Extinktion und der Konzentration bis zu einem Extinktionswert von etwa 1,000 erhalten, oberhalb dieses Wertes findet man zunehmende Abweichung von der Linearität. Sehr genaue Analysen sollten mit Extinktionen $< 0{,}5$ durchgeführt werden. Die Anwendung des Lambert-Beerschen Gesetzes erfolgt nach den beiden Gleichungen

$$\varepsilon = \frac{E}{c \cdot d} \qquad \text{und} \qquad c = \frac{E}{\varepsilon \cdot d}$$

Diese Gleichung gestattet, die Konzentration *c* eines Stoffes aus der gemessenen Extinktion *E* zu berechnen, wenn dessen molarer Extinktionskoeffizient ε bekannt ist. Die Konzentrationsbestimmung erfolgt am zweckmäßigsten bei der Wellenlänge des Bandenmaximums.

In der Praxis verfährt man jedoch meist so, daß man die Extinktion *E* an Lösungen verschiedener bekannter Konzentrationen *c* ermittelt und *E* gegen *c* graphisch aufträgt. Bei Gültigkeit des Lambert-Beerschen Gesetzes erhält man, wenn man die Schichtdicke *d* konstant hält, eine Gerade, da ε = konstant ist, die im Idealfall durch den Nullpunkt geht, wie in Bild 2.5 dargestellt.

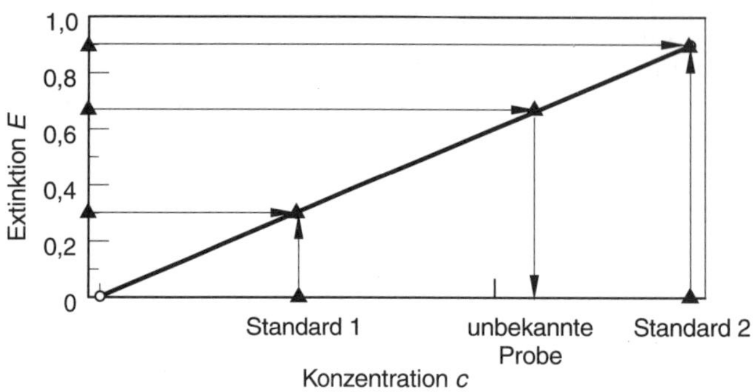

Bild 2.5 Kalibrierkurve für die quantitative Analyse, mit zwei Standards ermittelt

Da man in der Absorptionsspektroskopie nur die Lichtschwächung *I* im Verhältnis zur Ausgangsintensität I_0 bestimmt, muß man also prinzipiell immer zwei getrennte Messungen für die beiden Lichtintensitäten machen. Das heißt, man bestimmt zunächst I_0, indem man die Emissionsintensität mißt, die von der Strahlungsquelle ohne Probe in der Absorptionszelle zum Detektor gelangt. Das entsprechende Signal wird auf der Anzeige des Gerätes (früher Analogzeiger, heute Digitalanzeige) auf 100 % Transmission oder der entsprechenden Extinktion 0,000 eingestellt. Alle moderneren Geräte haben hierfür einen «Autozero»-Schalter. Anschließend wird die entsprechende Messung mit der Probe in der Absorptionszelle durchgeführt und die durch Absorption geschwächte Intensität *I* bestimmt. Das Prinzip zur quantitativen Analyse ist in Bild 2.6 dargestellt.

Diese graphische Darstellung auf Millimeterpapier ist bei allen moderneren Geräten nicht mehr notwendig. Entweder erfolgt eine «Faktoreingabe», da $E = Faktor \cdot c$ ist, so daß auf der Anzeige des Gerätes nicht die Extinktion angezeigt

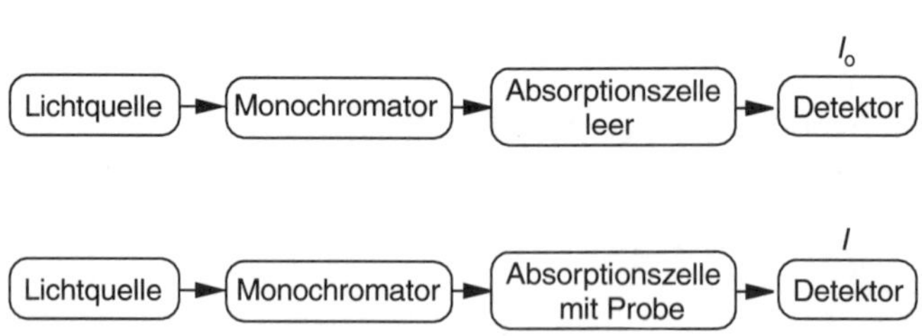

Bild 2.6 Prinzip der quantitativen Analyse (Bestimmung von I_0 und *I*)

wird, sondern gleich die gesuchte Konzentration. Bei computergesteuerten Geräten wird die Kalibrierkurve mit ermittelter Standardabweichung auf dem Bildschirm zur Anzeige gebracht.

Die quantitative Bestimmung einer Komponente in einer Lösung setzt voraus, daß diese Komponente eine Absorptionsbande bei einer Wellenlänge λ besitzt, bei der das Lösungsmittel nicht oder nur gering absorbiert. Andererseits lassen sich auch die Konzentrationen mehrerer Komponenten A, B, C nebeneinander bestimmen, wenn von jeder Komponente wenigstens eine Absorptionsbande durch die Banden der restlichen Komponenten nicht oder nur wenig überlagert wird.

Mischungen mehrerer absorbierender Stoffe können dann quantitativ analysiert werden, wenn keine gegenseitige Beeinflussung der Absorptionen stattfindet. Unter diesen Voraussetzungen setzt sich die Gesamtextinktion der Mischung additiv aus den Partialextinktionen der einzelnen Komponenten zusammen. Man erhält also für Mischungen mit n Komponenten eine Gleichung mit n Unbekannten (c_1, c_2, ... c_n):

$$E = \log (I_0/I) = \varepsilon_1 c_1 + \varepsilon_2 c_2 + \dots \varepsilon_n c_n) d$$

so daß die Bestimmung der Einzelkonzentrationen durch Extinktionsmessung bei n verschiedenen Wellenlängen möglich ist.

2.8 Konventionelles Spektrometer

In der Absorptionsspektroskopie benötigt man ein Spektrometer, das aus folgenden Bauteilen besteht:

- □ Lichtquelle,
- □ Monochromator,
- □ Austrittsspalt,
- □ Probenhalterung und
- □ Empfänger.

Die Lichtquelle muß für den betreffenden Spektralbereich polychromatisches Licht möglichst gleicher Intensität aussenden. Es gibt aber keine Lichtquelle, die diese Forderung über den gesamten interessierenden Spektralbereich vom Vakuum-UV bis zum fernen IR erfüllt. So ist z. B. eine Glühlampe nur für den sichtbaren und nahen IR-Bereich brauchbar, für den UV- und IR-Bereich dagegen nicht.

Da die jeweiligen Lichtquellen, mit Ausnahme der Reflex-Klystrons im Mikrowellengebiet, kontinuierliches Licht aussenden, d. h. eine kontinuierlich über ein größeres Wellenlängenband verteilte Emission haben, und da aber andererseits bei der Spektroskopie gerade die Absorption bei bestimmten Wellenlängen interessiert, braucht man einen Monochromator. Der Monochromator ist eine Anordnung zur spektralen Zerlegung des Lichtes. Früher verwendete man Prismen als Monochromator, heute ist der Einsatz von optischen Gittern, die auf dem Prinzip der Lichtbeugung beruhen, Standard. Dieses Dispersionssystem, das natürlich in dem jeweiligen Spektralgebiet selbst nicht absorbieren darf, zerlegt das Licht in ein Spektrum, aus dem durch einen schmalen Austrittsspalt die gewünschte Wellenlänge mehr oder weniger monochromatisch herausgeblendet werden kann.

Die Probenhalterung einschließlich des gesamten optischen Systems muß für die verwendete Strahlung durchlässig sein. Glas eignet sich weder für UV noch für IR, da es beide Strahlungsarten selbst absorbiert. Der Empfänger, auch Detektor genannt, muß auf den verwendeten Strahlungsbereich ansprechen und das empfangene Lichtsignal in eine meßbare elektrische Spannung umwandeln.

Aus diesen kurzen Erläuterungen geht hervor, daß es von der apparativen Seite her unmöglich ist, mit einem Spektrometer ohne Austausch der Bauelemente den gesamten interessierenden Spektralbereich mit einer einzigen Aufnahme zu erfassen. Außerdem müssen die Substanzen in den verschiedenen Spektralbereichen unterschiedlich präpariert werden.

Bei der Strahlungsquelle ist folgendes zu berücksichtigen:

- □ Jede Strahlungsquelle hat eine gewisse «Einbrenndauer», so daß sie erst nach etlichen Minuten, dann aber relativ langzeitstabil, mit konstanter Intensität emittiert.
- □ Kontinuumstrahler emittieren zwar über einen größeren Wellenlängenbereich, aber nicht mit gleicher Intensität, d.h., I_0 ist abhängig von der jeweiligen Wellenlänge.
- □ Wie jede Glühbirne altern auch die in der Spektroskopie verwendeten Strahlungsquellen, so daß im Langzeitverhalten eine abnehmende Intensität I_0 zu beobachten ist.

Außerdem besitzt der Strahlungsempfänger, der Detektor, im allgemeinen eine frequenzabhängige Empfindlichkeit (Response). Hieraus ergeben sich 2 Spektrometertypen, das Einstrahl- und das Zweistrahlgerät.

2.8.1 Einstrahl-Spektrometer

Wie der Name sagt, befindet sich auf der optischen Bank im Gerät nur ein Lichtstrahl von der Quelle bis zum Detektor. Dieser Gerätetyp ist ausschließlich für quantitative Messungen ausgelegt, bei denen bei der einen zu messenden Wellenlänge zu Beginn der Analyse und dann bei Bedarf in regelmäßigen Intervallen die Strahlungsintensität I_0 bestimmt wird.

Konventionelle Einstrahl-Spektrometer sind ausschließlich für die quantitative Analyse bestimmt.

2.8.2 Zweistrahl-Spektrometer

Optisch aufwendiger und damit wesentlich teurer sind sogenannte Zweistrahlgeräte. Sie wurden entwickelt, um Spektren aufzunehmen. Da die Intensität der Strahlungsquelle I_0 von der Wellenlänge abhängig ist, d.h., jeder Kontinuumstrahler emittiert nicht mit konstanter Intensität über einen größeren Wellenlängenbereich, muß man dies bei der Aufnahme des Spektrums berücksichtigen, indem man ein Zweistrahlgerät verwendet. Von der kontinuierlichen Lichtquelle fällt das Licht im Wechsel durch die Meß- und durch die Vergleichsküvette. Dies geschieht durch einen rotierenden Sektorspiegel, der Detektor ist auf die gleiche Frequenz getriggert und empfängt somit abwechselnd I_0 und I.

Zur Aufnahme von Spektren sind mit konventionellen Geräten Zweistrahl-Spektrometer erforderlich. Selbstverständlich können mit ihnen aber auch quantitative Messungen durchgeführt werden.

Das Warmbrennen der Strahlungsquelle ist bei diesem Spektrometertyp im Prinzip nicht erforderlich, da Intensitätsänderungen der Strahlungsquelle durch das Zweistrahl-Verfahren immer kompensiert werden. Die Anordnung der Absorptionszellen ist bei verschiedenen Gerätetypen unterschiedlich. Sie können vor oder hinter dem Monochromator angebracht sein, wie in Bild 2.7 angedeutet.

Bild 2.7 Blockschema eines Zweistrahl-Spektrometers

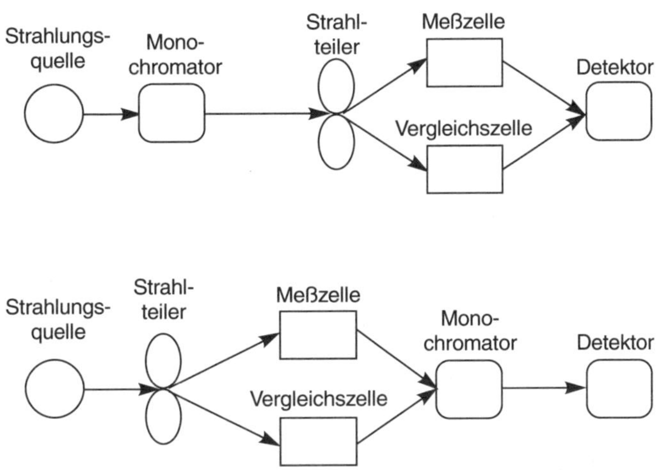

Diesen hier dargestellten konventionellen Geräten stehen moderne Multiplex-Verfahren gegenüber, die es ermöglichen, auch im Einstrahlbetrieb Spektren aufzunehmen. Hierzu gehören einerseits die Photodiodenarrays, die wie eine digitale Photoplatte eines Spektrographen gleichzeitig viele Wellenlängen beobachten und bei denen die Information anschließend sequentiell ausgelesen wird. Andererseits sind Fourier-Geräte möglich, die statt des Monochromators ein Interferometer aufweisen.

3 UV/Vis-Spektroskopie

Die Spektroskopie im ultravioletten und sichtbaren Bereich – manchmal auch als Elektronenspektroskopie bezeichnet – ist ein seit vielen Jahrzehnten in der Analytik eingesetztes Standardverfahren. Daher ist die Entwicklung der Spektrometer inzwischen technisch sehr weit fortgeschritten. Während aus Kostengründen bei Routinegeräten die optischen Komponenten vereinfacht wurden, nahm der Einsatz von Mikroprozessoren zu. Häufig sind sogar, um den Benutzer zu unterstützen, die Spektrometer mit Datenstationen für die Steuerung, Datenerfassung und Auswertung kombiniert.

Die Qualität eines UV/Vis-Spektrometers wird trotz der meist benutzten Mikroprozessoren immer noch in erster Linie durch die Qualität der verwendeten Optik und die Leistungsfähigkeit der einzelnen optischen Bauteile bestimmt. Integrierte oder externe Datenstationen beeinflussen vor allem die Weiterverarbeitung des optisch gewonnenen Datenmaterials.

Während vor einigen Jahren nur Ein- oder Zweistrahlanordnungen diskutiert wurden, haben inzwischen Multiplexverfahren, wie sie bei linearen Diodenarrays und bei nach dem Fourier-Prinzip arbeitenden Geräten genutzt werden, große Marktanteile gewonnen [3.1]. Das breite Spektrum unterschiedlichster Ansprüche zeigt sich auch in einer sehr großen Preisspanne. Einfachste Routinegeräte sind ab etwa 3000 DM auf dem Markt erhältlich, während Geräte hochauflösender optischer Präzision über 100 000 DM kosten.

Durch die Photodiodenarray-Technologie, die inzwischen ihren Siegeszug in der UV/Vis-Spektroskopie angetreten hat, wird die zeitaufwendige traditionelle Aufnahme von Spektren per «Scanning» – d. h. mechanisches Abfahren des Wellenlängenbereichs durch eine große Anzahl von nahe beieinanderliegenden fest installierten Photodioden – ersetzt. Bei diesem «statischen» Detektor werden die einzelnen Dioden zur Spektrenaufnahme in rascher Reihenfolge abgefragt. Die Aufnahmegeschwindigkeit wird dabei im wesentlichen nur noch durch die Abfrage- und Datenverarbeitungsgeschwindigkeit begrenzt.

Die vereinfachte Gerätebedienung ermöglicht einerseits den Einsatz im Routinebetrieb, birgt aber andererseits die Gefahr in sich, daß mögliche Fehler und Probleme unterschätzt werden. Durch die Leistungsfähigkeit auf dem Bereich der Photometrie, d. h. bei der Quantifizierung der Komponenten eines Analyten, bieten sich sehr viele Auswertungen an, die aber insbesondere im Bereich der Chemometrie hohe Anforderungen an den Nutzer stellen.

3.1 Klassifizierung der Elektronenübergänge

Im sichtbaren und ultravioletten Spektralgebiet sind die Lichtquanten so energiereich, daß damit die lockersten gebundenen Elektronen – die Valenzelektronen – angeregt bzw. auf ein höheres Energieniveau angehoben werden können. Wie die Elektronen der Atome (Atomspektren), so absorbieren auch Molekülelektronen Strahlungsquanten und emittieren Quanten beim Rücksprung in den Grundzustand. Elektronenbewegungen laufen in Zeiten von etwa 10^{-16} s ab. Je nach den beteiligten Elektronen können Übergänge zwischen verschiedenen Energieniveaus stattfinden.

Die Valenzelektronen von Verbindungen lassen sich in σ- und π-Elektronen einteilen. Bei Heteroatomen kommen zusätzlich die nichtbindenden einsamen Elektronenpaare hinzu, die als n-Elektronen bezeichnet werden. Im Elektronengrundzustand besetzen die Elektronen paarweise mit entgegengesetztem Spin die niedrigsten Energieniveaus des Moleküls. Durch Absorption entsprechend energiereicher Lichtquanten können die Elektronen in einen unbesetzten, nichtbindenen Zustand übergehen, der durch einen hochgestellten Stern am Elektronensymbol gekennzeichnet wird. Unter Verwendung dieser Klassifizierung sind die in Tabelle 3.1 angegebenen Elektronenübergänge möglich.

Tabelle 3.1 Elektronenübergänge in Verbindungen

Symbol	Art des Übergangs
$\pi \rightarrow \pi^*$	Übergang zwischen besetzten und unbesetzten π-Energieniveaus
$n \rightarrow \sigma^*$	Übergang eines n-Elektrons von einem nichtbindenden atomaren Energiezustand in ein unbesetztes σ-Energieniveau
$n \rightarrow \pi^*$	Übergang eines n-Elektrons von einem nichtbindenden atomaren Energiezustand in ein unbesetztes π-Energieniveau
$\sigma \rightarrow \sigma^*$	Übergang zwischen einem besetzten, bindenden und einem angeregten, nichtbindenden σ-Energieniveau
$N \rightarrow R^*$	Übergänge zwischen dem Grundzustand und höheren Molekularbahnen (N = Grundzustand, R = Rydberg-Zustand)

Die langwelligen Absorptionen von Doppelbindungen, die durch Elektronenübergänge zwischen den höchsten besetzten und den niedrigsten unbesetzten π-Molekülorbitalen zustandekommen, werden als $\pi \rightarrow \pi^*$-Übergänge bezeichnet. Ähnlich langwellige Absorptionen treten sonst nur noch bei Vorhandensein von Atomen mit einsamen Elektronenpaaren auf. Sie beruhen auf Elektronenübergängen von nichtbindenden atomaren Orbitalen auf angeregte σ- oder π-Molekülorbitale (sog. $n \rightarrow \sigma^*$- bzw. $n \rightarrow \pi^*$-Übergänge).

Die Absorptionen von Verbindungen, die nur σ-Elektronen enthalten, liegen in der Regel im Vakuum-UV unterhalb etwa 180 nm. In diesem Gebiet, dem schon sehr beträchtliche Anregungsenergien entsprechen, findet man auch die regelmäßig angeordneten Banden der Rydberg-Serien (N → R-Übergänge), die in Analogie zu den entsprechenden Serien der Atomspektren durch die Anregung eines Elektrons auf höhere Molekülorbitale in Richtung der Ionisierung des Moleküls zustandekommen.

Moleküle besitzen gewöhnlich einen Singulettzustand mit antiparallelen Elektronenspins als Grundzustand und sowohl Singulett- als auch Triplettzustände mit parallelen Elektronenspins als elektronisch anregbare Zustände. Da die Wechselwirkung zwischen dem Elektronenspin und dem elektromagnetischen Feld des Lichtes nur sehr gering ist, besteht für die Änderung der Spin-Orientierung bei der Elektronenanregung nur eine sehr kleine Wahrscheinlichkeit. Es gilt die Auswahlregel (wie bei Atomen), daß Übergänge nur zwischen den Zuständen gleicher Multiplizität, also nur zwischen Singulett- oder Triplettzuständen, erlaubt sind. Übergänge mit Spinumkehr sind daher «verboten». Mit steigendem Atomgewicht der Elemente sind durch sog. Spin-Bahn-Kopplung, d.h. Kopplung des Elektronenspins an die elektronische Bahnbewegung, Singulett-Triplett-Übergänge möglich und führen zur Erscheinung der Photolumineszenz.

Viele Moleküle besitzen eine Elektronenkonfiguration mit sowohl anregbaren bindenden als auch nichtbindenden Elektronen. Zum Beispiel lassen sich bei der Carbonylgruppe >C=O sowohl die bindenden π-Elektronen als auch die nichtbindenden n-Elektronen des O-Atoms anregen, wie in Bild 3.1 dargestellt. Beide absorbieren natürlich bei verschiedenen Wellenlängen.

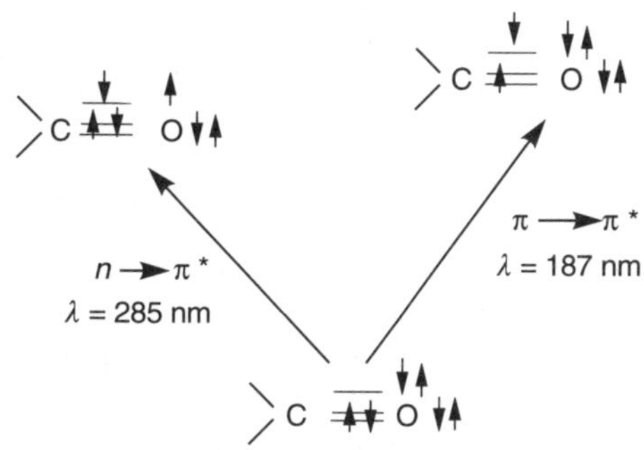

Bild 3.1 Schematische Darstellung der n → π*- und π → π*-Übergänge der Carbonylgruppe

3.1.1 Franck-Condon-Prinzip

Bei den Übergängen zwischen den einzelnen Energiezuständen gelten für die Änderungen der Quantenzahlen Auswahlregeln. Für die möglichen Änderungen der Schwingungsquantenzahl gilt anstelle einer Auswahlregel das Franck-Condon-Prinzip. Übergänge aus einem Elektronenzustand in einen anderen erfolgen so rasch (10^{-15} s), daß sich während dieser Zeit infolge der langsameren Kernschwingungen (Kernschwingungsdauer ca. 10^{-13} s) der Atomabstand kaum ändert. Das heißt, der Elektronenübergang erfolgt im Vergleich zu den Schwingungen der trägen Atomkerne zeitlich sehr viel schneller, so daß sich bei der Elektronenanregung die Anordnung der Atomkerne praktisch nicht ändern kann. Das Franck-Condon-Prinzip besagt deshalb:

Bei gleichzeitiger Elektronenanregung sind diejenigen Schwingungsübergänge am wahrscheinlichsten, die ohne Änderung des Kernabstandes vor sich gehen.

Da bei Zimmertemperatur ganz überwiegend der Schwingungsgrundzustand besetzt ist, sind also bei der Elektronenanregung stets die Übergänge am wahrscheinlichsten, die in Schwingungszustände führen, für die die Aufenthaltswahrscheinlichkeit der Atomkerne ebenfalls beim Gleichgewichtsabstand des Grundzustands maximal ist. Meist erfolgt bei der Elektronenanregung der Übergang mit der größten Wahrscheinlichkeit nicht in den Schwingungsgrundzustand des Anregungszustands, sondern in einen der höheren Schwingungszustände. Mit geringerer Intensität sind daneben auch Übergänge in die benachbarten Schwingungszustände mit größerer und kleinerer Anregungsenergie möglich, so daß die intensivste Bande nach höheren und niederen Frequenzen von weniger starken Banden begleitet wird.

3.2 Theoretische Berechnung von Elektronenübergängen

Nach der Gleichung $\Delta E = E_B - E_A = h\,\nu$ sollte man die Lichtabsorption auf rein theoretischem Wegen angeben können, wenn es gelingt, die verschiedenen Energiezustände eines Moleküls E_A, E_B, E_C usw. zu berechnen. Der Weg dazu ist prinzipiell klar. Er wird von der Quantenmechanik gewiesen und führt über die Lösung der Schrödinger-Gleichung. Aber nur das Wasserstoffatom ist einer exakten theoretischen Behandlung zugänglich. Schon bei einem atomaren System aus zwei Elektronen ist wegen der gegenseitigen Beeinflussung der Elektronen keine exakte Berechnung mehr möglich. Im Gegensatz zu Atomen, wo als Störung ausschließlich Elektronenwechselwirkungen zu berücksichtigen sind, müssen bei Molekülen zusätzlich auch noch die Wechselwirkungen mit anderen Kernen und die Kerne untereinander in Betracht gezogen werden. Die Bindung eines Moleküls ist eine Folge des Elektronenaustausches wegen der Ununterscheidbarkeit, das zu einer endlichen Aufenthaltswahrscheinlichkeit der Elektronen bzw. ihrer Ladung zwischen den Kernen führt.

Es gibt keine mathematisch geschlossene Lösungsmöglichkeit für die Moleküleigenwertsprobleme und daher auch keine einheitliche quantenmechanische Beschreibung der chemischen Bindung. Bei zweiatomigen Molekülen ist eine Beschreibung der Elektronenzustände mit Hilfe von Hauptquantenzahl, Nebenquantenzahl, magnetischer Quantenzahl und Spinquantenzahl noch ganz gut möglich.

Besteht ein Molekül aber aus mehreren Atomen, muß diese Charakterisierung auf das Elektron beschränkt werden, das die Übergänge ausführt. Wegen mathematischer Schwierigkeiten müssen also Vereinfachungen angewandt werden, um die Rechnungen durchführen zu können. Es gibt für die Behandlung solcher Probleme zwei grundsätzlich verschiedene Näherungsverfahren zur Berechnung von

Molekülfunktionen, von denen das Molekularbahnen- (MO = **M**olecular **o**rbital) und das Valenzstruktur- (VB = **V**alence **b**ond) Verfahren angeführt werden sollen.

Die **VB-Methode** benutzt Linearkombinationen von Atomorbitalen (LCAOs), indem sie von den getrennten Atomen und ihren Bahnfunktionen (Atomorbitale, AOs) ausgeht. Die **MO-Methode** geht von dem bereits fertigen Kern-Gerüst des Moleküls und sogenannten Molekülorbitalen (MOs) aus. Dabei werden die Energiezustände der Elektronen im einfachsten Fall aus Linearkombinationen geeigneter Atomorbitale in Form von Molekülorbitalen erhalten, wobei das Molekülgerüst mit seinen restlichen Elektronen als konstant angesehen wird. Sie ist also eine Einelektronennäherung und liefert ein sogenanntes MO-Energieschema für alle Molekülelektronen.

Dieses Energieschema wird nach dem Pauli-Prinzip aufgefüllt. Der Übergang eines Elektrons aus dem HOMO-Orbital (**h**ighest **o**ccupied **MO**) in das LUMO-Orbital (**l**owest **u**noccupied **MO**) läßt sich so näherungsweise energetisch berechnen und damit auch eine Vorhersage für das Absorptionsverhalten im Sichtbaren und UV machen. Eine wesentliche Vereinfachung und damit bessere Näherungsberechnung ergibt sich bei den leicht anregbaren π-Elektronen, die für die Lichtabsorption im sichtbaren und ultravioletten Gebiet vorwiegend verantwortlich sind. π-Elektronen stehen in erster Näherung nicht mit den übrigen Elektronen in Wechselwirkung, so daß man sich bei der Ermittlung von Anregungsenergien auf die Betrachtung der π-Elektronenzustände beschränken kann.

Diese halbempirischen Verfahren haben für eine theoretische Interpretation von Elektronenspektren eine große Bedeutung. Sie gestatten, die beobachteten Banden bestimmten Elektronenübergängen zuzuordnen. Es lassen sich nicht nur die Absorptionsbereiche der einzelnen Banden theoretisch abschätzen, sondern auch Aussagen über Intensitäten und über den Einfluß von Substituenten machen. Eine interessante Anwendung ist hier z. B. in der Entwicklung von Sonnenschutzmitteln zu sehen. Die auf der Haut aufgetragenen Sonnenschutzmittel haben die Aufgabe, die für die Haut gefährlichen UVB-Strahlen (ab 320 nm) durch Absorption von der Haut fernzuhalten. Durch die mathematischen Berechnungen ist es möglich, sich entsprechende Moleküle theoretisch aufzubauen, die die für die Bräunung gewünschten UVA-Strahlen (bis 320 nm) noch hindurchlassen und die für den Hautkrebs verantwortlichen UVB-Strahlen weitestgehend absorbieren (Bild 3.2).

Bild 3.2 Theoretische Berechnung des Absorptionsverhaltens eines Sonnenschutzmittels

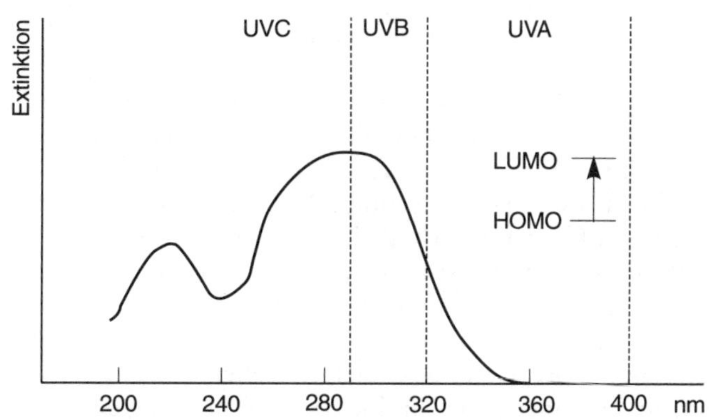

Weiterhin zeigen solche Berechnungen Zusammenhänge zwischen UV-Spektren, Halbstufenpotentialen, Ionisierungspotentialen und einer Reihe weiterer Eigenschaften. Sie besitzen jedoch für den theoretischen Chemiker mehr Bedeutung als für den Analytiker.

3.2.1 Dissoziationsenergie und Ionisierungspotential

Zwei wichtige Größen, die Dissoziationsenergie und das Ionisierungspotential, liefern die Elektronenspektren. Man könnte glauben, daß eine optische Dissoziation eines Moleküls unter Absorption der Dissoziationsenergie im Elektronengrundzustand allein durch Schwingungsanregung möglich wäre. Die Übergangswahrscheinlichkeit vom Grundzustand der Schwingung wird aber mit zunehmender Quantenzahl immer kleiner, in den Zustand der Dissoziation (mit hoher Quantenzahl) ist sie fast Null. Nur bei thermischer Anregung ist eine Dissoziation möglich.

Optische Dissoziation ist nur bei gleichzeitiger Elektronenanregung möglich. Durch Absorption vom Elektronengrundzustand aus können alle Schwingungszustände des elektronisch angeregten Zustands, auch der zur Dissoziation führende, angeregt werden. Über die Dissoziationsgrenze hinaus erfolgt dann Absorption in das Kontinuum der Translationsenergie der dissoziierten Moleküle. Im Spektrum beobachtet man dann ein gegen die Dissoziationsgrenze konvergierendes Bandensystem, an das sich ein Absorptionskontinuum anschließt.

Das Ionisierungspotential ist die Energie, die einem Molekül zur Abspaltung eines Elektrons zuzuführen ist. Regt man Moleküle bis zur Abspaltung eines Elektrons und darüber hinaus an, so kennzeichnet im Spektrum das Auftreten des Absorptionskontinuums (Ionisationskontinuum) die Ionisationsgrenze und damit die Ionisierungsenergie. Daraus bestimmte Ionisierungspotentiale sind zwar theoretisch viel schwerer zu verstehen als die von Atomen, stellen aber doch eine weitere Information über das Verhalten von Bindungselektronen dar.

3.2.2 Chromophore

Das Wort «Chromophor» (griechisch chromos = Farbe) beschreibt das System, dessen Elektronen für die in Frage kommende Absorption verantwortlich ist. Die meisten in Tabelle 3.2 angegebenen einfachen, nicht konjugierten Chromophore besitzen eine so energiereiche und deshalb kurzwellige Absorption, daß sie von geringem Nutzen sind.

Organische Verbindungen, die nur σ-Elektronen enthalten, sind die gesättigten Kohlenwasserstoffe. Da σ-Elektronen wegen ihrer Kernnähe fest gebunden sind, ist zu ihrer Anregung ein relativ hoher Energiebetrag – d.h. kurzwellige, energiereiche Strahlung – notwendig. Aus diesem Grund absorbieren gesättigte Kohlenwasserstoffe erst unterhalb 150 nm. Ihre Absorptionen können nur mit speziellen Vakuumspektrometern nachgewiesen werden, um die ab 190 nm einsetzende Eigenabsorption der Luft auszuschalten.

Gesättigte Substanzen, die Heteroatome mit einsamen Elektronenpaaren enthalten, absorbieren bei längeren Wellenlängen als die gesättigten Kohlenwasserstoffe. Es findet dabei ein Elektronenübergang eines n-Elektrons aus einem nicht-

Tabelle 3.2 Absorptionen einfacher Chromophore

Chromophor	Übergang	λ_{max} (nm)
σ-Elektronen		
>C–C< und >C–H<	σ → σ*	150
n-Elektronen		
–$\underline{O}$–	n → σ*	185
–$\underline{N}$<	n → σ*	195
–$\underline{S}$–	n → σ*	195
>C=$\underline{O}$	n → π*	285
	n → σ*	187
π-Elektronen		
>C=C<	π → π*	190

bindenden atomaren Energiezustand in ein unbesetztes σ-Niveau statt. Wesentlich stärkere Chromophore als die Atomgruppierungen mit freien Elektronenpaaren liegen in den Verbindungen mit mehrfachen Bindungen vor. Denn die Anregung der π-Elektronen erfordert infolge ihrer besonderen Ladungsverteilung eine viel geringere Energiezufuhr als die Anregung der entsprechenden σ-Elektronen.

Alle übrigen Atomgruppierungen mit einem isolierten π-Elektronenpaar, wie >C=$\underline{O}$, >C=$\underline{S}$, >C=$\underline{N}$–, –$\underline{N}$=$\underline{N}$– usw., besitzen außer der Doppelbindung noch freie Elektronenpaare. In ihren Spektren treten deshalb neben den π → π*-Übergängen zusätzlich auch die n → π*-Übergänge bei größeren Wellenlängen, aber mit geringer Intensität, auf.

Eine C–C-Dreifachbindung besteht aus einer σ- und zwei π-Bindungen. Die beiden π-Bindungen stehen senkrecht aufeinander, der Bindungsabstand ist kleiner als bei der Doppelbindung, wodurch eine festere Bindung der π-Elektronen bedingt ist. Für den π → π*-Übergang findet man im Acetylen 2 Absorptionsbanden, da zwei verschiedene π-Bindungen angeregt werden können, von denen die eine langwelliger, die andere kurzwelliger als der Übergang bei der entsprechenden Doppelbindung ist. Die längerwellige Absorptionsbande der Dreifachbindung liegt zwar oberhalb 200 nm, aber ihre Intensität ist so außerordentlich gering, daß es nicht üblich ist, die C–C-Dreifachbindung den chromophoren Gruppen zuzurechnen.

Befinden sich mehrere Chromophore im Molekül, so hängt die Beeinflussung des Absorptionsverhaltens von ihrer gegenseitigen Stellung ab. Sind sie weit voneinander entfernt, so setzt sich das Absorptionsspektrum weitgehend additiv aus den Banden der chromophoren Gruppen zusammen. Sind die chromophoren Gruppen dagegen an benachbarte oder sogar an dieselben Atome gebunden, so findet man langwellige Verschiebungen und Extinktionserhöhungen.

Von praktischer Bedeutung in der UV/Vis-Spektroskopie sind erst die Chromophore, in denen eine Konjugation vorliegt. Die Konjugation von π-Elektronen enthaltenden Gruppen führt zu einer starken Wechselwirkung zwischen diesen und zu einer Delokalisierung der π-Elektronen. Während eine isolierte Doppelbindung, z.B. im Buten, ein Absorptionsmaximum bei etwa 190 nm verursacht und damit für eine einfach durchzuführende Messung zu kurzwellig ist, wird bei einer konjugierten Doppelbindung, z.B. im Butadien, das Energieniveau des höchsten besetzten Orbitals angehoben, während das Niveau des niedrigsten unbesetzten antibindenden Orbitals erniedrigt wird, wie in Bild 3.3 dargestellt ist. Im Butadien erscheint das leicht zu findende und einfach zu messende Absorptionsmaximum des $\pi \rightarrow \pi^*$-Übergangs bei 217 nm.

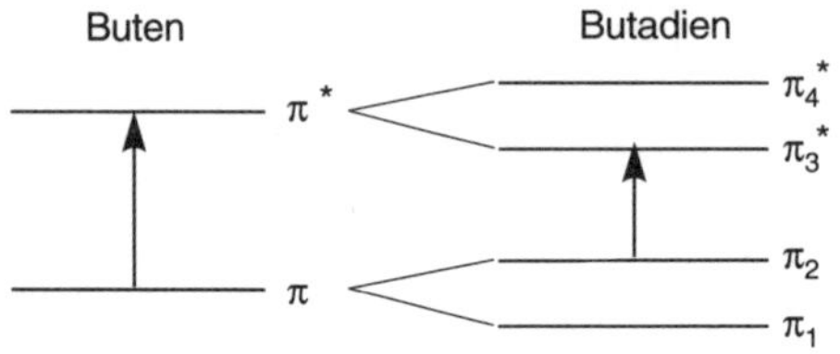

Bild 3.3 $\pi \rightarrow \pi^*$-Übergang beim Buten und Butadien

Wenn sich die Orbitale von mehr als zwei π-Bindungen überlappen, ist der Abstand der Energieniveaus weiter reduziert, und die Absorption tritt bei längerer Wellenlänge ein. Beim Hexatrien liegt das Absorptionsmaximum bei 258 nm. Bei langkettigen Polyenen schließlich wird das Absorptionsmaximum bis in den sichtbaren Bereich verschoben. Beispiele sind das Carotin ($C_{40}H_{56}$) und das isomere Lycopin (Farbstoff der Tomaten, Hagebutten und vielen anderen Früchten) mit je 13 konjugierten Doppelbindungen. Im allgemeinen gilt:

Je länger das konjugierte System ist, um so langwelliger liegt das Absorptionsmaximum.

Die starken Wechselwirkungen der konjugierten π-Elektronen kann man durch Überlagerung von Grenzstrukturen beschreiben. Die tatsächliche Elektronenanordnung im Molekül wird als Zwischenzustand (Mesomerie) dieser Grenzstrukturen erklärt, von denen jede allein keine richtige Deutung des Bindungszustandes gibt. Da in solchen mesomeren Molekülen die π-Elektronen nicht mehr einzelnen Bindungen angehören, sondern mehr oder weniger über das konjugierte System delokalisiert sind, ist es bis auf wenige einfache Ausnahmen unmöglich, die Absorptionsbanden noch den einzelnen Chromophoren des konjugierten Systems zuzuordnen. Die Lichtabsorption im Sichtbaren und Ultravioletten ist bei konjugierten Verbindungen vielmehr für das Gesamt-π-Elektronensystem typisch.

Konjugierte Systeme zeichnen sich nicht nur durch eine langwellige, sondern auch durch eine sehr intensive Absorption aus. Die leichte Beweglichkeit der π-Elektronen ermöglicht das Entstehen angeregter Strukturen mit großen Dipolmomenten aus den vorwiegend unpolaren Grundzuständen. Es resultieren daraus große Übergangsmomente, die Anlaß zu den beobachteten starken Absorptionen geben.

Benzol besitzt 3 π-Elektronenpaare und stellt als einfachster Aromat ein besonders ideales Konjugationssystem dar. Obwohl ein vollkommener Bindungsausgleich innerhalb des Moleküls vorliegt, ist die langwelligste Absorption weit im Ultravioletten zu finden. Es kommt darin die Sonderstellung des Benzols als energiearmes, symmetrisches System von 6 π-Elektronen zum Ausdruck. Im Vergleich zum Hexatrien mit einem Absorptionsmaximum bei 258 nm hat das Benzol drei Absorptionsbanden. Die langwelligste bei 255 nm, die nur eine geringe Intensität aufweist, wird einem verbotenem $\pi \rightarrow \pi^*$-Übergang zugeordnet, der erst durch die Überlagerung von Atomschwingungen ermöglicht wird. In Bild 3.4 erkennt man, daß diese Bande eine ausgeprägte Schwingungsstruktur aufweist. Nach kürzeren Wellenlängen schließt sich bei 200 nm eine etwas stärkere Absorption an, die ebenfalls einem verbotenem $\pi \rightarrow \pi^*$-Übergang entspricht. Erst die dritte, sehr intensive Absorption des Benzols bei 185 nm gehört zu einem erlaubten $\pi \rightarrow \pi^*$-Übergang.

Bild 3.4 Absorptionsspektrum des Benzols

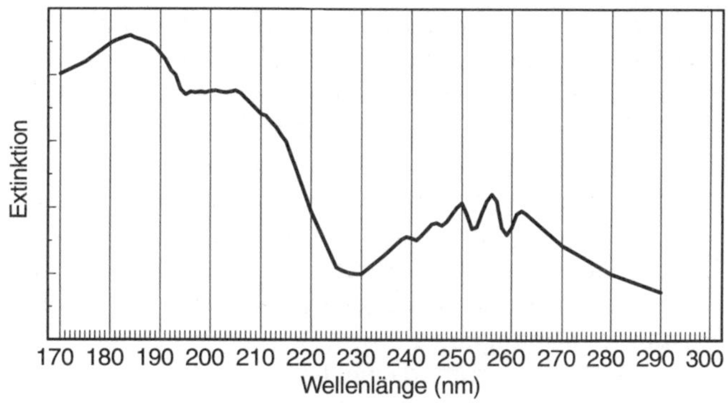

3.3 Erlaubte und verbotene Übergänge

Mit der Einteilung in erlaubte und verbotene Elektronenübergänge hängen die extrem unterschiedlichen Absorptionsintensitäten zusammen. Die Bestrahlung von Verbindungen kann, muß aber nicht zur Anregung von Elektronen führen, da nicht jeder Übergang gleich wahrscheinlich ist. Die Intensität einer auf einem verbotenen Übergang beruhenden Absorptionsbande ist um Zehnerpotenzen geringer als die eines erlaubten Überganges.

Die Möglichkeit zur Lichtabsorption durch Übergänge zwischen zwei Elektronenzuständen verschiedener Energie hängt davon ab, ob unter dem Einfluß der elektromagnetischen Strahlung die Elektronenverteilung des Grundzustandes in die des angeregten Zustandes übergeführt werden kann. Zu ihrer Wechselwirkung mit dem elektrischen Feld des Lichtes ist es wie bei den IR-Spektren erforderlich, daß bei der Anregung eine Änderung der Ladungsverteilung erfolgt, die durch das sog. Übergangsmoment angegeben wird. Das Übergangsmoment gibt die bei der Elektronenanregung erfolgende Änderung der Ladungsverteilung an. Es wird immer dann groß sein, wenn Übergänge zwischen Elektronenzuständen verschiedener Symmetrie der Ladungsverteilung erfolgen. In einem solchen Fall liegt ein erlaubter Übergang vor, der Anlaß zu einer intensiven Absorption gibt.

Übergänge zwischen Elektronenzuständen gleicher Symmetrie der Ladungsverteilung sind dagegen verboten, da hierbei kein Übergangsmoment auftritt. Nur durch die gleichzeitige Beteiligung von Atomschwingungen, die die Symmetrie der Ladungsverteilung stören, kann die Elektronenverteilung in den beiden normalerweise nicht kombinierenden Zuständen soweit verändert werden, daß das Übergangsverbot nicht mehr streng gilt, sondern durchbrochen werden kann. Die Intensität der auf einem solchen Übergang beruhenden Absorptionsbande ist jedoch um einige Zehnerpotenzen kleiner als die eines erlaubten Überganges. Ein Beispiel für einen verbotenen Übergang stellt die Benzolbande bei 255 nm ($\pi \rightarrow \pi^*$-Übergang) bzw. ihr Äquivalent in komplizierteren Systemen dar.

Daß die maximal möglichen Absorptionsintensitäten mit der Größe des absorbierenden Konjugationssystems zunehmen müssen, folgt aus einer verhältnismäßig einfachen Überlegung, die davon ausgeht, daß Licht ja nur dann absorbiert werden kann, wenn das Photon das absorbierende Elektronensystem «trifft». Es besteht daher eine direkte Proportionalität zwischen den geometrischen Dimensionen des molekularen «Zielgebietes» und der Absorptionsintensität, die darüber hinaus noch von der oben erwähnten Übergangswahrscheinlichkeit des betreffenden Elektronenübergangs abhängt. Es gibt viele Faktoren, die die Übergangswahrscheinlichkeit eines bestimmten Überganges beeinflussen. An erster Stelle stehen die Regeln, die Aussagen darüber machen, welche Übergänge erlaubt und welche verboten sind. Sie sind kompliziert, da sie von der Symmetrie und Multiplizität sowohl des Grund- als auch des angeregten Zustandes abhängen.

Kondensierte aromatische Ringsysteme besitzen ein über alle Ringe ausgedehntes gemeinsames π-Elektronensystem, das für die Lichtabsorption verantwortlich ist. Die Spektren sind gewöhnlich kompliziert und deshalb nützliche «Fingerabdrücke». Die Lage der Absorptionsbanden hängt von der Zahl der kondensierten Ringe und ihrer gegenseitigen Lage ab. Bei stark ausgeprägten Konjugationssystemen wird die Absorption schließlich bis in den sichtbaren Bereich verschoben; man erhält also farbige Substanzen bzw. Farbstoffe.

> Die intensive, langwellige Absorption macht ausgedehnte π-Elektronensysteme für Untersuchungen im Sichtbaren und Ultravioletten besonders geeignet.

Das bedeutet, bei der weitaus größten Zahl der organischen Verbindungen, die im nahen Ultraviolett und im Sichtbaren absorbieren, handelt es sich um mesomere Verbindungen mit konjugierten Mehrfachbindungssystemen. Es gibt aber keine einfache Regel oder Methode, nach der ein Chromophor identifiziert werden kann, da zu viele Faktoren das Spektrum beeinflussen und der zu erwartende Bereich an Strukturen zu groß wäre.

3.4 Meßprinzip

Konventionelle Spektrometer im ultravioletten und sichtbaren Wellenlängenbereich bestehen aus den Komponenten

□ Lichtquelle,
□ Dispersionselement (Monochromator),
□ Probenraum und
□ Detektor (Empfänger).

In der UV/Vis-Spektroskopie unterscheidet man zwei Gerätetypen: Photometer und Spektrometer.

Photometer messen bei ausgewählten festgelegten Wellenlängen die Absorption, die Wellenlänge wird durch optische Filter im Strahlengang eingestellt. Diese Photometer sind nur für quantitative Analysen einsetzbar, Spektren können nicht aufgenommen werden.

Spektrometer registrieren sequentiell automatisch diese einzelnen Wellenlängen, wobei die Wellenlänge mit Hilfe eines optischen Gitters eingestellt wird. Um die unterschiedliche, von der jeweiligen Wellenlänge abhängige Lichtintensität I_0 zu kompensieren, müssen Spektrometer als Zweistrahl-Gerät ausgelegt sein.

3.4.1 Lichtquellen

Als Lichtquellen werden im UV/Vis-Bereich entweder Kontinuumstrahler oder Linienstrahler eingesetzt. Linienstrahler können nur bei Photometern eingesetzt werden, bei denen dann durch optische Filter die einzelnen Linien herausselektiert werden. Geeignete Interferenzfilter mit Bandbreiten von 10 bis 15 nm sind für jeden Ausschnitt des Spektrums erhältlich. Kontinuumstrahler benötigen einen Monochromator zur spektralen Zerlegung des Lichtes.

Wegen seiner hohen Intensität und der Vielzahl der Linien ist der am meisten verwendete Linienstrahler die Quecksilber-Spektrallampe. Da der Fülldruck dieser Lampen einen Einfluß auf die spektrale Intensitätsverteilung hat, werden je nach Anwendungsgebiet Hoch-, Mittel- und Niederdrucklampen eingesetzt. Niederdrucklampen (Fülldruck 1 bis 100 Pa) strahlen die Linien im UV-Bereich des Spektrums relativ intensiv aus. So hat z. B. die analytisch interessante Linie bei 254 nm bei diesem Lampentyp eine hohe Intensität. Mittel- und Hochdrucklampen (Fülldruck 0,1 bis 10 bar) haben eine gleichmäßigere Intensitätsverteilung im UV/Vis-Gebiet.

Bild 3.5 zeigt die spektrale Intensitätsverteilung einer Hg-Hochdrucklampe. Ein durch den relativ hohen Druck bedingter Kontinuumsanteil ist deutlich erkennbar.

Bild 3.5 Emissionsspektrum einer Hg-Hochdrucklampe

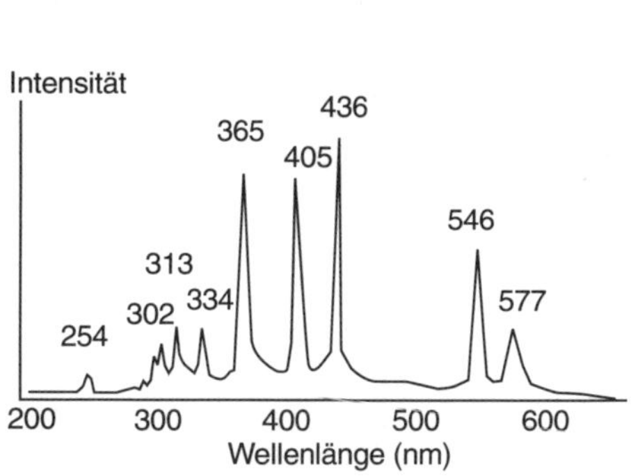

Betrachtet man nur Spektrometer, so sind als Lichtquelle Kontinuumstrahler notwendig. Dabei bieten sich für den ultravioletten Spektralbereich Deuterium-Lampen und im sichtbaren Bereich Wolfram-Halogenlampen an. Die Emissionsspektren dieser beiden Lampentypen sind in Bild 3.6 dargestellt. Beim Durchfahren des gesamten Wellenlängenbereichs erfolgt automatisch durch eine Spiegelumschaltung der Lichtwechsel von der Deuterium-Lampe auf die Halogenlampe.

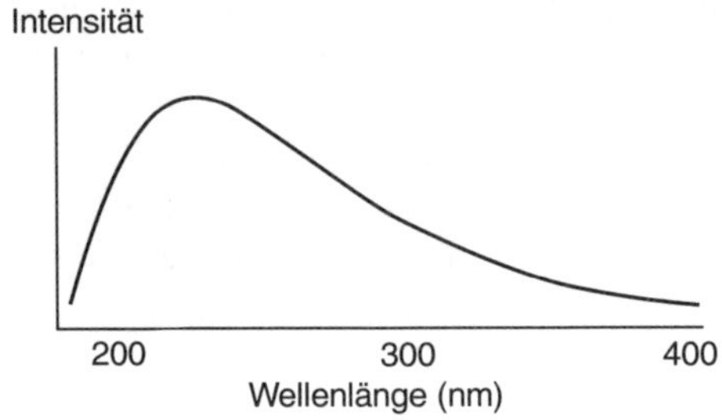

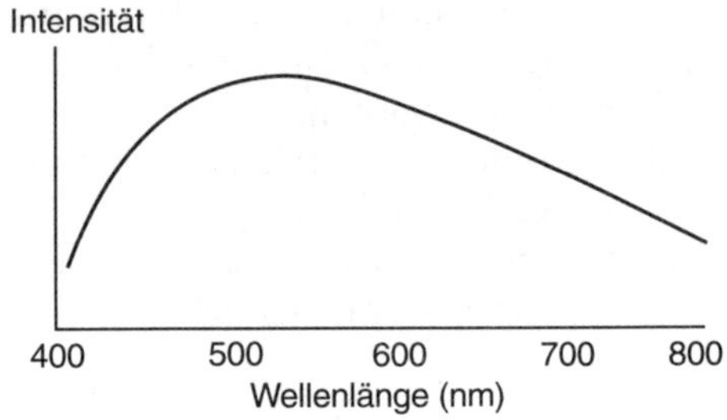

Bild 3.6 Emissionsspektrum einer Deuterium-Lampe (links) und Halogenlampe (rechts)

Soll der gesamte Spektralbereich mit einer einzigen Lampe genutzt werden, so ist dies mit Xenonlampen möglich. Aus Bild 3.7 ist zu ersehen, daß Xenonlampen im wesentlichen Teil des Spektrums ein Kontinuum ausstrahlen, im mittleren Teil des Spektralbereichs einige scharfe Linien überlagert enthält. Durch den hohen Kontinuumanteil kann jedoch für einen großen UV/Vis-Bereich jede gewünschte Wellenlänge gewählt werden. Dabei ist aber zu berücksichtigen, daß alle diese Lichtquellen in den wellenlangen Grenzbereichen eine wesentlich verringerte Lichtintensität aufweisen. Dies gilt auch für Deuterium-Lampen über 400 nm bzw. für Halogenlampen schon unter 300 nm. Aus Bild 3.7 ist ersichtlich, daß auch die Xenonlampen im kurzwelligen Ultraviolett nur eine geringe Strahlungsleistung bieten.

Viele Xenonlampen werden als «ozonfrei» klassifiziert, da sie einen Quarzkolben haben, der unterhalb 250 nm lichtundurchlässig ist. Damit ist die Ozonproduktion in der Umgebungsluft stark reduziert, so daß keine besondere Ableitung erforderlich ist. Unter keinen Umständen sollte direktes Licht der Lampe ins Auge fallen können, da intensive UV-Strahlung Retina und Hornhaut zerstört.

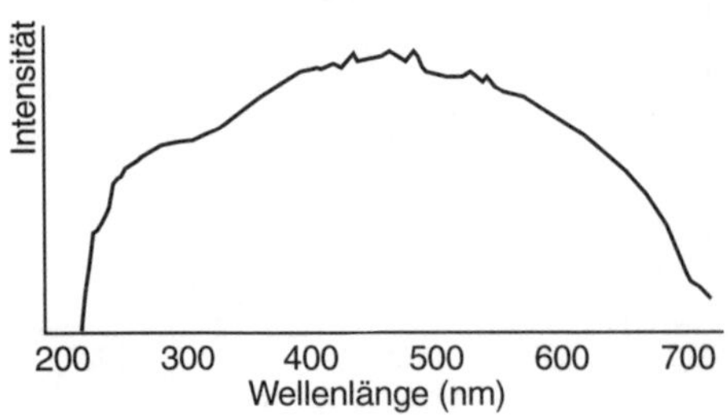

Bild 3.7 Emissionsspektrum einer Xenonlampe

3.4.2 Monochromator

Das weiße Licht der Lampen wird durch einen Monochromator örtlich sequentiell aufgefächert. Die Monochromatoren enthalten heute meist Gitter, deren Qualität unter anderem durch die Größe und die Linienzahl bestimmt wird. Manchmal werden auch noch Kombinationen von Prismen- und Gitteranwendungen in Doppelmonochromatoren für qualitativ hochwertige Geräte gewählt.

Man unterscheidet planare und konkave Gitter. Planare Gitter werden normalerweise mechanisch geritzt, wobei die individuelle Form eines Einzelspaltes die Wellenlänge für die höchste Effizienz definiert («Blazewinkel»). Konkave Gitter werden holographisch erzeugt und haben keinen eigentlichen Blazewinkel. Sie erreichen nicht die Spitzeneffizienz geritzter Gitter, die durchaus bis zu 95 % betragen kann, haben dafür aber gleichmäßigere über den gesamten Spektralbereich verteilte, jedoch insgesamt kleinere Effizienz. Holographische Gitter haben naturgemäß verschwindend geringe Fehler, erzeugen damit um den Faktor 10 bis 100 weniger Streulicht.

Für die Spaltfunktion ist wichtig, daß Austritts- und Eintrittsspalt des Monochromators gleichzeitig auf verschiedene spektrale Spaltbreiten einstellbar sind. Bei konventionellen Anwendungen (sequentielle Spektrometer) wird durch den Austrittsspalt eine einzige Wellenlänge (Monochromasie) aus dem Spektrum ausgeblendet. Diese fällt in den Probenraum. Dabei wird im Gegensatz zur IR-Spektroskopie der Probenraum hinter dem Dispersionselement angeordnet, um die Probe möglichst wenig hochenergetischer Strahlung auszusetzen.

Das Licht ist um so strenger monochromatisch, je enger der Spalt eingestellt werden kann. Die Verminderung der Spaltbreite wird jedoch durch die Forderung nach einer für die Messung günstigen Intensität des durchgelassenen Lichtes eingegrenzt und hängt infolgedessen von der Lichtstärke des Gerätes und von der Empfindlichkeit des Detektors ab. Der aus dem Spalt austretende Lichtstrahl hat also eine endliche «spektrale Breite», die in der Größenordnung von 0,5 bis 2 nm liegt und die neben den Meß- und Ablesefehlern die Genauigkeit der Lagebestimmung von Absorptionsbanden einschränkt.

3.4.3 Detektor

Als Empfänger dienen entweder Photomultiplier oder Photodioden. Die teureren und empfindlicheren Photomultiplier, auch Sekundärelektronenvervielfacher (SEV) genannt, sind Vakuumphotozellen, die über Dynoden (10–14) kaskadenförmig die Elektronen verstärken, die durch die Photonen wegen des Photoeffektes aus der Photokatode entfernt werden (Bild 3.8). Ihre Anzahl ist in einem weiten Bereich proportional zur Anzahl der auftreffenden Photonen. Diese vervielfachte Anzahl von Elektronen erzeugt an der Anode ein Signal. Die gebräuchlichen Multiplier-Typen unterscheiden sich im wesentlichen durch das Katodenmaterial und das Fenstermaterial. Ihr Einsatzbereich reicht vom Vakuum-UV über das sichtbare Licht bis ins Infrarot. Wegen der hohen Elektronenausbeute werden in Multipliern ausschließlich Alkalimetalle oder deren Verbindungen (meist Alkalioxide) als Katodenmaterial eingesetzt.

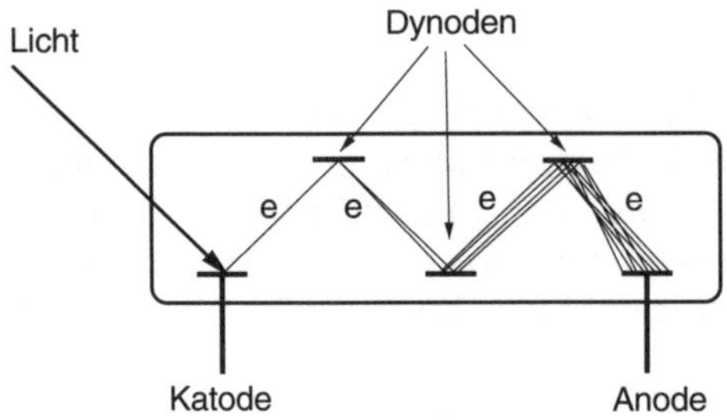

Bild 3.8 Funktionsweise eines Sekundärelektronenvervielfachers

Photomultiplier sind für die Messung von schwächsten Lichtimpulsen hervorragend geeignet. Sie sind wegen des geringen Grundrauschens, der hohen Verstärkung und wegen des großen Linearitätsbereichs die geeignetsten und meistverwendeten Detektoren für spektraloptische Analysengeräte, Teilchendetektoren und Lichtmeßgeräte.

Alle Detektoren zeigen, wie auch das menschliche Auge, eine wellenlängenabhängige Empfindlichkeit. Bei den Photomultipliern bestimmt das Katodenmaterial die Lage des Empfindlichkeitsmaximums und die spektrale Empfindlichkeitsverteilung. Die langwellige Empfindlichkeitsgrenze ist durch die Elektronenaustrittsarbeit des Katodenmaterials gegeben. Um den gesamten UV/Vis-Bereich detektieren zu können, werden Multialkali-Katoden verwendet. Das Fenstermaterial besteht entweder aus Quarz, um den gesamten UV-Bereich abzudecken, oder aus Borsilikatglas, das den UV-Bereich unterhalb 300 nm abschneidet, wie in Bild 3.9 dargestellt ist.

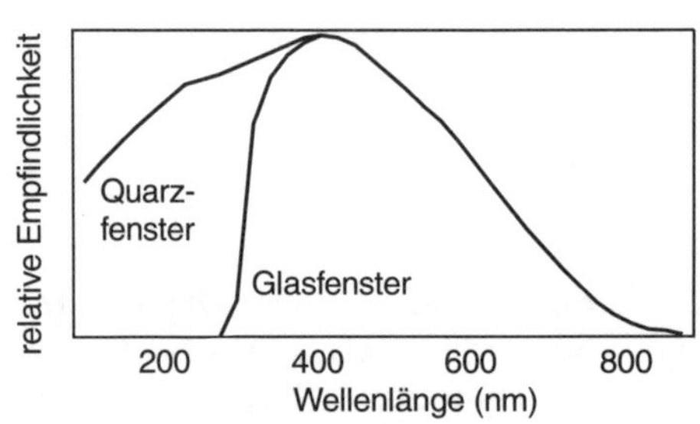

Bild 3.9 Multiplier-Charakteristik mit Multialkali-Katode

Vom DIN ist der UV/Vis-Spektralbereich für 200 bis 780 nm genormt. Kommerzielle Geräte werden meist von 190 bis 900 nm angeboten. Angaben in Prospekten für einen Meßbereich unter 190 nm sind nur dann relevant, wenn es möglich ist, das gesamte Spektrometer mit Stickstoff zu spülen (Lichtwege, Monochromator, Probenraum). Andernfalls wird unterhalb von 190 nm die Strahlung durch Luftsauerstoff vollständig absorbiert.

3.4.4 Küvetten

Die weitaus häufigste Aufnahmetechnik ist das Vermessen in Lösung, wofür Küvetten von normalerweise 1 cm Schichtdicke verwendet werden. Je nach Bedarf sind aber auch kleinere (bis 0,1 mm) und größere Schichtdicken (bis 100 mm) erhältlich. Für kleine Probenvolumina gibt es Küvetten mit verringertem Querschnitt, aber gleicher optischer Schichtdicke. Die optische Durchlässigkeit wird durch das Küvettenmaterial bestimmt, wofür verschiedene Glasmaterialien zum Einsatz kommen. Optisches Glas ist nur bis zu einer Wellenlänge von etwa 300 nm durchlässig. Um den gesamten UV-Bereich bis 190 nm vermessen zu können, sind Küvetten aus dem teureren Quarzglas erforderlich.

Im einfachsten Fall werden die Küvetten von Hand gefüllt und in den Probenraum eingesetzt. Vielfach sind die Geräte mit einem Küvettenschlitten zur gleichzeitigen Aufnahme mehrerer Küvetten ausgestattet. Neben den von Hand zu füllenden Küvetten sind für den Routinebetrieb Selbstfüll- und Trichterküvetten vorteilhaft. Dabei wird die Küvette entweder über einen außerhalb des Probenraumes befindlichen Trichter gefüllt. Leerung und Spülung erfolgt über eine angeschlossene kleine Saugpumpe. Im anderen Fall wird die Probenlösung über einen Teflonschlauch, der in die Probenlösung gehalten wird, angesaugt. Für kontinuierliche Online-Messungen gibt es spezielle Durchflußküvetten.

Der Probenraum muß selbstverständlich gegen das umgebende Laborlicht abgeschlossen sein. Er sollte möglichst groß sein und eine Temperierung nicht nur der Küvette, sondern auch des Probenraums selbst gestatten. Dadurch lassen sich bei extremen Temperaturen die Einflüsse auf die Elektronik des Meßgerätes vermeiden. Die Geometrie des Strahlenganges muß so gewählt sein, daß auch bei Küvetten mit größeren Schichtdicken (z.B. 10 cm) der Strahlengang die Küvettenränder nicht berührt.

3.5 Messung des Spektrums

Die zu untersuchenden Proben können in allen 3 Aggregatzuständen vorliegen. Für Strukturuntersuchungen wären Gasspektren am günstigsten, bei denen der Zusammenhang zwischen der Lichtabsorption und der Struktur der Einzelmoleküle durch zwischenmolekulare Wechselwirkungen am wenigsten gestört wird. Dies scheitert jedoch bei der Mehrzahl der Verbindungen daran, daß sie innerhalb des zulässigen Temperaturbereichs nicht die erforderliche Flüchtigkeit besitzen.

Die weitaus häufigste Aufnahmetechnik ist deshalb das Vermessen in sehr verdünnter Lösung, wobei Quarzküvetten von normalerweise 1 cm Schichtdicke verwendet werden. Der Substanzbedarf ist äußerst gering, es werden Lösungen von 10^{-2} bis 10^{-5} Mol/l benötigt.

Als Lösungsmittel kommen alle Stoffe in Frage, die im untersuchten Spektralbereich keine Eigenabsorption zeigen. Die in Lösung gemessenen Absorptionsspektren sind gegenüber den Gasspektren hinsichtlich Lage, Intensität und Form ihrer Banden um so mehr verändert, je stärker die intermolekularen Wechselwirkungen zwischen gelöster Substanz und Lösungsmittel sind, so daß sich die unpolaren Kohlenwasserstoffe wie Hexan, Heptan oder Cyclohexan als Lösungsmittel für spektroskopische Zwecke am besten eignen.

Eine Auswahl der am häufigsten verwendeten Lösungsmittel ist in Tabelle 3.3 zusammengestellt.

Tabelle 3.3 Gebräuchliche Lösungsmittel im UV und ihre kurzwelligen Durchlässigkeitsgrenzen

Lösungsmittel	Kleinste verwendbare Wellenlänge
Wasser	185 nm
Acetonitril	190 nm
Petrolether	195 nm
Cyclohexan	195 nm
Methanol	200 nm
Ethanol	200 nm
Ether	210 nm
Dichlormethan	220 nm
Chloroform	237 nm
Tetrachlormethan	257 nm
Benzol	270 nm

Die Spektrenaufnahme erfolgt dabei meist in der Form, daß man die Extinktion E gegen die Wellenlänge λ aufträgt. Denn die Extinktionskoeffizienten einzelner Absorptionsbanden können sich um mehrere Zehnerpotenzen unterscheiden, so daß nur im logarithmischen Maßstab auch die schwachen Banden neben den Gebieten sehr intensiver Absorptionen noch deutlich hervortreten.

Die auf diese Weise erhaltenen Absorptionsspektren können als «Fingerabdruck» zur Identifizierung einer Substanz dienen. Sie sind aber wegen ihrer wesentlich geringeren Bandenzahl nicht so charakteristisch wie die Infrarotspektren. Bei Proben, bei denen die interessierende Komponente bei relativ starker Grundabsorption bzw. in biologischen Materialien sehr wenig absorbiert, wird eversucht, die meßtechnischen Probleme entweder durch Differenz- oder Derivativspektroskopie zu lösen.

Besonders wertvolle Hinweise über die Struktur der untersuchten Substanz liefert die theoretische Auswertung der Spektren, die die Absorptionsspektroskopie im Sichtbaren und Ultravioletten zu einem unentbehrlichen Hilfsmittel jedes modernen chemischen Laboratoriums macht.

3.5.1 Schwingungs-Feinstruktur

Wie bereits im theoretischen Teil erwähnt, werden für die Übergänge zwischen den einzelnen Elektronenniveaus eines Moleküls keine scharfen Absorptionslinien, sondern breite Bandensysteme beobachtet, die von einer Überlagerung der gleichzeitig stattfindenden Schwingungs- und Rotationsübergänge über den Elektronensprung herrühren.

Für die beobachteten Absorptionsfrequenzen gilt:

$$\nu = \nu_{el} \pm \nu_{schw} \pm \nu_{rot}$$

worin ν_{el}, ν_{schw} und ν_{rot} die Frequenzen des reinen Elektronen-, Schwingungs- und Rotationsüberganges sind. Die Anregung von Elektronen wird also von Schwingungs- und Rotationsübergängen begleitet, so daß eine ursprünglich als Linie auftretende Absorption in eine breite Bande mit Schwingungs- und Rotations-Feinstruktur übergeht, wie in Bild 3.10 dargestellt. Infolge Wechselwirkung zwischen gelösten und Lösungsmittel-Molekülen wird die Feinstruktur gewöhnlich verwischt, und man beobachtet eine glatte Kurve. In der Gasphase, in unpolaren Lösungsmitteln sowie bei bestimmten Banden (z. B. beim Benzol die Bande bei 255 nm) ist die Schwingungs-Feinstruktur zuweilen beobachtbar.

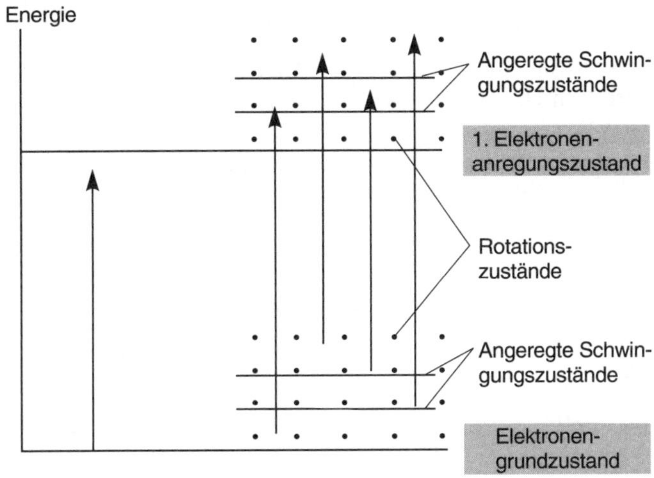

Bild 3.10 Überlagerung der Elektronensprünge durch Schwingungs- und Rotationsübergänge

Einem Elektronenübergang, der bei Atomen zur Absorption von praktisch monochromatischem Licht führt, entspricht also bei Molekülen ein ganzes Bandensystem von Schwingungsbanden, die ihrerseits wieder eine Feinstruktur aus eng beieinanderliegenden Rotationslinien besitzen.

Während bei der Ableitung des Analogsignals die Zeitkonstante des Gerätes mit herangezogen wird und eigentlich keine direkte Ableitung nach der Wellenlänge stattfindet (dadurch können Probleme bei Lampen- und Filterwechsel auftreten), wird dies bei den rechnerischen Verfahren der Derivativspektroskopie vermieden. Darüber hinaus ergibt sich der Vorteil, daß die unmanipulierten Rohdaten immer für spätere andere Auswertungsansätze erhalten bleiben. Da mathematisch jede Ableitung eine Punktfolge verrauscht, konnte der Sinn höherer Ableitungen bisher nur an einigen Einzelbeispielen für Ableitungen, die höher als zweiten Grades sind, aufgezeigt werden.

3.6 Konzentrationsbestimmung über die Eigenfärbung

Natürlich absorbieren nicht alle Moleküle im UV. Gefärbte Substanzen absorbieren im sichtbaren Gebiet, das heißt, die Energieabstände sind enger gerückt.

Dafür verantwortlich zeichnen bei organischen Molekülen sogenannte farbtragende Gruppen, die aus konjugierten Doppelbindungen bestehen. Je länger die konjugierten Ketten sind, um so mehr rückt die Absorption ins Sichtbare. Auf der anderen Seite zeigen Komplexverbindungen der Übergangsmetalle charakteristische Absorptionen im sichtbaren Gebiet (Farbe) durch Elektronenübergänge von einem unteren in ein oberes entartetes Energieniveau.

Der für das menschliche Auge sichtbare Teil des Lichtes umfaßt Lichtwellen, die eine Wellenlänge von 400 bis 800 nm besitzen. Das Auge vermag polychromatisches Licht nicht in seine Bestandteile zu zerlegen. Es wird nur eine Farbe wahrgenommen, die durch Summierung über alle ins Auge gelangenden Lichtstrahlen entsteht. Wenn die spektrale Zusammensetzung des Tageslichtes nicht verändert wird, so ist der Eindruck «weiß». Erst wenn Teile des Spektrums durch Absorption ausgelöscht werden, entsteht ein farbiger Eindruck, der der absorbierten Spektralfarbe komplementär ist.

Tabelle 3.4 Wellenlängenbereiche im sichtbaren Teil des Lichtes und die entsprechende Farbempfindung des menschlichen Auges

Wellenlängenbereich im sichtbaren Teil des Lichtes (nm)	Farbempfindlichkeit des menschlichen Auges
400 – 435	violett
435 – 480	blau
480 – 500	blau-grün
500 – 560	grün
560 – 580	grün-gelb
580 – 595	gelb
595 – 610	orange
610 – 750	rot

Dabei erzeugen Wellen in unterschiedlichen Bereichen dieses Intervalls im Auge ganz bestimmte Farbempfindungen (Tabelle 3.4). Eine Substanz, die beispielsweise im blauen Spektralbereich absorbiert, erscheint dem Auge gelb.

Ein Gemisch von Lichtwellen aller Wellenlängen erscheint dem Betrachter als farblos. Farbig erscheinen Gegenstände dann, wenn sie Wellen bestimmter Wellenlängen absorbieren und den Rest des Spektrums reflektieren (Tabelle 3.5). Treten im sichtbaren Gebiet mehrere Absorptionsbanden auf, so besteht kein einfacher Zusammenhang mehr, und die Farbe der Substanz läßt sich aus dem Absorptionsspektrum oft nur schwer vorhersagen.

Besitzt eine Lösung eines Stoffes eine grüne Färbung, so absorbiert sie Licht aus dem roten und blauen Bereich. Um die photometrische Konzentrationsbestimmung so empfindlich wie möglich zu machen, mißt man verständlicherweise bei einer Wellenlänge, bei der die Absorption besonders groß ist. Die geeignete Wellenlänge findet man entweder

- □ in Analysenvorschriften zur photometrischen Konzentrationsbestimmung,
- □ oder man nimmt das gesamte Spektrum der Lösung auf und ermittelt hieraus das Absorptionsmaximum.

Tabelle 3.5 Zusammenhang zwischen der Farbe eines Gegenstandes, des von ihm absorbierten Farbbereichs und den Wellenlängenbereichen im sichtbaren Teil des Lichtes

Wellenlängenbereich im sichtbaren Teil des Lichtes (nm)	Farbe des Gegenstandes (von Gegenstand reflektierter Farbbereich)	Vom Gegenstand absorbierter Farbbereich
400 – 435	violett	gelb-grün
435 – 480	blau	gelb
480 – 500	blau-grün	orange
500 – 560	grün	rot-violett
560 – 580	grün-gelb	violett
580 – 595	gelb	blau
595 – 610	orange	grün-blau
610 – 750	rot-violett	grün

Farblose Substanzen absorbieren kein Licht aus dem sichtbaren Teil des elektromagnetischen Spektrums. Die meisten Substanzen absorbieren aber Licht in dem für das menschliche Auge unsichtbaren ultravioletten Bereich. Das Meßverfahren ist dabei identisch.

3.7 Mehrkomponentenanalyse

Befinden sich mehrere Stoffe in einer Probe, deren Spektren sich überlappen, bedient man sich der **Faktoranalyse**. Bei der Mehrkomponentenanalyse muß man voraussetzen, daß die Linearität des Lambert-Beerschen Gesetzes für alle Komponenten erfüllt ist und daß keine Wechselwirkungen die Additivität ungültig machen [3.2].

Ziel der Analyse ist, Konzentrationen aus den Summenspektren zu ermitteln, die durch die Gehalte der einzelnen Komponenten in den Mischungen bestimmt werden. Jedes Spektrum wird durch eine Linearkombination der signifikanten Faktoren rekonstruiert, wobei ihre Faktorwichtungen dafür als Koeffizienten dienen. Es ist dann möglich, mit Hilfe der multiplen linearen Regression Korrelationen zwischen den Faktorwichtungen und den gemessenen Werten der Extinktionen zu ermitteln. Beispielhaft sind in Bild 3.11 die Einzelspektren der Vitamine B1, B6 und B12 sowie das resultierende Summenspektrum dargestellt.

Für n Komponenten in einer Probe muß man die Extinktion bei n verschiedenen Wellenlängen messen. Für eine Zweikomponentenanalyse würde somit die Messung an zwei Wellenlängen prinzipiell genügen. Die Extinktionen setzen sich dann folgendermaßen zusammen:

$$E(\lambda_1) = a(A,1)\,C_A + a(B,1)\,C_B$$
$$E(\lambda_2) = a(A,2)\,C_A + a(B,2)\,C_B$$

Das heißt, die Extinktion bei der Wellenlänge λ_1, $E(\lambda_1)$, setzt sich zusammen aus einem Faktor $a(A,1)$ mal der Konzentration des Stoffes A, C_A, plus einem Faktor

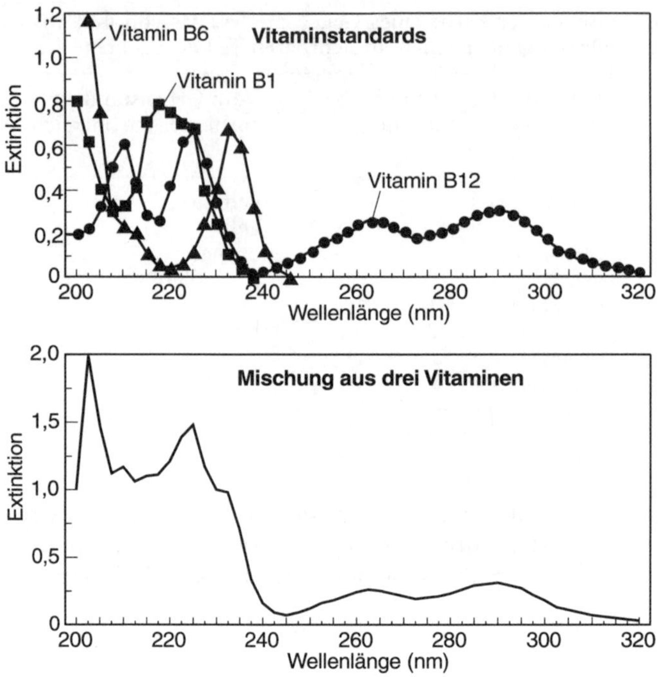

Bild 3.11 Einzelspektren von 3 Vitaminen und das resultierende Summenspektrum

a(*B*,1) mal der Konzentration des Stoffes *B*, C_B, und die Extinktion bei der Wellenlänge λ_2 entsprechend. Diese Faktoren muß man zunächst aus den Spektren der Einzelkomponenten ermitteln. Bei der Mischung aus zwei Komponenten hat man dann zwei Gleichungen mit zwei Unbekannten, C_A und C_B, die mathematisch lösbar sind. Bei *n* Komponenten braucht man entsprechend *n* Gleichungen, d. h. *n* Extinktionswerte bei *n* verschiedenen Wellenlängen, um alle Konzentrationen der Einzelkomponenten zu bestimmen.

Auf den ersten Blick scheint die Durchführung einer Faktoranalyse ein aufwendiges Unterfangen zu sein. Bis zu einem bestimmten Punkt ist das richtig, da gerade die Kalibrierung, wie bei jedem quantitativen Verfahren, besondere Sorgfalt erfordert. Andererseits ist die Analyse äußerst einfach und in den meisten Fällen deutlich schneller als bei alternativen Methoden. Komfortablere Spektrometer besitzen eine Software, die die Durchführung der Faktoranalyse menügesteuert äußerst einfach macht.

3.8 Doppelwellenlängen-Messung

Im Jahre 1951 schlug CHANCE eine neue Methode zur Messung trüber Proben in der biochemischen Analyse vor, die «Doppelwellenlängen-Messung» [3.3]. Obwohl diese Methode in erster Linie zur raschen und präzisen Messung von kleinen Absorptionsveränderungen bei zwei festgelegten Wellenlängen in trüben Suspensionen verwendet wird, eignet sie sich auch zur Messung in klaren Lösungen. Dabei darf man «Doppelwellenlänge» nicht mit «Doppelstrahl», bei der Absorptionsmessungen bei zwei Wellenlängen zur Konzentrationsbestimmung mit simultanen Gleichungen durchgeführt werden, verwechseln.

Bei der Doppelwellenlängen-Messung wird das Licht durch zwei Gittermonochromatoren in zwei Strahlen zerlegt. Die von den beiden Gittern kommenden Lichtstrahlen unterschiedlicher Wellenlänge erfahren durch einen rotierenden Sektorspiegel eine Zeitverschiebung und treten nacheinander durch die gleiche Zelle mit der Probelösung. Die Absorptionsdifferenz ΔA zwischen den Absorptionen bei den Wellenlängen λ_1 und λ_2 wird gemessen. Selbst eine sehr kleine Veränderung der Absorption einer Probe kann so bei voller Skalenausnutzung genau bestimmt werden.

Aus Bild 3.12 ist ersichtlich, daß der mit der Frequenz des rotierenden Sektorspiegels synchronisierte Detektor immer abwechselnd λ_1 und λ_2 empfängt. Das λ_1-Signal ist das Referenzsignal, das λ_2-Signal ist das eigentliche Signal der zu untersuchenden Probe. Durch Ausschöpfen der elektronischen Techniken läßt sich die Absorptionsskala um das 100fache erweitern. Damit eignet sich die Methode besonders zur Messung sehr kleiner Substanzmengen sowie zur Beobachtung von Stoffen in Bereichen sehr geringen Absorptionsvermögens.

Bild 3.12 Prinzip der Doppelwellenlängen-Messung

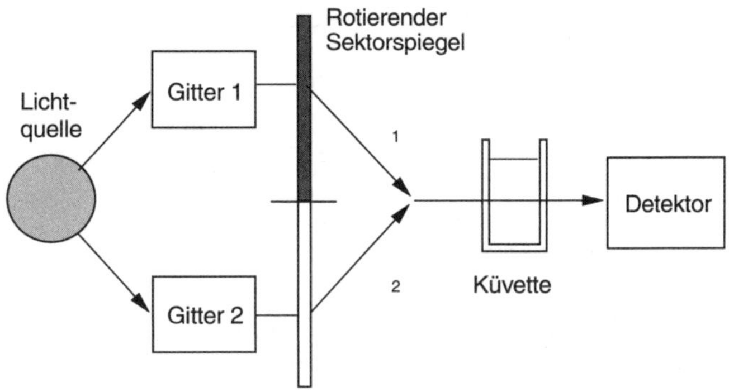

Normalerweise wird bei der konventionellen Photometrie die Totalabsorption A der Probe bei einer Wellenlänge λ durch Vergleich mit der Referenzprobe gemessen, wie es in Bild 3.13 dargestellt ist. Enthält jedoch die Probelösung noch einen anderen Untergrund – hervorgerufen durch Trübung oder sich gegenseitig beeinflussende Komponenten – so ist die Bestimmung der gesuchten Komponente nicht mehr möglich. Eigentlich ist die Messung der Totalabsorption für die quantitative Bestimmung irgendeiner Komponente nicht notwendig. Daher wird in der Doppelwellenlängen-Photometrie die Absorptionsdifferenz ΔA zwischen zwei Wellenlängen λ_1 und λ_2 gemessen, so daß keine Referenzlösung gebraucht wird. Die wichtigste notwendige Bedingung hierfür ist eine Linearität oder Proportionalität zwischen den gemessenen Signalen und der Konzentration der gesuchten Komponente. So lassen sich durch Auswahl einer geeigneten Kombination von zwei Wellenlängen viele Arten von Untergrundstörungen beseitigen.

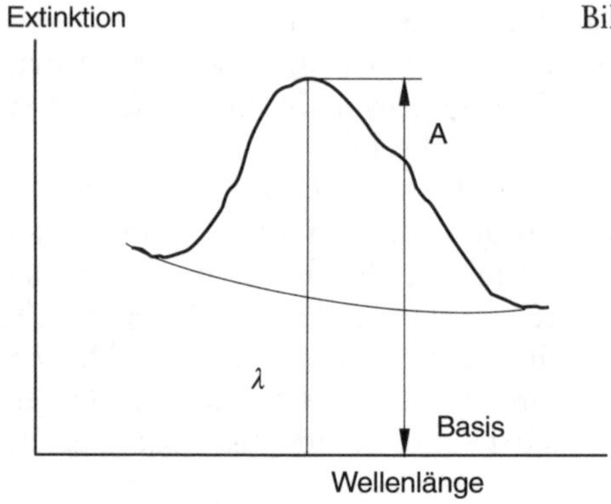

Bild 3.13 Konventionelle Absorptionsmessung

Wie aus Bild 3.14 ersichtlich, wird bei der Doppelwellenlängen-Methode nur eine Meßzelle benutzt. Dadurch können viele von den Zellen herrührende Fehler, wie Abweichung in der Zellposition oder Zellkonstante und Unterschiede zwischen Probe- und Referenzlösung z. B. in der Trübung und der Konzentration, vollkommen ausgeschaltet werden. Dadurch, daß die Probe selbst als Referenzlösung verwendet wird, reduzieren sich bei der Doppelwellenlängen-Spektroskopie die durch Streuung, ungleiche Wellenlängen und ungleiche Reagenzkonzentrationen hervorgerufenen Probleme auf ein Mindestmaß.

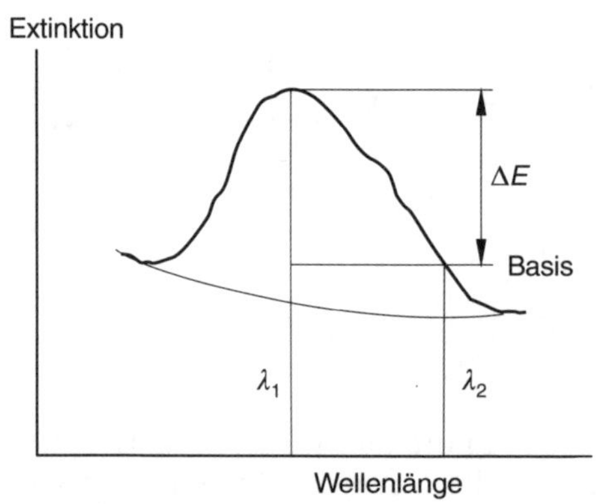

Bild 3.14 Absorptionsmessung bei der Doppelwellenlängen-Methode

Im Falle einer Probe mit vergleichsweise starker Absorption und ausgeprägten Streuungseigenschaften können extrem kleine Veränderungen in der Absorption nachgewiesen werden. Somit entfallen die bei der konventionellen Photometrie oft zur Vorbereitung der Proben erforderlichen Verdünnungen und Filtrationen. Durch Wellenlängen-Abtastung (Scanning) mit nahe beieinanderliegenden λ_1- und λ_2-Werten lassen sich Derivativ-Spektren erzeugen.

Durch Anwendung der Doppelwellenlängen-Messung können Mehrkomponentensysteme sehr leicht und genau ohne Berechnung simultan durch die Äquiabsorptionsmethode analysiert werden. Von einer Zweikomponentenprobe mit den Substanzen A und B werden die Extinktionen bei λ_1 und λ_2 gemessen, und man erhält die Differenzextinktion:

$$E\ (\lambda_1) - E(\lambda_2) = \Delta E = a(A,1)\ c_A + a(B,1)\ c_B - (A,2)\ c_A + a(B,2)\ c_B$$

Wenn die Zweitkomponente B bei den beiden Wellenlängen λ_1 und λ_2 die gleiche Absorption aufweist, d. h. wenn $E_B(\lambda_1) - E_B(\lambda_2) = 0$ ist, so vereinfacht sich die Gleichung zu:

$$\Delta E = a(A,1)\ c_A - a(A,2)\ c_A$$

Da die Differenzextinktion ΔE nun nicht mehr von der Konzentration der Komponente B abhängt, ist es möglich, die Konzentration der Komponente A unabhängig von der Konzentration der Komponente B zu bestimmen. Diese Äquiabsorptionsmethode ist in Bild 3.15 dargestellt.

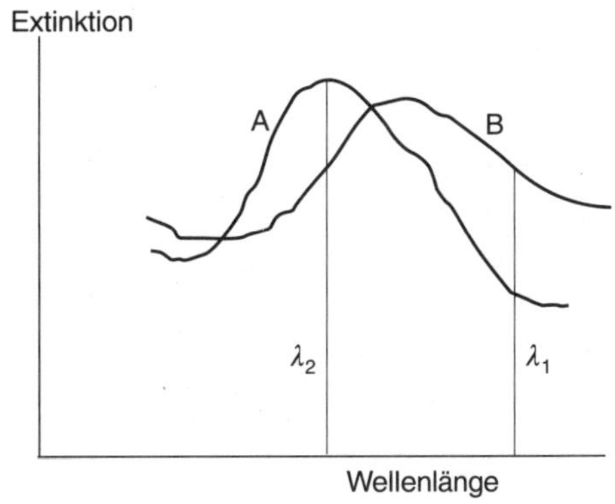

Bild 3.15 Auswahl von λ_1 und λ_2 nach der Äquiabsorptionsmethode. Komponente B hat bei beiden Wellenlängen die gleiche Extinktion.

Gelingt es nicht, zwei geeignete Wellenlängen zu finden, bei der die Extinktionen der nicht zu analysierenden Komponente B gleich sind, kann man sich der Signalverstärkungsmethode bedienen, bei der die unterschiedlichen Extinktionswerte der Komponente B elektronisch im Gerät kompensiert werden.

3.9 Differenzspektren

Im Falle der Differenzspektroskopie werden im Meß- und Vergleichsstrahlengang zwei Lösungen verglichen, die beide all jene Komponenten enthalten, die eine Grundabsorption verursachen, wobei allerdings diejenige im Meßstrahl zusätzlich noch die eigentliche Probe enthält [3.4]. Allerdings wird dabei häufig übersehen, daß durch die Differenzbildung von zwei sehr hohen Absorptionen keineswegs die Probleme mit der Fehlstrahlung beseitigt werden können. Hohe Eigenabsorptionen des Lösungsmittels verringern die Intensität I_0, die durch entsprechende Verstärkung am Detektor bis zum Rauschen kompensiert werden muß.

3.10 Derivativspektren

Bei der Derivativspektroskopie sind drei unterschiedliche Methoden beschrieben, bei denen entweder optisch oder über das Analogsignal oder direkt durch rechnerische Behandlung des digitalisierten Analogsignals die Ableitung gebildet wird [3.5]. Da bei optischen Verfahren immer nur die erste Ableitung erhalten werden kann, werden heute nur die analog-elektronischen und die digital-rechnerischen Verfahren diskutiert. Es sollte aber immer in Erinnerung behalten werden, daß eine Ableitung eines Signals die Information nicht erhöhen, sondern nur vorher verdeckte Information deutlicher machen kann [3.6]. Diese Möglichkeiten werden z. B. bei sich überlappenden Peaks oder bei geringen Signaländerungen auf sehr schwach gekrümmten Kurven ausgenutzt. Bild 3.16 zeigt beispielhaft ein Musterspektrum und die erste Ableitung dieses Spektrums.

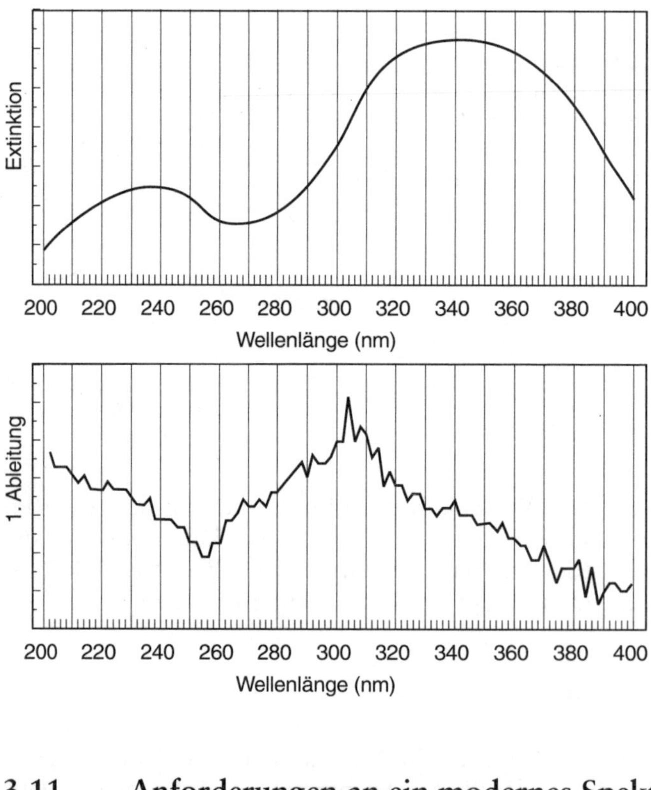

Bild 3.16 Absorptionsspektrum und Derivativspektrum 1. Ordnung

3.11 Anforderungen an ein modernes Spektrometer

Für typische Routineanalysen, z. B. Konzentrationsbestimmungen oder Reinheitskontrollen, ist die UV/Vis-Spektrometrie in überwiegendem Maße die Methode der Wahl, weil sie einfach und schnell genaue Analysenergebnisse liefert. Routineanalytik bedeutet, daß eine bestimmte Analysenmethode regelmäßig angewendet wird, oft fällt eine große Anzahl von Proben an. Ein unverkennbarer

Trend ist dabei, das Analysengerät zur Probe zu bringen und nicht die Probe zum Analysengerät. Dezentralisierung heißt hier das Schlagwort. Einfachere Analysen werden direkt vor Ort, d.h. in der Produktion, durchgeführt und nicht mehr in den Zentrallabors. Dies verkürzt lange Wege, spart Zeit und Geld. Das zentrale Analysenlabor wird von einfachen Routinearbeiten entlastet und kann sich verstärkt den anspruchsvolleren Aufgaben zuwenden.

Grundvoraussetzung für eine richtige photometrische Messung ist eine solide und zuverlässige Optik. Die entsprechenden Kennzahlen, wie geringes Streulicht, hohe photometrische Richtigkeit und gute Langzeitstabilität, lassen sich einfach aus den Gerätespezifikationen erkennen. Solche Daten geben dem Interessierten die Möglichkeit, zwischen den Photometern verschiedener Hersteller zu vergleichen [3.7].

Von ebenso großer Bedeutung ist ein dem Analysenproblem angepaßter Methodenaufbau und schließlich eine einfache und sichere Durchführung der Analyse. Dies ist nur möglich, wenn die Bestimmung unmißverständlich und sicher ist, eine klare Probenidentifizierung und eine übersichtliche Ergebnisdarstellung gewährleistet ist. Die Faktoren Bedienerfreundlichkeit und Meßdatenbearbeitung spielen heute eine zunehmende Rolle [3.8]. Die Auswahl der optimalen Wellenlänge für die quantitative Bestimmung erfolgt in modernen Spektrometern software-gesteuert. Aus den Spektren der Standards sowie repräsentativer Proben mit der Matrix wird die Wellenlänge ausgewählt, die die besten Resultate hinsichtlich Linearität, Richtigkeit, Selektivität und Reproduzierbarkeit ergibt [3.9].

Im täglichen Betrieb eines Analysenlabors hat man in der Regel verschiedene photometrische Methoden zu bearbeiten. Diese Methoden können sich durch Meßwellenlängen, Faktoren und unter Umständen einer Vielzahl anderer Parameter unterscheiden. Moderne mikroprozessorgesteuerte Geräte oder in Verbindung mit einem PC bieten die Möglichkeit, einzelne Meßmethoden abzuspeichern. Bei Bedarf wird die jeweilige Methode aufgerufen, und es kann sofort mit der Messung begonnen werden, ohne daß die Parameter neu eingestellt werden müssen [3.10]. Selbstverständlich sind die jeweiligen Analysenmethoden für die analytische Aufgabe zuerst zu erstellen.

Die eigentliche Analyse wird schnell ausgeführt und erfordert kein Fachwissen. Geschult sollte derjenige sein, der die Methoden und Kalibrierkurven erstellt und deren Zuverlässigkeit testet. Für die Routine kann es dabei sehr nützlich sein, das Programm, die Methoden und Kalibrierfunktion zu schützen, um Fehlbedienung zu vermeiden. Der Fachmann, der die Methoden erstellt hat, kann dann ein elektronisch «abgeschlossenes» Gerät mit den Methoden an weniger ausgebildete Mitarbeiter weitergeben. Im vollständig abgeschlossenen Gerät können nur noch Methoden aufgerufen und zur Analyse gestartet werden. Der Mitarbeiter muß nur die Küvette in das Photometer stecken und die Starttaste drücken. Solche Analysen können – fern vom Zentrallabor – ohne laufende fachliche Überwachung durchgeführt werden.

Neben einer normalen Spektrenaufnahme ist auch eine zyklische Spektrenaufnahme mit frei wählbaren Intervallen sinnvoll, um Veränderungen im Spektrum gegen die Zeit beobachten zu können. Die Darstellung von Derivativspektren ist mit modernen Spektrometern problemlos. Für kinetische Untersuchungen eignet sich die Aufzeichnung der Extinktion bei einer Meßwellenlänge gegen die Zeit.

Eine Wellenlängenprogrammierung bietet die Möglichkeit, eine Probe bei mehreren Wellenlängen zu messen. Das Wellenlängeprogramm findet z.B. Einsatz, um die Reinheit einer Substanz zu überprüfen.

Konzentrationsmessungen spielen in der Routineanalytik eine überragende Rolle. Aus den Extinktionen und den zugehörigen Konzentrationen der Standards errechnet das Gerät eine Kalibrierkurve. Für kompliziertere Messungen, d.h. bei trüben Proben und bei komplex zusammengesetzten Mehrkomponentengemischen, gibt es verschiedene aufwendigere Meßtechniken, die sinnvoll nur noch mit einem rechnerunterstützten Auswertprogramm zu lösen sind.

Die einfachste Auswertung ist die Ein-Wellenlängen-Analyse, wobei die Extinktion im allgemeinen im Maximum des Spektrums gemessen und die Konzentration berechnet wird. Ist die jeweilige Substanz über einem Untergrund zu bestimmen, so ist eine Basislinienkorrektur durchzuführen. Abhängig von der Lage der Basislinie kann die Doppelwellenlängen- oder auch die Drei-Wellenlängen-Methode gewählt werden. Während bei der Doppelwellenlängen-Messung die Basislinie parallel zur Abszisse gezogen wird, erfolgt bei der Drei-Wellenlängen-Messung die Basislinienkorrektur über eine Gerade zwischen zwei Referenzwellenlängen λ_1 und λ_3 links und rechts von der Meßwellenlänge. Aus Bild 3.17 ist ersichtlich, daß hiermit eine nicht horizontale Basislinienkorrektur möglich ist.

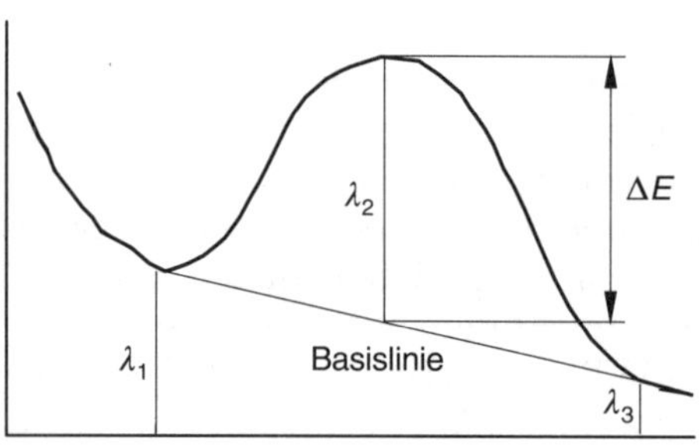

Bild 3.17 Prinzip der Drei-Wellenlängen-Analyse

Eine spezielle Technik zur Konzentrationsbestimmung ist in Bild 3.18 dargestellt, wobei die Konzentration über die Berechnung der Fläche der Absorptionsbande erfolgt. Dazu wird das Spektrum der Probe registriert. Das Gerät integriert die Bandenfläche zwischen zwei zu definierenden Wellenlängen λ_1 und λ_2 und errechnet

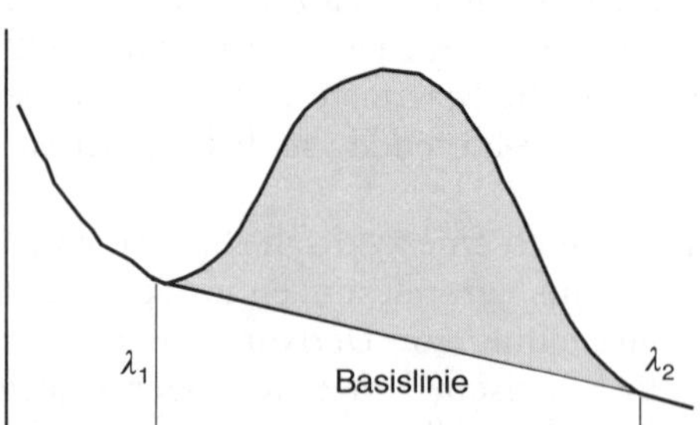

Bild 3.18 Konzentrationsbestimmung über die Fläche

daraus die Konzentration. Dieses Verfahren bewährt sich vor allem bei Proben, deren Peakmaximum sich infolge von Lösemitteleffekten verschieben kann.

Die zweite Ableitung eines Spektrums ist eine bewährte Methode zur quantitativen Bestimmung von Substanzen in komplexen Matrizes und ist in Bild 3.19 dargestellt. Hier macht man sich zunutze, daß der Abstand zwischen einem benachbarten Maximum und Minimum der Konzentration einer Substanz proportional ist. Diese Methode hat sich vor allem bei der Konzentrationsmessung in trüben Proben und in Mehrkomponentensystemen als erfolgreich erwiesen. Die zweite Ableitung ist unabhängig von der Hintergrundextinktion, so daß mit dieser Technik auch bei sehr komplexen Matrixeffekten eine präzise Konzentrationsbestimmung durchgeführt werden kann.

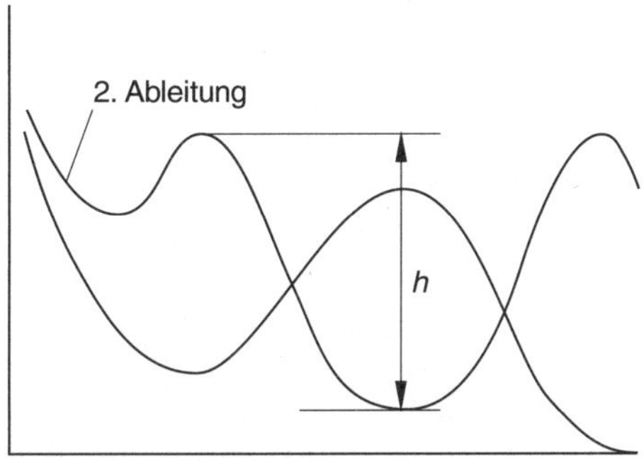

Bild 3.19 Konzentrationsbestimmung über die Höhe *h* zwischen zwei Extremwerten der 2. Ableitung

3.12 Diodenarray-Technologie in der UV/Vis-Spektroskopie

Gesteigerte Anforderungen an die Auflösung sowie ein wachsendes Interesse an Messungen über einen relativ großen Wellenlängenbereich haben Konstruktionsverbesserungen und neue Konzeptionen bei der Entwicklung von Spektrometern geradezu herausgefordert. Die Entwicklung des Diodenarray-Spektralphotometers war hier ein bedeutender Fortschritt für die moderne instrumentelle Analytik. Im Vergleich zu konventionellen Spektralphotometern, die spektrale Daten seriell erfassen, wird mit einem Diodenarray-Gerät ein komplettes Spektrum gleichzeitig bei allen Wellenlängen aufgenommen. Dazu wird das Licht der Kontinuumlampen zur Durchstrahlung der Probe verwendet, anschließend wird das Licht in einem Gittermonochromator spektral zerlegt und auf eine Reihe nebeneinanderliegender Photodioden projiziert. Die hierbei simultan erfaßten spektralen Daten werden in einem Rechner abgespeichert und dann als Spektrum auf einem Bildschirm oder Plotter sequentiell ausgelesen [3.11].

Ein offensichtlicher Vorteil für den Anwender ist dabei die schnelle Datenerfassung, die Aufnahme eines kompletten Spektrums von 190 bis 800 nm dauert nur 0,1 s. Es ergeben sich aber eine ganze Reihe von Vorteilen gegenüber konventionellen Geräten, die offensichtlich sind und dazu führen, daß Diodenarray-Geräte in den meisten Fällen konventionelle Geräte nicht nur ersetzen können, sondern diesen überlegen sind.

Sowohl in der Labordiagnostik als auch in der Qualitätskontrolle gilt die UV/Vis-Spektroskopie immer noch als schnelles Verfahren. Da die Optik der Geräte ausgereift war, wurde höchstens eine Diskussion darüber geführt, ob Einstrahl- oder Zweistrahl-Verfahren geeigneter sind. Deshalb beschränkte sich der Markt auf wenige optisch qualitativ herausragende Zweistrahl-Spektrometer, andererseits eroberten billige, meist computerisierte Einstrahl-Geräte den Markt für Routinemessungen.

Diodenarrays wurden zunächst nur wegen ihrer Schnelligkeit in der Routineanalytik konkurrenzfähig. Insgesamt wurde jedoch ihre Wellenlängenauflösung als nicht besonders gut und ihre photometrische Linearität besonders im UV-Bereich als nicht überzeugend angesehen. Dies lag sicherlich auch mit daran, daß die Diodenarrays zunächst als optoelektronische Bauelemente weniger von Spektroskopikern, sondern mehr von Ingenieuren aus dem Bereich der Halbleitertechnologie entwickelt wurden. Als sich jedoch zeigte, daß sie sich besonders zur Detektion in der Chromatographie eigneten und ihr Einsatz zu ganz neuen Möglichkeiten bei der Auswertung führte, kam der UV/Vis-Gerätemarkt in Bewegung [3.12].

Anfänglich konnten die Vorteile der neuen Technik wegen des hohen Gerätepreises nur von relativ wenigen, spezialisierten Laboratorien genutzt werden. Im Laufe der Jahre zeigte sich, daß Diodenarrays nicht nur in der normalen Routineanalytik eingesetzt werden konnten, sondern es ergaben sich eine Vielzahl von Spezialanwendungen, die nur durch die schnelle Detektion und die miniaturisierten Aufbauten des Diodenarrays realisierbar wurden.

Durch Kombination mit Lichtleitern wurden sie über die Lackkontrolle auch für zahlreiche andere Anwendungen interessant. Dieser Erfolg mit Lichtleitern führte sogar dazu, daß auch konventionelle sequentielle Spektrometer mit Lichtleitern gekoppelt wurden, um insbesondere im Bereich der Reflexionsmessungen mit den Diodenarrays in Konkurrenz zu treten.

Da zur Verarbeitung der aufgenommenen Spektrendaten prinzipiell ein Computer erforderlich ist, konnten die Erfolge auf einem anderen Gebiet der Analytik leicht mit eingebunden werden. Die Software bietet viele der fortschrittlichen Möglichkeiten, wie z.B. Mehrkomponentenanalyse, derivative Auswertung, Vergleich und Subtraktion von Spektren, Verhältnisberechnung, Zusammensetzung gemischter Spektren und statistische Auswertung. Die erhöhten Anforderungen an die «gute Laborpraxis» und die wesentlich verschärften Vorgaben des Gesetzgebers in der Produktionskontrolle der Pharmaindustrie verursachten, daß lange bekannte Verfahren der statistischen Bewertung von Analysenergebnissen plötzlich sehr großes Interesse und weite Verbreitung fanden.

Heute werden Diodenarray-Geräte von verschiedenen Herstellern zu einem Preis angeboten, die dem konventioneller Geräte vergleichbar ist. Auf dem Markt stehen inzwischen je nach Anwendungsgebiet eine Vielzahl von computergesteuerten Einstrahl-Spektrometern, registrierenden Zweistrahl-Geräten und Diodenarrays in den verschiedensten Qualitätsstufen für die unterschiedlichsten Anwendungen bereit. Dabei wächst neben der Routineanalytik und der klinischen Diagnostik die Bedeutung der Diodenarrays insbesondere in den Bereichen der Chromatographie, der Qualitätskontrolle, der Prozeßkontrolle und in dem noch relativ jungen Gebiet der Sensorik [3.13].

3.12.1 Konventionelles Spektralphotometer

Beginnend vor Jahrzehnten mit der Kolorimetrie haben sich Spektrometer im sichtbaren und ultravioletten Spektralbereich sowohl als Einstrahl- als auch als registrierende Zweistrahl-Spektrometer über viele Jahre hinweg einen breiten und vielfältigen Markt gesichert. Bild 3.20 zeigt vereinfacht den optischen Aufbau eines konventionellen Einstrahl-Spektralphotometers, bei dem das polychromatische Licht einer Lichtquelle (Deuterium- bzw. Wolfram-Halogen-Lampe) auf den Eingangsspalt eines Monochromators (Prisma oder Gitter) fokussiert wird. Aus dem Monochromator tritt Licht mit einer bestimmten, schmalen Bandbreite, die von der Spaltbreite bestimmt wird. Die Extinktion einer Probe wird bestimmt aus den gemessenen Lichtintensitäten, jeweils ohne und mit Probe im Strahlengang.

Bild 3.20 Vereinfachte Darstellung des optischen Aufbaus eines konventionellen Einstrahl-Spektralphotometers

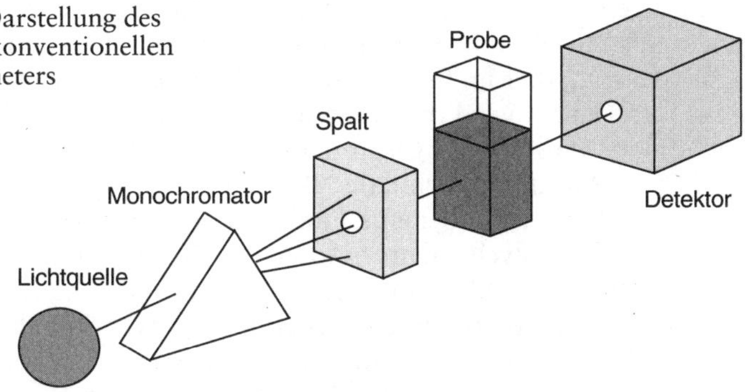

Eine solche Anordnung ist für die Messung der Extinktion bei einer festen Wellenlänge gut geeignet. In der Praxis ist es jedoch häufig notwendig, unterschiedliche Proben bei verschiedenen Wellenlängen zu messen oder Spektren von Proben aufzunehmen. Bei konventionellen Spektralphotometern wird die Änderung der Wellenlänge durch Drehung des Dispersionselementes im Monochromator erreicht. Damit wird der mechanische Aufwand erheblich kompliziert, denn die Reproduzierbarkeit der mechanischen Verstellung begrenzt unmittelbar die Reproduzierbarkeit der Wellenlänge. Dazu kommt, daß diese sequentielle Form der Datenerfassung relativ langsam ist.

3.12.2 Diodenarray-Spektralphotometer

Ein Diodenarray besteht aus einer Reihe von Photodioden, die nebeneinander auf einem Siliziumkristall angeordnet sind. Ein Diodenarray hat je nach Bauart zum Beispiel 328, 512 oder 1024 Photodioden, woraus eine spektrale Auflösung von 1 bis 2 nm resultiert. Dadurch gelangt die spektrale Information gleichzeitig auf den Empfänger, die anschließend allerdings wieder sequentiell ausgelesen wird.

Dabei muß zwischen zwei Zeiten unterschieden werden. Zum einen ist eine bestimmte Zahl von Photonen notwendig, um ein minimales Signal auf der Photodiode zu erzeugen. Je nach Intensität des auffallenden Lichtes liegen in diesem Fall die Zeiten im Bereich von Nanosekunden (Laser) und Millisekunden (schwache Lichtquellen). Von dieser Zeit ist diejenige zu unterscheiden, die das Auslesen der Information aus den elektronischen Schaltkreisen, die parallel zu den Photodioden geschaltet sind, benötigt. Je nach Technik liegt diese Zeit für die gesamte Zeile im Bereich zwischen 10 und 50 Millisekunden.

Die Fertigungstechnik für Diodenarrays ähnelt der für hochintegrierte Schaltungen. Diodenarrays haben komplexe Strukturen, sind aber, da es sich um Festkörperstrukturen handelt, sehr zuverlässig. Die lichtempfindliche Fläche mißt etwa 18 × 0,5 mm, wobei der Abstand der einzelnen Photodioden ca. 25 µm beträgt. Die Siliziumdioden zeigen bei konstanter Temperatur eine hohe Stabilität. Deshalb sind die meisten Diodenphotometer einfach konstruiert und mit Einstrahloptik ausgestattet.

Bild 3.21 zeigt vereinfacht den optischen Aufbau eines Diodenarray-Spektralphotometers. Das gesamte Licht geht durch die Probe und wird auf den Eingangsspalt des Polychromators fokussiert. Das Dispersionselement zerlegt das Licht spektral, aber im Gegensatz zum Monochromator existiert kein Ausgangsspalt. Statt dessen wird das Diodenarray in das spektral zerlegte Licht so hineinpositioniert, daß es den gesamten spektralen Bereich abdeckt. Dabei ist jeder Diode ein bestimmter, schmaler Bereich des Spektrums zugeordnet. Die Bandbreite pro Diode ist dabei eine Funktion der Größe des Eingangsspaltes und der Dispersion des Polychromators sowie der Breite der einzelnen Diode. Die Funktion des Ausgangsspaltes im Monochromator wird hier von der Geometrie jeder einzelnen Diode übernommen. Gegenüber konventionellen Spektralphotometern sind die Positionen von Probe und Dispersionselement im Strahlengang vertauscht. Daher wird eine solche Anordnung oft auch als inverse Optik bezeichnet.

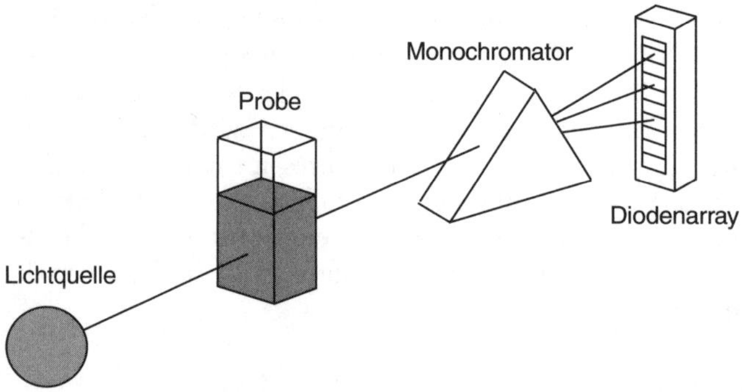

Bild 3.21 Vereinfachte Darstellung des optischen Aufbaus eines Diodenarray-Spektralphotometers

3.12.3 Vorteile der Diodenarray-Technologie

Diodenarray-Geräte verfügen über fundamentale, konstruktiv bedingte Vorteile, die sich in vielerlei Hinsicht benutzerfreundlich auswirken. Die Schnelligkeit der Datenerfassung ist wahrscheinlich das bekannteste Merkmal dieser Technik. Der einfache konstruktive Aufbau garantiert hohe Zuverlässigkeit, das feststehende optische System gestattet eine hervorragende Reproduzierbarkeit der Wellenlängen und damit eine hohe quantitative Meßgenauigkeit über den gesamten Spektralbereich.

3.12.3.1 Einstrahl-Geräte

Traditionell wurden leistungsstarke Spektralphotometer aufgrund der besseren Driftstabilität stets als Zweistrahl-Geräte ausgeführt. Durch die in der Vergangenheit erzielten Fortschritte in der Lampentechnik und auf dem Gebiet der Elektronik werden aber Einstrahl-Geräte zunehmend attraktiver, da sie bezüglich Drift nur noch etwa um den Faktor zwei schlechter sind als Zweistrahl-Geräte, aber den Vorteil höheren Lichtdurchsatzes und einfacherer Konstruktion bieten. Diodenarray-Spektralphotometer eignen sich in besonderem Maße für Einstrahl-Konfigurationen, da die Spektren sehr schnell erfaßt werden und die Zeitspanne zwischen Referenz- und Probenmessung sehr kurz sein kann. Schwankende Umgebungstemperaturen, die die Systemstabilität der Siliziumdioden beeinträchtigen, wirken sich daher kaum negativ aus. In Bild 3.22 ist der optische Aufbau eines Diodenarray-Spektrometers in Einstrahl- und Zweistrahl-Technik aufgezeigt.

Bild 3.22 Optisches System eines Einstrahl-Diodenarray-Spektrometers (oben) und eines Zweistrahl-Diodenarray-Spektrometers (unten)

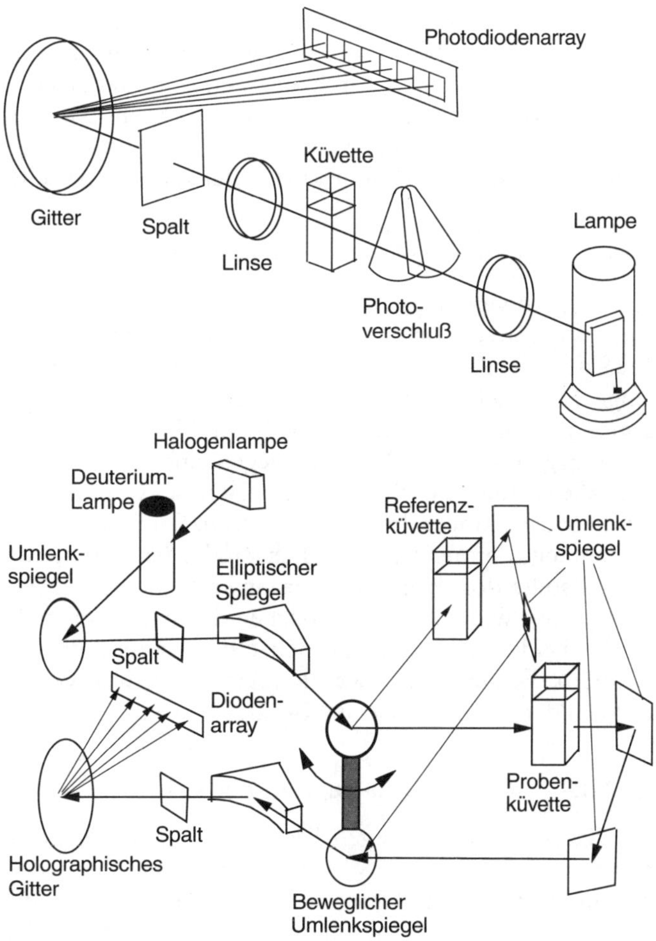

Bei der Messung von Substanzen im ultravioletten und sichtbaren Spektralbereich enthalten die Photonen des Meßlichtes sehr hohe Energien. Ist die Intensität des Meßlichtes zu hoch, so kann es zu Photoreaktionen bei photoinstabilen Substanzen kommen. Während bei der konventionellen Spektroskopie nur eine sehr geringe Meßlichtintensität auf die Probe fällt, besteht bei der Diodenarraytechnik der Strahlengang gleichzeitig aus allen Wellenlängen. Dies kann zu relativ hohen Bestrahlungsintensitäten – verteilt über den gesamten Spektralbereich – führen, so daß photochemische Reaktionen auftreten können. Dies wird durch einen Verschluß verhindert, der die Probe nur ganz kurze Zeit dem Meßlicht aussetzt.

3.12.3.2 Schnelle Erfassung spektraler Daten

Spektren über einen Wellenlängenbereich von 190 bis 820 nm lassen sich in einer Zehntelsekunde aufnehmen. Eine Verarbeitung und Speicherung des Spektrums ist in weniger als einer halben Sekunde möglich. Die schnelle Datenerfassung, sicherlich die bekannteste Eigenschaft der Diodenarray-Spektralphotometer, ist immer dann von Vorteil, wenn Messungen bei mehreren Wellenlängen gemacht werden und wenn viele Proben anfallen. Aufgrund der schnellen Datenerfassung sind Diodenarray-Spektralphotometer auch sehr gut geeignet, um Messungen in dynamischen Systemen durchzuführen, z. B. in der Flüssigkeitschromatographie, in der Prozeßüberwachung sowie für kinetische Messungen. Für die Flüssigkeitschromatographie wurden spezielle, für die Anwendung optimierte Diodenarray-Detektoren entwickelt (sehr kurze Meßzyklen, spezielle Flußzellen).

3.12.3.3 Simultane Messung eines Spektrums

Für viele Anwendungen sind Messungen bei mehreren Wellenlängen erforderlich. Auch mit konventionellen Spektralphotometern kann bei mehreren Wellenlängen gemessen werden, allerdings geschieht dies sequentiell und dauert daher relativ lange. Ein Diodenarray-Gerät dagegen mißt bei allen Wellenlängen simultan. Dies ermöglicht die Anwendung spezieller Verfahren zur Verbesserung der analytischen Ergebnisse. Die Messung gegen eine «interne Referenz» wird angewendet, um alle Fehler durch Lichtintensitätsschwankungen infolge Instabilität der Lampe oder Lampendrift zu reduzieren. Bei diesem Verfahren wird eine Referenzwellenlänge definiert, die möglichst nahe der analytischen Wellenlänge liegen soll, jedoch sollte dort keine Absorption stattfinden. Die Meßwerte bei der Referenzwellenlänge werden dann von denen der analytischen Wellenlänge abgezogen. Da hierbei beide Wellenlängen gleichzeitig gemessen werden, kann mit einer internen Referenz die Drift um etwa die Hälfte reduziert werden, so daß sie vergleichbar wird zu der eines Zweistrahl-Gerätes.

3.12.3.4 Wellenlängen-Reproduzierbarkeit

Die Begriffe «Wellenlängen-Richtigkeit» und «Reproduzierbarkeit» werden oft falsch interpretiert. Die Wellenlängen-Richtigkeit ist wichtig, wenn Messungen, die auf verschiedenen Geräten durchgeführt wurden, miteinander verglichen werden sollen. Bei den meisten quantitativen UV/Vis-Analysen, bei denen Messungen in bezug auf einen Standard mit demselben Gerät durchgeführt werden, spielt die Wellenlängen-Richtigkeit keine dominierende Rolle. Die Wellenlängen-Reproduzierbarkeit ist bei konventionellen, mechanisch arbeitenden Spektralphotometern ein Fehler, der im Laufe des Betriebes durch mechanische Abnutzung immer größer wird. Da bei Diodenarray-Spektralphotometern zur Änderung der Wellenlänge keine Bauteile bewegt werden, gibt es diese Probleme nicht.

3.12.3.5 Meßbereich

Bedingt durch die hohe Wellenlängen-Reproduzierbarkeit besteht ein grundlegender Vorteil der Diodenarray-Technik darin, daß man auch an der Flanke einer Absorptionsbande hervorragende Ergebnisse erzielen kann. Wenn also der Konzentrationsbereich die Absorption am Peakmaximum an einen Punkt bringt, an dem genaue Messungen nicht mehr möglich sind, kann durch einfache Umschaltung auf eine andere Wellenlänge, bei der die Absorption geringer ist, trotzdem eine genaue Messung erfolgen. Bei konventionellen Geräten, die an den Flanken einer Absorptionsbandbreite nicht mehr genau messen, ist ein Zwischenschritt zur Verdünnung der Probe erforderlich, wodurch einerseits Zeit verlorengeht und andererseits Ungenauigkeiten auftreten können.

Durch die rechnerische Erfassung nichtlinearer Eichkurven kann der Meßbereich auch zu höheren Extinktionswerten erweitert werden. Außerdem kann der Meßbereich zu niederen Extinktionswerten erweitert werden, da das optische System einfacher ist: Es enthält weniger optische Komponenten, dadurch ist der Lichtdurchsatz höher bzw. das Rauschen geringer. Die schnelle, simultane Erfassung spektraler Daten kann zur weiteren Reduzierung des Rauschens genutzt werden. Wegen der kurzen Meßzeit läßt sich ein Spektrum mehrmals hintereinander aufnehmen und der Mittelwert bilden (Tabelle 3.6). Man bezeichnet die Gesamtmeßdauer für die Spektrenaufnahme auch als Integrationszeit. Durch die Mittelung von Meßdaten wird die Standardabweichung für den Mittelwert um die Wurzel aus der Anzahl der Punkte geringer (z.B. wird durch die vierfache Zahl von Messungen das Rauschen um die Hälfte reduziert). Bei konventionellen Spektralphotometern ist diese Technik – bedingt durch die langen Spektrenaufnahmezeiten – keine praktikable Lösung.

Tabelle 3.6 Vergleich des Zeitbedarfs für sequentielle und simultane Spektrenaufnahme

Empfindlichkeit	Aufnahmedauer	
	konventionell	Diodenarray
1,000	30 s	0,1 s
4,000	8 min	1,6 s
16,000	2 Std 8 min	25,6 s

3.12.3.6 Statistik der Meßdaten

Obwohl mit einem Diodenarray-Spektralphotometer ein Spektrum in 0,1 Sekunden gemessen werden kann, werden häufig Integrationszeiten von 0,5 bis 1 s gewählt und daher die Ergebnisse aus fünf bis zehn Einzelmessungen gemittelt. Neben der Berechnung des Mittelwertes für jede Wellenlänge wird dabei auch dessen Standardabweichung errechnet. Die Standardabweichung ist ein Maß für die Zuverlässigkeit der Meßwerte bei jeder einzelnen Wellenlänge. Standardabweichungen dieser Art werden mit einem konventionellen Spektralphotometer schon wegen des hohen Zeitaufwandes im allgemeinen nicht gemessen.

Mittels dieser statistischen Daten können schlechte Meßwerte erkannt werden. Bei Verwendung von Flußzellen kann so beispielsweise auch eine die Zelle passierende Luftblase erkannt werden. Die Luftblase verursacht eine kurzzeitige Veränderung der Extinktion, was sich bei Mehrfachmessungen, die das Gerät ausführt, durch eine entsprechend hohe Standardabweichung bemerkbar macht.

3.13 Einkopplung von Lichtleitern

Mit Hilfe von Lichtleitern kann das Licht direkt an den Ort der Messung gebracht und von dort aus zum Detektor geleitet werden. Der traditionelle Vorgang, daß die Probe in eine Küvette gefüllt und dann in den Probenraum des Spektrometers plaziert wird, kann damit entfallen. Die Kombination von Lichtleitern mit UV/Vis-Spektrometern ergibt eine «ortsveränderliche» Küvette und erlaubt bei vielen Anwendungen die Messung an oder in der zu analysierenden Probe. Der dazu notwendige Meßkopf, der möglichst exakt die Funktion einer Küvette nachbilden soll, wird Tauchsonde oder Optode («optische Elektrode») genannt.

Der Aufwand in Probennahme, Probenvorbereitung und Probentransfer kann erheblich reduziert werden. Bei optimierter Einkopplung in das Spektrometer sind die wesentlichen optischen Spezifikationen für das Meßsystem, wie photometrische Richtigkeit, Grundrauschen und Auflösung, weitgehend identisch mit dem Grundgerät. Vor allem in der Kommunikationstechnik hat der Einsatz von Lichtleitern wesentliche Fortschritte und Neuerungen gebracht und in den letzten Jahren eine rasante Entwicklung eingeleitet. Dies gilt sowohl für die Verfügbarkeit von neuen Lichtleitermaterialien als auch für Technologien in der Telekommunikation und Datenverarbeitung. Diese Fortschritte setzen auch neue Trends bei Geräten für die instrumentelle Analytik.

Die Integration von Monofasern und Lichtleiterbündeln mit neuartigen optischen Systemen oder die Adaption an bestehende Spektrometer eröffnet dem Analytiker neue Möglichkeiten der Probencharakterisierung außerhalb des Gerätes. Durch die Möglichkeit, direkt im zu untersuchenden Stoff zu messen, wird der Forderung der Anwender nach Echtzeit-, Online- und Inline-Meßsystemen weitgehend Rechnung getragen [3.14].

3.13.1 Theorie der Lichtleiter

Der elementare Baustein ist die Lichtleiterfaser, bestehend aus einem hochbrechenden Faserkern und einem niedrigbrechenden Fasermantel. Handelsübliche

Monofasern haben einen Durchmesser von 70 bis 100 µm. In Verbindung mit UV/Vis-Spektrometern werden in der Regel Faserbündel verwendet, deren Durchmesser und Eintrittsfläche der Strahlgeometrie des betreffenden Gerätes angepaßt ist. Das Material des Faserkerns ist bestimmend für die Transmissionscharakteristik des Lichtleiters, der Brechungsunterschied bestimmt die sogenannte numerische Apertur *NA*. Diese wichtige Kenngröße ist definiert als:

$$NA = n_1 \cdot \sin\theta = \sqrt{n_3^2 - n_2^2}$$

n_1 Brechzahl des umgebenden Mediums
n_2 Brechzahl des Mantels
n_3 Brechzahl des Kerns
θ Einfallswinkel zur optischen Achse

Das Prinzip der Lichtleitung in einer optischen Faser ist in Bild 3.23 veranschaulicht. Das Licht durchläuft die Glasfaser durch Brechzahlunterschiede im Zickzack. Das Licht wird von der Lichtquelle mit einer Optik in die Glasfaser eingekoppelt. Die numerische Apertur ist deshalb eine wichtige Kenngröße, weil sie den Grenzwinkel beschreibt, unter dem das Licht noch in den Lichtleiter einfallen darf, um weitergeleitet zu werden. Aufgrund der Dispersion von Kern- und Mantelmaterial ist die numerische Apertur wellenlängenabhängig. In den Spezifikationsblättern der Hersteller von Lichtleitfasern werden die wichtigsten Kenngrößen wie Faserdurchmesser, optische Durchlässigkeit und numerische Apertur in der Regel angegeben. Mit optischen Hilfselementen wie Linsen, die auf die numerische Apertur der Lichtleiter optimiert sind, läßt sich die Energieausbeute wesentlich verbessern.

Lichtleiter werden entweder aus Quarz, Glas oder auf Polymerbasis angeboten. Die beiden letzteren sind natürlich nur für den sichtbaren Spektralbereich geeignet. Bei dem heutigen Entwicklungsstand kann das Licht in Quarzleitern mit geringer Dämpfung über mehrere hundert Meter übertragen werden. Allerdings haben auch Quarzlichtleiter im Bereich bei 200 nm ungünstige Durchlässigkeitskurven. Dadurch wird in diesem Bereich die Detektionsgrenze sehr schlecht. Abgesehen von der Transmissionscharakteristik des Lichtleitermaterials hängt der nutzbare Wellenlängenbereich für das Gesamtsystem auch von der Spezifikation des Grundgerätes ab, so zum Beispiel von dessen Signal-Rausch-Verhältnis, von der Leistungsfähigkeit des Basislinienkorrektors und den Möglichkeiten der Referenzstrahlabschwächung.

Bild 3.23 Theorie der Lichtleiter

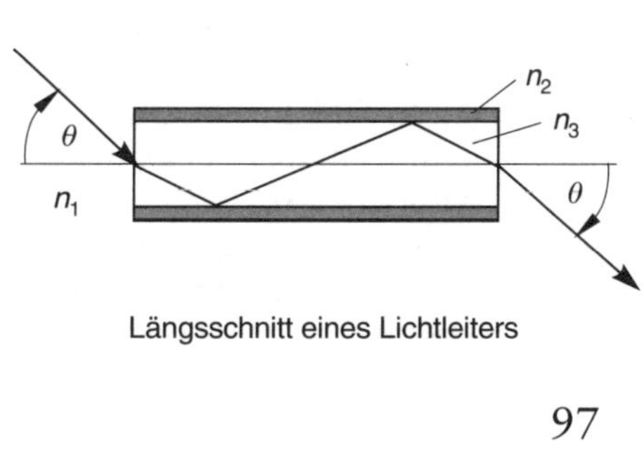

3.13.2 Anwendungen des Lichtleitersystems

Mit der an das Spektrometer gekoppelten Optode werden Messungen am Probenort – ohne zeit- und fehleranfällige Probennahme – durchführbar. UV/Vis-Geräte mit herkömmlichem Probenraum können über einen speziellen Adapter mit der Tauschsonde gekoppelt werden, wie in Bild 3.24 dargestellt [3.15]. Es können damit analytische Meßsysteme für Online-Messungen aufgebaut werden, deren nutzbarer Wellenlängenbereich in erster Linie von der Transmissionscharakteristik der Lichtleitermaterialien abhängt. Bei der Durchführung der Messung ist sowohl auf ein luftblasenfreies Eintauchen der Optode als auch auf die Vermeidung von Streulicht zu achten [3.16].

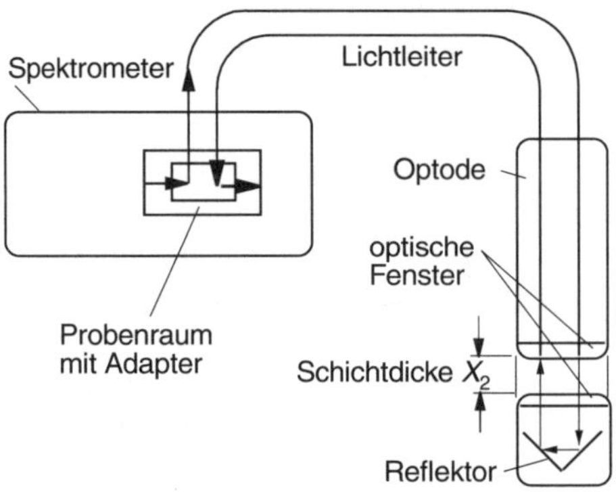

Bild 3.24 Funktionsprinzip der Optode

Die Vorteile der spektroskopischen Lichtleitermeßsysteme, verglichen mit konventionellen Aufbauten, liegen in der zerstörungsfreien Charakterisierung von Proben online ohne zusätzliche Probenvorbereitung. Dazu gehören z. B.:

- die Online-Kontrolle von Extinktion oder Transmission in der chemischen Prozeßanalytik (galvanische Bäder, Abwässer),
- die zerstörungsfreie Charakterisierung von festen Proben außerhalb des Probenraumes (Lacke, Biomaterial),
- die Erfassung der optischen Dichte in Biofermentern als zusätzlicher Meßparameter und
- die sichere Bestimmung von radioaktiven Elementen außerhalb der heißen Probenzone.

Früher wurde die UV/Vis-Spektroskopie nur in der Absorptions- und Fluoreszenzanordnung durchgeführt. Durch die Lichtleiter in Verbindung mit Diodenarrays haben sich neue Anordnungen ergeben, die auch eine Messung in Reflexion ermöglichen. In Bild 3.25 sind schematisch die durch den Einsatz von Lichtleitern möglichen Anordnungen eines Diodenarrays in der Absorptions-, Fluoreszenz- und Reflexionsspektroskopie dargestellt. Dabei bietet die Reflexionsspektroskopie eine noch nicht absehbare Anwendungsbreite. Dies ist vor allem bei der Untersuchung fester Proben (insbesondere bei dünnen Schichten) oder auch in dünnen Flüssigkeitsfilmen von großem Interesse. Dabei können die an den Grenz-

Bild 3.25 Schematische Darstellung zur Messung in Absorption, Fluoreszenz und Reflexion mit Lichtleitern

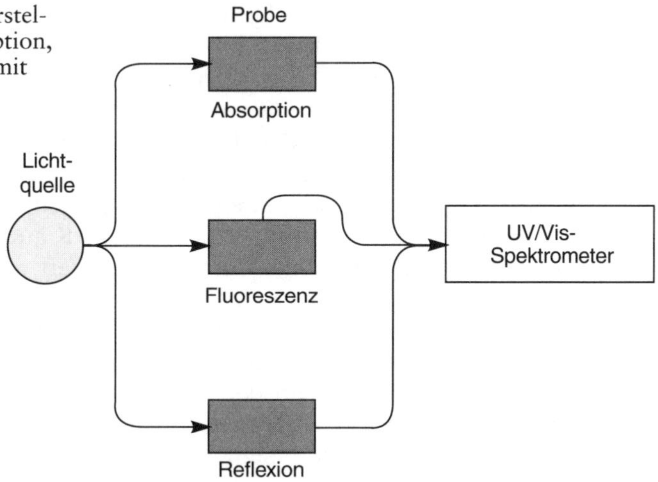

flächen dieser Schichten reflektierten Teilstrahlen zu Interferenzen führen, aus denen Informationen über die physikalische Schichtdicke und die optischen Eigenschaften der dünnen Schichten gewonnen werden können. Durch Vielfachreflexion an der Phasengrenze entsteht durch konstruktive und destruktive Interferenzen ein Interferogramm. Aus der Lage der Extremwerte im Interferenzspektrum läßt sich sehr empfindlich das optische Verhalten oder die Schichtdicke berechnen. Dieses Prinzip wird bei der Folienherstellung online im Produktionsprozeß eingesetzt.

In der ATR-Spektroskopie (attenunated total reflectance, abgeschwächte Totalreflexion) tritt Totalreflexion ab einem bestimmten Grenzwinkel beim Übergang der Strahlung vom optisch dichteren zum optisch dünneren Medium auf. Die Strahlung verläßt in diesem Fall das Medium nicht mehr. Dieser Effekt wird auch in Tauchsonden genutzt. Dadurch können auch in extrem strömenden und sehr stark absorbierenden Lösungen mit Optoden aus hochbrechendem Glas gute Ergebnisse erzielt werden [3.17].

3.14 Schnelltests zur Wasseruntersuchung

In vielen Branchen sind umfangreiche Analysendaten für die Produktionssteuerung und -überwachung notwendig, um eine konstante Produktqualität gewährleisten zu können. Die zunehmenden gesetzlichen Anforderungen erfordern eine wesentlich häufigere und genaue Analytik. Beim stark expandierenden Gebiet der Umweltanalytik, dem im Zuge von strenger werdenden Umweltschutzauflagen sowie der Problematik von Altlastensanierung eine immer größere Bedeutung zukommt, nimmt die Zahl der Analysen ständig zu. Deren Durchführung ist meist mit beträchtlichen Kosten und Zeitaufwand verbunden.

Die Ergebnisse müssen dem Betrieb zur Steuerung von Maßnahmen schnell zur Verfügung stehen, zuverlässig und aussagekräftig sein. Aufgrund der Vielzahl von notwendigen Analysen ist es deshalb wichtig, daß die Analysenkosten in moderaten Grenzen gehalten werden. Schnellverfahren mit Fertigprodukten ergänzen deshalb immer häufiger die zwar weniger störanfälligen, aber aufwendigeren DIN-Verfahren. Speziell für die Wasseranalytik steht eine große Auswahl unterschiedlichster Geräte und Methoden auf dem Markt zur Verfügung [3.18]. Dadurch ergibt sich ein großes Spektrum sowohl in der analytischen Zielsetzung als auch im Preis. Fertigtests sind einfach zu handhaben und liefern schnell das Ergebnis. Die einfache Handhabung erlaubt es, daß auch Personen ohne Laborerfahrung im Umgang mit diesen Methoden trainiert werden können.

Einerseits dringt die Analytik in bisher schwer zugängliche Spurenbereiche vor unter Einsatz verfeinerter chromatographischer, spektralphotometrischer und elektrochemischer Verfahren, andererseits erfordert die Erarbeitung einer Vielzahl von analytischen Daten an den unterschiedlichsten Arbeitsstellen die Anwendung praxisorientierter Analysensysteme. Sie sollen es jedem interessierten Anwender ermöglichen, bei einem vernünftigen Kosten-Leistungs-Verhältnis hochempfindliche, genaue und selektive Analytik zu betreiben. Photometrische Schnellverfahren ermöglichen zuverlässige Analysen bei geringerer apparativer Ausstattung gegenüber chromatographischen Trennverfahren. Allerdings sind die Kosten an Verbrauchsmaterial und der Arbeitsaufwand durch die Probenvorbereitung höher. Andererseits eignen sich photometrische Verfahren für die Vor-Ort-Analyse mit batteriebetriebenen Photometern [3.19].

Häufig angeforderte Parameter lassen sich im analytischen Routinelabor am besten mittels vollmechanisierter Laborautomaten bestimmen. Dazu bietet die Industrie ausgereifte Geräte mit den entsprechenden Reagenzien-Kits an. Für viele weniger häufig angeforderte Parameter lohnt sich zumeist die Adaption an die Laborautomaten nicht, und es stehen vielfach auch keine Reagenzien-Kits zur Verfügung. Die zu bestimmenden Spuren – seien sie als Verunreinigungen in einer Matrix nicht wünschenswert, sogar störend, oder aber als Zusätze notwendig – erfordern spezielle Analysenmethoden. Eines der am häufigsten angewendeten Verfahren im Rahmen der spurenanalytischen Untersuchungen ist die Anreicherung und Isolierung der interessierenden Spurenelemente sowie deren anschließende photometrische Bestimmung.

Für beide Verfahrensschritte stehen organische Reagenzien zur Verfügung, die mit den zu bestimmenden Elementen vielfach stark gefärbte Komplexe bilden. Auf der hohen Selektivität und der sehr großen Empfindlichkeit, mit der viele dieser Reagenzien auf die nachzuweisenden Stoffe ansprechen, bauen sich zahlreiche photometrische Analysenverfahren auf. Für diese Fälle bietet die Industrie verschiedene Möglichkeiten zur Schnellbestimmung von Spuren in wäßriger Lösung in Form von Küvettentests und Kits für enzymatische und photometrische Tests in Kombination mit tragbaren, handlichen Analysengeräten an. In wasserdichter Ausführung und batteriebetrieben sind sie für den Feldeinsatz geeignet.

3.14.1 Beispiel: Photometrische Cu-Bestimmung im Spurenbereich

Von den zahlreichen Komplexbildnern für Kationen und Anionen, die mehr oder weniger selektiv für eine Ionenart sind, sei hier beispielhaft die photometrische Spurenbestimmung von Kupfer beschrieben. Oxalsäurebiscyclohexylidenhydra-

Bild 3.26 Oxalsäurebiscyclohexylidenhydrazid, Cuprizon

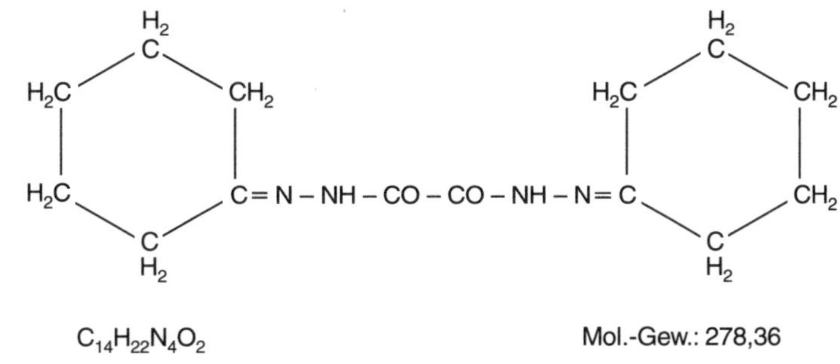

zid mit dem Trivialnamen «Cuprizon» – die Strukurformel ist in Bild 3.26 dargestellt – ist ein sehr selektives und empfindliches Reagenz zur photometrischen Bestimmung kleiner Kupfermengen. Es handelt sich um ein fast weißes, graugelbliches Pulver, das in Wasser und Ether unlöslich, in Methanol und Ethanol schwer löslich, in Benzol und Chloroform löslich ist. Cuprizon bildet mit Kupferionen in alkalischer Lösung einen wasserlöslichen, blauen Komplex, dessen Absorptionsmaximum bei 595 nm liegt.

Die Bestimmung wird nicht beeinflußt durch Eisen und die gleichzeitige Anwesenheit der meisten im Stahl enthaltenen Metalle, wie Mangan, Vanadium, Titan, Molybdän, Wolfram, Niob, Tantal sowie Chrom in der sechswertigen Stufe. Dreiwertiges Chrom stört und muß deshalb durch Zugabe von Perchlorsäure zum Chrom(VI) oxidiert werden. Lediglich größere Mengen Kobalt und Nickel stören die Bestimmung. Von den Anionen sind Nitrat, Sulfat, Chlorid, Phosphat und Perchlorat ohne Einfluß.

3.14.2 Teststäbchen

Dies ist die einfachste und preiswerteste Methode zur halbquantitativen Bestimmung von Ionen und verschiedenen anderen Substanzen. Teststäbchen bestehen – genauso wie die bekannten Indikatorpapiere zur pH-Wert-Bestimmung – aus Kunststoffstreifen, an deren einem Ende eine mit Reagenzien, Puffern und anderen Zusätzen imprägnierte Testzone aufgesiegelt ist. Dieses Testfeld garantiert einwandfreien Vergleich mit den ebenso großen Feldern auf der Farbskala, die mit den Teststäbchen mitgeliefert wird.

Konzentrierte Lösungen werden soweit verdünnt, bis die Farbintensität des Testpapiers im Meßbereich einwandfrei einzuordnen ist. Der jeweilige Verdünnungsfaktor wird in die Gehaltsbestimmung einbezogen. Die Farbskala hat meist nur 5 bis 7 Farbabstufungen, weshalb nur semi-quantitative Aussagen möglich sind, wie in Bild 3.27 dargestellt ist. Bei einigen Testen ist die Reaktionszone, bedingt durch das vorliegende Reagenz, bereits intensiv gefärbt. Die repräsentative Färbung stellt sich daher erst nach Durchführung der Reaktion gemäß Gebrauchsanweisung ein.

Teststäbchen ermöglichen die Durchführung von Screening-Tests, d. h., aus einer großen Zahl von Proben werden diejenigen herausgesucht, die anschließend mit einer empfindlicheren, z. B. photometrischen Methode, quantitativ bestimmt werden müssen.

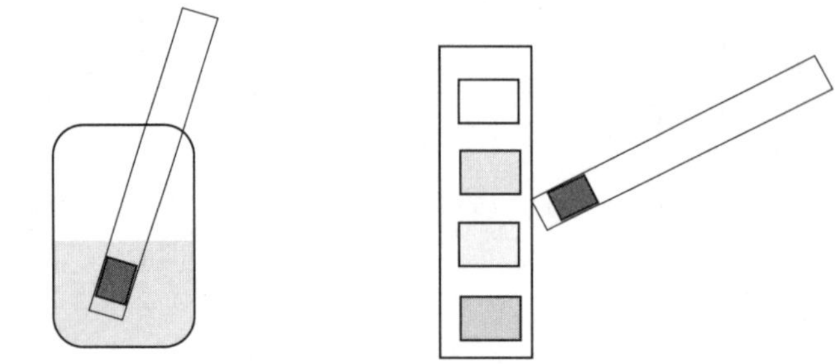

Bild 3.27 Halbquantitative Analyse mit Teststäbchen

Die Teststäbchen sind weitgehend selektiv für ein bestimmtes Ion oder eine Verbindung. Eine signifikante Störung durch Fremdionen macht sich durch Abweichung der Färbung der Testzone von der Farbskala bemerkbar. Hinweise zum Einfluß anderer Kationen und Anionen und zur Beseitigung von Störungen werden vom Hersteller gegeben.

3.14.3 Komparator-Testbestecke (Kolorimetrie)

Häufig werden kolorimetrische Schnelltests in einem mittleren Empfindlichkeitsbereich benötigt, mit denen auch gefärbte oder getrübte Wässer bestimmt werden können. Bei den kolorimetrischen Verfahren werden der Probe eine oder mehrere Reagenzien zugesetzt, die mit dem zu bestimmenden Stoff eine selektive Farbreaktion eingehen. Je nach Gehalt des zu bestimmenden Inhaltsstoffes färbt sich die Lösung unterschiedlich intensiv. Die auftretende Färbung wird mit vorgegebenen Farbstandards verglichen, denen Konzentrationsangaben zugeordnet sind. Die Farbstandards sind den Testsätzen in Form von Farbtafeln oder Komparatoren beigefügt.

Die Farbkarte zeichnet sich durch große, gut unterscheidbare Farbstufen aus. Nach Zugabe der vorgesehenen Reagenzien ist die Messung so durchzuführen, daß der Komparator in Augenhöhe gegen das Licht gehalten und die Farbe der Prüflösung der Vergleichsfarbe zugeordnet wird. Zur Erleichterung der Ablesung kann man mit einer Schablone, wie in Bild 3.28 dargestellt, die benachbarten Farbfelder abdecken.

Der weitaus größte Teil der zu untersuchenden Wasserproben ist klar oder nur leicht gefärbt oder getrübt. Dann ist die Analyse ohne weitere Vorbereitung durchzuführen. Bei stärkerer Trübung des zu untersuchenden Wassers muß man entweder warten, bis sich der größte Teil der Trübstoffe abgesetzt hat, oder die Wasserprobe wird filtriert.

Ist die Probe stärker gefärbt, macht man sich das Kompensationsprinzip zunutze, das in Bild 3.29 dargestellt ist. Die gefärbte Wasserprobe wird genau nach Gebrauchsanweisung behandelt. Für den Farbvergleich füllt man eine Kompensationsküvette mit der zu untersuchenden Probe, der Kompensationsküvette wird

Bild 3.28 Kolorimetrische Analyse mit Testbesteck

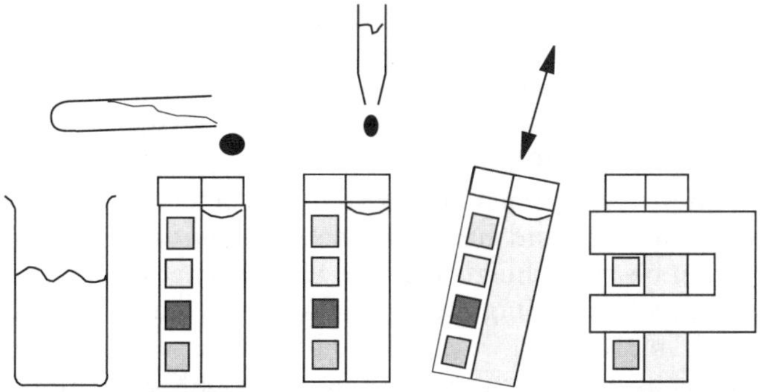

Von links: Wasserprobe nehmen, Komparator mit Wasserprobe füllen, Zugabe von Flüssigreagenz, Verschließen und Mischen, nach Reaktionszeit ablesen

Bild 3.29 Kompensationsprinzip

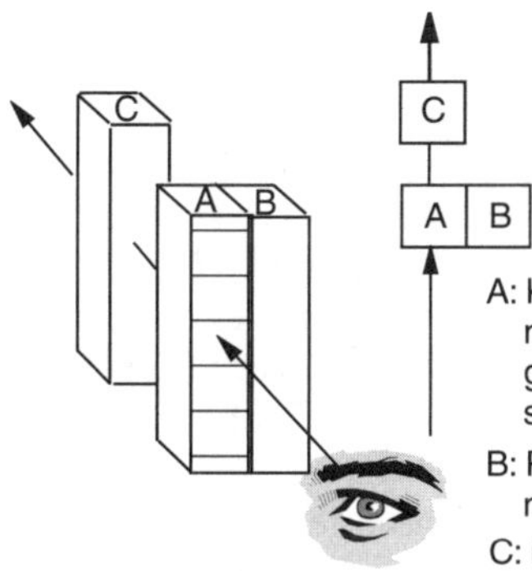

aber kein Reagenz zugegeben. Bei dem Farbvergleich hält man die Kompensationsküvette hinter die Farbvergleichsstandards des Komparators. Auf diese Weise wird die Eigenfarbe der Lösung auf beiden Seiten beim Farbvergleich kompensiert.

Dieses Verfahren hat jedoch seine Grenzen, wenn sehr starke Eigenfärbungen neben sehr kleinen Nachweismengen vorliegen. Dann wird die geringe Reaktionsfarbe von der Färbung der Probe überdeckt. Es kann auch vorkommen, daß die Eigenfarbe der Wasserprobe durch die zugegebenen Reagenzien verändert wird (z. B. bei pH-Verschiebungen durch Reagenzien). Diese Erscheinung erkennt man fast immer daran, daß es nicht möglich ist, die Farbe der Lösung den Farbstandards zuzuordnen.

3.14.4 Kleinphotometer mit Fertigprogrammen

Der Einsatz von Schnelltestverfahren zusammen mit einem Photometer ist eine praktikable Vorgehensweise für Routineüberprüfungen in der Wasseranalytik.

Durch fortschreitende Mikroprozessortechnik werden auch Photometer immer kleiner und leistungsfähiger zugleich. Standardverfahren, wie sie für zahlreiche Wasserinhaltsstoffe routinemäßig eingesetzt werden, sind in dem Gerät abgespeichert. Eine rasche Einarbeitung in die Bedienung solcher Geräte ist damit gewährleistet [3.20].

Dieses Analysensystem besteht aus einem Photometer, gebrauchsfertigen Reagenziensätzen und einem großen Sortiment an zweckmäßigem Zubehör – von Pipetten bis zur Schutzbrille. Die Handbücher der Photometer enthalten neben der Gebrauchsanleitung für das Gerät eine genaue Durchführungsanleitung für jede Einzelanalyse und viele praktische Hinweise. Dieses wohldurchdachte System ermöglicht analytisches Arbeiten, ohne daß ein Laboratorium mit qualifizierten Fachkräften vorhanden sein muß. Es ist geeignet für die Analyse von Trinkwasser, Abwasser, Prozeßflüssigkeiten bis zur Kontrolle von Klärschlamm und Böden [3.21].

Im Bereich der Wasseranalytik gibt es vier Hauptfehlerquellen: Photometer, Reagenzien, Analysator (der Mensch) und die Probe bzw. deren Matrix. Diese möglichen Fehlerquellen wurden bei der Entwicklung dieser Komplettgeräte auf ein Minimum reduziert. Die Einführung von Rundküvetten hat zu einer verstärkten Anwendung photometrischer Analysenverfahren in der Wasseranalytik beigetragen. Gleichzeitig wurde die Entwicklung leistungsfähiger, netzunabhängiger Filterphotometer vorangetrieben, die nicht nur Extinktionsmessungen ermöglichen, sondern mit Hilfe von Programmier- bzw. Faktorfunktionen die direkte Ermittlung von Gehalten in der jeweiligen Wasserprobe ohne eine zusätzliche Kalibrierung ermöglichen. Neu auf dem Markt ist eine Programmiertechnik mit Hilfe von Programmkarten in Verbindung mit einem Kleinphotometer.

Nach Eingabe der gewünschten Analyse führt das Photometer die zur Auswertung notwendigen Geräteeinstellungen und Berechnungen selbständig durch. Das Gerät holt sich aus der Software Kalibrierdaten, Meßbereich, Null-Lösung (ja/nein), stellt die erforderliche Meßwellenlänge automatisch ein und errechnet zu guter Letzt das Analysenergebnis in mg/l.

Am kostengünstigsten sind Filter-Photometer, bei denen durch Einschieben bestimmter optischer Filter in den Strahlengang zwischen dem Kontinuumstrahler (Halogen- oder Deuterium-Lampe) und der Küvette nur noch eine einzige Wellenlänge durchgelassen wird. Optische Filter gibt es z.B. für die Wellenlängen 254, 365, 385, 405, 446, 470, 495, 525, 550, 565, 585, 635, 660 und 690 nm.

Neben dem Einsatz von 10-, 20- und 50-mm-Norm-Rechteck-Küvetten werden hierbei vorwiegend Rundküvetten in einem separaten Küvettenschacht verwendet, die folgenden Vorteil haben: Gibt man einen Küvettentest zur Bestimmung in den Küvettenschacht, wird die Rundküvette automatisch gedreht, und dabei werden zehn Meßwerte aufgenommen. Anschließend wird über ein Ausreißer-Eliminationsprogramm (Mittelwertbildung aus zehn Meßwerten) ein Meßergebnis mit hoher Meßwertpräzision ermittelt. Der Verfahrensvariationskoeffizient ist die wichtigste statistische Größe, die eine Aussage über die Präzision eines Analysensystems gibt.

3.14.5 Referenzstrahl-Technik

Kleinphotometer mit Konkavgitter als Monochromator sind als Einstrahl-Geräte ausgelegt, mit allen ihren Fehlermöglichkeiten, wie zum Beispiel Lampenalterung, Spannungsschwankungen, Einbrennen usw. Mit Hilfe der Referenzstrahl-Technik, die aus Bild 3.30 ersichtlich ist, werden diese Fehler eliminiert. Der wesentliche Bestandteil dieser «Split-beam»-Optik ist ein Strahlteiler, der vom ursprünglichen Lichtstrahl etwas Licht abteilt. Dieser Bruchteil der Lampenenergie wird auf einen Detektor (Referenzelement) geleitet, während der Hauptteil des Strahls der Probe zugeführt wird. Jegliche Intensitätsänderungen der Lichtquelle werden so erkannt und über die entsprechende Elektronik kompensiert. Auf diese Weise wird die Stabilität eines Zweistrahl-Gerätes erreicht, wobei der Probenstrahl nahezu die Intensität eines Einstrahl-Gerätes besitzt [3.22].

Bild 3.30 Optischer Aufbau der Referenzstrahl-Technik

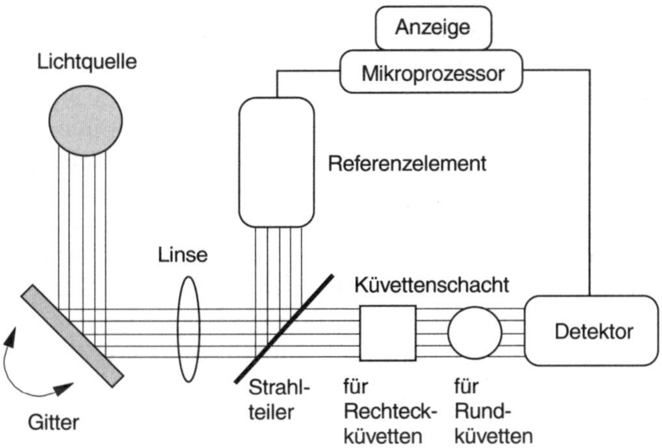

3.15 Zusammenfassung und Ausblick

Die UV/Vis-Spektroskopie hat sich in den letzten Jahrzehnten als Routinemethode, insbesondere bei der quantitativen Analyse, entwickelt und kann als relativ unproblematisches und schnelles Analysenverfahren angesehen werden. Durch die Entwicklungen der letzten Jahre sind die kommerziellen Geräte sehr weit ausgereift und sehr benutzerfreundlich geworden. Da die Proben fast ausschließlich in verdünnter Lösung gemessen werden, ist die Probenvorbereitung minimal. Wasser – im interessierenden Wellenlängenbereich von 190 bis 800 nm transparent – ist hierfür als Lösungsmittel geradezu ideal und ermöglicht ein sehr breites Anwendungsgebiet aus den verschiedensten Bereichen.

Eine starke Position hat die UV/Vis-Spektroskopie in der quantitativen Analyse, der Photometrie. Online-Analysen mit Durchflußküvetten und Inline-Analysen mit Optoden sind sind sehr einfach durchführbar. Mit Mikroprozessoren ausgestattete Photometer in Verbindung mit fertig ausgearbeiteten Reagenziensätzen gestatten einfach durchzuführende und schnelle Analysen ohne Einrichtung eines kompletten Analysenlabors. Diese Technik findet in Verbindung mit batteriebetriebenen Geräten auch breite Anwendung in den zunehmend wichtigen «Vor-Ort»-Analysen. Rechnerunterstützte Spektrometer gestatten aufwendige Auswertprogramme mit linearer und nichtlinearer Basislinienkorrektur zur Konzentrationsbestimmung auch in sehr komplexen Matrizes.

Die Aufnahme eines UV/Vis-Spektrums ist zwar schnell durchführbar, die qualitative Information, d.h. um welchen Stoff es sich handelt, bereitet aber im Gegensatz zur Infrarot-Spektroskopie größere Schwierigkeiten, da die erhaltenen Spektren nur in seltenen Fällen charakteristisch für eine Verbindung sind. Von Nachteil ist, daß es eine ganze Reihe von Verbindungen wie z.B. die Paraffine gibt, die im UV-Bereich bis 190 nm keine charakteristischen Absorptionen zeigen. Andererseits gibt es zu viele Faktoren, die ein UV/Vis-Spektrum beeinflussen. Chromophore können nicht ohne weiteres nach einfachen Regeln oder Methoden identifiziert werden. Prinzipiell ist ein UV/Vis-Spektrum um so aussagekräftiger, je «komplizierter» die Substanz aufgebaut ist. Ein Spektrum mit vielen Banden, das sich bis in das sichtbare Gebiet ausdehnt, zeigt z.B. die Anwesenheit eines langen konjugierten oder eines polyzyklischen aromatischen Chromophors an. Dagegen enthält eine Verbindung mit nur einer oder wenigen Banden unterhalb von etwa 300 nm vermutlich nur zwei oder drei konjugierte Einheiten.

Entsprechend den gestellten Anforderungen reicht die angebotene Gerätepalette von sehr kostengünstigen Kleinphotometern bis hin zu hochauflösenden Zweistrahl-Geräten mit aufwendigem optischen System. Bei den konventionellen Geräten unterscheidet man Ein- und Zweistrahl-Spektrometer. Die Einstrahl-Geräte benötigen weniger optische Komponenten und weniger Mechanik (Strahlenteiler und Spiegel). Sie sind preislich deshalb wesentlich günstiger und im Verschleiß niedriger. Allerdings können Probleme in der Langzeitstabilität der Lampen und Verstärkerelektronik auftreten.

Sequentielle Hochleistungsspektrometer sind als Zweistrahl-Geräte aufgebaut, womit die Probleme der Stabilität der Lampen, des Detektors und der Elektronik wesentlich verbessert wird. Man muß aber wegen des komplizierteren Strahlenganges und der Strahlenteilung intensivere Lampen und optisch hochwertige Komponenten verwenden, um die gleiche Signalintensität wie bei Einstrahl-Geräten zu erreichen. Für hochwertige Anwendungen, z.B. für komplexe Mehrkomponentenanalysen, werden sich sequentielle Zweistrahl-Geräte weiterhin behaupten. Durch die hohe Variabilität in Spaltbreite, Dämpfung, Verstärkung und Registriergeschwindigkeit sowie ein sehr gutes Signal-Rausch-Verhältnis wird diese Meßtechnik für anspruchsvolle spektroskopische Untersuchungen eingesetzt. Dabei ist die Vorschubgeschwindigkeit aber auf etwa 2400 nm pro Minute durch die Zyklusgeschwindigkeit zwischen Meß- und Vergleichsstrahl limitiert. Die spektrale Auflösung wird um so schlechter, je größer der Wellenlängenunterschied zwischen beiden Strahlengängen wird.

Während bei den konventionellen Geräten die Wellenlänge sequentiell in der von dem Austrittsspalt des Monochromators vorgegebenen spektralen Bandbreite durch die Probe läuft und dann vom Detektor gemessen wird, kann bei den Multiplexgeräten das gesamte Spektrum auf einmal beobachtet werden. Dabei müssen die Diodenarrays unterschieden werden von den Geräten, die nach dem Fouriertransformationsprinzip arbeiten.

Bei den Diodenarrays sind entweder 512 oder 1024 einzelne Photodioden in einer Zeile nebeneinander angeordnet. Das Licht wird vom Monochromator auf die Diodenzeile aufgefächert, wobei dann jede einzelne Photodiode einer Wellenlänge bzw. einem kleinen Wellenlängenbereich zugeordnet werden kann. Dadurch gelangt die spektrale Information gleichzeitig auf den Detektor, allerdings wird anschließend wieder sequentiell ausgelesen. Durch die deutliche Verbilligung der Diodenarrays verdrängen sie zunehmend die sequentiellen Routinegeräte.

Durch die Diodenarrays haben sich in den letzten Jahren neue Anordnungen ergeben, bei denen die optischen Wege zwischen den einzelnen Komponenten und dem Empfänger durch Lichtleiter überbrückt werden. Dadurch werden die Aufbauten sehr modular. Es wird möglich, auch in Reflexion zu messen. Dies ist vor allem bei der Untersuchung fester Proben (insbesondere bei dünnen Schichten) oder auch in Flüssigkeitsfilmen von geringer Schichtdicke von großem Interesse. Dabei können die an den Grenzflächen dieser Schichten reflektierten Teilstrahlen zu Interferenzen führen, aus denen Informationen über die physikalische Schichtdicke und die optischen Eigenschaften der dünnen Schichten gewonnen werden können.

Die Entwicklung bei Diodenarrays wird zu noch größeren Diodenzahlen mit geringerem Dunkelstrom und besserer Signaldynamik bei niedrigerer Signaldetektionsgrenze führen. Meß- und Auslesezeiten werden sicherlich kürzer. Optische Vielkanalsysteme (OMA) stellen hochwertige Diodenarrays mit hoher Sensitivität und Zeitauflösung dar, für kinetische Messungen kann bis in den Nanosekundenbereich aufgelöst werden. Außerdem ist eine Erweiterung des Spektralbereichs längerwellig als 1100 nm in den nahen Infrarot-Bereich zu erwarten. Dies ist zu begrüßen, da es insbesondere im Lebensmittelsektor interessante Anwendungen gibt.

Geräte, die nach dem Fouriertransformationsprinzip arbeiten, stellen eine weitere Möglichkeit von Multiplexverfahren dar. Das FT-Prinzip hat in der IR-Spektroskopie seinen Siegeszug angetreten, in der UV/Vis-Spektroskopie werden dagegen nur Zusatzeinrichtungen angeboten, die hauptsächlich im nahen Infrarot (NIR) arbeiten.

In Spektrometern arbeiten Mikroprozessoren zur Steuerung, Datenerfassung und Datenverarbeitung. In modernen Spektrometern ist üblicherweise in jedem Fall ein Mikroprozessor für die Steuerungsfunktionen integriert. Zusätzlich unterscheidet man zwischen Geräten mit interner Auswerteinheit inkl. Monitor und Geräten, die einen Anschluß an einen externen Rechner aufweisen. Dabei ist aber darauf zu achten, daß der Datentransfer zwischen Spektrometer und Rechner nicht zeitkritisch ist. Dieses Problem tritt vor allem bei Diodenarray-Spektrometern auf, weil bei diesen Geräten bei einer schnellen Folge von Spektren z. B. bei kinetischen Messungen innerhalb von Millisekunden alle Informationen der Diodenzelle übertragen werden müssen.

Auswertverfahren, wie Mehrkomponentenanalyse oder kinetische Algorithmen, werden in der UV/Vis-Spektroskopie seit langem eingesetzt. Durch Einsatz der Diodenarrays mit den dabei automatisch zur Verfügung stehenden sehr leistungsfähigen Rechnern bzw. Datenstationen sind bei den Auswertalgorithmen kaum Grenzen gesetzt. Bei der Mehrkomponentenanalyse werden aufgrund von

Kalibrierspektren die Anteile an Einzelkomponenten im Gemisch rechnerisch quantifiziert. Auch aufwendige Berechnungen und Simulationen sind möglich. Die diffuse Reflexionsspektroskopie wird zur Auswertung in der Dünnschicht-Chromatographie eingesetzt. Die gerichtete Reflexion gewinnt zunehmend an Bedeutung bei der Untersuchung von Oberflächen und bei Korrosionsvorgängen.

Datenstationen werden wesentlich bessere Benutzeroberflächen und Auswertalgorithmen anbieten. Zwar bietet die UV/Vis-Spektroskopie verglichen mit IR-Spektroskopie weniger fingerprintartige molekülspezifische Informationen. Trotzdem sind auch in diesem Spektralbereich Suchalgorithmen für Spektrenbibliotheken und Datenbanken zu erwarten. Das Angebot an kommerziellen Datenbanken ist derzeit aber noch relativ gering.

Trotz all dieser Entwicklungen muß aber immer klar bleiben, daß zwar die Einsatzmöglichkeiten eines Spektrometers hinsichtlich der Auswertung und der Integration in Datenbanken durch die Leistungsfähigkeit des verwendeten Rechners und dessen Software bedingt sind, aber die Qualität eines Spektrometers durch seine Optik bestimmt wird. Dies bedeutet aber, daß ein Hersteller sein Gerät sowohl mit hoher optischer Qualität als auch mit modernster Digitalelektronik anbieten muß.

4 Fluorimetrie

Als Biologen und Chemiker zum erstenmal versuchten, das Phänomen der Fluoreszenz zu nutzen, muß dies sehr enttäuschend gewesen sein, denn einige Substanzen fluoreszieren nur schwach oder in speziellen Lösungen, während andere die Emission jeglichen Lichtes stur verweigern, gleichgültig mit welchen Tricks gearbeitet wird. Glücklicherweise wurde mit der Zeit und den häufigen Experimenten in dieser Richtung der umgebungsspezifische Zusammenhang genau erkannt: Bei der Fluoreszenz handelt es sich gewissermaßen um eine Art Sonde, die auf die mikroskopische Welt der Moleküle und Zellen gerichtet feinste und kleinste Veränderungen in seiner Umgebung signalisiert. Polarisation, Temperatur, Lebenszeit und Quantenausbeute sind veränderliche Größen in der Fluoreszenzgleichung. Jeder dieser Parameter verlangt seine eigene Betrachtungsweise, und es ist eine ganz besondere Art von Spektralfluorimetern erforderlich, all diese vielen verschiedenen Gesichtspunkte auf einen gemeinsamen Nenner zu bringen.

4.1 Grundlagen der Lumineszenzstrahlung

Ein heißer Körper sendet **Temperaturstrahlung** aus, bedingt durch die Bewegungsenergie der Atome und Moleküle. Im Gegensatz dazu wird **Lumineszenz** die Strahlungsart genannt, die Stoffe nach vorhergehender Anregung ohne Zuhilfenahme von thermischer Energie aussenden. Von Lumineszenz spricht man also, wenn irgendwelche Stoffe unterhalb der gewöhnlichen Glühtemperatur leuchten, wobei die Strahlung nicht durch die Temperatur des strahlenden Körpers hervorgerufen wird. Dabei gibt es auch die Möglichkeit, daß ein angeregtes Molekül seine Energie strahlungslos an andere Moleküle weiterleitet, die dann Licht emittieren. Je nach Art des Anregungsmechanismus werden verschiedene Lumineszenztypen unterschieden, die in Tabelle 4.1 angegeben sind.

Lumineszenz ist die Emission von Licht als Folge chemischer Reaktionen, meist Oxidationen. Ein Molekül wird angeregt, d. h., es nimmt Energie auf. Bei Abgabe dieser Energie leuchtet es entweder selbst oder es gibt seine Energie an ein anderes Molekül ab, das dann Licht emittiert. Chemilumineszenz wird durch synthetische Chemikalien erzeugt. Typische Luminogene sind z.B. Acridinium-Ester, Luminol, Lucugenin und Lophin. Biolumineszenz ist eine spezielle Form der Chemilumineszenz in lebenden Organismen wie Bakterien und Leuchtkäfern. Biolumineszenz benötigt Enzyme wie z.B. Luciferasen und Substrate wie z.B. Luciferine [4.1].

Bei der Photolumineszenz unterscheidet man je nach der Dauer des Abstrahlungsvorganges zwischen Fluoreszenz und Phosphoreszenz. Fluoreszenz entsteht,

Tabelle 4.1. Die verschiedenen Lumineszenzarten

Art	Anregungsmechanismus	Beispiel
Radiolumineszenz	Einwirkung energiereicher Partikel oder Gamma-Strahlung radioaktiver Prozesse	Selbstleuchtende Zahlen auf dem Zifferblatt einer Uhr
Elektrolumineszenz	Einwirkung elektrischer Felder	Leuchten einer Gasentladungslampe
Chemilumineszenz	Strahlung wird durch chemische (fast ausschließlich exotherme) Reaktion angeregt	Oxidation von weißem Phosphor an der Luft
Biolumineszenz	Biologisch-chemische Vorgänge	Leuchtfische, Leuchtkäfer Leuchtbakterien
Tribolumiszenz	Mechanische Einwirkung	Zerreiben oder Stoßen von Zuckerkristallen
Kristallolumineszenz	Kristallisation	Arsentriodix
Photolumineszenz	Absorption von UV/Vis- oder IR-Licht	Fluoreszenz und Phosphoreszenz

wenn die beteiligten angeregten Zustände als Ausgangspunkt für die Photoemission mittlere Lebensdauern in der Größenordnung von 10^{-8} s haben, Phosphoreszenz dagegen, wenn diese mehr als 10^{-3} s betragen. Im letzteren Fall sind auch mittlere Lebensdauern von mehreren Sekunden bis hin zu Stunden keine Seltenheit.

Diese beiden Phänomene und deren meßtechnische Ausnutzung werden hier näher betrachtet. Der ultraviolette und der sichtbare Spektralbereich sind für die Fluorimetrie die wesentlichen Bereiche. Die optische Fluorimetrie, auch Fluoreszenz-Spektroskopie genannt, beschränkt sich also auf einen Wellenlängenbereich von ca. 200 bis 1000 nm. Die Absorption von Strahlung in diesem Bereich hebt die Elektronen der äußersten Elektronenschale (Valenzelektronen) auf ein höheres, ein angeregtes Energieniveau. Diese zugeführte Energie können Moleküle durch strahlungslose Deaktivierung, Zersetzung, Reaktionen oder Aussenden von Licht wieder abgeben.

Die Fluorimetrie ist also eine Emissionsspektroskopie und dient sowohl der qualitativen als auch der quantitativen Analytik. Bei bekannten Komponenten läßt sich mittels Signalhöhe auf deren Konzentration schließen, unbekannte Substanzen lassen sich durch Spektrenvergleich identifizieren.

Bei der Mehrzahl der chemischen Verbindungen findet man überhaupt keine Fluoreszenz.

Die absorbierte Energie wird meist durch strahlungslose Deaktivierung wieder abgegeben, wobei zwischen inter- und intramolekularen Prozessen zu unterscheiden ist. Zu den intermolekularen Prozessen zählen die «Stöße 2. Art», bei denen die Anregungsenergie beim Zusammenstoß mit anderen Molekülen von diesen als Translations- oder Schwingungsenergie übernommen wird («Fluoreszenzlöschung»). Die Deaktivierung der überhaupt nicht fluoreszierenden Stoffe scheint durch sog. **Prädissoziationsprozesse** zu erfolgen. Das ist möglich, wenn die Anregungsenergien die Größenordnung der Trennungsenergien der betreffenden Bindung erreichen.

Photolumineszenz tritt nur bei solchen organischen Verbindungen auf, die π-Elektronen enthalten.

Diese Verbindungen erfordern infolge der charakteristischen Eigenschaften der π-Elektronen eine besonders geringe Energie zur optischen Anregung, während sie andererseits ein so stabiles Bindungssystem haben, daß sie unter den Anregungsbedingungen nicht dissoziieren. Bei der weitaus größten Zahl der fluoreszierenden organischen Stoffe handelt es sich um iso- und heterozyklische Verbindungen mit aromatischen Bindungssystemen. Fast alle aromatischen Kohlenwasserstoffe zeichnen sich durch starkes Fluoreszenzvermögen aus, das jedoch häufig schon durch die Einführung von Substituenten beträchtlich herabgesetzt wird. Besonders Nitro-, Carbonsäure-, SH-Gruppen und verwandte Substituenten «löschen» die Fluoreszenz der aromatischen Kohlenwasserstoffe fast vollständig.

Neben der kurzlebigen Fluoreszenz mit einer mittleren Abklingdauer von 10^{-8} s findet man bei vielen organischen Verbindungen eine Emission, deren Abklingdauer die Größenordnung von Sekunden erreicht. Für diese etwas willkürlich erscheinende Aufteilung gibt es eine exakte physikalische Zuordnung. Die großen Unterschiede in den Lebensdauern sind dadurch begründet, daß es sich bei der Fluoreszenz um Singulett-Singulett-, bei der Phosphoreszenz aber um Triplett-Singulett-Übergänge handelt. Die Phosphoreszenz ist an einen metastabilen Zustand mit hoher Lebensdauer gebunden, der nach der Anregung vom primären Anregungszustand aus strahlungslos erreicht werden kann.

4.2 Fluoreszenz

Bei Raumtemperatur befinden sich die meisten Moleküle im untersten Schwingungsniveau des Grundzustandes S_0. Durch Energieabsorption können die Moleküle entweder den ersten angeregten Zustand S_1 oder den zweiten angeregten Zustand S_2 erreichen. Bei den normalen «erlaubten» Absorptionen, deren Übergangszeit nur 10^{-15} s beträgt, ist die Wahrscheinlichkeit eines Emissionsüberganges so groß, daß die durchschnittliche Lebensdauer dieser Anregungszustände in der Größenordnung von 10^{-9} bis 10^{-8} s liegt.

Geschieht der Übergang aus dem Anregungszustand A^* in den Grundzustand A dadurch, daß die Anregungsenergie ΔE in Umkehrung des Absorptionsvorganges durch Ausstrahlen von Licht der dazugehörenden Frequenz ν abgegeben wird, so spricht man von Fluoreszenz:

$$A^* \rightarrow A + h \cdot \nu$$

Bei ausschließlicher Berücksichtigung der Elektronenanregung hätte man zu erwarten, daß die Wellenlänge der Fluoreszenz mit der Absorptionswellenlänge genau übereinstimmt, wie man es bei der Emission angeregter Atome findet (Resonanz-Fluoreszenz). Experimentell beobachtet man aber für die Fluoreszenz der Moleküle meist eine langwellige Verschiebung gegenüber der Absorption, die durch Mitbeteiligung von Atomschwingungen zustande kommt (STOKESsche Regel).

Durch Anregung kann ein Molekül jedes der Schwingungsniveaus, die als Unterniveaus der einzelnen angeregten Zustände aufzufassen sind, erreichen. Nachdem das Molekül Energie absorbiert hat und damit eines der oberen Schwingungsniveaus eines angeregten Zustandes erreicht hat, verliert es sehr schnell durch Molekülstöße den Überschuß an Schwingungsenergie und fällt auf das niederste Schwingungsniveau des angeregten Zustandes zurück (Bild 4.1).

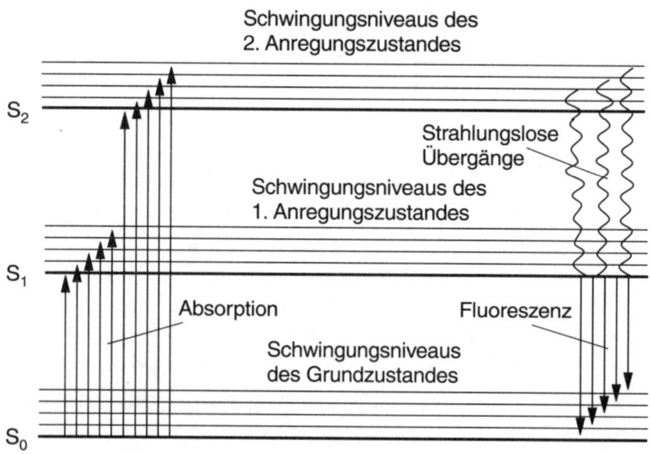

Bild 4.1 Energiezustände bei der Lichtabsorption und Fluoreszenz-Emission

Zusätzlich erfolgen bei beinahe allen Molekülen, die einen höheren als den zweiten angeregten Zustand besetzen, interne Übergänge von den unteren Schwingungsniveaus eines höheren Anregungszustandes auf energiegleiche höhere Schwingungsniveaus eines niedrigeren Anregungszustandes. Von dort verlieren die Moleküle wieder Schwingungsenergie durch Molekülstöße, bis sie das unterste Schwingungsniveau des ersten angeregten Zustandes erreicht haben. Diese innere Umwandlung erfolgt strahlungslos, die Zeit für diese internen Übergänge liegt bei 10^{-12} s.

Nach dieser strahlungslosen Deaktivierung kann das Molekül beim Übergang vom ersten angeregten Zustand in eines der Schwingungsniveaus des Grundzustandes die freiwerdende Energie in Form von Licht abgeben. Man beobachtet eine Fluoreszenzemission, die gegenüber der Absorption zu längeren Wellenlängen, d. h. zu «rot» und damit zu geringerer Energie hin, verschoben ist. Keine Rotverschiebung tritt bei der «Resonanzfluoreszenz», z. B. bei Atomen auf. Bei Atomen ist eine Verteilung der Energie auf andere Freiheitsgrade, wie z. B. Schwingungen, nicht möglich.

Da die energetischen Abstände der Schwingungsniveaus bei den elektronisch angeregten Zuständen häufig die des tieferliegenden Elektronenniveaus sind, ergeben sich hierbei symmetrische Spektren für Absorption und Emission einer Verbindung. Der Übergang vom untersten Schwingungsniveau des Grundzustandes zum untersten Schwingungsniveau des ersten angeregten Zustandes, des sog. 0-0-Überganges, ist energiemäßig bei Absorptions- und Emissionsphänomenen gleich. Absorptions- und Fluoreszenzspektren haben daher die Bande des 0-0-Überganges gemeinsam. Alle anderen Übergänge bei der Absorption benötigen mehr Energie als jeglicher Übergang bei der Fluoreszenzemission. Die Emissionsbanden sind entsprechend ihrer geringeren Termbanden annähernd spiegelsymmetrisch zum 0-0-Übergang gegenüber den Absorptionsbanden verschoben (Bild 4.2).

Bild 4.2 Idealisiertes Absorptions-Fluoreszenzemissionsspektrum

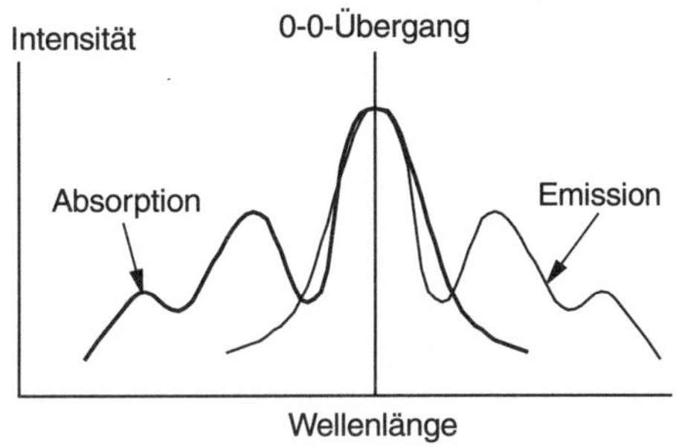

Theoretisch sollten sich daher alle Absorptionsspektren und Fluoreszenz-Emissionsspektren bei der dem 0-0-Übergang entsprechenden Wellenlänge überlappen. In Wirklichkeit stimmen die 0-0-Übergänge bei Absorption und Emission nur selten exakt überein. Die Erklärung hierfür liegt darin begründet, daß es in den Wellenlängenbereichen, in denen sich Absorptions- und Emissionsspektren überschneiden, zu einer teilweisen Reabsorption des emittierten Lichtes kommt. Diese Reabsorption, die von der Konzentration des absorbierenden Stoffes und von der Schichtdicke abhängt, führt durch die Schwächung der kurzwelligen Anteile des emittierten Lichtes zu einer langwelligen Verlagerung der Fluoreszenzbande, ohne daß sich die eigentlichen Termdifferenzen für die 0-0-Übergänge in Absorption und Emission unterscheiden.

Die Energieabsorption zum ersten angeregten Zustand beeinflußt die Form des Moleküls nur wenig. Das bedeutet, daß die Verteilung der Schwingungsniveaus im Grundzustand und im ersten angeregten Zustand sehr ähnlich sind. Die Energieunterschiede zwischen den Emissionsbanden gleichen also denen zwischen den Absorptionsbanden. Das Fluoreszenzspektrum ist daher oft ein ungefähres Spiegelbild des Absorptionsspektrums.

Da die Fluoreszenzemission immer durch den Übergang vom niedrigsten Schwingungsniveau des ersten angeregten Zustandes hervorgerufen wird, ist die äußere Form des Emissionsspektrums immer gleich und weitgehend unabhängig von der Wellenlänge des anregenden Lichtes. Die Aufzeichnung der Emissionsintensität auf der y-Achse gegen die Wellenlänge auf der x-Achse bei gegebener fester Anregungswellenlänge wird als Fluoreszenz-Emissionsspektrum bezeichnet. Verändert man die Wellenlänge des anregenden Lichtes und trägt die Emissionsintensität der Probe gegen die jeweilige Anregungswellenlänge auf, so spricht man von einem **Fluoreszenz-Anregungsspektrum**.

Hält man trotz wechselnder Anregungswellenlänge die Intensität des anregenden Lichtes konstant, wird dieses spezielle Anregungsspektrum das **korrigierte Anregungsspektrum** genannt, da es auf gleichbleibende Anregungsenergie korrigiert ist. Die Quantenausbeute der meisten organischen Moleküle ist weitgehend unabhängig von der Wellenlänge des anregenden Lichtes und nur vom molaren Extinktionskoeffizienten der Verbindung abhängig. Damit entspricht ein Anregungsspektrum mit konstanter Anregungsenergie – also ein korrigiertes Anregungsspektrum – einem Absorptionsspektrum der gleichen Substanz.

Aus meßtechnischen Gründen, die später erläutert werden, kann die Fluoreszenz-Photometrie um bis zu vier Größenordnungen empfindlicher sein als die Absorptions-Photometrie.

4.3 Phosphoreszenz

Ein wesentlicher Unterschied zwischen Fluoreszenz und Phosphoreszenz ist die stark differierende Abklingzeit. Während die Fluoreszenzemission innerhalb von 10^{-9} bis 10^{-6} s abklingt, überdauert beim Auftreten von Phosphoreszenz die Lichtemission die Anregung um 10^{-4} bis 100 s oder noch länger. Dieser unterschiedlichen Abklingzeit liegt ein elektronentheoretischer Vorgang zugrunde.

Bei der Anregung der Elektronen bleibt im allgemeinen deren Drehimpuls (Spin) erhalten. Bei Elektronenpaaren mit entgegengesetzten Spins bleibt auch deren Parität bei der Anregung meist erhalten. Es ist jedoch auch möglich, daß der Spin eines angeregten Elektrons sich umkehrt und ein Molekül mit ungepaarten Spins entsteht. Nach der Quantentheorie kann ein solches Molekül in 3 Energieformen existieren; man sagt, das Molekül befindet sich im Triplett-Zustand. Der direkte Übergang vom Grundzustand in den Triplett-Zustand ist quantentheoretisch verboten. Der sehr unwahrscheinliche Vorgang einer Spinumkehr kann nur durch eine sog. «Spin-Bahn-Kopplung» erfolgen, d.h. durch die Wechselwirkung des Spins eines Elektrons mit seiner Bahnbewegung. Ein Triplett-Zustand kann nur durch Übergang von einem angeregten energiegleichen Singulett-Zustand aus erreicht werden.

Während die Rückkehr vom Singulett- zum Grundzustand leicht und schnell unter Aussendung von Fluoreszenz vor sich geht, ist die Rückkehr vom Triplett- zum Grundzustand erschwert, da hierbei wieder eine Spinumkehr erfolgen muß. Die damit verbundene zeitliche Verzögerung der Lichtemission bezeichnet man als Phosphoreszenz.

Man muß dabei zwischen zwei verschiedenen Phosphoreszenz-Typen unterscheiden: die bevorzugt bei höherer Temperatur ablaufende und mit ihrem Spektrum mit der Fluoreszenz übereinstimmende Emission als Hochtemperatur- oder α-Phosphoreszenz und die längerwellige, nur bei tiefer Temperatur beobachtbare Tieftemperatur- oder β-Phosphoreszenz (Bild 4.3).

Bei der α-Phosphoreszenz kehrt das Molekül aus dem metastabilen Triplett-Zustand durch Aufnahme thermischer Energie wieder in den Anregungszustand

Bild 4.3 Energieschema für Phosphoreszenz

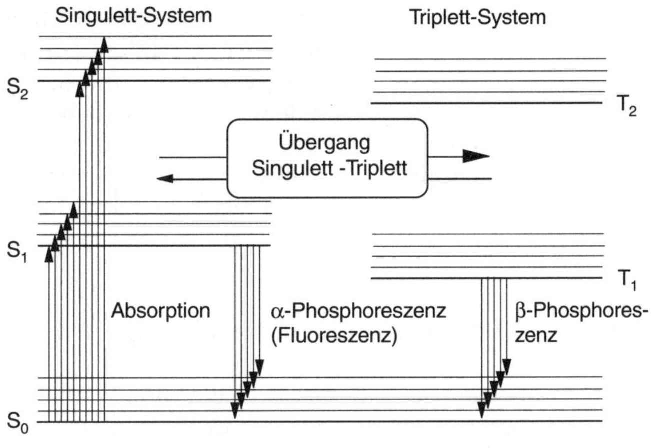

S_1 zurück, von wo aus nun die gewöhnliche Fluoreszenzemission erfolgt, die aber wegen des intermediären Aufenthaltes des angeregten Moleküls im metastabilen Zustand *T* gegenüber der normalen Fluoreszenz zeitlich verzögert ist.

Bei der meist beobachteten β-Phosphoreszenz erfolgt der Übergang in den Grundzustand direkt aus dem angeregten metastabilen Triplett-Zustand. Da im Triplett-Zustand das Molekül weniger Energie als im entsprechenden Singulett-Zustand besitzt, wird weniger Lichtenergie emittiert. Die Emission von β-Phosphoreszenz ist also immer langwelliger als die Emission von Fluoreszenz (Bild 4.4).

Bild 4.4 Absorptions-, Fluoreszenz- und Phosphoreszenzspektrum von Tryptophan

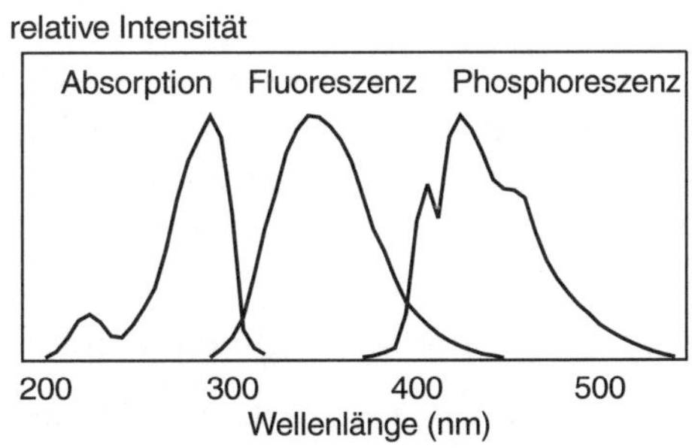

Da die Moleküle den Triplett-Zustand relativ lange beibehalten können, besteht aber die Möglichkeit, daß sie ihre Energie auch auf anderem Wege als durch Phosphoreszenzstrahlung verlieren. Besonders Zusammenstöße mit Lösemittelmolekülen löschen die Phosphoreszenz. Vor allem Moleküle mit ungepaarten Elektronen, wie z. B. Sauerstoff, sind selbst in kleinsten Konzentrationen besonders effektiv in der Phosphoreszenzlöschung. Phosphoreszenz von Lösungen bei Zimmertemperatur ist deshalb ein seltenes Phänomen.

Phosphoreszenz kann nur durch Einfrieren der Molekularbewegung beobachtet werden. Denn nur hierbei wird der Triplett-Zustand erhalten und die Probe zum «verzögerten Glühen» gebracht. Dies kann durch Abkühlen der Probe auf sehr tiefe Temperaturen in einem entsprechenden Dewargefäß geschehen. Eine Methode, bei Raumtemperatur Phosphoreszenz zu induzieren, besteht darin, die Probe an einer festen Oberfläche, z.B. Filterpapier, zu adsorbieren. Diese feste Matrix begrenzt weitgehend die Möglichkeit der Moleküle, mit Sauerstoff zu reagieren.

4.4 Meßparameter in der Fluorimetrie

Die Fluorimetrie zeichnet sich durch eine hohe Empfindlichkeit und einen großen Linearitätsbereich aus, arbeitet zerstörungsfrei und benötigt nur kleine Substanzmengen. Probleme bei der fluorimetrischen Analyse komplexer Proben stellen vor allem spektrale Überlagerungen von Fluoreszenzen und die Fluoreszenzlöschung dar.

Intensität und spektrale Verteilung fluoreszierender Stoffe hängen besonders empfindlich von äußeren Einflüssen wie Temperatur, Bindung oder Viskosität des Lösungsmittels ab. Besonders stark wird die Fluoreszenz dabei vom Lösungsmittel, d.h. von der direkten chemischen Umgebung des Stoffes, beeinflußt, wobei mit zunehmender Polarität die Fluoreszenzemission schwächer wird. Von großem analytischen Wert sind die unterschiedlichen Energie-Transfer-Mechanismen von einem angeregten Molekül auf Nachbarmoleküle, die dann fluoreszieren. Man unterscheidet dabei den Elektronen-Austauschmechanismus, die direkte Energieübertragung durch Lichtquanten und den Resonanztransfer. Letzterer beruht darauf, daß Anregungsenergie über größere Distanzen strahlungslos, also ohne den Umweg über Lichtquanten, übertragen werden kann.

Im Vergleich zur Absorptionsspektroskopie, bei der der Absorptionskoeffizient als einziger Parameter bestimmbar ist, ist die Fluoreszenz-Spektroskopie wesentlich informativer. Sie gestattet die Messung einer Vielzahl unabhängiger Parameter, wie Fluoreszenz-Quantenausbeute, die Lebensdauer eines angeregten Zustandes und die gezielte Fluoreszenzlöschung mit geeigneten Hilfsstoffen.

4.4.1 Fluoreszenz-Quantenausbeute

Den Wirkungsgrad, mit dem die Prozesse der Lichtabsorption und Lichtemission stattfinden, nennt man Quantenausbeute. Sie ist ein Maß für die Wahrscheinlichkeit, daß ein absorbierter Lichtquant auch wieder emittiert wird, sei es mit gleicher oder unterschiedlicher Wellenlänge. Für den Fall der Photolumineszenz beträgt die Quantenausbeute Φ:

$$\Phi = \frac{\text{Zahl der ausgestrahlten Quanten}}{\text{Zahl der eingestrahlten Quanten}}$$

Im Gegensatz zur Energieausbeute, die wegen der Stokesschen Verschiebung stets vermindert sein muß, sollte die Quantenausbeute der Fluoreszenz bei allen Verbindungen gleich 1 sein, wenn an der Deaktivierung der Anregungszustände keine anderen Prozesse als die Emission von Strahlung beteiligt wären. Denn in diesem Fall müßte ja für jedes absorbierte Lichtquant auch wieder ein Lichtquant emittiert werden. Mit der Fluoreszenz konkurrieren aber strahlungslose Deaktivierungsprozesse, von deren Geschwindigkeit es abhängt, ob bei einer Verbindung Fluoreszenz beobachtet werden kann.

Um die bestmöglichen Informationen über eine fluoreszierende Substanz zu erhalten, muß man den Quantenwirkungsgrad des Fluoreszenzträgers kennen. Die Quantenausbeute einer Substanz läßt sich prinzipiell durch direkte Messung der eingestrahlten und emittierten Quanten direkt bestimmen. Apparativ einfacher ist jedoch der Weg über eine Vergleichsmessung mit einer Referenzsubstanz, dessen Quantenausbeute aus der Literatur bekannt ist. Dabei ermittelt man zunächst den Schnittpunkt der beiden Absorptionsspektren. Die Einstrahlung bei dieser Wellenlänge garantiert die gleiche Absorption, wobei die gleiche Konzentration der beiden Proben nicht erforderlich ist. Das Verhältnis der Flächen unterhalb der Emissionsspektren liefert die Quantenausbeute.

4.4.2 Quantitative Analyse

In der quantitativen Analyse besteht ein grundlegender Unterschied zwischen der Absorptions- und Lumineszenz-Photometrie. Während bei der Absorption die Lichtintensität I_0 des eingestrahlten Meßlichtes und die Lichtintensität I des hindurchgelassenen Lichtes bestimmt werden (Lambert-Beersches Gesetz), ist die zu messende Fluoreszenzemission von der vorhergehenden Absorption der Anregungsstrahlung abhängig. Für die Intensität Q der Fluoreszenzemission ergibt sich:

$$Q = I_0\,(2{,}303 \cdot \varepsilon \cdot c \cdot d) \cdot \Phi$$

I_0 Intensität der Anregungsstrahlung
Φ Quantenausbeute der Fluoreszenz
c Konzentration der Probe
d Schichtdicke der Lösung

Die Fluoreszenzintensität ist der Substanzkonzentration direkt proportional und damit sehr einfach auszuwerten. Sie ist wie die Absorption eine relative, jedoch direkte Meßmethode. Man mißt unmittelbar das Licht, das die jeweilige Substanz emittiert.

Die Fluoreszenzmessung besitzt gegenüber der Absorptionsmessung eine weitaus höhere Nachweisempfindlichkeit.

Diese höhere Nachweisempfindlichkeit läßt sich folgendermaßen erklären. Bei der Bestimmung der Fluoreszenzemission ist der Meßwert Q der eingestrahlten Intensität I_0 direkt proportional, während bei der Absorptionsmessung das Verhältnis I/I_0 bestimmt wird. Das bedeutet, die Empfindlichkeit der Absorptionsmessung ist durch die Fähigkeit der Meßanordnung begrenzt, zwischen zwei großen, aber oft nur geringfügig verschiedenen Signalen I und I_0 zu unterscheiden. Bei der Fluoreszenzmessung wird dagegen die Intensität eines Lichtsignals, der Fluoreszenzemission, gegen Null, d.h. gegen Dunkelheit, gemessen. Diese Intensitätsmessung ermöglicht optisch und elektronisch eine weitaus empfindlichere Meßanordnung als die Messung des Unterschiedes zweier Lichtsignale. Allerdings ist, weil eine Referenz fehlt, die Korrektur eines Lumineszenzspektrums bezüglich der Apparatedispersion schwieriger.

Das elektronisch verwertbare Ausgangssignal des Photomultipliers wird durch den Dunkelstrom begrenzt, d. h. von dem Signal, das auch bei vollkommen abgeblendetem Empfänger abgegeben wird. Die Größe des Dunkelstromes ist temperaturabhängig, so daß durch Kühlung ein günstigeres Signal-Rausch-Verhältnis, also höhere Empfindlichkeit, erreicht werden kann.

In der Praxis ergeben sich Nachweisgrenzen von 10^{-8} Mol bei der Absorptionsanalyse, während mit Fluorimetern bis zu 10^{-12} Mol erreicht werden können. Bei hohen Substanzkonzentrationen ist zu beachten, daß die Fluoreszenzintensität Q nicht mehr eine lineare Funktion der Konzentration c ist. Um im Linearitätsbereich zu bleiben, sollte die Maximalkonzentration $c_{max} = 0{,}05/\varepsilon \cdot d$ nicht überschritten werden. Fluoreszenzmessungen sollten daher stets an entsprechend verdünnten Proben durchgeführt werden, da es sonst zur Reabsorption des emittierten Lichtes kommt.

Um auch instrumentell bedingte Nichtlinearitäten (z. B. Photomultiplier-Übersteuerungen) zu vermeiden, ist es zweckmäßig, auf jeden Fall durch eine Eichreihe den Linearitätsbereich für die zu messende Lösung zu ermitteln.

4.4.3 Fluoreszenzlöschung

Konzentrationsbestimmungen können durch Fluoreszenzlöschung erschwert werden. Man unterscheidet dabei zwischen der Fremdlöschung und der Eigenlöschung. Die Fluoreszenzlöschung kann durch andere gelöste Stoffe, wie z. B. Sauerstoff, oder durch hohe Konzentration des Analyten durch sog. Selbstlöschung hervorgerufen werden. Eine Erhöhung der Konzentration des fluoreszierenden Stoffes führt in den meisten Fällen zu einer starken Abnahme der Fluoreszenzausbeute.

Für die Eigen- oder Konzentrationslöschung gibt es verschiedene Mechanismen. Zum einen können sich verschiedene fluoreszierende Verbindungen, z. B. das Fluoreszein, bei höheren Konzentrationen zu nichtfluoreszierenden Doppelmolekülen zusammenlagern. In zahlreichen Fällen findet man dabei eine Zunahme der langsamer abklingenden Phosphoreszenz. Bei anderen Verbindungen beruht die Konzentrationslöschung auf einer Verkürzung der Lebensdauer der angeregten Moleküle, wozu vor allem Zusammenstöße mit gleichartigen nichtangeregten Molekülen beitragen. Deswegen findet man auch bei reinen flüssigen Verbindungen in der Regel keine Fluoreszenz.

Mit der Konzentrationslöschung ist die sog. Fremdlöschung eng verwandt, bei der Fremdstoffe in oft schon sehr geringen Konzentrationen außerordentlich intensive Löschung verursachen, ohne daß es mit den fluoreszierenden Verbindungen zu irgendwelchen bleibenden Umsetzungen kommt. Viele Löschstoffe sind aufgrund ihrer Absorptionsspektren gar nicht in der Lage, die Wellenlänge des Fluoreszenzlichtes zu absorbieren. Zu den stark wirksamen Löschstoffen gehören Schwermetallionen, Halogenionen, Sauerstoff sowie eine große Zahl ungesättigter und aromatischer Verbindungen.

Die Fremdlöschung durch die Löschmoleküle erfolgt entweder vor oder nach der Elektronenanregung. Zum einen bilden sich vor der Anregung reversible fluoreszenzunfähige Assoziate mit dem Löschstoff. Zum anderen kommt es erst im angeregten Zustand zu eine Wechselwirkung mit dem Löschmolekül. Die strahlungslose Abführung der Energie erfolgt über bimolekulare reversible Reaktionen, wobei Redox-Prozesse durch Aufnahme oder Abgabe von Elektronen bei zahlreichen Löschvorgängen beteiligt sind.

Den gezielten Einsatz von Substanzen zur Fluoreszenzlöschung bezeichnet man auch als «quenching». Eine Vielzahl von Quenchern läßt sich entsprechend der jeweiligen Problemstellung recht spezifisch einsetzen, da nicht alle Fluophore durch die verschiedenen Quencher in gleicher Weise beeinflußt werden und sich jeweils spezifisch in ihren physikochemischen Eigenschaften modifizieren lassen. Zu den typischen Quenchern gehören vor allem Brenzcatechin, Hydrochinon und andere Phenole, Anilin, Nitrobenzol und verwandte Verbindungen.

4.4.4 Fluoreszenz-Labelling

Selbst nicht fluoreszierende Substanzen können durch Reaktion mit geeigneten Reagenzien zu einem fluoreszierenden Produkt umgesetzt werden, das dann fluorimetrisch detektiert werden kann. Für den fluorimetrischen Nachweis von Metallionen werden Fluoreszenzmarker eingesetzt, die durch Komplexbildung die Fluoreszenzeigenschaften verändern. Der ideale Fluoreszenzindikator soll eine deutliche Veränderung der spektralen Eigenschaften nach Reaktion mit den Metallionen hervorrufen. Dabei verschiebt sich durch die Komplexbildung sowohl das Absorptionsmaximum für die Anregung als auch für die Emission. Wie in der Absorptionsspektroskopie gibt es auch hier entsprechende mehr oder weniger selektive Fluoreszenzmarker. Ist außerdem die jeweilige Fluoreszenzausbeute groß, hat man eine um Größenordnungen höhere Nachweisempfindlichkeit.

Probleme stellen aber oft noch die spektralen Überlagerungen dar, da die Fluoreszenzspektren vieler Metallionenkomplexe nicht metallionenspezifisch sind. Als Beispiel eines Fluoreszenzindikators sei das 8-Hydroxichinolin-5-sulfonsäure genannt. Die Suche nach analytspezifischen Indikatoren ist voll im Gang. Dabei gibt es nicht nur Indikatoren für Metallionen, sondern auch für andere Substanzklassen. Kohlenhydrate lassen sich z. B. durch 2-Aminobenzamid markieren.

4.5 Fluoreszenz-Spektrometer

In der Fluorimetrie wird eine Substanz mit einer Lichtquelle angeregt und die Intensität des emittierten Fluoreszenzlichtes als Funktion der Anregungs- und Emissionswellenlänge bestimmt. Im Gegensatz zur Absorptionsspektroskopie sind damit bei der Fluoreszenzmessung stets zwei Wellenlängen zu betrachten, die Anregungs- und die Emissionswellenlänge. Wie jedes Spektrometer besteht auch das Fluorimeter aus den Grundbausteinen Lichtquelle mit wählbarer Wellenlänge, Probenhalter und Strahlungsempfänger. Zusätzlich muß die Emissionswellenlänge einstellbar sein. Wie in der Absorptionsspektroskopie unterscheidet man auch hier Photometer und scannende Fluorimeter. Einfache Geräte verwenden jeweils ein optisches Filter für die Auswahl der Anregungs- und Emissionswellenlänge. Diese Photometer sind für die quantitative Analyse ausgerichtet.

Scannende Geräte benötigen Gittermonochromatoren (Bild 4.5). Im Gegensatz zu den klassischen Zweistrahl-Geräten in der Absorptionsspektroskopie sind scannende Fluorimeter als Einstrahl-Geräte aufgebaut. Zum einen ist durch die geringe Anzahl optischer Komponenten der höchstmögliche Lichtdurchsatz gewährleistet. Zum anderen kann die Scangeschwindigkeit deutlich höher gewählt werden, da bei einem Einstrahl-System nicht die Strahlumschaltung zwischen Probe und Referenz, die die maximale Scangeschwindigkeit begrenzt, berücksichtigt werden muß. Durch die Einstrahl-Technik müssen die hierbei erhaltenen Spektren aber noch korrigiert werden.

Das diffus in alle Raumrichtungen emittierte Fluoreszenzlicht wird unter einem 90°-Winkel zum einfallenden Lichtstrahl mit möglichst großem Raumwinkel detektiert. Der Abstand zwischen Küvette und Detektor sollte möglichst klein sein. Durch Spaltgrößenveränderungen an beiden Monochromatoren können die durchgelassenen Spektralausschnitte bezüglich ihrer Bandbreite variiert werden. Große spektrale Bandbreite ergibt hohe Nachweisempfindlichkeit für die Emissionsstrahlung. Bei kleiner spektraler Bandbreite wird das Emissionsspektrum besser aufgelöst. Die substanzspezifische Feinstruktur, besonders deutlich bei polyzyklischen Kohlenwasserstoffen und deren Derivaten, wird erkennbar.

Zur besseren Detektion des diffusen Lichtes arbeitet man aber aus Intensitätsgründen üblicherweise mit geringerer spektraler Auflösung, die durch die Spaltbreite und die verwendeten Streugitter bestimmt wird, als bei der Absorptionsspektroskopie. Üblicherweise werden Spaltbreiten von 5 nm im Anregungsstrahlengang und 10 bis 20 nm im Emissionsstrahlengang verwendet. Da die Elektronenübergänge bei Molekülen im allgemeinen natürliche Bandbreiten von mehr als 50 nm haben und meist weniger Feinstruktur als die entsprechenden Absorptionsspektren zeigen, ist diese verminderte spektrale Auflösung aber durchaus akzeptabel.

Um in einen möglichst großen Raumwinkel das Fluoreszenzlicht erfassen zu können, wird als Detektor fast ausschließlich der Photomultiplier mit großflächi-

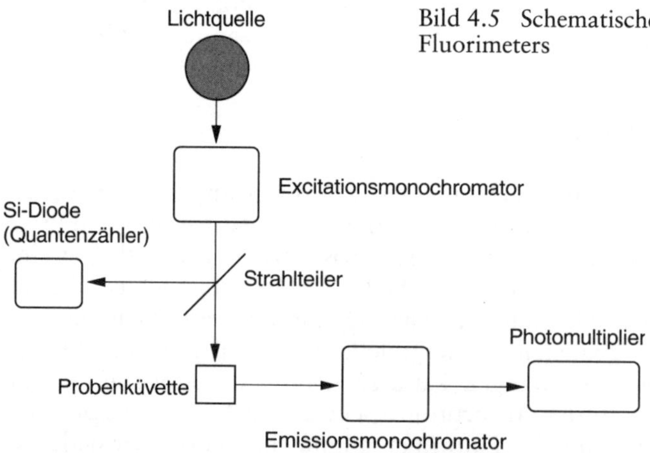

Bild 4.5 Schematischer Aufbau eines scannenden Fluorimeters

ger Photokatode verwendet. Dagegen sind Diodenarrays, die als Detektor in der Absorptionsspektroskopie eine dominante Rolle übernommen haben, trotz des Multiplexvorteils aufgrund der geringen Detektoroberfläche weniger geeignet.

Prinzipiell können zur Fluoreszenzanregung die gleichen Lichtquellen wie in der Absorptionsspektroskopie verwendet werden, also entweder Kontinuumstrahler (Xenonlampe) oder Linienstrahler (Quecksilberspektrallampe). Die gebräuchlichste Lichtquelle ist die Xenonlampe, die weitgehend kontinuierliches Licht liefert. Quecksilberhochdrucklampen liefern zwar höhere Intensitäten, doch sind diese auf einzelne Linien verteilt, so daß Anregungsspektren nicht gemessen werden können.

Die mit der Wellenlänge variierende Intensität der Anregungsstrahlung wird elektronisch kompensiert. Hierzu wird mit Hilfe eines Strahlenteilers ein Teil des monochromatischen Anregungslichtes zu einem Quantenzähler geleitet, der die Intensität ermittelt. Der andere Teil des Lichtes regt die Probe an. Als Quantenzähler werden Si-Photodioden eingesetzt.

4.5.1 Verschiedene Spektrenarten

Je nachdem, ob die Anregungswellenlänge oder die Emissionswellenlänge variiert wird, spricht man von Anregungs- bzw. Emissionsspektrum, dem eigentlichen Fluoreszenzspektrum.

Wird statt des Emissionsfilters ein Monochromator eingesetzt, ist es möglich, die Fluoreszenzemission als Funktion der Wellenlänge aufzunehmen. Diese Geräte liefern also ein Fluoreszenz-Emissionsspektrum.

Wird anstelle des Anregungsfilters ein Monochromator eingesetzt (Anregungs- oder Excitationsmonochromator), kann bei konstanter Emissionswellenlänge die Fluoreszenzemission als Funktion der Anregungswellenlänge gemessen werden. Die Aufzeichnung ergibt das Anregungs- oder Excitationsspektrum, das oft zusätzliche Information über die Substanzstruktur gibt. Außerdem ist es mit einem Anregungsmonochromator möglich, Wellenlänge und Bandbreite der Anregungsstrahlung so einzustellen, daß für eine Emissionsmessung optimale Bedingungen vorliegen.

Um die Möglichkeiten der Fluoreszenzanalyse voll auszunützen, kann bei aufwendigeren Gerätetypen sowohl die Anregungsstrahlung als auch die Emissionsstrahlung durch voneinander unabhängige Gittermonochromatoren zerlegt werden. Es können also sowohl Fluoreszenzanregungs- als auch Emissionsspektren registriert werden. Da beide Typen substanzspezifisch sind, können mit diesen Geräten die Möglichkeiten der Fluoreszenzanalyse in qualitativer Hinsicht voll genutzt werden.

Weiterhin bieten diese Geräte die Möglichkeit des «synchronisierten Scannings». Bei der Synchron-Spektroskopie werden beide Monochromatoren gleichzeitig mit einer bestimmten Wellenlängendifferenz gescannt. Das Ergebnis ist dabei gewissermaßen eine Mischung aus dem Emissions- und Anregungsspektrum. Diese Technik wird hauptsächlich zur Reinheitskontrolle verwendet, da hierbei mehr Strukturen im Spektrum beobachtet werden.

Eine neue Anwendungstechnik ist die 3D-Fluoreszenz. Ein 3D-Fluoreszenzspektrum ist aus den Variablen Anregungswellenlänge, Emissionswellenlänge und Fluoreszenzintensität aufgebaut. Das heißt, alle möglichen Kombinationen von Anregungs- und Emissionswellenlängen werden in einem dreidimensionalen Plot erfaßt. Damit enthalten 3D-Fluoreszenzspektren signifikant spektrale Informationen, die in standardmäßigen Anregungs- und Emissionsspektren nicht erkennbar sind. Sie liefert schnell und erschöpfend die gesamte Information der spektralen Fluoreszenz eines Substanzgemisches. Die 3D-Technik ermöglicht so die exakte Identifizierung von Verbindungen. Sie zeigt selbst geringste Unterschiede zwischen identischen Verbindungen auf, die von herstellungsbedingten Verunreinigungen oder Kontaminationen herrühren.

Die Vorteile der 3D-Fluoreszenz sind zwar schon länger bekannt, allerdings kam sie wegen des großen Zeitaufwandes nur selten zum Einsatz. Bei einer üblichen Scangeschwindigkeit von maximal 1200 nm/min dauert die Aufnahme eines 3D-Spektrums etwa eine Stunde. Durch extrem schnelle Datenverarbeitung sind heute Scangeschwindigkeiten von maximal 500 nm/s möglich, wodurch sich die Aufnahmezeit auf 1 bis 2 Minuten verkürzt.

4.5.2 Spektrenkorrektur

Die aufgenommenen Spektren stellen zunächst Intensitätswerte dar, die durch eine radiometrische Korrektur in echte Spektren umgewandelt werden müssen. Dies ist notwendig, da sowohl die Lichtquelle, der Detektor und die beiden Gittermonochromatoren wellenlängenabhängig arbeiten. Das heißt, die Intensität der Lampe, die Emissionscharakteristik der Gitter und die Empfindlichkeit des Photomultipliers sind nichtlineare Funktionen der Wellenlänge. Diese geräteeigenen Dispersionen sind dem gemessenen Spektrum überlagert und müssen entsprechend korrigiert werden, damit ein geräteunabhängiger Spektrenvergleich gemacht werden kann. Diese Korrektur geschieht zum einen auf der Anregungsseite (Lichtquelle und Anregungsgitter), zum anderen auf der Emissionsseite (Detektor und Fluoreszenzgitter). Eine Korrektur wirkt sich bei Anregungsspektren stärker aus als bei Emissionsspektren. Da es keine wellenlängenunabhängigen Absolutmethoden gibt, muß man sich vielfach durch einen Vergleich mit standardisierten Lampen bzw. standardisierten Musterspektren behelfen.

Da Anregungs- und Absorptionsspektren identisch sind, läßt sich eine Korrektur für den Anregungsstrahlengang dadurch ermitteln, daß man beide Spektren gesondert bestimmt und durch Quotientenbildung vergleicht.

Andererseits läßt sich eine Korrektur des Anregungsteils mit Hilfe eines «optischen Integrators» ermitteln. Hierzu wird oft eine konzentrierte Lösung von Rhodamin B in Ethylenglykol als «chemischer» Quantenzähler verwendet. Diese Lösung absorbiert alle einfallenden Lichtstrahlen unabhängig von der Wellenlänge. Da die Emission bei einer bestimmten Wellenlänge beobachtet wird, ist die Dispersion im Emissionsstrahlengang nicht zu berücksichtigen. Dessen monochromatische Ausgangsstrahlung ist bezüglich ihrer Frequenz unabhängig von der Frequenz der eingestrahlten Lichtquanten. Die Intensität der Ausgangsstrahlung eines Quantenzählers ist proportional dem Integrationswert aller einfallenden Quanten. Die Rhodamin-B-Lösung hat den Vorteil, über einen relativ breiten Frequenzbereich von 200 bis 600 nm linear zu arbeiten, d.h., innerhalb dieses Meßbereichs wird die gleiche Zahl von Quanten absorbiert wie emittiert. Das gilt natürlich nur für eingestrahlte Quanten, die kurzwelliger als die Emissionswellenlänge der Lösung sind.

Zur Korrektur eines Emissionsspektrums muß die Detektorempfindlichkeit und der Wirkungsgrad des Emissionsgitters von der Wellenlänge ausgeglichen bzw. beseitigt werden. Das Spektrum muß auf die Gesamtintensität, also die Gesamtzahl der durch Fluoreszenz erzeugten Lichtquanten, korrigiert werden. Eine zuverlässige Methode basiert auf der Energieabgabe einer kalibrierten Standardwolframlampe, deren Strahlungsleistung dokumentiert ist. Erst wird ein Emissionsspektrum der Lampe aufgenommen, dann werden die Eichwerte durch die wellenlängenbezogenen Meßwerte geteilt. Das Ergebnis sind die entsprechenden Korrekturfaktoren. Diese werden in einem Computer gespeichert und auf das gemessene Fluoreszenzspektrum bezogen.

Eine andere Möglichkeit zur Korrektur besteht darin, daß man das gemessene Emissionsspektrum einer Standardsubstanz mit seinem echten, dokumentierten Emissionsspektrum durch Quotientenbildung vergleicht. Beispiel einer Substanz mit kalibriertem Emissionsspektrum ist das Chininsulfat (Bild 4.6).

Bild 4.6 Emissionsspektrum von Chininsulfat mit und ohne Korrektur

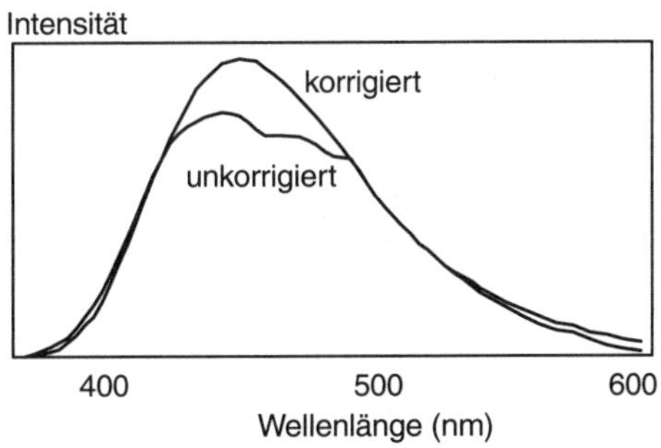

4.5.3 Lichtstreuung

Neben Absorption und Emission treten bei der Bestrahlung einer Substanz zusätzliche Streueffekte auf. Wie die Fluoreszenz wird auch die Streustrahlung in alle Richtungen ausgestrahlt. Streustrahlung kann sowohl von einzelnen Molekülen (RAYLEIGH-Streuung) als auch von den sehr kleinen Teilchen kolloidaler Lösungen (TYNDALL-Streuung) ausgehen. Ihre Intensität ist der 4. Potenz der Anregungsfrequenz proportional, d.h., kurzwellige Anregungsstrahlung wird wesentlich stärker gestreut als langwellige. Für die Fluoreszenz-Spektroskopie bedeutet das, daß die Anregungsfrequenz nicht zu weit in das kurzwellige UV verlegt wird, da hier ein großer Teil der Anregungsenergie durch Streuung verlorengeht. Andererseits soll aber auch die Anregungsfrequenz nicht zu dicht bei den Emissionsfrequenzen liegen, da sonst eine starke Untergrundemission vorhanden ist. Die Nachweisempfindlichkeit wird dadurch herabgesetzt und die Linearitätsgrenze der Strahlungsempfänger überschritten.

Wegen des sehr viel geringeren Streulichtanteils sind konkave Gitter gegenüber planaren Gittern für die Fluorimetrie besonders geeignet. Geräte in der höheren

Preisregion benutzen Doppelgitter, die eine ausgezeichnete Streulichtunterdrückung gewährleisten. Sie sind die beste Wahl für trübe, d.h. stark streuende Proben. Einfachspektrometer sind zweifellos preisgünstiger. Außerdem ist ein Einfachmonochromator mit weniger optischen Oberflächen effektiver. Seine höhere Transmission kann bei der Analyse sehr schwach fluoreszierender Proben oder bei Proben mit sehr geringer Konzentration von ausschlaggebender Bedeutung sein.

Neben der Rayleigh-Tyndall-Streuung ist noch die Raman-Streuung des Lösungsmittels zu berücksichtigen. Bei den üblichen Lösungsmitteln erfolgt zwar keine Elektronenanregung, dafür ist aber eine Schwingungs- und Rotationsanregung möglich. Die hierbei entstehende Strahlung ist langwelliger als die Anregungsstrahlung und kann zu Verwechslung oder Überlagerung mit der Fluoreszenzemission führen. Da der Raman-Effekt immer im gleichen Abstand von der Anregungswellenlänge auftritt, die Wellenlänge der Fluoreszenzemission jedoch unabhängig davon ist, kann durch Änderung der Anregungswellenlänge die Koinzidenz beider Emissionen oft vermieden werden.

Obwohl die Intensität der Raman-Strahlung nur sehr gering ist, kann sie bei kleinen Substratkonzentrationen, also schwacher Fluoreszenzintensität, stark stören. Man kann sie im Spektrum meist daran erkennen, daß ungewöhnlich schmale Banden im Emissionsspektrum auftauchen, die sich mit der Anregungswellenlänge verändern. Bei quantitativem Arbeiten ist in diesen Fällen eine entsprechende Verschiebung der Anregungswellenlänge zu empfehlen. Tabelle 4.2 gibt für einige oft verwendete Lösungsmittel die Lage der Raman-Bande als Funktion der Anregungswellenlänge (gebräuchliche Hg-Linien) an.

Tabelle 4.2 Lage der Raman-Bande als Funktion der Anregungswellenlänge für verschiedene Lösungsmittel

Lösungsmittel	Hg-Anregungslinie (nm)				
	248	313	366	405	436
Wasser	271	350	418	469	511
Ethanol	267	344	410	459	500
Cyclohexan	267	344	409	458	499
CCl_4	–	320	376	418	450
Chloroform	–	346	311	461	502

Durch die Wahl des Lösungsmittels kann die störende Raman-Emission relativ dicht an die Anregungswellenlänge gelegt werden. Eine Überlagerung der Fluoreszenzemission durch die Raman-Bande wird auf diese Weise ebenfalls vermieden. Bei Tetrachlorkohlenstoff und Chloroform liegen die Raman-Banden am dichtesten an der Anregungswellenlänge.

Ist die Raman-Emission eines Lösungsmittels nicht bekannt, sollte sie durch Aufnahme eines Emissionsspektrums des reinen Lösungsmittels bei hoher Meßempfindlichkeit ermittelt werden. Die Anregungswellenlänge sollte bei dieser Messung gleich der Anregungswellenlänge der späteren Fluoreszenzmessung sein.

4.5.4 Weitere Fehlermöglichkeiten

Der **Leerwert** einer Fluoreszenzmessung entsteht durch die Eigenfluoreszenz von Küvetten und Lösungsmitteln. In dieser Beziehung werden hohe Anforderungen an die Küvetten gestellt, vor Beginn einer Messung sollten neue Küvetten auf gleichmäßige Fluoreszenzeigenschaften überprüft werden. Auch können die optischen Komponenten des Spektrometers, wie Linsen, Spiegel und Filter, eine gewisse Eigenfluoreszenz zeigen.

Das Lösungsmittel sollte über den gesamten Meßbereich einer Fluoreszenzmessung, als Anregung und Emission, durchlässig sein. Verunreinigungen jeder Art können den Leerwert unvertretbar und oft nicht reproduzierbar hoch setzen. Aufgrund des breiten Durchlässigkeitsbereichs ist Wasser das günstigste Lösungsmittel. Grundsätzlich sollten alle Lösungsmittel nicht in Plastikflaschen aufbewahrt werden, da leicht Spuren von Additiven oder Weichmachern herausgelöst werden, die oft starke Fluoreszenz zeigen. Einen gleichen negativen Einfluß können auch die jeweils verwendeten Spülmittel bewirken.

Da in der Fluorimetrie mit stark verdünnten Lösungen gearbeitet werden muß, sollten selbstverständlich auch die sich daraus ergebenden Probleme und Fehlermöglichkeiten Beachtung finden. Bei Messungen im Sub-Mikrogramm-Bereich kann die geringe Substanzadsorption an Behälterwänden schon zu Fehlergebnissen führen.

Da die zu messenden Substanzen der sehr intensiven Anregungsstrahlung des Fluorimeters ausgesetzt werden, können leicht **photochemische Reaktionen** auftreten, die zu starker Verfälschung der Meßergebnisse führen können. In solchen Fällen wird die Bandbreite der Anregungsstrahlung reduziert. Da bei empfindlichen Substanzen trotzdem photochemische Reaktionen auftreten können, ist es zweckmäßig, die Belichtungszeit auf die zur Messung erforderliche Dauer zu begrenzen. Eine Impulssteuerung der Anregungslichtquelle trägt ebenfalls zur Reduzierung der Belichtungszeit bei. Ferner können die Anregungswellenlänge oder die Intensität der Anregungsstrahlung verringert werden.

4.6 Probenhalterung

Da die meisten fluorimetrisch zu bestimmenden Substanzen in einer Lösung vorliegen, werden zur Messung Flüssigkeitsküvetten verwendet. Neben Küvettenmaterial und Lösungsmittel ist besonders auf die geometrische Anordnung der Küvette im Strahlengang des Fluorimeters zu achten. Da die Fluoreszenzstrahlung in alle Raumrichtungen abgegeben wird, ist es zwar grundsätzlich möglich, diese aus allen Richtungen zu empfangen, für die meist zu messenden verdünnten Lösungen gibt es jedoch eine Vorzugsrichtung. Meßtechnisch am günstigsten ist es, die Fluoreszenzstrahlung rechtwinklig zur Anregungsstrahlung abzunehmen. Bei dieser Geometrie ist der unerwünschte Anteil an Streustrahlung durch Küvettenwände und Lösungsmittel ein Minimum. Diese Anordnung wird bei fast allen Fluorimetern verwendet. Aus diesem Grund wird meistens die quadratische Küvettenform gewählt, da dieser Typ bezüglich der Schichtdickengenauigkeit und Planparallelität optimal ist.

Mit dem Maße, mit dem die Lichtabsorption der Meßlösung größer wird, wird die aus der Küvette kommende Fluoreszenzemission immer geringer, bis der Punkt erreicht ist, an dem nur noch die Fluoreszenz der äußersten Oberflächenschicht der Küvette beobachtet werden kann. In diesem Fall kann immer noch eine Messung durchgeführt werden, wenn auch der Anteil des an den Wänden gestreuten Lichtes sehr groß wird (Bild 4.7). Die Oberflächenemission nähert sich rasch einem Grenzwert, d. h., steigende Probenkonzentration bewirkt keine Erhöhung der Fluoreszenzemission.

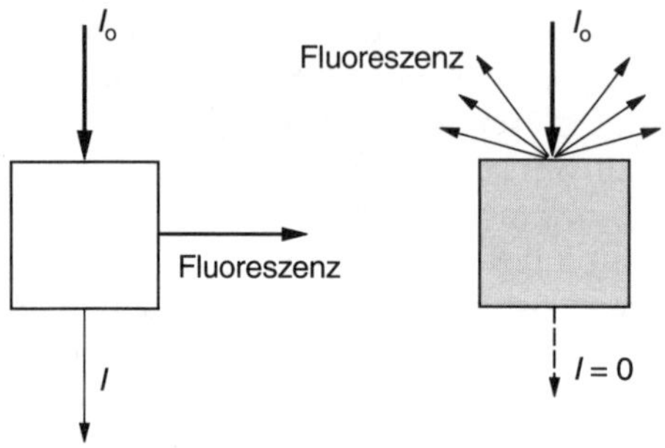

Bild 4.7 Normale Fluoreszenzmessung (links) und Oberflächenemission (rechts)

Zubehör für die Bestimmung der Oberflächenemission ist für viele kommerzielle Geräte erhältlich. Neben der Möglichkeit der Verdünnung der Probe ist eine Verwendung immer dann in Betracht zu ziehen, wenn die Extinktion einer Probenlösung im Fluoreszenzbereich über 0,1 Extinktionseinheiten liegt.

Zur Fluoreszenzmessung an Feststoffen (z. B. Kunststoffe, Lacke) können spezielle Zusätze eingebaut werden, mit denen die Oberflächenemission bestimmt werden kann. Wie in der Absorptionsspektroskopie verbreitet sich auch in der Fluorimetrie der Einsatz von Lichtleitern. Lichtleiter-Fluoreszenzsensoren messen kontinuierlich die Fluoreszenz eines Analyten und ermöglichen damit die In-situ-Bestimmung.

4.7 Temperatureinfluß

Da die Zahl der Zusammenstöße zwischen den Probemolekülen (Fluorophore) und den Lösungsmittelmolekülen temperaturabhängig ist, ist auch die Fluoreszenzemission stark temperaturabhängig. In Lösungen verbinden sich frei bewegliche Fluorophore schnell mit anderen und können so die spektrale Bestimmung sehr erschweren. Im schlimmsten Fall wird die Fluoreszenz ganz unterdrückt. Bei Raumtemperatur ist die Inhomogenität des Lösungsmittels zum größten Teil schuld an der Linienverbreiterung. Es ist der Umgebungszustand eines jeden Fluorophors, der die natürliche Linienbreite seines spektralen Verhaltens störend verändert. Auswirkungen im Fluoreszenzspektrum sind Bandenverbreiterungen und -überlagerungen.

Mit zunehmender Temperatur erniedrigt sich die Fluoreszenzemission.

Es ist deshalb erforderlich, die Proben bei möglichst konstanter Temperatur zu messen. Für genaue Messungen wird die Probentemperatur durch einen thermostatisierbaren Küvettenhalter konstant gehalten. Bei vielen Substanzen genügt es, darauf zu achten, daß die Temperaturdifferenz zwischen Küvette und Probenraum möglichst klein ist. Da die Aufheizung des Probenraumes in erster Linie durch die Strahlungsquelle erfolgt, sollte diese eine gute Wärmeisolation zum Probenraum haben. Mangelnde Reproduzierbarkeit von Meßwerten ist oft auf schlechte Temperaturkonstanz der Proben zurückzuführen. Zur Erhöhung der Meßempfindlichkeit ist es zweckmäßig, die Probe zu kühlen.

Kühlt man schließlich bis auf die Temperatur des flüssigen Stickstoffes (Sdp. –196 °C), so sind die meisten Lösungsmittel, – auch die Kohlenwasserstoffe – erstarrt. In dieser festen Matrix kann das Fluorophor keine inhomogen Linienverbreiterung mehr durch Molekularstöße erhalten. Die strahlungslosen Übergänge sind bei tiefen Temperaturen minimiert, so daß hierdurch bei manchen Substanzen überhaupt erst Fluoreszenz beobachtet werden kann.

Statt breiter Banden treten bei Tieftemperaturspektren in erstarrter Matrix zahlreiche schmale Peaks auf, die den einzelnen Elektronenübergängen zugeordnet werden können. Durch dieses hochaufgelöste Spektrum mit hoher Trennschärfe der Banden lassen sich Substanzen natürlich wesentlich besser identifizieren. Durch diese erheblich verbesserte Technik kommt der Tieftemperatur-Fluoreszenz eine besondere Bedeutung zu.

4.8 Laserinduzierte Fluoreszenz (LIF)

Laserlicht ist durch eine hohe Intensität und Frequenzgenauigkeit gekennzeichnet, die alle bisherigen Strahlungsquellen bei weitem übertrifft. Dies erlaubt, gezielt Freiheitsgrade von Molekülen anzuregen, dadurch Reaktionen auszulösen und nach deren Ablauf die Produkte auf ihren Anregungszustand hin zu untersuchen. Die Entwicklung abstimmbarer Laser mit hoher Intensität prädestiniert diese Lichtquellen für den Einsatz in der Spektroskopie. Die hohe spektrale Leistung von Laserlichtquellen ermöglicht eine extreme Empfindlichkeit, durch die scharfe Bündelung des Lichtstrahls ist eine hohe räumliche Auflösung bis in den Mikrometerbereich möglich.

Bei der laserinduzierten Fluoreszenz wird Laserlicht zur Anregung eines elektronischen Überganges in einem Molekül genutzt. Als Anregungslichtquelle kommen der Stickstofflaser mit einer Wellenlänge von 337 nm sowie abstimmbare Farbstofflaser für den Wellenlängenbereich von 350 bis 1100 nm zur Anwendung. Als UV-Lichtquelle ist der Einsatz eines Lasers sinnvoll, da seine Strahlung eine sehr hohe Energiedichte besitzt und damit die Fluoreszenz effektiv angeregt werden kann. Nach der Anregung kann dann entweder das Anregungsspektrum, also die gesamte Fluoreszenz als Funktion der eingestrahlten Laserwellenlänge, oder das Fluoreszenzspektrum, d.h. die spektral aufgelöste Fluoreszenz, aufgenommen werden.

Die laserinduzierte Fluoreszenz zeichnet sich durch eine sehr hohe Empfindlichkeit bis in den ppt-Bereich aus [4.2]. Durch eine sehr hohe Laserintensität kann man eine Verbindung bis zur «gesättigten Fluoreszenz» anregen, d.h. eine

Gleichbesetzung von Grund- und angeregtem Zustand. Dabei können einzelne Moleküle mehrfach angeregt werden. Durch selektive Anregung bestimmter elektronischer Zustände kann das Besetzungsverhältnis und damit die lokale Temperatur z.B. in Flammen berechnet werden [4.3]. Unter Einsatz gepulster Laser kann man auch zeitaufgelöste Fluoreszenzspektren erhalten, wodurch sich die Selektivität deutlich steigern läßt.

Ein wichtiges Anwendungsgebiet der LIF ist die Bestimmung polyzyklischer aromatischer Kohlenwasserstoffe (PAK). Sie entstehen bei Verbrennungsprozessen (Autoabgase, Verbrennungsöfen). Die PAK sind ein Indikator für die Umweltverschmutzung und müssen wegen ihrer Toxizität und Kanzerogenität analytisch überwacht werden. Von den insgesamt etwa 200 bekannten PAK darf nach der Trinkwasserverordnung (TVO) die Summe der 6 wichtigsten Verbindungen (Benzpyren, Fluoranthen und deren Derivate) einen Grenzwert von 0,2 ppb nicht übersteigen.

Nach DIN 38 407-F8 ist für die Bestimmung von PAK im Trinkwasser die Auftrennung mit Hilfe der Hochleistungs-Flüssigkeitschromatographie (HPLC) und Nachweis mit einem Fluoreszenzdetektor als Standardmethode vorgeschrieben [4.4]. Ohne die aufwendige chromatographische Trennung läßt sich mit Hilfe der LIF ein Summenparameter über die PAK-Belastung angeben. Der Einfluß anderer fluoreszierender Wasserinhaltsstoffe, wie Huminstoffe und Chlorophyll, kann dabei durch Auswertung zeitaufgelöster Spektren unterdrückt werden.

4.9 Zeitaufgelöste Fluorimetrie

Eine neuere Methode stellt die zeitaufgelöste Fluorimetrie dar, bei der man die unterschiedliche Lebensdauer der Fluoreszenz von einzelnen Verbindungen ausnutzt. Nach Anregung der Probe mit einem kurzen Lichtimpuls wird dabei entweder die Fluoreszenzabklingzeit oder die Fluoreszenz in einem definierten Zeitfenster nach Abschalten des Lichtimpulses gemessen. Das Abklingen der Fluoreszenz erfolgt exponentiell mit der Zeit; die Halbwertszeiten, in denen sich die verschiedenen Substanzen unterscheiden, liegen im Bereich von Nanosekunden. Es steht damit ein weiterer substanzspezifischer Parameter zur Identifizierung zur Verfügung. Durch numerische Anpassung der Abklingkinetik können auch Substanzgemische fluorimetrisch bestimmt werden [4.5].

Die zeitaufgelöste Laserspektroskopie läßt sich erfolgreich bei der Bestimmung von polyzyklischen aromatischen Kohlenwasserstoffen (PAK) einsetzen, die als Indikator für die Umweltverschmutzung angesehen werden können und aufgrund ihrer hohen Toxizität und Kanzerogenität im Wasser im Ultraspurenbereich nachgewiesen werden müssen. Da PAK bei Anregung mit UV-Licht fluoreszieren, ist ein Nachweis über die Fluoreszenz bis in den ng/l-Bereich möglich. Üblicherweise werden dabei die PAK mit Hilfe der HPLC [4.6] oder der Planarchromatographie aufgetrennt und mit einem Fluoreszenzdetektor quantifiziert. Diese aufwendigen Methoden, die bevorzugt von qualifizierten Umweltlabors durchgeführt werden, lassen sich mit einem recht einfachen zeitaufgelösten Fluoreszenzmeßgerät umgehen. Damit ist eine schnelle Vor-Ort-Analyse von belasteten Wässern mit geringem finanziellen Aufwand möglich [4.7].

Regt man die Fluoreszenz mit hochfrequentem Licht an, ist das Fluoreszenzlicht ebenfalls moduliert, jedoch gegenüber dem Anregungslicht phasenverschoben. Bei dieser Technik der Phasenfluorimetrie kann man aus der Modulationsfrequenz und der Phasenverschiebung ebenfalls die Fluoreszenzabklingzeit berechnen. Durch Variation der Modulationsfrequenz lassen sich so auch Substanzgemische analytisch ermitteln.

Durch den relativ hohen apparativen Aufwand ist diese Methode aber noch nicht sehr verbreitet. Bedingt durch die vielen Vorteile, insbesondere die schnelle analytische Bestimmung von Substanzgemischen ohne Vortrennung, kann man aber erwarten, daß hier der Gerätemarkt in Bewegung kommt und kostengünstigere Fluorimeter für diese interessante Technik anbieten wird.

4.10 Zusammenfassung und Ausblick

Die Fluorimetrie ist eine weitverbreitete analytische Meßmethode, bei der eine Substanz mit einer Lichtquelle elektronisch angeregt und die Intensität des emittierten Fluoreszenzlichtes als Funktion der Anregungs- und Emissionswellenlänge bestimmt wird. Dabei kann entweder die Fluoreszenzintensität eines fluoreszierenden Analyten oder die durch den Analyten bedingte Änderung der Fluoreszenz eines Fluoreszenzmarkers erfaßt werden.

Mit Hilfe der Fluorimetrie können sowohl qualitative als auch quantitative Ergebnisse erzielt werden. Dabei zeichnet sie sich durch eine hohe Empfindlichkeit und einen großen Linearitätsbereich aus, arbeitet zerstörungsfrei und benötigt nur kleine Substanzmengen. Wie jedes spurenanalytische Verfahren verlangt sie aber eine entsprechende Sorgfalt bei der Durchführung der Messung. Die Proben können in allen Aggregatzuständen vorliegen. Auch die Messung an trüben, extrem streuenden Proben ist mit aufwendigeren optischen Systemen problemlos durchführbar.

Für die zahlreichen Möglichkeiten zur Spektrenaufnahme und -auswertung benötigt man unbedingt einen angeschlossenen Computer. Der Computer steuert die Monochromatoren und Spalte und berechnet anschließend das korrigierte Spektrum.

Die auf die Fluoreszenzspektroskopie anwendbaren gerätetechnischen Möglichkeiten sind zur Zeit fast so groß wie die Zahl der auf diesem Gebiet arbeitenden Wissenschaftler. Neben dem routinemäßigen Einsatz der Fluorimetrie werden zunehmend neuere und aufwendigere Techniken z.B. in der Medizin und in der Umweltüberwachung genutzt.

Durch Einsatz von Lasern als Anregungslichtquelle kann die Intensität der resultierenden Fluoreszenz deutlich erhöht werden. Mit Hilfe der laserinduzierten Fluoreszenz (LIF) kann die Nachweisgrenze um mehrere Größenordnungen gesenkt werden. Mit der LIF eröffnen sich damit neue Möglichkeiten zur Messung geringster Spuren umweltrelevanter Stoffe (Beispiel Ozon). Durch Einsatz der Lichtleitertechnik können auch Proben an schwer zugänglichen Stellen gemessen werden. Die zeitaufgelöste Fluorimetrie eröffnet neue Möglichkeiten zur simultanen Erfassung mehrerer Stoffe in einem Substanzgemisch ohne vorherige Isolierung der Einzelsubstanzen.

5 Infrarot-Spektroskopie

Das Infrarotgebiet schließt sich an das langwellige Ende des sichtbaren Spektralbereichs an und erstreckt sich bis zu den Mikrowellen. Die Infrarot-Spektroskopie umfaßt deshalb von allen spektroskopischen Methoden den größten Spektralbereich, der Wellenlängen von 1 µm bis zu 1 mm umfaßt und deshalb noch weiter eingeteilt wird. Den Bereich von etwa 2,5 µm bis 50 µm nennt man das mittlere Infrarot (MIR), bei dem die Absorptionen der Schwingungsübergänge (und Rotationsübergänge) stattfinden, weshalb man diesen Bereich auch als Schwingungsspektroskopie bezeichnet.

Auf der einen Seite schließt sich das langwellige («ferne») Infrarot oberhalb etwa 50 µm Wellenlänge an, in dem die reinen Rotationsspektren der leichteren Moleküle beobachtet werden. Auf der kurzwelligen Seite schließt sich die Spektroskopie im nahen Infrarot (NIR) mit dem Wellenlängenbereich von 800 bis 2500 nm an. Sie ist geprägt von Mehrfachanregungen einzelner Molekülschwingungen. Theoretisch gehört die NIR-Spektroskopie damit zur IR-Spektroskopie, in apparativer Hinsicht und bedingt durch die Probenvorbereitung bestehen aber mehr Parallelen zur UV/Vis-Spektroskopie.

Die IR-Spektroskopie gehört wegen des großen Informationsgehaltes ihrer Spektren sowie ihrer Vielseitigkeit schon lange zu den wichtigsten Analysenmethoden. Die Auswertung der Infrarot-Spektren ist wesentlich einfacher als die theoretische Deutung der UV/Vis-Spektren, so daß durch verschiedene Regeln und Gesetze schnell Vorhersagen über den molekularen Aufbau der analysierten Substanz gemacht werden können. Durch die enorme Geräteentwicklung reicht heute die Anwendung der Infrarot-Spektroskopie von der einfachen, routinemäßigen Identitäts- und Reinheitsprüfung über die qualitative und quantitative Analyse eines Reaktionsgemisches bis zur Identifizierung unbekannter Verbindungen. Allerdings muß dieser große Informationsgehalt im allgemeinen durch eine aufwendigere Probenpräparation erkauft werden.

Multiplex-Geräte in Form von Fouriertransform-Infrarot-Spektrometern sind seit Ende der 60er Jahre kommerziell verfügbar. Während in der UV/Vis-Spektroskopie hierfür die Diodenarrays eingesetzt werden, hat sich in der IR-Spektroskopie die Fouriertransformationstechnik durchgesetzt. Mit der Entwicklung von FT-IR-Spektrometern hat die IR-Spektroskopie einen deutlichen Aufschwung erfahren. Zunächst wurde als Hauptnutzen dieser Technik die hohe Aufnahmegeschwindigkeit von IR-Spektren erkannt. Wegen der um Größenordnungen besseren Nachweisgrenzen werden neben der hohen Aufnahmegeschwindigkeiten dadurch neue Anwendungsgebiete erschlossen, die mit herkömmlichen Systemen bisher nicht zugänglich waren.

Der Wandel zu Multiplex-Geräten hat sich in der IR-Spektroskopie in den letzten Jahren endgültig vollzogen. Wenn man heute von Infrarot-Spektroskopie spricht, erübrigt sich der Zusatz «Fouriertransform (FT)» praktisch, denn IR-Spektroskopie ist inzwischen Fourierspektroskopie, und das mit der gleichen Selbstverständlichkeit, wie man in den 70er Jahren davon ausging, daß ein IR-Spektrum mit einem Gitterspektrometer und nicht mit einem Prismengerät aufgenommen wird.

Da ein FT-IR-Spektrometer grundsätzlich einen Computer zur Spektrendarstellung benötigt, ergeben sich dadurch auch alle Vorteile einer computerunterstützten Auswertung der erhaltenen Spektren. Durch Spektrenvergleich liegt eine qualitative Analyse einer unbekannten Substanz, je nach Rechner und Größe der Spektrenbibliothek, im Sekundenbereich vor.

Heute werden kleine und preiswerte FT-IR-Spektrometer ab 40000 DM angeboten, die sich durch angenehme Handhabung und leichte Bedienung auszeichnen. Ein modernes Fourier-Spektrometer ist ein High-Tech-Produkt, bei dem zahlreiche optische und elektronische Komponenten auf komplexe Weise zusammenspielen, ohne daß der Benutzer dies bemerkt. Nachdem sich die Fouriertransformtechnik im Infraroten vollständig durchgesetzt hat, würde es sich lohnen, neben den klassischen Spezifikationen neue anwendungsorientierte Kriterien für die Bewertung der Eigenschaften eines Spektrometers auszuarbeiten. Ein Spektrometer ist die Summe vieler Eigenschaften, und ein Gefühl dafür entwickelt sich nur beim Arbeiten unter fachkundiger Betreuung. Diese steht bei den meisten Geräteherstellern durch qualifizierte Wissenschaftler und anwendungserfahrene Verkäufer zur Verfügung.

5.1 Historie

Die Entdeckung der IR-Strahlung gelang W. Herschel im Jahre 1800. Die ersten systematischen Aufnahmen von Infrarotspektren wurden von William Coblentz im Jahre 1905 durchgeführt. Mitte der 40er Jahre wurde die Methode kommerziell eingeführt. Dabei handelte es sich zunächst ausschließlich um ein quantitatives Meßverfahren, das vor allem bei der Herstellung von synthetischem Kautschuk angewendet wurde. Erst mit dem Aufkommen der Zweistrahl-Spektrometer erkannte man das enorme qualitative Potential der IR-Spektroskopie. Das erste Zweistrahlspektrometer wurde von E. Lehrer (BASF) im Jahre 1939 gebaut [5.1]. Gleichzeitig erfuhr aber die Gaschromatographie eine so rasche Entwicklung, daß sich nun diese Methode schnell zu der am meisten verwendeten quantitativen Technik für organische Stoffe entwickelte.

Seit der Einführung der Zweistrahl-Spektrometer wird die IR-Spektroskopie hauptsächlich als einfache und schnelle Methode für die qualitative Analyse eingesetzt. Quantitative Fragestellungen wurden daraufhin nur zögernd in Angriff genommen, und erst heute gewinnt, bedingt durch wesentlich bessere Empfindlichkeit der Geräte, die quantitative Analyse zunehmend an Interesse.

In den 50er Jahren mußte man noch die Spektren Punkt für Punkt mit einem Galvanometer aufnehmen und Spektrenlisten durch mechanische Sortierung von Lochkarten erstellen. Die anfänglichen Prismen-Monochromatoren mußten wegen der optischen Durchlässigkeit im infraroten Bereich aus NaCl-Einkristallen (!) hergestellt werden. Die Geräte hatten eine beachtliche Größe und mußten zum Schutz des Dispersionselementes vor Feuchtigkeit besonders geschützt werden. Mit der Einführung von optischen Gittern als Monochromator konnte die Bauart zum Tischgerät erheblich verkleinert werden.

1887 erfand ALBERT A. MICHELSON aus Chicago das zweiarmige, nach ihm benannte Interferometer. Das MICHELSON-Interferometer ist der Grundbaustein aller heutigen FT-IR-Spektrometer. 1907 erhielt er den Nobelpreis für Physik für seine optischen Präzisionsinstrumente und die damit ausgeführten spektrometrischen Arbeiten.

Die Anfänge der Fourier-Transform-Spektroskopie führen auf das Jahr 1957 zurück, wo unter der Leitung von PIERRE JACQUINOT, einem der FT-Pioniere, ein internationales Kolloquium über «Progrès récents en spectroscopie interférientielle» in Bellevue abgehalten wurde. Damals war sich noch niemand im klaren darüber, ob die neue Methode wirklich funktionieren und ihr eine bedeutende Entwicklung bevorstehen würde. Einige Leute sagten sogar, daß diese Technik nie funktionieren würde und es vermessen sei, einer so komplizierten und indirekten Art der Spektrenaufnahme nachzugehen. Das erste kommerzielle FT-IR-Gerät war 1968 erhältlich.

5.2 Prinzip

Im Wellenlängenbereich zwischen 2,5 und 50 µm werden die Atome innerhalb eines Moleküls zu Schwingungen und das Molekül als Ganzes zu Rotationen angeregt. Die in diesem Bereich, genannt «mittleres Infrarot», aufgenommenen Spektren geben Aufschluß über den molekularen Aufbau der untersuchten Substanz. Da die Atome auf recht unterschiedliche Weise schwingen können, gibt es im IR-Spektrum meist eine Vielzahl von Absorptionsbanden. Durch Vergleich des Spektrums einer Probe mit einer Spektrensammlung – entweder vom Benutzer selbst angefertigt oder käuflich zu erwerben – kann deren Identität festgestellt werden, wobei heute die Spektrensuche computerunterstützt abläuft.

Die Atome sind innerhalb eines Moleküls aufgrund der Bindungen der Atome untereinander in Bewegung. Die Atome schwingen mit definierten Frequenzen, den Resonanzfrequenzen, die durch die Atommasse und die Stärke der chemischen Bindung festgelegt ist. Aufgrund der sehr kleinen Größenverhältnisse bei Molekülen liegt die Resonanzfrequenz in der Größenordnung von 10^{13} s^{-1}, das sind 10 Billionen Schwingungen pro Sekunde. Vergleicht man dies mit der Schwingung eines 1-kg-Gewichtes an einer Feder mittlerer Steifigkeit, würde die Feder mit einer Frequenz von etwa 1 s^{-1} schwingen.

Jedes Molekül kann auf mehrere Arten schwingen. Je mehr Atome ein Molekül enthält, um so mehr Schwingungsmöglichkeiten stehen zur Verfügung. Die Schwingungsformen werden durch die Molekülstruktur festgelegt, sie sind molekülspezifisch. Die Frequenz infraroter Strahlung liegt in derselben Größenordnung wie die Molekülschwingungen – bei etwa 10^{13} s^{-1}. Zwischen Infrarotstrahlung und einem Molekül sind Wechselwirkungen und Energieübertragungen möglich, aber nur, wenn die Frequenz der Strahlung dieselbe ist wie die Schwingungsfrequenz innerhalb eines Moleküls. Absorbiert das Molekül diese Strahlung, schwingt es bei der gleichen Frequenz, nur mit größerer Amplitude.

Wird also infrarotes Licht mit einem breiten Spektrum durch eine Probe geschickt, so werden einige Frequenzen absorbiert, während der Rest ohne Absorption durchgelassen wird. Die absorbierten Frequenzen entsprechen den natürlichen Frequenzen (Resonanzfrequenzen) der Schwingungsformen im Molekül oder einem ganzzahligen Vielfachen dieser Frequenzen. Ähnlich verhält es sich mit monochromatischem Licht, das nur absorbiert wird, wenn seine Frequenz mit einer entsprechenden Resonanzfrequenz im Molekül identisch ist.

Wird von einem Molekül IR-Strahlung absorbiert, erhöht sich sein Energieinhalt, und es schwingt stärker. Dieser angeregte Zustand ist aber nur von kurzer Dauer. Sehr schnell gibt das angeregte Molekül seine Überschußenergie durch Zusammenstöße an benachbarte Moleküle wieder ab und äußert sich in einer Temperaturerhöhung der Probe.

5.2.1 Auswahlregeln

Infrarotes Licht wird nur absorbiert, wenn ein sich änderndes Dipolmoment infolge einer Molekülschwingung mit dem schwingenden elektrischen Vektor des Lichtes in Wechselwirkung tritt. Eine einfache Regel erlaubt es zu entscheiden, wann diese Wechselwirkung und damit Lichtabsorption eintritt:

Das Dipolmoment des Moleküls muß in einem Extrem der Schwingung verschieden sein von dem im anderen Extrem der Schwingung.

Für die Anregung von Molekülen durch Absorption von elektromagnetischer Strahlung ist also Bedingung, daß sich bei einer Molekülzustandsänderung gleichzeitig das Dipolmoment ändern muß. Das heißt, alle Schwingungen, bei denen sich das Dipolmoment ändert, sind IR-aktiv, alle Schwingungen, die zu keiner Änderung des Dipolmoments führen, sind IR-inaktiv, d.h. verboten. Da symmetrische Moleküle wie H_2 und N_2 kein stationäres Dipolmoment besitzen und wegen der Symmetrie der Ladungsverteilung bei der Schwingung auch keines entsteht, ist bei ihnen keine Schwingungsanregung möglich. Insgesamt können deshalb keine IR-Spektren von folgenden Substanzklassen erhalten werden:

- Edelgase,
- Salze ohne kovalente Bindungen (z.B. NaCl),
- Metalle und
- zweiatomige Moleküle aus gleichen Atomen (z.B. N_2, O_2, Cl_2).

Die IR-Spektroskopie findet vor allem Einsatz in der Analyse organischer Verbindungen, aber auch alle anorganischen Substanzen einschließlich von Salzen mit kovalenten (Atom-) Bindungen (z.B. $KMnO_4$) können vermessen werden.

Dabei haben die IR-inaktiven Verbindungen auch ihre Bedeutung in der IR-Spektroskopie. Zum einen dienen Gase wie Sauerstoff, Stickstoff oder die Edelgase zum Spülen des Spektrometers, da Wasser und Kohlendioxid als Bestandteile der Luft selbst IR-aktiv sind. Zum anderen benötigt man als Probenhalter – und früher bei Einsatz von Prismen-Monochromatoren – IR-durchlässige Materialien, wofür sich im wesentlichen die Alkalihalogenide anbieten.

5.3 IR-Spektrum

Ein komplexes Molekül besitzt eine große Anzahl von Schwingungsmöglichkeiten, an denen das gesamte Molekül teilnimmt. Jedoch sind einige dieser Schwingungen in erster Näherung auf Einzelbindungen oder funktionelle Gruppen (lokalisierte Schwingungen) beschränkt, während andere als Schwingungen des gesamten Moleküls aufgefaßt werden müssen. Die lokalisierten Schwingungen bestehen entweder aus Valenz-, Spreiz, Rocking-, Twist- oder Wagging-Schwingungen. Die Methylen-Gruppe besitzt z.B. die in Bild 5.1 dargestellten Schwingungen.

Die Valenzschwingungen von Einfachbindungen zum Wasserstoff absorbieren bei hohen Frequenzen, was eine Folge der kleinen Masse des Wasserstoffatoms ist. Ansonsten folgen die Frequenzen der Valenzschwingungen der Regel: Dreifachbindungen absorbieren bei höheren Frequenzen als Doppelbindungen und Doppelbindungen bei höheren Frequenzen als Einfachbindungen. Je größer also die Bindungsstärke zwischen zwei Atomen ist, um so höher liegt die Schwingungsfrequenz. Spreizschwingungen treten bei viel tieferen Frequenzen auf, gewöhnlich im «Fingerprint»-Bereich unterhalb 1500 cm^{-1}.

Viele lokalisierte Schwingungen dienen zur Identifizierung von funktionellen Gruppen. Organische Moleküle setzen sich aus einer kleinen Zahl von Bausteinen zusammen, die in immer anderen Konfigurationen auftreten, z.B. >CH_2, –CH_3, –COOH, –CH_2OH, >CO usw. Zum Glück sind die Wechselwirkungen zwischen dem jeweiligen Baustein und dem Rest des Moleküls ziemlich klein, d.h., die Absorptionsbanden, die in Zusammenhang mit einem Baustein auftreten, befinden sich bis auf geringe Abweichungen an immer derselben Stelle im Spektrum. Das erlaubt umgekehrt, aus einem vorliegenden IR-Spektrum unter Hinzuziehung ei-

Bild 5.1 Schwingungsmöglichkeiten der Methylengruppe

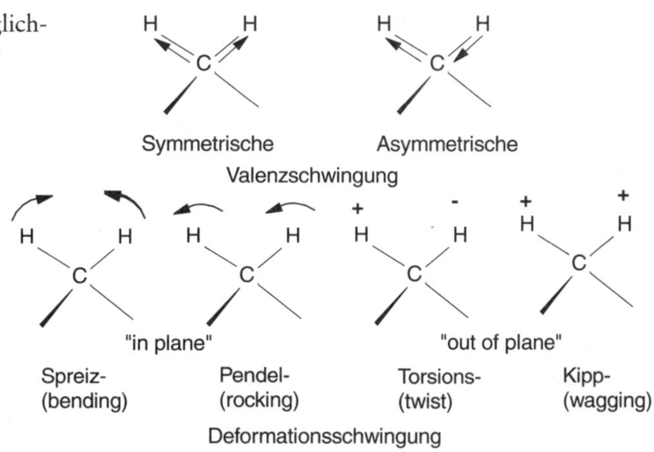

ner entsprechenden Tabelle die Bausteine zu bestimmen. Schließlich kann aus der genauen Lage der Banden auf die Lage der Bausteine zueinander geschlossen werden.

Die meisten IR-Spektrometer registrieren linear in Transmission und linear in der sog. Wellenzahl (Umrechnung: Wellenzahl $\nu' = 1/\lambda$ [cm^{-1}]). Die Verwendung der Wellenzahl bietet den Vorteil, direkt der Energie proportional zu sein, so daß Kombinationen von Schwingungsbanden durch einfache Addition zu berechnen sind.

Die Gerüstschwingungen eines Moleküls als Einheit verursachen Absorptionsbanden bei relativ niedriger Energie unterhalb 1500 cm^{-1} (entsprechend einer Wellenlänge von 6,7 µm), deren Lagen charakteristisch für das Molekül sind. Diese Banden erschweren die Zuordnung von lokalisierten Schwingungen unterhalb 1500 cm^{-1}, da Überschneidungen der Banden auftreten. Häufig werden Banden in diesem Bereich beobachtet, die man nicht auf Fundamentalschwingungen zurückführen kann, sondern die durch Ober- und Kombinationsschwingungen verursacht werden. Kombinationsschwingungen resultieren bei Überlagerung von zwei oder mehr Schwingungen. Gelegentlich haben diese Banden diagnostischen Wert, im allgemeinen sind sie jedoch von geringem Nutzen.

Ein IR-Spektrum besteht demnach aus zwei Bereichen:

- □ Oberhalb 1500 cm^{-1} befinden sich Absorptionsbanden, die funktionellen Gruppen zugeordnet werden können.
- □ Der Bereich unterhalb 1500 cm^{-1} enthält viele Banden, die das Molekül als Ganzes charakterisieren. Dieser Bereich wird aus offensichtlichen Gründen als «Fingerprint»-Region bezeichnet.

Dieser Fingerabdruck-Bereich wird zur Feststellung der Identität einer Substanz mit einer authentischen Probe verwendet.

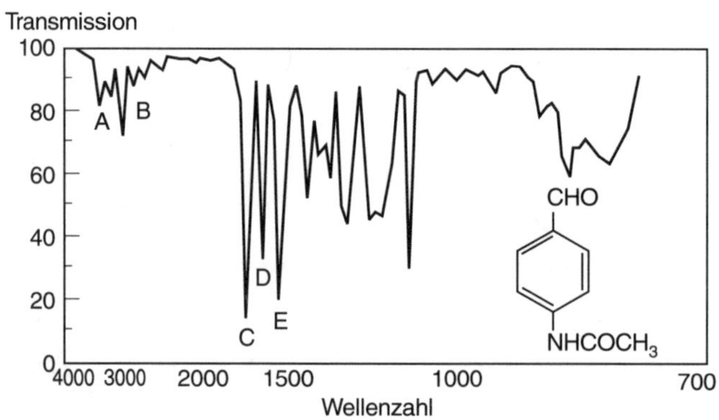

Bild 5.2 IR-Spektrum einer organischen Verbindung

A	3400, 3300 cm^{-1}	NH von nichtzyklischen sekundären Amiden
B	2810, 2720 cm^{-1}	CH von Aldehyden
C	1700 cm^{-1}	Aldehyd-C=O und Amid
D	1600 cm^{-1}	Benzolring
E	1515 cm^{-1}	Amid und Benzolring

5.4 Spektrenauswertung

Schwingungsspektren basieren auf den Übergängen zwischen den diskreten Energiezuständen schwingender und dabei strahlender Moleküle. Eine vollständige Analyse aller Schwingungsbanden ist nur für kleine Moleküle überschaubar. Größere Moleküle erfordern vereinfachende Modellbildung und Bandenzuordnung und die Vermessung von Derivaten sowie komplexe Iterationsrechnungen.

5.4.1 Theoretische Betrachtung

Die grundlegenden Phänomene der Schwingungsspektroskopie lassen sich am leichtesten an einem zweiatomigen Molekül, z. B. HCl, verfolgen. Als einfachstes Beispiel kann man das mechanische Hantelmodell eines zweiatomigen Moleküls betrachten. Die beiden Atome des Moleküls schwingen in Richtung ihrer Bindung gegeneinander wie zwei über eine Feder verbundene Körper. Im Normalzustand haben die beiden Atome den Gleichgewichtsabstand r_0. Wenn durch äußere Einflüsse der Gleichgewichtsabstand verändert wird, etwa durch Dehnung oder Stauchung, so tritt eine Kraft auf, die den ursprünglichen Zustand wieder einzustellen sucht. Unter der Wirkung dieser Kraft beginnen die Atome um die Gleichgewichtslage zu schwingen.

5.4.1.1 Harmonischer Oszillator

Nimmt man an, daß die Federkraft zur Auslenkung proportional ist, so handelt es sich um eine harmonische Schwingung, d. h., die Auslenkung der beiden Atome verläuft sinusförmig mit der Zeit. Die Schwingung zweier Massen läßt sich mathematisch besser durch ein Modell beschreiben, in dem der eine Punkt ruht und nur der andere schwingt. Ein solches Ersatzgebilde bezeichnet man als Oszillator.

Das sehr einfache mechanische Modell des harmonischen Oszillators besteht aus einem am Ende einer Spiralfeder fixierten Massenpunkt, dessen Bewegungsmöglichkeit auf die x-Richtung beschränkt ist (Bild 5.3). Die Spiralfeder ist am anderen Ende an einer Wand befestigt. Wird ein harmonischer Oszillator durch äußere Kraft um die Strecke x aus der Ruhelage r_0 ausgelenkt, so wirkt dieser Auslenkung eine Kraft K entgegen, die im Fall des harmonischen Oszillators proportional der Größe der Auslenkung x ist:

$K = - k\,x$ Hookesches Gesetz

Die Größe k bezeichnet man als Kraftkonstante oder auch Federkonstante.

Bild 5.3 Modell des harmonischen Oszillators (schwingende Punktmasse)

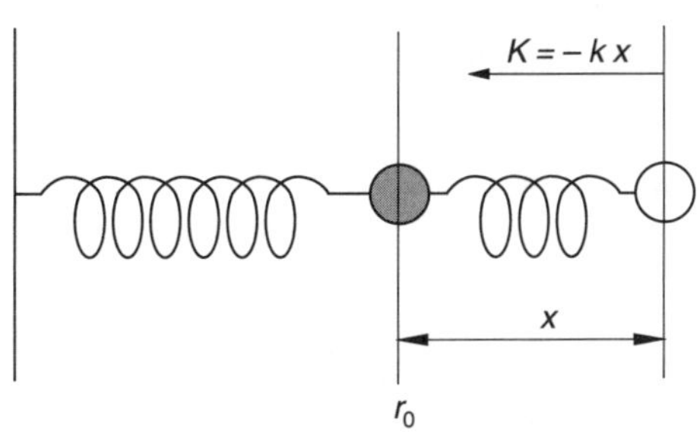

Es entsteht eine Pendelbewegung, die bei Abwesenheit von Hemmkräften stets nach beiden Seiten zu der ursprünglichen Auslenkung x_0 führt. Für die Auslenkung x dieser Schwingung in Abhängigkeit von der Zeit t folgt aus der Newtonschen Bewegungsgleichung (Kraft = Masse · Beschleunigung):

$$K = m \cdot b = m \cdot \frac{d^2 x}{dt^2} = -k \cdot x$$

Die Lösung der Differentialgleichung ergibt, daß der Massenpunkt mit der Masse m mit der Frequenz ν schwingt:

$$\nu = \frac{1}{2\pi} \sqrt{\frac{k}{m}}$$

Bei diesem Modell des harmonischen Oszillators oszilliert nur ein Massenpunkt. Bei Molekülen schwingen aber immer zwei oder mehr Atome gegeneinander. Die quantenmechanische Behandlung der Schwingungsfrequenz von Atomschwingungen ergibt den Ausdruck:

$$\nu = \frac{1}{2\pi} \sqrt{\frac{k}{M}} \qquad \text{mit} \qquad M = \frac{m_1^2 \cdot m_2^2}{m_1 \cdot m_2}$$

wobei M die sog. reduzierte Masse bedeutet. Die Schwingungsfrequenz ist um so größer, je größer die Bindungsenergie und je kleiner die Massen der schwingenden Atome sind. Die Frequenzen liegen in der Größenordnung von 10^{13} bis 10^{14} s^{-1}. Die Theorie der Schwingungsspektren führt bei gemessenen Eigenfrequenzen ν zu Werten für die Kraftkonstante k von chemischen Bindungen, wobei k ein Maß für die Stärke der Bindung ist.

Beim Schwingungsvorgang ändert sich die potentielle Energie des Oszillators, die sich folgendermaßen berechnen läßt:

$$E_{pot} = \frac{1}{2} k \cdot x^2$$

Am Ort der Gleichgewichtslage ($x = 0$) ist die potentielle Energie natürlich Null. Bewegt sich nach Auslenkung der Massenpunkt vom Ort x unter Einwirkung der Kraft $K = -k\,x$ frei zurück, so wird er um die Gleichgewichtslage Schwingungen ausführen, wenn seine Energie nicht durch Reibung usw. an die Umgebung abgegeben wird.

Setzt man für k den umgeformten Ausdruck aus der obigen Gleichung ein, so erhält man:

$$E_{pot} = 2\,\pi^2 \cdot M \cdot \nu^2 \cdot x^2$$

Das bedeutet, man erhält eine – bezogen auf die Größe der Auslenkung x aus der Gleichgewichtslage r_0 – quadratische Funktion. Sie läßt sich durch eine in der Energieachse offene Parabel darstellen, deren Scheitel in der Gleichgewichtslage r_0 liegt. Diese Beziehungen gelten für den klassischen Grenzfall von Schwingungen. Führt man dem System Energie zu, so wird die maximale Schwingungsamplitude größer. Dies geschieht kontinuierlich. Atomare Systeme können aber nur diskrete Energiebeträge aufnehmen, weil ihre Energie nur diskrete Eigenwerte besitzt.

Da ein molekularer Oszillator nicht jede beliebige Energie durch Strahlungsabsorption aufnehmen kann, wächst die Auslenkung nicht monoton von null an. Die Quantelung erlaubt nur Energiebeträge von $h\nu$ oder deren Vielfaches. Die wellenmechanische Behandlung der Atomschwingungen kommt zu folgendem Ausdruck für die Schwingungsenergie des harmonischen Oszillators:

$$E_{schw} = h\nu\left(v + \frac{1}{2}\right)$$

Die Größe v wird als Schwingungsquantenzahl bezeichnet. Sie kann alle ganzzahligen Werte von 0, 1, 2, 3 ... annehmen. Im Grundzustand ist $v = 0$, im ersten angeregten Zustand ist $v = 1$ usw. Wie man in Bild 5.4 sieht, ist auch für $v = 0$ die Schwingungsenergie nicht gleich Null, sondern behält den Wert $^1/_2\, h\nu$. Diese sog. Nullpunktsenergie, die klassisch nicht zu verstehen ist, kann unter keinen Umständen unterschritten werden.

Bild 5.4 Potentialkurve des harmonischen Oszillators

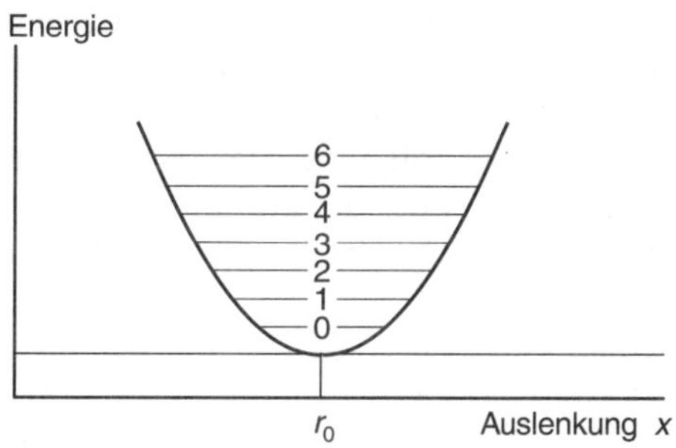

Die Anregung von Molekülschwingungen unterliegt entsprechend quantenmechanischer Überlegungen zwei Bedingungen:

- □ Für den harmonischen Oszillator sind nur Schwingungsanregungen möglich, bei denen sich die Schwingungsquantenzahl v um 1 ändert. Möglich ist also die Anregung von $v = 1$ nach $v = 2$, die Anregungsenergie ist aber identisch mit der grundlegenden Anregung von $v = 0$ nach $v = 1$. Nicht möglich (verboten) für den harmonischen Oszillator ist die Anregung von $v = 0$ nach $v = 2$.
- □ Eine Schwingung kann nur angeregt werden, wenn das schwingende Molekül durch seine Schwingung das Dipolmoment ändert. Die Größe der Dipolmomentsänderung entscheidet über die Anregungswahrscheinlichkeit und damit über den Extinktionskoeffizienten der entsprechenden Schwingungsbande.

Das Termschema für die Schwingungsenergie eines harmonischen zweiatomigen Oszillators besteht also aus lauter äquidistanten Stufen, deren Abstand voneinander durch $h\nu$ gegeben ist. Diese Auswahlregeln und die Äquidistanz der Termabstände gilt streng nur für den harmonischen Oszillator.

5.4.1.2 Anharmonischer Oszillator

Das Modell des harmonischen Oszillators ist nur zu einer groben Beschreibung von Molekülschwingungen geeignet. Da eine sinusförmige Schwingung angenommen wird, erlaubt dieses Modell, daß

- □ der Abstand zwischen den beiden Atomen zu null oder sogar negativ werden kann,
- □ und es berücksichtigt nicht, daß sehr hoch angeregte Schwingungen zum Bindungsbruch (Dissoziation) führen können.

Ein Molekül ist also kein harmonischer Oszillator. So kann z.B. die Schwingungsamplitude nicht beliebig groß werden. Übersteigt der Abstand zwischen den beiden Atomen eine bestimmte Grenze, so tritt Dissoziation ein. Andererseits setzt das Molekül bei einer Stauchung eine größere Kraft entgegen als bei einer Dehnung um den gleichen Betrag. Die Annahme eines harmonischen Oszillators gilt nur für ganz kleine Amplituden, also nur für die untersten Schwingungszustände. Die wirkliche Potentialkurve des anharmonischen Oszillators ist keine Parabel. Für größere Entfernungen vom Gleichgewichtszustand werden die Abweichungen vom linearen Kraftgesetz sehr beträchtlich und nähern sich dem Grenzwert der Dissoziationsenergie. Bei der gegenseitigen Annäherung der Atomkerne steigt die Potentialkurve wegen der sehr erheblichen Abstoßung zwischen den Atomrümpfen viel stärker an.

Zur Korrektur der Anharmonizität wurden von P. M. Morse bei der Berechnung empirische Zusatzglieder höherer Potenz eingeführt:

$$E = h\nu\left(v + \frac{1}{2}\right) - \frac{h^2\,\nu^2}{4D}\left(v + \frac{1}{2}\right)^2$$

Daraus ergeben sich folgende Konsequenzen:

- □ Die Termabstände sind nicht mehr äquidistant, sondern konvergieren gegen die Dissoziationsenergie *D*, die damit aus spektroskopischen Untersuchungen bestimmt werden kann.
- □ Es gilt die Auswahlregel $\Delta\nu \pm 1$ nicht mehr ausschließlich, so daß auch Übergänge mit $\Delta\nu \pm 2, \pm 3$ ... erlaubt sind, allerdings mit sehr schnell abnehmender Intensität.

Im Gegensatz zu den Rotationsanregungsenergien sind die Anregungsenergien für Atomschwingungen meist wesentlich größer als die thermische Energie bei Zimmertemperatur. Das bedeutet, daß die Atomschwingungen unter normalen Bedingungen thermisch praktisch überhaupt nicht angeregt sind. Die beobachteten Absorptionen erfolgen nur von Übergängen aus dem untersten Schwingungsniveau ($v = 0$). Von hier aus sind Übergänge unmittelbar in alle höheren Schwingungszustände möglich, wobei aber die Übergangswahrscheinlichkeit stark abnimmt.

Zur Charakterisierung des Überganges gibt man die Schwingungsquantenzahl des Anfangs- und Endzustandes an und unterscheidet:

$v = 0 - v = 1$	Grundschwingung
$v = 0 - v = 2$	1. Oberschwingung
$v = 0 - v = 3$	2. Oberschwingung usw.

Die intensivsten Absorptionen entsprechen dem Übergang von $v = 0$ nach $v = 1$, die als «Grundschwingungen» bezeichnet werden. «Oberschwingungen» sind wesentlich weniger intensiv und liegen entsprechend ihrer höheren Anregungsenergie kürzerwellig. Zur Anregung der 1. Oberschwingung ist annähernd die doppelte, der 2. Oberschwingung die dreifache Energie der Grundschwingung notwendig (Bild 5.5).

Bild 5.5 Potentialkurve des anharmonischen Oszillators

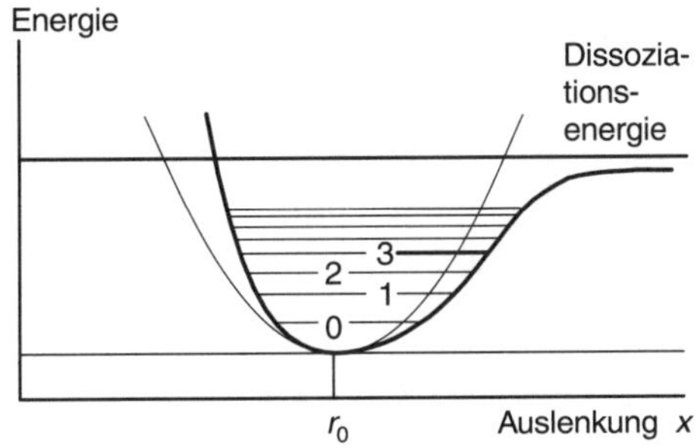

Ein Schwingungsübergang besteht aber nicht, wie schon in Kapitel 2 erwähnt, aus einzelnen Absorptionslinien für die einzelnen Schwingungszustände, sondern ist von Rotationsübergängen begleitet, für die wegen der verschiedenen Rotationsausgangszustände eine Fülle von Möglichkeiten besteht. Denn bei Zimmertemperatur ist die Molekülrotation schon durch thermische Energie angeregt, so daß die Absorption auch von höher besetzten Rotationstermen aus erfolgen kann.

Dem Termschema der Schwingung überlagert sich somit das Termschema der Rotation. Jeder Schwingungsübergang von $v = 0$ nach $v = 1$ ist mit einer gleichzeitigen Änderung der Rotationsquantenzahl $\Delta J = \pm 1$ verbunden. Das heißt, von jedem Rotationsniveau des unteren Schwingungszustandes sind die beiden Übergänge auf das nächstniedere und nächsthöhere Rotationsniveau möglich. Dabei ist der reine Schwingungsübergang mit $\Delta J = 0$ verboten. Die Absorptionslinie ohne Änderung der Rotationsquantenzahl, die sog. 0-0-Linie, fehlt im Spektrum. Diese Rotationsstruktur ist nur in gasförmiger Phase zu beobachten, wobei man ein Liniensystem erhält, das in zwei Teile zerfällt: nach kürzeren Wellenlängen liegen – entsprechend der höheren Energiedifferenz – die zu $\Delta J = +1$ gehörenden Übergänge des sog. R-Zweiges, bei denen sich die Energie des Rotationsüberganges zur Anregungsenergie der Schwingung hinzuaddiert, nach längeren Wellenlängen erstreckt sich der P-Zweig, dessen Übergänge mit $\Delta J = -1$ von höheren auf niedrigere Rotationsniveaus stattfinden, so daß die Schwingungsanregung um die Rotationsenergie vermindert ist. Zwischen beiden Zweigen fehlt die Nullinie. In

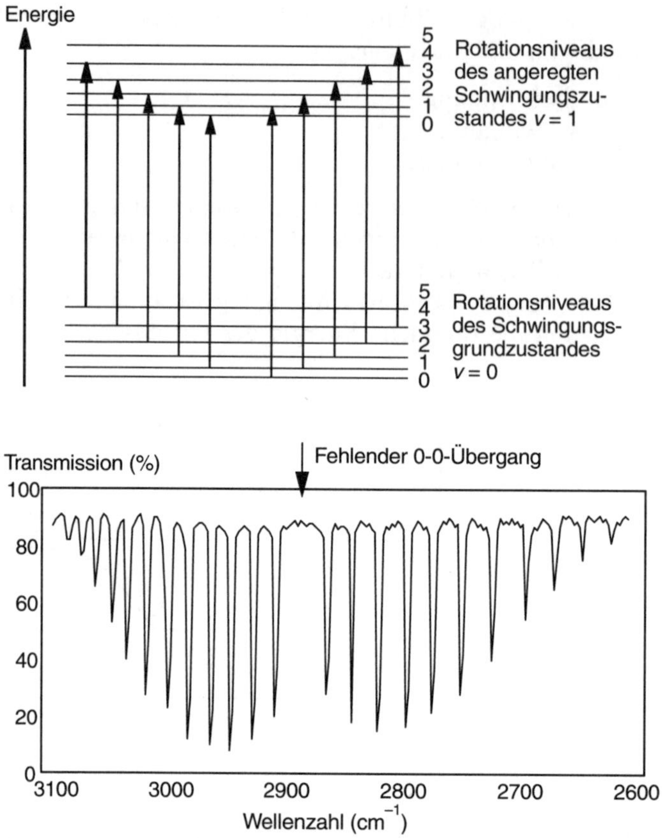

Bild 5.6 Rotations-schwingungsspektrum von HCl

Bild 5.6 ist dies beispielhaft für HCl-Gas dargestellt. Die Intensitätsverteilung innerhalb der beiden Zweige wird durch die thermische Verteilung der HCl-Moleküle auf die verschiedenen Rotationsausgangszustände im Schwingungsgrundzustand bestimmt.

Zusammenfassend kann gesagt werden:

- □ Ein Schwingungsübergang ist immer mit Rotationsänderungen verknüpft und äußert sich daher immer in einer Schwingungsbande mit Rotationsfeinstruktur.
- □ Nur bei Gasspektren kann man die Rotationsfeinstruktur beobachten, jede Absorptionsbande spaltet sich in in viele einzelne schmale Banden auf.
- □ In kondensierten Phasen allerdings fließt die Rotationsfeinstruktur zu einer Absorptionsbande zusammen, d.h., bei flüssigen und festen Proben wird nur eine breitere Absorptionsbande beobachtet.

5.4.1.3 Mehratomige Moleküle

Bei den mehratomigen Molekülen wird die Analyse der Schwingungsspektren sehr erschwert durch den Umstand, daß hier die Atome an mehreren verschiedenen Schwingungen gleichzeitig beteiligt sind. Die innerhalb eines Moleküls erfolgenden Bewegungen sind daher außerordentlich komplexe Vorgänge. Je nachdem, ob ein aus *N* Atomen aufgebautes Molekül linear oder nicht linear aufgebaut ist, gibt es eine unterschiedliche Anzahl von Schwingungsfreiheitsgraden. Ein lineares Molekül besitzt $3N-5$, ein nichtlineares Molekül $3N-6$ Freiheitsgrade. Die Zahl der Schwingungsfreiheitsgrade ist gleich der Zahl der Eigenschwingungen eines Moleküls. Jede dieser Eigenschwingungen hat eine charakteristische Eigenfrequenz und kann durch Absorption in einem bestimmten Frequenzbereich des IR-Gebietes angeregt werden. Das Schwingungsspektrum mehratomiger Moleküle enthält also mehrere Schwingungsbanden. Eine theoretische Behandlung der Schwingungsvorgänge wird daher sehr kompliziert oder sogar unmöglich.

Bezüglich der Schwingungsarten lassen sich zwei einfache Unterteilungen in Valenz- und Deformationschwingungen treffen:

- □ **Valenzschwingungen** erfolgen in der Valenzrichtung der miteinander gebundenen Atome und führen zu einer Änderung der Atomabstände.
- □ **Deformationsschwingungen** ändern den Valenzwinkel, die Atomabstände bleiben konstant.

Zur Änderung des Bindungsabstandes sind etwa zehnmal größere Kräfte notwendig als zur Änderung des Bindungswinkels. Deshalb liegen die Deformationsschwingungen stets im längerwelligen Bereich des Spektrums als Valenzschwingungen.

5.4.2 Empirische Betrachtung

Die vollständige theoretische Analyse der Schwingungsspektren ist nur an einfachen, symmetrischen Molekülen sinnvoll durchführbar. Bei der überwiegenden Mehrzahl der Substanzen ist eine derartige Auswertung nicht mehr zumutbar. Diese Schwierigkeiten haben zu einer empirischen Betrachtungsweise der Schwingungsspektren höheratomiger oder weniger symmetrischer Moleküle geführt.

Ein komplexes Molekül besitzt eine große Anzahl von Schwingungsmöglichkeiten, an denen das gesamte Molekül teilnimmt. Jedoch sind einige dieser Schwingungen in erster Näherung auf Einzelbindungen oder funktionelle Gruppen beschränkt. Das heißt, zahlreiche funktionell Gruppen ergeben Absorptionsbanden, die vom Molekülrest relativ unabhängig sind und immer eine ähnliche Lage im Spektrum und ein ähnliches Aussehen besitzen. Sie werden charakteristische Gruppenfrequenzen genannt und sind für die Strukturanalyse zum Erkennen funktioneller Gruppen im Molekül von großer Bedeutung.

Im kurzwelligen Gebiet zwischen 3700 und 2800 cm^{-1} liegen die Valenzschwingungen des Wasserstoffs gegen Kohlenstoff, Sauerstoff und Stickstoff. Ihnen schließt sich von etwa 2400 bis 1900 cm^{-1} der Valenzschwingungsbereich der Dreifachbindung an. Von 1900 bis 1500 cm^{-1} folgt das Gebiet der Valenzschwingungen der Doppelbindungen. Die angegebenen Bereiche sind aber nicht als starres Schema zu betrachten, da Überschneidungen auftreten können.

Das Gebiet unterhalb 1500 cm^{-1} ist wesentlich unübersichtlicher. Hier erscheinen die gekoppelten Schwingungen der Einfachbindungen, zahlreiche Deformationsschwingungen und Valenzschwingungen schwerer Atome, wie z. B. Kohlenstoff-Halogen-Bindungen. Wenn es sich nicht um sehr intensive Absorptionen handelt, ist die Erkennung von bestimmten Absorptionen unterhalb 1500 cm^{-1} durch den großen Bandenreichtum vielatomiger Moleküle sehr erschwert.

Es lassen sich also nicht alle im Schwingungsspektrum eines Moleküls vorkommenden Frequenzen ganz bestimmten Bindungen oder Atomgruppen zuordnen. Es treten auch Schwingungen auf, die nicht in einzelnen Gruppen lokalisiert sind, sondern alle bzw. eine größere Anzahl von Atomen umfassen und sich somit für das Molekül in seiner Gesamtheit als charakteristisch erweisen. Diese sogenannten Gerüstschwingungen sind außerordentlich empfindlich gegenüber Strukturänderungen. Deshalb unterscheiden sich alle noch so ähnlichen Moleküle – außer optischen Antipoden – in ihren Schwingungsspektren. Die nicht lokalisierten Schwingungen dienen damit zur Identifizierung einer Substanz durch Vergleich mit Spektren bekannter Verbindungen bzw. auch zur Reinheitsprüfung.

Die streng lokalisierte, mit dem Molekülrest nicht gekoppelte Schwingung stellt einen idealisierten Grenzfall dar, der in Wirklichkeit nicht vorkommt. In beschränktem Maße tritt stets eine Wechselwirkung zwischen beiden Molekülteilen auf, die zu einer Beeinflussung der charakteristischen Frequenzen führt. Die charakteristischen Frequenzen erscheinen aus diesem Grund nicht immer an genau der gleichen Stelle im Spektrum, sondern ihre Lage ist in gewissen Grenzen variabel. Diese etwas unterschiedliche Lage der charakteristischen Frequenzen erweist sich für die Strukturuntersuchungen als sehr vorteilhaft, da aus ihr oft Rückschlüsse auf die Konstitution des Molekülrestes gezogen werden können.

Tabelle 5.1 Beispiele für Absorptionsfrequenzen der Carbonylabsorption

Gruppe		Bande (cm^{-1})
Aldeyhde	gesättigte	1740 – 1720
	Aryl-	1715 – 1695
	α, β-ungesättigte	1705 – 1680
Ketone	gesättigte	1725 – 1705
	Aryl-	1700 – 1680
	α, β-ungesättigte	1685 – 1665
	Cycloprophyl-	1705 – 1685
	Vierring-	1780
	Fünfring-	1750 – 1740
Carbonsäure	gesättigte	1725 – 1700
	Aryl-	1700 – 1680
	α, β-ungesättigte	1715 – 1690
Amide	primär	1690 – 1650
	sekundär	1700 – 1630
	tertiär	1670 – 1630
Säureanhydride	gesättigte	1790 – 1740
	Aryl-	1830 – 1780
	α, β-ungesättigte	1770 – 1710

Der Einfluß von strukturellen Änderungen der Schwingungsfrequenz sei beispielhaft in Tabelle 5.1 auf die Lage der C=O-Valenzschwingung angegeben. Die Absorptionsintensität der Carbonylbande ist immer stark, wobei Carbonsäuren stärker als Ester und diese wiederum stärker als Ketone und Aldehyde absorbieren. Je elektronegativer eine Gruppe X im System R–CO–X ist, um so höher liegt die Frequenz. Je stärker konjugiert die C=O-Bindung ist, desto mehr ist ihr Doppelbindungscharakter geschwächt und ihre Valenzschwingung nach kleineren Wellenzahlen verschoben; in α,β-ungesättigten Verbindungen ist sie um 15 bis 40 cm^{-1} erniedrigt. Ringspannungen in zyklischen Verbindungen verursachen eine relativ große Verschiebung nach höheren Frequenzen. Aus der Frequenzverschiebung kann klar zwischen Vier-, Fünf- und größeren Ringketonen unterschieden werden. Wasserstoffbrücken-Bindung zu einer Carbonylgruppe verursacht Verschiebung zu tieferen Frequenzen um 40 bis 60 cm^{-1}. Diesen Effekt zeigen z.B. Carbonsäuren und Amide.

Zusätzlich ist zu berücksichtigen, daß in den verschiedenen Aggregatzuständen unterschiedliche zwischenmolekulare Kräfte zwischen den Molekülen wirksam sind, die sich auf die Feinstruktur, auf die Lage der Absorptionsfrequenzen und die Intensität der Banden auswirken. In gasförmigem Aceton ist die Absorptionsbande der Carbonylgruppe bei 1742 cm^{-1} zu finden, während in flüssigem Aceton infolge schwacher Assoziation der Dipole eine Verschiebung nach 1718 cm^{-1} eintritt. Die Besonderheit von Spektren gasförmiger Proben mit erkennbarer Rotationsfeinstruktur ist schon erwähnt worden.

In gelösten Proben kann das Lösungsmittel einen Einfluß auf die Bandenlage haben. Besonders polare Lösungsmittel, in denen eine stärkere Wechselwirkung zwischen Substanz und Lösungsmittel auftritt, können größere Verschiebungen

Tabelle 5.2 Colthub-Darstellung charakteristischer Absorptionsbanden

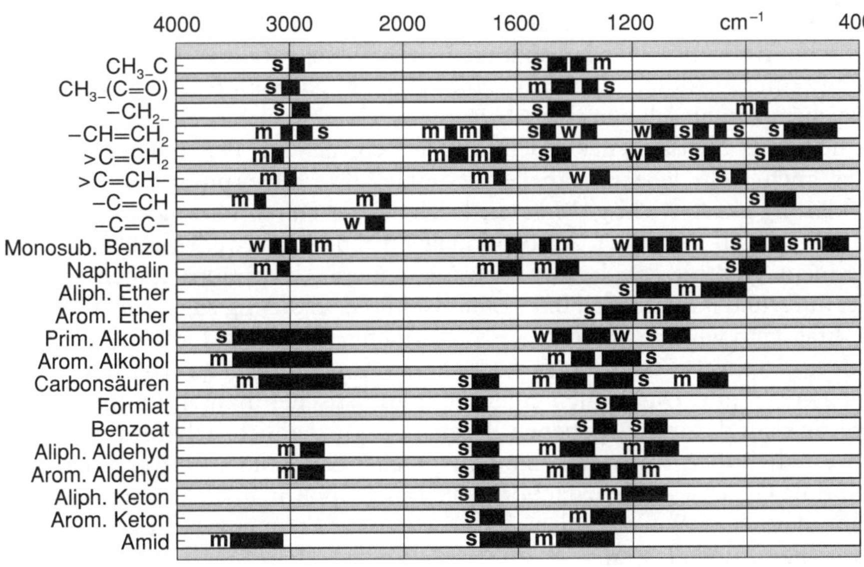

verursachen. Diese Verschiebungen sind jedoch nur an Schwingungen polarer Bindungen deutlich. Der Übergang in den festen Zustand ist ebenfalls mit einem Anwachsen der zwischenmolekularen Kräfte und einer Frequenzverschiebung geknüpft, die üblicherweise bis 10 cm^{-1} gegenüber dem flüssigen Zustand betragen kann. Zusätzlich können unter bestimmten Umständen im festen Zustand einige Banden verschwinden sowie auch neue auftreten.

Eine qualitative Analyse einer unbekannten Substanz ist deshalb allein anhand ihres IR-Spektrums nicht möglich. Durch entsprechende Auswertung des Spektrums erhält man aber wichtige Hinweise auf funktionelle Gruppen, wodurch die Zahl der möglichen Verbindungen schon erheblich eingegrenzt wird. Die eigentliche Identifizierung erfolgt dann durch Vergleich mit Spektren bekannter Verbindungen.

Zusammenfassend kann gesagt werden:

- □ Aus den Absorptionsbereichen der charakteristischen Frequenzen lassen sich funktionelle Gruppen in einem Molekül identifizieren.
- □ Die genaue Lage der Absorptionsbande gestattet Rückschlüsse auf den restlichen Teil des Moleküls.
- □ Gerüstschwingungen sind charakteristisch für das gesamte Molekül und dienen zur Identifizierung der Substanz durch Spektrenvergleich.

Für die empirische Auswertung von Infrarot-Spektren sind von zahlreichen Autoren die charakteristischen Frequenzen in tabellarischer Form niedergelegt worden. Tabelle 5.2 gibt beispielhaft einen Ausschnitt der gebräuchlichsten Art dieser Darstellung, die sogenannte Colthub-Tabelle, wieder. Als Abszisse sind die Wellenzahlen bzw. die Wellenlängen, als Ordinate die einzelnen Substanzklassen aufgetragen. Die für diese Substanzklassen charakteristischen Frequenzen sind als starke waagerechte Linien eingezeichnet, unter denen sich eine geschätzte Intensitätsangabe (S = stark, M = mittel, W = schwach) befindet.

Wie an den verschiedenen Schwingungsformen einer Atomgruppierung gezeigt wurde, ergeben sich für eine Substanzklasse an mehreren Stellen im Spektrum charakteristische Absorptionen. Man sollte sich deshalb nie darauf verlassen, zur Identifizierung einer Atomgruppe nur eine einzige charakteristische Frequenz heranzuziehen, zumal sich einzelne Absorptionsgebiete verschiedener Atomanordnungen durchaus überlappen können, alle jedoch nie. Auf der anderen Seite ist allerdings auch nicht jede in Tabelle 5.2 aufgeführte Absorption zur Konstitutionsaufklärung gleich wichtig. Man wird sich bei der Durchführung einer solchen zunächst einmal auf diejenigen Absorptionen stützen, die entweder aufgrund ihrer Lage in einem Spektralbereich, in dem wenig andere Absorptionsbanden erscheinen, oder aufgrund ihrer großen Intensität fast immer eindeutig zugeordnet werden können. Erst dann wird man versuchen, das erhaltene Ergebnis durch die nicht immer eindeutig mögliche Zuordnung der weiteren Absorptionen zu erhärten.

Als Faustregel gilt: Das Fehlen einer charakteristischen Bande für eine Struktureinheit in dem dafür angegebenen Bereich ist ein ziemlich sicherer Beweis für ihre Abwesenheit. Das Auftreten einer entsprechenden Bande sollte erst dann als Beweis für die Gegenwart der zugehörigen Atomgruppe angesehen werden, wenn sich auch bei anderen Wellenzahlen charakteristische Frequenzen für diese Atomgruppierung zuordnen lassen.

5.5 Aufnahmetechnik

Als Strahlungsquelle dient in der IR-Spektroskopie meist der sog. Nernst-Stift oder ein Glühstab aus Siliziumcarbid («Globar»), die beide elektrisch geheizt werden. Der Nernst-Stift besteht aus einem Gemisch aus Zirkon-, Cer-, Thorium- und Ytterbiumoxid und ist für das Spektralgebiet von 5000 bis 400 cm^{-1} geeignet, ist aber im Routinebetrieb mechanisch anfällig. Der indirekt beheizte Globar- oder Silitstab, der bei 950 °C betrieben wird, vereint geringe Störanfälligkeit und hohen Lichtemissionsgrad bis unter 200 cm^{-1}. Besonders für die energie-intensiven Techniken, wie der IR-Mikroskopie, den Reflexionstechniken und besonders bei der GC-FTIR-Kopplung, sind hohe IR-Leistungen von etwa 100 mW notwendig.

Alle optischen Materialien (Linsen, Küvetten und früher Prismen) müssen für die IR-Strahlung durchlässig sein. Glas und Quarz sind hierfür nicht geeignet, da sie in diesem Spektralbereich undurchlässig sind. Bei den früher eingesetzten Prismen-Monochromatoren wurden die Prismen aus Einkristallen von Alkalihalogeniden (NaCl, CaF_2, LiF) hergestellt. Diese zum Teil wasserlöslichen bzw. hygroskopischen Materialien konnten durch die Einführung von Gitter-Monochromatoren eliminiert werden. Die Eigenschaften einiger optischer Materialien, die in der IR-Spektroskopie zum Einsatz kommen, sind in Tabelle 5.3 angegeben.

Tabelle 5.3 Eigenschaften optischer Materialien

Material	Transmissionsbereich (50 %)		Hinweise
	µm	cm^{-1}	
Quarzglas	0,25 – 3,3	40000 – 3000	
LiF	0,12 – 7,0	83000 – 1400	Leicht wasserlöslich
CaF_2	0,13 – 11,0	77000 – 900	Relativ wasserunlöslich, resistent gegen die meisten Säuren und Laugen
NaCl KCl	0,25 – 16 0,30 – 20	40000 – 625 33333 – 500	Löslich in Wasser und Alkohol, am meisten verwendetes IR-Fenster aufgrund der Transmission und des günstigeren Preises
AgCl AgBr	0,4 – 30 0,45 – 30	25000 – 333 22222 – 333	Unlöslich in Wasser, löslich in Säuren und NH_4Cl, empfindlich gegenüber UV-Strahlung
KBr	0,23 – 25	43500 – 400	Gut löslich in Wasser, Alkohol und Glycerin, leicht löslich in Ether, hygroskopisch
CsBr	0,24 – 40	41666 – 250	Löslich in Wasser und Säuren, extrem hygroskopisch
ZnSe	0,5 – 20	20000 – 500	Relativ wasserunlöslich, gute Resistenz gegen Chemikalien, org. Säuren, verdünnte Säuren und Basen, ideal für ATR-Anwendungen
Ge	2 – 18	5000 – 555	Wasserunlöslich, löslich in heißer Schwefelsäure und Ammoniak, geeignet für ATR
KRS-5	0,6 – 38	16666 – 263	Etwas wasserlöslich, löslich in Laugen, nicht hygroskopisch, hochgiftig, ideal für ATR

Zur Messung der Infrarot-Strahlung (= Wärmestrahlung) kommen alle Verfahren in Betracht, die empfindlich und schnell Temperaturen messen. Als Detektoren in IR-Spektrometern werden Thermoelemente oder die «GOLAY-Zelle» verwendet. Bei der gasgefüllten Golay-Zelle wird die Wärmeausdehnung über eine verspiegelte Membran durch einen Lichtzeiger gemessen.

Neben diesen «langsamen» Thermoelement- bzw. Golay-Detektoren gibt es schnell ansprechende pyroelektrische Detektoren. Hierfür haben sich die hochempfindlichen und auf den jeweils interessierenden Spektralbereich abgestimmten InSb- und HgCdTe-Detektoren beim Einsatz in IR-Spektrometern bestens bewährt. Durch Übereinanderlagerung des InSb- und HgCdTe-Detektors ergibt sich ein Sandwich-Detektor, der den weiten spektralen Bereich von 1 bis 18 µm abdeckt.

Unterhalb der CURIE-Temperatur zeigen ferroelektrische Stoffe wie L-Alanin-dotiertes Triglycinsulfat eine starke, augenblickliche elektrische Polarisation, wenn sich die Temperatur und damit die Gitterebenenabstände eines solchen kristallischen Materials durch die einfallende IR-Strahlung ändert. Diese Polarisationsänderung kann als ein elektrisches Signal gemessen werden, wenn beidseitig an der Oberfläche des Kristalls Elektroden zur Bildung eines Kondensators angebracht werden. Dieser Effekt ist dem piezoelektrischen Effekt analog, der bei Ausübung eines mechanischen Druckes auf einen Kristall eine elektrische Spannung innerhalb seines Querschnittes hervorruft. Die an den Detektorelektroden erzeugte Spannung wird verstärkt, ist der Temperatur proportional und führt zu einem linearen, von der eingestrahlten Energie abhängigen Signal. Eine deutliche Steigerung des Signal-Rausch-Verhältnisses läßt sich durch Kühlung des hochempfindlichen Quecksilber-Cadmium-Tellurid-Detektors (MCT) erzielen.

Die Absorptionsintensität wird in der Regel als prozentuale Durchlässigkeit (Transmission) registriert, so daß also die Bereiche stärkerer Absorption in den aufgezeichneten Spektren als Minima erscheinen. Die Lage der Banden wird entweder als Wellenlänge λ (in µm) oder als Wellenzahl ν' (in cm^{-1}) angegeben, wobei die Wellenzahl definiert ist als:

$$\nu' = 1/\lambda$$

Von beiden Darstellungsweisen wird der Wellenzahl-Skala der Vorzug gegeben, da die Wellenzahlen der Absorptionsbanden im Gegensatz zu den Wellenlängen den Anregungsenergien der zugehörigen Schwingungsübergänge direkt proportional sind. Es ergibt sich also der Vorteil, daß gleiche Abstände im Spektrum gleichen Energiedifferenzen entsprechen. Bei der Verwendung der Wellenzahl-Skala lassen sich daher die Absorptionsbanden von Ober- und Kombinationsschwingungen leicht als solche erkennen. Bei der Aufzeichnung in Wellenlängen ist das nicht der Fall. Die Wellenzahlen werden meist nicht ganz exakt als «Schwingungsfrequenzen» bezeichnet, sie unterscheiden sich aber von den eigentlichen Frequenzen durch den Faktor 1/c. Bild 5.7 zeigt beispielhaft das IR-Spektrum von Polystyrol.

5.5.1 Konventionelle IR-Spektrometer

Bis zur Einführung der FT-IR-Technik waren dispersive Spektrometer mit einem Gittermonochromator im analytischen Labor am weitesten verbreitet, die wie-

Bild 5.7 IR-Spektrum von Polystyrol

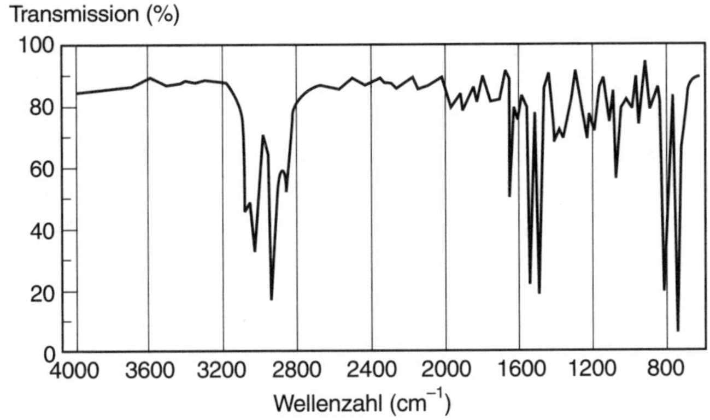

derum die Geräte mit Prismen-Monochromatoren abgelöst haben. Gittergeräte liefern für Forschungs- und Routinezwecke brauchbare IR-Spektren im Wellenzahlbereich von 5000 cm^{-1} (2 µm) bis 200 cm^{-1} (50 µm), wobei aber die Ansprechempfindlichkeit, die Rauschcharakteristik und photometrische Genauigkeit manchen Wunsch offenläßt. Zur Kalibrierung der Wellenzahlen wird häufig das Spektrum einer Polystyrolfolie aufgenommen, an dessen genau bekannten Banden die Reproduzierbarkeit der Wellenzahlen überprüft werden kann.

In der konventionellen, dispersiven IR-Spektroskopie wird die Strahlung der Lichtquelle mit einem oder mehreren Beugungsgittern spektral zerlegt und dann die Transmission oder Reflexion der Probe nacheinander bei den verschiedenen Wellenzahlen registriert. Die Ausblendung eines bestimmten Wellenlängenbereichs geschieht durch Spalte, wobei Spaltbreite und die Größe des Gitters die Auflösung bestimmen. In der Praxis wird mit Auflösungen zwischen 20 und 0,5 cm^{-1} gearbeitet. Zur Aufnahme von Spektren sind die Gittergeräte grundsätzlich als Zweistrahl-Geräte aufgebaut, wobei sich im Referenzstrahlengang eine Vergleichsküvette mit reinem Lösungsmittel oder eine KBr-Scheibe ohne Substanzprobe befindet.

Bei Geräten der ersten Generation wurde der Detektor als sog. Nullinstrument benutzt, indem man die Intensität des Referenzstrahls durch Einschieben einer Blende in den Strahlengang so lange abschwächt, bis der Detektor für beide Strahlengänge die gleiche Spannung liefert. Die Blendeneinstellung ist dann ein Maß für die Absorption der zu analysierenden Substanz und wird als Signal auf einen Schreiber gegeben.

Die Empfindlichkeit der dispersiven Geräte konnte durch Einführung der elektronischen Verhältnismessung erheblich gesteigert werden. Dieses Meßprinzip weist keine Abschwächung des Vergleichsstrahls durch Kammblenden und ähnliche mechanische Systeme auf. Die Intensitäten des Proben- und Vergleichsstrahls erzeugen am Detektor unterschiedliche Signalgrößen, wobei der Transmissionswert innerhalb eines Chopperzyklus elektronisch digital als Verhältnis der Intensität des Probenstrahls zur Intensität des Referenzstrahls gebildet wird. Dieses Prinzip wurde schon lange in der UV/Vis-Spektroskopie genutzt. In der IR-Spektroskopie war der Einsatz durch die relativ langsam ansprechenden Detektoren zunächst nur durch aufwendige Elektronik realisierbar. Mit der Entwicklung schnell ansprechender pyroelektrischer Detektoren konnte auf die teure Elektronik verzichtet und die Herstellung leistungsfähiger IR-Spektrometer in der unteren Preisklasse realisiert werden [5.2].

Da in der Luft enthaltenes Kohlendioxid und Wasser starke Eigenabsorptionen besitzen, muß diesem Störfaktor bei der Konstruktion der Geräte erhebliche Aufmerksamkeit gewidmet werden. Da dispersive Spektrometer als Zweistrahl-Geräte ausgelegt sind, werden die im Proben- und Referenzstrahl gleichzeitig auftretenden atmosphärischen Absorptionen durch Wasser und Kohlendioxid optisch kompensiert, wofür die beiden Lichtwege exakt gleich lang sein müssen. Dennoch empfiehlt es sich für anspruchsvolle Analysen, zusätzlich mit trockenem Stickstoff (IR-inaktiv) zu spülen.

5.5.2 Fourier-Transform(FT-IR)-Spektrometer

Durch Einführung der Fourier-Transform-IR-Spektroskopie mit ihren Vorteilen – Schnelligkeit, Empfindlichkeit, Genauigkeit – hat sich die Anwendungspalette der IR-Spektroskopie erheblich erweitert [5.3]. So sind Probentechniken wie z. B. die diffuse Reflexion von Pulvern, die Messung extrem stark absorbierender Proben sowie die quantitative Analyse wäßriger Proben für die FT-IR-Spektrometer keine Probleme mehr. Die klassischen dispersiven Geräte sind relativ unempfindlich und besitzen nur eine begrenzte Reproduzierbarkeit in der x- und y-Achse. Die FT-IR-Technik zeigt diese Limitierungen nicht.

Der Vorstoß der FT-IR-Spektrometer in eine Preisklasse, die bisher dispersiven Low-cost-Geräten vorbehalten war, war die bedeutende Marktentwicklung der letzten Jahre. Heute ist der Zustand erreicht, daß die IR-Spektroskopie ausschließlich mit Fourier-Transform-Geräten betrieben wird. Wegen der um Grössenordnungen besseren Nachweisgrenzen und der hohen Aufnahmegeschwindigkeiten, gekoppelt mit den Möglichkeiten von PCs, werden dadurch Anwendungsgebiete erschlossen, die mit den dispersiven Geräten gar nicht zugänglich waren.

FT-IR-Spektrometer erzeugen ohne spektrale Zerlegung des Lichtes mit einem Michelson-Interferometer ein Interferenzsignal (Interferogramm), das rechnerisch über die Fourier-Transformation (Frequenzanalyse) in ein Spektrum umgewandelt wird. Das Michelson-Interferometer ist zwar schon seit der Jahrhundertwende bekannt, da das Meßresultat jedoch noch rechnerisch in das analytisch interessierende Spektrum umgewandelt werden muß, war eine Realisierung dieses Prinzips erst mit der modernen digitalen Technik möglich.

5.5.2.1 Michelson-Interferometer

Die wesentlichen Bausteine eines Interferometers sind ein fester und ein beweglicher Spiegel und der Strahlenteiler (Beamsplitter). Der Strahlenteiler spaltet die einlaufende Lichtwelle in zwei gleiche Teilwellen auf, die räumlich getrennt über verschiedene Wege geführt werden. Der eine Teil gelangt zum festen Spiegel, der andere zum beweglichen Spiegel (Scanner). Nach Reflexion an den Spiegeln werden beide Teilstrahlen am selben Strahlteiler wiedervereint. Im Strahlengang zwischen dem Beamsplitter und der Probe bzw. Detektor überlagert sich die Strahlung aus beiden Armen des Interferometers.

Bild 5.8 zeigt den prinzipiellen Aufbau eines FT-IR-Spektrometers. Sind die Abstände beider Spiegel vom Beamsplitter gleich, so treten unabhängig von der Wellenlänge des Lichtes nur konstruktive Interferenzen auf. In dieser Position wird das maximale Signal gemessen (Weißlichtposition). Wird der Spiegel aus der Gleichgewichtslage ausgelenkt, so fällt das Signal infolge destruktiver Interferenzen rasch ab. Das Meßergebnis ist eine Funktion der Intensität gegen die Weglängendifferenz Δs des beweglichen Spiegels und wird **Interferogramm** genannt.

Die Aufnahme eines Interferogramms erfolgt also durch das Hin- und Zurückfahren des beweglichen Spiegels, wobei die jeweilige Position des bewegten Spiegels mit Hilfe eines Lasers exakt bestimmt wird. Das in Bild 5.9 dargestellte Interferogramm wird durch die Fourier-Transformation in das eigentliche Infrarot-Spektrum umgerechnet. Der gesamte Vorgang, die Aufnahme des Interferogramms und die Fourier-Transformation, dauert je nach Auflösung des Gerätes und Rechnertyp nur Bruchteile von Sekunden. Bei der «Rapid-scan»-Technik werden in sehr schneller Folge Spektren aufgenommen, wobei der Scanner an den Umkehrpunkten extrem beschleunigt werden muß. Die schnelle zeitaufgelöste FT-IR-Spektroskopie dient zur Aufklärung von Reaktionsmechanismen [5.4].

Bild 5.8 Komponenten eines FT-IR-Spektrometers

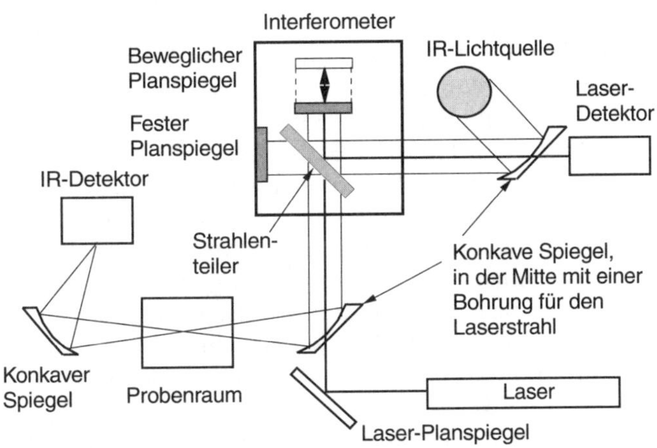

Bild 5.9 Interferogramm

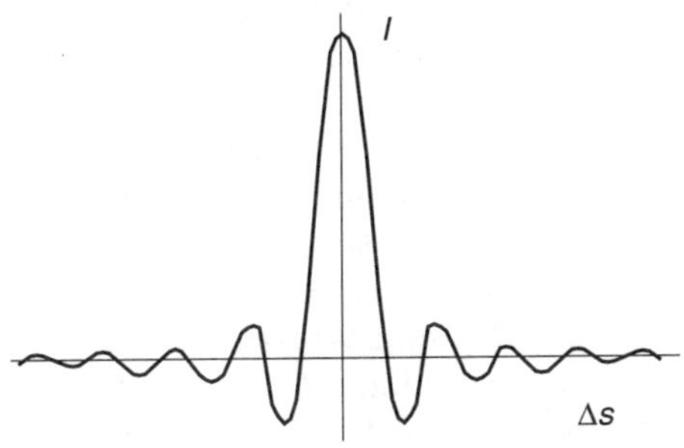

5.5.2.2 Vorteile des FT-IR-Spektrometers

Da das Interferometer als internen Wellenlängenstandard immer einen hochpräzisen He-Ne-Laser benutzt, hat diese Methode drei große Vorteile:

- **Multiplex-Vorteil**
  Alle Wellenlängen werden gleichzeitig vom Detektor registriert.
- **Durchsatz-Vorteil**
  Der Lichtfluß von der Lichtquelle durch die Probe zum Detektor ist um ein Vielfaches größer.
- **Laser-Referenz-Vorteil**
  Alle Wellenlängen beziehen sich automatisch auf den He-Ne-Laser als internen Standard.
- **Spektren-Akkumulation**
  Durch die sehr schnelle Aufnahme der Interferogramme läßt sich durch Akkumulation das Signal-Rausch-Verhältnis der Spektren erheblich verbessern.

Zum Scannen eines Spektrums wird der bewegliche Spiegel je nach erforderlicher Auflösung über eine gewisse Distanz bewegt. Die Auflösung eines Interferometers ist auf einfache Weise als Reziprokwert des Spiegelweges ($1/\Delta s$) gegeben, bei einem Spiegelweg von 1 cm ergibt sich eine Auflösung von 1 cm^{-1}. Bei Hochleistungsgeräten mit 10 cm Spiegelweg wird somit eine Auflösung von 0,1 cm^{-1} erreicht, mit der auch viele Rotationsschwingungsspektren von Gasen aufgelöst werden können. Für die Qualitätskontrolle genügt im allgemeinen eine Auflösung zwischen 1 cm^{-1} und 4 cm^{-1}.

Die Vorschubgeschwindigkeit des Spiegels liegt dabei in einem Bereich von 0,1 bis 1 cm s^{-1}. Mit Hilfe der Fast-scan-Technik werden sehr viel größere Spiegelgeschwindigkeiten erzielt, womit bis zu 100 Spektren pro Sekunde meßbar sind. Mit der **Step-scan-Technik** kann man noch wesentlich höhere Zeitauflösungen erreichen. Dabei wird der Spiegel in sehr kleinen Schritten stufenweise bewegt und bei jedem Schritt eine Messung durchgeführt, die nur wenige µs dauert. Wenn der komplette Spiegelweg auf diese Weise durchgesteppt ist, werden die Daten rechnerisch so aufbereitet, daß den einzelnen Meßintervallen jeweils ein komplettes Interferogramm zugeordnet wird, das anschließend in das Spektrum transformiert wird [5.5].

Neben der erreichbaren hohen Auflösung liegt ein weiterer Vorteil des Interferometers darin, daß während der Messung alle Meßkanäle gleichzeitig offen sind (Multiplex-Vorteil). Während Dispersionsgeräte nur einen kleinen Wellenlängenausschnitt im Verlauf der kurzen Spektrenaufnahmezeit erfassen und überdies sehr viel von der Strahlungsenergie durch enge Spalte, die für eine gute Auflösung des Spektrums ja benötigt werden, verlieren, werden beim FT-Verfahren alle Wellenlängen gleichzeitig unter einer sehr viel größeren Apertur durch den größeren Strahlteiler während der gesamten Spektrenaufnahmezeit beobachtet.

Hieraus ergibt sich ein erheblicher Energiegewinn, der noch weiter vergrößert wird durch die Tatsache, daß statt Spalten kreisrunde Aperturen für die Begrenzung des Öffnungswinkels verwendet werden können (Durchsatz-Vorteil). Dieser Energiegewinn kann entweder in einen Zeit- oder Empfindlichkeitsvorteil umgesetzt werden. So benötigt eine typische Analyse mit einem dispersiven Spektrometer ca. 20 min, während die gleiche Analyse mit einem Fourier-Transform-Gerät im Sekundenbereich abgeschlossen ist. Es ist heute Stand der Technik, bis zu 50 Spektren in nur einer Sekunde mit der FT-IR-Spektroskopie zu registrieren. Wegen der enorm schnellen Spektrenaufnahme werden deshalb meist zahlreiche Interferogramme hintereinander aufgenommen, um durch Mittelwertbildung das Signal-Rausch-Verhältnis zu verbessern. Erst das gemittelte Interferogramm wird dann in das Spektrum umgerechnet.

Da die Energieverhältnisse eines Interferometers gegenüber einem Monochromator weitaus günstiger liegen und schnelle Spektrenaufzeichnungen aufaddiert werden können, ist die erreichbare Nachweisempfindlichkeit der FT-IR-Spektrometer um zwei bis drei Zehnerpotenzen besser als in der herkömmlichen dispersiven IR-Spektroskopie [5.6].

Die meisten FT-IR-Geräte sind als Einstrahl-Spektrometer konstruiert, wodurch eine optische Kompensation von atmosphärischen Störungen (CO_2 und Wasser) nicht möglich ist. Durch die schnelle Spektrenaufnahme verfährt man hierbei anders: Man nimmt zunächst das «Leer»-Spektrum, d.h. ohne Probe, auf, speichert das Spektrum im Rechner und zieht dieses Spektrum vom anschließend gemessenen Probenspektrum rechnerisch ab. Trotzdem empfiehlt sich, immer zusätzlich den Probenraum mit Stickstoff zu spülen oder den Probenraum mittels einer Vakuumpumpe zu evakuieren. Aufwendigere FT-IR-Spektrometer sind deshalb als Zweistrahl-Geräte ausgelegt.

5.5.3 Qualitative Analyse

Ein IR-Spektrum läßt sich für fast alle Verbindungen bestimmen. Im Gegensatz dazu haben UV-Spektren den Nachteil, daß es eine ganze Reihe von Verbindungen (z.B. Paraffine) gibt, die im meßtechnisch leicht zugänglichen Gebiet keine charakteristischen Absorptionen zeigen. Durch die vielen Absorptionsbanden (ein Spektrum besitzt bis zu 40 und mehr Banden) bieten die Spektren eine große Anzahl von Vergleichsmöglichkeiten. Die IR-Spektren sind deshalb anschaulich als Fingerabdruck einer Substanz bezeichnet worden.

Dabei haben chemisch und strukturell verwandte Verbindungen auch viele Ähnlichkeiten und gemeinsame Merkmale im Spektrum, so daß unbekannte Verbindungen durch Analogieschlüsse aus bekannten Spektren ermittelt werden können. Das heißt, Substanzen ähnlicher Konstitution werden sich zwar auch in ihren Infrarot-Spektren bis zu einem gewissen Grad ähneln, identische Spektren ergeben sie jedoch nicht. Das Auftreten einer einzigen zusätzlichen Bande im Spektrum einer Substanz beweist ihre Verschiedenheit oder zumindest das Vorliegen von Verunreinigungen.

Der Identitätsnachweis zweier reiner Substanzen wird dadurch geführt, daß man die IR-Spektren beider Stoffe auf ihre Identität überprüft. Dieser direkte Vergleich ist wohl die am häufigsten durchgeführte qualitative infrarot-spektroskopische Analysenmethode. Dieser Spektrenvergleich läßt sich heute mit Rechnerunterstützung automatisch durchführen, wofür aber die FT-IR-Spektrometer-Technologie notwendig ist, bei der das Spektrum in digitalisierter Form vorliegt.

Die Reinheitsprüfung einer Substanz stellt eine weitere qualitative IR-Analysenmethode dar. Von zwei Proben einer Substanz ist stets die mit dem bandenärmeren Spektrum die reinere. Zur Erkennung von Verunreinigungen ist es wichtig zu wissen, daß sich das IR-Spektrum einer Mischung von Substanzen – sofern keine besonders starken zwischenmolekularen Wechselwirkungen vorliegen – aus einer Überlagerung der individuellen Spektren zusammensetzt. Bei einer begrenzten Anzahl von Verunreinigungen, über die ja meist bestimmte Vorstellungen bestehen, lassen sich diese durch Vergleich mit den Spektren der vermuteten Verbindungen erkennen und in ihren Mengenverhältnissen abschätzen.

5.5.4 Quantitative Analyse

Neben Strukturaufklärung und Identifizierung nimmt die quantitative Bestimmung einen immer breiteren Raum ein. Es gelten auch hier die gleichen Gesetzmäßigkeiten wie in der UV/Vis-Spektroskopie, d.h., für monochromatisches Licht gilt das Gesetz von Lambert-Beer.

Die Einführung von Mikroprozessoren als wesentliche Bauelemente von Spektrometern ermöglichte aufgrund ihres Funktionsprinzips die Übernahme aller Aufgaben, die sonst vom Anwender durchgeführt werden mußten, wie Einstellen der Betriebsparameter, Auslösen von Meßvorgängen, Kontrollmaßnahmen und Auswertungen. Die mathematische Grundlage für die quantitative Auswertung bildet die Tatsache, daß der Computer des Gerätes jeden gemessenen %-Transmissionswert in einen Extinktionswert umrechnet, der unter Zugrundelegung des Lambert-Beerschen Gesetzes nachher in Rechnung gesetzt wird.

Bei Multikomponentengemischen, deren analytische Banden sich nicht überlappen, ist der Ansatz für die quantitative Analyse so, als ob es sich um die Bestimmung einzelner Komponenten handelt. Schwieriger gestaltet sich der Ansatz bei überlappenden Banden. Dabei wird angenommen, daß sich die Extinktionen der Einzelkomponenten addieren. Abweichungen von dieser Annahme findet man jedoch bei Komponenten, die gegenseitige Wechselwirkungen aufeinander ausüben.

Zur Bestimmung von n Komponenten müssen die Extinktionen bei n Wellenzahlen bestimmt werden. Durch einen Matrizenansatz und eine Kalibrationsmatrix lassen sich die n Einzelkonzentrationen berechnen. Moderne Auswertemethoden erlauben eine schnelle und genaue Analyse vieler Komponenten mit einem Minimum an Arbeit für den Anwender.

5.6 Präparationsmethoden

Grundsätzlich können Verbindungen in allen Aggregatzuständen (fest, flüssig, gasförmig) und Konsistenzen, als Folie sowie in Lösung untersucht werden. Die Probenpräparation und die Meßmethoden unterscheiden sich im IR wesentlich von denen im UV/Vis. Das liegt an den im allgemeinen wesentlich höheren molaren Absorptionen: Die erforderlichen Substanzmengen liegen im Milligrammbereich. Natürlich benötigt man bei Gasen große, bei reinen Flüssigkeiten und Feststoffen dagegen wegen der höheren Dichte des absorbierenden Stoffes nur sehr geringe Schichtdicken.

Üblicherweise wird in Transmission gemessen. Das bedeutet, die Küvettenfenster müssen für die IR-Strahlung hinreichend durchlässig sein. Derartige Materialien sind Alkalihalogenide, wie z. B. NaCl, KBr und CsJ. Gemeinsam ist ihnen, daß sie hygroskopisch sind. Das macht sie für die Messung wäßriger Proben unbrauchbar, denn in Kontakt mit Wasser werden die ansonsten glasklaren Fenster milchig trübe. Silberhalogenide, wie AgCl und AgBr, sind zwar wasserunlöslich, dafür aber empfindlich gegenüber UV-Strahlung.

5.6.1 Flüssigkeiten und Lösungen

Flüssigkeiten werden in Küvetten untersucht, die im Spektrometer in den Strahlengang gesetzt werden. Wasser als Lösungsmittel stellt dabei ein sehr ungeeignetes Lösungsmittel dar. Zum einen zeigt es starke Eigenabsorption im gesamten Bereich des mittleren Infrarot, so daß sich bereits geringe Feuchtigkeit extrem störend bemerkbar macht. Zum anderen werden in der IR-Spektroskopie üblicherweise Fenstermaterialien benutzt, die nur geringe Wasserresistenz zeigen oder sogar wasserlöslich sind. Wäßrige Lösungen werden daher normalerweise mittels Raman-Spektroskopie untersucht. Hier zeigt Wasser ein linienarmes Spektrum, und es kann darüber hinaus mit Glasküvetten gearbeitet werden.

Die Präparation von organischen Flüssigkeiten bereitet im allgemeinen keine Schwierigkeiten, da die überwiegende Mehrzahl der Verbindungen das Küvettenmaterial nicht angreift. Zwei planparallele Scheiben aus optisch durchlässigem Material, z. B. NaCl, bilden die Fenster, zwischen denen sich die zu untersuchende Flüssigkeit befindet. Man unterscheidet dabei zwischen versiegelten und zerlegbaren Küvetten. Für evakuierbare FT-IR-Spektrometer müssen vakuumdichte Küvetten verwendet werden.

Die Schichttiefe der Probe wird durch eine Distanzscheibe aus Teflon oder Blei bestimmt, die sich zwischen den IR-durchlässigen Fenstern befindet. Distanzscheiben sind in definierten Schichttiefen von 10 µm bis 1 mm erhältlich (Bild 5.10). Die so aufgebaute Probenzelle wird mittels zweier Stahlplatten zusammengeschraubt. Bei den versiegelten Küvetten ist ein Öffnen des Spannblocks nicht vorgesehen. In der vorderen Stahlplatte befindet sich eine Füllöffnung mit Lueransatz, die das Füllen und Spülen mit einer Luerspritze ermöglichen. Bei den va-

Bild 5.10. Zerlegbare IR-Küvette für flüssige Proben

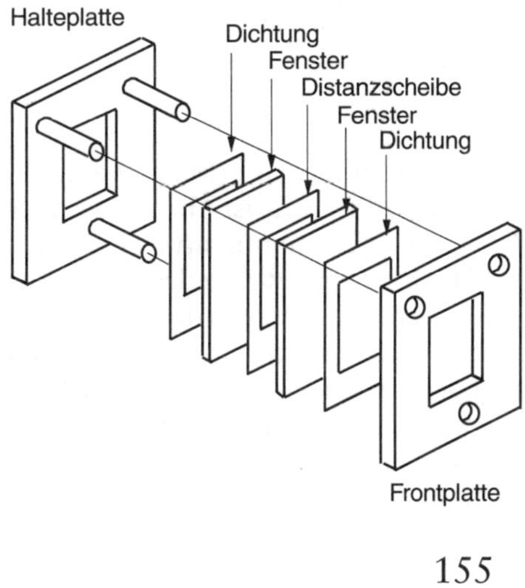

kuumdichten Küvetten wird der Einfüllstutzen anschließend mit Vakuumschrauben verschlossen. Sie sind für qualitative und quantitative Untersuchungen geeignet. Wegen der schlechten Reinigungsmöglichkeit können sie aber nicht verwendet werden für Substanzen, die während der Messung unlöslich werden oder verharzen.

Ein Wechsel der Distanzscheibe ist nur bei den zerlegbaren Küvetten möglich. Durch Schnellverschlußschrauben läßt sie sich in ihre Einzelteile zerlegen, um die Schichttiefe zu ändern und um die Probe aufzutragen. Sie sind deshalb auch leicht zu reinigen, wodurch auch Pasten, Schmieren, viskose Flüssigkeiten und verharzende Substanzen untersucht werden können. Nach der Messung nimmt man die Küvette auseinander und reinigt z. B. mit CCl_4 im Ultraschallbad. Gelegentlich muß man die Fensteroberflächen wegen der optischen Güte nachpolieren.

Küvetten mit variabler Schichttiefe, wie in Bild 5.11 dargestellt, sind unerläßlich zur Kompensation von Absorptionsbanden des Lösungsmittels, für quantitative und differentielle Arbeiten. Durch einen exakten Wechsel der Schichttiefe können wichtige Einzelheiten des Spektrums erhalten werden. Die Schichttiefe kann dabei kontinuierlich von 10 µm bis zu mehreren Millimetern mittels einer Rändelschraube variiert werden. Das Füllen und Spülen der Küvette erfolgt hierbei wieder mit einer Luerspritze.

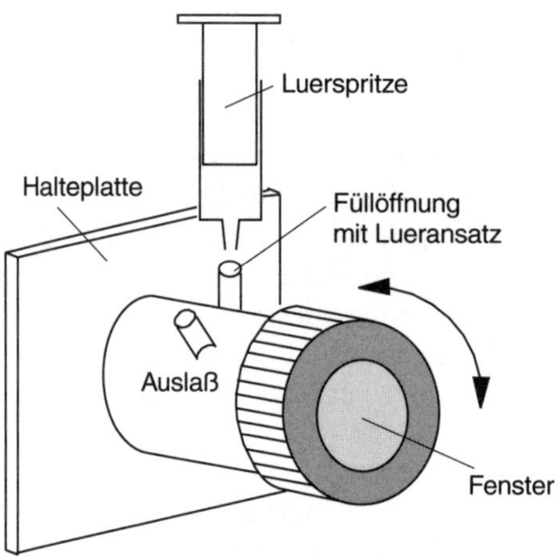

Bild 5.11 Küvette mit variabler Schichttiefe

Bei empfindlichen Proben, die durch die ausgesetzte IR-Strahlung verdampfen oder sich zersetzen, ist ein wassergekühlter Küvettenhalter einzusetzen, um die Probe auf Raumtemperatur zu halten. Dies gilt insbesondere für Spektrometer mit Hochenergie-IR-Quellen.

Aus verschiedenen Gründen kann die Aufnahme der reinen Verbindung unbefriedigend ausfallen. Man ist in solchen Fällen gezwungen, die Verbindung mit einem geeigneten Lösungsmittel zu verdünnen. Wasser als Lösungsmittel ist nicht nur wegen seiner Unverträglichkeit mit den meisten Küvettenmaterialien problematisch, sondern weist außerdem starke Absorptionen über weite Teile des IR-Bereichs auf.

Leider ist es aus verständlichen Gründen unmöglich, ein Lösungsmittel zu finden, das nicht selbst im IR-Bereich absorbiert. Die günstigsten Verhältnisse werden bei den Lösungsmitteln liegen, deren Moleküle aus wenigen Atomen bestehen und außerdem sehr symmetrisch gebaut sind, da sie demzufolge nur wenige Schwingungsbanden haben. Die beiden Lösungsmittel CS_2 und CCl_4 sind daher in der IR-Spektroskopie von zentraler Bedeutung.

Der Einfluß des Lösungsmittels kann teilweise dadurch auskompensiert werden, daß man das reine Lösungsmittel in eine Küvette variabler Schichtdicke füllt und diese in den Referenzstrahl des Spektrometers einstellt. Es ist dabei aber zu berücksichtigen, daß es im Spektrum Bereiche gibt, in denen das Lösungsmittel 100 % der Strahlung absorbiert.

5.6.2 Festkörper

Die infrarot-spektroskopische Untersuchung von Festkörpern richtet sich nach der physikalischen Beschaffenheit der Probe. Allgemein anwendbar ist die Untersuchung fester Stoffe in Lösung, wobei auf auftretende Besonderheiten bei Verwendung von Lösungsmitteln zu achten ist.

Liegt die Substanz als einheitliche dünne Schicht (z. B. Kunststoffolie) vor, so bringt man sie in einen Folienhalter und mißt in Transmission. Der Folienhalter besteht aus einer Platte mit einer rechteckigen Öffnung, auf die die Folie gelegt wird. Eine Blende gleicher Öffnung aus magnetischem Material sorgt für mechanischen Halt.

Für pulverisierte Proben sind zwei sehr allgemein anwendbare Verfahren,

- □ die KBr-Preßtechnik und
- □ die Nujol-Technik,

ausgearbeitet worden. Der Substanzverbrauch zur Aufnahme eines IR-Spektrums ist gering und liegt in der Größenordnung von einigen Milligramm, läßt sich aber mit Spezialausrüstung noch beträchtlich senken.

5.6.2.1 KBr-Preßtechnik

Die KBr-Preßtechnik ist eine der gebräuchlichsten Methoden zur Präparation fester oder pulverförmiger Substanzen. Die Preßtechnik ist jedoch sehr zeitaufwendig und erfordert sorgfältiges Arbeiten beim Abwägen, Verreiben und Reinigen des Preßwerkzeuges. Dazu werden 1 bis 2 mg der Substanz zusammen mit 200 bis 300 mg ultrareines KBr sehr fein von Hand in einem Achatmörser vermahlen, das einen nicht unerheblichen Kraftaufwand erfordert. Einwandfreie Spektren erhält man nur, wenn die Korngröße der Analysensubstanz kleiner ist als die Wellenlänge der Strahlung. Für ein gleichmäßiges und reproduzierbares Vermahlen der Probe, insbesondere bei einem größeren Probendurchsatz, sind deshalb Schwingmühlen besser geeignet, die auch gleichzeitig mehrere Proben präparieren können. Da KBr in einem weiten Spektralbereich von 43 000 bis 400 cm^{-1} durchlässig ist und keine Absorptionsbanden aufweist, wird bei der spektroskopischen Untersuchung nur das Spektrum der im KBr feinverteilten Substanz aufgenommen.

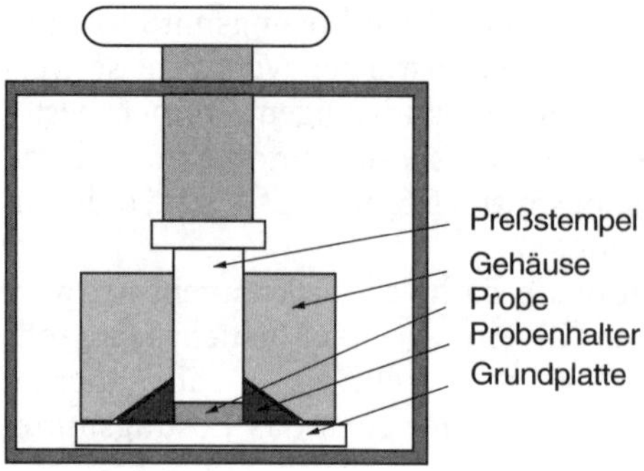

Bild 5.12 Preßwerkzeug für die KBr-Technik

Die mit KBr vermahlene Probe wird anschließend zusammen mit einem Tablettenhalter in einem Preßwerkzeug unter Verwendung einer hydraulischen Presse zu einem tablettenförmigen Preßling gepreßt (Bild 5.12). Bei einer Kraft von 10 t fängt das KBr an zu fließen, und es entsteht eine «feste Lösung» aus der Probe und dem KBr. Um die Feuchtigkeit von dem Tablettenmaterial fernzuhalten (sie macht die Tablette trübe und mindert die Transmission) und um restliche Luft auszutreiben, wird die Preßform an eine Vakuumpumpe angeschlossen. Außerdem ist es ratsam, vor dem Gebrauch die Preßform und das KBr-Pulver in einem Trockenschrank bei ca. 40 °C aufzubewahren. Damit wird der Kondensation der Luftfeuchtigkeit ebenfalls entgegengewirkt. Geringe Mengen an Wasser, die im KBr leicht vorhanden sind, machen sich durch die entsprechende Absorptionsbanden des Wassers im Spektrum bemerkbar.

Feuchtigkeit im KBr führt zu störenden Banden bei 3450 cm^{-1} und 1640 cm^{-1} sowie zu einem Abfallen des Untergrundes unterhalb von 1000 cm^{-1}. Deshalb ist es vorteilhaft, das KBr in einem Exsikkator über Blaugel aufzubewahren. Feuchtes KBr kann in einem Vakuumtrockenschrank bei 150 °C getrocknet werden.

Standardmäßig werden Tabletten mit einem Durchmesser von 13 mm gepreßt, für Mikroanalysen können Preßlinge bis zu 2 mm Durchmesser hergestellt werden. Handhydraulische Pressen gibt es als kompakte Laborgeräte für 15 und 25 t. Automatische 15-, 30- und 50-t-Pressen werden überwiegend in spektroskopischen Labors zur Herstellung einer großen Anzahl von KBr-Festproben verwendet. Der gewünschte Druck wird digital eingestellt und die Starttaste für die Pumpe gedrückt. Der Druck auf den Preßkolben erhöht sich so lange, bis der eingestellte Wert erreicht ist. Dann stoppt die Presse automatisch. Der Druck wird automatisch nachreguliert.

Zu beachten ist, daß sich die Probe während des Präparation durch Umlagerungen oder durch chemische Reaktionen verändern kann. Bei großem Unterschied der Brechungsindizes von Substanz und KBr (n = 1,53) erfolgt außerdem eine unsymmetrische Bandenverzerrung, die als Christiansen-Effekt bezeichnet wird. Man muß dann ein Einbettmittel mit höherem Brechungsindex wie z.B. KI (n = 1,62), CsI (n = 1,74), AgCl (n = 1,98) oder KRS-5 (n = 2,37) verwenden.

5.6.2.2 Nujol-Technik

Eine schonendere Präparation für Festkörper stellt die Nujol-Technik dar. Bei diesem Verfahren werden ca. 2 mg des Probenpulvers mit einigen Tropfen Nujol (Gemisch langkettiger flüssiger Paraffine) im Mörser intensiv verrieben. Das Öl hat die Aufgabe, die Reflexion an den Oberflächen der Mikrokristalle zu vermindern. Es sollte daher möglichst den gleichen Brechungsindex wie die Probe haben. Der milchige Brei wird zwischen die zwei runden Fenster einer zerlegbaren Küvette gegeben und das Spektrum in Transmission aufgenommen. Die durch das Nujol verursachten Absorptionen, die den CH_2- und CH_3-Gruppen zuzuordnen sind, maskieren den Nachweis der gleichen Gruppen in der Probe, da eine Kompensation meist nicht exakt möglich ist (Bild 5.13).

Bild 5.13 IR-Spektrum von Nujol

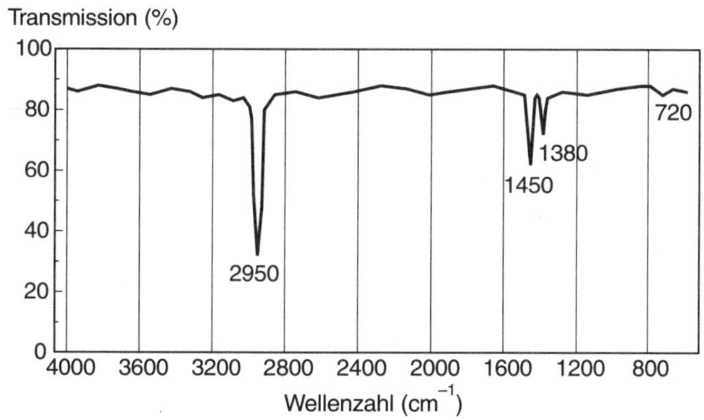

Diese Methode ist aber neben der KBr-Technik immer dann zu empfehlen, wenn es außer H_2O kein passendes Lösungsmittel für die Probe gibt oder diese mit KBr reagiert. Die Nujol-Technik ist apparativ weniger aufwendig als die KBr-Technik.

5.6.3 Gase

Da Stickstoff und Sauerstoff im IR-Bereich keine Absorptionen haben, ist die IR-Spektroskopie eine geradezu ideale Methode zum Nachweis verschiedener Gase in der Atmosphäre. Ursprünglich wurden Gaszellen bis zu 25 cm Weglänge benutzt. Ultrarot-Absorptions-Schreiber (URAS) der Fa. BASF waren Filtergeräte für die Prozeßkontrolle von Gasen wie CO, CO_2, CH_4, N_2O, NH_3, SO_2, HCl und einer Reihe von Lösungsmitteldämpfen [5.7]. Um 1960 begann man, in Industriegebieten Luftanalysen mit der IR-Spektroskopie durchzuführen. Der Luftüberwachung standen aber anfangs große Hindernisse im Wege [5.8]. Einerseits absorbieren Gase und Dämpfe nur schwach, d. h., man benötigt große Weglängen, andererseits weisen sie eine wesentlich höhere Zahl von Absorptionsbanden als flüssige und feste Proben auf.

Die IR-Spektren gasförmiger Proben unterscheiden sich wesentlich von festen bzw. flüssigen Proben. Denn nur im Gaszustand besteht die Möglichkeit, daß sich die Moleküle nahezu ungehindert im Raum ausbreiten und isoliert von Nachbarmolekülen freie Rotationen ausführen können. Diese tauchen im Spektrum als diskrete Absorptionslinien auf und ergeben ein zunächst komplexeres Schwingungsbild, als der oft einfache Aufbau des Moleküls erwarten läßt. Mit zunehmendem Druck kommen sich die Moleküle aber immer näher, und die Kollisionen nehmen zu. Es wird also immer wahrscheinlicher, daß während einer Rotationsbewegung zwei Moleküle zusammenstoßen und die freie Rotation gestört wird, was sich in einer Verbreiterung der Absorptionslinien äußert.

Die so hervorgerufene Druckverbreiterung der Rotationsbanden ist eine Funktion des Partialdruckes der Komponente selbst und des in der Meßzelle herrschenden Absolutdruckes sowie der Art des Moleküls. Da der Abstand zweier Rotationslinien mit zunehmender Molekülmasse sich mehr und mehr vermindert, ist es unter Normaldruck bei größeren Molekülen nicht möglich, deren Rotationsfeinstruktur vollständig aufzulösen und so über die Intensitätsbestimmung einer einzelnen Rotationsschwingungsbande die Konzentration der zugehörigen Komponente zu ermitteln.

Die Untersuchung an Gasen erfordert im IR besonders hochauflösende Geräte, da die Rotationsniveaus der Gasmoleküle sich nur wenig voneinander unterscheiden und daher die entsprechenden Banden sehr eng benachbart sind. In der Gasspektroskopie ist meist nicht die Analyse von reinen Einzelkomponenten von Interesse, sondern vielmehr die Bestimmung mehrerer Bestandteile einer Mischung. Dabei stehen besonders die Bestimmung von Abgasen aus Verbrennungs- und Wärmekraftanlagen sowie die Überwachung der Raumluft am Arbeitsplatz im Vordergrund [5.9]. Der Bandenreichtum in der Gasphase ist mit einem großen Datenanfall verbunden, der zunehmend durch die enorme Leistungsfähigkeit der Kleinrechner zu bewältigen ist.

Moderne Hochauflösungsspektrometer liefern hierfür eine Auflösung bis zu 0,001 cm^{-1}, wofür ein Weg des beweglichen Spiegels im Interferometer von 10 m erforderlich ist. Diese Geräte dienen zur Bestimmung von Schadstoffen in der Atmosphäre und Stratosphäre unseres Planeten. Für derartige Messungen wird die Sonne als natürliche Strahlungsquelle verwendet und die von ihr emittierte Strahlung über einen «Solar tracker», der automatisch dem Stand der Sonne folgt, gesammelt und dem Spektrometer zugeführt.

Im Bereich der Gasspektroskopie besonders bei hoher Auflösung tritt als ein apparatives Problem die «finite Apertur» besonders deutlich hervor. Die mit einem FT-Spektrometer erreichbare Auflösung ist primär durch den Spiegelweg des Interferometers gegeben. Da bei jeder fokussierenden Optik Zentral- und Randstrahlen einer nichtpunktförmigen Quelle unterschiedliche Wege zurücklegen, darf der Gangunterschied dabei maximal nur eine halbe Wellenlänge des zur Messung eingesetzten Lichtes betragen, um nicht durch destruktive Interferenzen zur Auslöschung zu kommen. Bei gegebenem Fokus einer Optik bedingt dies, daß mit zunehmend kürzerwelligem Licht die Strahlungsquelle sich immer mehr dem punktförmigen Ideal nähern muß. Das bedeutet, daß der Strahler oder dessen Bild, die «Apertur», immer kleiner wird und damit auch die zur Verfügung stehende Strahlungsleistung. Dennoch ist der Durchsatz durch die Verwendung von kreisrunden Aperturblenden deutlich größer als bei den Gitterspektrometern mit den Spaltblenden.

Für einfache Gasanalysen, d.h. reine Gase oder Gasmischungen aus wenigen Komponenten, können einfache Küvetten von 10 bis 25 cm Schichtdicke verwendet werden. Der Probenraum der Spektrometer ist üblicherweise auf 25 cm begrenzt. Die optischen Fenster an den beiden Enden sind meist aus KBr oder anderen IR-durchlässigen Materialen gefertigt. Der Probenein- und -auslaß erfolgt über zwei Verschlußhähne (Bild 5.14).

Bild 5.14 25-cm-Gasküvette

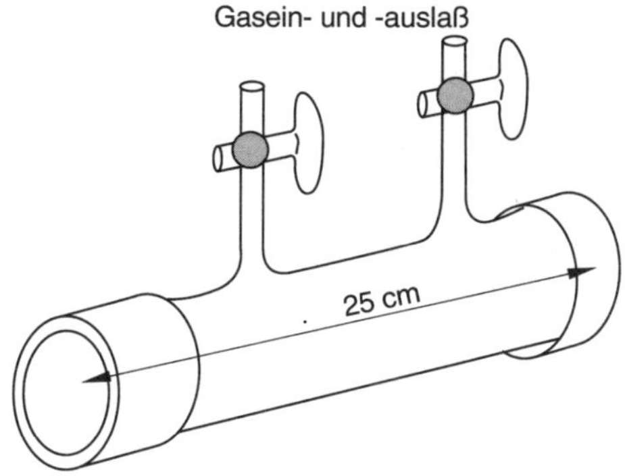

Heizbare Gasküvetten dienen zur Aufnahme der Spektren von Gasen und Dämpfen bei Temperaturen bis zu 500 °C. Damit können auch Stoffe untersucht werden, die bei Raumtemperatur noch fest oder flüssig sind. Spezielle Hochtemperaturküvetten arbeiten bis 800 °C und können auch unter hohem Druck betrieben werden. Hiermit können viele technische Verfahren, die unter solchen Bedingungen ablaufen, zur Prozeßoptimierung bzw. zu Zersetzungsanalysen analytisch verfolgt werden. Damit das gesamte Spektrometer nicht überhitzt, sind die heizbaren Küvetten mit einer Wasserkühlung ausgerüstet.

Zur Bestimmung von Spurenverunreinigungen in Gasen muß der Strahlengang durch die Absorptionsküvette auf etliche Meter erhöht werden. Hierzu werden Langweggasküvetten mit gefaltetem Strahlengang eingesetzt [5.10]. Dabei wird der Lichtweg des Infrarot-Strahls durch Vielfachreflexionen an einem Spiegelsystem in der Küvette verlängert. Durch spezielle Spiegelanordnung werden bei den Küvetten minimale Tot- und Gesamtvolumen erreicht. Schwenkbar eingebaute Spiegel ergeben die Möglichkeit, unterschiedliche Lichtwege einzustellen. Auf diese Weise können Weglängen zwischen 25 cm (einfacher Lichtweg ohne Spiegelumlenkung) und etwa 10 m in einem Küvettengehäuse von 25 cm Länge sukzessive eingestellt werden.

Damit das Zellvolumen nicht zu groß wird, sind bei den Langwegküvetten an die Justierung der Spiegel bei möglichst kleinen Dimensionen sehr hohe Anforderungen gestellt. Die größten Küvetten, die angeboten werden, haben optische Weglängen von 10, 20 und 40 m. Bei einer Küvettenlänge von 25 cm beträgt das Zellvolumen weniger als 1 l. Die Nachweisgrenzen bei organischen Gasen liegen bei den Langwegzellen im ppm- bis Sub-ppm-Bereich. Eine spezielle Zelle zur Überwachung der Atmosphäre wurde in den USA mit einer maximalen

Weglänge von 120 m in wenigen Stückzahlen gefertigt. Das Zellvolumen beträgt etwa 20 l.

5.7 IR-Reflexionsspektroskopie

Die übliche Untersuchungsmethode in der optischen Spektroskopie ist die Messung der von der Probe durchgelassenen Strahlung, die Transmissionsspektroskopie. Neben der Durchlässigkeit einer Probe kann mit einem IR-Spektrometer auch die von einer Oberfläche reflektierte Strahlung untersucht werden. Oberflächenuntersuchungen sind seit langem in allen Bereichen der analytischen Kontrolle von großem Interesse. Die Idee, die Grenzflächenphysik zur Identifizierung der Substanzen zu nutzen, ist genauso alt wie die IR-Spektroskopie selbst. Wenn die IR-Strahlung auf eine Oberfläche auftrifft, kann diese entweder absorbiert oder durch Spektralreflexion gerichtet, gebeugt oder diffus gestreut werden. Jede so entstehende Komponente der IR-Strahlungen unterschiedlicher Intensitäten enthält spektrale Informationen. Um das Spektrum aufnehmen zu können, wurden einige spezielle IR-Meßtechniken entwickelt:

- □ abgeschwächte Totalreflexion (ATR),
- □ gerichtete Reflexion,
- □ Reflexionsabsorption (IRRAS) und
- □ diffuse Reflexion (DRIFT).

Die Reflexionsspektroskopie mit den sehr kleinen effektiven Schichtdicken gehört zu den anspruchsvolleren Techniken, die erst durch die FT-IR-Technik einen erheblichen Aufschwung erfahren hat. Durch das wesentlich bessere Signal-Rausch-Verhältnis können Spektren auch bei ungünstigen Energieverhältnissen registriert werden. Mit der Möglichkeit der rechnerischen Differenzspektroskopie hat sich die so wichtige Kompensation des Referenzuntergrundes bei allen Reflexionsmessungen experimentell erheblich vereinfacht. Aus Lösungen lassen sich nach Subtraktion des Lösungsmittels qualitativ hochwertige Spektren der Lösungsinhaltsstoffe erhalten. Neben der qualitativen Analyse kann mit empirischen Kalibrierfunktionen auch eine quantitative Auswertung erfolgen.

Mit diesen Techniken lassen sich Spektren von Stoffen aufnehmen, die für die IR-Strahlung nicht durchlässig und nur schwer präparierbar sind. Vorteile dieser Untersuchungsmöglichkeiten sind die einfache – bzw. entfallende – Probenpräparation und die Schichtdickenunempfindlichkeit. Außerdem wird die Probe bei diesen Meßverfahren nicht zerstört. Die Proben können an der Oberfläche berührungslos unter natürlichen Bedingungen untersucht werden. Die Reflexionsspektroskopie wird auf die verschiedensten Probleme angewandt, von der Untersuchung von Metalloberflächen bis zur qualitativen und quantitativen Analyse eines Kunststoffes oder der Identifizierung einer winzigen Menge eines organischen oder anorganischen Pulvers.

In der Reflexionsspektroskopie unterscheidet man prinzipiell zwischen äußerer und innerer Reflexion. Bei der äußeren Reflexion wird die Probe vom optisch dünneren Medium, gewöhnlich der Umgebungsluft, auf das optisch dichtere Medium, eingestrahlt. Bei der inneren Reflexion wird an der Phasengrenze zwischen einem Dielektrikum mit höherem Brechungsindex und der Probe gemessen.

Schon seit vielen Jahren gehört die ATR-Spektroskopie, eine Methode der inneren Reflexion, zur Untersuchung von Oberflächen (Beschichtungen), stark absorbierenden Substanzen sowie fettigen, faserigen oder gummiartigen Stoffen zu den Routinemethoden der IR-Spektroskopie [5.12]. Die äußere gerichtete Reflexion mit kleinen Einfallswinkeln ist eine geeignete Methode zur qualitativen und quantitativen Bestimmung von IR-absorbierenden Schichten, z.B. Lacken oder Polymerüberzügen im Mikrometerbereich auf Metalloberflächen [5.13]. Bei der Reflexions-Absorptions-Spektroskopie (IRAS) wird die Probe mit sehr großen Einstrahlwinkeln (ca. 85°) eingestrahlt, womit sehr dünne Schichten bis zu Monolagen untersucht werden können.

Während die Reflexions-Absorptions-Spektroskopie einen Sonderfall der gerichteten Reflexion darstellt, wird bei der diffusen Reflexion das Licht in alle Raumrichtungen reflektiert. Die diffuse Reflexion ist eine Mikropräparationsmethode mit einem Probenbedarf zwischen 100 µg bis 100 ng, die sich durch einfache Probenvorbereitung auszeichnet [5.14].

5.7.1 ATR-Technik

Die Anwendung der IR-Spektroskopie zur Untersuchung von Oberflächen mit der ATR-Technik hat eine relativ lange Tradition. Bereits 1961 wurde diese Methode zum erstenmal von Dr. J. FAHRENFORT beschrieben, wenig später waren dann auch schon kommerzielle ATR-Zusätze erhältlich. Diese Technik stellte eine innovative Problemlösung dar, deren Attraktivität auch durch die Tatsache kaum geschmälert wurde, daß die Spektren durch die dispersiven Spektrometer noch sehr verrauscht und oft nur mit Phantasie auszuwerten waren. Der Weg zur IR-Analyse auch von solchen nicht traditionellen Proben wie beschichteten Metallen, Folien, Kamerafilmen, Pasten, Seifen oder Fetten war frei. Heute stellt die FT-IR-Spektroskopie in Verbindung mit der ATR-Einheit, unterstützt durch eine moderne Datenstation, ein geeignetes Verfahren zur schnellen und einfachen Untersuchung von Ölen und Fetten in Lebensmitteln, Schmier- und Heizölen, Gummi- und Papierproben, Oberflächenbeschichtungen, Pasten und Flüssigkeiten dar. Der Einsatz dieser Technik ermöglicht eine schnelle qualitative und quantitative Analyse bei minimaler Probenvorbereitung [5.15].

5.7.1.1 Prinzip

Die ATR stellt prinzipiell eine Reflexionsmethode dar, die auf den physikalischen Erscheinungen bei der Lichtreflexion an der Grenzfläche zweier optisch verschieden dichter Medien basiert. Fällt Licht durch ein Medium mit relativ hohem Brechungsindex (dem ATR-Kristall) unter einem größeren als dem kritischen Einfallswinkel (Grenzwinkel der Totalreflexion) auf die Grenzfläche zu einem Medium mit kleinerem Brechungsindex (die Probe), so wird die Strahlung an dieser Grenzfläche fast vollständig reflektiert.

Bei der Totalreflexion bleibt die Strahlung nicht, wie man zunächst annehmen würde, im Kristall, sondern sie dringt etwas in das angrenzende Medium ein. Die

Eindringtiefe des Lichtstrahls in die Probe ist eine Funktion der Wellenlänge, der Brechungsindizes von ATR-Kristall und Probe und des Einfallswinkels.

$$d = \frac{\left(\frac{n_1}{n_2}\right)^2 \cdot \left(\frac{\lambda}{n_1}\right) \cdot \cos \alpha}{\pi \left\{1 - \left(\frac{n_1}{n_2}\right)^2\right\} \left\{\sin^2 \alpha - \left(\frac{n_2}{n_1}\right)^2\right\}^{1/2}}$$

d Eindringtiefe
n_1 Brechungsindex der Probe
n_2 Brechungsindex Kristall
α Einfallswinkel

Bei der nächsten Reflexion wiederholt sich derselbe Vorgang (Bild 5.15). Je nachdem, ob das Nachbarmedium – d.h. die Probe – Strahlung absorbiert oder nicht, wird damit die Intensität des reflektierten Strahls beeinflußt. Es resultiert ein dem Transmissionsspektrum ähnliches Reflexionsspektrum. Die Wellenzahlen, bei denen die substanzspezifischen Absorptionen stattfinden, sind also dieselben wie bei der Messung in Transmission.

Nur die Intensität der Banden ist sehr unterschiedlich. Da die Eindringtiefe unter anderem von der Wellenlänge des eingestrahlten Lichtes abhängt, ist es verständlich, daß die Banden mit zunehmender Wellenlänge (abnehmender Wellenzahl) immer stärker im Vergleich zu einer Messung in Transmission werden. Ein ATR-Spektrum ist gegenüber einem Transmissionsspektrum immer dahingehend verzerrt, daß bei hohen Wellenzahlen (geringe Eindringtiefe) die Intensitäten der Banden kleiner sind und mit abnehmender Wellenzahl (größere Eindringtiefe) immer größer werden. Dieses «schiefe» Spektrum läßt sich aber rechnerisch in das Aussehen eines gewöhnlichen Transmissionsspektrums umwandeln.

Die Intensität der Absorptionsbanden nimmt mit der Anzahl der Reflexionen im Kristall zu. Registrierungen ein und derselben Substanz mit unterschiedlichen Schichtdicken unterscheiden sich im Spektrum aber nicht.

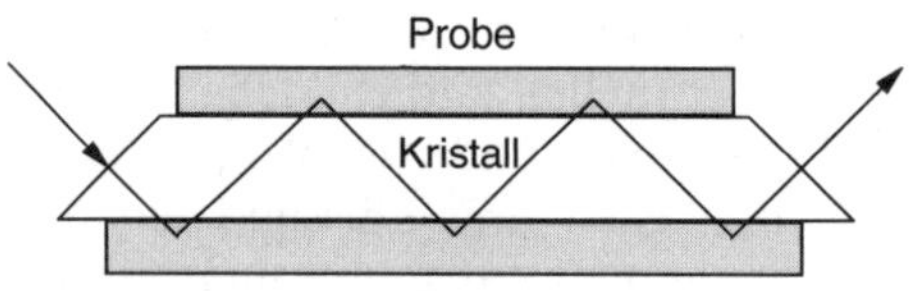

Bild 5.15 Die Reflexion der IR-Strahlung im Kristall

Die Probe wird in unmittelbarer Nachbarschaft zu einem stark lichtbrechenden Kristall in einer entsprechenden Haltevorrichtung untergebracht. Voraussetzung für die abgeschwächte Totalreflexion ist, daß die Probe einen optimalen Kontakt zum Kristall hat. Mit Hilfe einer Anpreßvorrichtung lassen sich unebene oder pulverförmige Proben an den Kristall pressen. Das von der Strahlungsquelle kommende Licht dringt in den Kristall mit parallelen Flächen ein. Der Einstrahlwinkel ist so gewählt, daß Totalreflexionen an diesen Flächen stattfinden. Nach vielfachen Reflexionen verläßt das Licht den Kristall und wird in das Gerät zurückgeführt. Durch eine unterschiedliche Form der ATR-Kristalle mit 30°, 45° und 60° erhält man eine unterschiedliche Anzahl von Reflexionen innerhalb des Kristalls (Bild 5.16). Je kleiner der Einfallswinkel ist, um so mehr Reflexionen fin-

Bild 5.16 ATR-Meßprinzip

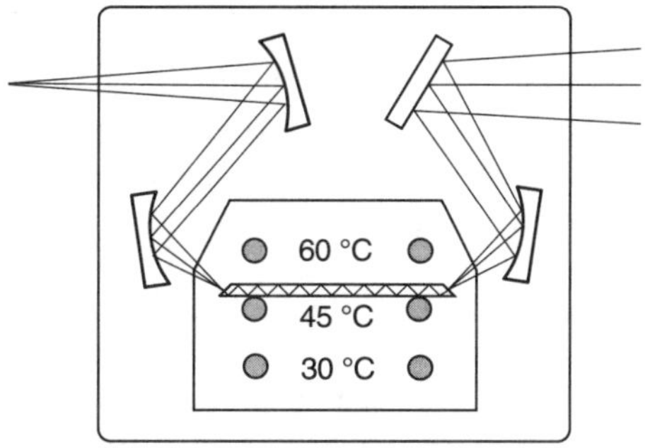

den im Kristall statt. Eine Erhöhung der Anzahl von Reflexionen ergibt eine höhere Empfindlichkeit bei entsprechend verringertem Energiedurchsatz. Für dispersive Spektrometer sind 25 Reflexionen üblich, bei den zentral fokussierten FT-IR-Geräten mit hohem Energiedurchsatz reichen meist 6 Reflexionen.

Bei Proben mit einem guten Kontakt zum Kristall, d. h. Proben mit einer glatten Oberfläche, wählt man einen höheren Einfallswinkel. Bei Proben mit rauher Oberfläche erhält man die hohe Anzahl von Reflexionen durch einen niedrigeren Einfallswinkel. Zusätzlich gibt es ATR-Einheiten, bei denen der Einfallswinkel kontinuierlich einstellbar ist. Dadurch lassen sich unterschiedliche Schichttiefen an der Probe untersuchen.

Die Reflexionsbanden sind am intensivsten, wenn der Einfallswinkel der Strahlung annähernd gleich dem Grenzwinkel der Totalreflexion ist. Mit wachsendem Einfallswinkel nimmt die Intensität stetig ab. Es wäre deshalb vorteilhaft, möglichst nahe am Grenzwinkel zu messen. Hier wird aber infolge der anomalen Dispersion des Brechungsindexes die Reflexionsbande asymmetrisch verbreitert und ihr Maximum nach kleineren Wellenzahlen verschoben. Diese Fehler werden vernachlässigbar klein, wenn man den Einfallswinkel groß im Verhältnis zum Grenzwinkel wählt. Man erhält dann Spektren, die zwar weniger intensiv sind, aber dafür den Transmissionsspektren entsprechen.

Als Kristallmaterial für das Internal reflection element (IRE) wird meist KRS-5 verwendet. Mit Aufkommen von horizontalen Einheiten, die mechanisch widerstandsfähigere Kristalle erfordern, werden bevorzugt Zinkselenid und bei wäßrigen Proben häufig Germanium eingesetzt. Totalreflexion tritt ja nur beim Übergang vom optisch dichteren Medium ins dünnere auf. Da für Ge im IR-Bereich die Brechungszahl $n = 4{,}0$ beträgt, liegt man also stets auf der richtigen Seite, da die Brechungsindizes der Proben wesentlich kleiner sind. Wie aus Tabelle 5.4 zu entnehmen, ist aber der Transmissionsbereich eingeschränkt. Einen größeren Transmissionsbereich erhält man bei Einsatz von ZnSe und KRS-5, die aber den Nachteil haben, daß sie nicht ganz wasserunlöslich sind. Während alle diese Materialien nur für den mittleren IR-Bereich einsetzbar sind, läßt sich mit Silizium als Kristallmaterial der Meßbereich auf das ferne Infrarot bis auf Wellenzahlen von 200 cm^{-1} erweitern [5.16].

5.7.1.2 Anwendungen

Obwohl die ATR-Methode durch die Entwicklung der Gerätetechnik, der Optik und besonders der Mikroelektronik Ende der siebziger Jahre erheblich verbessert werden konnte, blieb sie immer in dem Rahmen begrenzt, den die traditionelle dispersive IR-Spektroskopie vergab. Erst der Einsatz der FT-IR-Spektroskopie bedeutete einen wichtigen Schritt in der Anwendung der ATR-Technik und ermöglichte auch die Untersuchung von solchen Proben, die mit der Anwendung der klassischen IR-Spektroskopie überhaupt nicht oder kaum möglich waren (stark absorbierende Oberflächen, Mikroschichten usw.) [5.17].

Auch Wasser, das bei Transmissionsmessungen einen großen Teil der Strahlung absorbiert, stellt als Lösungsmittel bei der ATR-Technik kein Problem mehr dar. Bei der zirkularen ATR («circle cell») wird ein runder Kristallquerschnitt verwendet, der den Aperturblenden der FT-IR-Spektrometer angepaßt ist und einen hohen Strahlenfluß gewährleistet. Damit lassen sich Proben in stark absorbierenden Lösungsmitteln wie z.B. Wasser untersuchen, die bei herkömmlichen Transmissionsmessungen einen großen Anteil an Intensität absorbiert haben. Bild 5.17 zeigt beispielhaft das ATR-Spektrum eines wasserhaltigen Waschmittels.

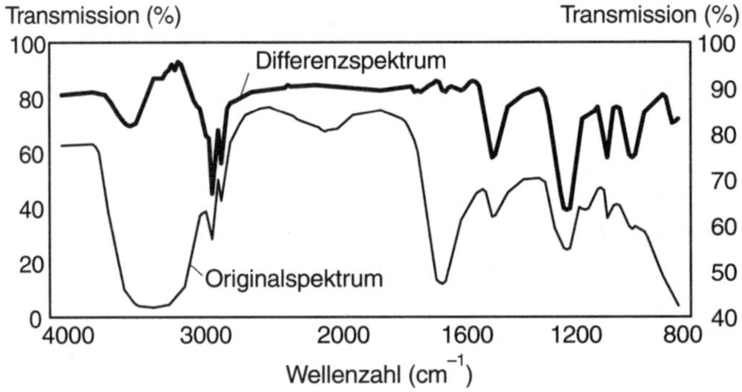

Bild 5.17 ATR-Spektrum eines wasserhaltigen Waschmittels

Durch Einsatz einer quadratischen ATR-Einheit läßt sich der Strahlverlauf, der bei runder Kristallform unregelmäßig ist, noch weiter verbessern. Durch Differenzbildung zwischen der Lösung und dem reinen Lösungsmittel lassen sich einwandfreie Infrarot-Spektren der gelösten Stoffe ermitteln. Anwendungsbeispiele dieser Technik sind Untersuchungen an Öl-Wasser-Emulsionen, Polymer-Emulsionen, Metallbearbeitungsbäder und Kühlmittel. Aber auch die in Getränken und Infusionslösungen enthaltenen Inhaltsstoffe mit niedrigen Konzentrationen können im Differenzspektrum analytisch erfaßt werden [5.18].

Die ATR-Technik ist nicht nur für «schwierige» Proben, wie Pasten und Gele, einsetzbar, sondern kann generell für alle flüssigen Proben genutzt werden, um die herkömmliche Transmissionsmessung in Küvetten zu eliminieren. Durch eine horizontale Probenauflage (Overhead-ATR) ist dabei die Probenvorbereitung auf ein Minimum reduziert. Der Probenhalter mit dem ATR-Kristall kann zum Aufbringen der Probe bzw. Reinigen einfach entnommen werden. Dabei bleibt die ATR-Einheit im Spektrometer, so daß kein erneutes Justieren der Spiegel notwendig ist.

Ein entsprechender Durchfluß-Probenhalter ermöglicht die Untersuchung eines laminaren Probenflusses über die ATR-Kristalloberfläche, womit kontinuierliche Online-Analysen möglich sind. Für Laboratorien mit großer Probenkapazität kann zusätzlich ein automatischer Flüssigkeits-Probengeber angeschlossen werden.

Proben mit unebener Oberfläche, wie z.B. Pulver, lassen sich mit einer Anpreßeinheit auf den Kristall drücken, um einen optimalen Kontakt zwischen Probe und ATR-Kristall zu gewährleisten. Gerade Pulver und Polymere, die früher eine aufwendige Präparation zur IR-Spektroskopie erforderten, können mit der ATR-Einheit ohne Vorbereitung untersucht werden. Ohne Anpreßvorrichtung kann diese Technik auch für Hautanalysen eingesetzt werden. In einer speziellen Haut-ATR-Einheit liegt die Probenauflagefläche dabei außerhalb des Probenraumes und ermöglicht die direkte Auflage verschiedener Körperteile wie Hand, Arm usw. Typische Anwendungsbeispiele für die «In-situ»-Messung sind Untersuchungen von kosmetischen und pharmazeutischen Produkten auf der Haut, Beobachtungen der Absorption von Drogen durch die Haut und zusätzlich einfache Messungen des Feuchtigkeits- und Ölgehaltes.

Die Intensität hängt im Gegensatz zur gebräuchlichen Durchstrahltechnik oberhalb einer definierten Probenschichtdicke nicht mehr von dieser ab. Das hat für die Untersuchung von Lackfilmen zur Folge, daß auch Materialien mit größerer Schichtdicke oder stärkerer Pigmentierung, kurz Proben, noch zur Messung gelangen können, die für infrarotes Licht nur sehr wenig durchlässig sind. Ein besonderer Vorzug der Methode besteht – ebenfalls aufgrund der begrenzten Strahlungseindringtiefe – in der Möglichkeit, einen Einblick in den Aufbau von Mehrschichtsystemen zu gewinnen oder oberflächliche Veränderungen an Filmmaterialien nachzuweisen. Selbstverständlich gilt die für ATR-Spektren erwähnte Unabhängigkeit der Bandenintensität von der Filmstärke nur in übertragenem Sinne für die Untersuchung von Filmmaterialien mit Schichtaufbau. Sobald die Auflageschicht kleiner wird als die Strahlungseindringtiefe, werden in Abhängigkeit von der Schichtdicke der Auflage Spektren mit wechselnder Intensität der Schlüsselbanden von Auflageschicht und Unterlage erhalten.

5.7.2 Äußere Reflexion in der IR-Spektroskopie

Bei den äußeren Reflexionstechniken unterscheidet man zwischen der gerichteteten, der diffusen und der Reflexionsabsorption. Diese Art der Probenuntersuchung ist eine einfache und schnelle Methode, um Festproben ohne aufwendige Probenpräparation zu analysieren. Außerdem werden bei dieser Meßmethode Strukturänderungen der Probe vermieden, die beim herkömmlichen Mahlen durch Druckbelastung in der KBr-Preßtechnik entstehen. Allerdings ist die Interpretation von Reflexionsspektren komplizierter, da an realen Proben fast immer gerichtete und diffuse Reflexion gleichzeitig auftritt. Für die praktische Anwendung reicht aber oft die formale Ähnlichkeit von Transmissions- und Reflexionsspektren.

Das Verhältnis zwischen der reflektierten und der einfallenden Strahlung wird als Remission (reflectance) bezeichnet. Trägt man die Reflectance der Probe als Funktion der Wellenzahl auf, erhält man ähnliche spektrale Informationen wie bei der Auswertung von Transmissionsspektren, jedoch mit dem Unterschied, daß im Reflexionsspektrum noch die Brechungsindexkomponente zu eliminieren ist. Denn die Intensität der reflektierten Strahlung hängt nach den Fresnel-Gleichungen vom Brechungsindex der Probe ab. Wie später noch gezeigt wird, führt gerade die Abhängigkeit dieses Anteils der reflektierten Strahlung vom Brechungsindex zu gestörten Banden im Reflexionsspektrum.

5.7.2.1 Gerichtete Reflexion

Die äußere, gerichtete Reflexion wird in den meisten Fällen bei kleinen Einfallswinkeln zur qualitativen oder quantitativen Bestimmung von IR-absorbierenden Beschichtungen auf Metalloberflächen und nichtmetallischen Oberflächen, die Infrarot-Strahlen reflektieren, angewendet. Das Prinzip der gerichteten (spiegelnden) Reflexion beruht darauf, daß der Spektrometerstrahl mit Hilfe einer Spiegeloptik auf die Oberfläche einer Probe gelenkt und an dieser unter einem gerichteten Winkel reflektiert wird. Anschließend wird die IR-Strahlung über weitere Spiegel wieder zum Detektor des Spektrometers geführt. Der IR-Strahl durchdringt also die Beschichtung und wird an der glatten Metalloberfläche reflektiert. Beim Durchdringen der Oberflächenschicht tritt Absorption der Strahlungsenergie durch Wechselwirkung mit den Molekülen ein. Durch die zweimalige Durchstrahlung der Beschichtung resultiert schließlich ein Transmissionsspektrum dieses Materials (Bild 5.18).

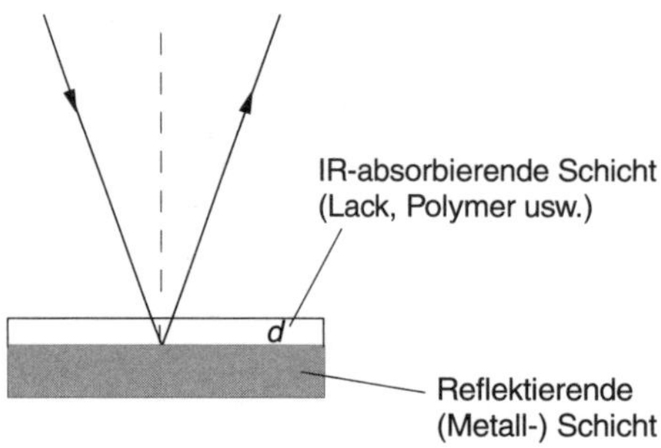

Bild 5.18 Prinzip der äußeren, gerichteten Reflexion

Die Vorteile dieser Reflexionstechnik gegenüber der ATR-Technik liegen darin, daß die Proben mit keinem anderen Kristallmaterial in Berührung kommen und die zu untersuchende Schicht selbst keine glatte Oberfläche haben muß. Es lassen sich Beschichtungen von etwa 1 bis 100 µm Dicke erfassen. Eine quantitative Bestimmung erfolgt nach der Gleichung:

$$\lg \frac{1}{R} = \varepsilon\, c\, d$$

R Remission
ε molarer Extinktionskoeffizient
c Konzentration
d Schichtdicke

Organische Flüssigkeiten lassen sich mit diesem Reflexionszusatz messen, indem ein Tropfen auf eine Spiegelplatte gegeben wird. Schwierigkeiten gibt es nur bei sehr niedrig siedenden Flüssigkeiten. Lassen sich feste Stoffe ohne Zersetzung schmelzen, können durch rasches Abkühlen der geschmolzenen Substanz auf einer Metallplatte dünne Substanzfilme erzeugt werden, die dann direkt vermessen werden können. Dieses Verfahren stellt damit wegen seiner Schnelligkeit und Einfachheit eine echte Alternative zur aufwendigen KBr-Preßtechnik dar, wobei der Substanzbedarf vergleichbar ist [5.19].

5.7.2.2 Reflexions-Absorptions-Spektroskopie (IRRAS)

Mit größer werdendem Einfallswinkel werden die Eindringtiefe und die damit verbundene Absorption erhöht. Dies kann man zur Untersuchung sehr dünner Oberflächenschichten ausnutzen (Bild 5.19). Die effektive Weglänge l der Strahlung, die in die Oberfläche mit der Schichtdicke d eindringt, ist gegeben durch:

$$l = 2d \cos \alpha$$

Insbesondere bei Einfallswinkeln >85°, wo sich der Wert für $\cos \alpha$ schnell dem Nullwert nähert, bewirkt jede Erhöhung des Einfallswinkels eine Erhöhung der Eindringtiefe in der Beschichtung und damit eine starke Zunahme der Absorptionsintensität der reflektierten Strahlung. Die Bandenintensität erhöht sich ebenfalls bei Verwendung von polarisiertem Licht. Geeignet für eine Reflexion von einer Metalloberfläche ist eine Polarisation von 90°.

Bild 5.19 Prinzip der Reflexions-Absorptions-Spektroskopie

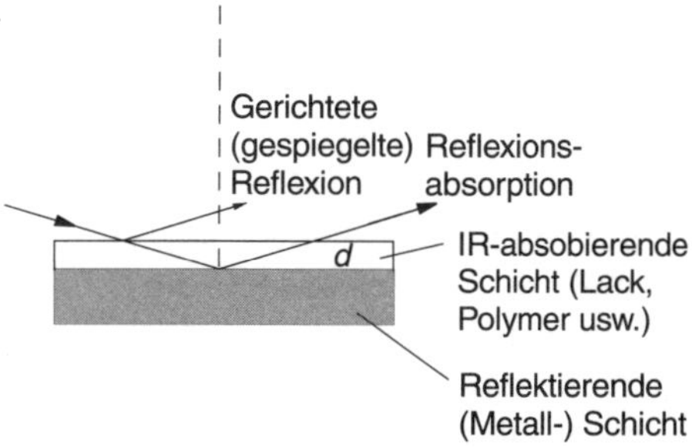

Die Verwendung einer Reflexionseinheit mit streifendem Einfallswinkel dient zur Untersuchung von dünnen, absorbierenden Schichten auf einer glatten reflektierenden Oberfläche. Die IRRAS-Technik ist besonders gut geeignet für Spektrenaufnahmen von Oberflächen mit Schichtdicken von etwa 0,1 bis 10 µm [5.20]. Anwendungsbereiche sind in der Beschichtungs- und Halbleiterindustrie zur Untersuchung von Dünnfilmbeschichtungen auf reflektierender Metalloberfläche zu finden. Da aber diese Reflexionsspektren sowohl Komponenten aus der Absorption als auch aus der spiegelnden Reflexion enthalten, ist eine quantitative Auswertung erschwert. Die gerichtete Reflexion ist im Spektrum immer vorhanden und unabhängig von der zu untersuchenden Substanz.

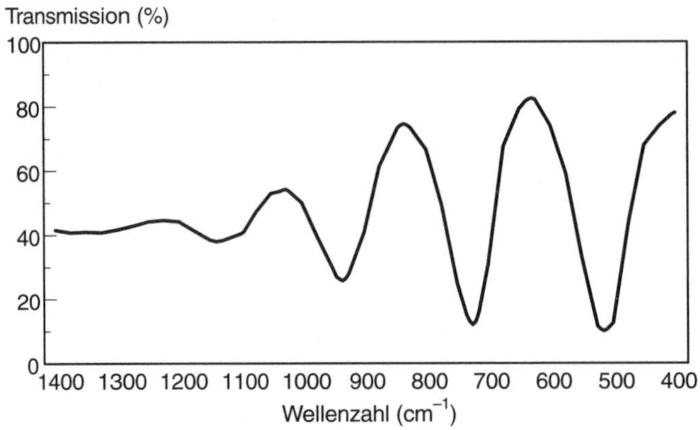

Bild 5.20 Reflexionsspektrum einer Ge-Epitaxieschicht

Schichtdickenmessungen von Epitaxieschichten auf Halbleitermaterialien können leicht anhand der Interferenzminima und -maxima durchgeführt werden (Bild 5.20). Die Schichtdicken von homogenen, transparenten Filmen lassen sich ermitteln, wenn ihre Größe im richtigen Bereich liegt. Die Schicht darf nicht dünner als die Meßwellenlänge sein und nicht mehr als das 50fache der Wellenlänge betragen. Dabei muß der zur Auswertung herangezogene Spektralbereich frei von Absorptionsbanden sein.

Wird Wasser als reflektierende Oberfläche verwendet, können mit Hilfe der Reflexion unter streifendem Einfallswinkel Monoschichtfilme an der Schnittstelle Luft–Wasser untersucht werden. Substanzen wie Seifen, Öle, Fette, Lipide usw. bilden auf einer Wasseroberfläche einen monomolekularen Film in der Weise, daß der hydrophile Anteil der Moleküle zur Wasserseite ausgerichtet ist. Der hydrophobe Anteil besteht normalerweise aus CH_2-Ketten und wird vom Wasser abgestoßen. Durch eine Verschiebeplatte läßt sich dieser Film für Zweiphasenuntersuchungen komprimieren oder strecken. Dadurch sind verschiedene Eindringtiefen meßbar. Man erhält hierdurch Informationen über die hydrophilen Gruppen, die Orientierung der hydrophoben Kette und die Anordnung und Konfiguration dieser Filme. Biologische Membranen können so in-situ auf ihrem natürlichen Substrat untersucht werden.

5.7.2.3 Diffuse Reflexion (DRIFT)

Im Gegensatz zur Reflexion an glatten, ideal spiegelnden Oberflächen erfolgt die diffuse Reflexion an ideal rauhen Oberflächen. Das Prinzip der diffusen Reflexionsmessung basiert auf der Fokussierung des IR-Strahls mit einem Ellipsoidspiegel auf die Probe, die sich in einer offenen Schale befindet, wie in Bild 5.21 dargestellt ist. Anschließend wird die diffus reflektierte Strahlung von der Probe ebenfalls mit einem Ellipsoidspiegel gesammelt und mittels eines Umlenkspiegels zum Detektor des Spektrometers geführt [5.21].

Zur Messung des «Leerspektrums» ohne Probe wird in diffuser Reflexion anstelle der Probe dafür ein gut reflektierender, aber nicht absorbierender Standard,

Bild 5.21 Aufbau zur Messung der diffusen Reflexion

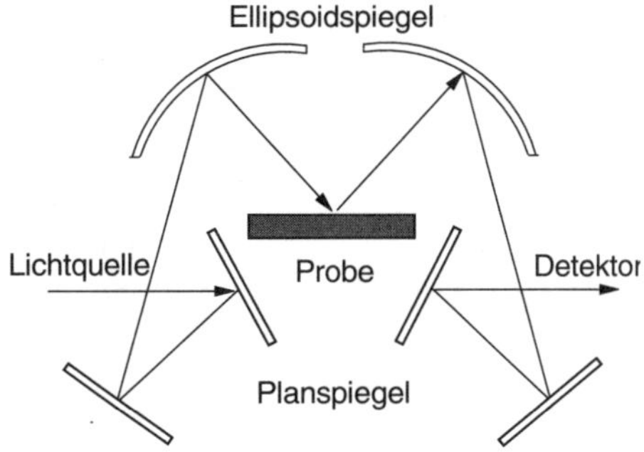

meist KBr, verwendet. Es werden die Einstrahl-Spektren des Standards und der Probe gemessen, und man erhält das Reflexionsspektrum der Probe analog zu Transmissionsmessungen durch Differenz der beiden Einstrahl-Spektren.

Mit der diffusen Reflexion kann man FT-IR-Spektren von Proben aufnehmen, die mit Transmissionstechnik nur schwer zugänglich sind. Diese Technik ist ohne große Probenpräparation möglich und bedeutet daher in vielen Fällen eine erhebliche Zeitersparnis. Sie wird zwar überwiegend für Pulverproben, z. B. Arzneimittel und pharmazeutische Produkte, eingesetzt, kann aber oft auch erfolgreich für die Untersuchung von Faserwerkstoffen wie Papier oder Stoff verwendet werden.

Durch Verbindung der diffusen Reflexionseinheit mit einem X-Z-Positioniertisch lassen sich Proben, die von Natur aus inhomogen sind oder verändernde Partikelgröße aufweisen, kartographisch analysieren. Große Proben können in kontrollierbaren einzelnen Punkten über die gesamte Fläche gemessen werden. Mit diesem Verfahren lassen sich auch Platten der Dünnschicht-Chromatographie auswerten.

Wie bei der ATR-Technik ist auch hier zu berücksichtigen, daß die Eindringtiefe der Strahlung in die Probe von der Wellenlänge abhängig ist. Gegenüber den Transmissionsspektren nimmt bei den Reflexionsspektren die Intensität der Absorptionsbanden im langwelligen Bereich des Spektrums durch die zunehmende Eindringtiefe zu.

Eine der Hauptschwierigkeiten bei Messungen in diffuser Reflexion ist die möglicherweise gestörte Form der spektralen Banden im Reflexionsspektrum aufgrund von auftretenden gerichteten Reflexionsanteilen (FRESNEL-Reflexion). Bei der Bestrahlung kann ein Teil direkt an der Probenoberfläche reflektiert werden, wobei der Reflexionswinkel gleich dem Einfallswinkel ist. Diese Teilstrahlung hat keinerlei Absorption in der Probe erfahren und enthält daher auch keine Information über das Absorptionsverhalten. Da bei definiertem Einfallswinkel der Winkel dieser gerichteten Reflexionskomponente bekannt ist, kann dieser Einfluß durch eine «Off-axis»-Konfiguration eliminiert werden.

Zusätzlich können Strahlen an einer Teilchenoberfläche mehrfach reflektiert werden, wobei dann jeder beliebige Reflexionswinkel möglich ist (Bild 5.22). Dieser Strahlungsanteil kann optisch nicht von der diffusen Reflexionskomponente unterschieden werden. Das Verdünnen der Probe mit einem nicht absorbierenden

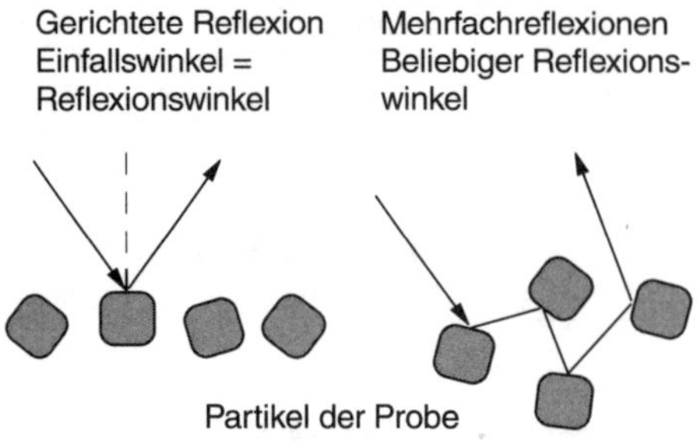

Bild 5.22 Gerichtete (Fresnel-)Reflexion an der Teilchenoberfläche

Material wie KBr-Pulver schafft hier in der Regel Abhilfe [5.22]. Eine zweite Schwierigkeit kann bei stark absorbierenden Proben auftreten, die nur ein geringes Reflexionssignal liefern. Das geringe Signal-Rausch-Verhältnis in den erhaltenen Spektren kann jedoch durch eine längere Meßzeit oder durch den Einsatz empfindlicher Detektoren verbessert werden.

Die Überlagerung der gerichteten und diffusen Reflexion führt zu den oben erwähnten unsymmetrischen Banden der DRIFT-Spektren. Für starke Absorptionsbanden (meist unterhalb 2000 cm^{-1}) ist das gemessene Spektrum eine Mischung aus diffuser und gerichteter Reflexion, und die Banden besitzen die Form einer Ableitung der Bande. Mittels einer mathematischen Operation, der Kramers-Kronig-Transformation, können Spektren, die durch einen hohen Anteil an gerichteter Reflexion gestört sind, korrigiert werden.

5.7.2.3.1 Kramers-Kronig-Transformation

Im Gegensatz zu den Transmissionsspektren bestehen die Reflexionsspektren aus zwei Komponenten, dem Brechungsindex n und dem Extinktionsspektrum k, wodurch die Interpretation dieser Spektren äußerst erschwert ist. Der Zusammenhang zwischen der Reflexion der Strahlung und der Lichtbrechung wird mathematisch durch vier Fresnelsche Gleichungen beschrieben, die für die linear polarisierte Strahlung parallel und senkrecht zur Einfallsebene einen Reflexions- und einen Transmissionskoeffizienten als Funktion des Einfalls- und des Brechungsindexes definieren. Da die reflektierende Oberfläche zudem absorbiert, muß zusätzlich zum relativen Brechungsindex ein Absorptionskoeffizient definiert werden. Die Brechungsindexkomponente wird durch eine relativ komplizierte numerische Integration aus dem Spektrum separiert. Durch diese sog. Kramers-Kronig-Transformation wird das aufgenommene Spektrum mit einem Rechner in das gewöhnliche Transmissionsspektrum umgewandelt.

In Bild 5.23 ist das Spektrum von Polystyrol, gemessen in diffuser Reflexion, dargestellt. Die starke Störung der Banden im DRIFT-Spektrum wird durch einen hohen Anteil an gerichteter Reflexion verursacht. Nach einer Korrektur des Reflexionsspektrums mit der Kramers-Kronig-Transformation kann das korrigierte Spektrum besser mit dem Transmissionsspektrum verglichen werden, das in Bild 5.24 mit eingetragen ist.

Die Breite und Intensität der Banden in diffusen Reflexionsspektren von organischen Stoffen hängt stark von der Teilchengröße der Probe ab. Für stark absor-

Bild 5.23 DRIFT-Spektrum von Polystyrol

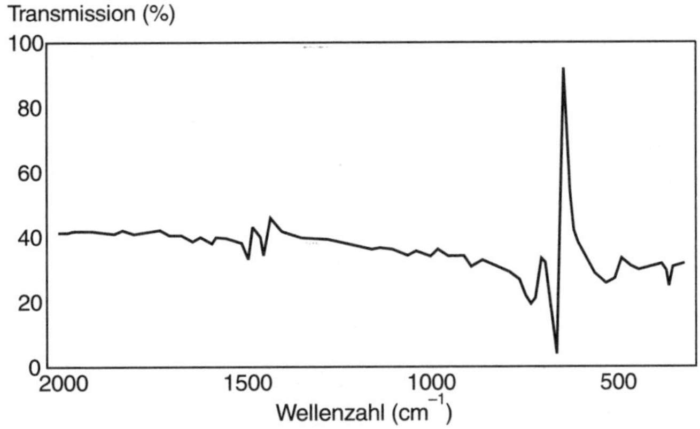

Bild 5.24 DRIFT-Spektrum von Polystyrol nach Kramers-Kronig-Transformation im Vergleich zum Transmissionsspektrum

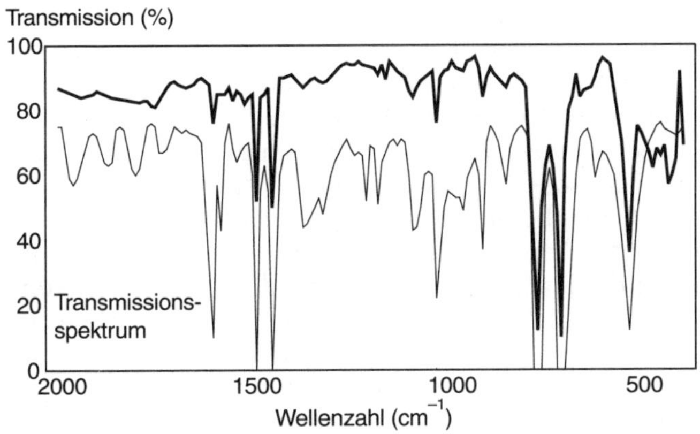

bierende anorganische Substanzen, die einen großen Brechungsindex besitzen, ist die Änderung der Spektren in Abhängigkeit von der Teilchengröße noch ausgeprägter.

5.7.2.3.2 Quantitative Analyse bei diffuser Reflexion

Die DRIFT-Methode ist im allgemeinen ein qualitatives und halbquantitatives Verfahren. Der Energieanteil der gerichteten Reflexion, der unabhängig von der Schichtdicke ist, erschwert die quantitative Analyse. Gute quantitative Auswertungen sind möglich, wenn eine Umrechnung nach der Kubelka-Munk-Gleichung vorgenommen wird:

$$f(R) = \frac{(1-R)^2}{2R} = \frac{\varepsilon c}{s}$$

Diese Gleichung stellt das Analogon der diffusen Reflexion zum Lambert-Beerschen Gesetz für die Transmissionsspektroskopie dar. Es handelt sich um eine

Näherungsformel, die nach den Urhebern dieser Näherung benannt wurde. Als Grundlage diente das Modell einer idealen, unendlich verdünnten Probe in einer nicht absorbierenden Matrix. *R* ist hierbei das relative Reflexionsvermögen der Probe bei theoretisch unendlicher Schichtdicke, die in der Praxis bei etwa 2 mm erreicht ist. *S* ist der sogenannte Streukoeffizient, der von der Korngrößenverteilung der untersuchten Probe abhängt.

5.7.2.4 Anwendungen der Reflexionsspektroskopie

Die diffuse Reflexionsspektroskopie zählt zu den anspruchsvolleren Techniken, die erst mit der Einführung der FT-IR-Spektroskopie den entscheidenden Durchbruch erlangte. Diese Methode kann erfolgreich eingesetzt werden, um Proben zu analysieren, die schwer mit einer Transmissionstechnik wegen ihrer physikalischen Natur untersucht werden können, oder für solche, die ohne Veränderung untersucht werden sollen. Die größte Schwierigkeit bei der Interpretation diffuser Reflexionsspektren wird durch Artefakte aufgrund eines Anteils an gerichteter Reflexion verursacht.

Die Methode kann zur Untersuchung einer Vielzahl unterschiedlicher Proben, wie Pulver, Fasern oder kompakte Stücke schwer zu zerkleinernder Materialien, eingesetzt werden. In der Lebensmittelindustrie findet die Reflexionsspektroskopie insbesondere Anwendung zur Analyse von Beschichtungen der Innenseiten von Getränke- und Konservendosen.

In der Automobilindustrie findet sie Einsatz zur Analyse der Zn-Phosphatierung der Stahlbleche. Zunehmend wird hier neuerdings das Zink gegen andere Metalle wie Nickel, Magnesium oder Mangan ersetzt. Eine Differenzierung dieser unterschiedlich substituierten Hopeit-Typen ist mit der Reflexionsspektroskopie durch entsprechende Absorptionsbanden des Phosphats und des Kristallwassers möglich [5.23].

5.7.2.5 Kopplung mit Lichtleitern

Ein Faseroptiksystem ermöglicht IR-Analysen auch außerhalb des Spektrometers. Damit sind Messungen an Proben möglich, die nicht ins Spektrometer gebracht werden können. Dieses System ist also ideal für einfache Messungen an schwer zugänglichen Proben. Ein optisches Interface koppelt die IR-Strahlung aus dem Spektrometer in eine Lichtleiterfaser ein. Die Faser leitet das Licht unter vielfacher innerer Totalreflexion zum Meßkopf, der Kontakt mit der Probe hat. In einer zweiten Faser gelangt das abgeschwächte Licht zum Interface zurück und wird im Strahlengang des Spektrometers zum Detektor geführt.

An flüssigen Proben sind Messungen in Transmission und in der ATR-Technik möglich. Der Transmissionsmeßkopf basiert auf dem Prinzip der äußeren, gerichteten Reflexion. Das Licht tritt durch ein Quarz- oder Saphirfenster in die flüssige Probe, wird von einem Spiegel reflektiert und tritt durch das Fenster wieder in die Faser ein. Dabei kann die Schichtdicke, die dem doppelten Abstand zwischen Fenster und Spiegel entspricht, variiert und den Proben entsprechend angepaßt werden.

Die Kopplung mit Lichtleitern ist vor allem für die Betriebs- und Prozeßanalytik interessant, wofür besonders robuste und kühlbare Prozeßsonden erhältlich sind. Die Einsatzmöglichkeiten im mittleren Infrarot (MIR) sind aber noch beschränkt, da die herkömmlichen Materialien für die Lichtleiter ungünstige Transmissionswerte zeigen. Quarzglasfasern in einer möglichst OH-freien Form sind nur für den UV/Vis- bis NIR-Spektralbereich, d.h. für Wellenzahlen von 4500 bis 15000 cm^{-1}, geeignet. Zirkonfluorid (ZrF_4) ist für Wellenzahlen von 2200 bis 10000 cm^{-1} einsetzbar, also für den NIR- bis mittleren MIR-Bereich.

5.8 Photoakustischer Detektor

Das Hauptproblem in der IR-Spektroskopie vieler fester und pastöser Proben ist, daß sie nicht durchlässig und damit einer Transmissionsmessung nicht zugänglich sind. Als Alternativen werden die verschiedenen Reflexionsverfahren angewandt, die aber auch ihre Nachteile haben. Die gerichtete Reflexion verlangt spiegelglatte Oberflächen, zur Aufnahme von DRIFT-Spektren muß die Probe oft zerkleinert und mit KBr verdünnt werden, und bei der ATR-Technik muß auf einen reproduzierbaren optischen Kontakt an dem empfindlichen Kristall gesorgt werden.

Die photoakustische Spektroskopie (PAS) bietet hier eine schnelle und einfache Methode für diese vielen Probenkategorien [5.24]. Ohne jegliche Präparation können feste oder halbfeste Proben zerstörungsfrei vermessen werden. Durch Austausch der Probenmeßzelle können je nach Probenart Absorptionsmessungen, diffuse Reflexions- oder Transmissionsmessungen an Pulvern, Filmen, Tabletten, einzelnen Fasern sowie viskosen und auch flüssigen Proben durchgeführt werden. Die Photoakustik, manchmal auch Optoakustik genannt, stellt eine sehr empfindliche Methode dar, bei der zusätzlich auch noch die Eindringtiefe in die Probe variiert werden kann [5.25].

Der photoakustische Effekt wurde 1880 von ALEXANDER BELL durch Zufall entdeckt. Dieser Effekt beruht darauf, daß die Absorption von modulierter IR-Strahlung eine periodische Erwärmung der Probe bewirkt. Dadurch kommt es zu periodischen Temperaturänderungen der Probe und des umgebenden Gases und damit zu periodischen Druckschwankungen, also Schallwellen. BELL verwendete als Infrarot-Lichtquelle das Sonnenlicht, als Detektor stand ihm nur das menschliche Ohr zur Verfügung. Heute stehen zur Aufnahme des Schallsignals empfindliche Mikrophone zur Verfügung [5.26].

Die Probe befindet sich in einer gasdichten Meßzelle, um Störeinflüsse wie Schallwellen aus der Umgebung auszuschließen. Durch ein ein IR-transparentes Fenster wird mit der intensitätsmodulierten IR-Strahlung aus dem Interferometer des FT-IR-Spektrometers bestrahlt (Bild 5.25). Ein Teil der Strahlung wird direkt an der Oberfläche reflektiert, der andere dringt in die Probe mit exponentiell abnehmender Intensität in die Probe ein. Dabei erwärmt sich diese durch Absorption der breitbandigen Infrarot-Strahlung. Die aufgenommene Wärme diffundiert zur Oberfläche der Probe und in die umgebende Gasatmosphäre. Mit der Frequenz der modulierten IR-Strahlung entstehen damit Druckwellen in der Gasatmosphäre, die von einem Mikrophon detektiert werden können. Das Schallsignal, das die gewohnte Form eines Interferogramms hat, wird vorverstärkt und wie die Standard-Detektorsignale im FT-IR-Spektrometer weiterbehandelt und durch Fouriertransformation in ein Spektrum umgerechnet [5.27].

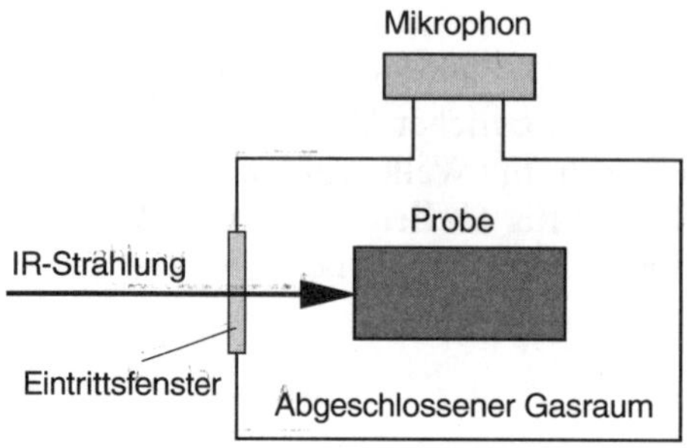

Bild 5.25 Absorptionsmessung mit dem photoakustischen Detektor

Der abgeschlossene Gasraum kann Luft enthalten; eine bessere Schalleitung besitzt Helium, womit sich ein besseres Signal-Rausch-Verhältnis erzielen läßt. Der erfaßbare Spektralbereich wird allein vom Material des Eintrittsfensters (meist KBr) begrenzt. Die Bandenlage ist mit den Standard-IR-Spektren vergleichbar. Wie bei der ATR-Technik ist auch hier zu berücksichtigen, daß die Eindringtiefe mit abnehmender Wellenzahl zunimmt.

Da beim photoakustischen Effekt das Signal nur durch die von der Probe absorbierte Energie verursacht wird, kann es zu keinen oder nur geringen ungewollten Störeffekten kommen. Der Christiansen-Effekt, d.h. die unsymmetrische Bandenverschiebung bei der Transmissions- und Remissionsmessung von Pulverproben durch hohe Brechzahlunterschiede zwischen KBr und Probe, tritt nicht auf. Als Hintergrundspektrum dient bei dieser Technik das photoakustische Spektrum einer Kohlenstoffprobe.

Die Intensität des photoakustischen Signals ist sowohl von den optischen als auch von den thermischen Eigenschaften der Probe abhängig. Die Intensität der durch die IR-Strahlung in der Probe erzeugten Wärmewellen nimmt beim Durchgang durch die Probe bis an die Oberfläche wieder ab. Damit ist neben dem optischen Absorptionskoeffizienten auch der thermische Diffusionskoeffizient der Probe zu berücksichtigen. Es kann dabei der Fall eintreten, daß die thermische Diffusionslänge kleiner ist als die optische Absorptionslänge. Damit ist die zu untersuchende Schicht zwar optisch transparent, bedingt durch den kleinen thermischen Diffusionskoeffizienten ist aber die meßbare Schichtdicke begrenzt, und es kommt zu Sättigungseffekten.

Da die effektive Wärmeleitung in der Probe eine Funktion der Modulationsfrequenz ist, kann man bei Änderung der Modulationsfrequenz durch Variation der Spiegelgeschwindigkeit am Interferometer verschiedene Eindringtiefen in die Probe untersuchen. Hohe Modulationsfrequenz bewirkt eine geringe Eindringtiefe und umgekehrt. Mit dieser Technik lassen sich damit auch Schichtsysteme bei entsprechender Wahl der Eindringtiefe durch Variation der Modulationsfrequenz analysieren.

Trotz der besonderen Phänomene bei der photoakustischen Detektion stellt diese Methode eine elegante Alternative zu den konventionellen Meßtechniken dar. Die Spektren sind von hoher Qualität und auch quantitativ auswertbar. Dank der variablen Eindringtiefe können Beschichtungssysteme selektiv gemessen werden.

5.9 Infrarot-Mikroskopie

Die Infrarotspektroskopie ist bereits von Natur aus eine mikrotechnische Methode. Für die Aufnahme von Festsubstanzen mit der Kaliumbromid-Preßtechnik genügen bekanntlich Stoffmengen zwischen 0,1 und 1 mg. Die Meßfleckgröße beträgt dabei üblicherweise 3 bis 10 mm im Durchmesser. Dies kann ein Problem sein, wenn es darum geht, aus einer Produktionscharge einen sehr kleinen fehlerhaften Probenquerschnitt analytisch zu erfassen und zu identifizieren. Hierzu müssen mikroanalytische Methoden eingesetzt werden.

Bis vor kurzem bedeutete die Mikroanalytik in der IR-Spektroskopie die Analyse von Probengrößen im Bereich von ca. 0,5 mm Durchmesser und Probenmengen im Mikrogrammbereich. Kleinere Probenmengen – oft handelt es sich um einzelne Partikel – erforderten einen großen Präparationsaufwand, der in der Routineanalytik nicht mehr vertretbar war. Zunächst mußte die Probe unter einem Lichtmikroskop abgetragen und auf einem infrarottransparenten Material befestigt werden. Die Justierung des interessanten Bereichs im Strahlengang des Spektrometers mit Metallstreifen oder Lochblenden war oft extrem schwierig. Dadurch waren Fehlmessungen und Falschinterpretationen an der Tagesordnung.

Der Einsatz spezieller Fokussiereinrichtungen brachte auch nicht den gewünschten Erfolg, da die eigentliche Meßzeit – vorausgesetzt, es wurde ein modernes FT-IR-Spektrometer verwendet – nur einen geringen Bruchteil des zeitlichen Aufwandes für die Probenvorbereitung ausmachte. Außerdem waren mit den üblichen Fokussiereinrichtungen nur Transmissionsmessungen möglich, wogegen viele der anfallenden Meßprobleme direkt im Auflicht ohne Probenberührung durchgeführt werden sollten.

Mit der Verfügbarkeit des IR-Mikroskops sind diese Schwierigkeiten bezüglich der Probenhandhabung und Probenvorbereitung überwunden worden. Das erste IR-Mikroskop kam bereits 1953 auf den Markt, bedingt durch den Prismen-Monochromator ließ das Signal-Rausch-Verhältnis aber sehr zu wünschen übrig. Erste Mikroskope, ausgerüstet mit hochpräzisen Spiegelobjektiven, die sowohl für sichtbares als auch für infrarotes Licht geeignet waren, wurden dann in den 60er Jahren erfolgreich für spektroskopische Untersuchungen eingesetzt. Jedoch waren die damals zur Verfügung stehenden Prismen- oder Gitter-Monochromatoren so leistungsschwach, daß die Möglichkeiten der IR-Mikroskopie nicht ausgeschöpft werden konnten.

Die heutigen FT-IR-Spektrometer bieten aufgrund ihrer Wellenzahlgenauigkeit und des hohen Strahlungsdurchsatzes sowie der rechnerischen Aufarbeitung der Spektren eine deutlich höhere Nachweisempfindlichkeit. Deshalb hat die IR-Mikroskopie erst in Kombination mit den FT-IR-Geräten einen deutlichen Aufschwung erfahren [5.28]. Das erste kommerzielle FT-IR-Mikroskop kam 1983 auf den Markt [5.29].

Mit dieser Technik ist der zeitbestimmende Schritt im allgemeinen nicht mehr die Justierung und Spektrenaufnahme, sondern die Probenpräparation. Es sind Messungen sowohl in Transmission als auch in Reflexion möglich. Meßfleckgrößen von weniger als 10 μm Durchmesser stellen kein Problem mehr dar. Tatsächlich ist die zu untersuchende Probengröße nur durch die Beugung des verwendeten Infrarotlichtes, das im Wellenlängenbereich von 2 bis 17 µm liegt, begrenzt [5.30].

Auf die Probenpräparation muß bei Mikroproben naturgemäß große Sorgfalt verwendet werden und die Präparation eines einzelnen Partikels kann unter Umständen viele Stunden in Anspruch nehmen. Man verzichtet hierbei meistens auf die Mikropreßtechnik und bringt das Teilchen direkt auf einen IR-transparenten Träger, indem man es z.B. auf einen frisch gespaltenen Kaliumbromid-Kristall drückt.

5.9.1 Funktionsweise

Das optische System eines IR-Mikroskops stellt bei der Entwicklung eine besondere Herausforderung dar. Grundsätzlich müssen zwei Schwierigkeiten gelöst werden: die Absorption der IR-Strahlung durch die Linsen einerseits und die Feuchteempfindlichkeit der IR-transparenten Materialien andererseits. Da Glas die IR-Strahlung vollkommen absorbiert, ist das klassische Linsensystem eines Lichtmikroskops nicht anwendbar. Andererseits sind die für IR-Strahlung durchlässigen Materialien wegen ihrer hygroskopischen Eigenschaften, energetischen Verlusten durch Reflexion und mechanischer Empfindlichkeit nicht einzusetzen. Folglich mußten für IR-Mikroskope vollkommen neue optische Systeme entwickelt werden, die sowohl für IR-Strahlung als auch für sichtbares Licht durchlässig sind [5.31].

Das IR-Mikroskop wird an das FT-IR-Spektrometer angekoppelt, das Arbeiten mit einem FT-IR-Mikroskop ist dann vergleichbar mit einem konventionellen Lichtmikroskop. Der interessierende Probenbereich wird über ein Binokular beobachtet und auf dem Objekttisch zentriert. Durch Herausschwenken des Binokulars wird in den Infrarotmeßmodus umgeschaltet und die Probenfläche spektroskopisch untersucht (Bild 5.26). Da sowohl der IR-Strahl als auch das zur Beobachtung verwendete Licht durch die gleiche Spiegeloptik geführt wird, stimmt der visuell eingestellte Probenbereich mit dem vom Infrarotlicht analysierten überein.

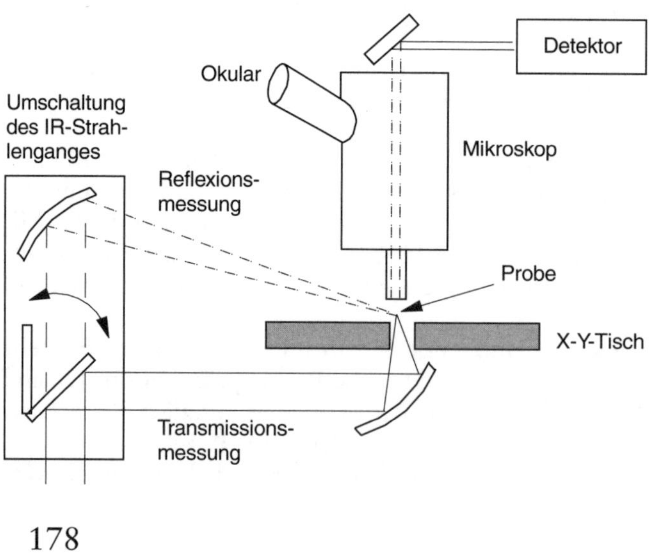

Bild 5.26 Strahlengang eines IR-Mikroskops

Da das IR-Mikroskop sowohl für Transmissions- als auch für Reflexionsmessungen eingesetzt werden kann, erfolgt die Beleuchtung wahlweise in Auf- oder Durchlicht. Die Mikroskopmessung ist mit einer makroskopischen Standardmessung nahezu identisch und wird unter Verwendung der gleichen Meßroutinen ausgewertet. Mit einem X-Z-Kreuztisch können ortsauflösende Messungen der Verteilung von Verunreinigungen an großflächigen Proben durchgeführt werden.

5.9.2 Proben

Mit einem IR-Mikroskopiesystem lassen sich in erster Linie kleine Proben untersuchen. Die Probe wird auf einem drehbaren Probenhalter befestigt, wobei die Beleuchtung automatisch mit sichtbarem Licht im Auflicht oder Durchlicht erfolgt. Die IR-Strahlung durchdringt die Probe (Transmission) oder wird an dessen Oberfläche reflektiert (Reflexion). Die resultierende Strahlung wird von einem hochsensitiven Detektor registriert. Mit runden oder rechteckigen variablen Aperturen läßt sich das Probenareal festlegen, wobei Durchmesser bis zu einer unteren Grenze von ca. 10 µm einstellbar sind.

Grundsätzlich können mit der IR-Mikroanalyse vier verschiedene Probentypen untersucht werden:

- □ kleine Probenmengen (0,01 bis 100 Mikrogramm),
- □ Proben geringer Abmessungen (10^{-1} bis 10^{-3} mm),
- □ inhomogene Proben (Konzentrationsprofile und Einschlüsse) und
- □ geringe Konzentrationen.

Eine hohe Nachweisempfindlichkeit für Spuren und Inhomogenitäten an glatten Oberflächen wird durch die Anwendung von rechnerunterstützten Systemen (Spektrenakkumulation) erreicht. Polymerlaminate lassen sich elegant untersuchen, indem man mit einem Mikrotom einen dünnen Streifen von der Kante des Laminats abschneidet und diesen auf ein KBr-Fenster montiert. Es kann dann unter dem Mikroskop von jeder einzelnen Schicht ein IR-Spektrum aufgenommen werden.

Sehr gut eignet sich die IR-Mikroskopie auch, um Inhomogenitäten in Kunststoffen zu identifizieren, die umgangssprachlich als «Stippen», «Fischaugen», «Sommersprossen» usw. bezeichnet werden. Diese Problematik spielt bei der Qualitätskontrolle und der Bearbeitung von Reklamationen eine wichtige Rolle. Oft lassen sich Proben nicht durchstrahlen, so daß der Reflexionsmodus des IR-Mikroskops häufig genutzt wird. Die resultierenden Reflexionsspektren zeichnen sich durch asymmetrische Banden aus, die der ersten Ableitung eines Absorptionsspektrums ähneln. Dies läßt sich rechnerisch durch eine Kramers-Kronig-Transformation korrigieren.

Alle Proben, die sich durchstrahlen lassen oder deren Oberfläche genügend Reflexion liefert, sind für die Untersuchung mittels IR-Mikroskopie geeignet. So ist z. B. eine Charakterisierung und Identifikation von Einschlüssen in Folien, Textilfasern und Mehrfachverbundfolien möglich. Die Anwendungsbereiche der IR-Mikroanalyse sind sehr breit gefächert [5.32]. Einsatzmöglichkeiten bieten sich u.a. in der Forschung, der Qualitätsanalyse, der Umweltanalytik, der kriminaltechnischen Analytik, der Reinheitsprüfung, der Halbleiterforschung, der Analytik von Polymeren, Kunst- und Naturfasern usw. Der IR-Mikroskopie erschließen sich somit neue Applikationsbereiche in der Routineanalytik, Produkt- und Prozeßkontrolle sowie in der Entwicklung und Forschung. Die Liste der Anwendungsmöglichkeiten ist breit und wird ständig erweitert [5.33].

5.10 Kopplungstechniken

Zunehmend verwischen sich die Grenzen der einzelnen analytischen Techniken, insbesondere durch die Kombination verschiedener instrumenteller Techniken. So haben sich beispielsweise bei den vielfältigen Kopplungen mit chromatographischen Trennverfahren spektrometrische Techniken als universelle Detektoren bei der Einzelstoffanalytik organischer Verbindungen bewährt. Dies gilt insbesondere für die Verbindung von Gaschromatographie (GC) mit der FT-IR-Spektroskopie. An diesem Beispiel wird deutlich, welchen bedeutenden Beitrag die elektronische Datenverarbeitung mittlerweile an der Realisierung der instrumentellen Analytik besitzt. Viele dieser technischen Lösungen wären ohne die phantastischen Möglichkeiten der EDV nicht denkbar.

5.10.1 GC-FT-IR-Kopplung

Die Infrarot-Spektroskopie lebt davon, daß sie für einigermaßen reine Substanzen sehr charakteristisch ist und Hinweise auf die chemische Struktur gibt. Der große Informationsgehalt der Spektren wird seit langem bei der Kopplung mit der Gaschromatographie genutzt. Eine Online-Kopplung, d. h. die Spektrenaufnahme von Substanzen im strömenden Säuleneluat, war aber erst durch die Schnelligkeit der FT-IR-Technik möglich. Von Nachteil ist nur, daß die Nachweisgrenze nicht an die Quadrupol-Massenspektroskopie heranreicht, so daß die GC-MS auch weiterhin eine führende Rolle in den GC-Kopplungstechniken spielen wird.

Da der Stofftransport durch eine gaschromatographische Trennsäule nur in der Gasphase erfolgt, muß die GC-Säule zum Erreichen eines entsprechenden Dampfdruckes bei festen oder flüssigen Proben geheizt werden. Bei der sog. Light-pipe-Technik, die in Bild 5.27 dargestellt ist, werden die aus der Trennsäule des Gaschromatographen eluierenden Komponenten anschließend durch ein beheiztes, goldbeschichtetes Röhrchen geleitet, durch das auch die IR-Strahlung durchtritt [5.34]. Es werden damit Gasphasen-Spektren von den meist flüssigen oder festen Proben aufgenommen. Dies ist bei der anschließenden Spektreninterpretation zu berücksichtigen, da sich Gasphasenspektren gegenüber Fest- oder Flüssigphasenspektren deutlich unterscheiden können.

Bei der aufwendigeren Ausfriertechnik werden die aus der Trennsäule eluierenden Substanzen auf einer mit flüssigem Stickstoff gekühlten Platte ausgefroren. Anschließend erfolgt die Spektrenaufnahme von der Plattenoberfläche. Durch Spektren-Akkumulation läßt sich bei diesem Verfahren ein wesentlich besseres Signal-Rausch-Verhältnis erzielen. Außerdem liegen die Substanzen bei Raumtemperatur in ihrem entsprechenden Aggregatzustand vor, was die Spektrensuche aus Bibliotheken vereinfacht.

Die IR-Spektroskopie ist hervorragend geeignet, um bestimmte Substanzklassen abzusichern, die sich mit der Massenspektrometrie nicht eindeutig identifi-

Bild 5.27 GC-FT-IR-Kopplung

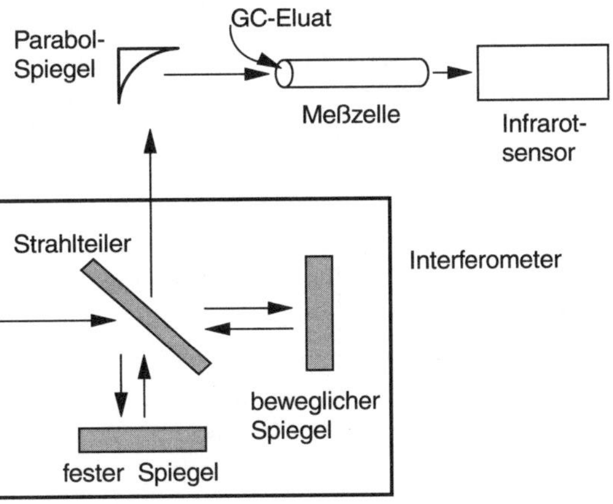

zieren lassen. Sie liefert wichtige Zusatzinformationen für Moleküle mit niedrigen C-Zahlen, für die die Fragmentierungsmuster im Massenspektrum wenig charakteristisch sind, oder für größere Moleküle mit sehr ähnlichen Fragmenten, wie z. B. Isomeren. Besonders interessant ist die gleichzeitige Kopplung von MS und FT-IR in der Gaschromatographie. Da bei der IR-Detektion die Substanzen nicht zerstört werden, können sie anschließend im Durchfluß einem Quadrupol-Massenspektrometer zugeführt werden. Dies liefert ein Höchstmaß an analytischer Information und dürfte in Zukunft insbesondere für die Umweltanalytik an Bedeutung gewinnen.

5.10.2 TGA-FT-IR-Kopplung

Die thermogravimetrische Analyse (TGA) ist eine seit langem etablierte analytische Methode, die hauptsächlich zur Untersuchung von polymeren Werkstoffen eingesetzt wird [5.35]. Bei dieser Technik wird eine Probe von etwa 10 bis 20 mg auf einer Waage unter einem Inertgasstrom definiert aufgeheizt und das Gewicht-Temperatur-Diagramm aufgezeichnet. Bevor die Probe ihre eigentliche Zersetzungstemperatur erreicht, können leichtflüchtige Bestandteile wie Lösungsmittelrückstände und Weichmacher entweichen. Das dabei erhaltene Profil von Gewichtsverlust, Temperatur und Zeit ist charakteristisch für die Probe und liefert bei bekannten Komponenten quantitative Informationen über Weichmacher und andere Additive in Kunststoffen und Gummi [5.36].

Sind die bei der Wärmebehandlung freigesetzten Substanzen aber nicht bekannt, kann die IR-Spektroskopie dabei die Aufgabe übernehmen, alle entweichenden Komponenten online zu identifizieren. Außerdem können während der Zersetzung der Probe eine große Menge unterschiedlicher Zersetzungsprodukte in Gas- oder Aerosolform entstehen, deren Infrarotspektren weitere Informationen über die Zusammensetzung der Probe liefern [5.37].

Die von der Thermowaage freiwerdenden Gase werden von einem Inertgas mit einer Flußrate von 50 bis 100 ml pro Minute in eine geheizte Gaszelle überführt. Die Transferleitung ist im allgemeinen auch geheizt und zusätzlich mit Teflon aus-

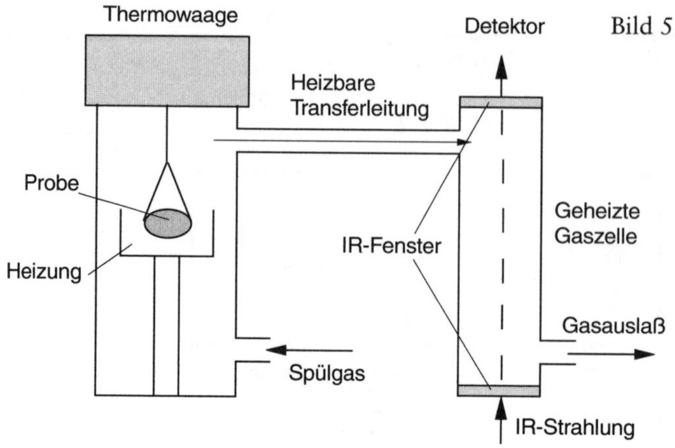

Bild 5.28 TGA-FT-IR-Kopplung

gekleidet, um Kondensation und katalytische Zersetzung oder Adsorption der Komponenten zu vermeiden (Bild 5.28). Um gegen Wasserdampf beständig zu sein, sind die Fenster der Gaszelle für die IR-Strahlung meist aus ZnSe gefertigt.

Das Temperaturprogramm des TGA-Systems wird gestartet, und simultan werden etwa alle 3 bis 5 Sekunden Spektren aufgenommen. Wie bei der GC-FT-IR-Kopplung werden auch hier Gasspektren erhalten, wobei die Gaszelle wegen der veränderten Volumenströme eine andere Dimensionierung erfordert. In Verbindung mit einem entsprechenden Rechner können auf dem Bildschirm IR-Spektren und TG-Daten (Zeit, Temperatur, Gewichtsverlust) gleichzeitig angezeigt und mitverfolgt werden. Dabei wird bei der TG-Messung meist das differenzierte Meßsignal ausgewertet, d.h., es wird die erste Ableitung des Gewichtes nach der Zeit gebildet. Das differenzierte Meßsignal der TG-Messung ist meist aussagekräftiger als die Gewichts-Temperatur-Kurve.

Es dampfen dabei zeitlich aber oft keine reinen Substanzen ab, besonders bei Polymeren entstehen Gemische unterschiedlicher Kohlenwasserstoffe und anderer organischer Verbindungen. Diese Gasgemische lassen sich oft durch rechnerische Differenzbildung in die einzelnen Komponenten trennen. Für eine exakte Aussage, nach welcher Zeit und bei welcher Temperatur eine bestimmte Verbindung ausgetrieben wird, ist eine gaschromatographische Trennung notwendig. Hierzu werden die von der Probe entweichenden Gase an Aktivkohle adsorbiert, nach thermischer Desorption in einem GC aufgetrennt und mit einem FT-IR-Detektor identifiziert. Mit der daraus gewonnenen Information über die IR-Spektren der Reinsubstanzen lassen sich sehr genaue Thermogramme erstellen.

Beispiele für die Anwendung der TGA-IR-Kopplung sind die Untersuchung von Polymeren und Laminaten, Brennstoffen, anorganischen Salzen, Fetten und Schmierstoffen, Tabak, Nahrungsmitteln usw. Wie bei anderen «Bindestrich-Techniken» gilt auch hier, daß die Kopplung analytisch um vieles mehr bringt als die kombinierten Ergebnisse der einzelnen Methoden. Es sollte allerdings nicht übersehen werden, daß bei der TGA-IR-Kopplung keine Reinsubstanzen anfallen, sondern bei Polymeren z.B. Gemische unterschiedlicher Kohlenwasserstoffe und anderer organischer Verbindungen.

5.11 Rechnereinsatz in der IR-Spektroskopie

Alle FT-IR-Spektrometer müssen für die Fouriertransformation über einen leistungsfähigen Rechner verfügen, wobei das Spektrum in digitalisierter Form erhalten wird. Unmittelbare Konsequenz des Einsatzes der elektronischen Datenverarbeitung ist die Möglichkeit, Spektren vorübergehend in einen Arbeitsspeicher (RAM) oder langfristig auf einem Magnetträger abzuspeichern. Bei der Abspeicherung von digitalisierten Spektren ist darauf zu achten, daß keine Information verlorengeht. Dies ist besonders wichtig für kritische Anwendungen, z.B. die Differenzspektroskopie. Als Standard für die Abspeicherung von Spektren wird deshalb ein Wellenzahlinkrement von 1 cm^{-1} empfohlen.

Neben der Abspeicherung und Wiedergabe von Spektren ist eine wichtige Aufgabe der Datenverarbeitung, die meßtechnische Qualität zu verbessern. Dies kann durch Erhöhen des Signal-Rausch-Verhältnisses oder durch Anwendung von mathematischen Funktionen (Dehnung, Glättung, Basislinienkorrektur) auf das gemessene Spektrum geschehen. Das Signal-Rausch-Verhältnis ist in der IR-Spektroskopie von Natur aus wesentlich geringer als bei anderen spektroskopischen Verfahren. Der Verminderung des Rauschens ist daher besondere Aufmerksamkeit zu widmen. Hier kann durch wiederholtes Registrieren und Aufaddieren der Spektren mit anschließender Mittelwertbildung (Signal averaging) eine Verbesserung erzielt werden.

Ein häufiger Störfaktor in der IR-Spektroskopie ist die Überlagerung des analytisch interessierenden Spektrums durch eine Untergrundabsorption. Diese kann oft mathematisch mit zwei oder mehr Stützpunkten simuliert und dann vom Gesamtspektrum abgezogen werden. Eine solche rechnerunterstützte Basislinienkorrektur fördert die Auswertbarkeit eines Spektrums.

Der Rechner kann also einen wesentlichen Beitrag zur meßtechnischen Qualität und einer übersichtlichen Darstellung von IR-Spektren liefern. An dieser Stelle fängt aber die eigentliche analytische Aufgabenstellung erst an, nämlich die Frage nach der Identität eines Produktes. Gerade auf diesem Gebiet konnten durch die zunehmende Erfahrung bei der Erstellung geeigneter Anwendungssoftware entscheidende Fortschritte erzielt werden. Erst die Verfügbarbeit leistungsfähiger und benutzerfreundlicher Anwendungsprogramme hat die Unterstützung durch Tischrechner zu einem unentbehrlichen Werkzeug in der IR-Spektroskopie gemacht [5.38].

Die Identifizierung einer unbekannten Probe mußte früher entweder durch visuellen Spektrenvergleich mit schon bekannten IR-Spektren («fingerprint») oder durch Interpretation des IR-Spektrums nach den bekannten Korrelationsregeln und -tabellen durchgeführt werden. Beides ist aber, wenn man es manuell durchführt, sehr zeitaufwendig. Ein Rechner kann dagegen innerhalb von Sekunden das Spektrum der unbekannten Probe mit Spektren aus einer IR-Spektrenbibliothek, die sich auf einer Diskette oder Festplatte befindet, vergleichen. Dabei muß aber immer ein Kompromiß zwischen dem Sucherfolg, der dazu notwendigen, abgespeicherten Informationsmenge, dem Speicherplatzbedarf sowie der Suchgeschwindigkeit geschlossen werden [5.39].

Nach der Bibliothekssuche erhält man eine Hitliste mit einer Anzahl von Substanzen mit nächstähnlichen Spektren, d.h. Spektren mit niedrigsten Fehlersummen, angezeigt. Wenn das Spektrum der unbekannten Probe in der Bibliothek vorhanden ist, wird es sich durch eine niedrige Fehlersumme im Vergleich zu den weiteren nächstbesten Hits von diesen unterscheiden. Nach dem Ausdruck der Hitliste sollten dann die Spektren mit den niedrigsten Fehlersummen aus der Bibliothek in den Rechner geladen und zum Vergleich mit dem zu identifizierenden Spektrum auf dem Bildschirm oder Plotter gemeinsam dargestellt werden. Dabei kann dann eindeutig festgestellt werden, ob es sich um ein identisches oder um ein ähnliches Spektrum handelt. Falls das Spektrum der unbekannten Probe nicht in der Bibliothek gespeichert ist, wird doch das nächstähnliche gefunden und damit meistens ein Hinweis auf die Verbindungsklasse gegeben. Ebenso wird bei einer Mischung in der Regel die Hauptkomponente als ähnlichstes Bibliotheksspektrum gefunden. Vom Spektrum des Gemisches kann man dann das gefundene Spektrum aus der Bibliothek rechnerisch abziehen und erhält somit das Spektrum der restlichen Substanz, für die man wiederum eine Bibliothekssuche durchführen kann.

Bei der IR-Spektrensuche können vor der Suche meistens noch weitere Information über Schmelz- und Siedepunkt, Brechungsindex und Dichte zusätzlich eingegeben werden. So wird eventuell schon bekannte Information sinnvoll mitgenutzt und der Sucherfolg verbessert. Der Ausdruck der Hitliste enthält neben dem Namen der entsprechenden Verbindung noch die obengenannten physikalischen Parameter.

Ferner stehen Programme zur automatischen Spektreninterpretation zur Verfügung. Diese Programme erstellen automatisch eine Peakliste, die vom Benutzer noch editiert werden kann (z.B. um Lösungsmittel-Peaks auszuschließen). Danach wird mittels dieser Peakliste eine Spektreninterpretation durchgeführt. Zum Schluß erfolgt ein Ausdruck, der angibt, mit welcher Wahrscheinlichkeit eine bestimmte funktionelle Gruppe vorhanden ist.

5.12 Zusammenfassung und Ausblick

Der große Informationsgehalt ihrer Spektren sowie ihre Vielseitigkeit haben die Infrarot-Spektroskopie schon lange zu einer der wichtigsten Analysenmethoden werden lassen. Die Proben lassen sich in ihrer natürlichen Umgebung unter allen physikalisch möglichen Bedingungen untersuchen. Trotz des Aufkommens vieler neuer Analysenmethoden gehören die IR-Spektrometer nach wie vor zur Grundausstattung eines Labors. Moderne IR-Spektrometer sind kleiner, robuster und zugleich leistungsfähiger geworden. Am IR-Spektrometer im Hosentaschenformat wird intensiv gearbeitet. Diese Entwicklung kann die Sensorik, die heute noch von der Elektrochemie beherrscht wird, für In-situ-Anwendungen bereichern.

Die beobachteten Absorptionsbanden im IR-Bereich enthalten hauptsächlich Informationen über interne Bewegungen der Moleküle, d.h. Schwingungen und Rotationen. Fast jede chemische Verbindung hat ein eigenes, unverwechselbares Spektrum, womit die Substanzen wie ein Fingerabdruck identifiziert werden können. Gleichzeitig haben chemisch und strukturell verwandte Verbindungen auch viele Ähnlichkeiten und gemeinsame Merkmale im IR-Spektrum, so daß unbekannte Verbindungen durch Analogieschlüsse aus Spektren bekannter Verbindungen ermittelt werden können. Neben der qualitativen Analyse ist die IR-Spektroskopie nach entsprechender Kalibrierung auch für quantitative Fragestellungen geeignet.

Durch den Einsatz der Fouriertechnik haben sich die Aussagemöglichkeiten erheblich erweitert. Wegen der um Größenordnungen besseren Nachweisgrenzen und der hohen Aufnahmegeschwindigkeiten, gekoppelt mit den Möglichkeiten des Rechnereinsatzes, werden dadurch neue Anwendungsgebiete erschlossen, die mit den herkömmlichen dispersiven Systemen bisher gar nicht zugänglich waren.

Die Preise für FT-IR-Spektrometer liegen heute in einer Preisklasse, in der vor einigen Jahren noch Einstiegsmodelle von Gittergeräten lagen. Durch den entscheidenden Multiplex-Vorteil und den ständig zunehmenden Bedienungskomfort haben FT-IR-Geräte die dispersiven Gitterspektrometer vollständig vom Markt verdrängt.

Das in diesen Geräten eingesetzte Zweistrahl-Interferometer erzeugt aufgrund der Lichtwegdifferenz zweier breitbandiger, senkrecht aufeinander stehender IR-Strahlungen ein intensitätsmoduliertes IR-Signal, das Interferogramm. Dieses Interferogramm, das vom Detektor registriert wird, ist eine Funktion des beweglichen Spiegels und damit zeitproportional. Das Signal wird mit einem Analog-Digital-Umsetzer digitalisiert und in einem Computer in den frequenzabhängigen Spektralbereich zurücktransformiert.

Die Vorteile der FT-Technik liegen darin, daß zum einen alle Wellenlängen gleichzeitig vom Detektor registriert werden (Multiplex-Vorteil), zum anderen wird der Lichtfluß nicht durch enge Spalte begrenzt (Durchsatz-Vorteil). Durch den für die Fouriertransformation notwendigen Rechner, der das Spektrum in digitaler Form aufbereitet, eröffnen sich eine Fülle von Anwendungen der modernen elektronischen Datenverarbeitung. Durch Spektrenakkumulation lassen sich auch noch unter ungünstigsten Verhältnissen einwandfreie, auswertbare Spektren gewinnen.

Die Entwicklung der FT-IR-Spektroskopie hat dem Analytiker völlig neue Anwendungsgebiete eröffnet. Anhand von Referenzspektren aus einer digitalen Spektrenbibliothek werden durch Spektrenvergleich die identischen oder zumindest ähnlichsten Spektren zu der unbekannten Probe ermittelt. Für die zerstörungsfreie Identifizierung von Substanzen durch Spektrenvergleich ist die IR-Spektroskopie eine universell einsetzbare Methode, da sie unabhängig vom Aggregatzustand und Löslichkeit einer Verbindung eingesetzt werden kann. Der Umfang an kommerziell erhältlichen Spektrenbibliotheken nimmt ständig zu.

In Mischungen werden einzelne Komponenten durch rechnerische Subtraktion nacheinander aus dem aufgenommenen Summenspektrum entfernt. Bei genügender Transparenz der Matrix können Spurenkomponenten im unteren ppm-Bereich erfaßt werden. Mit einem FT-IR-Mikroskop können Spektren von Teilchen bis herunter zu etwa 10 µm Durchmesser gemessen werden, die absolute Menge liegt dabei im Nanogramm-Bereich. Dabei kann nur eine kleiner Teil der üblicherweise im Standardprobenraum verfügbaren Strahlungsleistung genutzt werden.

Ebenfalls energielimitierend sind die verschiedenen Meßtechniken in Reflexion, wie diffuse und gerichtete Reflexion sowie die abgeschwächte Totalreflexion. In der Betriebs- und Prozeßanalytik erleben diese Techniken einen vielversprechenden Aufschwung, denn sie sind ein universelles Mittel, um jegliche Art von als Haupt- und Nebenbestandteilen vorliegenden flüssigen und pulverförmigen Verbindungen qualitativ und quantitativ zu bestimmen.

6 NIR-Spektroskopie

Der zwischen dem UV/Vis und dem IR liegende Spektralbereich wird als nahes Infrarot (NIR) bezeichnet. Unter IR-Spektroskopie versteht man im allgemeinen den Spektralbereich von 2500 bis 250 nm (4000 bis 400 cm^{-1}), der genauer als mittleres Infrarot (MIR) bezeichnet wird. Die Meßwellenlängen des NIR-Bereichs beginnen bei etwa 1000 nm, also im Wärmewellenbereich am Ende des sichtbaren Spektrums, und erstrecken sich bis 2500 nm. Die NIR-Spektroskopie erlebt derzeit geradezu einen Boom mit rund 15 % Wachstum pro Jahr. 1988 ist dazu ein eigener Deutscher Arbeitskreis für Nah-Infrarot-Spektroskopie gegründet worden. Die Ursache für das schnelle Wachstum ist vor allem darin begründet, daß mit Hilfe der NIR-Spektroskopie Vor-Ort-Analysen durchgeführt werden können, die zur Qualitätskontrolle in der chemischen und vor allem in der pharmazeutischen Industrie aufgrund neuer gesetzlicher Bestimmungen gefordert werden.

Die Vorteile liegen in der schnellen und einfachen Probenvorbereitung, in der simultanen Bestimmung mehrerer Stoffe und in der Möglichkeit, über Lichtleiter große Entfernungen zwischen dem Meßort und dem Spektrometer zu überbrücken. Die für das Vermessen von pulverförmigen Proben im mittleren IR notwendige KBr-Preßtechnik, die für eine Vor-Ort-Analyse unzumutbar ist, entfällt bei der NIR-Spektroskopie. Anwendungen gibt es deshalb vor allem in der Prozeßanalyse und in der Lebensmittelanalytik, bei der Substanzen sekundenschnell und zerstörungsfrei bestimmt werden [6.1].

6.1 Unterschiede zwischen NIR- und MIR-Spektroskopie

In diesem NIR-Bereich sind nur in wenigen speziellen Fällen elektronische Anregungen zu beobachten. Da die Anregung einzelner Molekülschwingungen aber nur oberhalb von ca. 2700 nm erfolgen kann, ist das NIR geprägt von Mehrfachanregungen einzelner Molekülschwingungen. Während im MIR von den meisten organischen funktionellen Gruppen die Grundschwingungen beobachtet werden, erfolgt im NIR überwiegend die Anregung der Ober- und Kombinationsschwingungen von CH-, OH- und NH-Gruppen. Die theoretische Behandlung entspricht damit der IR-Spektroskopie. In apparativer Hinsicht und im Hinblick auf die Probenvorbereitung bestehen jedoch mehr Parallelen zur UV/Vis-Spektroskopie.

Viele Kombinations- und Oberschwingungen treten schon im MIR-Bereich auf, die sich dort nur schwer von den Normalschwingungsbanden geringer Intensität unterscheiden lassen. Im NIR-Bereich gibt es jedoch nur noch Kombinations- und Oberschwingungen. Von den hierbei beobachteten Streckschwingungen der CH-, OH- und NH-Gruppen höherer Ordnung treten die entsprechenden

Normalschwingungsbanden schon bei hohen Wellenzahlen im Bereich von 2800 bis 3500 cm^{-1} auf. Aus diesem Grund sind die einzigen im NIR weitgehend transparenten Lösungsmittel wasserstofffreie Verbindungen wie z. B. CCl_4.

Bei den Oberschwingungen erfolgt der Übergang vom Schwingungsgrundzustand auf das zweite oder ein höheres Schwingungsniveau. Die Änderung der Schwingungsquantenzahl v ist also 2 oder größer. Die Übergangswahrscheinlichkeiten von Kombinations- und Oberschwingungen hängen grundsätzlich von der Multiplizität der Übergänge ab. Binäre Kombinationen oder Oberschwingungen mit $\Delta v = 2$ sind unwahrscheinlicher als Normalschwingungen, aber deutlich unwahrscheinlicher als die entsprechenden ternären Übergänge mit $\Delta v = 3$. Dementsprechend sind die Extinktionskoeffizienten und damit die beobachteten Absorptionsintensitäten in der NIR-Spektroskopie um Größenordnungen kleiner gegenüber der MIR-Spektroskopie. Außerdem ist ein NIR-Spektrum immer geprägt von abnehmenden Bandenhöhen mit zunehmenden Wellenzahlen, da hierbei Schwingungsübergänge höherer Multiplizität und damit abnehmender Absorptionsintensität (Übergangswahrscheinlichkeit) beobachtet werden.

Dies wird in der Praxis dadurch ausgeglichen, daß man die Küvettenschichtdicken dem jeweiligen NIR-Meßbereich anpaßt, also mit zunehmender Wellenzahl größere Schichtdicken verwendet [6.2]. Dabei wird der NIR-Spektralbereich noch weiter unterteilt in das langwellige NIR/L-Gebiet und in das kurzwellige NIR/P-Gebiet, das auch «fotografisches Infrarot» bezeichnet wird.

Als Beispiel zeigt Tabelle 6.1 die Reihe der Oberschwingungen der CH-Streckschwingung des Chloroforms.

Tabelle 6.1 Normal- und Oberschwingungen der CH-Streckschwingung des $CHCl_3$

Schwingungsübergang	Lage der Absorptionsbande		Extinktionskoeffizient (cm^{-2} Mol^{-1})
	(nm)	(cm^{-1})	
Normalschwingung	3290	3040	25000
1. Oberschwingung	1693	5907	1620
2. Oberschwingung	1154	8666	48
3. Oberschwingung	882	11338	1,7
4. Oberschwingung	724	13831	0,15

Die Übergangswahrscheinlichkeit der ersten Oberschwingung ist also um den Faktor 10 bis 100 geringer gegenüber der Normalschwingung mit einer entsprechend geringere Intensität der Absorptionsbanden. Aus der Tabelle geht auch hervor, wie die Bandenlagen von Oberschwingungen berechenbar sind. Durch einfache Addition der entsprechenden Wellenzahlen ergibt sich angenähert die Bandenlage. Sie verringert sich in geringem Maße durch die jeweilige Anharmonizität. Für die Bandenlage von Oberschwingungen gilt:

$$\hat{v}_{ob} = \Delta v \cdot \hat{v}_0 \, (l - \Delta v \cdot \chi)$$

$\hat{v}_0$ Wellenzahl der Normalschwingung
$\hat{v}_{ob}$ Wellenzahl der Oberschwingung
χ Anharmonizitätskonstante

Der Wert der Anharmonizität liegt für CH-Streckschwingungen bei 0,01 bis 0,05.

6.2 NIR-Spektrometer

Aus apparativer Sicht können wegen der großen Ähnlichkeit mit der UV/Vis-Spektroskopie in der Regel NIR-Spektrometer als UV/Vis/NIR-Geräte kombiniert werden. Eine Wolfram-Halogen-Lampe dient üblicherweise als Lichtquelle. Als Monochromatoren werden je nach Einsatzzweck optische Filter oder Gitter verwendet. Bei den Diodenarray-Spektrometern ist zu berücksichtigen, daß sich die üblichen Siliziumdioden nur bis zu Wellenlängen von 1100 nm betreiben lassen. Spezielle Indium/Gallium/Arsenid-Dioden können bis 1650 nm eingesetzt werden. Zum Nachweis der Strahlung wird ein Bleisulfiddetektor verwendet, der den gesamten NIR-Bereich abdeckt.

Umgekehrt lassen sich FT-IR-Spektrometer durch entsprechende Zusätze für den NIR-Bereich erweitern. Zur Umrüstung sind eine Wolfram-Halogenlampe als Lichtquelle, ein Strahlteiler aus Quarz sowie ein geeigneter Detektor erforderlich. Die hohe Auflösung des Interferometers wird dabei gar nicht benötigt, da die Absorptionsbanden fester und flüssiger Proben im NIR sehr viel breiter sind als im MIR.

Für die Messung in diffuser Reflexion hat sich der Begriff Nah-Infrarot-Reflexionsspektroskopie (NIRS) eingebürgert. Zur Messung des reflektierten Lichtes wird eine Integrationskugel (Ulbrichtkugel) mit vergoldeter Innenschicht verwendet, die auch als Referenz dient (Bild 6.1). Das Prinzip der Integrationskugeln ist bereits seit 100 Jahren bekannt, große Verbreitung finden sie aber erst seit etwa 30 Jahren durch die Entwicklung beständiger Beschichtungen. Ulbrichtkugeln werden zur Messung diffuser Reflexions- und Transmissionseigenschaften eingesetzt. Integrationskugeln können auch mit Bariumsulfat beschichtet sein, das eine homogene Reflektivität vom UV-Bereich bis in das nahe Infrarot hat. Ein oder mehrere Detektoren befinden sich im Innern der Kugel, um die rückgestreute Strahlung zu erfassen.

Bild 6.1 Schematischer Aufbau der Nah-Infrarot-Reflexionsspektroskopie

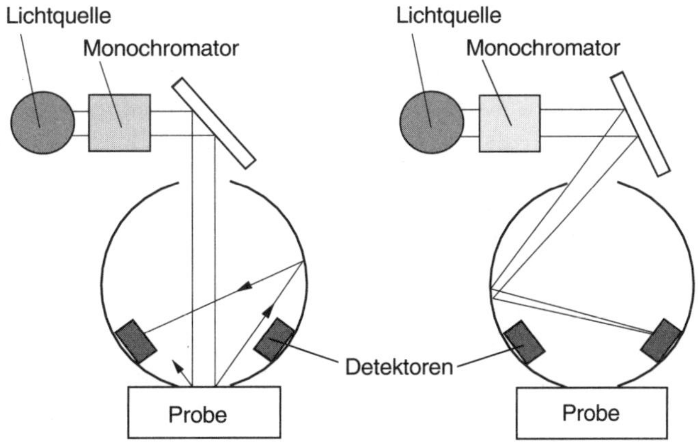

6.3 Anwendungen

NIR-Spektren zeigen nur wenig Ansätze zur Strukturermittlung einer Substanz anhand von charakteristischen Banden. Die Zahl der möglichen Banden ist sehr groß, wobei sich die auftretenden Banden stark überlagern. Außerdem überstreichen die Extinktionskoeffizienten in der Regel mehrere Größenordnungen. Versuche, auch für das NIR Korrelationstabellen zur Interpretation der Spektren aufzustellen, wie sie im MIR üblich sind, haben sich aus diesen Gründen nicht durchsetzen können. Es gibt aber einige Fälle, in denen geringfügige strukturelle Unterschiede in Verbindungen mit der NIR-Spektroskopie besser differenziert werden können als mit der MIR-Spektroskopie. Hierzu zählt z.B. die Unterscheidung von primären und sekundären Alkoholgruppen [6.3].

Ursprünglich wurde die NIR-Spektroskopie in weiten Bereichen der Lebensmittelindustrie eingesetzt, da viele hauptsächlich in Getreide vorkommenden Substanzen im nahen Infrarot-Bereich Licht absorbieren. Zu solchen Stoffen gehören unter anderem Proteine, Fette und Öle, Zucker, Stärke und Wasser. Da insbesondere Molekülgruppen wie –OH, –NH, –CH und –CO angeregt werden, die üblicherweise in Lebensmittelinhaltsstoffen vorkommen, sind diese Stoffe mit der NIR-Spektroskopie gut erfaßbar. Nach Vermahlen der Lebensmittelprobe können die Substanzen ohne Einsatz von Chemikalien vermessen werden. Die simultane Bestimmung mehrerer Komponenten erfolgt über eine Kalibrierung mit Testgemischen bekannter Zusammensetzung. Neben der quantitativen Bestimmung dient die Aufnahme eines NIR-Spektrums als schnelles Verfahren zur Identitätsprüfung bei der Wareneingangskontrolle [6.4].

Durch verschiedene Vorteile dieser Technik findet sie nun zunehmende Bedeutung in der chemischen Industrie [6.5]. Auch bei der Untersuchung von Fleischerzeugnissen ist die NIR-Spektroskopie eine schnelle Methode für die Qualitätskontrolle. Während in der amtlichen Überwachung zeitaufwendige naßchemische Verfahren eingesetzt werden, ist die NIR-Spektroskopie als Screening-Methode nutzbar [6.6]. Sie kann aber nicht die Untersuchung und Bewertung von Lebensmitteln auf der Grundlage des Lebensmittelrechts ersetzen [6.7].

Mehrkomponentenanalysen werden rechnerisch ermittelt, indem man die NIR-Spektren der Einzelsubstanzen bestimmt. Der angeschlossene Rechner ermittelt für jede Komponente die jeweils günstigste Wellenlänge für jede Einzelkomponente. Aus den optischen Meßwerten der Proben werden die Proportionalitätskonstanten typischerweise über eine multiple, lineare Regression rechnerisch ermittelt. Nach erfolgter Kalibrierung können auch sehr komplexe Gemische unabhängig von der Komponentenzahl durch Registrierung ihrer NIR-Spektren quantitativ analysiert werden. Extrem einfache Probenvorbereitung und kurze Rechenzeiten ermöglichen quantitative Ergebnisse im Bereich von Minuten, wofür eine konventionelle Analyse mehrere Stunden bis Tage beansprucht. Für Spurenanalysen ist dieses Verfahren aber nicht geeignet.

Durch die wesentlich geringeren Intensitäten der Absorptionsbanden kann man im nahen Infrarotbereich mit weitaus größeren und damit leichter handhabbaren Schichtdicken arbeiten als im MIR-Gebiet. Typische Schichtdicken liegen in der Größenordnung von 1 bis 2 mm für unverdünnte Substanzen und bis zu 10 cm für Lösungen.

Einen wesentlichen Vorteil der Spektroskopie im nahen Infrarot stellt die Verwendung von Glas oder Quarz als Fenstermaterial dar, die in diesem Gebiet optisch transparent sind. Sie sind gegenüber Wasser und Chemikalien weitaus unempfindlicher als die im MIR benötigten Fenstermaterialen wie z. B. KBr. Spezielles Quarzglas für die NIR-Spektroskopie weist keine OH-Absorption auf und kann bei einer Transmission von mindestens 80 % im Wellenlängenbereich von 200 bis etwa 3500 nm eingesetzt werden. Für Messungen bei Wellenlängen über 4000 nm werden Fenster aus den IR-durchlässigen Kristallen Aluminiumoxid und Calciumfluorid angeboten.

Durch die Einsatzmöglichkeit von Quarz ist auch die Kopplung mit Lichtleitern wesentlich einfacher, im MIR ist dagegen die Lichtleitertechnik – bedingt durch die verwendeten Materialien – noch relativ begrenzt. Da Quarz und Glas ein Abschwächungsminimum im nahen Infrarotgebiet haben, sind Lichtleitungen über große Entfernungen bis zu 200 m möglich. Spezielle Sonden gestatten damit Messungen fernab des Probenraumes, wodurch eine Prozeßkontrolle in einem Bypass ohne Probennahme möglich ist. Auf diese Weise können Reaktionsabläufe in einem chemischen Reaktor ohne zeitliche Verzögerung verfolgt werden [6.8].

Quantitative Messungen in diffuser Reflexion sind im NIR-Gebiet wesentlich günstiger, da wegen der größeren Meßwellenlängen weniger Lichtanteil gestreut wird. Zur Messung pulverförmiger Proben wird eine Sonde in das Pulver gesteckt. Über Lichtfasern wird das Licht vom Spektrometer zugeführt und das reflektierte Licht zum Detektor zurückgeleitet. Diese Methode wird zur Qualitätssicherung in der Mehlproduktion eingesetzt [6.9]. Beim Mahlen von Mehl werden bestimmte Mengen an Weizen mit unterschiedlichem Eiweißgehalt gemischt, um die gewünschte Zusammensetzung zu erhalten. Bei 2180 nm wird Licht von der N-H-Bindung des Proteins absorbiert. Der Eiweißgehalt kann aus dem Verhältnis der Reflektivität dieser Absorptionswellenlänge gegen eine Referenzwellenlänge bestimmt werden. Die Wellenlängen werden mit Hilfe von Schmalband-Interferenzfiltern selektiert, die auf einem rotierenden Filterrad montiert sind. Durch die Verhältnisbildung haben Intensitätsschwankungen der IR-Lichtquelle keinen Einfluß auf die Messung. Der ermittelte Eiweißgehalt wird an einen automatischen Regler weitergeleitet, der den Mischungsprozeß des Mehls steuert.

6.3.1 Bestimmung des Wassergehaltes

Die seither häufigste und auch älteste Anwendung der NIR-Spektroskopie ist die Messung des Wassergehaltes eines Produktes. Die Bestimmung des Wassergehaltes ist z. B. bei Lebensmitteln eine sehr häufig durchgeführte Analyse, die aus technologischen, mikrobiologischen, wirtschaftlichen und juristischen Gründen durchgeführt werden muß [6.10]. Neben den klassischen thermischen und chemischen Methoden, die auf Trocknen im Trockenschrank, mit IR-Strahlung oder Mikrowellen und auf der Karl-Fischer-Titration beruhen [6.11], stellt die NIR-Spektroskopie eine schnelle und zerstörungsfreie Wasserbestimmung dar, die sowohl in Lösung als auch in Feststoffen eingesetzt werden kann [6.12]. Die Stärke dieses Verfahrens liegt dabei in der Online- oder Inline-Messung direkt am Produktstrom. Hierfür gibt es Online-Meßköpfe mit Staub- und Spritzwasserschutz [6.13].

Neben der Grundschwingung bei 2700 nm treten verschiedene Kombinationsschwingungen im NIR auf. Eine ganze Reihe weiterer Kombinationsbanden des Wassers erstreckt sich bis weit in den sichtbaren Spektralbereich. Da auch hier die Übergänge mit höherer Multiplizität eine geringere Anregungswahrscheinlichkeit besitzen, wird Rot stärker absorbiert als Blau. Wasser hat deshalb in dicken Schichten eine grün-blaue Farbe.

Durch die Wasserstoffbrückenbindungen sind die Absorptionsbanden sehr breit. Abhängig von der Matrix können Verschiebungen der Bandenlagen und unterschiedliche Intensitäten auftreten. Wasser weist bei 1935 nm eine sehr starke Absorption auf, während bei 1680 nm die Absorption sehr gering ist (Bild 6.2). Wenn man also eine Messung der relativen Lichtabsorption bei diesen Punkten vornimmt, kann man direkt auf den Wassergehalt eines Produktes schließen.

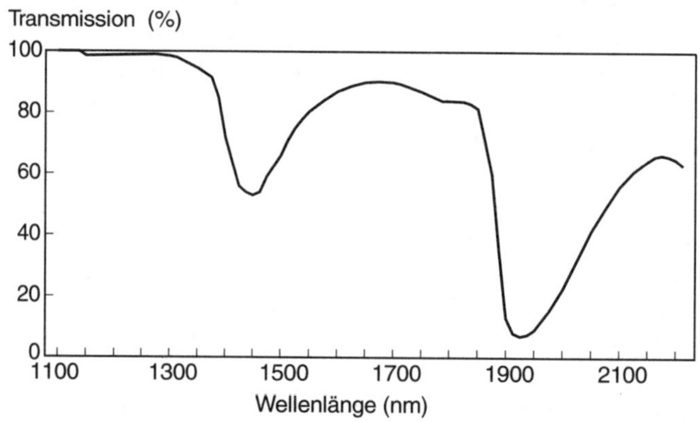

Bild 6.2 NIR-Spektrum von Wasser

Die Wasserbestimmung kann in Lösungen und in Feststoffen erfolgen. In Lösungsmitteln erfolgt die Bestimmung in Transmission, in Feststoffen in diffuser Reflexion. Bild 6.3 zeigt die NIR-Spektren von wasserfreiem und wassergesättigtem 1,2-Dichlorethan. Je nach dem zu erwartenden Konzentrationsbereich können die verschiedenen Absorptionsbanden des Wassers zur Messung genutzt wer-

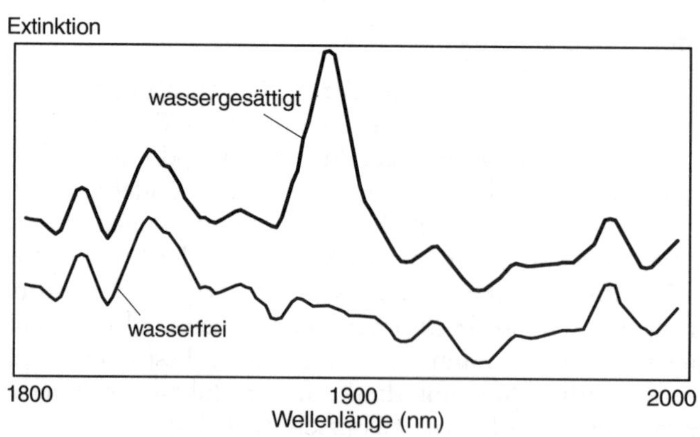

Bild 6.3 NIR-Spektren von wasserfreiem und wassergesättigtem 1,2-Dichlorethan

den. So ist die Bande bei 1400 nm für Wassergehalte im Prozentbereich, die Bande bei 1935 nm für den Promillebereich und die Bande bei 2700 nm für den ppm-Bereich geeignet.

6.3.2 Einsatz beim Recycling von Kunststoffen

Nach Angaben der Duales System Deutschland GmbH wurden 1993 nahezu 900 000 Tonnen Verpackungsmaterial aus Kunststoff verbraucht. Die Wiederverwertung dieser Wertstoffe ist der beste Weg, die Müllberge in Grenzen zu halten. Aus unsortierten Kunststoffen läßt sich in aufwendigen Hydrierverfahren wieder Öl gewinnen. Neben diesem rohstofflichen Recycling stellt ein werkstoffliches Recycling die wesentlich günstigere Alternative dar. Voraussetzung zur Wiedergewinnung hochwertiger Kunststoffe ist aber die sortenreine Trennung. Die heutige Trennung in den Sortieranlagen erfolgt manuell, teilweise auch schon halbautomatisch. Die erforderliche Sortenreinheit ist bei diesem Verfahren aber nicht gewährleistet.

Mit Hilfe der NIR-Spektroskopie lassen sich die verschiedenen Kunststoffe identifizieren. Im Durchlaufverfahren kann das bei der NIR-Abtastung von den Kunststoffteilen reflektierte Licht durch ein Diodenarray-Spektrometer analysiert und innerhalb weniger Millisekunden ausgewertet werden. Da die IR-Strahlen eine gewisse Eindringtiefe in das Probenmaterial haben, beeinträchtigen störende Stoffe wie Aufkleber oder Verschmutzungen die Messung nicht. Durch diese Eindringtiefe lassen sich auch Verbundwerkstoffe, wie sie z. B. bei Getränkekartons auftreten, eindeutig von anderen Kunststoffen unterscheiden. Die Messung erfolgt berührungsfrei aus einem Abstand von bis zu einem Meter, um verschiedene Transportverfahren und unterschiedliche Größen und Formen der Kunststoffteile berücksichtigen zu können.

Die Entwicklung einer vollautomatischen Sortiereinrichtung wurde unter der Bezeichnung «Post Consumer Plastic Recycling – Online-Pick up, Online-Analysis, Online-Sorting» von der Europäischen Union gefördert [6.14].

6.4 Zusammenfassung und Ausblick

Ursprünglich hatte die NIR-Spektroskopie eine gewisse Abseitsstellung. Durch die Vielzahl der möglichen Absorptionsbanden und deren Überlagerungen ist eine einfache Spektreninterpretation wie in der MIR-Spektroskopie nicht so einfach gegeben. Bedingt aber durch die Vorteile – einfache Fenstermaterialen, Einsatz von Lichtleitern und die günstige Schichtdicke bei der Messung – verlagert sich die Prozeß- und Betriebsanalytik zunehmend vom MIR- in das NIR-Gebiet. Denn im Gegensatz zur allgemeinen Laboranalytik handelt es sich bei der Prozeßanalytik um eine überschaubare Anzahl von Substanzen, so daß man im allgemeinen nicht auf die hohe Interpretationskraft der Spektren im mittleren Infrarot angewiesen ist. Man muß also unterscheiden zwischen Meßgeräten, die der Aufklärung der molekularen Struktur einer Probe dienen (MIR-Geräte), und Überwachungsgeräten, also Monitoren, die Proben meist online auf eine bestimmte Komponente oder Summenparameter überwachen (NIR-Geräte).

Produktanalytik muß schnell stattfinden, da Abweichungen in der Produktqualität einen raschen Eingriff in den Produktionsprozeß erfordern. Die NIR-Spektroskopie bietet den Vorteil, daß auf eine Probenvorbereitung weitgehend verzichtet werden kann und Messungen schnell und kostengünstig möglich sind. Bei der Online- bzw. Inline-Analytik wird die Probe über einen Bypass in die Spektrometerküvette geleitet oder eine Lichtleiter-Meßsonde direkt in das Reaktionsgefäß gesteckt.

Ausgewertet werden nicht diskrete Absorptionsbanden, sondern man betrachtet das Gesamtspektrum bei mehreren unter Anwendung chemometrischer Verfahren, das durch das bessere Signal-Rausch-Verhältnis im NIR-Gebiet gegenüber dem MIR-Bereich noch begünstigt wird. Bedienerfreundliche Anwendungsprogramme erlauben einfache Kalibrationen zur Analyse auch sehr komplexer Reaktionsgemische. Außerdem bietet die chemometrische Software im Zusammenhang mit der Möglichkeit der rechnerischen Steuerung von Geräten und Autosamplern ein hohes Automatisierungspotential. Dies gilt sowohl für organische als auch anorganische Systeme. So lassen sich auch Lösungen von Salzen in Wasser quantitativ im Sinne einer Mehrkomponentenanalyse untersuchen.

Es ist aber zu berücksichtigen, daß vor dem Einsatz der NIR-Spektroskopie zur Betriebs- und Prozeßanalytik eine oft langwierige Kalibration und ausführliche Validierung notwendig ist. Das bedeutet, von den zu prüfenden Produkten muß eine Spektrenbibliothek angelegt werden. Für jede einzelne Substanz müssen zahlreiche Spektren mit unterschiedlichen Konzentrationen und Referenzproben über einen weiten Merkmalsbereich einbezogen werden, um dieser analytischen Methode die gewünschte Sicherheit zu geben.

Da der Trend weggeht von einem analytischen Zentrallabor, bedeutet das, daß analytische Meßgeräte immer mehr von den Anwendern direkt genutzt werden. Dabei sind diese Anwender oft keine Spezialisten, sondern nur Nutzer. Hohe Bedienerfreundlichkeit in Verbindung mit den angeschlossenen Computern unterstützen diesen Trend. Dabei wird sich vermutlich eine Schere auftun zwischen Anwendern, die noch spezialisierter sind als heute, und Anwendern, die mit möglichst vollautomatischen Systemen arbeiten, aber nicht über ein ausgeprägtes Hintergrundwissen verfügen.

7 Raman-Spektroskopie

Die Raman-Spektroskopie stellt eine komplementäre Methode zur Infrarot-Spektroskopie dar, die ebenfalls eine unmittelbare Bestimmung der Rotations- und Schwingungsfrequenzen der Moleküle gestattet. Der Raman-Effekt unterscheidet sich in der Art der Energieabsorption und der Rotations- und Schwingungsanregung wesentlich von allen übrigen Molekülspektren. Es handelt sich um keine Emissions- und keine Absorptionsspektroskopie, sondern um eine Spektroskopie der Streustrahlung. Der Effekt der inelastischen Lichtstreuung wurde 1928 von Sir CH. V. RAMAN entdeckt und war von SMEKAL schon theoretisch vorhergesagt worden. RAMAN erhielt 1930 den Nobelpreis für Physik für seine Arbeiten über die Diffusion des Lichtes und die Entdeckung des nach ihm benannten Effektes.

Raman-Spektren werden erhalten durch die Bestrahlung einer Probe mit Licht einer definierten Wellenlänge. Hierbei führt die Wechselwirkung des Lichtes mit der Probe zu dem als Raman-Effekt bezeichneten inelastischen Streuprozeß. Die entstehende Streustrahlung wird als das sogenannte Raman-Spektrum registriert. Die beobachteten Raman-Linien können mit den Molekülschwingungen der untersuchten Substanz eindeutig verknüpft werden und geben je nach Frequenzlage, Intensität und Linienform Aufschluß über die Struktur und Identität der Probe.

Infolge der unterschiedlichen Anregungsbedingungen können im Raman-Spektrum Schwingungen untersucht werden, die im IR-Spektrum inaktiv sind und umgekehrt. Andere Schwingungen können sowohl Raman- als auch IR-aktiv oder -inaktiv sein. Durch den gleichzeitigen Einsatz beider Methoden können auf einfache Weise strukturelle Merkmale von Verbindungen aufgeklärt werden. Wie in der IR-Spektroskopie können feste, flüssige und gasförmige Proben untersucht werden. Sie bietet dabei den Vorteil, daß Raman-Spektren im sichtbaren Spektralbereich beobachtet werden können, wodurch die Verwendung von Glas- oder Quarzküvetten möglich ist. Zudem ist nur wenig oder gar keine Probenaufbereitung nötig, wobei sich die Raman-Methode besonders gut auch auf wäßrige Lösungen anwenden läßt.

Obwohl ein Raman-Spektrum eine Ergänzung zum Infrarot-Spektrum darstellt, ist die Raman-Spektroskopie weniger verbreitet als die Infrarottechnik. Der Hauptgrund dafür ist in den Problemen zu suchen, die durch Hintergrundsignale beim Raman-Experiment hervorgerufen werden. Der Raman-Effekt ist sehr schwach. Einige Substanzen, vor allem Glas und viele Polymere, liefern extrem schwache Raman-Spektren. Daher kann jede resonante Wechselwirkung, wie beispielsweise die Fluoreszenz, das Raman-Spektrum völlig verdecken. Oft liegt die einzig praktikable Lösung des Fluoreszenzproblems in der Verwendung eines Anregungslichtes, dessen Wellenlänge außerhalb der Fluoreszenzanregung liegt.

Bis vor kurzem war die Raman-Spektroskopie wegen der Anfälligkeit gegen Störungen durch Fluoreszenz, die entweder von der Probe selbst oder von geringen Verunreinigungen herrührten, auf das Forschungslabor beschränkt. Die Ursache für das Auftreten dieses unerwünschten Nebeneffektes war die Verwendung von sichtbarem und ultravioletten Licht. Mit der Einführung von Lasern, die im sichtbaren bis nahen Infrarotgebiet hochmonochromatisches Licht mit hoher Intensität liefern, hat die Raman-Spektroskopie einen neuen Aufschwung erfahren [7.1]. Vor einigen Jahren fand man relativ starke NIR-Laser für den Einsatz in Fourier-Transform-Geräten, die für eine Detektion der Raman-Emission ausgestattet sind. Dies hat zur Entwicklung der FT-Raman-Spektroskopie geführt [7.2].

Der Nachteil der Raman-Technik, das zusätzliche Auftreten von störender Fluoreszenz, konnte durch die Einführung der NIR-Raman-Technik behoben werden, wobei mit dem Laser eine geradezu ideale Lichtquelle zur Verfügung steht. Ein im nahen Infrarot arbeitender Laser vermeidet weitestgehend das Auftreten von Fluoreszenz und garantiert gleichzeitig eine schonende Probenbehandlung ohne Gefahr der Probenzersetzung durch Photolyse oder thermische Belastung.

Parallel dazu haben sich die Spektrometertechnik und die Detektorsysteme erheblich weiterentwickelt. Leistungsfähige Computersysteme unterstützen die Datenerfassung und -auswertung. Damit hat die Raman-Spektroskopie als Ergänzung zur IR-Spektroskopie stark an Bedeutung gewonnen und sich als Standardausrüstung in den Laboratorien neu etabliert. Die verbesserte Frequenzpräzision der FT-Raman-Geräte ermöglicht, daß man das Spektrum einer Probe reproduzierbar ohne herkömmliche Frequenzkalibrierung erhalten kann. Dies eröffnet den Weg für eine zuverlässige Spektrenverarbeitung. Da die Hersteller von FT-Raman-Geräten meist auch FT-IR-Spektrometer vertreiben, steht hierfür eine entsprechende Routine-Software zur Verfügung. Ein Raman-Spektrum ist heute ebenso einfach aufzunehmen wie ein IR-Spektrum.

7.1 Theorie

Raman-Spektren werden beobachtet, indem man monochromatische Strahlung senkrecht zur Beobachtungsrichtung auf Moleküle einstrahlt und das Streulicht spektral zerlegt. Bei Verwendung von sichtbarem oder ultraviolettem Licht werden die Elektronenbahnen der Moleküle aus ihrer Gleichgewichtslage verschoben. Das heißt, die Elektronen schwingen mit einer Frequenz, die der des Erregerlichtes gleichwertig ist. Sie werden dadurch selbst zu Strahlungsquellen, deren Strahlung, die sogenannte Rayleigh-Streustrahlung, die gleiche Frequenz wie das Erregerlicht besitzt. Die volle, aus der Primärstrahlung aufgenommene Energie wird in der Sekundärstrahlung wieder abgegeben, so daß keine Änderung des Energieinhaltes des Moleküls bei der Rayleigh-Streuung erfolgt. Die Elektronen werden dabei nicht zu Quantensprüngen unter Strahlungsabsorption angeregt, sondern verbleiben in der ursprünglichen Elektronenkonfiguration. Voraussetzung dafür ist, daß die Wellenlänge der Anregungsstrahlung weit genug von einer durch einen Elektronenübergang zwischen zwei Energiezuständen des Moleküls verursachten Absorptionsbande entfernt ist.

Der Hauptanteil der Streuung hat also die gleiche Frequenz wie das Erregerlicht. Je leichter verschiebbar die Elektronen in einem Molekül sind, d. h. je größer ihre Polarisierbarkeit ist, desto stärker werden die Elektronenbahnen deformiert. Da es sich bei diesen Deformationen hauptsächlich um die Bindungselektronen handelt, die für das Zustandekommen der chemischen Bindung verantwortlich sind und somit auch die Atomabstände und Bindungswinkel festlegen, kann mit einer Änderung ihrer geometrischen Anordnung auch eine Änderung der Atomabstände und Bindungswinkel einhergehen. Diese Lageänderung von miteinander verbundenen Atomen oder Molekülteilen führt zu Atom- bzw. Molekülschwingungen. Während bei der IR-Spektroskopie diese Schwingungen direkt angeregt werden, erfolgt die Anregung bei der Raman-Spektroskopie auf dem Umweg über die deformierten Elektronenbahnen.

Die Energie zur Anregung wird dabei der einfallenden Strahlung entnommen. Neben der Rayleigh-Streuung treten damit mehrere Linien auf, die gegenüber der Erregerlinie um ganz bestimmte Frequenzbeträge verschoben sind. Der Abstand dieser Raman-Linien von der Erregerlinie ist von deren Frequenz unabhängig. Die Differenzen zwischen der Erregerfrequenz und den Frequenzen dieser Raman-Linien sind die sog. Raman-Frequenzen, die identisch sind mit den molekularen Schwingungs- und Rotationsfrequenzen, die IR-spektroskopisch bestimmt werden können. Im Spektrum wird die Raman-Verschiebung von der Rayleigh-Linie aus als Wellenzahl in cm^{-1} wie in der IR-Spektroskopie angegeben. Bild 7.1 zeigt als Beispiel das Raman-Spektrum von Tetrachlormethan.

Bild 7.1 Raman-Spektrum von Tetrachlormethan

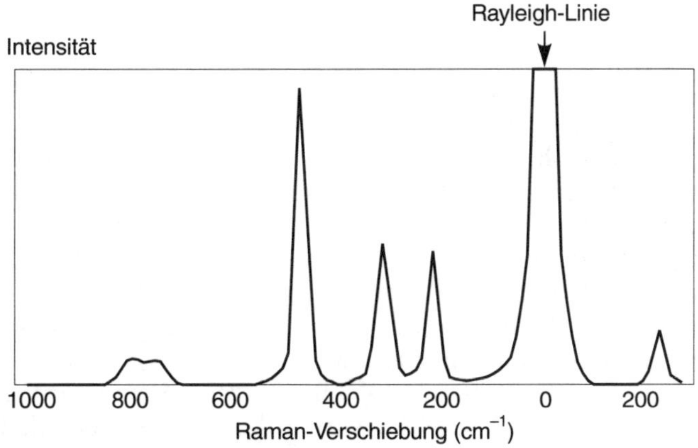

Der größte Teil des Streulichtes besteht aus der eingestrahlten Frequenz und entsteht durch Absorption und Re-Emission. Das Raman-Spektrum besteht aus weit schwächeren Linien, die bei höherer und tieferer Energie liegen. Man unterscheidet zwischen den bei niederer Frequenz auftretenden Stokesschen Linien und den bei höheren Frequenzen auftretenden Anti-Stokesschen Linien.

Die Stokesschen Linien werden beobachtet, wenn bei einem inelastischen Stoß zwischen einem Photon und einem Molekül das Molekül Energie in der Größe eines Schwingungs- oder Rotationsquants ΔE aufnimmt. Das Photon verliert dabei die entsprechende Energie; nach der Beziehung $\Delta E = h\nu$ ist die Frequenz um ν verschoben.

Umgekehrt treten die Anti-Stokesschen Linien auf, wenn sich das Molekül gerade in einem angeregten Schwingungs- oder Rotationszustand befindet, wobei das Photon die Energie dieses Schwingungs- oder Rotationsquants aufnimmt, so daß die Raman-Linie eine um ν höhere Frequenz als die Erregerlinie hat. Das Molekül fällt dabei in einen niedrigeren Anregungs- bzw. in den Grundzustand zurück. Mit Hilfe der kohärenten Anti-Stokes-Raman-Spektroskopie (CARS) werden z. B. sehr hohe Temperaturen bei Verbrennungsprozessen mit hoher zeitlicher und räumlicher Auflösung bestimmt (Bild 7.2).

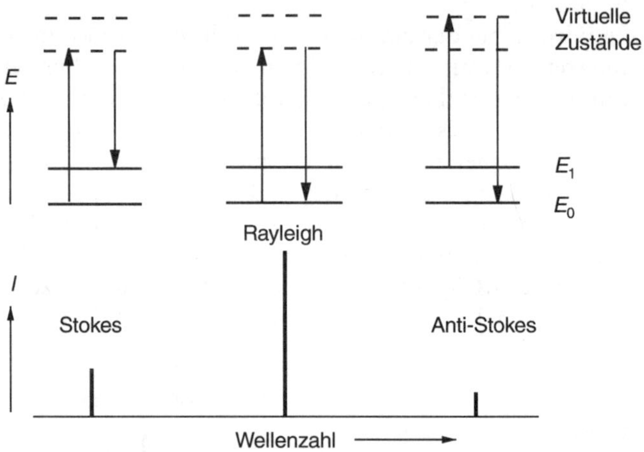

Bild 7.2 Termschema für die Stokes- und Anti-Stokes-Linien

Da sowohl kombinierte Übergänge als auch reine Schwingungs- und Rotationsübergänge möglich sind, zerfällt das Raman-Spektrum in die Erregerlinie, die sog. Rayleigh-Linie, und in die Schwingungslinien, die alle eine Rotationsfeinstruktur besitzen. Die Rotationslinien können wie in der IR-Spektroskopie nur an gasförmigen Proben beobachtet werden, bei flüssigen und festen Stoffen machen sich die Rotationsübergänge dagegen nur in einer Verbreiterung der Schwingungslinien bemerkbar.

Da sich die meisten Moleküle bei Raumtemperatur im Schwingungsgrundzustand befinden, haben die Anti-Stokesschen Linien, die Übergängen von höheren auf niedrigere Energieniveaus entsprechen, in der Regel – sofern es die Schwingungsübergänge betrifft – nur eine sehr kleine Wahrscheinlichkeit. Ein typisches Raman-Spektrum enthält also neben der Rayleigh-Linie die intensiveren Stokesschen und wesentlich schwächere Anti-Stokessche Linien.

7.2 Auswahlregeln

Ebenso wie in der IR-Spektroskopie gibt es auch für den Raman-Effekt bestimmte Auswahlregeln. Infrarotes Licht wird absorbiert, wenn sich dabei das Dipolmoment des Moleküls ändert. Beim Raman-Effekt tritt eine analoge Wechselwirkung zwischen Licht und der Polarisierbarkeit des Moleküls auf. Bei der Wechselwirkung der Moleküle mit Licht werden die Elektronen im Ausmaß ihrer durch die Polarisierbarkeit angegebenen Verschiebbarkeit in Schwingungen versetzt. Durch die zeitliche Änderung der Polarisierbarkeit, die eine Änderung des elektrischen Dipolmomentes bedingt, können die Moleküle mit Strahlung in Wechselwirkung treten. Nur solche Rotationen und Schwingungen können daher die Frequenz der Streustrahlung beeinflussen, bei denen sich die Polarisierbarkeit relativ zum Feldvektor der Strahlung ändert.

Raman-aktiv sind Rotationen und Schwingungen von Molekülen, bei denen sich die Polarisierbarkeit mit der Rotations- oder Schwingungsbewegung ändert.
IR-aktiv sind Rotationen und Schwingungen von Molekülen, bei denen sich das elektrische Dipolmoment mit der Rotations- oder Schwingungsbewegung ändert.

Als wichtigste Konsequenz dieser Auswahlregeln folgt, daß in einem Molekül mit Symmetriezentrum die Schwingungen, die symmetrisch zum Symmetriezentrum erfolgen, IR-inaktiv – d.h. verboten – sind, aber raman-aktiv sind. Umgekehrt sind Schwingungen, die nicht symmetrisch zum Symmetriezentrum erfolgen, inaktiv im Raman, aber gewöhnlich aktiv im IR (Tabelle 7.1). Dies ist von besonderem Nutzen, denn es bedeutet, daß sich beide Spektren ergänzen.

Tabelle 7.1 IR- und Raman-Aktivitäten der verschiedenen Schwingungsmöglichkeiten des CO_2-Moleküls

Schwingungsform	Bezeichnung	Aktivitäten	
		IR	Raman
→ ← O=C=O	symmetrische Valenzschwingung	inaktiv	aktiv
→ ← → O=C=O	antisymmetrische Valenzschwingung	aktiv	inaktiv
↑ ↑ O=C=O ↓	Deformationsschwingung	aktiv	inaktiv

Im Verlauf der symmetrischen Valenzschwingung wird das Molekül gedehnt und gestaucht, wobei sich die Elektronendichte im Volumenelement und damit die Polarisierbarkeit ändert. Diese Schwingung ist deshalb raman-aktiv. Dagegen ändert sich das Dipolmoment bei dieser Schwingung nicht, sie ist also IR-inaktiv. Umgekehrt liegen die Verhältnisse bei der antisymmetrischen Valenzschwingung.

Hinsichtlich der empirischen Auswertung bietet der Raman-Effekt grundsätzlich die gleichen Möglichkeiten der chemischen Strukturbestimmung. Von Nachteil beim Raman-Effekt ist die sehr geringe Intensität der Raman-Linien, auf die nur etwa 1 % der gesamten Streustrahlung entfällt. Die Intensität der Raman-Linien wird durch die sich während der Schwingung ändernde Polarisierbarkeit des Moleküls bestimmt.

7.3 Raman-Spektrometer

Eine Raman-Apparatur besteht aus einer Erregerlichtquelle mit hoher Intensität, einem Probenraum mit Probenanordnung, einem Monochromator zur spektralen Zerlegung des Streulichtes und einem Detektor (Bild 7.3). Zur Anregung benötigt man monochromatisches Licht mit einer Wellenlänge, die genügend weit von einer Absorptionsstelle der untersuchten Probe entfernt ist. Früher verwendete man Quecksilberdampf-Lampen als Lichtquelle, aus deren Spektrum meist die Linie bei 435,8 nm herausgefiltert wurde.

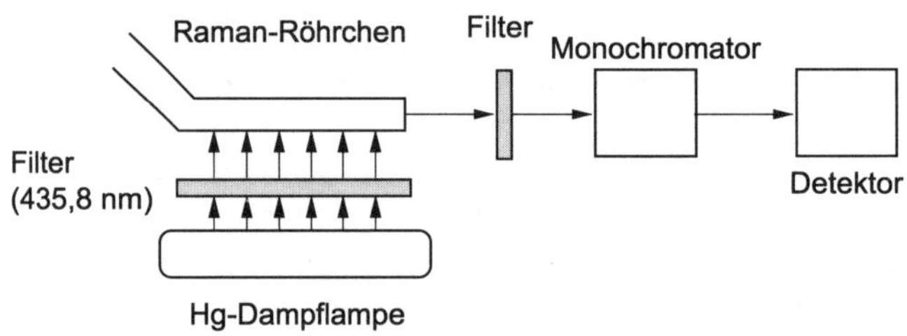

Bild 7.3 Prinzipielle Anordnung eines Raman-Spektrometers

Heute werden meist langwellige Laser als Erregerlichtquelle verwendet. Der Neodym-YAG-Laser emittiert im nahen Infrarot bei 1064 nm, womit das Problem der Probenfluoreszenz umgangen wird. Die hohe Lasereintrittsenergie wird dabei oft durch Neutralfilter vermindert, um ein Aufheizen oder thermische Zersetzung der Proben zu vermeiden. Der Laser kann damit bei hoher Leistung und relativ niedrigem Laserrauschen betrieben werden. Die hohe Bündelung des Laserstrahls erlaubt zudem die Messung an sehr kleinen, absorbierenden festen, flüssigen oder gasförmigen Proben.

Es gibt prinzipiell zwei Möglichkeiten, ein Raman-Spektrum aufzuzeichnen. Die klassische Methode verwendet ein optisches Gitter als Dispersionselement. Zur Streulichtunterdrückung werden Doppelmonochromatoren mit holographischen Gittern eingesetzt. Durch Einsatz von Doppel-, Dreifach- oder gar Vierfach-Monochromatoren wird das Streulicht extrem unterdrückt. Ein Doppelmonochromator besteht aus zwei einzelnen Monochromatoren, die optisch und mechanisch so gekoppelt sind, daß sie gleichzeitig auf die gleiche Wellenlänge eingestellt sind. Dies geht sowohl in sogenannter additiver als auch subtraktiver Konfiguration.

Wenn beide Monochromatoren in additiver Anordnung gekoppelt sind, wird das Ausgangsspektrum des ersten Monochromators in den Eingang des zweiten Monochromators gekoppelt und dort ein zweites Mal dispergiert. In diesem Fall kann ein Doppelmonochromator die doppelte Dispersion des einzelnen Monochromators erzeugen. In der subtraktiven Anordnung wird der Ausgang des einen Monochromators mit der zweiten Einheit so gekoppelt, daß das Licht nicht doppelt dispergiert. Dazu wird der zweite Monochromator auf den Kopf gestellt, damit die Gitter der beiden Systeme sich gegeneinander drehen. Normalerweise ist das Licht am Ausgang eines Monochromators nicht homogen verteilt. Es ist immer der kleine Ausschnitt eines Spektrums. Bei einem Doppelmonochromator in subtraktiver Anordnung dispergieren beide Einheiten in entgegengesetzter Richtung. Auf diese Weise wird das Licht über dem Ausgangsspalt homogen. Die Dispersion erhöht sich nicht und ist durch den ersten Monochromator verursacht, aber das Streulicht wird stark reduziert.

Zur Erfassung der Strahlung auch von schwachen Raman-Streuern muß der Detektor eine hohe Empfindlichkeit und gleichzeitig geringes Rauschen aufweisen. Hierzu eignet sich der Photomultiplier wegen seiner hohen Empfindlichkeit, der zur Verminderung des Dunkelstromrauschens gekühlt wird. Trotzdem kann die Aufnahme eines aussagekräftigen Spektrums oft mehrere Stunden dauern.

Zur schnellen Aufnahme von Raman-Spektren können auch Diodenarrays und CCDs zur Detektion eingesetzt werden [7.3]. Hierdurch lassen sich auch kinetische Vorgänge untersuchen. Wie in der NIR-Spektroskopie ist auch hier der limitierte Wellenlängenbereich der Dioden zu berücksichtigen. Da zur Aufnahme eines kompletten Raman-Spektrums eine Verschiebung von etwa 4000 cm^{-1} von der Anregungslichtquelle notwendig ist, müssen bei Verwendung des Nd-YAG-Lasers die Silizium-Dioden gegen Indium/Gallium/Arsenid-Dioden ersetzt werden. Hiermit ist eine Raman-Verschiebung bis 3335 cm^{-1} meßbar (Bild 7.4). Eine andere Möglichkeit zur Erweiterung des Meßbereichs besteht in der Verwendung eines Lasers mit kleinerer Wellenlänge.

Die andere Möglichkeit für die Detektion der Raman-Streuung stellt das Michelson-Interferometer dar. Ein FT-IR-Spektrometer läßt sich relativ einfach und kostengünstig mit einem Raman-Zusatz zu einem FT-Raman-Gerät umrüsten [7.4]. Hierdurch gewinnt man den Multiplex-Vorteil der Fourier-Transform-Spektroskopie. Es werden sowohl Stand-alone-Geräte als auch kombinierte FT-

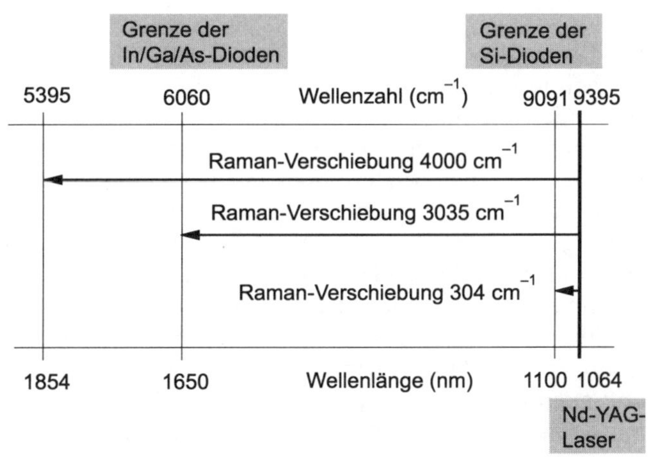

Bild 7.4 Meßgrenzen der Raman-Verschiebung bei Einsatz von Diodenarrays

R/IR-Spektrometer angeboten. Als Anregungslichtquelle für den Raman-Effekt wird auch hier der Nd-YAG-Laser verwendet. Allerdings muß man bei dieser Gerätetechnik nachteilig berücksichtigen, daß die IR-Detektoren weitaus weniger empfindlich sind als die im sichtbaren Gebiet verwendeten Photomultiplier. Das bedeutet, daß FT-Raman-Spektren im allgemeinen nicht die Qualität der konventionellen Raman-Spektren erreichen [7.5].

Da die Signalintensität der Raman-Linien unter anderem von der Energie – d.h. der Wellenlänge der Laserlichtquelle – abhängt, bedeutet das einen Intensitätsverlust des detektierbaren Streulichtes bei Verwendung von langwelligem Laserlicht. Dieser nachteilige Effekt wird durch die Vorteile der Fourier-Transform-Technik kompensiert, da der Strahlungsfluß in einem FT-Spektrometer um etwa zwei Größenordnungen höher ist.

Die Raman-Streuung wird meist in einem Winkel von 90° oder 180° beobachtet. Sie wird über einem großen Raumwinkel in einer Linse oder einem goldbeschichteten Ellipsoidspiegel gesammelt. Das Streulicht wird durch eine Anordnung von Filtern geleitet, um die starke Rayleigh-Linie auszuschalten, dessen Intensität im Vergleich zum Raman-Streulicht bis zu einem Faktor 10^4 größer sein kann. Um sowohl Stokes- als auch Anti-Stokes-Linien, die unmittelbar neben der Rayleigh-Linie ($\pm 100\ cm^{-1}$) liegen, erfassen zu können, werden an dieses Filtersystem hohe Anforderungen gestellt.

Einerseits sollen sie sehr schmalbandig die jeweilige Rayleigh-Linie herausfiltern, andererseits sollen sie im übrigen Wellenlängenbereich möglichst vollständig transparent sein. Wegen ihrer schmalen spektralen Bandbreiten und großen Kantensteilheit werden hierzu zunehmend holographische Notch-Filter statt der dielektrischen Interferenzfilter sowohl in der dispersiven als auch in der FT-Raman-Technik eingesetzt. Sie werden in einem großen Wellenlängenbereich angeboten; durch Winkelabstimmung kann eine optimale Wellenlängenblockierung erzielt werden. Die Transmission im Stokes- und Anti-Stokes-Bereich ist gleichmäßig hoch.

7.4 Anwendungen der Raman-Spektroskopie

Die Raman-Spektroskopie wurde vor etwa 20 Jahren in der chemischen und petrochemischen Industrie als spezielle Technik zur Charakterisierung chemischer Verbindungen eingeführt. Seitdem sind für diese Technik eine Vielzahl von Applikationen erarbeitet worden, so daß sie heute als Standardmethode im analytischen Labor sowie zur Produktionsüberwachung genutzt wird. Der zuweilen bei anderen spektroskopischen Verfahren zeitaufwendige Schritt der Probenvorbereitung ist bei der Raman-Spektroskopie auf ein Minimum beschränkt. Messungen können direkt in Glasgefäßen oder in wäßriger Lösung durchgeführt werden.

Anwendungen finden sich in der qualitativen und quantitativen Analyse von Polymeren und Emulsionen, Lösungsmittelgemischen und wäßrigen Prozeßlösungen. Mit Hilfe chemometrischer Methoden können auch komplexere Mischungen analytisch bestimmt werden. In der Umweltanalytik dient die Raman-Spektroskopie zur Untersuchung von Grund- und Oberflächenwasser. Ohne besondere Probenpräparation können hiermit zum Beispiel Metallkomplexe, Phenole, Carbonate und organische Säuren analysiert werden. Im Bereich der Biomedizin können die Strukturen von Proteinen und Polypeptiden und anderer Verbindungen in ihrer physiologischen Umgebung analysiert werden. Mit der SERS-Technik (**S**urface **e**nhanced **R**aman **s**pectroscopy) können Immunoglobin, Oligosaccharide, Cholesterin, Lipide und weitere biologisch aktive Moleküle charakterisiert werden [7.6].

Da die Raman-Streuung durchsichtiger Kunststoffe relativ schwach ist, eignet sich diese Methode zur Analyse verpackter Produkte. Die Zusammensetzung von Tabletten in Blisterpackungen oder Lebensmitteln in Kunststoffolie läßt sich bestimmen, ohne die Verpackung öffnen zu müssen. Das schwache Spektrum des Verpackungsmaterials kann durch Differenzbildung eliminiert werden.

Mit Hilfe der Raman-Technik können Materialien wie natürlicher und synthetischer Diamant, kristalliner Graphit und nichtkristalliner Kohlenstoff untersucht werden. Die Raman-Spektroskopie ist dabei die einzige zerstörungsfreie Methode zur Analyse der verschiedenen Kohlenstoffmodifikationen. Sie wird auch zur Untersuchung von keramischen Materialien eingesetzt. Insbesondere dünne Schichten, deren spektroskopische Charakterisierung sonst nicht kontakt- oder zerstörungsfrei möglich wäre, können untersucht werden.

7.5 Zusammenfassung und Ausblick

Zur Messung des allgemeinen Raman-Effektes benötigt man Lichtquellen mit sehr hoher Intensität, wofür früher nur die Quecksilberdampf-Lampen zur Verfügung standen. Sie hatten den Nachteil, in einem Wellenlängenbereich zu emittieren, in dem viele Substanzen zur Fluoreszenz angeregt werden. Wegen apparativer Schwierigkeiten war die Raman-Spektroskopie deshalb wenig verbreitet. Durch die Nutzung des Lasers als sehr intensive und hochmonochromatische Lichtquelle hat diese Technik heute erheblich an Bedeutung gewonnen. Durch die Verlagerung der Anregungswellenlänge in das NIR-Gebiet konnten die Probleme der Probenfluoreszenz eliminiert werden. Parallel dazu hat sich die Gerätetechnik mit leistungsfähigen Monochromatoren und Detektoren erheblich weiterentwickelt.

Durch den Einsatz der Mikroelektronik stehen heute computergesteuerte Raman-Spektrometer mit digitaler Datenerfassung und Datenauswertung zur Verfügung, die den IR-Spektrometern in nichts nachstehen. Die beiden schwingungsspektroskopischen Methoden – die IR-Spektroskopie und die Raman-Spektroskopie – können sich aber nicht gegenseitig ersetzen, sondern nur ergänzen. Die Verschiedenheit der Auswahlregeln ist außerordentlich günstig für alle Zuordnungsversuche von Schwingungen in einem Molekül. IR-inaktive Schwingungen sind oft raman-aktiv und umgekehrt. Für die Strukturaufklärung eines Moleküls ist deshalb die Auswertung beider Spektren notwendig.

Aus der Verteilung der Schwingungsabsorptionen im IR- bzw. Raman-Spektrum lassen sich Rückschlüsse auf die Molekülsymmetrie ziehen. Außerdem zeigen sich oft unterschiedliche Absorptionsintensitäten einzelner funktioneller Gruppen. Während im IR-Spektrum polare Gruppen starke Banden ergeben, zeigen umgekehrt im Raman-Spektrum die unpolaren Gruppen starke Banden.

Die Raman-Spektroskopie entwickelt sich dabei zunehmend zu einer Standardmethode bei chemischen, biologischen und medizinischen Fragestellungen.

Die Raman-Spektroskopie liefert aber den gleichen großen Informationsgehalt der Schwingungsspektroskopie mit dem Vorteil, daß durch den verwendeten Spektralbereich im sichtbaren bis nahen Infrarot Lichtleiter eingesetzt werden können. Entsprechende Sonden ermöglichen hierbei die Messung abseits vom Spektrometer für Zwecke der Betriebs- oder Prozeßanalytik.

Neben dem Nd-YAG-Laser werden zunehmend auch Laser, die im sichtbaren Spektralbereich emittieren, verwendet. Hierfür kommen der Argon- und Kryptonionen-Laser in Betracht. Sie haben den Vorteil, daß die Proben dabei nicht durch thermische Prozesse zerstört werden. Bei fluoreszierenden Stoffen muß man aber mit der Erregerlichtquelle im NIR-Gebiet bleiben.

Dispersive Raman-Spektrometer mit Doppel- oder Dreifachgittern und einem Photomultiplier als Detektor liefern die beste spektrale Empfindlichkeit. Durch Einsatz von Diodenarrays geht die hohe Streulichtunterdrückung dieser Monochromatoren teilweise wieder verloren, da die Spalte entsprechend geöffnet werden müssen. Echelle-Gitter, die in der Atomemissionsspektroskopie seit langem erfolgreich eingesetzt werden, zeigen auch in Raman-Spektrometern eine ausgezeichnete Streulichtunterdrückung. Nachteilig ist nur die sehr geringe Lichtstärke. Eine neuere Variante der Vielkanaldetektion stellt die Verwendung von CCD-Chips (**C**harged **c**oupled **d**evice) dar. Gekühlte CCD-Detektoren zeigen eine hohe Auflösung und Empfindlichkeit.

Neben der konventionellen Raman-Spektroskopie deuten sich neuere Techniken an, die heute aber noch einen hohen instrumentellen und finanziellen Aufwand erfordern. Bei diesen sog. nichtlinearen Methoden handelt es sich um spektroskopische Effekte, die erst durch die Verwendung des Lasers als Erregerlicht entdeckt wurden. Beispiele sind die kohärente Anti-Stokes-Raman-Streuung (CARS) und der inverse Raman-Effekt. Auch der photoakustische Detektor wird in der Raman-Technik genutzt.

8 Mikrowellenspektroskopie

Im Frequenzbereich von 8 bis 40 GHz der elektromagnetischen Strahlung werden Moleküle zu Rotationen angeregt. Nur diese diskreten Übergänge zwischen Energiezuständen rotierender Moleküle lassen sich isoliert betrachten. Sie wird deshalb auch als Rotationsspektroskopie bezeichnet. Das Mikrowellengebiet schließt sich damit mit Wellenlängen vom cm-Bereich bis in den Submillimeterbereich an das entfernte Infrarot an. Die experimentelle Methodik unterscheidet sich jedoch grundsätzlich von derjenigen aller anderen Spektralbereiche, da sie die apparativen Hilfsmittel der Hochfrequenztechnik verwendet. Sie verdankt also ihre Entwicklung der Radar- und Nachrichtentechnik, die zur Erzeugung und Empfang von Zentimeter- und Millimeterwellen geführt hat. Nur der kurzwellige Teil kann mit optischen Spektrometern untersucht werden.

Das zur Erzeugung der Strahlung dienende Reflex-Klystron liefert eine streng monochromatische Strahlung, die innerhalb gewisser Frequenzbereiche variierbar ist. Deshalb ist in der MW-Spektroskopie kein Dispersionssystem (Gitter) erforderlich. Die extreme Monochromasie der Ausgangsstrahlung und die Genauigkeit der Frequenzmessung vermitteln dieser Technik eine sehr hohe Präzision.

Es können aber nur Gase mit hoher Verdünnung gemessen werden, weil im MW-Gebiet die Stoßverbreiterung der Absorptionslinien wegen der kleinen Termdifferenz besonders störend ist. Bei mehratomigen Molekülen niedriger Symmetrie wird die Auswertung der Rotationsspektren sehr kompliziert. Als Substanzmengen genügen Bruchteile eines Milligramms. Aus dem Rotationsspektrum können für kleine Moleküle die Atomabstände und die Bindungswinkel bestimmt werden. Aus der Aufspaltung der Rotationslinien in einem elektrischen Feld (Stark-Aufspaltung) lassen sich die Werte von Dipolmomenten ableiten.

Da nur Gase oder verdampfbare Substanzen in hochverdünnter Form untersucht werden können, hat diese Methode keine breite Anwendung in der Routineanalytik gefunden. Außerdem liegt eine Beschränkung auf nicht zu große Moleküle vor. Es ist deshalb auch verständlich, daß heute keine kommerziellen MW-Spektrometer angeboten werden. Die letzten Mikrowellenspektrometer wurden in den siebziger Jahren vom Markt genommen. Auf Eigenbau angewiesen, dient diese Technik zur Erforschung der Struktur und Eigenschaften kleiner bis mittelgroßer Moleküle. Die MW-Spektroskopie stellt dabei das genaueste Verfahren zur Bestimmung von Bindungsabständen dar.

8.1 Theorie der Rotationsspektren

Ein Molekül kann auf verschiedene Weise Bewegungsenergie aufnehmen. Die Zahl der unabhängigen Koordinaten, die zu einer eindeutigen Festlegung des Moleküls erforderlich sind, beträgt 3 N, wobei N die Anzahl der Atome im Molekül angibt. Somit besitzt das Molekül auch 3 N Freiheitsgrade der Bewegung, von denen drei auf die Translation in die drei Raumkoordinaten entfallen. Die restlichen 3 N – 3 Freiheitsgrade verteilen sich auf die Rotation und die Schwingung. Während die Translation als ungequantelte Wärmebewegung von der Thermodynamik und der kinetischen Gastheorie untersucht wird, führen Rotation und Schwingung zu diskontinuierlichen Energiezustandsänderungen des Moleküls.

Nach der klassischen Strahlungsbedingung kann ein rotierendes Molekül aus einem elektromagnetischen Strahlungsfeld Energie nur aufnehmen (absorbieren) oder an dieses Energie nur abgeben (emittieren), wenn es im Grundzustand ein permanentes (stationäres) elektrisches Dipolmoment besitzt, das sich beim Übergang zeitlich ändert. Deshalb haben symmetrische Moleküle wie H_2, N_2, CH_4, CCl_4 usw., bei denen der negative Ladungsschwerpunkt mit dem positiven zusammenfällt, kein Dipolmoment und geben damit auch kein Rotationsspektrum. Eine Ausnahme bildet dabei das dipolfreie, paramagnetische O_2-Molekül, dessen magnetisches Moment mit dem magnetischen Vektor des Strahlungsfeldes in Wechselwirkung treten kann.

Die Zahl der Rotationsfreiheitsgrade F eines Moleküls hängt von seinem geometrischen Bau ab. Für lineare Moleküle wird infolge der Rotation um die beiden aufeinander zur Bindungsrichtung senkrecht stehenden Achsen $F = 2$. Die Rotation um die Bindungsachse ist wegen des in dieser Richtung liegenden geringen Trägheitsmomentes nicht anregbar. Nichtlineare Moleküle besitzen drei Rotationsfreiheitsgrade um die drei Hauptträgheitsachsen ($F = 3$).

Der geometrische Aufbau bestimmt auch das Aussehen des Rotationsspektrums. Lineare Moleküle und symmetrische Kreiselmoleküle (Moleküle mit einer drei- oder mehrzähligen Symmetrieachse, z.B. CH_3Cl) besitzen ein Rotationsspektrum aus Linien mit nahezu konstanten Frequenzabständen. Asymmetrische Kreiselmoleküle dagegen lassen in ihren Spektren keine einfachen Gesetzmäßigkeiten erkennen.

Bild 8.1 zeigt das Hantelmodell eines rotierenden zweiatomigen, heteronuklearen Moleküls. Der Rotator besteht aus den Punktmassen (Atome) + m_1 und m_2 im Abstand r. Nach den Gesetzen der klassischen Mechanik gilt für die Rotationsenergie:

$$E_{rot} = \frac{1}{2} \cdot I \cdot \omega^2$$

I Trägheitsmoment
ω Winkelgeschwindigkeit

Das Trägheitsmoment I ist bei zweiatomigen Molekülen durch die Atommassen m_1 und m_2 und dem Kernabstand r gegeben:

$$I = \frac{m_1 \cdot m_2}{m_1 + m_2} \cdot r^2$$

Bild 8.1 Modell eines rotierenden zweiatomigen, heteronuklearen Moleküls

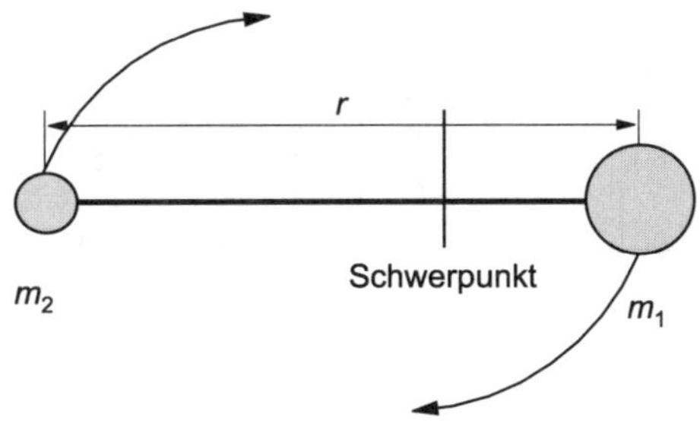

Nach der quantenmechanischen Behandlung des linearen starren Rotators müssen die Energiezustände gequantelt sein, d. h., die Rotationsenergie kann nur ganz bestimmte Werte annehmen.

Die Ableitung über die Schrödinger-Gleichung ergibt für die Rotationsenergie die folgenden «erlaubten» Energieniveaus:

$$E_{rot} = \frac{h^2}{8\pi^2 I} \cdot J\,(J+1)$$

Darin ist J die Rotationsquantenzahl, die Werte von 0, 1, 2, 3 ... annehmen kann. Die Strahlungsabsorption kommt dadurch zustande, daß ein Molekül von einem Rotationsniveau in ein Rotationsniveau höherer Energie übergeführt wird.

Für die Rotationsanregung gilt die quantenmechanische Auswahlregel:

$$\Delta J = \pm 1,$$

so daß durch Strahlungsabsorption nur Übergänge zwischen unmittelbar benachbarten Rotationszuständen möglich sind. Da die Energieabstände im Vergleich zu kT aber klein sind, besetzen die Moleküle bei Raumtemperatur nicht nur den Grundzustand, sondern auch energetisch höhere (angeregte) Zustände. Das heißt, bei Raumtemperatur sind wegen der kleinen Energiedifferenzen die Molekülrotationen im Gegensatz zu den Schwingungen schon thermisch angeregt. Die Absorption erfolgt also nicht nur von $J = 0$, sondern auch von höher besetzten Rotationsniveaus aus. Für die Anregungsenergie eines solchen Übergangs gilt allgemein:

$$\Delta E = E_{J+1} - E_J = \frac{h^2}{4\pi^2 I}\,(J+1)$$

Daraus erhält man unter Verwendung von $\Delta E = h\nu$ die Absorptionsfrequenzen

$$\nu_R = \frac{h}{4\pi^2 I} \cdot (J+1)$$

Ein Rotationsspektrum besteht damit in der Wellenzahldarstellung aus äquidistanten Linien, deren Absorptionsfrequenzen sich um den konstanten Betrag von

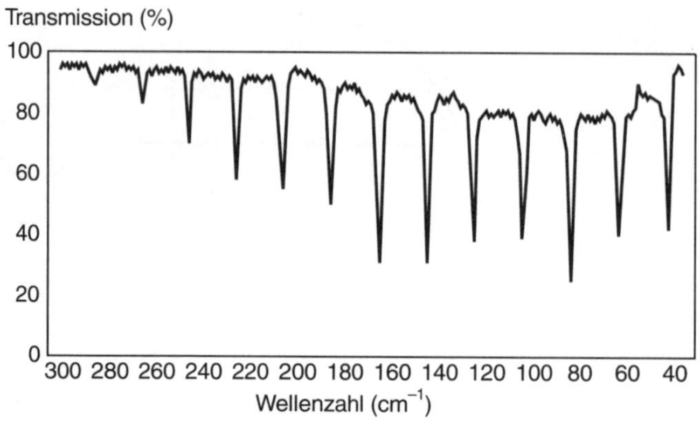

Bild 8.2 Rotationsspektrum von HCl-Gas mit äquidistanten Absorptionslinien

$h/4\pi^2 I$ unterscheiden. Die Häufigkeit der Übergänge und damit die Intensität der einzelnen Rotationslinien ist neben der Größe des Dipolmomentes eine Funktion der Temperatur, bei der die Untersuchung erfolgt. Wegen der thermischen Rotationsanregung liegt das Intensitätsmaximum nicht beim rotationslosen Grundzustand, sondern in Abhängigkeit von der Beobachtungstemperatur bei höheren Rotationszuständen. Bild 8.2 zeigt das Rotationsspektrum von HCl-Gas bei Raumtemperatur.

Da die Rotationsniveaus thermisch angeregt sind, bedeutet es, daß die Besetzungsdifferenzen innerhalb des Rotationstermschemas eines Moleküls gering sind. Für die Besetzung eines Energieniveaus E_J im Vergleich zum Grundzustand E_0 gilt die Boltzmann-Verteilung:

$$\frac{N_J}{N_0} = (2J+1) \cdot e^{-\frac{E_J}{kT}}$$

Eine solche Verteilung führt z.B. bei HCl bei Raumtemperatur zu dem maximal besetzten Energieniveau mit $J = 2$. Die Besetzungsdifferenzen sind aber ein Maß für die Absorptionsintensität. Die MW-Spektroskopie liefert also nur schwache Signale, die beobachteten Absorptionskoeffizienten sind entsprechend klein. Zusätzlich können bei größeren Molekülen auch schon Schwingungszustände angeregt sein, wodurch Rotationsspektren aus angeregten Schwingungszuständen beobachtet werden. Mit der Verteilung der Besetzung auf verschiedene Schwingungsniveaus liegen die einzelnen Rotationsspektren wegen der hohen Auflösung nebeneinander vor. Das gesamte Spektrum wird dadurch linienreicher, durch die Verteilung der Besetzung auf viele Schwingungszustände aber wiederum intensitätsschwächer. Dies ist ein weiterer Grund für die Beschränkung der MW-Spektroskopie auf nicht zu große Moleküle. Bild 8.3 zeigt die Besetzung der Rotationsniveaus bei Raumtemperatur nach der Boltzmann-Statistik.

Ein genaues Ausmessen des Rotationsspektrums zeigt, daß die Linien nicht völlig äquidistante Abstände haben, sondern mit größer werdenden J enger zusammenrücken. Das liegt daran, daß bei hoher Rotationsanregung die Zentrifugalkraft den Atomabstand r schon merklich vergrößert. Hierdurch ändert sich das

Bild 8.3 Die Besetzung der Rotationsniveaus nach der Boltzmann-Statistik

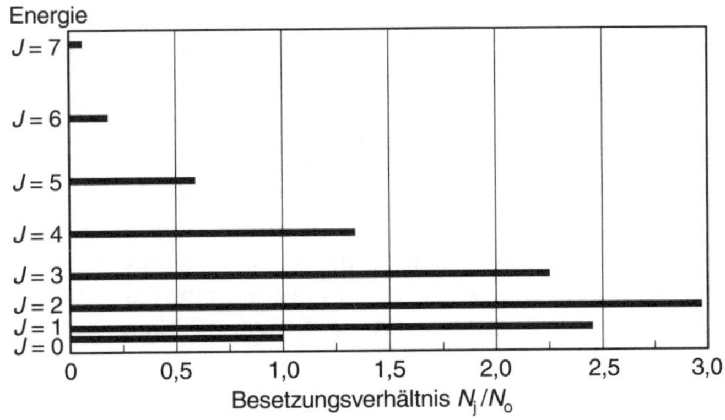

Trägheitsmoment und damit auch E_{rot}. Die Behandlung des Moleküls als starrer Rotator ist nur für niedrige J zulässig. Die Zentrifugalverzerrung läßt sich aber durch Zusatzglieder höherer Potenz von J berücksichtigen.

Für mehratomige Moleküle geringer Symmetrie sind im allgemeinen die Energien bei Rotation um die drei Raumachsen nicht mehr äquivalent. Es entsteht ein wesentlich komplizierteres und linienreicheres Spektrum ohne sichtliche Regelmäßigkeit. Mit steigender Symmetrie des Moleküls wird das Spektrum linienärmer und damit übersichtlicher.

8.2 Mikrowellenspektrometer

Die Untersuchung der Rotationsspektren erfolgt an hochverdünnten Gasen mit Drucken zwischen 0,1 und 10 Pa. Dadurch werden die zwischenmolekularen Wechselwirkungen soweit reduziert, daß sie keinen nennenswerten Einfluß mehr auf die Linienstruktur des Spektrums haben. Da die Intensität der Linien mit sinkender Temperatur zunimmt, arbeitet man günstigerweise bei Raumtemperatur oder kühlt die Probe entsprechend. Umgekehrt wird die Absorptionszelle geheizt, um Spektren von Verbindungen zu erhalten, die einen sehr niedrigen Dampfdruck haben. Entsprechende Apparaturen zur Aufnahme von Rotationsspektren bei Temperaturen bis zu 1000 °C sind realisiert worden. Damit können praktisch alle organischen Verbindungen, die sich unzersetzt verdampfen lassen, spektroskopiert werden.

Im optischen Bereich absorbieren nur sehr kleine Moleküle, die aus wenigen leichten Atomen bestehen, wie z. B. HCl und HF. Die größeren Moleküle absorbieren durch ihre größeren Trägheitsmomente im MW-Gebiet. Zur Erzeugung der Strahlung dient ein MW-Sender, meist ein Reflex-Klystron, der streng monochromatische Strahlung liefert. Demzufolge entfällt ein Monochromator. Mit einem Kippgenerator läßt sich die Frequenz des Senders in einem bestimmten Bereich variieren. Modernere Strahlungsquellen bilden Halbleiteroszillatoren.

Die vom Sender ausgestrahlte Welle läuft in einem metallischen Hohlleiter von rechteckigem Querschnitt («wave guide») und bis zu 10 m Länge, der zugleich als

Absorptionszelle dient. Darin befindet sich das zu untersuchende Gas in hoher Verdünnung. Die vakuumdichten Hohlleiter sind mit einem Pump- und Beschickungssystem verbunden.

Als Strahlungsempfänger dienen Silizium- oder Germanium-Kristalldetektoren mit elektronischen Verstärkersystemen. Die Frequenzmessung erfolgt nach den in der Radiotechnik üblichen Verfahren durch Vergleich mit den Standardfrequenzen von Quarzsendern. Da die Strahlung in den Hohlleitern in weitaus größerem Maße durch Wandverluste als durch die molekulare Absorption geschwächt wird, sind die am Detektor zu empfangenen Signale sehr klein. Zur Verstärkung dieser kleinen Signale sind verschiedene Techniken, wie z. B. das Doppelresonanzverfahren, entwickelt worden.

Auch die Fourier-Transform-Technik wird in der MW-FT-Spektroskopie genutzt. Hierbei wird ein kurzer monochromatischer MW-Impuls in die Absorptionszelle eingestrahlt. Die bei dieser Frequenz angeregten Rotationen klingen nach Abschalten des Impulses infolge thermischer Relaxation schnell ab. Das Abklingsignal wird über die Zeit aufgenommen und mit Hilfe der Fourier-Transformation in das Spektrum umgewandelt. Man erhält damit einen Ausschnitt des Spektrums, das um die Frequenz des anregenden MW-Impulses zentriert ist.

8.3 Anwendungen der Mikrowellenspektroskopie

Die Absorption kommt durch die Rotation des Gesamtmoleküls um die verschiedenen Trägheitsachsen zustande. Jede einzelne Rotationslinie ist deshalb charakteristisch für die untersuchte Verbindung, so daß zu ihrer Identifizierung die genaue Frequenzangabe einer einzelnen Rotationslinie genügt. Auf der anderen Seite wird es dadurch aber unmöglich, bestimmte Atomgruppierungen oder Strukturbausteine zu ermitteln, wie dieses durch die UV- oder IR-Spektroskopie erfolgen kann.

Die qualitative Analyse besteht in einem Vergleich des Rotationsspektrums der unbekannten Substanz mit den Spektren bekannter Substanzen. Bei Identität zweier Spektren, d. h. zweier Absorptionslinien, sind auch die Verbindungen identisch. Da bei dem geringen Gasdruck die Moleküle sich nicht gegenseitig beeinflussen, können Gasgemische aus vielen Komponenten analysiert werden. Voraussetzung ist natürlich die Kenntnis der Spektren der reinen Substanzen.

Infolge des großen Auflösungsvermögens der MW-Spektrometer können auch sehr dicht benachbarte Linien getrennt und äußerst genau vermessen werden. Im Rotationsspektrum des Methylenchlorids beobachtet man z. B. zwei verschiedene Absorptionslinien, die von den Molekülisotopen mit ^{35}Cl und ^{37}Cl herrühren. Damit wird die Bestimmung der Isotopenzusammensetzung innerhalb einer Molekülart möglich.

8.3.1 Bestimmung von Atomabständen und Valenzwinkeln

Die Wellenzahlen der Absorptionslinien hängen vom Trägheitsmoment I des Moleküls und dieses wiederum von der Masse und der geometrischen Anordnung der Atome ab. Rotationsspektren gestatten damit auf dem Weg über die Trägheitsmomente eine außerordentlich genaue Ermittlung der Atomabstände und Valenzwinkel in einem Molekül. Die Präzision der Bestimmung von I ist nicht durch das Meßverfahren, sondern durch die Genauigkeit begrenzt, mit der das Plancksche Wirkungsquantum h bekannt ist!

Die Zahl der auf diese Weise zu untersuchenden Verbindungen ist aber eingeschränkt. Bei linearen mehratomigen Molekülen ist die Zuordnung nicht mehr eindeutig, da es mehrere Atomabstände gibt. Man untersucht dann zunächst Moleküle, deren Kerne durch isotope Kerne ausgetauscht wurden. Dabei ändert sich zwar das Trägheitsmoment, die Gleichgewichtsabstände bleiben aber unverändert.

Neben der Forderung nach einem permanenten Dipolmoment können für größere Moleküle die Trägheitsmomente infolge der freien Drehbarkeit von Molekülteilen um Einfachbindungen von der jeweilig vorliegenden Konformation abhängen. Bei mehratomigen Molekülen läßt sich jede Rotation in die Rotationen um drei zueinander senkrecht stehende Hauptachsen mit drei Trägheitsmomenten zerlegen. Jede dieser Rotationen besitzt dann ein eigenes Energieschema mit einem zugehörigen Hauptträgheitsmoment. Aus jedem Energieschema kann getrennt mit Hilfe der Isotopenmethode auf die Kernabstände geschlossen werden.

Diese Methode ist aber nicht uneingeschränkt anwendbar. Bei zu vielen Atomen im Molekül und damit zu vielen unterschiedlichen Atomabständen kann man aus den drei bestimmten Hauptträgheitsachsen nicht auf die Abstände schließen. Eine weitere Einschränkung liegt darin, daß die Spektroskopie in der Gasphase durchgeführt werden muß, was nicht immer möglich ist. Stark polare Moleküle haben ein intensives Rotationsspektrum. Aber auch einige hochsymmetrische Moleküle ohne permanentes Dipolmoment können durch die Zentrifugalverzerrung bei der Rotation ein Dipolmoment erhalten, mit dem ein schwaches Rotationsspektrum beobachtet werden kann.

8.3.2 Bestimmung von Dipolmomenten

Bringt man die zu untersuchende Substanz in ein starkes elektrisches Feld, indem z.B. eine isolierte Elektrode in die Absorptionskammer eingesetzt und gegen die Wandung aufgeladen wird, so stellen sich die rotierenden Dipole nur in ganz bestimmte Richtungen zum äußeren elektrischen Feld ein. Diese Richtungsquantelung wird als Stark-Effekt bezeichnet und führt zu einer Aufspaltung der einzelnen Rotationslinien in $(2J+1)$ Stark-Komponenten. Die Größe der Aufspaltung wird als Differenz zwischen der Frequenz mit und ohne Feld gemessen. Sie ist von der Stärke des angelegten Feldes E und der Größe des permanenten Dipolmomentes μ des Moleküls abhängig. Bei Kenntnis von E läßt sich daher aus der Verschiebung das Dipolmoment mit einer Genauigkeit von etwa $\pm 1\,\%$ berechnen.

8.3.3 Kernquadrupolkopplung

Bestimmte Moleküle besitzen eine Hyperfeinstruktur der Rotationslinien, die von der Kernquadrupolkopplung hervorgerufen wird. Diese Spektren werden durch den Drehimpuls der Atomkerne beeinflußt; es kommt zu einer Kopplung des

Kerndrehimpulses mit dem Moleküldrehimpuls. Aus dieser Hyperfeinstruktur können Aussagen über die intramolekulare Elektronenverteilung – d.h. über den Hybridisierungsgrad, Ionen- und Doppelbindungscharakter – gemacht werden.

Die Atomkerne haben ähnlich den Elektronen bestimmte Spinquantenzahlen, die mit den Eigendrehimpulsen der Atomkerne zusammenhängen. Die Kernspinquantenzahl i beschreibt die räumliche Symmetrie der positiven Kernladung, die für $i = 0$ oder $i = {}^1/_2$ kugelsymmetrisch, für $i > {}^1/_2$ durch ein mehr oder weniger abgeplattetes Rotationsellipsoid beschrieben werden kann. Diese asymmetrische Ladungsverteilung der positiven Kernladung verursacht ein Quadrupolmoment eQ mit einer für die betreffende Kernart charakteristischen Größe. Ähnlich den molekularen Dipolen können sich die Kernquadrupole zu einem äußeren inhomogenen elektrischen Feld nur in ganz bestimmte Richtungen einstellen. Diese Richtungsquantelung der Kernspins bezüglich der Rotationsachse des Moleküls führt zu einer Aufspaltung der Rotationsenergien und verursacht die Hyperfeinstruktur.

Die Größe der Aufspaltung hängt ab von der Wechselwirkung zwischen eQ und dem Feldgradienten q, der die Asymmetrie der elektrischen Ladungsverteilung beschreibt. Das äußere elektrische Feld wird durch die Elektronen des Atoms erzeugt.

Für Atome mit abgeschlossenen Elektronenschalen und nur s-Elektronen in der Valenzschale ist $q = 0$, da diese eine sphärisch-symmetrische Ladungsverteilung erzeugen. In solchen Fällen entfällt eine Orientierung der Quadrupole, es tritt keine Hyperfeinstruktur auf. Ein inhomogenes Feld entsteht hauptsächlich durch unvollständig besetzte p-Orbitale und in geringerem Maße durch nicht abgeschlossene d- und f-Niveaus.

Das Produkt eQq, das die Wechselwirkung zwischen dem Quadrupolmoment und dem Feldgradienten beschreibt, bezeichnet man als Kernquadrupol-Kopplungskonstante (KKK), die damit aus der Hyperfeinstruktur der Rotationslinien bestimmt werden kann. Die Größe der KKK gibt Aufschluß über die Elektronenverteilung des Atoms im Bindungszustand. Ist z.B. das Cl-Atom ionogen gebunden, hat es eine abeschlossene Edelgaskonfiguration. Damit ist $q = 0$ und somit auch $eQq = 0$. Dagegen hat das atomare Chlor eine sehr große KKK, da eine Stelle der $3p$-Bahn unbesetzt ist. Je nach Elektronegativität seines Bindungspartners ist das Chlor mehr heteropolar oder mehr homöopolar gebunden, was sich in einer Änderung der KKK anzeigt.

Neben diesen Bindungspolaritäten können auch Hybridisierungsänderungen die KKK beeinflussen. Ebenso lassen sich aus der KKK Rückschlüsse auf den Doppelbindungscharakter formaler Einfachbindungen ziehen. Die Bestimmung der KKK ist aber auf solche Kerne beschränkt, die ein Quadrupolmoment und in ihrer Valenzschale nicht nur s-Elektronen besitzen. Das sind für organische Verbindungen im wesentlichen der Stickstoff, die Halogene außer Fluor, Bor und das Isotop ^{17}O.

8.4 Zusammenfassung und Ausblick

Die Mikrowellenspektroskopie nutzt die Eigenschaft permanenter Dipolmoleküle, durch Rotationsanregung eine spezifische Wellenlänge zu absorbieren. Die Rotationsabsorption ist eine Eigenschaft des gesamten Moleküls. Deshalb lassen sich bestimmte Atomgruppierungen aus einem Rotationsspektrum nicht empirisch identifizieren, wie es in der IR- und Raman-Spektroskopie möglich ist. Rotationslinien lassen sich aber außerordentlich exakt bestimmen, durch ihre geringen Halbwertsbreiten sind Überschneidungen zwischen den Rotationslinien verschiedener Substanzen so gut wie ausgeschlossen. Deshalb reicht oft die Bestimmung einer einzigen Linie zur Charakterisierung und Identifizierung einer Verbindung aus. Auch kurzlebige Moleküle können in Mischungen quantitativ identifiziert werden, womit z. B. Reaktionsabläufe verfolgt werden können.

Die Stärken der Mikrowellenspektroskopie liegen in der hohen Selektivität und in der kurzen Meßzeit, die einen kontinuierlichen Betrieb gestattet. Sie eignet sich für die Analyse hochpolarer, aggressiver und reaktionsfreudiger Substanzen. Außerdem kann ein Rotationsspektrum zur Isotopenanalyse genutzt werden, da unterschiedliche Isotopen in einem Molekül das Trägheitsmoment beeinflussen, dessen Änderungen sich im Spektrum deutlich zeigen. Die Trägheitsmomente sind so empfindlich gegen Massenänderungen und die Auflösung der Spektren ist so groß, daß Isotopenspektren so verschieden wie die verschiedener Moleküle sein können.

Bedingt durch die extrem monochromatische Ausgangsstrahlung und die Genauigkeit der Frequenzmessung stellt die Mikrowellenspektroskopie eine Präzisionsmethode dar, die von keinem anderen spektroskopischen Verfahren erreicht wird. Bindungsabstände lassen sich bis auf $^1/_{100}$ Å und Bindungswinkel bis auf $^1/_{10}$° genau bestimmen. Sie stimmen aber nicht genau mit den Gleichgewichtsabständen überein, die dem tiefsten Punkt der Potentialkurve entsprechen. Denn bei den aus den Rotationsspektren erhaltenen Trägheitsmomenten handelt es sich um Mittelwerte, weil sich die Atome infolge der Nullpunktschwingung in ständiger Bewegung befinden. Wegen der sog. Anharmonizität der Atomschwingungen ist der mittlere Atomabstand etwas größer als der Gleichgewichtsabstand, was aber durch eine geeignete Korrektur berücksichtigt werden kann.

Kommerziell sind nur wenige MW-Spektrometer verfügbar, seit 1990 wird von der Fa. Siemens ein Mikrowellenspektrometer, das in Zusammenarbeit mit dem Kernforschungszentrum Karlsruhe entwickelt wurde, für die Online-Analyse von Gasen unter dem Namen «Mipan» angeboten. Die MW-Technik ist aber im wesentlichen auf verschiedene Arbeitsgruppen in Forschungsinstituten beschränkt. Verschiedene Ansätze, z. B. die Analyse von Prozeßgasen in der Halbleiterindustrie, lassen aber eine zunehmende Anwendung der Mikrowellenspektroskopie als Sensor für die Gasüberwachung erwarten. Dabei stellt die Mikrowellenmeßtechnik eine ideale Ergänzung zur Prozeßchromatographie dar, wo die Selektivität mit diskontinuierlichem Betrieb und einer höheren Meßzeit erkauft wird.

9 Atomabsorptionsspektroskopie

Die Atomabsorptionsspektrometrie (AAS) gehört neben der Atomemissionsspektrometrie zu den leistungsfähigsten und wichtigsten Methoden der anorganischen und speziell der Elementspurenanalytik. Obwohl die Prinzipien der Atomspektrometrie schon seit Mitte des vorigen Jahrhunderts bekannt waren, halten die technische Optimierung und die Entwicklung vereinfachter Analysenabläufe ungebrochen an. Seit ihrer kommerziellen Einführung in den fünfziger Jahren wurde die Atomabsorptionsspektrometrie in zahlreichen chemischen Laboratorien als Methode der Elementspurenbestimmung eingesetzt. Sie wird den Forderungen nach nachweisstarken, zuverlässigen und zudem schnellen Analysenverfahren gerecht. Durch ihren einfachen Aufbau und die hohe Selektivität stellt die AAS für viele Metalle eine leistungsfähige Alternative zu klassischen Methoden dar. Die breite Erfahrung mit dieser Technik und die entsprechende Anwendungsliteratur gewährleisten, daß die AAS auch weiterhin eine zuverlässige Methode in der Spuren- und Ultraspurenanalytik bleiben wird.

Die zuverlässige Bestimmung der Elemente im Spurenbereich gewinnt zunehmend an Bedeutung in immer komplizierteren Matrizes. Das gilt für die verschiedensten Anwendungsbereiche, von der Entwicklung neuer Werkstoffe bis hin zu biologischen und medizinischen Fragestellungen. Während sich auf der einen Seite in der Reinststoff-Forschung abzeichnet, daß sich noch bei Fremdatomgehalten von 10^{-12} g/g meßbare Abhängigkeiten von Stoffeigenschaften nachweisen lassen, liegt auf der anderen Seite das Interesse bei biologischen Matrizes in der Mikrospurenanalyse, um z. B. Elementgehalte in einzelnen Zellen zu bestimmen.

Ein Atomabsorptionsspektrometer besteht im einfachsten Fall aus einer Strahlungsquelle, einer Atomisierungseinrichtung für die Probe, der Optik, einem Photodetektor und einer Elektronik mit Signalanzeige. Wie bei der Molekülspektroskopie beobachtet man auch in der Atomabsorption die Elektronenübergänge im Spektralbereich des sichtbaren und ultravioletten Lichtes. Im Gegensatz zu Molekülen sind bei Atomen die Elektronensprünge aber die einzige Möglichkeit der Wechselwirkung mit dem Licht, so daß die Atomspektren nur aus einzelnen Linien bestehen. Durch Anwendung elementspezifischer Strahlungsquellen (Hohlkatodenlampen) mit linienarmen Emissionsspektren erreicht man die spektrale Auflösung und damit die Selektivität des Verfahrens.

Ein relativ einfacher Monochromator genügt zur Abtrennung von nicht absorbierbarem Licht. Die klassische Atomisierungseinrichtung ist die Flamme, in die die Probenlösung hinein versprüht wird. Weitere Einrichtungen zur Atomisierung bilden der Graphitrohrofen und die Quarzküvette für die Hydrid- und Kaltdampftechnik. Die Spektrometer werden als Einstrahl- und Zweistrahl-Geräte angeboten. Die Grundprinzipien beim Aufbau eines AAS-Spektrometers haben sich prinzipiell nicht geändert, wohl aber die technischen Möglichkeiten.

Mit der Einführung der Graphitrohrtechnik Ende der sechziger Jahre konnten vielfach die mit der Flamme erzielbaren Nachweisgrenzen um zwei bis drei Größenordnungen übertroffen werden. Damit war erstmals der ppb-Bereich für die Routinebestimmung einer Reihe von Metallen zugänglich. Die Graphitrohr-AAS ist die nachweisstärkere, dafür aber auch die kompliziertere Variante der Atomabsorptionsspektrometrie. Einen besonderen Fortschritt in der Ofen-Technik stellte die Einführung von Rohrbeschichtungen aus pyrolytischem Kohlenstoff dar. Weitere Entwicklungen mit noch widerstandsfähigeren Materialien werden hierbei noch günstigere Atomisierungsbedingungen liefern.

Allerdings zeigte sich, daß sich durch die Empfindlichkeitssteigerung besondere Probleme, z.B. mit unspezifischem Untergrund und durch chemische Interferenzen, ergeben. Dies hat zur Entwicklung leistungsfähiger Verfahren der Untergrundkorrektur (Zeeman-AAS und Smith-Hieftje-Prinzip) und verbesserter Arbeitsmethoden, wie z.B. Temperaturkontrolle und Alternativgaseinspeisung für die Graphitrohre und die sog. Matrixmodifikation, geführt.

Zunehmende Betriebs- und Prozeßanalytik sowie die Umweltüberwachung stellen ständig steigende Anforderungen an die Reproduzierbarkeit und Richtigkeit der Analysen. Hierzu wurden mit der Einführung der Computertechnik und moderner Elektronik wesentliche technische Verbesserungen und Betriebsvereinfachungen erzielt. Computerunterstützt erfolgt die automatische Probenaufgabe, das Abarbeiten verschiedener Analysenprogramme, die Datenverarbeitung und die Datenausgabe.

Für die besonders in der Umweltforschung relevanten toxischen Metalle wie Quecksilber, Arsen, Antimon und Selen werden als spezielles Zubehör Kaltdampf- und Hydridsysteme angeboten. Durch Überführung in die Gasphase werden diese Elemente von der Matrix abgetrennt und lassen sich dadurch relativ störungsfrei mit hoher Empfindlichkeit messen. All diese Modifikationen erlauben nunmehr die praktisch kontaminationsfreie Direktbestimmung zumindest von relativ flüchtigen Metallen wie Cd, Pb, Hg und As. Auch diese Geräte sind automatisierbar und gestatten damit einen hohen Probendurchsatz.

Koppelt man chromatographische Techniken mit der Atomabsorptionsspektrometrie, erhält man einen elementspezifischen Detektor. Diese Kopplung wird schon länger in der Gaschromatographie genutzt und findet zunehmend Einsatz auch in der Flüssigkeitschromatographie. Hiermit ist die Bestimmung des Bindungszustandes der einzelnen Elemente möglich. Diese **Speziation** ist von besonderer Bedeutung in der Umweltüberwachung und der Biologie.

Die Atomabsorptionsspektrometrie steht immer in Konkurrenz mit anderen nachweisstarken Analysenmethoden, wie der inversen Puls- und Adsorptions-Voltammetrie, der Atomemissionsspektrometrie mit dem induktiv gekoppelten Plasma (ICP-OES), der Totalreflexions-Röntgenfluoreszenz und der Plasmamassenspektrometrie (ICP-MS). Die AAS hat dabei in den letzten Jahren besondere Fortschritte bei der Oligo- bzw. Multielementbestimmung, der Fließinjektionstechnik und bei der direkten Feststoffanalytik gemacht.

In ihrem klassischen Aufbau stellt die AAS eine Monoelementmethode dar. Die Analyse von mehreren bis zu etwa 10 Elementen kann bei komfortableren Geräten durch einen automatischen Lampenwechsel erfolgen. Hierbei werden die einzelnen Elemente sequentiell gemessen, wofür ein entsprechend größeres Probevolumen erforderlich ist. Die simultane Mehrelementbestimmung wird dadurch erzielt, daß das Licht von mehreren Hohlkatodenlampen mit Lichtleitern und einem Linsensystem gebündelt gleichzeitig durch die Flamme und danach durch einen Polychromator geleitet wird. Der Vorteil dieser Anordnung ist die Möglichkeit der gleichzeitigen Detektion sämtlicher analytischen Signale, wozu der Polychromator mit den entsprechenden Austrittsspalten sowie den der jeweiligen Wellenlänge angepaßten Photomultipliern ausgerüstet ist.

Die Forderung nach schnellen, einfachen und billigen Analysenverfahren führt zu weitgehend automatisierten direkten instrumentellen Verfahren mit möglichst geringer Probenvorbereitung, bei denen die Analysenprobe ohne naßchemischen Analysengang zur Aussendung der Analysensignale angeregt wird. Naßchemische Verbundverfahren mit Aufschluß, Abtrennung und Anreicherung sind aufwendig, umständlich und durch systematische Fehler nicht immer zuverlässig. Durch die Kopplung mit der Fließinjektion (FI) ist heute eine Probenvorbereitung online möglich, die kaum störanfällig in einem geschlossenen System abläuft, wodurch auch eine Kontaminationsgefahr herabgesetzt wird.

Die Kombination von Fließinjektion mit atomspektrometrischen Verfahren eröffnet ein Vielzahl neuer Anwendungsgebiete. Diese Technik muß als eine der wichtigsten neueren Entwicklungen angesehen werden, die die Atomspektrometrie zunehmend bereichern wird. Die FI eignet sich zur Probenvorbereitung und Probenaufgabe. Einfache Handhabung, hoher Probendurchsatz bei geringem Reagenzien- und Probenverbrauch sind nur einige Vorteile dieser Technik. Analysen von Proben mit hohem Salzgehalt, die automatische Verdünnung von Proben sowie die automatische Zugabe von Puffern und Reagenzien gewährleisten eine robuste und zuverlässige Analyse. Auch die Automation von Kaltdampf- und Hydrid-AAS ist mit Hilfe der FI möglich.

Die Analyse von Feststoffen gewinnt immer mehr Bedeutung. Diese Substanzen werden in gepulverter Form direkt oder in Form von Aufschlämmungen oder Suspensionen («slurries») in den Graphitrohrofen eingegeben. Für metallische Materialien gibt es neuerdings eine besondere Kammer mit Sputtereinrichtung. Das zu analysierende Material wird in der Kammer durch Ionenbeschuß verdampft. Das abgesputterte Material wird im Dampfraum mit konventioneller Technik analysiert. Hierdurch können Stahl- und Legierungszusammensetzungen schnell und genau bestimmt werden.

9.1 Historie

Lange Zeit, bevor man den Aufbau der Atome verstand, erkannte man, daß die von angeregten Atomen emittierte Strahlung eine spezifische Eigenschaft der Atome ist. Das Phänomen der Lichtabsorption wurde schon Anfang des 18. Jahrhunderts untersucht, wobei zunächst Kristalle und Flüssigkeiten im Mittelpunkt des Interesses standen. Die Flammenfärbung durch Alkalisalze wurde schon 1758 von MARGGRAF zur Unterscheidung von Natriumsalzen (gelbe Flamme) und Kaliumsalzen (rote Flamme) genutzt, ohne die Ursache (Atomemission!) deuten zu können. Später erfolgte dann eine systematische Beobachtung des Sonnenlichtes, die 1802 zur Entdeckung der schwarzen Linien im Sonnenspektrum durch WOLLASTONE führte, die FRAUNHOFER in den folgenden Jahren eingehend untersuchte. Bereits 1820 äußerte der britische Physiker BREWSTER die Ansicht, daß diese Fraunhoferschen Linien durch Absorptionsvorgänge in der Sonnenatmosphäre hervorgerufen werden, wodurch er prinzipiell die Atomabsorption beschrieben hat.

Die grundlegenden Zusammenhänge zwischen Absorption und Emission von Atomen haben der Physiker KIRCHHOFF und der Chemiker BUNSEN um das Jahr 1860 während ihrer systematischen Untersuchungen der Linienumkehr in Alkali- und Erdalkalispektren erarbeitet. Beide wiesen eindeutig nach, daß die von Natriumsalzen in der Flamme eines Bunsenbrenners emittierte typische gelbe Linie identisch ist mit der schwarzen D-Linie des Sonnenspektrums. KIRCHHOFF formulierte daraufhin das allgemeingültige Gesetz, daß jede Materie auf der Wellenlänge Licht absorbieren kann, auf der sie auch emittiert.

Die meisten Erkenntnisse vom Aufbau der Atome stammen aus Experimenten mit der Atomspektroskopie. Obwohl das Prinzip der Atomabsorption schon frühzeitig erkannt und beschrieben wurde, blieb es fast ein Jahrhundert analytisch ungenutzt. Erst 1955 wurde die AAS von WALSH und ALKEMADE [9.1] wiederentdeckt und als generell anwendbare Analysenmethode vorgeschlagen [9.2]. WALSH und seinen Mitarbeitern bei der CSIRO (**C**ommonwealth **S**cientific and **I**ndustrial **R**esearch **O**rganization, Australien) gebührt der Verdienst, sowohl die theoretischen Grundlagen als auch die praktische Anwendung und die apparativen Prinzipien umfassend erarbeitet zu haben.

DR. SIR ALAN WALSH, 1916 in England geboren, veröffentlichte 1956 seine Arbeit über die AAS mit der Luft-Acetylen-Flamme. Als Anerkennung für seinen bedeutenden Beitrag für die Wissenschaft wurde er 1977 von Königin Elisabeth II. zum Ritter geschlagen. Professor CORNELIUS ALKEMADE aus den Niederlanden war einer der Physiker, der bei allem Streben um fundamentales Verständnis für die Atomspektrometrie dennoch einräumte:

> «Der Analytiker, der praktische Analysen auszuführen hat, sollte dennoch nicht mit einer Überdosis an Theorie belastet werden».

Professor DR. BORIS V. L'VOV beschäftigte sich in Leningrad als erster mit der flammenlosen AAS. Bereits 1958 veröffentlichte er seine erste Arbeit über das Experimentieren mit beheizten Öfen. Trotz der frühen Erkenntnisse wurde diese Technik aber erst sehr spät im Jahre 1967 von DR. MASSMANN praktisch ausgenützt.

9.2 Prinzip

Das angewandte Verfahren nutzt die allgemein bekannte Beobachtung, daß eine Flamme in Gegenwart von Metalldampf gefärbt erscheint (z. B. durch NaCl gelb). Zerlegt man dieses Licht mit einem Monochromator, so zeigt sich das betreffende Element in der Flamme durch das Auftreten charakteristischer, heller Linien im Spektrum an (qualitative Emissionsspektralanalyse oder Flammenphotometrie).

Die Gesamtheit der von einer Strahlungsquelle ausgehenden Wellenlängen ist das Emissionsspektrum der Quelle, wobei man sinnvollerweise zwischen dem gleichförmigen, kontinuierlichen Emissionsspektrum einer «leer» brennenden Flamme (Flammenuntergrund) und dem überlagerten Linienemissionsspektrum der Metallatome in der Flamme unterscheidet. Die Ursache für das Auftreten einer Linie bildet die Eigenschaft der Atome, daß ihre äußeren Elektronen (Valenzelektronen) bestimmte Energiemengen aus der Flamme aufnehmen (absorbieren) und dabei in unterschiedliche, energetisch höhere Zustände übergehen können.

Atome können nur ganz bestimmte Energiebeträge aufnehmen und auch wieder abgeben. Während bei Molekülen Änderungen der Elektronen-, Schwingungs- und Rotationszustände möglich sind, gibt es bei Atomen ausschließlich die Wechselwirkung mit den Elektronen. Durch Energieaufnahme kann das Atom in einen elektronisch angeregten Zustand übergehen. Bei Rückkehr in energieärmere Zustände gibt das Atom die aufgenommene Energie dann meist in Form von Strahlung wieder ab. Regt man ein Atom thermisch an, so sendet es diese aufgenommene Energie in Form seines Emissionsspektrums aus.

Erfolgt die Anregung durch Lichtenergie, so nehmen die Atome nur genau definierte Energiebeträge – d.h. Licht bestimmter Frequenz – auf, und man beobachtet das Absorptionsspektrum. Da hier nur Elektronensprünge zwischen diskreten Elektronenbahnen beobachtet werden können, bestehen Atomspektren aus diskreten Linien.

Atomspektren sind Linienspektren.

Zur Beobachtung der Atomabsorption ist Voraussetzung, daß in der Absorptionszelle Atome vorliegen, d.h., die zu untersuchende Probe, z.B. ein Metallsalz, muß in den atomaren Zustand übergeführt werden. Dies geschieht durch Zufuhr von thermischer Energie. Oberhalb von etwa 2000 °C liegen fast alle bekannten chemischen Verbindungen atomar vor, es existieren also bis auf einige Ausnahmen keine Moleküle und Ionen mehr. Das bei Raumtemperatur sowohl in fester als auch in gelöster Form ionogen aufgebaute NaCl liegt bei diesen hohen Temperaturen in Form von Natrium- und Chloratomen vor.

Zur Beobachtung der Atomabsorption muß die zu untersuchende Probe in der Absorptionszelle in atomarer Form vorliegen.

Bei weiterer Temperaturerhöhung nehmen die Atome thermische Energie auf und gehen dabei in angeregte Zustände über, bis sie schließlich ionisiert werden und ein Plasma bilden. Angeregte Atome haben die Energie thermisch aufgenommen und können damit nicht mehr das entsprechende Licht absorbieren; es kann keine optische Atomabsorption mehr beobachtet werden. Hinsichtlich der Temperatur ist also ein Kompromiß zu schließen:

Die Temperatur muß so hoch gewählt werden, daß die Atomisierung rasch und vollständig erfolgt, andererseits darf sie nicht zu hoch sein, damit keine angeregten Zustände oder Ionisation erfolgt, denn diese Atome sind nicht mehr zur Lichtabsorption fähig.

Die hohen Temperaturen zur Atomisierung der Materie lassen sich unter anderem durch geeignete Flammen erzielen. In der Flamme liegen die Atome zumeist in überwiegender Anzahl als neutrale Teilchen in ihrem Grundzustand E_1 (= tiefstes Energieniveau) vor. Strahlt man Licht geeigneter Frequenz in diese Flamme ein, führt die Absorption der geringsten Energiemenge zum ersten angeregten Zustand, dem Niveau E_2, das auch Resonanzniveau genannt wird. Die statistische Wahrscheinlichkeit dieser Niveaubesetzung (E_2) bei der Anregung von Atomen ist für die verschiedenen Elemente fast immer am größten. $\Delta E = E_2 - E_1$ ist die aufgenommene, absorbierte Resonanzenergie. Größere Energieabsorptionen führen zu E_3, E_4, E_5 usw. Nach sehr kurzer Verweilzeit in den metastabilen Anregungszuständen (ungefähr 10^{-8} s) fällt das angeregte Atom in ein tieferes bzw. das Grundniveau zurück und gibt die dabei freiwerdende Energie in Form von elementspezifischer Strahlung, d. h. mit elementspezifischer Wellenlänge ab.

Die Flamme bildet die eigentliche Absorptionszelle, in der sich die Atome befinden. Die hohe Temperatur der Flamme dient zur Atomisierung der Materie.

Eine thermische Anregung der Atome erfolgt nach der Boltzmann-Verteilung um so leichter, je geringer die Energiedifferenz zwischen dem Grundzustand und einem angeregten Zustand ist. Für eine gegebene Temperatur steigt also mit größer werdender Absorptionswellenlänge des betreffenden Elementes die Zahl der thermisch angeregten Atome an. Dies gilt insbesondere für die Alkali- und Erdalkalimetalle, deren Energiedifferenzen zwischen den einzelnen Elektronenbahnen gering sind und Wellenlängen im sichtbaren Spektralbereich entsprechen. Sie werden schon bei relativ niedrigen Temperaturen thermisch angeregt und emittieren dann Licht (Flammenfärbung, Ausnutzung in Feuerwerkskörpern). Das Verhältnis der angeregten Atome zu den Atomen im Grundzustand ist aber sehr klein und kann für analytische Bestimmungen oft vernachlässigt werden.

Aus dem Vorangegangenen ist zu sehen, daß thermische Energie (Flamme) in der Lage ist, freie, im Grundzustand befindliche Atome anzuregen, also z. B. den Übergang von E_1 nach E_2 durch Energieabsorption der Atome zu bewirken. Die nachfolgende Energieabstrahlung (E_2 nach E_1) führt zur Emission von Lichtenergie sehr spezifischer Wellenlängen. Die daraus sich ergebende Wechselwirkung zwischen Absorption und Emission läßt sich wiederum qualitativ und quantitativ nutzen, indem man in strahlungsdurchlässigem, nicht angeregtem Atomdampf Strahlung einer für das interessierende Element spezifischen Wellenlänge durchschickt. Die dann auftretende Strahlungsschwächung an dem verwendeten Hintergrundstrahler beim Durchgang durch diesen Atomdampf infolge Energieabsorption ist dann ein qualitativer Hinweis auf das Vorhandensein des betroffenen Elementes in der «Absorptionszelle». Das Maß der Strahlungsschwächung des Hintergrundstrahlers gegenüber der ungeschwächten Strahlung beim Durchgang durch die noch «leere» Absorptionszelle ergibt eine Mengenaussage über das interessierende Element (Differenzmessung). Entsprechend ist die Gesamtheit der von einem strahlungsdurchlässigen Körper aus einem Hintergrundstrahler absorbierten Wellenlängen sein Absorptionsspektrum.

Jedes Element in nicht angeregtem Grundzustand absorbiert nur diejenige Wellenlänge, die es selbst im Falle des angeregten Zustandes emittiert. Deshalb gibt

Tabelle 9.1 Unterscheidung der Atomabsorption und Atomession

Atomabsorption	Atomemission
Thermische Anregung der Materie bis zur Atomisierung im Grundzustand und Messung der Lichtabsorption durch eine geeignete Strahlungsquelle	Höhere thermische Anregung der Materie zu angeregten Atomzuständen und Messung der Lichtemission der angeregten Atome

es die beiden Techniken der Atomabsorption und Atomemission (Tabelle 9.1). Im Idealfall soll bei der Atomabsorption die Temperatur der Absorptionszelle gerade so hoch sein, daß die Probe atomisiert und nur Atome im Grundzustand vorliegen. Bei der Atomemission dagegen muß die Temperatur wesentlich höher sein, damit möglichst viele angeregte Atome und damit ein intensives Emissionsspektrum der zu bestimmenden Elemente erzeugt wird.

9.3 Linienspektrum

Wenn es in einem Atom nur einen angeregten Zustand gäbe, könnte auch nur eine einzige Absorptionslinie auftreten. Tatsächlich findet man eine Vielzahl von Linien, deren Abstände nach kürzeren Wellenlängen immer kleiner werden und deren Intensitäten abnehmen, bis schließlich eine Häufungsstelle auftritt, ab der keine Linie mehr, sondern eine kontinuierliche Absorption auftritt. Dies ist die **Seriengrenze** oder das **Ionisationskontinuum** (Bild 9.1).

Bild 9.1 Absorptionsspektrum des Natriums

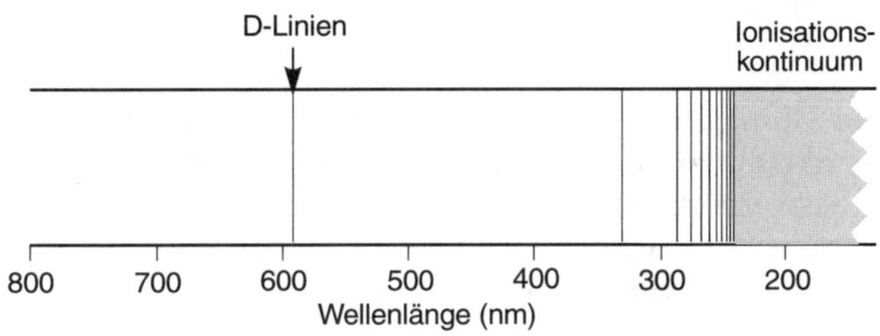

Die Zahl aller Elektronenübergänge und damit die Zahl der Linien für ein Element wird durch die Anordnung der äußeren Elektronen im Atom bestimmt. Atome mit einer geringen Zahl von Außenelektronen, z. B. die Alkalimetalle, besitzen linienarme Spektren; Atome mit kompliziertem Aufbau der äußeren Schale, insbesondere die Nebengruppenelemente, ergeben sehr linienreiche Spektren. Spektren von Atomen und Ionen mit gleicher Elektronenzahl, also z. B. Na, Mg^{+1} und Al^{+2} sind dabei analog aufgebaut, aber die Lage der einander entsprechenden Linien ist nicht identisch (Kosselscher Verschiebungssatz).

Zur Anregung der Resonanzlinien ist bei den Alkalimetallen eine besonders niedrige, bei den Nichtmetallen eine sehr hohe Energie aufzubringen. Dabei rückt die Resonanzlinie gesetzmäßig vom sichtbaren Bereich des Spektrums in den experimentell schwer zugänglichen Vakuum-UV-Bereich. Im Prinzip läßt sich jedes Element mit der Atomabsorption bestimmen, denn die Atome aller Elemente sind anregbar und damit zur Absorption fähig. Die Grenzen liegen nur im apparativen Bereich. Hauptanwendungsgebiet der Atomabsorptionsspektrometrie ist deshalb die Analyse von Metallen und Halbmetallen. Diese Beschränkung der Atomabsorption ist also nur durch den Spektralbereich und nicht, wie man oft annehmen möchte, durch den Bau geeigneter Linienstrahler für die betreffenden Elemente begrenzt.

Die mit Hilfe der Atomabsorption bestimmbaren Elemente werden durch den Spektralbereich vorgegeben, in dem sie Licht absorbieren. Die Absorptionslinien der Metalle und Halbmetalle liegen im sichtbaren bis ultravioletten Spektralgebiet, während die Nichtmetalle vorwiegend im nur schwer zugänglichen Vakuum-UV absorbieren.

Die Atomabsorptionsspektrometrie wird also vorwiegend zum Nachweis und zur quantitativen Bestimmung von Elementen mit vorwiegend metallischem Charakter genutzt. Zur qualitativen Analyse eines Elementes genügt der Nachweis einer einzigen Linie, es braucht nicht das ganze Linienspektrum aufgenommen zu werden. Jede einzelne Linie ist im Prinzip elementspezifisch, es kann aber zu Koinzidenzen mit Linien anderer Elemente kommen. Zur Quantifizierung wird die Absorption bei einer Linie gemessen. Auch hier gilt das Lambert-Beersche Gesetz, d.h., für die Intensitätsabnahme der Strahlungsquelle besteht ein unmittelbarer Zusammenhang zur Zahl der absorbierenden Atome N.

$$E = \lg \frac{I_0}{I} = k \cdot N$$

Im Gültigkeitsbereich des Lambert-Beerschen Gesetzes muß lediglich der Nullpunkt durch Messung einer Blindlösung bestimmt werden. Um hohe Absorptionswerte zu erhalten, muß die eingestrahlte Emissionslinie sehr schmal sein gegenüber der Absorptionslinie. In diesem Fall entspricht k dem maximalen Absorptionskoeffizienten im Linienzentrum.

9.3.1 Auswahlregeln

Ein Atomspektrum wird maßgeblich durch das Gesamtsystem der Valenzelektronen bestimmt. Dieses wird durch die Hauptquantenzahl n, die Nebenquantenzahl L, die Spinquantenzahl S und die innere Quantenzahl J beschrieben. Die innere Quantenzahl ergibt sich aus der intraatomaren Kopplung von Spin- und Orbitalmoment. Durch diese Russel-Saunders-Kopplung können bei vektorieller Addition ($J = L + S$) das Spin- und Bahnmoment entweder parallel oder antiparallel zueinander stehen. Dies führt zu einer weiteren Aufspaltung der Energieniveaus.

Bei allen Atomen mit einer ungeraden Elektronenzahl können sich die magnetischen Momente intraatomar nicht völlig kompensieren, sondern es bleibt mindestens ein Spinmoment übrig. Zum Beispiel kompensieren sich beim Natriumatom die Spin- und Orbitalmomente der inneren Elektronenschalen zu Null. Das eine äußere Elektron kann sein Spinmoment in zweifacher Weise, parallel oder antiparallel, zu einem Orbitalmoment orientieren. Es kommt zu einer Aufspaltung in zwei Energieniveaus, die als **Dublett** bezeichnet werden.

Im Grundzustand befindet sich das äußere Elektron auf einem s-Orbital, dessen Orbitalmoment Null und deshalb nicht aufgespalten ist. Im ersten Anregungszustand befindet sich das ungepaarte Elektron auf einem p-Orbital, bei dem die Orbitalquantenzahl 1 beträgt. Durch Kopplung mit der Spinquantenzahl $S = {}^1/_2$ kann sich die innere Quantenzahl zu $J = {}^1/_2$ oder zu $J = {}^3/_2$ addieren. Übergänge vom Grundzustand in diesen Anregungszustand führen daher zu zwei sehr eng beieinanderliegenden Linien, die im Fall der «Natrium-D-Linie» bei 589,0 und 589,6 nm liegen, wie in Bild 9.2 dargestellt ist.

Bild 9.2 Aufspaltung der D-Linien des Natriums

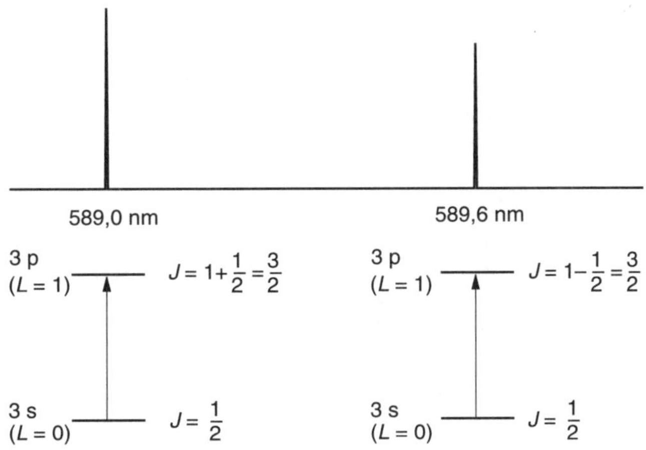

Für die Übergänge der Elektronen durch Lichtabsorption gibt es Auswahlregeln:

$\Delta L = \pm 1$
$\Delta J = \pm 1$
$\Delta J = 0$ (ausgenommen $J = 0 \rightarrow J = 0$)

9.3.2 Auswahl der Linien

Alle Linien, die vom Grundterm des Atoms ausgehen, bezeichnet man als Resonanzlinien, die sich entsprechend ihren Übergangswahrscheinlichkeiten in der Absorptionsintensität unterscheiden. Für sehr einfach aufgebaute Atome, wie die Alkali- und Erdalkalimetalle, entspricht die intensivste, am leichtesten anregbare Linie dem Übergang vom Grundzustand in den ersten angeregten Zustand. Bei diesem Übergang ist die geringste Energie und demnach die kleinste Frequenz des Anregungslichtes erforderlich. Für viele andere Elemente sind oft andere Linien intensiver, die Übergängen vom Grundzustand in höhere Anregungszustände entsprechen.

Für ein hohes Nachweisvermögen benutzt man meist die Atomlinie mit der größten Intensität. Zur Vermeidung von Interferenzen ist es aber oft angebracht, auf eine Nebenlinie auszuweichen. Die Lage der einzelnen Atomlinien und die Auswahl geeigneter Linien zur Quantifizierung ist vielfach dokumentiert. Die Gerätehersteller liefern dazu zu jedem Atomabsorptionsspektrometer eine Sammelmappe, in der für alle bestimmbaren Elemente die Wellenlängen der Atomlinien sowie detaillierte Hinweise über den Analysenablauf aufgelistet sind. Bei computerunterstützten Geräten sind diese Parameter in der Software eingebaut. Menügesteuert braucht nur noch das zu bestimmende Element angewählt zu werden, die gerätetechnischen Einstellungen werden dann vom Computer übernommen.

9.3.3 Empfindlichkeit und Nachweisgrenzen

Die analytische Leistung bei der Elementbestimmung wird im allgemeinen durch zwei unterschiedliche Meßwerte ausgedrückt. Sowohl die charakteristische Konzentration als auch die Nachweisgrenze liefern wichtige Informationen. Die charakteristische Konzentration ist ein Maß für die Empfindlichkeit. Sie ist definiert als diejenige Masse des zu bestimmenden Elementes, die ein Signal der Extinktion $E = 0{,}0044$ liefert. Dies entspricht einer Absorption von 1 %.

Die Nachweisgrenze ist definiert als diejenige Konzentration einer Lösung, die eine Extinktion ergibt, die der dreifachen Standardabweichung der Blindprobe entspricht. Dieser Wert spiegelt das Signal-Rausch-Verhältnis des Meßinstrumentes wider und wird von vielen Parametern beeinflußt. Dazu gehören die Konstruktion des Gerätes, insbesondere seine Optik, die charakteristische Konzentration und die Stabilität des Signals. Ein stark von Rauschen begleitetes Signal macht es sehr schwierig, das analytische Signal von zufälligen Schwankungen in der Grundlinie zu unterscheiden.

Definitionsgemäß können genaue Messungen nicht in der Nähe der Nachweisgrenzen durchgeführt werden. An der Nachweisgrenze liegt die Meßgenauigkeit, d. h. die Standardabweichung, bei 33 %. In der Praxis sollten daher Routineanalysen in einem Konzentrationsbereich durchgeführt werden, der mindestens sechs- bis zehnfach höher als die ermittelte Nachweisgrenze liegt.

Man verbessert die Nachweisgrenzen, wenn das Signal-Rausch-Verhältnis verbessert werden kann. Die Wahl der Atomlinie bestimmt die Empfindlichkeit. Im allgemeinen nimmt man dazu die intensivste Resonanzlinie, da Linien geringerer Intensität schlechtere Nachweisgrenzen haben. Eine Vergrößerung des Lichtdurchsatzes kann durch Verwendung stärkerer Lampen und Vergrößerung der Spaltbreite erfolgen. Die Spaltbreite beeinflußt jedoch die spektrale Auflösung der Resonanzlinie, bei höheren Konzentrationen verstärkt sich die Krümmung der Kalibrierungskurve, wenn die Spaltbreite zu groß gewählt wird.

Insbesondere sollte man auch die Lampenalterung berücksichtigen. Wenn die Lampen sich dem Ende ihrer Betriebszeit nähern, ändern sich ihre spektralen Eigenschaften. Das Signal-Rausch-Verhältnis und die Nachweisgrenzen verschlechtern sich.

9.4 Atomabsorptionsspektrometer

Der allgemeine Aufbau eines Atomabsorptionsspektrometers ist einfach und unterscheidet sich im Prinzip nur wenig von einem UV/Vis-Spektrometer. Während im letzteren Fall eine Quarzküvette als absorbierendes Medium dient, ist die Absorptionszelle im Fall der Atomabsorption eine Hochtemperaturzelle, in der die zu untersuchende Probe atomisiert wird. Für die normale Spurenanalytik wird hierfür eine geeignete Flamme verwendet (Bild 9.3). Ferner benötigt man eine Lichtquelle, die das Spektrum des interessierenden Elementes aussendet, sog. Hohlkatodenlampen emittieren das Linienspektrum des zu bestimmenden Elementes. Der Monochromator dient zur spektralen Zerlegung des Lichtes und der Detektor zur Messung der Strahlungsintensität.

Bild 9.3 Schematischer Aufbau eines Atomabsorptionsspektrometers mit einer Flamme zur Atomisierung

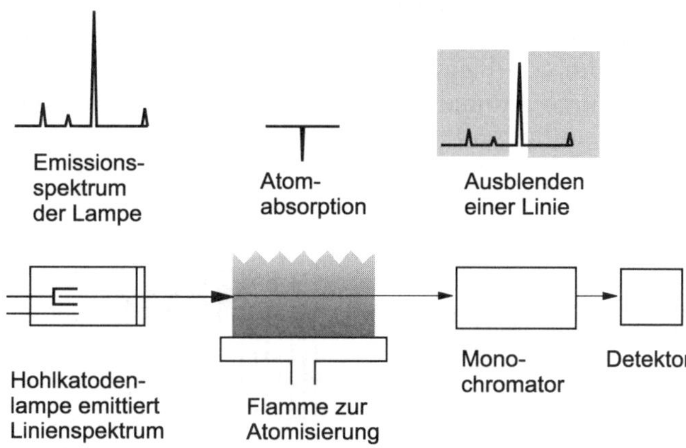

Die Anforderungen an die spektrale Auflösung eines Absorptionsspektrometers sind im Vergleich zur Emission geringer. Daher werden im allgemeinen Monochromatoren mit einer Auflösung von etwa 0,1 nm verwendet, die – auf einer stabilen Basis montiert – driftfreien Langzeitbetrieb ermöglichen.

9.4.1 Modulationsprinzip und spektrale Interferenzen

Wie oben erläutert, entstehen aus einer in eine heiße Absorptionszelle eingebrachten Probe nicht nur Atome im Grundzustand, die dann in der Lage sind, Licht zu absorbieren. Vielmehr wird auch ein Teil der Probenatome thermisch angeregt, so daß diese ihrerseits Strahlung aussenden können. Der Detektor empfängt demnach nicht nur die Strahlung aus der Lichtquelle, deren Schwächung durch die Atome der Probe in der AAS gemessen wird, sondern auch Strahlung von angeregten Atomen in der Probe. Handelt es sich bei diesen nicht um die Atome des interessierenden Elementes, sondern um Fremdatome, die ebenfalls in der Probe enthalten sind, so kann dies zu erheblichen Fehlmessungen durch sogenannte spektrale Interferenzen führen. Gelangt Licht einer vom Monochromator nicht abgetrennten Emissionslinie mit auf den Detektor, wird damit eine geringere Lichtschwächung detektiert, als es der gesuchten Atomabsorption entspricht.

Zur Vermeidung dieser Störung, die aus der Emissionsspektralanalyse wohlbekannt ist, wird in der AAS das **Wechsellicht**- oder **Modulationsprinzip** verwendet. Diese Methode wurde bereits von WALSH im Jahre 1953 eingeführt, womit die Störungen durch Lichtemissionen nahezu beseitigt werden. Hierzu wird die von der Lichtquelle ausgesandte Strahlung mit einer bestimmten Frequenz, z. B. 50 Hz, moduliert, indem entweder

- □ anstelle von Gleichstrom sie mit Wechselstrom oder Rechteckimpulsen gespeist oder
- □ zwischen die Lichtquelle und die Atomisierungseinrichtung ein Chopper (rotierender Sektorspiegel) montiert wird.

Auf diese Weise besteht eine Unterscheidungsmöglichkeit zwischen der modulierten, elementspezifischen Strahlung aus der Lichtquelle und der kontinuierlichen, nicht modulierten Strahlung von Fremdelementen aus der Flamme. Nach Durchgang durch die Flamme besteht die Strahlung aus einer modulierten Komponente – der durch Atomabsorption geschwächten Strahlung der Lichtquelle – und der nichtmodulierten Emission der Flamme (Bild 9.4).

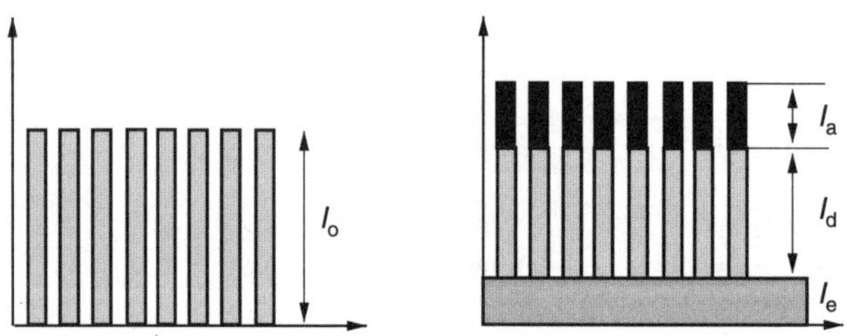

Die Strahlung der Lichtquelle wird mit einer bestimmten Frequenz moduliert und der Selektivverstärker auf die gleiche Frequenz abgestimmt

Nach Durchgang durch die Absorptionszelle besteht die Strahlung aus $I_d = I_o - I_a$
Der Selektivverstärker verstärkt nur die modulierte Komponente

Bild 9.4 Das Modulationsprinzip zum Eliminieren spektraler Interferenzen

Zur Trennung der beiden Strahlungsarten verwendet man einen dem Empfänger nachgeschalteten Selektivverstärker, der auf die gleiche Modulationsfrequenz abgestimmt ist wie die Primärlichtquelle. Der Detektor «sieht» bei einer derartigen Anordnung nur die Schwächung der elementspezifischen Strahlung der Lichtquelle.

9.4.2 Linienbreite

Da bei einem Atomabsorptionsspektrometer die Lichtquelle auf dem Detektor bzw. dem davor liegenden Austrittsspalt des Monochromators abgebildet wird, müssen ganz bestimmte Anforderungen an sie gestellt werden. Einen optimalen

Wirkungsgrad erhält man, wenn eine lichtstarke Strahlungsquelle verwendet und bei sehr hohen Atomkonzentrationen eine völlige Auslöschung (Absorption) erzielt wird, da dann kleine Änderungen in der Atomkonzentration deutlich meßbare Unterschiede in der Absorption ergeben.

Dies gewährleistet am besten eine Lichtquelle, die nur das Spektrum des interessierenden Elementes aussendet – und zwar in Form schmaler Linien, deren Breite kleiner ist als die Breite der Absorptionslinien, die selbst eine endliche Breite haben. Die Halbwertsbreite, d. h. die Breite bei halber Höhe der Linie, liegt in der Größenordnung von 0,0005 und 0,005 nm, die durch die ungeordnete thermische Bewegung der Atome und durch unterschiedliche Zusammenstöße der Atome beeinflußt wird. Zusätzlich ergibt sich eine sog. Hyperfeinstruktur der Linien, die durch Isotopenshift und den Kernspin hervorgerufen wird. Dieser Effekt ist aber nur bei sehr schweren oder sehr leichten Atomen beobachtbar, im allgemeinen geht diese Feinstruktur in den normalen Verbreiterungseffekten unter.

Die Halbwertsbreite der Atomlinien liegt in der Größenordnung von 0,0005 bis 0,005 nm. Dieses enge Frequenzintervall muß von der Anregungslichtquelle genau getroffen werden.

Da Atome nur in diesem sehr engen Frequenzintervall Licht absorbieren können, müssen an die Lichtquelle besondere Anforderungen gestellt werden. Kontinuierliche Lichtquellen kommen hierfür nicht in Frage, da die Intensität bei Ausblendung dieses schmalen Intervalls durch eine entsprechende optische Blende zu schwach würde. Man verwendet deshalb Linienstrahler, die genau das Spektrum des zu bestimmenden Elementes aussenden. Hohlkatodenlampen und elektrodenlose, mit Hochfrequenz angeregte Lampen erfüllen diese Forderungen recht gut, wenn sie nicht mit zu hohen Stromstärken bzw. Leistungen betrieben werden. Mit derartigen Linienstrahlern muß dann nur die Resonanzlinie mit Hilfe eines Monochromators von den anderen Spektrallinien des gleichen Elementes abgetrennt werden. Zum Detektor gelangt dann nur die Resonanzlinie, deren Schwächung durch die Probe zur Anzeige kommt. Die Extinktion ist dann direkt proportional der Gesamtzahl der vorhandenen freien Atome.

Die Verwendung elementspezifischer Lichtquellen geringer Linienbreite und der gleichzeitige Einsatz des Modulationsprinzips schalten bei der AAS spektrale Interferenzen aus und machen sie so zu einem hochspezifischen und selektiven Analysenverfahren.

9.5 Hohlkatodenlampen

In der Praxis werden heute hauptsächlich Hohlkatodenlampen zur Anregung verwendet, da sie dem Routinebetrieb bezüglich Leistung und Bedienerfreundlichkeit am meisten entsprechen. Eine Hohlkatodenlampe (HKL) besteht aus einem mit Edelgas (Neon oder Argon) unter einem Druck von wenigen Millibar gefüllten Glaszylinder, in den eine Katode und eine Anode eingeschmolzen sind. Die Katode selbst hat die Form eines Hohlzylinders und ist entweder aus dem inter-

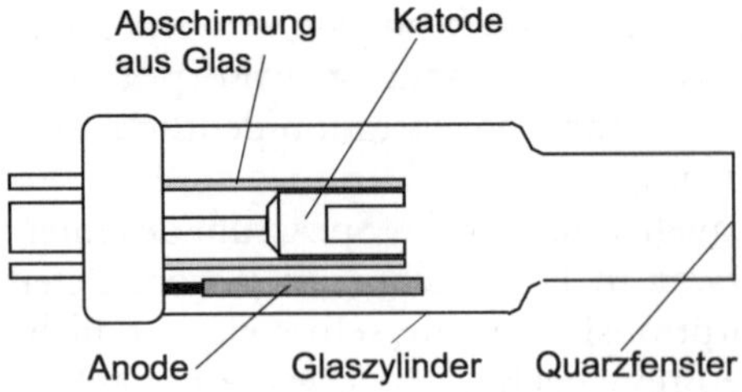

Bild 9.5 Schematischer Aufbau einer Hohlkatodenlampe

essierenden Metall gefertigt oder mit ihm gefüllt. Die Anode hat meist die Form eines starken Drahtes und besteht häufig aus Wolfram oder Nickel (Bild 9.5).

Legt man zwischen Katode und Anode eine Spannung von 100 bis 400 V an, so beobachtet man eine Entladung: Das Füllgas wird ionisiert, und die Gasionen schlagen, dem Spannungsgefälle folgend, auf der Metalloberfläche der Katode auf und werden dort entladen. Gleichzeitig werden dabei Metallatome aus der Katodenoberfläche herausgeschlagen und angeregt. Diese angeregten Metallatome senden dann beim Zurückspringen in den Grundzustand das Emissionsspektrum des Katodenmaterials aus. Da dieser Vorgang in der Lampe bei stark vermindertem Druck stattfindet, macht sich eine Linienverbreiterurng durch Druckstöße kaum bemerkbar. Die Emissionslinien sind also damit schmalbandiger als die bei Atmosphärendruck zu beobachtenden Absorptionslinien.

Da der größte Teil der Emission aus dem Innern des Hohlzylinders ausgestrahlt wird, ist die Emission relativ gut gebündelt und gerichtet. Durch Erhöhen des einstellbaren Lampenstromes wird mehr Licht emittiert und ergibt ein besseres Signal-Rausch-Verhältnis. Nachteilig ist die damit verbundene Verbreiterung der Resonanzlinie, die auf dem Effekt der Selbstabsorption beruht. Diese Selbstabsorption der Lampe beruht darauf, daß die vor der Emissionskatode gebildete Atomwolke die emittierte Strahlung selbst absorbiert und damit weniger Licht auf die eigentliche Absorptionszelle aussendet. Dies führt zu einer Verringerung der Absorptionsempfindlichkeit und zu einer Verkürzung der Lampenlebensdauer. Deshalb soll der auf jeder Lampe angegebene «Lampenstrom» nicht überschritten werden. Dieser hier nachteilige Effekt wird im positiven Sinne zur Messung des Untergrundes ausgenutzt (Smith-Hieftje-Prinzip), wie später noch erörtert wird.

Zur Steigerung der Lampenintensität kann eine zusätzliche Katode eingebaut werden, die als Elektronenquelle dient. Die ausgesendeten Elektronen regen dabei weitere Atome an, die im Grundzustand verblieben sind. Mit dieser zusätzlichen Gasentladung wird bei den «Superlampen» die Lichtleistung erhöht. Das Grundlinienrauschen wird dadurch reduziert und die Selbstabsorption vermindert [9.3].

9.5.1 Mehrelement-Hohlkatodenlampen

Es wird immer wieder als gewisser Nachteil empfunden, daß bei einer Atomabsorptionsanalyse im Prinzip für jedes zu bestimmende Element eine separate Lichtquelle verwendet werden muß. Aus diesem Grund hat man sich schon frühzeitig um die Herstellung von Mehrelement-Hohlkatodenlampen bemüht. Hierbei werden verschiedene pulverförmige Metalle in bestimmtem Verhältnis gemischt, gepreßt und zur Hohlkatode gesintert. Nach dieser Methode lassen sich praktisch beliebig viele Metallkombinationen herstellen. Allerdings muß darauf geachtet werden, daß die Intensität des Spektrums für jedes einzelne Element nicht wesentlich schwächer ist als bei vergleichbaren Einzelelement-Lampen.

Während Kombinationslampen mit 2 oder 3 Elementen üblicherweise ohne Bedenken eingesetzt werden können, ist bei Lampen mit vier oder mehr Elementen die Strahlungsintensität für die einzelnen Resonanzlinien zum Teil erheblich geringer als bei Einzelelement-Lampen. Daraus resultiert ein ungünstigeres Signal-Rausch-Verhältnis, das sowohl die Präzision als auch die Nachweisgrenze beeinflussen kann. Auf keinen Fall darf jedoch bei Verwendung von Mehrelement-Hohlkatoden der enorme Vorteil der AAS, nämlich die Spezifität, verlorengehen, etwa durch Einführen von spektralen Interferenzen durch ungeeignete Elementkombinationen.

9.5.2 Elektrodenlose Entladungslampen

Bei diesem Lampentyp wird das jeweilige Element als reines Metall, als Halogenid oder als Metall unter Zugabe von Jod mit Radiofrequenzen zur Emission angeregt. Die elektrodenlosen Entladungslampen bestehen aus einem an beiden Enden abgeschmolzenen Quarzrohr von einigen Zentimetern Länge und etwa 5 bis 10 mm Durchmesser. Sie sind mit wenigen Milligramm des interessierenden Elementes unter einem Argondruck von einigen Millibar gefüllt. Das Röhrchen wird in die Spule eines Hochfrequenzgenerators mit 27 MHz eingebracht und mit einer Leistung von wenigen bis zu 200 W angeregt. Der größte Vorteil der elektrodenlosen Entladungslampen ist die um Größenordnungen intensivere Strahlung, verglichen mit konventionellen Hohlkatodenlampen.

9.6 Atomisierung

Die Atomisierung, d.h. die Überführung der Probe in den atomaren Zustand, ist ein relativ komplexer Vorgang, der schließlich über das Gelingen einer Analyse entscheidet. Die Gerätetechnik und die Kenntnis des Atomisierungsprozesses sind heute allerdings so weit fortgeschritten, daß der Analytiker kaum mehr vor einer schwierigen Aufgabe steht. Als Atomisierungseinrichtungen gibt es

- □ die Flamme,
- □ den Graphitrohrofen und
- □ die Hydrid- und Kaltdampftechnik.

9.6.1 Atomisierung in Flammen

Das älteste und heute noch am stärksten verbreitete Atomisierungsmittel ist eine Flamme geeigneter Temperatur. Die Flammen-AAS ist eine ausgereifte und schnelle Technik. Die Flamme hat die Aufgabe, aus den in der Probe vorhandenen Ionen oder Molekülen Metallatome im Grundzustand zu bilden. Eine Flamme kann nur stabil brennen, wenn die Strömungsgeschwindigkeit des Gasgemisches gleich seiner Brenngeschwindigkeit ist. Deshalb muß man für schnell verbrennende Gasgemische mit hohen Strömungsgeschwindigkeiten arbeiten. Hierfür kommen im wesentlichen zwei verschiedene Flammen in Frage, die sich in ihrer Temperatur unterscheiden:

- □ Luft-Acetylen-Flamme und
- □ Lachgas-Acetylen-Flamme.

Für einige Spezialfälle eignet sich eine Luft-Wasserstoff-Flamme oder eine Argon-Wasserstoff-Diffusionsflamme. In der Praxis sind zwei Brennertypen anzutreffen, der Laminarbrenner und der Turbulenzbrenner. Im **Laminarbrenner** wird nur ein Teil der eingesprühten Probe in der Flamme atomisiert. **Turbulenzbrenner** arbeiten nach dem «Total consumption»-Prinzip. In Tabelle 9.2 ist die Charakteristik für verschiedene Verbrennungsflammen angegeben. In der Analytik hat sich weitgehend der Laminarbrenner wegen seiner guten Eigenschaften bezüglich Rauschen und Untergrundeffekten durchgesetzt.

Tabelle 9.2 Charakteristik von Verbrennungsflammen

Brenngas	Oxidans	Flammentemperatur in °C	Brenngeschwindigkeit in cm s^{-1}	Flammencharakter	Analytische Anwendung
Methan	Luft	1800	55	laminar	Bestimmung von Alkalimetallen
Acetylen	Luft	2300	260	laminar	Absorptionszelle für AAS
Wasserstoff	Sauerstoff	2600	3700	turbulent	früher zur Bestimmung von Schwermetallen
Acetylen	Lachgas	2800	120	laminar	Absorptionszelle für AAS

9.6.1.1 Luft-Acetylen-Flamme

Die wohl bekannteste und in der AAS am häufigsten verwendete Flamme ist die Luft-Acetylen-Flamme mit einer Temperatur von ca. 2300 °C. Sie bietet für zahlreiche Elemente eine günstige Umgebung und eine für die Atomisierung ausreichende Temperatur, wobei nur in wenigen Fällen wie bei den Alkalimetallen eine merkliche Ionisation eintritt. Die Flamme ist über einen weiten Spektralbereich völlig transparent und zeigt erst unterhalb 230 nm eine merkliche Eigenabsorption. Außerdem ist die Emission der Luft-Acetylen-Flamme sehr gering, so daß für viele Elemente ideale Bedingungen gegeben sind. Normalerweise wird die Flamme stöchiometrisch oder schwach oxidierend (Luftüberschuß) betrieben. Sie ist jedoch in weiten Bereichen variierbar, was ihre Anwendung noch erweitert. Einige Edelmetalle (Au, Ir, Pd, Pt, Rh) lassen sich z. B. in einer stark oxidierenden Luft-Acetylen-Flamme am empfindlichsten und weitgehend störungsfrei bestimmen. Dagegen werden Erdalkalimetalle am günstigsten in einer leicht reduzierenden Flamme (Acetylen-Überschuß) bestimmt.

Da nach dem Lambert-Beerschen Gesetz die Extinktion proportional der Weglänge durch die Absorptionszelle ist, sind die Brenner in Form eines langen Schlitzes ausgebildet. Übliche Schlitzbrenner haben eine Länge des Brennerschlitzes von 10 cm und eine Breite von 0,5 mm. Zum Durchstrahlen des Hohlkatodenlichtes über die gesamte Schlitzlänge muß der Brenner genau im optischen Strahlengang justiert werden.

9.6.1.2 Lachgas-Acetylen-Flamme

Die Temperatur der Luft-Acetylen-Flamme reicht nicht aus, zahlreiche hauptsächlich oxidische Bindungen zu dissoziieren bzw. deren Bildung in der Flamme zu verhindern. Hierfür muß man die Lachgas-Acetylen-Flamme mit einer Temperatur von etwa 2800 °C verwenden. Diese heißere Flamme bietet durch ihre niedrige Brenngeschwindigkeit eine günstige chemische, thermische und optische Umgebung für praktisch alle Metalle, die bei der Bestimmung in der Luft-Acetylen-Flamme Schwierigkeiten machen. Die Lachgas-Acetylen-Flamme hat eine reduzierende Wirkung und wird somit bei der Bestimmung von Elementen eingesetzt, die eine hohe Affinität zum Sauerstoff haben, wie Aluminium, Bor, Silizium und die seltenen Erden.

Die normalerweise mit leichtem Brenngasüberschuß betriebene Lachgas-Acetylen-Flamme zeigt über der 2 bis 4 mm hohen bläulichweißen primären Reaktionszone eine charakteristische, etwa 5 bis 50 mm hohe rote Reduktionszone. Darüber erhebt sich dann die blaß blauviolette sekundäre Reaktionszone, in der die Oxidation des Brenngases erfolgt. Analytisch interessant ist lediglich die rote Reduktionszone. Hier findet die thermische Dissoziation der Probe in die Atome statt, und hier kann auch noch keine nennenswerte Oxidation der Metallatome erfolgen.

Die Lachgas-Acetylen-Flamme kann nicht direkt gezündet werden, sondern muß auf dem Umweg über die Acetylen-Luft-Flamme gezündet werden. Eine computerunterstützte Gasversorgung wechselt dabei die Gasversorgung für die verschiedenen Flammen automatisch. Die Flamme brennt nach der stöchiometrischen Gleichung:

$$3\ N_2O + C_2H_2 \rightarrow CO + N_2 + H_2O$$

Die Lachgas-Acetylen-Flamme hat allerdings zwei Nachteile, die unbedingt berücksichtigt werden müssen. Einmal werden zahlreiche Elemente in der heißen Flamme schon mehr oder weniger stark ionisiert und zeigen somit eine verminderte Empfindlichkeit, und außerdem zeigt diese Flamme eine relativ starke Eigenemission.

9.6.1.3 Zerstäuber und Mischkammer

Die Flammen-AAS ist auf die Analyse gelöster Proben begrenzt. Die in flüssiger Form vorliegenden Proben werden der Flamme als Aerosol zugeführt. Die Güte des Meßergebnisses hängt in hohem Maße von einem gut funktionierenden Brenner-Zerstäubersystem ab. Bereits im vergangenen Jahrhundert wurde von G. L. GOY zur Untersuchung von Flammenfärbungen ein konzentrischer, pneumatischer Zerstäuber zum kontinuierlichen Substanzeintrag benutzt [9.4]. Dieser Zerstäubertyp wurde zu Beginn dieses Jahrhunderts in den ersten Flammenphotometern eingesetzt. Die meisten Flammen-AAS-Geräte verwenden auch heute Laminarbrennersysteme mit einem konzentrischen, pneumatischen Zerstäuber. Das System muß chemisch inert sein, um auch die Verwendung korrosiver Lösungen zu ermöglichen. Alle Komponenten, die mit der Probenlösung in Berührung kommen, sind deshalb aus korrosionsbeständigem Material wie Platin-Iridium-Legierungen gefertigt.

Die Aufgabe des Zerstäubers ist die Überführung der Probenlösung in ein feines Aerosol. Nur Tröpfchen mit einem Durchmesser von einigen µm können in der Flamme sehr wirksam atomisiert werden. Die einzelnen Vorgänge bei der Atomisierung sind in Bild 9.6 dargestellt. Größere Tröpfchen dagegen benötigen eine längere Zeit für die Verdampfung des Lösungsmittels und Spaltung der Salze. Sie können damit nicht vollständig atomisiert werden und sind für die unspezifischen Lichtverluste verantwortlich. Damit wird die Empfindlichkeit des Systems durch die Fähigkeit bestimmt, die Probe in die gewünschte Tröpfchengrößenverteilung mit der höchsten Wirksamkeit zu überführen. Größere Tröpfchen müssen dabei abgeschieden werden.

Die Ausbeute in der Aerosolerzeugung liegt nur in der Größenordnung von 5 bis 10 %.

Als zerstäubendes Medium verwendet man das oxidierende Gas, also Luft oder Lachgas, das mit einem Druck von 2 bis 3 bar in den Zerstäuber eintritt. Das Gas wird durch eine kreisförmige Austrittsöffnung rund um die zentrale Kapillare bis in den Überschallbereich beschleunigt. Bei dieser Beschleunigung des Gases durch die enge Austrittsöffnung erzeugt es ein partielles Vakuum an der Spitze der Ka-

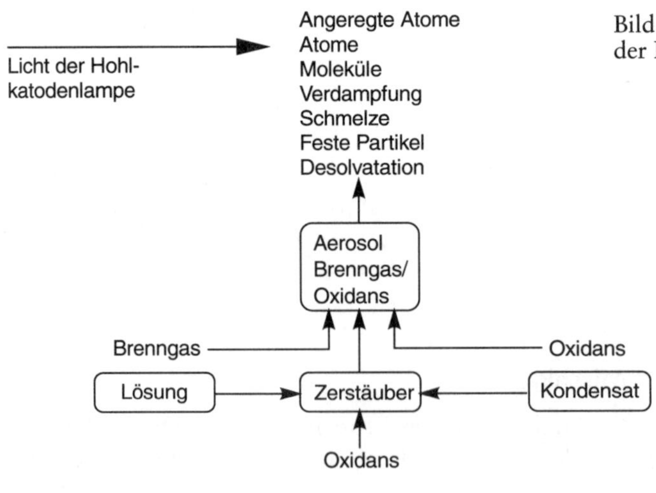

Bild 9.6 Die Atomisierung in der Flamme

Bild 9.7 Der Zerstäuber

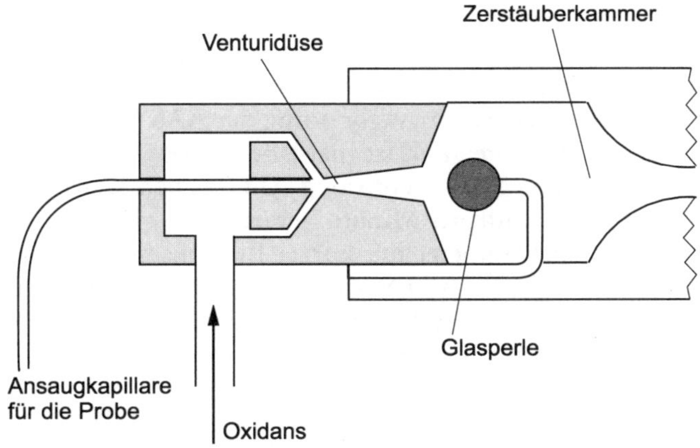

pillare. In diesen Unterdruckbereich wird die Probenflüssigkeit angesaugt und vom Gasstrom fortgetragen. Beim Zusammentreffen des Flüssigkeitsstromes mit dem sehr schnellen Gasstrom wird die Flüssigkeit aufgrund der hohen Scherkräfte in kleine Tröpfchen zerrissen.

Wie in Bild 9.7 dargestellt, prallt das Aerosolgemisch auf eine Glasperle, wo einerseits weitere Aerosolbildung erfolgt, andererseits sich größere Tröpfchen ansammeln und abtropfen [9.5]. Anschließend gelangt das Aerosol in die Mischkammer. Hier gehen wiederum einige Tröpfchen durch Kollision untereinander oder Auftreffen an der Innenwand teilweise verloren. Nach Abscheiden der verbliebenen größeren Tröpfchen gelangt ein mit den Brenngasen innig gemischtes, feines Aerosol in die Flamme (Bild 9.8). In der Flamme wird es zunächst getrocknet. Zurück bleiben die chemischen Verbindungen. Aus diesen bilden sich bei weiterer Wärmezufuhr die Atome im Grundzustand.

Bild 9.8 Querschnitt durch das Sprühkammer-Zerstäuber-System

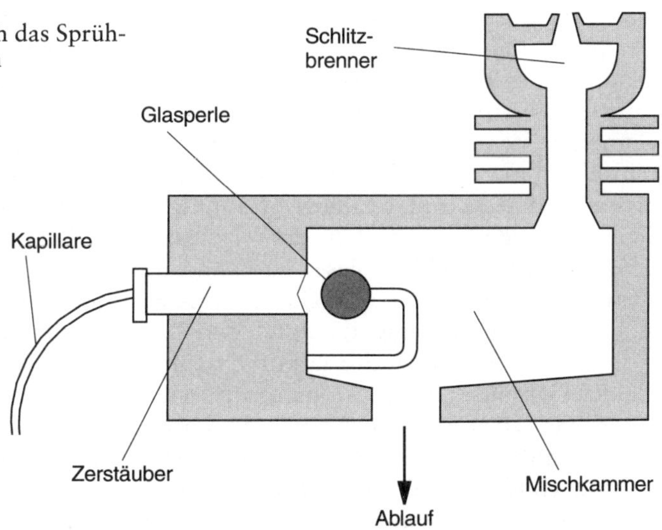

Die wesentlichen Vorteile der Atomisierung in einer Flamme liegen in der Schnelligkeit, die eine hohe Probenfrequenz gestattet, der einfachen Bedienbarkeit, die sie zu einem echten Routineverfahren macht, und in der hohen Störfreiheit, die zu der weiten Verbreitung der AAS geführt hat. Die Reproduzierbarkeit in der Flammentechnik ist meist besser als 1% relativ. Nachteilig ist der relativ hohe Verbrauch an Meßlösung. Die Proben werden mit einer Geschwindigkeit von 2 bis 10 ml pro Minute verarbeitet. Mit einem leistungsfähigen Atomabsorptionsspektrometer mit kurzer Responsezeit können aber noch mit einer Ansaugzeit von etwa zwei Sekunden gute Ergebnisse erzielt werden. Bedingt durch die kurze Verweilzeit der Atome im Strahlengang und die Verdünnung der Probe durch die Flammengase ist das Nachweisvermögen in der Flammentechnik nach unten begrenzt.

9.6.1.4 Kalibrierung und Kurvenkorrektur

Für quantitative Analysen muß das System kalibriert werden. Hierzu sind die Blindlösung (Blank) sowie mindestens ein oder besser mehrere Standards notwendig. Die Blindlösung enthält normalerweise die Probenmatrizes (sofern bekannt) und die Chemikalien, die für eine geeignete Untergrundkorrektur benötigt werden. Durch den Blindwert wird die Basislinie gebildet, wobei das Gerät auf Extinktion = 0 gestellt werden muß. Alle Geräte haben hierfür eine Auto-Zero-Taste. Die Auto-Null-Schaltung ist genauso entscheidend für die Richtigkeit einer Analyse wie die sorgfältige Wahl der Standardlösungen. Deshalb muß man dieselbe Ablesehäufigkeit und Integrationszeit beim Blindwert verwenden wie bei Standards und Proben. Die Ursprungsdaten müssen als gute analytische Information vorliegen, bevor sie zu brauchbaren Resultaten verarbeitet werden können. Es ist daher wichtig, die Beobachtungszeiten und Häufigkeiten sowie Zeitkonstanten sorgfältig zu wählen [9.6].

Die Standardlösungen werden angesaugt, aus den ermittelten Extinktionswerten wird eine Kalbrierkurve erstellt und gegebenenfalls korrigiert. Nun kann man die Probenlösung ansaugen, wobei die vorher ermittelten Daten als Umrechnungsfaktoren von Extinktion auf Konzentration dienen. Es ist dabei entscheidend, daß für die Proben dieselben Parameter wie für die Standards bzw. Blanks eingesetzt werden. Alle Aufgaben werden bei moderneren Geräten von einem Computer menügesteuert übernommen, die Kalibrierkurve wird grafisch auf dem Bildschirm angezeigt. Üblicherweise wird die Probenlösung so lange angesaugt, bis eine stabile, zeitunabhängige Strahlungsschwächung erreicht ist (Bild 9.9). Die Signale werden über eine bestimmte, einstellbare Zeit integriert, und daraus wird der Mittelwert gebildet. Dieser Vorgang kann so lange wiederholt werden, bis die Werte sich stabilisiert haben. Damit liegt der Probenverbrauch normalerweise bei mehreren ml Meßlösung, die durch den Zerstäuber geschickt werden müssen.

Die Korrektur der Kalibrierkurve ist möglicherweise die wichtigste Aufgabe, die der Computer in der Atomabsorptionsspektrometrie erfüllen soll oder muß. Sofern man im Gültigkeitsbereich des Lambert-Beerschen Gesetzes arbeitet, sollten die Kalibrierkurven Geraden sein. Die Kurven sind oftmals ungleichmäßig gekrümmt (Bild 9.10). Die Hauptursache dieser Krümmung ist auf Streulichteffekte zurückzuführen. Die ausgestrahlte Emissionslinie der Hohlkatodenlampe ist brei-

Bild 9.9 Integration des Meßwertes

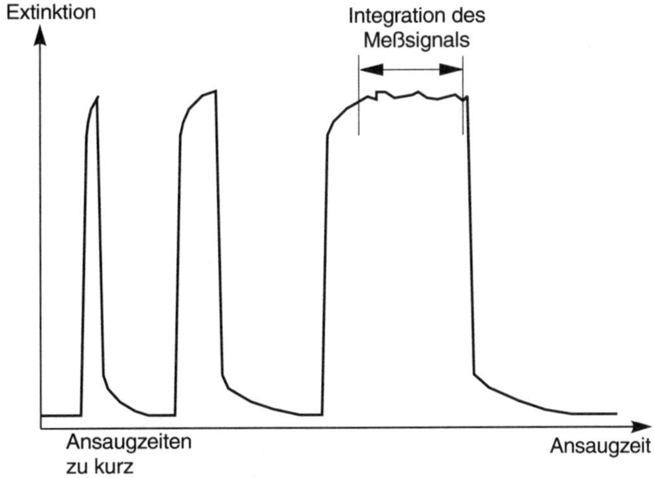

Bild 9.10 Krümmung der Kalibrierkurve durch Streulicht

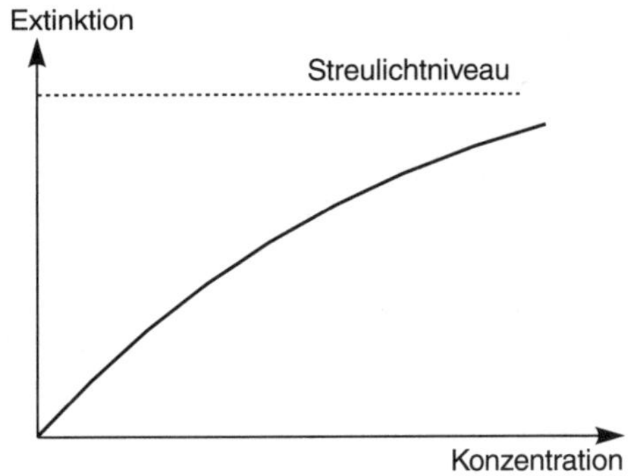

ter als die Absorptionslinie, so daß die Flanken nicht absorbiert werden können, sondern in den Monochromator eingestreut werden. Deshalb muß der Monochromator über eine gute Auflösung verfügen, um diese Krümmung gering zu halten. Eine Spaltbreite von 0,1 bis 0,2 nm reicht normalerweise für die Routineanalytik aus. In manchen Fällen wird sogar empfohlen, größere Spaltbreiten zu wählen, um eine gewünschte Energieerhöhung zu bekommen. Dies ist möglich, wenn die Hohlkatodenlampe im entsprechenden Meßbereich ein einfaches Spektrum hat. Daneben gibt es noch Ionisations- und Diffusionseffekte, die hauptsächlich in der Graphitrohrofentechnik beobachtet werden.

9.6.2 Atomisierung im Graphitrohrofen

Die Flammentechnik hat allerdings auch ihre Grenzen: So lassen sich z.B. nur gelöste oder flüssige Proben nicht zu hoher Viskosität versprühen, es ist ein gewisses Minimalvolumen erforderlich, damit ein meßbares Signal entsteht, und schließlich zeigen Flammen im fernen UV eine zunehmende Eigenabsorption, die ihre Verwendung unter 200 nm deutlich einschränkt. Die größten Beschränkungen der Flamme liegen heute jedoch in der nicht ausreichenden Empfindlichkeit. Während sich die Flamme optimal im ppm-Bereich (mg/l) und damit für die Bestimmung von Haupt- und Nebenbestandteilen einsetzen läßt, reichen ihre Nachweisgrenzen z. B. für die Forderungen der modernen Umweltanalytik oder Qualitätskontrolle oft nicht mehr aus. Es wurden daher schon frühzeitig Atomisierungsverfahren gesucht, die diese Nachteile der Flamme zu umgehen versuchen. Die hier mit Abstand erfolgreichste und heute für die Spurenanalytik am häufigsten eingesetzte Methode ist die Atomisierung in einem heizbaren Graphitrohr, die die Ultraspurenanalytik sehr nachhaltig beeinflußt hat.

Bereits im Jahre 1959 hatte Boris L'vov in St. Petersburg einen Graphitrohrofen für die Atomabsorptionsspektrometrie entwickelt [9.7]. Er beschrieb die fundamentalen physikalischen Prinzipien, die der Erzeugung und dem Austrag von Atomen aus einem geheizten Graphitrohr zugrunde liegen [9.8]. Sein experimenteller Aufbau war richtungsweisend für das Verständnis dieser Technik, er war jedoch so kompliziert, daß er in der Routineanalytik nicht eingesetzt werden konnte. Die Atomisierungsbedingungen waren allerdings ideal. Die zu bestimmende Probe wurde in einem Lichtbogen verdampft und die Gaswolke in ein separates Graphitrohr geleitet. Das argongespülte Graphitrohr wurde konstant auf etwa 3000 °C gehalten.

Erst der technisch sehr viel einfachere Ofen von Massmann wurde 1970 kommerziell als Zubehör zur klassischen Flammen-AAS angeboten [9.9]. Es dauerte dann noch etwa 10 Jahre, bis diese Absorptionszelle eine zuverlässige Methode für den Ultraspurenbereich ohne chemische Anreicherung oder Matrixabtrennung bildete [9.10]. In diesem Ofen wird die Probe im Pulsbetrieb gleichzeitig verdampft und atomisiert. Dabei ist die Probeneinführung mit 50 bis 90 % gegenüber der Flammentechnik besonders effektiv.

Ein Graphitrohr von ca. 30 mm Länge und einem Innendurchmesser von etwa 6 mm befindet sich im Strahlengang des Atomabsorptionsspektrometers. Das Rohr ist – von Graphitkontakten federnd gehalten – in einem gekühlten Gehäuse untergebracht, das von einem Inertgas (z. B. Argon oder Stickstoff) durchströmt wird, um ein Verbrennen des Graphits zu verhindern. Einige Mikroliter der Probe werden in das Graphitrohr eingebracht, durch Anlegen variabler Spannungen an die Enden des Graphitrohres kann dieses bei relativ hohen Stromstärken von bis zu 400 A aufgrund seines inneren Widerstandes bis auf Temperaturen von etwa 3000 °C aufgeheizt werden (Bild 9.11).

Feste Proben werden entweder in gepulverter Form oder als Aufschlämmung oder Slurry in den Graphitrohrofen eingegeben. Mit der Feststoffanalytik ist eine Reihe von Vorteilen verbunden, die deshalb zunehmend an Bedeutung gewinnt [9.11]. Sie erspart die zeitraubenden Aufschluß-, Abtrennungs- und Anreicherungsschritte. Dadurch entfällt die Gefahr einer Kontamination, und Probenverluste während der Vorbehandlung sind ausgeschlossen. Damit ist die Hauptforderung der Spurenanalytik, die Anzahl der Analysenschritte so gering wie möglich zu halten, erfüllt. Die Probeneinwaagen liegen im Bereich von 0,1 bis 5 mg [9.12].

Gibt man eine flüssige, gelöste oder auch feste Probe in das Graphitrohr, so versucht man zunächst durch eine stufenweise oder auch gleichmäßig ansteigende

Bild 9.11 Funktionsskizze eines Graphitrohrofens

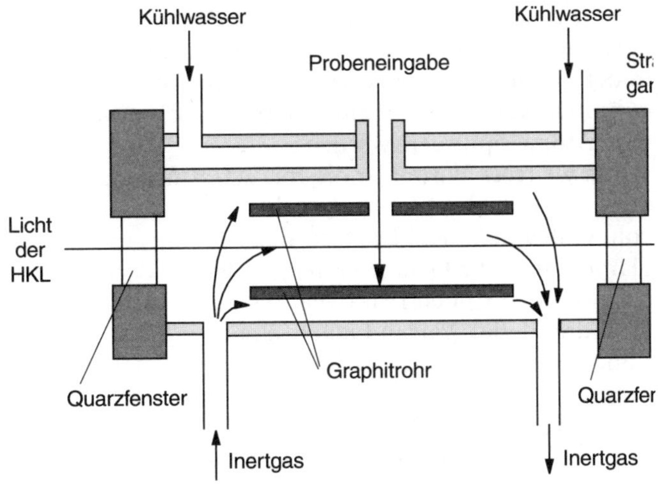

Temperaturerhöhung möglichst viele Begleitsubstanzen zu entfernen, um unerwünschte Reaktionen zwischen dem Analytelement und den Begleitsubstanzen und unspezifische Absorption zu minimieren. Über die elektronische Temperaturregelung wird die Probe zu Beginn bei etwa 80 bis 150 °C getrocknet, danach erfolgt eine Pyrolyse bei Temperaturen von 150 bis 1000 °C. Erst dann wird das interessierende Element durch eine weitere rasche Temperaturerhöhung schließlich thermisch in die Atome dissoziiert (Bild 9.12). Im Pyrolyseschritt soll dabei die Temperatur so hoch wie möglich sein, ohne daß es dabei bereits zu Verdampfungsverlusten des zu analysierenden Elementes kommt.

Im Atomisierungsschritt soll die Temperatur nur so hoch wie nötig gewählt werden, um alle Materie in den atomaren Grundzustand zu überführen [9.13]. Die zur Atomisierung und zum Ausheizen des Rohres nötigen hohen Temperaturen werden etwa 10 Sekunden lang konstant gehalten, und anschließend wird das Graphitrohr innerhalb kurzer Zeit wieder auf Raumtemperatur gebracht.

Ein erster wesentlicher Unterschied zu der Atomisierung in der Flamme, die während der Probenzufuhr eine konstante, nicht variierbare Temperatur hat, be-

Bild 9.12 Typischer Temperaturverlauf bei der Atomisierung im Graphitrohrofen

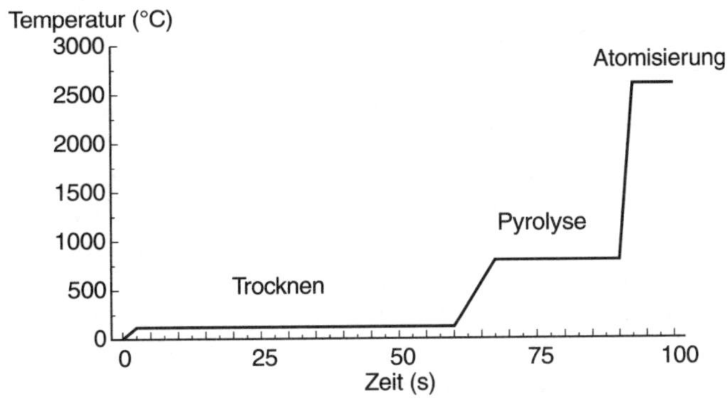

steht hier schon darin, daß Teile der Probe (z. B. das Lösungsmittel) vor der Atomisierung des interessierenden Elementes abgetrennt werden und damit nicht wie in der Flamme störend wirken können. Die thermischen und chemischen Bedingungen müssen aber für eine möglichst vollständige Überführung des Analyten in freie Atome optimiert werden.

Ein weiterer Vorteil ist die Inertgasatmosphäre, in der die Atomisierung in einem Graphitrohrofen erfolgt, die durch die stark reduzierenden Eigenschaften von glühendem Kohlenstoff noch weiter unterstützt wird. Während in der Flamme stets die Gefahr besteht, daß die durch thermische Dissoziation gebildeten Atome mit hoch reaktiven Bestandteilen der Flamme (Sauerstoffatome, Hydroxidradikale) Verbindungen eingehen und damit der Bestimmung entzogen sind, fördert die inerte, reduzierende Atmosphäre im Graphitrohr die Atomisierung.

Der wesentliche Vorteil dieses Verfahrens ist eine Steigerung der Empfindlichkeit um das 100- bis 1000fache gegenüber der Flammen-AAS, das absolute Nachweisvermögen liegt im Pikogrammbereich. Im allgemeinen werden Probenmengen zwischen 10 und 50 µl eingesetzt [9.14]. Das gesteigerte Nachweisvermögen liegt daran, daß sich zur Zeit der Messung kein Lösungsmittel im Meßvolumen befindet und eine Verdünnung durch Fremdgase, z. B. durch die Brenngase einer Flamme, vermieden wird.

Die Graphitrohrofen-AAS ist aber im Vergleich zur Flammen-AAS ein verhältnismäßig langsames Verfahren. Typische Analysenzeiten für die Ofen-AAS liegen bei 2 bis 3 min, vor Einbringen der nächsten Probe wird der Graphitrohrofen mit einer Wasserkühlung wieder auf Raumtemperatur gebracht. Für die Flammen-AAS werden dagegen nur 10 s oder weniger benötigt. Allerdings hat die Graphitrohrtechnik den Vorteil, daß sie im allgemeinen keine vollständig mineralisierten Proben benötigt, die Aufschlüsse sind also einfacher als bei anderen Verfahren, womit wiederum Zeit eingespart werden kann.

Ebenso häufig wie unspezifische Lichtverluste treten bei der Graphitrohrofen-AAS chemische Störungen auf, die durch Matrixeinflüsse verursacht werden und oft zu starker Signalunterdrückung führen. Diese Störungen lassen sich durch keine Untergrundkorrektur, sondern nur im Graphitrohrofen selbst beseitigen. Ideale Voraussetzungen zur Vermeidung dieser Störungen sind dann gegeben, wenn sich während des Atomisierens das Graphitrohr und die darin herrschende Inertgasatmosphäre annähernd im thermischen Gleichgewicht befinden. Nur unter solchen Bedingungen ist die Bildung freier Atome optimal, die Rekombination von Atomen zu Molekülen und damit der Verlust an freien Atomen werden dadurch vermieden.

Viele Fehler mußten allerdings noch gemacht und viel Lehrgeld bezahlt werden, bevor diese Technik allgemein akzeptiert wurde. Der anfänglichen Begeisterung über die Möglichkeiten der Graphitrohr-AAS folgte die Ernüchterung. Fast jede Veröffentlichung aus den siebziger Jahren begann mit der Feststellung, daß das Graphitrohr als Atomisierungsquelle zwar eine ausgezeichnete Empfindlichkeit für die Bestimmung kleinster Elementspuren besitzt, aber die Richtigkeit dieser Bestimmung durch zahlreiche Störungen in Frage gestellt ist.

Zum Erzielen einwandfreier, reproduzierbarer Analysen ist es notwendig, den Graphitrohrofen möglichst ideal in ein thermisches Gleichgewicht zu bringen [9.15]. Hierzu müssen deshalb noch weitere Parameter berücksichtigt werden:

- □ extrem schnelle Heizrate,
- □ L'vov-Plattform,
- □ Gasstopp,
- □ möglichst kleiner Temperatursprung,
- □ Signalflächenintegration,
- □ grafische Verfolgung der Atomisierung und
- □ Matrixmodifikation.

Unspezifische Lichtverluste lassen sich mit diesen Maßnahmen aber nicht beseitigen und bedürfen der gesonderten Untergrundkorrektur. Das oft sehr ungünstige Verhältnis von zu bestimmendem Element zu Begleitsubstanzen, das nicht selten $1:10^7$ erreicht, erfordert eine schnelle und effektive Korrektur der Untergrundabsorption [9.16].

Das ganze Programm wird an einem Steuergerät vorgewählt und läuft dann automatisch mit hoher Präzision ab. Erst die Automation der Probenaufgabe schafft schließlich ein Analysenverfahren, das mit höchster Zuverlässigkeit für die Spurenanalytik eingesetzt werden kann [9.17]. Der wesentliche Nachteil dieser Methode besteht darin, daß im allgemeinen nur ein Element pro Analysengang bestimmt werden kann.

9.6.2.1 Extrem schnelle Heizrate

Da das Inertgas im Graphitrohr von der Wandung aufgeheizt werden muß, ist dieses während der Atomisierung stets kühler als die Wand. Durch dieses Funktionsprinzip entsteht der Nachteil, daß sich die zu messenden Atome zeitlich und räumlich nicht im Gleichgewicht befinden. Es führt zu einer schnellen Rekombination von Atomen in der kühleren Gasatmosphäre und zu Verlusten an Probe durch die enorme Gasausdehnung während des schnellen Temperaturanstiegs.

Deshalb ist die Atomisierungszeit von großer Bedeutung, da nur unter der Bedingung, daß diese kleiner ist als die Verweilzeit der Atome im Graphitrohr, die maximale Atomwolkendichte erreicht werden kann. Da die Aufenthaltsdauer von Atomen im Graphitrohr nur einige Zehntelsekunden beträgt, muß eine sehr kurze Atomisierungszeit von 0,1 s gefordert werden, damit diese klein wird gegenüber der Aufenthaltsdauer. Dazu ist eine temperaturgeregelte «superschnelle» Heizrate erforderlich, wobei das Graphitrohr bis zu 2000 °C pro Sekunde aufgeheizt wird. Durch dieses rasche Aufheizen wird der Atomisierungsvorgang stark gerafft und eine maximale Atomdichte während der Messung erreicht [9.18].

Auf der Spektrometerseite ist hierzu eine schnelle Datenverarbeitung notwendig, um die schnellen Änderungen an der Konzentration freier Atome in dem Graphitrohr verfolgen zu können. Die notwendige Signalauswertung der Basislinie, der spezifischen Absorption und der Untergrundabsorption mit einer Ansprechzeit von mehreren 100 ms führt dabei oft zu fehlerhaften Ergebnissen. Moderne Geräte führen den kompletten Meßzyklus mit einer Frequenz von 50 bis 100 s^{-1} aus.

9.6.2.2 L'vov-Plattform

Die Qualität des verwendeten Graphits ist von großer Bedeutung für die Richtigkeit und Reproduzierbarkeit der Analyse. Der ursprünglich eingesetzte Elektrographit war porös, die Probe konnte in den Graphit eindringen und die entsprechenden Carbide bilden. Durch Einführung von pyrolytisch beschichteten Graphitrohren, die sich inzwischen allgemein durchgesetzt haben, konnte dieses Problem beseitigt werden [9.19]. Das Basismaterial ist hochdichter Graphit, der durch Formwerkzeuge auch in komplizierte Formen gebracht werden kann. Zum Schutz gegen chemischen Angriff und zur Erhöhung der Dichte gegenüber Atomdiffusion wird das Basismaterial mit einer hochreinen Schicht von pyrolytisch abgeschiedenem Kohlenstoff belegt. Da das Werkstück für die Ultraspurenanalyse keine meßbaren Verunreinigungen hinsichtlich der zu bestimmenden Elemente aufweisen darf, geht die geforderte Reinheit an das Graphit bis in den ppt-Bereich.

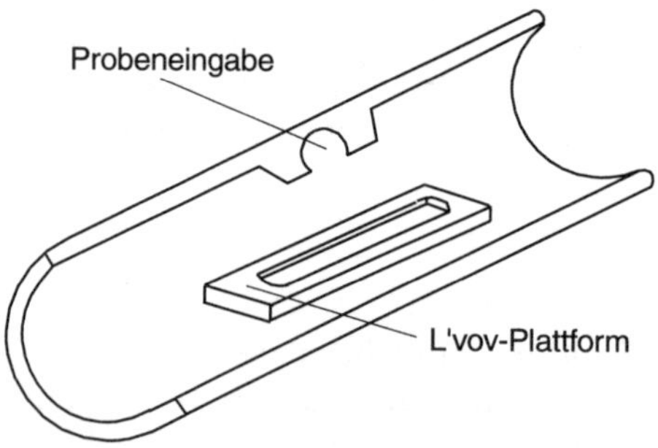

Bild 9.13 Querschnitt durch das Graphitrohr mit L'vov-Plattform

Eine weitere Verbesserung brachte die Einführung der L'vov-Plattform [9.20]. Hierbei handelt es sich um eine kleine Plattform aus massivem Pyrokohlenstoff innerhalb des Graphitrohres, auf der die Probe deponiert wird (Bild 9.13). Bei einem relativ losen Kontakt der Plattform zur Rohrwandung wird sie nicht durch die elektrische Widerstandsheizung, sondern durch Strahlung von der Rohrwandung und vom Inertgas aufgeheizt. Für Feststoffe wird anstelle einer Plattform ein mit Pyrokohlenstoff beschichteter Graphittiegel als Probenträger eingesetzt [9.21].

Ziel dieser Maßnahme ist eine räumliche Trennung von Probe und der geheizten Rohrwandung, um die Verdampfung der Probe möglichst lange zu verzögern, bis die Gasphase im Graphitrohr ihre Endtemperatur erreicht hat. Durch die zeitverzögerte Atomisierung wird erreicht, daß diese in eine heißere Atmosphäre hinein erfolgt und die Inertgasausdehnung schon weitgehend abgeschlossen ist. Auf diese Weise können chemische Störungen durch die Matrix erheblich reduziert werden.

Durch die Halterung an den Enden der Graphitrohre fließt Wärme über die Küvette ab. Die Temperatur an den Rohrenden kann dabei mehrere 100 °C niedriger als im Zentrum des Rohres sein. Schwer verdampfbare Substanzen werden dadurch schlechter atomisiert, können an den kühleren Rohrenden kondensieren und Memory-Effekte hervorrufen. Dieses Problem kann umgangen werden, wenn statt der Längsheizung das Rohr quer beheizt wird, wodurch über die gesamte optische Weglänge in der Absorptionszelle eine konstante Temperatur erzielt werden kann [9.22].

9.6.2.3 Temperatursprung und Gasstopp

Ein weiterer wichtiger Parameter ist der Temperatursprung zwischen der thermischen Vorbehandlung und der eigentlichen Atomisierung. Er sollte kleiner als etwa 1000 °C sein, damit ein schnelleres Erreichen des thermischen Gleichgewichtes und eine verminderte Gasausdehnung erzielt wird. Bei Temperaturen oberhalb von etwa 600 °C verliert Graphit seine Beständigkeit gegenüber Sauerstoff. Der Abbrand aller heißen Graphitteile wird durch Umspülen mit einem inerten Gas, üblicherweise Argon, verhindert. Gleichzeitig verhindert die Inertgasatmosphäre eine Oxidation der Probenatome durch Luftsauerstoff. Schließlich werden durch die Inertgasströmung auch die beim Trocknungs- und Pyrolyseschritt entstehenden Dämpfe und Zersetzungsprodukte aus dem aktiven Bereich des Graphitrohrofens heraustransportiert.

Diese Inertgaszufuhr wird kurzfristig während der Atomisierung gestoppt. Dieser definierte «Gasstopp» während der Atomisierung vermeidet ein Abkühlen des Inertgases und verhindert Verluste durch Austragen von Atomen aus dem Rohr. Die Aufenthaltszeit der Atome im Strahlengang wird dadurch also verlängert.

9.6.2.4 Signalflächenintegration

Da es sich um ein Verfahren mit begrenzter Probenmenge handelt, beobachtet man zeitabhängige Absorptionssignale. In unterschiedlichen Probenmaterialien können natürlich auch verschiedene Verbindungen vorliegen. Deren unterschiedliche Flüchtigkeit sowie die der Matrix haben einen Einfluß auf die Geschwindigkeit der Atomisierung des Elementes und damit auch auf den zeitlichen Ablauf des Absorptionssignals. Der in das Graphitrohr eingegebenen Masse an zu bestimmendem Element entspricht eine absolute Zahl an absorbierenden Atomen. Eine Signalhöhenmessung kann bei direkter Bestimmung nur dann zum richtigen Ergebnis führen, wenn jeweils gleiche Signalformen vorliegen. Wesentlich unabhängiger von der Wahl der Endtemperatur werden die Messungen, wenn man statt der Signalhöhe die Signalflächen zur Auswertung heranzieht [9.23]. Durch Signalflächenintegration läßt sich unter isothermen Atomisierungsbedingungen das unterschiedliche Verhalten beim Atomisieren aufgrund unterschiedlicher physikalischer Eigenschaften von Verbindungen eliminieren.

In vielen Fällen ermöglicht eine Signalintegration auch ein besseres Signal-Rausch-Verhältnis und damit eine bessere Nachweisgrenze [9.24]. Die Signalintegration stellt aber sehr hohe Anforderungen an die präzise Bestimmung der Basislinie. Die Messung des Referenzsignals erfolgt kurz vor Aufgabe der zu messenden Substanz und nach Ablauf der thermischen Vorbehandlung, also zeitlich sehr kurz vor der Atomisierung, bei der keine Absorption erfolgt.

9.6.2.5 Grafische Verfolgung der Atomisierung

Modernere Atomabsorptionsspektrometer gestatten die zeitliche Mitverfolgung des Absorptionsverlaufs auf einem Bildschirm. Durch die bildliche Anzeige des Verlaufs der schnell ablaufenden Signale wird die Methodenoptimierung der Graphitrohrofenmessung erheblich verbessert. Die simultane, hochaufgelöste grafische Darstellung des analytischen Elementsignals und des Untergrundes am Bildschirm bietet die maximale analytische Information (Bild 9.14).

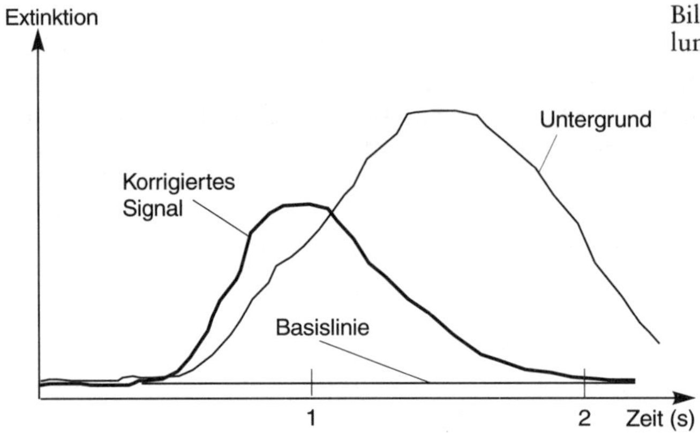

Bild 9.14 Bildschirmdarstellung der Atomisierung

Durch die Bildschirmdarstellung können die thermische Vorbehandlung, die Untergrundkorrektur sowie die beste Atomisierungstemperatur und -zeit optimal eingestellt werden. Die Bildschirmdarstellung ist deshalb zur Beurteilung von Analysenergebnissen speziell in der Graphitrohrtechnik nicht mehr wegzudenken.

9.6.2.6 Matrixmodifikation

Andererseits kann durch chemische Maßnahmen gezielt die Effektivität der Atomisierung zusätzlich beeinflußt werden. Die Technik der Matrixmodifikation wurde 1975 von R. D. Ediger vorgeschlagen [9.25]. In Abhängigkeit von der Auswahl eines zugesetzten Modifiers werden die Begleitsubstanzen flüchtiger oder das zu bestimmende Element thermisch stabiler, also weniger flüchtig. Die Matrixmodifikation ist also immer im Zusammenhang mit der jeweiligen Probe und den thermischen Bedingungen zu sehen. Chemische Zusätze sollen dabei die Vorgänge im Pyrolyse- und Atomisierungsvorgang unterstützen.

Sollen z. B. in einer NaCl-Matrix leichtflüchtige Elemente wie Blei oder Cadmium bestimmt werden, so wird das schwerflüchtige NaCl im allgemeinen erst bei der Atomisierung mitverflüchtigt und führt zu hohen unspezifischen Lichtverlusten. Gibt man zur Probe NH_4NO_3, so bilden sich die beiden leichtflüchtigen Verbindungen $NaNO_3$ und NH_4Cl. Diese entweichen bei Temperaturen von 300 bis 400 °C aus dem Graphitrohr, so daß die eigentliche Elementbestimmung weit weniger durch unspezifische Lichtverluste gestört werden kann.

Eine Mischung aus Palladiumnitrat und Magnesiumnitrat vermag fast alle leichter flüchtigen Elemente ausgezeichnet zu stabilisieren. Dadurch lassen sich Verluste während der thermischen Vorbehandlung vermeiden und zahlreiche Begleitsubstanzen entfernen, was zu einer erheblichen Verringerung von Störungen führt. Dies erleichtert den Einsatz der Graphitrohrofentechnik in der Routine ganz deutlich und erhöht die Richtigkeit der Analyse.

9.6.3 Hydrid- und Kaltdampftechnik

Bei der Hydridtechnik macht man sich die seit langem bekannte Tatsache zunutze, daß einige Elemente der vierten, fünften und sechsten Hauptgruppe flüchtige Hydride bilden. Der große Vorteil der Hydrid-AAS ist die Tatsache, daß das zu bestimmende Element vor der Überführung in die Atomisierungseinrichtung als gasförmiges Hydrid von fast allen Begleitsubstanzen abgetrennt wird. Daher sind z.B. spektrale Interferenzen durch Streustrahlung oder Molekularabsorption bei richtiger Handhabung dieser Technik unbekannt [9.26]. Auch Interferenzen in der Gasphase sind aufgrund der geringen Zahl an Elementen, die auf diese Art verflüchtigt werden, relativ unwahrscheinlich.

Dadurch lassen sich die hydridbildenden Elemente

- Arsen, Selen, Antimon, Tellur, Wismut und Zinn

aus der Matrix abtrennen und dann hochempfindlich und relativ störungsfrei bestimmen [9.27]. Die Messung kann mit großer Präzision und meist ohne Anwendung von Untergrundkorrektur durchgeführt werden. Die Anforderungen an das Spektrometer sind im Vergleich zur Graphitrohrofentechnik geringer [9.28].

In einem Reaktionsgefäß entstehen durch Reaktion mit dem Reduktionsmittel Natriumbortetrahydrid gasförmige Hydride. Sie werden durch einen Argonstrom zusammen mit dem ebenfalls gebildeten Wasserstoffgas in ein auf nur 800° bis 1000 °C geheiztes Quarzrohr geleitet. Dort erfolgt bei relativ niedriger Temperatur die Zersetzung in die Elemente, also die Atomisierung. Die Zelle befindet sich im Probenraum des Spektrometers, so daß die bei der Zersetzung entstandenen Atome gemessen werden können (Bild 9.15). Verglichen mit der Flammentechnik

Bild 9.15 Schema eines Quecksilber-Kaltdampf- und Hydridsystems

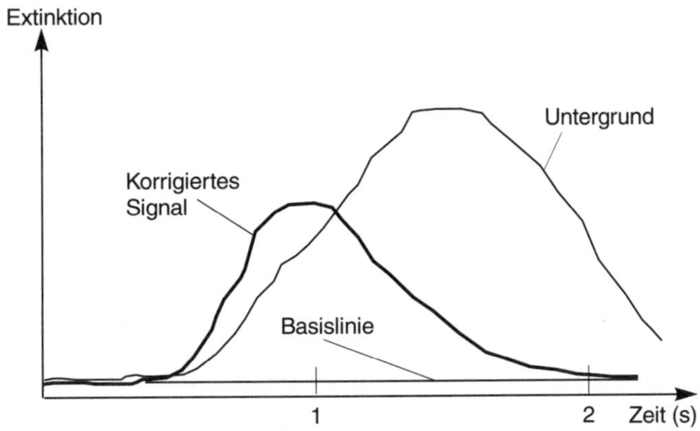

sind die Nachweisgrenzen bei dieser Methode um Größenordnungen besser. In der Flammentechnik erfolgt durch die Überführung des Analyten in die Gasphase eine Verdünnung um den Faktor 10^5 bis 10^6, während der Verdünnungsfaktor in der Hydridtechnik nur bei etwa 500 liegt. Die Empfindlichkeit ist damit allein durch den Übergang vom Lösungszerstäuben auf Hydridtrennung um den Faktor 10^3 verbessert.

Die absolute Nachweisgrenze der Hydridtechnik liegt auch höher als in der Graphitrohrofentechnik. Der Probenbedarf ist aber höher und beträgt typischerweise 0,5 ml mit einer relativen Standardabweichung von etwa 1 bis 2 %. Allerdings ist eine im Vergleich zur Graphitrohrtechnik aufwendigere Probenvorbereitung notwendig. Die Probe muß vollständig aufgeschlossen werden, und das zu bestimmende Element muß in eine definierte Oxidationsstufe überführt werden.

Mit derselben Apparatur läßt sich Quecksilber nach dem Kaltdampfverfahren bestimmen [9.29]. Quecksilber liegt bereits bei Raumtemperatur atomar vor und muß lediglich durch einen Gasstrom in die Absorptionsküvette überführt werden. Wegen seiner hohen Toxizität sind Quecksilberbestimmungen nicht nur im Trinkwasser, sondern in fast allen Lebensbereichen bis in den Sub-ppb-Bereich gefordert. Die Maximalkonzentration an Quecksilber im Trinkwasser liegt bei 0,002 mg/l. In der Flamme besitzt Quecksilber eine relativ schlechte Empfindlichkeit. Bei der Graphitrohrtechnik besteht das Problem, daß durch die niedrige Verdampfungstemperatur des Hg eine Matrixabtrennung schwierig und in manchen Fällen unmöglich ist.

Hier ist die flammenlose Quecksilberbstimmung das Verfahren der Wahl. Quecksilber wird durch ein geeignetes Reduktionsmittel zum Metall reduziert und durch einen Gasstrom aus der Lösung als Dampf in die Küvette überführt, da Quecksilber als einziges Metall bereits bei Zimmertemperatur einen beträchtlichen Dampfdruck besitzt. Routinemäßig lassen sich damit Nachweisgrenzen von 0,1 µg/l (100 ppt) erreichen. Als Reduktionsmittel kommen Zinnchlorid oder Natriumborhydrid in Betracht. Während mit Natriumborhydrid alle organischen und anorganischen Quecksilberverbindungen aufgeschlossen werden können, ist bei Verwendung von Zinnchlorid für organische Verbindungen eine Probenvorbereitung durch Hydrolyse oder Mineralisierung nowendig. Dafür liefert Natriumborhydrid bessere Nachweisgrenzen [9.30].

9.6.4 Kriterien zur Auswahl der bestgeeigneten AAS-Technik

Für den Anwender stellt sich angesichts der drei zur Auswahl stehenden AAS-Techniken die Frage nach der für seine Aufgabe am besten geeigneten. Gesichtspunkte können zum Beispiel die Empfindlichkeit der Methode, aber auch der erforderliche Zeit- oder Probenbedarf sein. Tabelle 9.3 soll Hinweise auf die Wahl der jeweils geeigneten Methode geben. Bei speziellen Aufgaben können auch weitere Kriterien Bedeutung erlangen, beispielsweise die Frage, inwieweit eine Technik automatisierbar ist oder zur Prozeßüberwachung herangezogen werden kann.

Grundsätzlich lassen sich Flammen- und Graphitrohrtechnik automatisieren. Bei der Graphitrohr-AAS ist die automatische Probenaufgabe allein schon durch die Gefahr der Kontamination bei manuellem Probenhandling heute weitgehend üblich. Der Probengeber kann frei wählbare Proben- und Bezugslösungsvolumina

Tabelle 9.3 Die verschiedenen AAS-Techniken

Flamme	▶ hohe Präzision ▶ sehr schnell ▶ Nachweisgrenze im ppm-Bereich
Graphitrohrofen	▶ Nachweisgrenzen im ppb- bis ppt-Bereich ▶ Mikroproben ▶ Festprobendosierung möglich
Hydrid- und Kaltdampftechnik	▶ Beste Nachweisgrenzen für Hg, As, Bi, Sb, Se, Sn, Te ▶ relativ frei von Interferenzen

beliebig oft in das Graphitrohr pipettieren. Der Benutzer muß lediglich ein geeignetes Programm für Spektrometer, Graphitrohrofen und Autosampler erstellen. Das System errechnet selbständig Bezugskurven und mißt die Proben.

Für die Flammentechnik wurden ebenfalls Probenautomaten entwickelt, bei denen nacheinander verschiedene Proben angesaugt werden und selbständige Analysen ausgeführt werden können. Eine Besonderheit stellt das Injektionsverfahren dar, bei dem nur wenige Mikroliter einer Probenlösung entweder manuell oder durch den Probenautomaten in die Flamme gesprüht werden können (Bild 9.16). Diese Art der Probenaufgabe eignet sich auch zur ständigen Kontrolle von Probenströmen, denen fortwährend kleine Volumina entnommen werden. Damit lassen sich chemisch-technische Prozesse überwachen und bei entsprechender Ergänzung des AAS-Gerätes auch steuern.

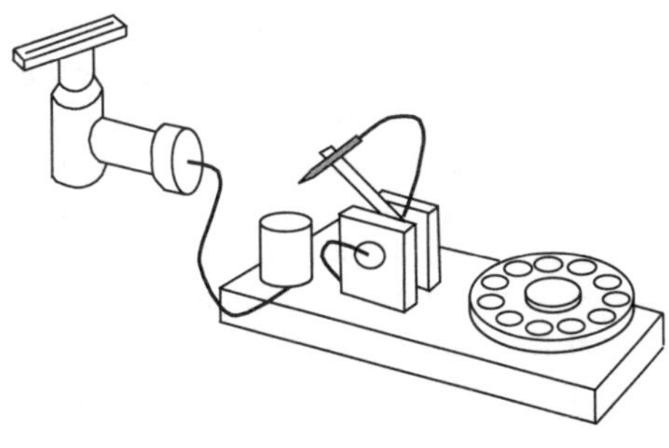

Bild 9.16 Probenautomat für das Injektionsverfahren

9.7 Interferenzen

Da die AAS eine Relativ-Methode ist, d.h., daß quantitative Messungen nur durch Vergleich mit Bezugssubstanzen ausgeführt werden können, bedingt jedes, verglichen mit den Bezugssubstanzen andersgeartete Verhalten der Probe eine Störung. Die Gesamtheit dieser potentiellen Störungen, die, wenn sie nicht erkannt werden, zu Fehlmessungen führen, bezeichnet man als Interferenzen. Je nach ihrer Ursache spricht man dabei von chemischen, physikalischen, Untergrund- oder spektralen Interferenzen.

9.7.1 Chemische Interferenzen

Eine chemische Interferenz ist strenggenommen jede Verbindungsbildung, die eine quantitative Atomisierung eines Elementes verhindert. Während der Trocknung der Aerosoltröpfchen durch Verdampfung des Lösungsmittels entscheidet sich, in welcher chemischen Bindung das interessierende Element vorliegen wird. Wie bei makroskopischen Vorgängen bestimmen auch hier Löslichkeitsprodukt und Massenwirkungsgesetz die Verbindungsbildung.

Zum Beispiel wird bei der Calciumbestimmung aus einer Lösung, die Na-, Ca-, Cl- und SO_4-Ionen enthält, in der Flamme zunächst $CaSO_4$ gebildet, das unter dem weiteren Einfluß der Flammentemperatur in CaO umgewandelt wird. Verwendet man zur Kalibrierung aber $CaCl_2$-Lösungen, so wird hierbei kein CaO entstehen, das sich in Luft-Acetylen-Flammen kaum atomisieren läßt. Das bedeutet, daß aus der gleichen Konzentration an Calciumionen in der Lösung viel weniger Ca-Atome gebildet werden, wenn Sulfationen anwesend sind. Die chemischen Interferenzen lassen sich häufig durch Verwendung der heißeren und stark reduzierenden Lachgas-Acetylen-Flamme umgehen.

Eine universell einsetzbare Methode gegen solche Störungen besteht im Zusatz eines anderen Kations im Überschuß, das mit dem störenden Anion eine Verbindung mit noch kleinerem Löslichkeitsprodukt eingeht als das zu analysierende Element. Im vorliegenden Fall ließe sich z. B. Barium verwenden: Setzt man $BaCl_2$ im Überschuß zur oben beschriebenen Lösung zu, so wird alles Sulfat als $BaSO_4$ ausfallen und das Calcium als $CaCl_2$ vorliegen.

In Gegenwart von Phosphaten bildet sich beim Eintrocknen des Lösungströpfchens Calciumphosphat, das bei weiterem Erhitzen in das schwer schmelzbare Calciumpyrophosphat übergeht. Dieses läßt sich nur schwer in die Atome dissoziieren. In diesem Fall kann der Lösung EDTA als Komplexbildner zugegeben werden, das durch Komplexierung des Calciums die Bildung von Calciumphosphat verhindert. Bei der nachfolgenden Atomisierung treten keine weiteren Schwierigkeiten auf, da der Ca-EDTA-Komplex thermisch nicht besonders stabil ist und daher das Calcium freigesetzt werden kann.

Eine weitere Möglichkeit zur Beseitigung von chemischen Interferenzen besteht in der Verwendung einer heißeren Flamme. Die Lachgas-Acetylen-Flamme vermag auch relativ beständige Verbindungen thermisch zu dissoziieren und besitzt zudem ausgesprochen reduzierende Eigenschaften.

9.7.2 Physikalische Interferenzen

Unter dem Begriff «physikalische Interferenzen» faßt man alle Störungen zusammen, die die Gesamtzahl der gebildeten Atome durch verschiedene physikalische Eigenschaften der Probenlösung beeinflussen. Die eigentliche Ursache ist fast immer der pneumatische Zerstäuber. Die Ansaugrate des Zerstäubers und die Wirksamkeit der Aerosolbildung hängen von den physikalischen Eigenschaften

- □ Dichte,
- □ Viskosität und
- □ Oberflächenspannung

der Probenlösung ab. Haben Proben und Eichlösung verschiedene physikalische Eigenschaften, so werden unterschiedliche Mengen Aerosol je Zeiteinheit gebildet, was schließlich unmittelbar die Zahl der absorptionsbereiten Atome beeinflußt. Dieser Störung kann prinzipiell dadurch begegnet werden, daß Proben- und Kalibrierlösung gleiche physikalische Eigenschaften besitzen. Dies läßt sich erreichen, indem die Probe stark verdünnt wird. Das ist aber nur möglich, wenn die Konzentration an dem interessierenden Element groß genug ist. Wenn die Komponenten der Probe, die die physikalischen Eigenschaften beeinflussen, bekannt sind, kann man auch die Kalbirierlösung mit diesen entsprechenden Komponenten ansetzen.

Gelingt es nicht, Proben und Kalibrierlösung in ihren physikalischen Eigenschaften einander anzugleichen, so muß die Fehlerquelle mit Hilfe der Additionsmethode (auch Aufstock- oder Zumischmethode genannt) beseitigt werden. Hierbei gibt man der Probenlösung steigende Konzentrationen an Kalibrierlösung zu und extrapoliert zur Ermittlung des Gehaltes an zu bestimmenden Elementes die Kalibrierkurve gegen Null. Die Aufstocklösung soll dabei möglichst hochkonzentriert sein, damit nur kleine Volumina zur Probe zudosiert werden müssen, um die physikalischen Eigenschaften der Probe nicht durch Verdünnung zu verändern. Zum Beispiel ergibt die Zudosierung von 1 ml einer Aufstocklösung mit einem Elementgehalt von 1 g/l zu 1 l Probenlösung eine Mehrkonzentration von 1 mg/l (1 ppm).

Die Additionsmethode ist zwar aufwendiger als die direkte Messung einer Probe gegen die Kalibrierlösung bekannten Gehaltes, sie stellt jedoch eine absolut zuverlässige Methode zur Beseitigung physikalischer Interferenzen dar und wird daher häufig zur Richtigkeitsprüfung einer Messung verwendet.

Eleganter lassen sich die physikalischen Interferenzen durch Einsatz eines hydraulischen Hochdruckzerstäubers beheben, der eine Alternative zur klassischen pneumatischen Zerstäubung darstellt. Verwendet wird das einfache Prinzip, daß Lösungen unter hohen Drücken – durch eine feine Düse gepreßt – ein Aerosol bilden (beispielsweise die Dieseleinspritzung in Motoren). Mit Hilfe einer üblichen HPLC-Pumpe zur Erzeugung eines konstanten Flüssigkeitsstromes unter hohem Druck und eines Probenaufgabeventils (HPLC-üblich) wird die Probe einer speziellen Zerstäuberdüse zugeführt. Durch die Förderkonstanz der Hochdruckpumpe ist immer der gleiche Probenstrom durch die Flamme gewährleistet. Weitere Vorteile dieser Methode sind eine bessere Grundlinienstabilität, da der Flamme ständig eine Lösung zugeführt wird, wodurch der Sprung in der Basislinie beim Wechsel der Probe entfällt. Außerdem ist eine unabhängige Optimierung von Flamme und Zerstäubung möglich, da kein Zerstäubergas benötigt wird.

9.7.3 Ionisations-Interferenzen

Zahlreiche Metalle werden, besonders in heißen Flammen, mehr oder weniger stark ionisiert. Dies betrifft insbesondere die Alkali- und Erdalkalimetalle, bei denen Elektronenübergänge bereits im sichtbaren Spektralbereich beobachtet werden (Flammenfärbung). Bei relativ kleinen Energiedifferenzen findet dann schon eine merkliche thermische Anregung der Atome statt. Da ionisierte Atome eine veränderte Elektronenhülle und damit ein völlig unterschiedliches Spektrum aufweisen, sind sie einer Bestimmung mittels AAS auf den üblicherweise verwendeten Resonanzlinien entzogen. Die Ionisation wirkt sich also, ebenso wie alle anderen Interferenzen, in einer Beeinflussung der Gesamtzahl an Atomen im Grundzustand aus, die pro Volumeneinheit für eine Absorption zur Verfügung stehen.

Zur Behebung der Ionisationsinterferenzen gibt es im Prinzip zwei Möglichkeiten. Man bestimmt beispielsweise das betreffende Element in einer Flamme niedrigerer Temperatur. Das läßt sich u. a. für die Alkalimetalle durchführen, die in einer Luft-Acetylen-Flamme zum Teil beträchtlich ionisiert sind (Na ca. 20 %, Cs ca. 85 %). In der nur wenig kühleren Luft-Wasserstoff-Flamme sind sie dagegen praktisch nicht mehr ionisiert.

Der zweite Weg zur Beseitigung der Ionisationsinterferenzen ist das Erzeugen eines hohen Elektronenüberschusses in der Flamme. Dies geschieht in der Praxis sehr einfach dadurch, daß man den Proben- und Kalibrierlösungen einen großen Überschuß eines anderen, besonders leicht ionisierbaren Elementes (meist Kalium oder auch Cäsium) zufügt. Dieses wird in der Flamme weitgehend ionisiert. Die hohe Konzentration an dabei gebildeten Elektronen drängt dabei aufgrund des Massenwirkungsgesetzes die Ionisation des zu bestimmenden Elementes praktisch vollständig zurück.

9.7.4 Spektrale Interferenzen

Auf die spektralen Interferenzen ist schon weiter oben eingegangen worden. Spektrale Interferenzen in der AAS sind durch das Wechsellichtsystem, bei dem das Emissionslicht aus der Hohlkatodenlampe moduliert und der Verstärker auf diese Modulationsfrequenz abgestimmt sind, praktisch nicht möglich. Verwendet man aber Mehrelement-Lampen, in denen ungeeignete Elemente kombiniert sind, d. h. bei denen innerhalb der betrachteten spektralen Bandbreite neben der Resonanzlinie des interessierenden Elementes eine weitere Resonanzlinie eines anderen Elementes auf den Detektor fällt, so sind die Selektivität und die für das betrachtete Element spezifische Anzeige der AAS nicht mehr gegeben.

9.7.5 Additionsmethode

Zur Vermeidung von Interferenzen ist es sinnvoll, die analytische Bestimmung mit Hilfe der Additionsmethode durchzuführen. Diese Methode ist aufwendiger gegenüber dem einfachen Analysengang, bei dem das Gerät mit Standards kalibriert wird und dann die Proben sequentiell abgearbeitet werden. Die Standards enthalten dabei die Elementkonzentration in der gleichen Größenordnung wie die zu erwartenden Konzentrationen in den Proben. Dabei werden die Standards hochrein mit destilliertem Wasser angesetzt, während die Proben neben dem Analyten in der Regel in einer komplizierten Matrix vorliegen.

Bei unbekannter Matrix mit unbekannten physikalischen Eigenschaften ist es das Prinzip, durch verschiedene Zugaben definierter Mengen des zu bestimmenden Elementes zur Probe die jeweilige Zunahme der Extinktion zu bestimmen. Das Aufstocken muß dabei mit möglichst konzentrierten Stammlösungen erfolgen, um die physikalischen und chemischen Eigenschaften der Probe nicht durch Verdünnung zu beeinflussen.

Ist die Konzentration des Analyten groß genug, daß sie für die Bestimmung verdünnt werden kann, ist es noch günstiger, wenn man alle Lösungen mit dem gleichen Volumen verdünnt, also auch die Originalprobe mit der entsprechenden Wassermenge verdünnt. Hierzu nimmt man drei (oder mehr) gleiche Volumina der Probenlösung und mischt sie mit jeweils gleichen Volumina an Kalibrierlösungen. Die erste Kalibrierlösung soll dabei das interessierende Element nicht enthalten, die zweite aber in ihrer Konzentration etwa dem erwarteten Gehalt an dem interessierenden Element entsprechen und die dritte etwa doppelt so viel enthalten. Trägt man nun die gemessene Extinktion gegen die zugesetzte Konzentration auf, so ergibt sich die Kalibrierkurve für das interessierende Element unter den vorliegenden physikalischen Bedingungen. Der Gehalt in der unbekannten Probe wird durch Extrapolation der Kalibrierkurve gegen Null erhalten, wie in Bild 9.17 dargestellt.

Bild 9.17 Die Additionsmethode

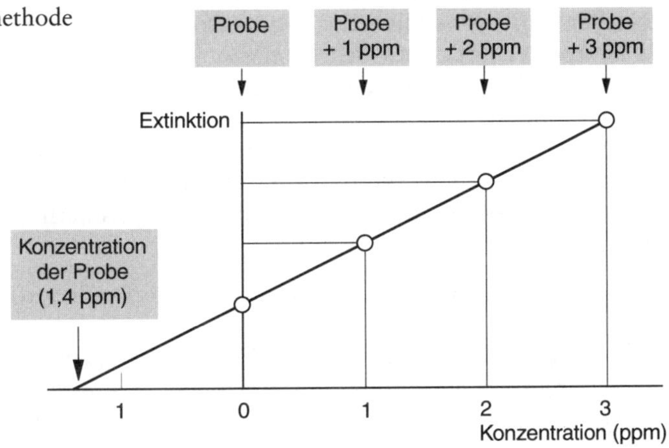

9.8 Untergrundabsorption

Die Untergrundabsorption beruht nicht – wie die oben beschriebenen Störungen – auf einer Veränderung der Anzahl an Atomen im Grundzustand, sondern auf einer zusätzlichen Lichtschwächung der Strahlung I_0 durch sogenannte unspezifische Lichtverluste. Die gemessene Lichtschwächung wird deshalb größer als die durch reine Atomabsorption verursachte. Als Ergebnis wird deshalb eine zu hohe Konzentration des zu bestimmenden Elementes angezeigt.

Bei Messungen realer Proben liegt das zu bestimmende Element oft neben einem riesigen Überschuß an Matrix vor. Soll z.B. Blei im ppm-Bereich in Meerwasser bestimmt werden, so ist jedes Bleiteilchen von 10 Millionen Salzteilchen umgeben. Bei der Bestimmung kleinerer Konzentrationen an dem interessierenden Element neben einem großen Überschuß an Begleitelementen kann es vor-

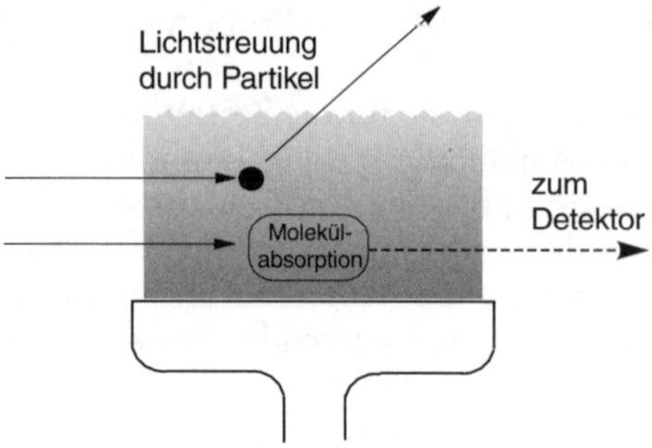

Bild 9.18 Unspezifische Lichtverluste durch Streuung und Molekülabsorption

kommen, daß zwar das interessierende Element weitgehend atomisiert wird, nicht aber die Hauptkomponente. Diese kann dann noch in Form von undissoziierten Molekülen oder gar festen Partikeln vorliegen. Beide Fälle verursachen Verlust an Strahlungsintensität. Moleküle absorbieren Licht breitbandig, d.h., die schmalen Emissionslinien der Hohlkatodenlampe werden deutlich geschwächt, die Lampe verliert damit ihre Selektivität. An größeren Partikeln oder Agglomeraten wird das Licht gestreut, d.h. aus dem Strahlengang zum Detektor abgelenkt (Bild 9.18).

Diese unspezifischen Lichtverluste müssen meßtechnisch erfaßt und entsprechend kompensiert werden. Für die Beseitigung der unspezifischen Lichtabsorption wurden spezielle Untergrundkompensationsmethoden entwickelt. Im Prinzip benötigt man dazu zwei Messungen:

- Eine Messung erfaßt die Gesamtabsorption, d.h. Atomabsorption und Untergrund.
- Die andere Messung dient zur Bestimmung des unspezifischen Untergrundes.
- Der gemessene unspezifische Untergrund wird elektronisch von der Gesamtabsorption subtrahiert, um als Ergebnis die korrigierte Atomabsorption zu erhalten.

Ursprünglich waren Atomabsorptionsspektrometer ohne Untergrundkorrektur ausgestattet, da man einen Strahlungsverlust durch Streuung an Partikeln als nicht signifikant einschätzte. Erst mit der Zeit erkannte man die Notwendigkeit der Korrektur von unspezifischen Strahlungsverlusten, wobei die Untergrundsignale in der Graphitrohrofentechnik sehr viel ausgeprägter sind als bei der Flammenmethode [9.31]. Viele Anwendungsprobleme in der Flammen-AAS erfordern überhaupt keine Untergrundkorrektur. Bei den meisten Graphitofenanwendungen ist aber Untergrundkorrektur erforderlich [9.32]. Ferner ist zu bemerken, daß die Untergrundabsorption sehr viel stärker im UV- als im sichtbaren Bereich ist. Dies liegt an der Rayleigh-Streuung, die mit zunehmender Wellenlänge stark abnimmt.

Die ideale Untergrundkompensationsmethode wäre gegeben, wenn der spektrale Untergrund in der Absorptionszelle (Flamme oder Graphitrohr) jeweils am gleichen Ort, zur gleichen Zeit und exakt auf der gleichen Wellenlänge kompensiert würde. Dieser Idealzustand ist bis heute nicht erreicht worden.

Die Untergrundkorrektur mit einer Deuterium-Lampe ist das älteste Verfahren und findet auch noch heute in den meisten Spektrometern Anwendung. Da Untergrund- und Gesamtabsorption grundsätzlich nicht zeitgleich gemessen werden können, müssen hohe Modulationsfrequenzen zur Korrektur der unspezifischen Absorption der schnellen Graphitrohrsignale erzielt werden. Typische Frequenzen hierfür liegen bei 150 bis 200 s^{-1}. Korrektursysteme mit Modulationsfrequenzen < 100 s^{-1} sind in ihrer Leistungsfähigkeit begrenzt, da schnell ansteigende Signale nicht genau erfaßt werden können [9.33].

Die besonderen Anforderungen an die Untergrundkorrektur in der Graphitrohrofentechnik wurde mit dem Deuteriumkompensator nicht mehr hinreichend erfüllt und hat zur Entwicklung neuer Systeme geführt. Hierbei werden nur mit der Hohlkatodenlampe sowohl die Atomabsorption als auch der Untergrund gemessen. Die hierzu notwendige kurzfristige Änderung der Emissionseigenschaft der Lampe ist zum einen durch den Zeeman-Effekt, zum anderen durch das Smith-Hieftje-Prinzip realisiert [9.34]. Man kann dadurch den Untergrund sehr schnell und sehr viel näher am Absorptionsprofil erfassen, als dies mit einem Kontinuumstrahler möglich ist.

Grundsätzlich ist die schnelle Korrektur des Untergrundes in der Graphitrohrtechnik notwendig, jedoch ebenso wichtig – wenn auch nicht so gravierend – bei der Flammen-AAS. Bei niedrigen Wellenlängen erzeugt das Flammenrauschen die höchste Limitierung der Nachweisgrenze und der Präzision bei niedrigen Konzentrationen [9.35]. Wenn die Untergrundkorrektur in der Lage ist, dieses Rauschen zu eliminieren, dann bedeutet es eine signifikante Verbesserung zur Bestimmung der Elemente, die im tiefen UV-Bereich ihre Linien haben, wie z.B. Arsen, Selen, Zink und Blei.

9.8.1 Kompensation mit Kontinuumstrahlern

Der Einsatz von Kontinuumstrahlern zur Messung des Untergrundes wurde 1965 von Koirtyohann vorgeschlagen [9.36]. Da die meisten Atomabsorptionslinien im ultravioletten Bereich beobachtet werden, bietet sich als Kontinuumstrahler hierzu die Deuterium-Lampe an. Dabei wird der Unterschied in der Absorptionscharakteristik von Atomen einerseits und Molekülen bzw. größeren Partikeln andererseits zur Untergrundkorrektur genutzt.

- □ Atome absorbieren sehr schmalbandig in einem Bereich von etwa 0,003 nm.
- □ Unspezifische Lichtverluste verändern sich dagegen breitbandig über viele nm hinweg kaum.

Zur Korrektur des Untergrundes wird das breitbandige Licht der Deuterium-Lampe und von der Hohlkatodenlampe in schneller Folge abwechselnd durch die Absorptionszelle geschickt. Das Licht beider Lampen wird dabei in gleicher Weise durch die Untergrundabsorption geschwächt, die Strahlungsintensitäten beider Lampen werden elektronisch abgeglichen.

Durch Atomabsorption wird aber nur die Intensität der schmalen Emissionslinie der Hohlkatodenlampe geschwächt. Von der Intensität der breitbandigen Deuterium-Lampe, die nur durch den optischen Spalt des Spektrometers begrenzt ist, wird dagegen nur ein um Zehnerpotenzen kleinerer schmaler Bereich entsprechend der Atomlinie für die Absorption entnommen. Der Verlust an Strahlungsintensität aus dem Kontinuumstrahler für die Atomabsorption ist also vernachlässigbar. Das bedeutet, daß durch das Licht der Hohlkatodenlampe die Summe aus Atomabsorption und Untergrund gemessen wird, während das Licht der Deuterium-Lampe nur den Untergrund mißt. Die Differenz beider Intensitäten liefert dann die gewünschte Atomabsorption.

Der Monochromator isoliert aus dem Linienspektrum der Hohlkatodenlampe die Resonanzlinie mit einer Halbwertsbreite von ca. 0,002 nm. Aus dem Kontinuum der Deuterium-Lampe wird ein der eingestellten spektralen Spaltbreite entsprechendes Stück ausgesondert (Bild 9.19). Die Intensitäten der beiden Strahlungsquellen innerhalb des betrachteten Spektralbereichs werden abgeglichen.

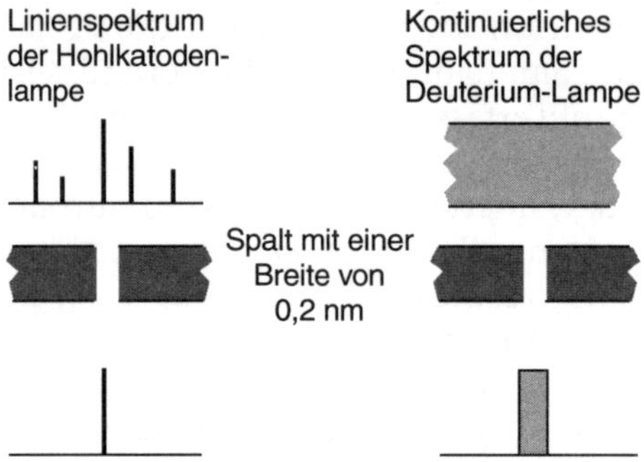

Bild 9.19 Lichtdurchgang der Hohlkatodenlampe und der Deuterium-Lampe durch den optischen Spalt

Im Fall einer normalen Linienabsorption durch das interessierende Element wird die Intensität der Hohlkatodenlampe entsprechend der Konzentration dieses Elementes geschwächt, während die Intensität der Deuterium-Lampe in erster Näherung nicht geschwächt wird. Eine unspezifische breitbandige Untergrundabsorption schwächt aber die Intensität der beiden Strahlungsquellen gleichermaßen. Eine nun zusätzlich auftretende Linienabsorption schwächt wiederum die Intensität der Hohlkatodenlampe entsprechend der Konzentration an dem interessierenden Element, während die Intensität des Kontinuumstrahlers in erster Näherung nicht weiter geschwächt wird (Bild 9.20).

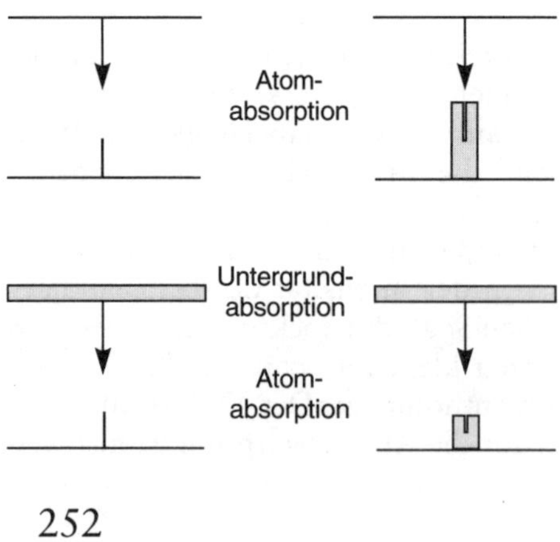

Bild 9.20 Funktionsweise des Deuterium-Untergrundkompensators

Vom Prinzip her liefert die Deuterium-Lampe eine ausgezeichnete Untergrundkorrektur. Durch verschiedene optische Verbesserungen sind heute mit guter Optik Korrekturen bis zu zwei Extinktionseinheiten möglich. Die Leistungsfähigkeit schwankt jedoch sehr stark in Abhängigkeit vom optischen System, in dem sie integriert ist. Jedoch gibt es auch einige Nachteile der Untergrundkompensation mit einem Kontinuumstrahler zu nennen:

- □ Justage-Probleme: Die Geometrie des Lichtstrahls einer D_2-Lampe unterscheidet sich von der der HKL, und die Lichtstrahlen beider Lampen können auf unterschiedlichen Bahnen verlaufen. Exakte optische Justage, bei der beide Lichtstrahlen kongruent verlaufen, ist sehr schwierig. Dadurch ist die Grenze der korrigierbaren Absorption festgelegt.
- □ Lichtverlust: Die Verwendung der D_2-Lampe erfordert einen Strahlenteiler, der einen Lichtverlust von 50 % mit sich bringt. Das Rauschen der Basislinie wird in etwa verdoppelt, entsprechend verschlechtert sich die Nachweisgrenze.
- □ Der zur Untergrundmessung nutzbare Wellenlängenbereich ist durch die Deuterium-Lampe auf 190 bis etwa 350 nm begrenzt. Oberhalb 350 nm muß eine zusätzliche Halogenlampe installiert werden.
- □ Der Untergrund muß über die Breite des optischen Spaltes kontinuierlich sein, er darf nicht strukturiert sein. Dies ist für einen Großteil der Absorption durch Moleküle erfüllt. Verschiedene Molekülspektren, z. B. von NO_2, PO oder SO_2, weisen Rotationsfeinstrukturen auf. Sie stellen kein Kontinuum dar und können deshalb mit Kontinuumstrahlern nicht richtig korrigiert werden.

In der Inhomogenität der Intensitätsverteilung liegt die wesentliche Begrenzung der Kompensationstechnik mit Kontinuumstrahlern. Untergrundabsorption mit einem stark strukturierten Untergrund kann hiermit gar nicht erfaßt werden. Besser geeignet sind Verfahren, bei denen der Meßstrahl zur Erfassung des Untergrundes selbst auch Liniencharakter besitzt und damit der Untergrund möglichst nahe an der Atomlinie gemessen werden kann.

9.8.2 Zeeman-Untergrundkorrektur

In den 70er Jahren wurde eine interessante neue Untergrundkorrekturtechnik eingeführt, die auf dem Zeeman-Effekt basiert, wonach sich Spektrallinien in einem äußeren Magnetfeld aufspalten [9.37]. Genaugenommen werden jedoch nicht die Spektrallinien aufgespalten, sondern die Atome im Magnetfeld so beeinflußt, daß sie aufgespaltene Linien emittieren. Dieser Effekt wurde 1896 von dem niederländischen Physiker Pieter Zeeman entdeckt, wofür er 1902 zusammen mit H. A. Lorentz den Nobelpreis erhielt. Im Jahre 1969 wurde die Messung des Untergrundes mit Hilfe des Zeeman-Effektes von der Fa. Zeiss in Oberkochen zum Patent angemeldet, aber kein entsprechendes Spektrometer von der Firma auf den Markt gebracht. Erst 1975 wurde von der Fa. Hitachi ein kommerzielles Zeeman-Atomabsorptionsspektrometer (ZAAS) angeboten [9.38].

9.8.2.1 Zeeman-Effekt

Normalerweise sind Elektronenzustände mit gleicher Haupt- und Nebenquantenzahl energetisch völlig gleichwertig, sie sind «entartet». Sie unterscheiden sich

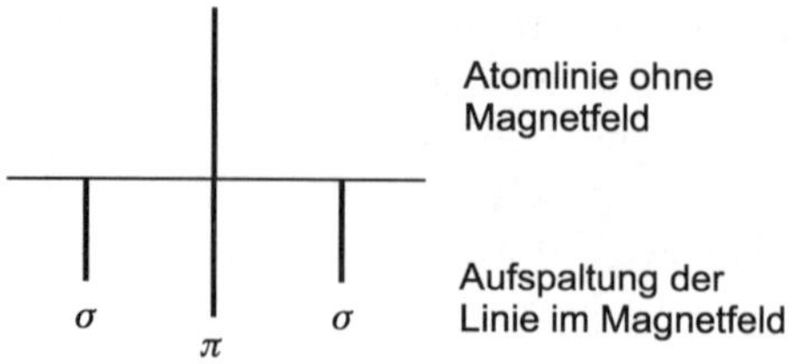

Bild 9.21 Der Zeeman-Effekt

nur in ihrer räumlichen Orientierung. Durch ein äußeres Magnetfeld wird jedoch diese «Entartung» aufgehoben. Durch verschiedene Orientierung der einzelnen Orbitale zur Achse des Magnetfeldes unterscheiden sie sich energetisch. Bringt man also eine Spektrallichtquelle in ein starkes Magnetfeld, so wird jede Spektrallinie in mehrere Komponenten aufgespalten (Bild 9.21). Im einfachsten Fall erfolgt die Aufspaltung in drei Komponenten. Eine Komponente liegt bei der gleichen Wellenlänge wie die ursprüngliche Resonanzlinie, ist aber weniger intensiv. Diese zentrale Linie wird aus historischen Gründen als π-Komponente bezeichnet. Die beiden anderen Linien werden als σ-Komponenten bezeichnet und sind zu etwas größerer bzw. kleinerer Wellenlänge verschoben.

Das Ausmaß der Verschiebung ist proportional der magnetischen Feldstärke. Mit diesen beiden Nebenlinien (Zeeman-Komponenten), die nicht mehr spezifisch absorbiert werden können, ist es nun möglich, den Untergrund zu messen. Dies ist der Grundgedanke der Zeeman-Atomabsorptionsspektrometrie [9.39].

Durch den Einsatz von nur einer Lampe ist die Untergrundkompensation exakt am gleichen Ort und (fast) exakt auf der gleichen Wellenlänge, jedoch nicht zeitgleich möglich. Da immer im Wechsel zwischen Untergrund und Untergrund mit Atomabsorption gemessen werden muß, ist die Umschaltfrequenz so hoch wie apparativ möglich zu halten, um damit schnelle Änderungen in der Absorptionszelle zumindest annähernd zeitgleich erfassen zu können.

Um die σ-Komponenten so weit zu verschieben, daß sie außerhalb des Absorptionsprofils der absorbierenden Atome liegen, sind sehr hohe magnetische Feldstärken notwendig. Dies erfordert besondere Sicherheitsvorkehrungen. Personen mit Herzschrittmachern dürfen nicht am Gerät arbeiten, Armbanduhren u.ä. sind abzunehmen. Allerdings ist der Aufspaltungsbereich sehr gering (10^{-3} nm!), so daß eine Falschmessung durch eine im Aufspaltungsbereich liegende Moleküllinie sehr unwahrscheinlich, aber nicht ausgeschlossen ist.

Die Aufspaltung in drei Komponenten ergibt sich nur beim «normalen» Zeeman-Effekt. Er findet sich bei allen Elementen der 2. Haupt- oder Nebengruppe des Periodensystems, wie z.B. Be, Mg, Cd, Pb oder Zn. Viel häufiger beobachtet man den «anomalen» Zeeman-Effekt mit oft sehr viel komplizierterer Aufspaltung mit mehreren π- und σ-Komponenten (Bild 9.22). Die π-Komponenten liegen jedoch immer wesentlich näher an der ursprünglichen Linie als die σ-Komponenten. Damit wirkt sich die spezifische Atomabsorption immer stärker auf die π-Komponenten aus als auf die σ-Komponenten. Dadurch ist auch der anomale Zeeman-Effekt für die AAS nutzbar. Allerdings zeigt er in einigen Fällen eine deutlich verringerte Empfindlichkeit als die normale AAS. Diese Verschlechterung ist aber geringer, wenn das Magnetfeld moduliert wird.

Bild 9.22 Normaler und anomaler Zeeman-Effekt

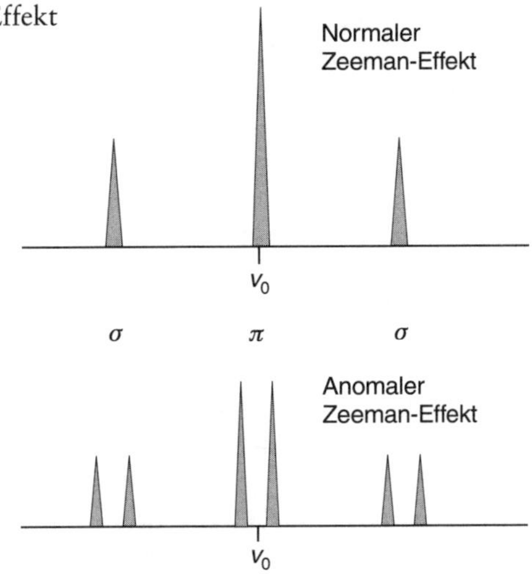

9.8.2.2 Verschiedene Zeeman-AAS-Systeme

Der Zeeman-Effekt tritt nur dann auf, wenn das Magnetfeld dort angelegt wird, wo Atome vorhanden sind. Der Magnet muß also entweder an der Strahlungsquelle oder an der Atomisierungseinrichtung installiert werden. Wirkt das Magnetfeld auf die Strahlungsquelle, werden die Emissionslinien aufgespalten, so spricht man vom «direkten» Zeeman-Effekt. Wirkt das Magnetfeld dagegen auf die Atome in der Atomisierungseinrichtung; wird das Absorptionsprofil aufgespalten, so spricht man vom «inversen» Zeeman-Effekt.

Ein zweites Unterscheidungsmerkmal ist die Richtung, in der das Magnetfeld wirkt. Je nach Anordnung des Magneten werden verschiedene Erscheinungsformen des Zeeman-Effektes beobachtet. Ist das Magnetfeld senkrecht zur optischen Achse ausgerichtet, spricht man von der «transversalen» ZAAS; liegt das Magnetfeld in Emissionsrichtung, spricht man von «longitudinaler» ZAAS.

Unabhängig von der Position des Magneten kann entweder das Magnetfeld zeitlich konstant durch einen Permanent- oder Elektromagneten sein (DC = direct current) oder mit einem Elektromagneten moduliert werden (AC = alternating current). Die Wirkungsweisen des Zeeman-Effektes sind bei diesen unterschiedlichen Systemen grundsätzlich verschieden [9.40].

Meßtechnisch kann man also den Zeeman-Effekt auf verschiedene Weise nutzen:

- □ am Linienstrahler (direkt),
- □ an der Atomisierungsquelle (indirekt),
- □ am magnetischen Gleichfeld (DC-ZAAS),
- □ am magnetischen Wechselfeld (AC-ZAAS),
- □ am transversalen Magnetfeld,
- □ am longitudinalen Magnetfeld.

Theoretisch sind hiermit acht verschiedene Kombinationen möglich, aber nur vier praktisch realisierbar. Denn die direkte ZAAS kann nicht mit der AC-Technik kombiniert werden, da es keine Lampe gibt, die in einem magnetischen Wechselfeld stabil brennt. Außerdem ist die longitudinale Version, bei der keine π-Komponenten auftreten, nur mit einem AC-Magneten möglich. Durch erhebliche apparative Schwierigkeiten ist bisher aber kein longitudinales ZAAS auf dem Markt. Vorteilhaft bei dieser Variante wäre, daß kein Polarisator zur Trennung der Zeeman-Komponenten erforderlich ist, da die mittlere Komponente nicht vorhanden ist. Damit die Gesamtabsorption gemessen werden kann, muß das Magnetfeld dafür abgeschaltet (moduliert) werden.

Kommerziell erhältlich sind derzeit drei unterschiedliche Versionen [9.41]:

- □ Direkt-transversal-DC-ZAAS,
- □ Invers-transversal-DC-ZAAS,
- □ Invers-transversal-AC-ZAAS.

Direkt-transversal-DC-ZAAS

Bei der direkten ZAAS befindet sich die Hohlkatodenlampe im Magneten, die emittierten Linien werden aufgespalten (Bild 9.23). Da sich hier der Magnet an der Lampe befindet, ist diese Technik für jede Atomisierungeinrichtung geeignet, d.h. sowohl für das Graphitrohr als auch für die Flamme oder den Hydrid-Zusatz. Allerdings müssen besondere Hohlkatodenlampen verwendet werden. Herkömmliche Hohlkatodenlampen brennen in einem Magnetfeld nicht ausreichend lange, Stabilität und Strahlungsintensität unterliegen – bedingt durch das Magnetfeld – starken Schwankungen. Daher sind für die Anwendung des direkten Zeeman-Effektes als spezielle Lichtquellen Metalldampflampen (ENL = **E**lektroden-**N**iederfrequenzlampe) als Linienstrahler erforderlich [9.42].

Bei der direkten ZAAS wird nach dem Zweiwellenlängenprinzip gemessen. Mit der π-Komponente wird die Atomabsorption plus Untergrund gemessen, mit den verschobenen σ-Komponenten jedoch nur der Untergrund. Die Messung des Untergrundes findet also «neben der Absorptionslinie» statt. Das Licht der verschiedenen Zeeman-Komponenten kann räumlich aufgeteilt werden: Die π-Kom-

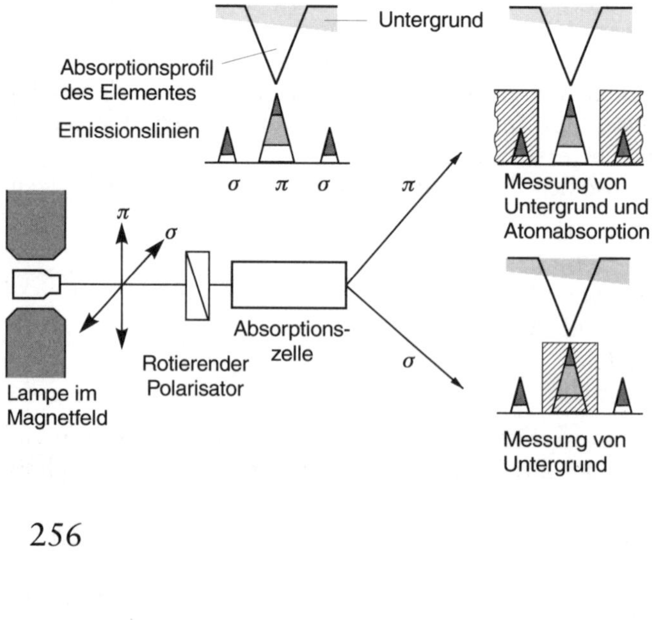

Bild 9.23 Funktionsprinzip der direkten transversalen DC-ZAAS

ponente wird in einer Ebene parallel zum Magnetfeld polarisiert, während die σ-Komponenten in einer senkrechten Ebene polarisiert sind. Um die π- und die σ-Komponenten aufzusplitten, ist ein rotierender Polarisationsfilter zwischen Lichtquelle und Probenraum notwendig, wodurch abwechselnd parallel und senkrecht polarisiertes Licht erzeugt wird.

Wenn die parallele Lichtkomponente durch die Optik geführt wird, wird sie durch die zentrale, unverschobene π-Komponente der Analysenlinie absorbiert (d.h., Probenelement und Untergrund absorbieren das Licht). In der nächsten Vierteldrehung des Polarisators wird nur das senkrecht polarisierte Licht der s-Komponenten durchgelassen. Dieses Licht wird nicht durch die Analysenlinie absorbiert, sondern nur vom Untergrund. Die Differenz zwischen σ-Signal und π-Signal ergibt das korrigierte Signal. Dabei trägt der Polarisator aus technischen und physikalischen Gründen (Apertur, Polarisationsgrad, Transmissionsgrad) dazu bei, die Eigenschaften der ZAAS zu verschlechtern.

Außerdem können bei der direkten ZAAS, bei der die Messung von zwei verschiedenen Linien mit unterschiedlichen Polarisationsebenen erfolgt, Intensitätsunterschiede zwischen der π- und σ-Komponente auftreten, die durch unterschiedliche Selbstabsorption in der Hohlkatodenlampe hervorgerufen wird. Aus physikalischen Gründen wird bei steigender Selbstabsorption die π-Komponente mehr durch Selbstabsorption geschwächt als die σ-Komponente.

Invers-transversal-DC-ZAAS

Bei der inversen ZAAS wird nicht die eingestrahlte Linie, sondern das Absorptionsprofil der Atome aufgespalten. Das Magnetfeld wird hier an der Atomisierungseinheit angelegt (Bild 9.24). Da hierbei herkömmliche Hohlkatodenlampen benutzt werden können, wird diese Technik von den meisten Geräteanbietern bevorzugt. Durch das Anlegen des Magnetfeldes an der Atomisierungseinheit wird das Absorptionsprofil aufgespalten. Dafür befindet sich um den Graphitrohrofen

Bild 9.24 Funktionsprinzip der inversen transversalen DC-ZAAS

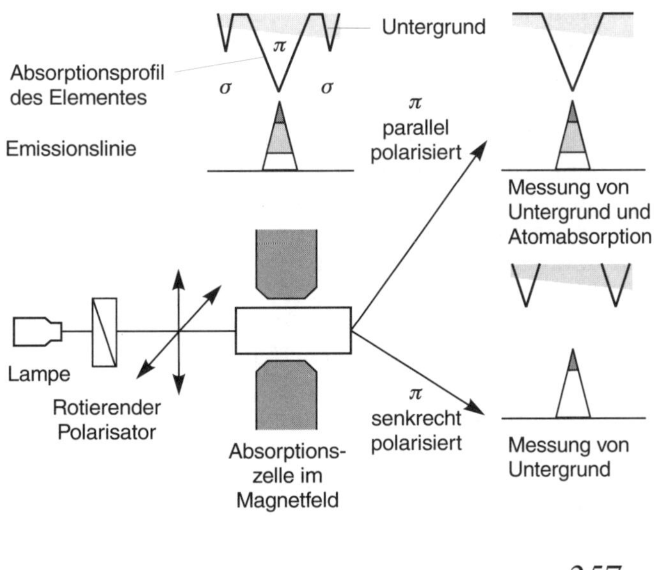

ein voluminöser, starker Magnet. Durch die Forderung nach einem hohen Magnetfeld und einer guten thermischen Isolierung zwischen Atomisierungseinheit und Magnet sind die Dimensionen in der Atomisierungszelle stark beschränkt. Für die Flammentechnik gibt es als Zusatz spezielle Permanentmagneten.

Grundsätzlich gelten beim inversen Zeeman-Effekt mit der Atomisierungseinheit im Magnetfeld die gleichen Überlegungen wie beim direkten Zeeman-Effekt. Es gibt aber einen wesentlichen Unterschied. Während beim direkten Zeeman-Effekt die Emissionslinien in mehrere Komponenten aufgespalten sind, sendet hier die Strahlungsquelle ihre normale Resonanzlinie aus. Dafür wird die Absorptionsbereitschaft der Probenatome durch das Magnetfeld beeinflußt. Das Absorptionsprofil ist in die parallel polarisierte π-Komponente und die senkrecht polarisierten σ-Komponenten aufgespalten. Atomabsorption kann prinzipiell auf allen aufgespaltenen Atomlinien erfolgen. Gemessen werden kann aber nur dort, wo die primäre Strahlungsquelle emittiert, also auf der Resonanzlinie. Die Emissionslinie der Lampe ist nicht aufgespalten; in der Absorptionszelle ist daher nur die π-Komponente zur Atomabsorption fähig.

Wieder dient ein rotierender Polarisator im Strahlengang dazu, zwischen den verschiedenen Polarisationsebenen zu unterscheiden. In der Phase, in der parallel zum Magnetfeld polarisiertes Licht durchgelassen wird, wird die π-Komponente sowohl durch die spezifische Atomabsorption als auch durch den Untergrund geschwächt. In der nächsten Phase, in der nur senkrecht zum Magnetfeld polarisiertes Licht durchgelassen wird, kann keine Atomabsorption durch die π-Komponente gemessen werden, da diese ausgeblendet wird. Es wird dabei nur die unspezifische Absorption auf der Resonanzlinie gemessen. Durch Differenzbildung ergibt sich wieder das korrigierte Signal.

Das bedeutet, daß die Untergrundabsorption stets genau auf der Resonanzlinie des zu bestimmenden Elementes gemessen und korrigiert wird. Es stellt damit das ideale Zweistrahl-Prinzip dar. Die beiden Strahlen weisen nicht nur die gleiche Wellenlänge auf, sie besitzen sogar ein identisches Profil und gehen natürlich beide mit exakt gleicher Strahlführung durch die Probe. Der Untergrund wird also direkt auf und nicht neben der Linie erfaßt. Dieses System mißt deshalb auch dann noch einwandfrei, wenn die Probe einen feinstrukturierten Untergrund aufweist [9.43].

Invers-transversal-AC-ZAAS

Von allen technischen Ausführungen ist das inverse AC-ZAAS am besten geeignet, das auch in den meisten ZAAS-Geräten eingesetzt wird, allerdings nur in Verbindung mit dem Graphitrohrofen. Bei der Zeeman-Korrektur mit einem modulierten Magnetfeld werden die Gesamtabsorption mit ausgeschaltetem Magnetfeld und der Untergrund mit eingeschaltetem Magnetfeld gemessen (Bild 9.25). Dieses Verfahren wurde 1978 von De Loos-Vollebregt und De Galan vorgeschlagen [9.44]. Durch Einsatz eines Wechselstrommagneten am Graphitrohrofen ist es möglich, das Magnetfeld zu pulsen, d.h. für sehr kurze Zeitintervalle abwechselnd ein- und auszuschalten.

Die Polarisationseinrichtung kann starr angeordnet werden und muß nicht – wie bei der DC-Technik, rotieren. Der Polarisator ist dabei so angeordnet, daß der senkrecht zur Polarisationsebene der π-Komponente steht. Genaugenommen handelt es sich hierbei nicht um einen Polarisator, denn die Polarisation der Atom-

Bild 9.25 Funktionsprinzip der inversen transversalen AC-ZAAS

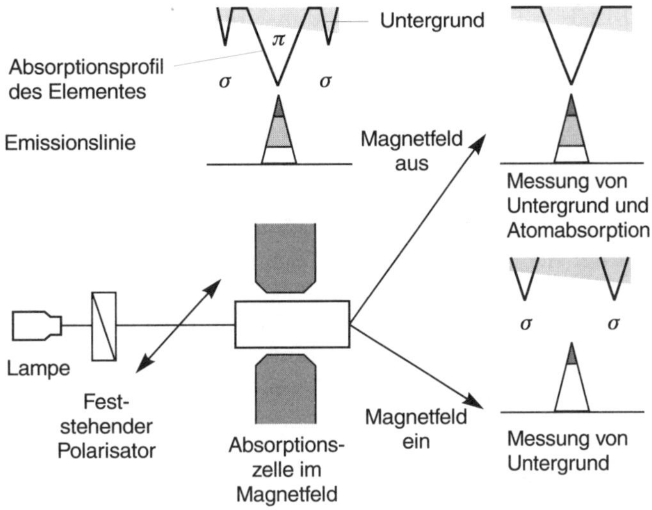

dampfwolke erfolgt ja im Graphitrohrofen, sondern um einen Analysator, dem die Aufgabe zukommt, lediglich senkrecht polarisiertes Licht durchzulassen.

Bei ausgeschaltetem Magnetfeld erfolgt keine Aufspaltung des Absorptionsprofils und keine Polarisation. Die Emissionslinie wird von der Summe aus Atomabsorption und Untergrund geschwächt. Bei eingeschaltetem Magnetfeld erfolgt die Aufspaltung des Absorptionsprofils in die Zeeman-Komponenten. Da die Emissionslinie der Strahlungsquelle durch den Polarisator im Bereich der Probe nur aus vertikal orientierter Strahlung besteht, können diese nicht von der horizontal polarisierten π-Komponente des elementspezifischen Absorptionsprofils geschwächt werden. Die unspezifische Absorption durch den Untergrund bleibt jedoch vom Zeeman-Effekt unbeeinflußt und kann die Emissionslinie entsprechend schwächen. Bei eingeschaltetem Magnetfeld wird damit die Emissionslinie nur durch den Untergrund geschwächt. Die Differenzbildung der Meßwerte bei eingeschaltetem Magnetfeld und ausgeschaltetem Magnetfeld ergibt den untergrundkorrigierten Meßwert.

Der Einsatz eines gepulsten Magnetfeldes wirkt sich auch positiv auf alle Elemente mit einem anomalen Zeeman-Effekt aus, die zwei oder mehrere π-Komponenten aufweisen. Die sehr hohen Magnetfeldstärken zur Abtrennung der σ-Komponenten aus dem Absorptionsprofil spalten auch die verschiedenen π-Komponenten auf. Mit zunehmender Feldstärke werden sie damit aus dem Absorptionsprofil entfernt, wodurch schließlich die Empfindlichkeit in der DC-Technik erniedrigt wird.

Beim gepulsten Magnetfeld tritt dieses Problem nicht auf. Bei ausgeschaltetem Magnetfeld sind die Linien nicht aufgespalten, bei eingeschaltetem Magnetfeld werden die π-Komponenten zur Messung gar nicht benötigt, sie sind durch den Polarisator ausgeblendet. Die Aufgabe des Magnetfeldes besteht hier nur darin, die σ-Komponenten weit genug aus dem Absorptionsbereich hinauszudrängen, so daß sie nicht mehr mit den Resonanzlinien überlappen können [9.45].

9.8.2.3 Grenzen der Zeeman-Untergrundkorrektur

Ein funktionsfähiges Zeeman-Gerät ist in jedem Fall einer Kompensation mit einem Kontinuumstrahler überlegen [9.46]. Auch die Spurenanalyse in Feststoffen oder Flüssigkeiten ohne chemische Probenvorbereitung ist mit der ZAAS möglich, wobei sie in bezug auf Schnelligkeit und Richtigkeit bessere Analysenergebnisse liefert als die herkömmliche Aufschluß-AAS [9.47].

Die Nachweisgrenze ist eine Funktion der Empfindlichkeit und des Rauschens. Bei der herkömmlichen AAS erhöht sich der Rauschpegel durch Einschalten des Kontinuumstrahlers zur Untergrundkorrektur aufgrund der Addition zweier Rauschquellen ganz erheblich. Dies führt zu verminderten Nachweisgrenzen, was bei der ZAAS unter Verwendung von nur einer Lichtquelle nicht der Fall ist. Als Vorteile der Zeeman-Technik gegenüber Untergrundkorrektur mit einem Kontinuumstrahler sind zu nennen:

- □ Da aus π-Absorption und σ-Absorption elektronisch das Verhältnis gebildet wird, wirken sich Intensitätsänderungen durch die Lampe oder die Optik nicht auf die Grundlinie aus. ZAAS-Systeme sind also ideale Zweistrahl-Methoden ohne zusätzliche Optik.
- □ Das Zeeman-Untergrund-Korrektursystem bleibt oft unbeeinflußt durch strukturierten Untergrund, da die Korrektur fast genau (DC-Technik) bzw. genau (AC-Technik) auf der Wellenlänge erfolgt, auf der das Element bestimmt wird.
- □ Spektrale Interferenzen können korrigiert werden, wenn zwei störende Linien mehr als 0,02 nm voneinander entfernt sind. (Bei Direktüberlappung funktioniert dies natürlich nicht.)
- □ In der Zeeman-AAS ist es nicht nötig, zwei verschiedene Lichtquellen aufeinander abzustimmen. Es gibt keine Probleme mit Justagen verschiedener Geometrie oder unterschiedlichem Driftverhalten.

Die Zeeman-AAS ist jedoch nicht frei von systembedingten Problemen. Einwandfreie Untergrundkompensation mit dem Zeeman-Effekt ist nur möglich, wenn die σ- und π-Komponenten vollständig aufgespalten sind. Eine vollständige Aufspaltung ist aber nur beim normalen Zeeman-Effekt möglich. Durch die zum Teil sehr komplexe Aufspaltungsstruktur beim anomalen Zeeman-Effekt ist die vollständige Aufspaltung auch in einem sehr hohen Magnetfeld oft nicht möglich. Mit der Aufspaltung in mehrere π-Komponenten werden die Emissions- bzw. Absorptionsprofile praktisch verbreitert. Das wirkt sich so aus, als gelange ein größerer Anteil Fremdlicht in den Monochromator.

Dies hat einen Empfindlichkeitsverlust zur Folge, der für die meisten Elemente etwa 10 bis 20 % beträgt. AC-Systeme sind dabei vorteilhafter als DC-Systeme [9.48]. AC-Geräte sind notwendigerweise mit einem Elektromagneten ausgestattet, womit das Magnetfeld für jede Analyse optimiert werden kann, z. B. kann das Magnetfeld von 0,3 bis 1,2 Tesla variiert werden. Damit läßt sich das Magnetfeld so einstellen, daß einerseits die σ-Komponenten weit genug aus dem Absorptionsprofil abgetrennt werden, andererseits die π-Komponenten aber nicht zu weit auseinandergezogen werden. DC-Geräte arbeiten dagegen mit einem fest installiertem Permanentmagneten, es besteht also keine einfache Möglichkeit der

Magnetfeldänderung. Vom Gerätehersteller muß dabei ein für alle Elemente günstiger Kompromiß gewählt werden.

Die Überlappung von π- und σ-Komponenten erklärt auch eine größere Krümmung der Kalibrierkurven. Diese können bei hohen Extinktionen sogar doppeldeutig sein, d.h., zwei sehr unterschiedliche Konzentrationen können denselben Extinktionswert hervorrufen. Durch den «Roll-over-Effekt», der in Bild 9.26 dargestellt ist, werden auch die σ-Komponenten durch eine unvollständige Abtrennung gering spezifisch absorbiert. Bei hohen Konzentrationen, d.h. hohen Extinktionen, erreicht die π-Komponente den Sättigungsbereich, während die σ-Extinktion, die wesentlich geringer ist, noch weiter ansteigt. Die Differenz von π- und σ-Extinktion als Maß für die Atomabsorption wird damit bei steigender Konzentration wieder geringer, die Kalibrierkurve «rollt über» [9.49].

Bild 9.26 Der Roll-over-Effekt

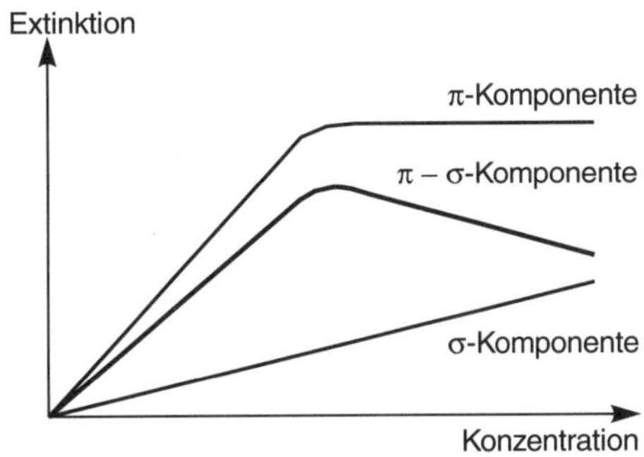

Durch Erhöhen des Magnetfeldes beim Einsatz starker Elektromagnete kann der Überrollpunkt zu größeren Konzentrationen hin verschoben werden. Vor dem Überrollpunkt in der Zeeman-Kalibrierkurve liegt jedoch – wie auch bei normalen Kalibrierkurve – ein stark gekrümmter Bereich, der mit modernen Spektrometern bis zu gewissen Grenzen mit Hilfe einer Kurvenkorrektur noch quantitativ auswertbar ist. Günstiger ist aber eine Probenverdünnung, um damit im linearen Bereich zu arbeiten.

Ein Roll-over-Effekt zeigt sich deutlich in der zeitlichen Verfolgung des Atomisierungsvorgangs im Graphitrohrofen auf dem Bildschirm durch Bildung eines Doppelpeaks. Zunächst erscheint durch Ausbildung der Atomwolke das maximale Zeeman-Signal, das dann mit steigender Atomkonzentration durch den Roll-over-Effekt wieder abnimmt und bei Zerstreuung der Atomwolke wieder ansteigt, bevor es endgültig abfällt.

9.8.3 Smith-Hieftje-System

Ein ganz neues Konzept für die Untergrundkorrektur wurde erstmals 1982 beschrieben [9.50]. Das Grundprinzip ist überraschend einfach: Seit mehr als 20 Jahren ist bekannt, daß dann, wenn hoher Lampenstrom durch eine Hohlkatodenlampe fließt, die Emissionslinie verbreitert wird und das Absorptionssignal,

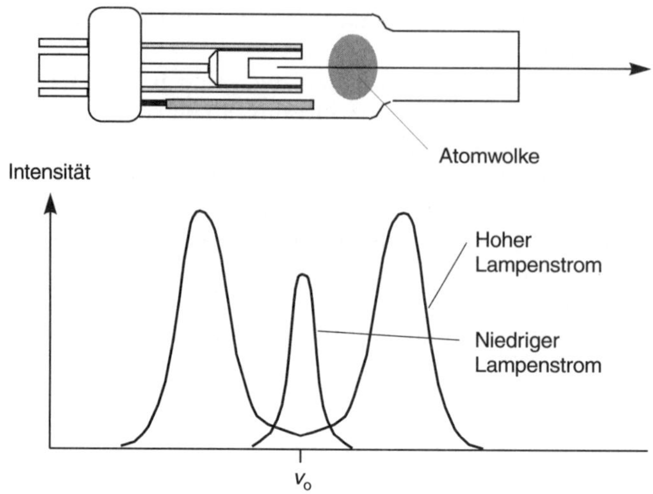

Bild 9.27 Emissionslinien einer Hohlkatodenlampe als Funktion des Lampenstromes

das z. B. durch die Elemente in der Probenlösung entsteht, stark verringert wird (Bild 9.27). Dieser Effekt wird als Selbstumkehr bezeichnet, da unangeregte Atome in der Lampe die emittierte Strahlung auf Atomlinien absorbieren. Selbstumkehr wurde stets als ein Phänomen betrachtet, das zu vermeiden ist.

SMITH und HIEFTJE hatten die Idee, den Effekt der Linienverbreiterung für die Untergrundkorrektur einzusetzen. Die Lampe wird zunächst bei niedrigem Lampenstrom betrieben, wobei das Licht sowohl von dem zu bestimmenden Element als auch vom Untergrund absorbiert wird. Dann folgt ein sehr kurzer, hoher Stromstoß, der die Linienverbreiterung hervorruft. Das Zentrum der Emissionslinie ist aber durch Selbstumkehr stark geschwächt. Damit ist die Atomabsorption durch die Probe stark verringert, der Untergrund absorbiert jedoch den gleichen Anteil des Lichtes wie vorher (Bild 9.28). Die Untergrundkorrektur erfolgt

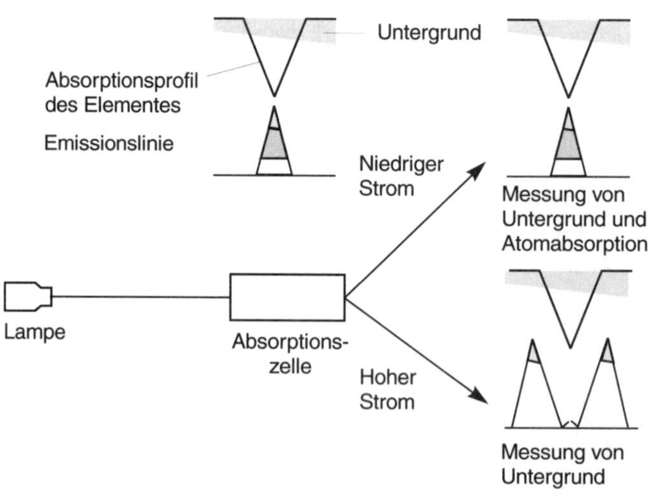

Bild 9.28 Funktionsprinzip des Smith-Hieftje-Systems

wieder über die Differenz der beiden erhaltenen Signale. Diese Technik wird auch als **Hochstrompuls-Untergrundkompensation**, im Englischen als High speed self reversal background correction bezeichnet.

Die Vorteile des Smith-Hieftje-Systems liegen wie bei der Zeeman-Korrektur in der Verwendung einer einzigen Lichtquelle sowohl für die Absorption als auch für die Untergrundmessung. Es können deshalb sehr hohe Untergrundsignale korrigiert werden. Da nur eine Lichtquelle vorhanden ist, kann der Lichtstrahl denkbar einfach justiert werden, und Kongruenz ist immer gewährleistet. Es entsteht hierbei aber kein Lichtverlust durch Polarisatoren, zudem ist kein aufwendiger Einbau eines starken Magneten erforderlich.

Im Vergleich zur Deuterium-Untergrundkorrektur hat das Smith-Hieftje-System einen Nachteil, den auch das Zeeman-System besitzt: reduzierte Empfindlichkeit. Selbstumkehr in der Hohlkatodenlampe ist selten vollständig, so daß auch Atomabsorption während der Hochstromphase zu beobachten ist. Beim Smith-Hieftje-System ist die Empfindlichkeit zwischen 10 und 75 % reduziert. Einige Anwender werden deshalb ein Smith-Hieftje-AAS-Gerät vorziehen, das zusätzlich mit einem Deuterium-System ausgestattet ist, und zwar für Analysen, bei denen die Untergrundkorrektur mit einem Kontinuumstrahler realisiert werden kann, maximale Empfindlichkeit jedoch wichtig ist.

In der frühen Entwicklungsphase des Smith-Hieftje-Systems wurde die Frage untersucht, inwieweit das System gravierenden Einfluß auf die Lebensdauer der Lampen hat. Bei normaler Verwendung fällt eine Lampe eventuell deshalb aus, weil kein Füllgas mehr vorhanden ist. Das Gas wird allmählich an Elektroden und anderen Komponenten absorbiert, bis in der Lampe kein Strom mehr fließt. Dieses Verschwinden des Füllgases ist proportional dem Produkt aus mittlerem Lampenstrom und Zeit. So hat hoher Lampenstrom für kurze Zeit denselben Einfluß wie niedriger Lampenstrom für lange Zeit. Aus diesem Grund enthalten die Garantiebedingungen für Lampen bei den meisten Herstellern Angaben in Milliamperestunden. Der mittlere Strom beim Smith-Hieftje-System ist in etwa gleich dem normalen Strom. Deshalb ist die Lebensdauer von entsprechend konstruierten Hohlkatodenlampen die gleiche wie im Normalbetrieb.

Zusammenfassend läßt sich sagen, daß das Smith-Hieftje-System ein überraschend einfaches Untergrund-Korrektursystem ist, das deutliche Vorteile und nur geringe Nachteile im Vergleich zur Deuterium-Kompensation bietet und in einigen Punkten auch dem Zeeman-System überlegen ist.

9.9 Instrumentation

Atomabsorptionsspektrometer der ersten Generation waren so konstruiert, daß man die Ergebnisse auf einem Schreiber oder einer analogen Anzeige verfolgen konnte. Die Konzentration einer Lösung mußte dabei über eine in der Regel einfach erstellte Kalibrierkurve ermittelt werden. Digital anzeigende Geräte, die eine einfache Kurvenkorrektur sowie eine direkte Konzentrationsanzeige erlaubten, stellten den nächsten Schritt in der Entwicklung dar. Mit der Einführung der Mikroprozessoren wurde die Signal- und Datenverarbeitung erheblich erweitert. Steigende Anforderungen an die Reproduzierbarkeit und Richtigkeit der Analysen sowie den hohen Probendurchsatz brachten weitere technische Verbesserungen, die von der automatischen Probenaufgabe bis zur Entwicklung computergesteuerter Geräte mit Programm- und Datenspeicherung reichen. Dabei sind leistungsfähige Atomabsorptionsspektrometer nicht unbedingt in der oberen Preisklasse angesiedelt. Hohe analytische Leistungsfähigkeit, Vielseitigkeit und Zuverlässigkeit sind heute durchaus auch die Qualitätsmerkmale preiswerter Routinegeräte [9.51].

Die Leistungsfähigkeit eines Atomabsorptionsspektrometers wird vorrangig an der Nachweisgrenze der einzelnen Elemente beurteilt. Dabei wirken sich die Optik, die mechanische Stabilität, die Atomisierungseinrichtung, die Signalverarbeitung und die Untergrundkorrektur auf die Reproduzierbarkeit und die Langzeitstabilität des Gerätes aus. Im Vergleich zur Atomemission sind die Anforderungen an die spektrale Auflösung an ein Atomabsorptionsspektrometer geringer, da hier die Elementselektivität durch die Hohlkatodenlampe erzielt wird. Deshalb kann der Monochromator mit relativ großen Spaltbreiten von etwa 0,1 nm betrieben werden. Bei der AAS aber müssen kleinste Änderungen der Lampenstrahlung neben oft großen Störstrahlungen erfaßt werden. Die gesamte Optik muß deshalb möglichst lichtstark, der Monochromator streulichtarm sein.

Das Hauptziel der Entwicklung lag in der Reduzierung des Rauschpegels zur Verbesserung des Urspungssignals. Die Hauptarten des Rauschens sind:

- □ Photomultiplierrauschen,
- □ Flammenrauschen,
- □ Konzentrationsrauschen und
- □ Rauschen anderer Komponenten, wie HKL und Elektronik.

Die vom Detektor gemessenen Signale sind nicht immer stabil. Das Schrotrauschen ist die fundamentale Rauschkomponente, die sogar bei Fehlen der Flamme oder der Probe in Erscheinung tritt. Das Signal-Rausch-Verhältnis ist proportional zu $\sqrt{I}$, wobei I die Lichtintensität ist. Das optische System muß deshalb so viel Intensität wie nur möglich abgeben, das erfordert eine einfache Optik. Der Monochromator muß über eine gute Auflösung verfügen, um die Krümmung der Kalibrierkurve gering zu halten. Dies führt zu einer schlechten Reproduzierbarkeit bei höheren Konzentrationen.

Eine weitere Rauschquelle stellt die Flamme dar, die einerseits Strahlung der Hohlkatodenlampe absorbiert, andererseits selbst Strahlung emittiert. Dieser Effekt wird durch eine sorgfältige Konstruktion des Brenners und Wahl der Flammenbedingungen so klein wie möglich gehalten. Das Konzentrationsrauschen wird durch Schwankungen in der Zerstäubung verursacht und stellt insbesondere bei hohen Probenkonzentrationen ein Problem dar. Durch sorgfältige Entwicklung des Zerstäubers und der Mischkammer kann auch dieser Effekt minimiert werden.

Die Forderung nach einfacher, lichtstarker Optik läßt sich am einfachsten mit einem Einstrahl-Spektrometer erzielen. Ein optisches Einstrahl-Gerät in der AAS arbeitet mit nur wenigen optischen Komponenten (Bild 9.29). Die Lichtverluste sind deshalb erheblich geringer als bei einem konventionellen Zweistrahl-Gerät. Das führt zu besonders hohem Lichtdurchsatz, der für ein hervorragendes Signal-Rausch-Verhältnis und beste Nachweisgrenzen sorgt. Verbundkonstruktionen

Bild 9.29 Einstrahl-AAS mit Deuterium-Untergrundkompensator

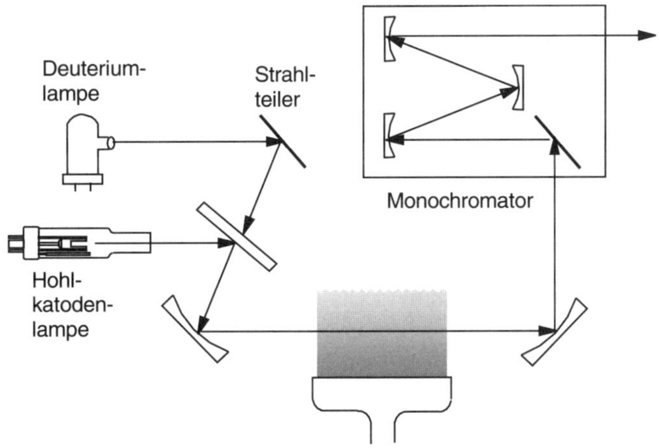

des optischen Systems garantieren Unempfindlichkeit gegen thermische Drift, eine Thermostatisierung ist deshalb nicht notwendig.

Beim Zweistrahl-Gerät wird die Strahlung der Lichtquelle durch einen rotierenden Sektorspiegel in einen Meßstrahl durch die Atomisierungseinheit und einen Vergleichsstrahl um die Atomisierungseinheit herum geteilt und danach mit der Flamme wieder vereint (Bild 9.30). Die Elektronik dieses Systems ist so ausgelegt, daß das Verhältnis der beiden Strahlen gebildet wird. Beide Strahlen stammen aus der gleichen Lichtquelle, passieren den gleichen Monochromator, werden vom gleichen Detektor empfangen und von der gleichen Elektronik verstärkt, deshalb werden Veränderungen in der Lampenemission, der Detektorempfindlichkeit oder Verstärkung kompensiert. Die Stabilität dieses Systems ist daher von vornherein besser als die des Einstrahl-Systems.

Bild 9.30 Zweistrahl-AAS

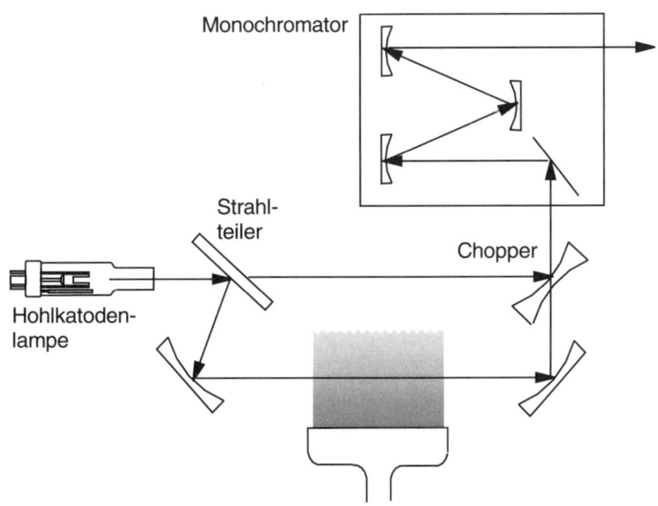

Zweistrahl-Geräte sind notwendig zur Aufnahme von Spektren, bei denen sich mit der Wellenlänge sowohl die Emissionsintensität als auch die Detektorempfindlichkeit (Response) ändert. Ein komplettes Atomspektrum wird aber in der Routineanalytik nur selten aufgenommen, beobachtet wird nur eine Atomlinie bei einer Wellenlänge. Das zweite Argument für das Zweistrahl-Prinzip liegt in der Lanzeitstabilität, womit auch das Warmbrennen der Lampe nach dem Einschalten kompensiert wird. Das Warmbrennen der Lampe bis zur konstanten Emission liegt aber nur im Bereich von Minuten. Alle Geräte mit Lampenwechsler sind zudem so ausgerüstet, daß die gewünschten Lampen schon vor Beginn der entsprechenden Elementanalyse eingeschaltet werden und somit warmbrennen.

Moderne AAS-Spektrometer mit Einstrahl-Optik sind bezüglich der Driftfreiheit den Zweistrahl-Systemen annähernd gleichzusetzen, sie haben aber den gerätetechnischen Vorteil des höheren Lichtdurchsatzes und ermöglichen eine einfachere und kompaktere Bauweise. Die Lichtintensität I_0 wird immer kurz vor der Messung der Probe mit einer Auto-Zero-Schaltung bestimmt. In der Flammentechnik geschieht das durch das Ansaugen einer Blindlösung, im Graphitrohrofen durch Messung kurz vor und nach der eigentlichen Atomisierung, wobei die beiden Werte interpoliert werden.

Eine weitere Alternative stellt das System «single-path, double-beam» dar, d.h., es handelt sich um ein Einstrahl-Spektrometer mit maximalem Lichtdurchsatz und «Zweistrahl»-Basislinienstabilität durch automatische Basislinienkorrektur mit dem Automatikbrenner oder dem Graphitrohrofen. Der schrittmotorgetriebene Brenner fährt mit der Flamme nur zu den eigentlichen Messungen in den Strahlengang und befindet sich sonst außerhalb des Strahlengangs (Bild 9.31). Jeweils vor Beginn einer Messung, also noch während sich der Brenner außerhalb des Strahlengangs befindet, erfolgt die automatische Basislinienkorrektur, auf die dann die darauf folgende Messung bezogen wird. Das eliminiert Energieschwankungen, also z.B. die Lampendrift während der Lampenaufwärmzeit, in gleicher Weise wie das optische Zweistrahl-Gerät, allerdings bei erheblich höherem Lichtdurchsatz.

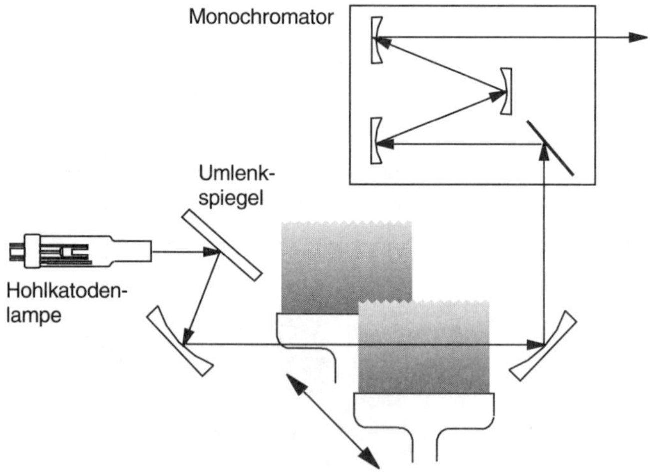

Bild 9.31 Prinzip eines Pseudozweistrahl-AAS

Die Frequenz, mit der ein Extinktionssignal abgetastet wird, ist von großer Bedeutung, um schnell wechselnde Signale insbesondere beim Graphitrohrofen zu unterscheiden. Dies ist besonders wichtig bei Systemen mit Untergrundkompensation, wo die schnellen Signale noch zusätzlich miteinander verglichen werden müssen. Fortschritte in der Mikroelektronik haben die interne Signalerfassung und -verarbeitung besonders beeinflußt. Geräte mit Schaltfrequenzen bis zu 200 s^{-1} sind heute realisiert. Untergrundwerte von bis zu 2 Extinktionseinheiten, d.h. Schwächung des ursprünglichen Lichtes auf 1%, können damit sicher kompensiert werden [9.52].

Ein einziges Signal ist wohl außerstande, genügend Informationen zu enthalten, die man sinnvoll für weitere Berechnungen verwenden kann. Man ist darauf angewiesen, mehrere Signale aufzunehmen, sie zu integrieren und daraus einen Mittelwert zu bilden. Diese Methode empfiehlt sich immer bei dynamischen Systemen, wie es die Atomisierung darstellt. Automatisch lassen sich aus einer Reihe von Ablesungen der Mittelwert und die Standardabweichung berechnen. «Ausreißer» können leicht erkannt werden. Bei der Flammentechnik ist es z.B. günstiger, mehrere kürzere Integrationen und Mittelwertbildungen als längere einzelne Ablesungen vorzunehmen.

Alle Flammen-AAS-Geräte verwenden Laminarbrennersysteme mit einem konzentrischen, pneumatischen Zerstäuber. Sie sind mit einer integrierten Flammenzündung und -überwachungseinheit ausgerüstet. Ein angeschlossenes Drainagesystem sorgt für sicheren und kontinuierlichen Ablauf der überschüssigen Lösung. Die Gasversorgung erfolgt mikroprozessorgesteuert und schaltet die Gaszufuhr bei jeglichen Störungen ab. Auf Tastendruck kann automatisch von der Luft-Acetylen-Flamme auf die Lachgas-Acetylen-Flamme umgeschaltet werden.

Die kommerziell angebotenen Grundgeräte in der unteren Preisklasse sind als Einstrahl-Geräte mit der Flammenatomisierung und einer Deuterium-Lampe zur Untergrundkorrektur ausgestattet. Solche Geräte werden für Messungen höherer Konzentrationen mit der Flamme eingesetzt, falls nur ein einziges oder eine begrenzte Zahl von Elementen zu bestimmen ist. Diese Geräte sind aber so aufgebaut, daß sie ohne Schwierigkeit mit Graphitöfen, Kaltdampf und/oder Hydridsystemen nachgerüstet werden können.

Geräte der mittleren bis gehobenen Leistungsklasse sind für extrem schwierige Probenmaterialien mit hohem spezifischen Untergrund, physikalischen Interferenzen und/oder sehr niedrigen Elementgehalten, die häufig an der jeweiligen Bestimmungsgrenze liegen, ausgelegt. Hier reicht das Korrekturvermögen und/oder das Signal-Rausch-Verhältnis bei Untergrundkorrektur mit Kontinuumstrahlern im allgemeinen nicht mehr aus. Für Präzisionsmessungen stehen hier Untergrundkompensatoren zur Verfügung, die mit nach dem Zeeman-Effekt oder dem Smith-Hieftje-Prinzip arbeiten. Sie sind den Deuterium-Kompensatoren eindeutig überlegen und liefern selbst bei Festproben in bekannten Grenzen richtige Ergebnisse. Damit sind Analysen in schwierigster Matrix mit nur minimaler Probenvorbereitung durchführbar. Sie werden komplett ausgestattet angeboten, d.h. voll computerisiert mit Bildschirm für Gerätefunktionen, elementoptimierte Programme und simultane Darstellung des Untergrundsignals usw.

Mit einem breitgefächerten Zubehörangebot lassen sich Meßplätze zusammenstellen, die weitgehend den Anforderungen an eine vielseitige Elementanalytik entsprechen. Durch den wahlweisen Einbau von Vorrichtungen zum Betrieb mehrerer Hohlkatoden- oder elektrodenloser Entladungslampen (Lampenrevolver) ist die sequentielle Analyse mehrerer Elemente in einer Analysenlösung möglich, mit Computerprogrammierung auch vollautomatisch. Für Flammenmessungen gibt es zahlreiche, mehr oder weniger aufwendige Varianten, die von manuell einstellbaren bis zu computergesteuerten Sicherheitssystemen für besonders präzise Messungen reichen.

Eine Vielzahl von Graphitofenkonstruktionen wird angeboten. Sie weisen Kontrollvorrichtungen für den niedrigeren Temperaturbereich zur thermischen Zersetzung und höheren Temperaturbereich zur Atomisierung und vielseitige Zeit-Temperatur-Schutzgas-Programmierungsmöglichkeiten auf. Wo zusätzlich zum Schutzgas noch Alternativgase (Wasserstoff, Luft, Sauerstoff usw.) in vorprogrammierten Mengen eingespeist werden können, bieten sich weitere Möglichkeiten zur empfindlicheren Elementbestimmung an. Für sämtliche Geräte mit Flammen- oder elektrothermaler Atomisierung stehen heute automatische Flüssig-Dosiersysteme zur Verfügung. Die neueren Systeme können für einen Einsatz direkt im Atomisierungssystem programmiert werden.

Schließlich ist noch zu erwähnen, daß bei sämtlichen neueren Geräten über geeignete Schnittstellen ein oder mehrere AAS-Systeme an Labor- oder größere Rechenanlagen angeschlossen werden können, was zusätzliche Auswert- und Steuermöglichkeiten bis zur kompletten Laborautomatisation ergibt. Das breite Angebot bei AAS-Grundgeräten und Ausstattung bietet heute bei sachgemäßer Auswahl und Anwendung ein vielfältiges Instrumentarium zur zuverlässigen Elementanalytik, wobei sich dank neuerer Entwicklungen im Rahmen bekannter Grenzen richtige Bestimmungen durchführen lassen. Im Hinblick auf die nach wie vor große Bedeutung von Schwermetallen in Überwachungs- und Forschungsprogrammen sind deutliche Fortschritte in der AAS erkennbar. Die technische Entwicklung ist jedoch mit Sicherheit noch lange nicht abgeschlossen.

9.9.1 Simultane Multielementbestimmung

Bislang wurde für eine Multielementbestimmung, also die Gehaltsbestimmung mehrerer Metalle einer Probe, jedes Element einzeln vorbereitet und mit dem AAS sequentiell gemessen. Der Bedarf nach zumindest einer Oligoelementbestimmung besteht aber in zahlreichen Fällen, z. B. in der Humanmedizin, in Klärschlämmen, Böden und biologischen Proben. Je größer die Anzahl der zu analysierenden Elemente, um so umfangreicher wird der Zeitaufwand.

Alle Versuche einer simultanen AAS-Bestimmung im Routinebetrieb mit Hilfe von Multielementlampen oder Spiegeln haben nicht zu dem gewünschten Erfolg geführt. Auch der Versuch mit Kontinuumstrahlern und hochauflösenden Echelle-Gittern hat sich nicht durchsetzen können. Erst der Einsatz der Lichtleitertechnik macht eine wirkliche simultane Multielementbestimmung möglich. Dabei wird das Licht von mehreren Hohlkatodenlampen mit Hilfe von Lichtleitern und Linsen zu einem engen Strahl von etwa 3 mm Durchmesser gebündelt (Bild 9.32). In dieser Form durchläuft es die Atomisierungszelle (Flamme oder Graphitrohrofen) und fällt über einen Spalt auf einen Polychromator. Hier werden die einzelnen Atomlinien aufgefächert [9.53].

Bild 9.32 Prinzip der Multielement-AAS

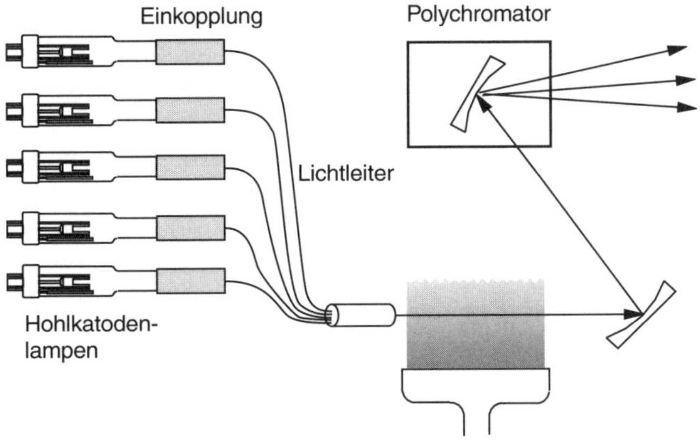

Der Polychromator besitzt mehrere Austrittsspalte, hinter denen sich die einzelnen Photomultiplier oder ein Halbleiterdetektor befinden, die auf die jeweilige Elementlinie eingestellt sind. Ein einfacher Wechsel auf andere Elementlinien ist damit nicht ohne weiteres möglich. Auch in der Graphitrohr-AAS ist mit dieser Technik eine simultane Multielementbestimmung durchführbar [9.54]. Da Pyrolyse- und Atomisierungstemperaturen für die einzelnen Elemente unterschiedlich sein können, muß bei einer Multielementbestimmung als Kompromiß eine maximal mögliche Pyrolyse- und eine niedrigste erforderliche Atomisierungstemperatur gewählt werden, um nicht die Nachweisgrenze und Präzision einzuschränken. Dabei tritt die Atomabsorptionsspektrometrie zunehmend in Konkurrenz zu den echten Multielementmethoden der Atomemissionsspektrometrie.

Einen Beitrag zur Multielementfähigkeit der AAS kann der Einsatz von durchstimmbaren Diodenlasern anstelle der Hohlkatodenlampen liefern. Das streng monochromatische Licht kann über einen größeren Wellenlängenbereich durchgestimmt und durch die Absorptionszelle geleitet werden [9.55]. Am Detektor wird ein Interferogramm registriert, aus dem sich mit Hilfe der Fouriertransformation die einzelnen Absorptionen berechnen lassen. Zusätzlich kann ein Diodenlaser auch zur Messung des Untergrundes genutzt werden, indem man seine Emissionslinie aus dem Absorptionsprofil des zu bestimmenden Elementes verschiebt.

Da die Wellenlängen der Diodenlaser sehr genau einstellbar sind, muß man nicht immer im Zentrum des Absorptionsprofils arbeiten, wie es die Hohlkatodenlampen tun. Wird an der Flanke des Absorptionsprofils gemessen, ist die Absorptionsintensität verringert, womit sich der dynamische Bereich sehr einfach erweitern läßt. Leider sind entsprechende Diodenlaser für den vorwiegend benötigten UV-Bereich noch nicht erhältlich. Diese Technik wird aber die Atomabsorptionsspektrometer in ihrem Aufbau erheblich vereinfachen und die Anwendungsbreite erhöhen.

9.10 Fließinjektionsanalyse in der Atomabsorptionsspektrometrie

Ziel einer Automatisierung ist es, menschliche Unzulänglichkeiten bereits bei der Probennahme, der Aufbereitung und bei der Probendosierung zu kompensieren. Dies ist insbesondere in der Ultraspurenanalytik zur Vermeidung von Kontaminationen gefordert. In der Atomabsorptionsspektrometrie stellt die Probenvorbereitung den zeit- und kostenaufwendigsten Schritt dar. Hierfür bietet sich die Fließinjektionsanalyse (FIA) an, die sowohl zur Automatisierung des Analysenverfahrens als auch zur Probenanreicherung genutzt werden kann. Umgekehrt kann die Fließinjektionstechnik auch bei Proben hoher Konzentration genutzt werden, um eine automatische Verdünnung der Probe für den Gültigkeitsbereich des Lambert-Beerschen Gesetzes zu erzielen.

Die FIA-Technik ist bereits seit 20 Jahren bekannt, wird aber erst in den letzten Jahren in zahlreichen Varianten und bei einer Reihe von Nachweismethoden erfolgreich angewandt [9.56]. Das Prinzip ist ohne Zweifel als eines der wichtigsten neueren Entwicklungen im Bereich kommerzieller Systeme anzusehen. Vorteile dieser Technik sind die Automation, einfache Handhabung, hohe Analysengeschwindigkeit, geringer Reagenzien- und Probenverbrauch sowie die Aufgabe genau definierter Probenvolumina. Die Fließinjektionsanalyse wird die Forschung und Anwendung auch in der Atomabsorptionsspektrometrie in den nächsten Jahren nachhaltig beeinflussen. Die Kombination von Fließinjektion mit atomspektrometrischen Verfahren eröffnet eine Vielzahl von neuen Anwendungsgebieten nicht nur in der AAS, sondern auch in der ICP-OES und ICP-MS.

Die Fließinjektionsanalyse wurde 1975 von J. Ruzicka und E. Hansen als eigenständiges Analysenverfahren entwickelt [9.57]. Vereinfacht läßt sich das Prinzip der Fließinjektionstechnik wie folgt darstellen. Wird ein vorgegebenes, genau definiertes Volumen einer flüssigen Probe in einen kontinuierlich fließenden Flüssigkeitsträgerstrom injiziert, so führt dieser Trägerstrom die Probe mit sich. Das in Bild 9.33 dargestellte Injektionsventil hat zwei Funktionen. In der Position

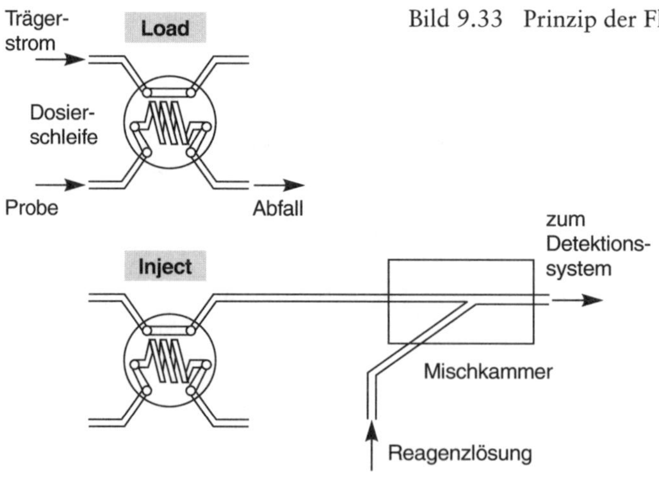

Bild 9.33 Prinzip der Fließinjektionsanalyse (FIA)

LOAD wird die Probenschleife mit einer präzisen Menge an Flüssigkeit gefüllt. In der Position INJECT wird die Probe in den kontinuierlich fließenden Trägerstrom eingefügt. Dabei lassen sich die Parameter so wählen, daß es zu keiner nennenswerten Vermischung kommt. Anschließend passiert die Probe eine Mischkammer, wo durch Zuführen einer Reagenzlösung eine spezifische chemische Reaktion während des Transportes stattfindet und dann zu einem geeigneten Detektionssystem gelangt. Zum Mischen von Lösungen mit geringen Fließwiderständen genügen einfache, preiswerte peristaltische Schlauchpumpen mit geringem Arbeitsdruck.

9.10.1 FI-Quecksilber-Hydrid-AAS

Quecksilber-Hydrid-Systeme sind seit vielen Jahren bewährtes Zubehör zur Atomabsorptionsspektrometrie für die hochempfindliche, selektive Bestimmung von Quecksilber und den Elementen, die wie As, Se, Sb, Te, Bi und Sn gasförmige Hydride bilden. Ein wesentlicher Vorteil der Quecksilber-Hydrid-Technik ist die prinzipbedingte völlige Abtrennung der zu bestimmenden Metalle von störenden Matrizes. Deshalb sind Matrixstörungen und Untergrundabsorption bei dieser Methode nahezu unbekannt. Der größte Nachteil dieser Technik war bisher, daß dieses Verfahren nicht oder nur mit großem Aufwand automatisierbar ist. In Verbindung mit der Quecksilber-Hydrid-Technik bietet die FI besondere Vorteile für die vollautomatische Bestimmung dieser Elemente [9.58].

Für die Quecksilber-Hydrid-Technik müssen insgesamt vier Flüssigkeitsströme,

- □ der Trägerstrom,
- □ das Reduktionsmittel,
- □ Probe und schließlich
- □ die verbleibende Restflüssigkeit,

über peristaltische Pumpen gefördert werden. Ferner wird ein Mehrwegeventil mit einer Dosierschleife zur Probendosierung benötigt. Eine Dreikanalpumpe fördert zunächst auf dem einen Kanal die Salzsäure als den Trägerstrom, auf dem anderen Kanal das Reduktionsmittel Natriumborhydrid ($NaBH_4$). Die beiden Flüssigkeitsströme werden hinter dem Mehrwegeventil in einer Mischkammer zusammengeführt. Die in einem Probenautomaten bereitstehenden Proben werden von der zweiten Pumpe durch die Dosierschleife gefördert. Nach Füllen der Dosierschleife mit der Probe wird das elektronisch gesteuerte Ventil umgeschaltet, und der HCl-Trägergasstrom transportiert ein definiertes Probevolumen aus der Dosierschleife zur Mischkammer.

Wenn die Probe in die Mischkammer gelangt, kommt es zu einer intensiven Durchmischung von Probe und Reduktionsmittel und zur spontanen Reaktion. Dabei wird das zu bestimmende Element in gasförmiges Hydrid überführt oder zu metallischem Quecksilber reduziert. Freigesetzter Wasserstoff und ein zusätzlicher Argonstrom treiben das Metallhydrid bzw. das metallische Quecksilber in die geheizte Quarzküvette, die sich im Meßstrahl des Atomabsorptionsspektrometers befindet. In der Absorptionszelle werden die Hydride in die Elemente zerlegt und atomisiert (Bild 9.34).

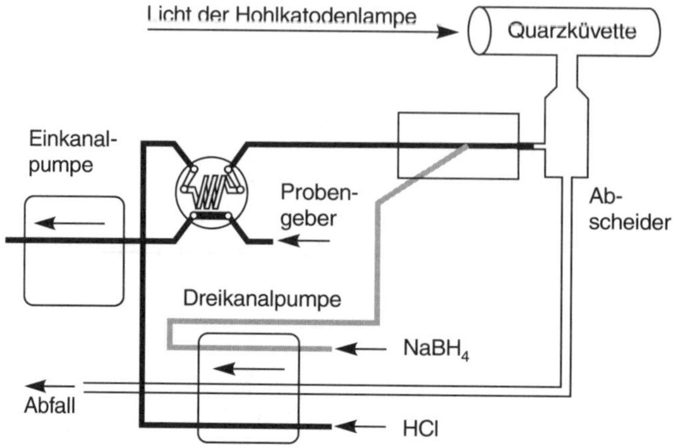

Bild 9.34 Prinzip der FI-Quecksilber-Hydrid-AAS

Bevor das Gas-Flüssigkeits-Gemisch in die Küvette gelangt, wird es durch einen Abscheider geleitet, der die restliche Flüssigkeit vom Gas abtrennt. Diese Restflüssigkeit wird vom dritten Kanal der Dreikanalpumpe abgesaugt und einem Abfallsammelbehälter zugeführt. In Verbindung mit einem Probengeber läuft der gesamte Analysenablauf computergesteuert ab. Die Automation und die gegenüber einem herkömmlichen Batch-Betrieb um etwa den Faktor 5 kürzeren Bestimmungszeiten ermöglichen einen hohen Probendurchsatz. Für eine Probe wird eine Gesamtanalysenzeit von etwa 30 s benötigt. Gleichzeitig kann das Probenvolumen auf etwa 0,5 ml reduziert werden [9.59]. Zum Erreichen der gleichen relativen Nachweisgrenzen sind beim Batch-Verfahren etwa 50 ml Probenvolumen notwendig. Damit zusammenhängend wird auch erheblich weniger an Reagenzlösungen verbraucht.

Zur Analyse von Quecksilber im Ultraspurenbereich läßt sich dieses System noch mit einer Anreicherungstechnik kombinieren. Man nutzt dazu die Amalgambildung mit einer Gold-Platin-Legierung aus, die sich bei hoher Temperatur wieder zersetzt. Der aus der Probe gebildete Quecksilberdampf wird in definierter Zeit über ein Gold-Platin-Netz geleitet und durch Amalgambildung dort online angereichert. Durch schnelles Aufheizen des Netzes mit Infrarotstrahlung auf etwa 600 °C wird die angesammelte Quecksilbermenge spontan freigesetzt und der Absorptionszelle zugeführt.

9.10.2 FI-Flammen-AAS

Die Kombination von FI und Flammen-AAS bietet eine Vielzahl von neuen Einsatzmöglichkeiten [9.60]. Dies sind u. a. die Analyse von Proben mit hohem Salzgehalt, die automatische Verdünnung von Proben und die automatische Zugabe von Puffern und Reagenzien. Hierzu werden zwei peristaltische Einkanalpumpen benötigt. Die eine Pumpe fördert kontinuierlich den Trägerstrom (entionisiertes Wasser, verdünnte Säure o. ä.). Die andere Pumpe dient zum Füllen der Dosierschleife mit der entsprechenden Probe. Nach dem Füllen der Dosierschleife wird das Ventil umgeschaltet und das Probevolumen aus der Dosierschleife mit dem

Bild 9.35 Prinzip der FI-Flammen-AAS

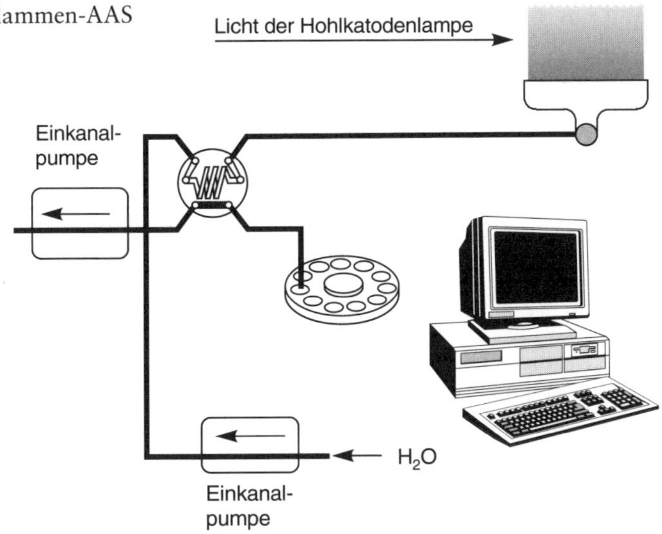

Trägerstrom in den Zerstäuber des Brenners geführt (Bild 9.35). Auch diese Betriebsart läuft vollautomatisch ab [9.61].

Die FI-Flammen-AAS ist besonders für die Analyse von Proben mit sehr hohem Matrixanteil geeignet. Da das Brenner-Zerstäuber-System nach jeder Messung gründlich mit der Trägerlösung gespült wird, besteht keine Gefahr einer Verstopfung des Brenners oder Zerstäubers. Matrixablagerungen im Brennersystem werden vermieden. Es können selbst gesättigte Salzlösungen über längere Zeiträume hinweg direkt analysiert werden. Durch die kontinuierliche Spülung mit Aerosol kann es nicht zu chemischen Reaktionen von Matrix und Luft kommen.

Auch die Flammenstabilität wird durch dieses Verfahren verbessert, da durch die Flamme kontinuierlich Lösung (Trägerstrom oder Probe) gefördert wird. Es entfällt damit gegenüber dem konventionellen Verfahren der ständige Wechsel zwischen der Ansaugung von Lösungsmittel und Luft. Außerdem ist der Probenbedarf bei der FI-Flammen-AAS erheblich geringer als bei der herkömmlichen Flammen-AAS mit kontinuierlicher Probenansaugung. Üblicherweise werden nur etwa 0,5 ml Probenlösung benötigt; dies ist ein Vorteil bei nur in geringen Mengen vorliegenden Proben [9.62].

Mit der FI lassen sich auch Online-Verdünnungen von Proben durchführen. Dabei wird die Probe in einer Mischschlaufe oder einem T-Stück mit einer Verdünnungslösung gemischt und dann zum Zerstäuber transportiert. Verdünnungen bis zum Faktor 200 sind ohne größeren Zeitverlust damit erreichbar. Liegt zum Beispiel ein Meßwert außerhalb des Kalibrationsbereichs, kann eine Analyse automatisch mit einer größeren Verdünnung wiederholt werden.

Auch die Zugabe von Matrixmodifiern ist im Online-Verfahren möglich, wenn die Probe mit einem Trägerstrom der Modifierlösung – wie bei der Verdünnung – gemischt wird. Beispiele für diese Anwendung sind die Zugabe von Cäsiumchloridlösung als Ionisationspuffer für die Bestimmung von Natrium oder Kalium und die Zugabe von Lanthanlösung bei der Calciumbestimmung zur Unterdrückung von Phosphatstörungen. Neben dem Vorteil der automatischen Zugabe des Modifiers bleibt bei diesem Verfahren die Originalprobe erhalten und kann für die Bestimmung weiterer Elemente eingesetzt werden.

9.10.3 FI in Verbindung mit einem Hochdruckzerstäubersystem

Bei einem konventionellen pneumatischen Zerstäuber werden von dem Aerosol nur etwa 5 bis 10 % in die Flamme gefördert. Der Rest an Analysensubstanz liegt in größeren Tröpfchen vor und muß aus der Mischkammer abgeführt werden. Durch die geringe Aerosolausbeute ergibt sich ein relativ hoher Substanzverbrauch, die Nachweisgrenze ist entsprechend limitiert. Bei hochsalzhaltigen Lösungen besteht zudem die Gefahr, daß die Zerstäuberkapillare verkrustet, höherviskose Lösungen können überhaupt nicht zerstäubt werden.

Mit Ultraschallzerstäubern erreicht man mit etwa 30 % eine wesentlich bessere Effektivität der Aerosolbildung. Diese werden aber vorwiegend in der Atomemission (ICP-OES und ICP-MS) eingesetzt. Für hochsalzhaltige Lösungen und viskose Flüssigkeiten gibt es ähnliche Grenzen wie bei den einfachen, pneumatischen Zerstäubern.

Die in der Fließinjektionstechnik üblicherweise eingesetzten peristaltischen Schlauchpumpen fördern mit einem nur geringen Arbeitsdruck. Diese preiswerten Pumpen sind zur Förderung und zum Mischen von Lösungen mit geringen Flußwiderständen ausgelegt. Bei einem höheren Fließwiderstand, verursacht durch viskose Lösungen oder im Fließsystem befindliche Trennsäulen mit feinkörnigem Füllmaterial, sinkt die Fließgeschwindigkeit erheblich.

Die Aerosolausbeute läßt sich dagegen mit Hilfe einer Hochdruckzerstäubung beträchtlich steigern. Die von der Diesel-Einspritztechnik großtechnisch bewährte Hochdruckzerstäubung wird heute auch zum Probeneintrag in der Atomspektrometrie genutzt. Hierdurch kann eine Transporteffektivität in der Flammen-AAS von 50 bis 60 % erreicht werden. Diese hohe Aerosolausbeute erzielt kein anderes Zerstäubersystem. Der höhere Massenfluß und der größere, in der Flamme völlig verdampfbare Anteil des Aerosols steigert die Nachweisempfindlichkeit je nach Element um den Faktor 3 bis 10 [9.63].

Die Matrixeinflüsse bei hochsalzhaltigen Lösungen sind erheblich geringer als bei der pneumatischen Zerstäubung, denn die feineren Tröpfchen führen zu einer besseren Verdampfung in der Flamme. Das Zusammenwirken von Empfindlichkeitssteigerung und Senkung von Matrixinterferenzen führt zu einem höheren Nachweisvermögen. Damit werden die Grenzen der bisherigen Zerstäubungen einschließlich deren Kombinationen mit Niederdrucksystemen weitgehend überwunden.

Ein Hochdruckzerstäubersystem läßt sich einfach aus Bausteinen der Hochleistungs-Flüssigkeitschromatographie (HPLC) zusammenstellen. Durch die ständig wachsende Verbreitung der HPLC und die Vielzahl der Geräteanbieter sind die Preise für diese Hochleistungspumpen in den letzten Jahren so stark gesunken, daß sie heute für alle anspruchsvollen Trenn- und Fließaufgaben eingesetzt werden können. Die HPLC stellt zudem mit dem weltweit erhältlichen «Standardzubehör» verschiedenster Hersteller alle Bausteine für unterschiedliche Schaltungen

Bild 9.36 Schematischer Aufbau des FI-Hochdruckzerstäuber-Systems

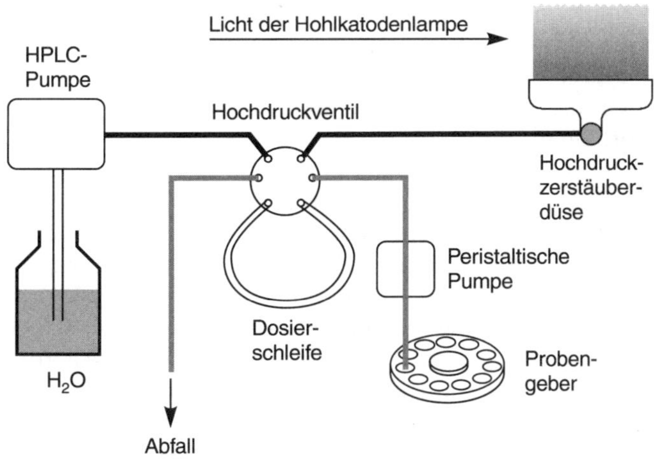

von Hochdruckfließsystemen einschließlich deren Automatisierung zur Verfügung [9.64].

Der Druck für die hydraulische Hochdruckzerstäubung wird mit einer HPLC-Pumpe erzeugt (Bild 9.36). Hier stehen Pumpen mit geregelten Flußraten und Arbeitsdrücken bis zu 400 bar zur Verfügung. Die Pumpe saugt auf der Niederdruckseite kontinuierlich eine Flüssigkeit an (Wasser oder organisches Lösungsmittel) und bringt sie über die Kolben, entsprechend dem sekundärseitigen Fließwiderstand, auf den entsprechenden Arbeitsdruck. Als Strömungswiderstand befindet sich ein Düsenplättchen aus Platin/Iridium mit einer runden Austrittsöffnung von nur 20 µm (wahlweise auch 10, 15, 20, 30 µm) vor der Mischkammer des AAS-Spektrometers. Bei der Zerstäubung von gering viskosen Lösungen (z. B. Wasser), einer Flußrate von 2 ml/min und einer Düsenöffnung von 20 µm stellt sich ein Druck von weit über 100 bar ein. Da die Lösung durch eine Düse von nur 20 µm gepreßt wird, entstehen keine größeren Tröpfchen. Mit einer 10-µm-Düse werden noch feinere Tröpfchen erhalten, der mittlere Tröpfchendurchmesser beträgt 5 µm.

Die zu untersuchenden Proben werden mit einem normalen HPLC-Probenaufgabeventil (Probenschleife) in den Hochdruckflüssigkeitsstrom eingeführt und mit diesem zum Düsenplättchen transportiert und von dort in den Brenner eingespritzt. Alle Hochdruckverbindungen bestehen aus HPLC-Kapillaren aus Edelstahl. So erreicht die Probe pfropfenförmig, in einem Trägerstrom eingebettet, die Düse in praktisch unverdünnter Form. Durch entsprechende Wahl der Dosierschleife zwischen 0,02 und 0,5 ml kann das Probenvolumen in weiten Bereichen variiert und auf die jeweilige Elementkonzentration abgestimmt werden.

9.10.3.1 Kopplung mit der Ionenchromatographie

Bekanntlich vermag die «klassische» AAS mit pneumatischer Zerstäubung nur den Gesamtgehalt einer Schwermetallionenart zu messen, sie kann also nicht zwischen Fe^{2+} und Fe^{3+} unterscheiden, sondern nur den Gesamteisengehalt angeben.

Koppelt man die Ionenchromatographie (IC), die Ionen auf speziellen Ionenaustauschersäulen auftrennt, gewinnt man die Aussage über die Speziation. In Verbindung mit einem Hochdruckzerstäubersystem ist diese Nachrüstung sehr einfach, da bereits die notwendige Hochdruckpumpe und das Probenaufgabeventil vorhanden sind.

Setzt man zwischen der Probenaufgabe und der Hochdruckzerstäuberdüse eine analytische Trennsäule zur Trennung von Schwermetallen, so gelangen die verschiedenen Kationen, auch nach ihrer Ladung getrennt, zu unterschiedlichen Zeiten in die Flamme (Bild 9.37). In Verbindung mit einer Kationen-Austauschersäule ist damit eine Online-Kopplung von IC und Flammen-AAS möglich. Die Ionenchromatographie trennt prinzipiell verschiedene Metallionen auf. Bei der konventionellen AAS-Technik mit einer Hohlkatodenlampe im Strahlengang sind damit aber nur jeweils die verschiedenen Wertigkeitsstufen eines Elementes bestimmbar. Für Multielementanalysen müssen die entsprechenden Hohlkatodenlampen simultan über Lichtleiter eingekoppelt werden.

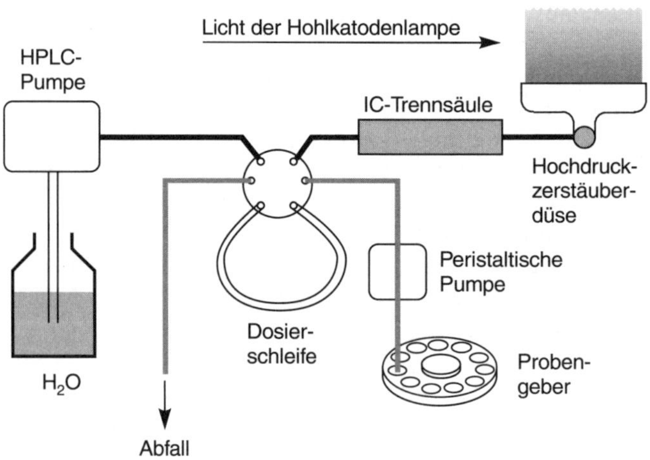

Bild 9.37 Kopplung der Ionenchromatographie mit der Flammen-AAS

9.10.3.2 Elementanreicherung und Matrixabtrennung

In der Ultraspurenanalytik muß oft eine Spurenmatrixtrennung der Analyse vorgeschaltet werden, um zum einen den Analyten auf eine erfaßbare Konzentration anzureichern und zum anderen die störende Matrix abzutrennen. Prinzipiell gilt es also, das Mengenverhältnis zwischen dem zu bestimmenden Element und der Matrix zu verbessern. Wenn die einzelnen Schritte jedoch manuell durchgeführt werden, ist es sehr zeitaufwendig und entspricht nicht den Anforderungen an die Routineanalytik. Mit der Fließinjektionstechnik läßt sich dieses Verfahren durch einfache Pumpen- und Ventilschalttechnik automatisieren. Auf diese Weise läßt sich mit der Flammen-AAS für spezielle Aufgaben die Nachweisstärke der Graphitrohr-AAS erreichen. Die Online-Abtrennung der Matrix verhindert zugleich Interferenzen bei der Bestimmung [9.65].

Die Anreicherung von Spurenmetallen an Säulen mittels der Fließinjektion läßt sich aufgrund der verwendeten Materialien in zwei Gruppen einteilen:

□ Ionenaustauscher und
□ Sorbensextraktion.

Einmal können Ionenaustauscher verwendet werden, zum anderen bietet die Sorbensextraktion an mit organischen Gruppen beladenen Kieselgelsäulen die Möglichkeit, Metalle in Form ihrer Chelate anzureichern.

Ionenaustauscher wurden in der Flammen-AAS bereits frühzeitig eingesetzt. Für die Spurenelementanreicherung können alle bekannten Anionen- und Kationenaustauscher eingesetzt werden. Hiermit lassen sich viele Elemente gleichzeitig anreichern, sie sind einfach zu handhaben und leicht im FI-Betrieb einsetzbar. Ein wesentlicher Nachteil ist aber ihre im allgemeinen geringe Selektivität. Enthält die Probe neben dem zu bestimmenden Element weitere ebenfalls adsorbierbare Metallionen, so muß die Kapazität der Säule sehr groß gewählt werden, was große Flüssigkeitsvolumina für die Elution erfordert und damit den Anreicherungseffekt der Ionenaustauschersäule verringert. Bei Proben, die wenig oder keine adsorbierbaren Matrixbestandteile enthalten, kann die Anreicherung an Kationenaustauschern mit Hilfe der FI-Flammen-AAS jedoch durchaus eine einfache und wirksame Methode zur Erhöhung der Empfindlichkeit der Flammen-AAS sein.

Ein weitverbreitetes Verfahren ist die Anreicherung von Metallspuren durch Komplexierung und anschließende Extraktion in eine organische Phase. Die Anreicherung über Sorbensextraktion wurde bereits von RUZICKA vorgeschlagen. Sie vereinigt Elemente der Lösungsmittelextraktion mit der Anreicherung an Säulen: In der Probenlösung wird das zu bestimmende Element durch einen Chelatbildner komplexiert. Als Chelatbildner wird für viele Schwermetalle DDTC (Diethyldithiocarbaminat) eingesetzt. Da die Alkali- und Erdalkalimetalle keine Chelate mit DDTC bilden, hat dieses Verfahren neben der Anreicherung der Schwermetalle auch den Vorteil, daß gleichzeitig die Matrix abgetrennt wird. Beispielsweise wird bei der Anreicherung von Elementen aus Meerwasser oder Solen gleichzeitig das NaCl abgetrennt.

Die Chelate werden durch das FI-System zu einer Säule transportiert, die ein mit organischen Gruppen chemisch modifiziertes Kieselgel enthält. Diese modifizierten Kieselgele stammen aus der Flüssigkeitschromatographie, an der hydrophilen Kieselgeloberfläche sind langkettige Alkylgruppen (z. B. eine Alkylgruppe mit 18 C-Atomen) chemisch gebunden, so daß die Kieselgeloberfläche nun hydrophobe Eigenschaften aufweist. Das hydrophobe Säulenmaterial übernimmt die Rolle des organischen Extraktionsmittels, an ihm werden die Metallchelate adsorbiert. Durch mit Wasser mischbare organische Lösungsmittel wie Ethanol oder Methanol können die Chelate in einem nachfolgenden Schritt eluiert und zur Messung in das AAS-Gerät überführt werden.

Dadurch, daß zur Elution des Metalls nicht die Metall-Chelat-Bindung gebrochen werden muß, sondern nur die relativ schwache Bindung des Gesamtkomplexes an das Trägermaterial, können sehr starke Komplexbildner verwendet werden, die Metalle bereits im stark sauren Bereich komplexieren. Dies macht die Anwendung der Methode auch für saure Lösungen, z. B. aus Aufschlüssen, mög-

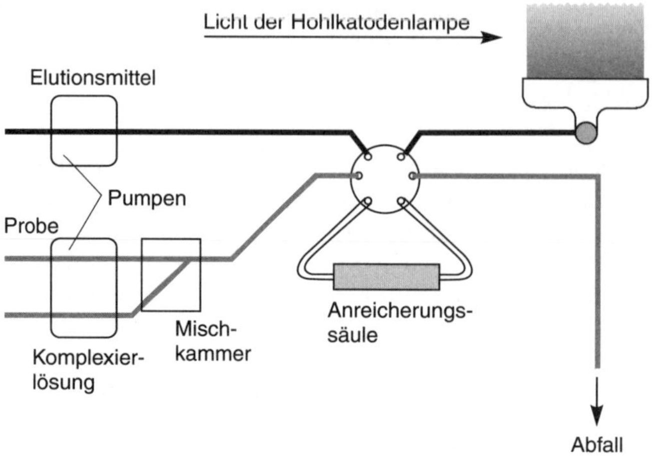

Bild 9.38 Prinzip der FI-Anreicherung

lich. Da für viele Elemente «maßgeschneiderte» Chelatbildner synthetisiert werden können, zeichnet sich diese Komplexierung durch hohe Selektivität aus.

Zum Ablauf einer automatischen Spurenanreicherung werden zwei Pumpen benötigt (Bild 9.38). Die eine Pumpe besitzt zwei Kanäle und fördert die Probenlösung und Komplexierlösung zur Anreicherungssäule, wo sich die gebildeten Metallchelate an der Säule anreichern. Nach Ablauf einer zeitgesteuerten Anreicherung schaltet das Mehrwegeventil um, und die zweite Pumpe fördert das Elutionsmittel durch die Säule. Die eluierten Metallchelate werden zum Zerstäuber des AAS-Gerätes transportiert [9.66].

Eine andere Möglichkeit zur Anreicherung von Metallspuren bietet Cellulose. Sie läßt sich leicht durch Auftragen unterschiedlicher Chelatbildner modifizieren, wodurch sie adsorptive und chelatbildende Eigenschaften erhält. Im Gegensatz z.B. zu Aktivkohle, die auch sehr gute Sorptionseigenschaften hat, kann Cellulose sehr rein hergestellt werden, was eine Voraussetzung für die Spurenanalytik ist.

9.10.4 Zukunftsperspektiven der Fließinjektion in der AAS

Neben den oben beschriebenen Verfahren werden sich in den nächsten Jahren eine Vielzahl von weiteren Einsatzgebieten der FI für die Atomabsorptionsspektrometrie erschließen. Sie dient der weiteren Automatisierung des Analyselabors, wobei die Fließinjektion als Online-Verfahren für die Probenvorbereitung universell genutzt werden kann. Durch Entwicklung neuer Methoden zur elementselektiven Anreicherung und Matrixabtrennung wird die Zuverlässigkeit der Analysen erhöht. Besonders interessant ist die Möglichkeit der Speziation, z.B. die Bestimmung von Cr(III), Cr(VI) oder As(III), As(V).

Auch ein Online-Aufschluß von Proben in Verbindung mit einer Mikrowelleneinheit ist möglich. Dabei wird eine geeignete Säure als Trägerstrom mit einer peristaltischen Pumpe gefördert und die Probe über die Dosierschleife zugegeben. Der Flüssigkeitsstrom passiert eine Aufschlußkammer, die sich im Fokus einer Mikrowellenstrahlung befindet. Hier wird die Probe durch das hochfrequente elektromagnetische Feld intensiv erhitzt und innerhalb kurzer Zeit aufgeschlossen. Anschließend wird der Flüssigkeitsstrom in einem Durchflußkühler wieder auf Raumtemperatur abgekühlt.

Die Fließinjektion wird die Analytik in der Atomspektrometrie verändern. Sie hat das Potential, für viele Arten von Proben das Arbeiten mit den atomspektrometrischen Detektoren zu automatisieren und zu vereinfachen.

9.11 AAS-Labor

Größe und Ausstattung eines AAS-Meßplatzes hängen im wesentlichen von den analytischen Aufgaben und Wünschen und natürlich auch von den verfügbaren finanziellen Mitteln ab. Schon zu Beginn der Planung für einen neuen AAS-Meßplatz sollte man sich über die Merkmale und Vorzüge der einzelnen Atomisierungsarten ausführlich informieren, denn der Platzbedarf und der Installationsaufwand werden nicht zuletzt von der gewählten Atomisierungsart bestimmt. Mitbestimmend für den Platzbedarf des AAS-Meßplatzes sind natürlich auch die Zubehöre wie Probenautomaten, Datensysteme, Schreiber oder Drucker. Schließlich sind auch für die Probenvorbereitung geeignete Räumlichkeiten, Geräte, Werkzeuge und Betriebsmittel vorzusehen.

9.11.1 Abzugsanlage für die Flammen-AAS

Ein Abzug direkt über der Flamme ist gesetzlich vorgeschrieben [9.67] und aus folgenden Gründen erforderlich:

- □ Das Bedienungspersonal wird vor gesundheitsschädlichen Verbrennungsrückständen und Stickoxiden (Lachgasflamme) geschützt.
- □ Das Instrument selbst und das Labor werden vor korrosiven Dämpfen bewahrt.
- □ Die Stabilität der Flamme wird durch einen Abzug verbessert und der Einfluß von Zugluft verringert.

Bei der Konstruktion der Abzugsanlage ist darauf zu achten, daß die Flamme nicht durch falsche Luftströmungen ungünstig beeinflußt wird (Bild 9.39). Die

Bild 9.39 Beispiel für eine Abzugsanlage

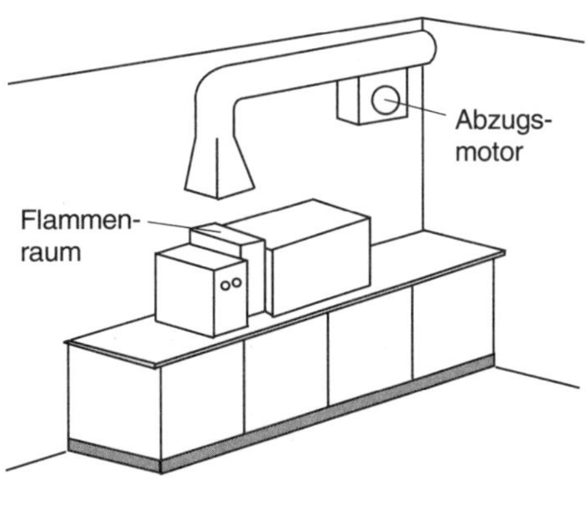

Saugleistung der Abzugsanlage sollte bei etwa 5 m^3/min bei der Luft-Acetylen-Flamme und 8 bis 10 m^3/min bei der Lachgas-Acetylen-Flamme liegen. Alle Nähte und Verbindungen der Abzugsanlage müssen geschraubt, genietet oder geschweißt sein, Lötstellen sind wegen der hohen Temperaturen ungeeignet.

9.11.2 Arbeitsraum

Der AAS-Meßplatz sollte sich möglichst in einem separaten Raum – außerhalb des naßchemischen Labors – in einer staubarmen Umgebung befinden. Bei der Spurenbestimmung ist eine saubere Raumluft meist Voraussetzung zum Vermeiden von Probenkontamination. Außerdem können so korrosive Dämpfe ferngehalten werden, um Korrosionsschäden zu vermeiden.

Als Brenngas Acetylen, das bei der Flammen-AAS in der Mehrzahl eingesetzt wird, kann man gewöhnliches Schweißacetylen aus der Druckgasflasche verwenden. Eine 20-l-Normalflasche reicht für ungefähr 20 Betriebsstunden. Da die Stabilität der Gasströmung die Qualität der Flamme und damit die Präzision der Messung bestimmt, ist ein zweistufiger Druckminderer empfehlenswert.

Hauptoxidans bei der Flammen-AAS ist Druckluft. Die in den AAS-Brenner eingeleitete Druckluft muß öl-, staub- und wasserfrei sein. Zwischen Luftentnahmestelle und dem AAS-Gerät sollte deshalb eine gründliche Reinigung und Trocknung der Luft erfolgen.

Die Verwendung von Lachgas als Oxidans ist erheblich teurer als Druckluft. Lachgas wird in Druckgasflaschen unter einem Druck von etwa 5000 kPa (50 bar) angeliefert. Der N_2O-Verbrauch der Brenner liegt bei etwa 10 bis 20 l/min. Weil das N_2O flüssig vorliegt, ist der Füllgrad nicht über die Druckanzeige ablesbar. Erst wenn die Flasche praktisch leer ist, sinkt der Flaschendruck rapide. Die Füllung einer 40-l-Flasche reicht für etwa 10 bis 12 Betriebsstunden. Der Gebrauch von Lachgas setzt spezielle Zubehöre und besondere Sicherheitsmaßnahmen voraus.

9.11.3 Brennerdrainage

Jede Brennermischkammer braucht zur Ableitung der an den Prallflächen und Wandungen hängengebliebenen Aerosoltröpfchen einen Ablauf. Da die Mischkammer gleichzeitig ein explosives Gasgemisch enthält, muß sichergestellt sein, daß durch den Ablauf kein Gas entweichen kann. Deshalb muß am Mischkammerablauf ein Drainagesystem mit Tauchung installiert sein. Dazu sollte am Mischkammerablauf ein Drainageschlauch sicher befestigt und in den Drainageschlauch ein Ring-Siphon mit 15 bis 20 cm Durchmesser gelegt werden. Der Drainageschlauch muß in einen geeigneten Auffangbehälter münden. Der Siphon muß mit Wasser gefüllt sein, und die Mündung des Drainageschlauches im Auffangbehälter muß ca. 15 cm in Wasser eintauchen (Bild 9.40).

9.12 Zusammenfassung und Ausblick

Für die Elementanalytik hat sich die Atomabsorptionsspektrometrie (AAS) durch ihren einfachen Aufbau und durch ihre Selektivität als Standardausrüstung des

Bild 9.40 Brennerdrainage

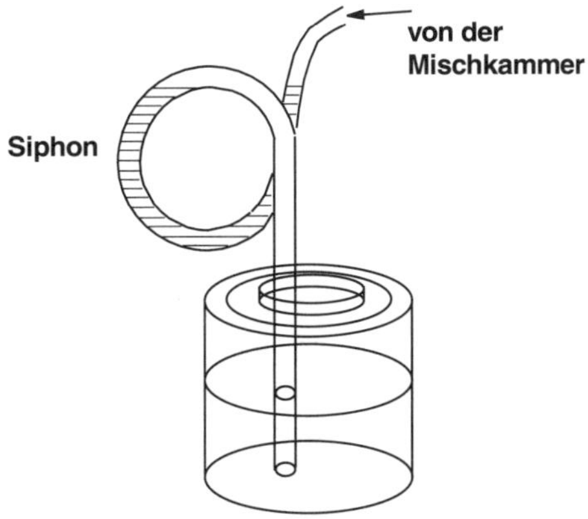

analytischen Labors etabliert und kann als relativ preiswerte Lösung für viele analytische Fragestellungen ihren Platz auf dem Markt verteidigen. Dabei haben sich die Methoden in den letzten Jahren besonders stark ausgebreitet, ihre Geräteentwicklung hat vor allem durch zuverlässig arbeitende Probenwechsler und rechnergesteuerte Analysenabläufe eine unbeaufsichtigte Analyse möglich gemacht. Die breite Erfahrung mit dieser Technik garantiert der AAS auch zukünftig einen festen Platz in der Spuren- und Ultraspurenanalytik der Elemente. Grundlegende Neuerungen sind nicht zu erwarten.

Die klassische Atomisierungseinrichtung der AAS ist die Flamme. Die Flammen-AAS ist heute eine ausgereifte Technik. Die Anforderungen an das Spektrometer hinsichtlich der Untergrundkorrektur und Geschwindigkeit der Signalverarbeitung sind geringer als bei der Graphitrohrofentechnik. Die Untergrundabsorption ist durch das Verdünnen der Probe mit Flammengasen verhältnismäßig niedrig. Die Flammentechnik ist schnell und gut reproduzierbar, die Nachweisgrenze ist aber eingeschränkt.

Bei der Probenzuführung hat es wesentliche Fortschritte gegeben. Vor allem bringt das Prinzip der Hochdruckzerstäubung der Analytlösung eine verbesserte Aerosolausbeute und eine geringere Tröpfchengröße, wodurch das Nachweisvermögen der in der Praxis noch sehr häufig eingesetzten Flammen-AAS wesentlich verbessert werden konnte. Die Flammen-AAS kann jetzt auch online als elementspezifischer Detektor nach HPLC-Trennungen eingesetzt werden, wobei der zur Trennung erforderliche Druck gleichzeitig zur Zerstäubung der Lösung bei der AAS-Bestimmung dient.

Die Graphitrohrofentechnik als Variante der AAS ist wohl zum vielseitigsten und wichtigsten Verfahren für den Spuren- und Ultraspurenbereich von mehr als 50 Elementen geworden. Seit ihrer Einführung im Jahre 1970 sind zahlreiche Erkenntnisse gewonnen worden, die die Gerätetechnik in entscheidendem Maße beeinflußt haben. Der Graphitrohrofen ist nachweisstärker, jedoch störanfälliger als die Flammentechnik. An das Spektrometer und insbesondere an die Untergrundkompensation werden die höchsten Anforderungen gestellt.

Um die schnellen Änderungen der Atomkonzentration im Graphitrohrofen verfolgen zu können, ist eine sehr schnelle Datenverarbeitung notwendig. Zeitlich hochaufgelöste Messungen des Untergrundes mit der Zeeman-Technik direkt auf der Atomlinie haben hier entscheidende Fortschritte gebracht.

Die zusätzliche Nutzung der Computertechnik mit simultaner, hochaufgelöster grafischer Bildschirmaufzeichnung der spezifischen und unspezifischen Signale ist für die Methodenentwicklung, besonders bei komplexen Proben, äußerst hilfreich. Signalflächenintegration statt Auswertung der Signalhöhe ergibt deutlich besser reproduzierbare Ergebnisse.

Durch verschiedene Maßnahmen ist es gelungen, die Atomisierung im thermischen Gleichgewicht ablaufen zu lassen. Systematische Fehler bei der Verdampfung (fraktionierte Verdampfung) konnten durch Einführung des isothermen Ofens, der jetzt in einer querbeheizten Version auch kommerziell zur Verfügung steht, eliminiert werden. Damit ist die Graphitrohrofen-AAS zu einem nahezu interferenzfreien Analysenverfahren geworden. Neue Probennahmetechniken und rechnergesteuerte Probengeber haben zur sicheren Bestimmung im Ultraspurenbereich beigetragen. Die Graphitrohrofentechnik ist heute sehr ausgereift und stellt eine der wichtigsten Methoden für die extreme Spurenanalyse dar. Sie ist notwendig nicht nur in der Biologie und der Medizin, sondern auch in zahlreichen anderen Bereichen, wie bei der Analyse von Chemikalien, in der Mikroelektronik, in der Wasseranalytik usw.

Die Analyse von Feststoffen im Graphitrohrofen gewinnt zunehmend an Bedeutung und wird eine breitere Anwendung in der Laborroutine finden. Die direkte Einbringung des Probenmaterials in den Meßprozeß ohne chemische Vorbereitung erlaubt damit einen hohen Probendurchsatz. Gegenüber herkömmlichen Aufschlußtechniken ist die Feststoff-AAS in bezug auf Analysenschnelligkeit und -richtigkeit deutlich überlegen. Interessante Anwendungen sind z. B. die direkte Metallbestimmung in Kunststoffen, die als Farbpigment (Cadmium) oder als Stabilisator zugegeben wurden.

Für die hydridbildenden Elemente sowie für Quecksilber ist die Hydrid-Kaltdampftechnik das Verfahren der Wahl. Der Vorteil beruht auf der Abtrennung des zu bestimmenden Elementes von der störenden Matrix. Die Messung kann deshalb ohne Anwendung von Untergrundkorrektur mit hoher Präzision durchgeführt werden. Die Anforderungen an das Spektrometer sind geringer als bei der Graphitrohrtechnik.

Die vollständige Einstellung, Steuerung und Überwachung des Spektrometers, des Graphitrohrofens, des Probenautomaten sowie des Fließinjektionssystems erfolgen mit einem Computer. Neben der Systemkontrolle erlaubt die moderne Software die Speicherung von Signalen, verschiedener Kalibrationsmethoden, die Korrektur von Einwaagen, das Abspeichern von Analysenergebnissen und die anschließende Bearbeitung der Daten. Der Bedienungskomfort, die Anwendungsvielseitigkeit und die analytische Leistungsfähigkeit ist auch in den Bereich der Low-cost-Geräte vorgedrungen.

Über codierte Hohlkatodenlampen werden heute Wellenlänge und Spalt automatisch eingestellt. Mit Hilfe eines Lampenwechslers ist die automatische sequentielle Multielementanalyse von bis zu 10 Elementen möglich. Der Computer übernimmt alle notwendigen Geräteeinstellungen, wie z. B. die Lampenjustage und die Brenneroptimierung. Mit fortschreitender Entwicklung der durchstimmbaren Diodenlaser finden sie auch zunehmend Einsatz als Linienstrahler und ersetzen damit die Hohlkatodenlampen. Bis jetzt ist der Wellenlängenbereich oberhalb von 320 nm zugänglich, so daß bereits zahlreiche Elemente bestimmt werden können. Aber erst wenn der gesamte UV-Bereich zugänglich wird, könnte die klassische Hohlkatodenlampe abgelöst werden. Es entfällt der eigentliche Spektrometerteil, und es werden simultane Multielementbestimmungen mit noch besserem Nachweisvermögen in einem großen dynamischen Bereich mit sehr geringem Aufwand möglich. Diodenlaser sind auch mit der zugehörigen Elektronik für Betrieb und Durchstimmung wenig aufwendig und billig. Da über die Durchstimmung der Diodenlaser auch die Untergrundkorrektur an der Primärquelle geschehen kann, wäre dieses Problem ohne Einsatz einer Deuterium-Lampe oder der Zeeman-Technik zu lösen.

Mit Hilfe von Fließinjektionstechniken (FIA), die auch bereits kommerziell einen hohen Entwicklungsstand erreicht haben, kann die Leistungsfähigkeit für Routineaufgaben noch wesentlich verbessert werden. Trennsäulen können online zur Voranreicherung von Elementspuren der AAS-Bestimmung vorgeschaltet werden, womit das Nachweisvermögen um Größenordnungen verbessert wird.

Ein Nachteil der AAS, daß die Elemente nur sequentiell bestimmt werden können, ist heute teilweise überwunden. Durch Motorisierung und Computersteuerung können mehrere Elemente simultan oder quasisimultan bestimmt werden.

10 Atomfluoreszenzspektrometrie

Die Atomfluoreszenzspektrometrie (AFS) ist im Prinzip die Umkehrung der Atomabsorptionsspektrometrie. Bei der AFS wird die Probe in einer heißen Flamme atomisiert, und die Atome werden durch Strahlung geeigneter Frequenz angeregt. Die Emission der Strahlung, die aus der Deaktivierung der angeregten Atome erfolgt, wird gemessen. Die Wellenlänge der emittierten Strahlung ist charakteristisch für die absorbierenden Atome, und die Intensität ist proportional ihrer Konzentration und der Intensität der Strahlungsquelle. Das Prinzip war zwar schon lange bekannt, die Bedeutung als Analysenverfahren wurde aber erst 1964 von WINEFORDNER und VICKERS erkannt.

Die Beobachtung der Fluoreszenz geschieht dabei im rechten Winkel zur Einstrahlungsrichtung. Das Fluoreszenzsignal wird von einem thermisch erzeugten Emissionssignal dadurch unterschieden, daß man wie bei der AAS mit Wechsellicht arbeitet. Die Lichtquelle wird mit einer bestimmten Frequenz moduliert und der Detektor auf die gleiche Modulationsfrequenz abgestimmt. Der prinzipielle Aufbau entspricht dem eines Atomabsorptionsspektrometers.

Theoretisch ist die Atomfluoreszenz die nachweisstärkere Variante der Atomspektrometrie, da bei der Fluoreszenz sehr kleine absolute Lichtintensitäten zu messen sind, wogegen bei der AAS ein sehr kleiner Unterschied zwischen zwei intensiven Lichtsignalen zu erfassen ist. Die Nachweisgrenzen in der Atomfluoreszenz lassen sich prinzipiell durch Erhöhen der Strahlungsintensität der Lichtquelle steigern. Allerdings können die durch Lichtenergie angeregten Atome durch Quenching, d.h. nichtstrahlende Zusammenstöße, ihre Energie verlieren. Dadurch kann die Fluoreszenzintensität in einer Flamme stark verringert werden. Das Quenching hängt stark von der Chemie der Flamme ab.

Bei der Atomfluoreszenz sind Linienprofil und die die Resonanzlinie umgebende spektrale Zone von untergeordneter Bedeutung, da das von der Lampe ausgesandte Licht nicht auf den Detektor fällt. Bedeutend ist hier in erster Linie die Lichtintensität, da die Empfindlichkeit über weite Bereiche direkt proportional der Bestrahlungsstärke ist. Da bei der AFS die Strahlung der Lichtquelle nicht auf den Detektor fällt, resultiert eine höhere Linearität der Kalbirierkurven über vier bis fünf Zehnerpotenzen gegenüber der AAS mit etwa drei Zehnerpotenzen. Allerdings können Effekte wie Selbstabsorption und andere die Gestalt der Kalibrierkurven gelegentlich erheblich beeinflussen.

Man kann verschiedene Arten der Fluoreszenz unterscheiden (Bild 10.1). Die Resonanzfluoreszenz beobachtet man, wenn ein Atom vom Grundzustand aus angeregt wird und wieder in den Grundzustand zurückkehrt unter Aussendung von Licht der gleichen Wellenlänge, die auch für die Anregung verwendet wurde. Die intensivste Resonanzfluoreszenz wird in der Regel beim Übergang von dem

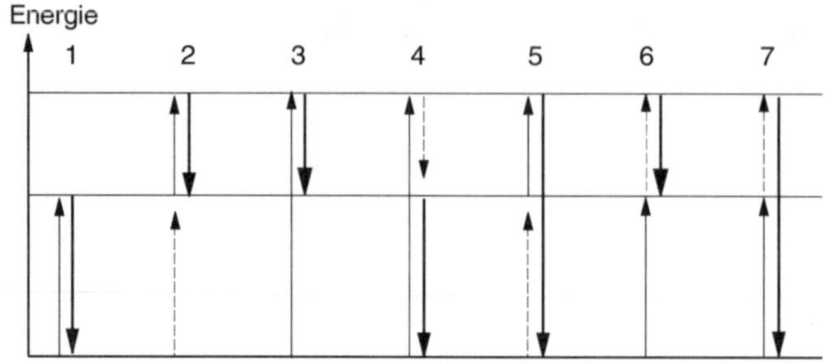

Bild 10.1 Die verschiedenen Arten der Atomfluoreszenz

1 Resonanzfluoreszenz
2 Thermisch unterstützte Resonanzfluoreszenz
3 Direktlinien-Fluoreszenz
4 Stufenweise Linienfluoreszenz
5 Thermisch unterstützte Direktlinien-Anti-Stokes-Fluoreszenz
6 Thermisch unterstützte Direktlinien-Fluoreszenz
7 Thermisch unterstützte stufenweise Anti-Stokes-Fluoreszenz

ersten angeregten Zustand in der Grundzustand beobachtet, die damit meist auch analytisch genutzt wird.

Bei der Direkt-Linien-Fluoreszenz wird ein Atom in einen höheren Anregungszustand übergeführt und geht von dort in einen niederen angeregten Zustand – aber nicht in den Grundzustand – unter Aussendung eines Fluoreszenz-Quants über. Bei der stufenweisen Linienfluoreszenz geht ein Atom zunächst strahlungslos von einem höheren Anregungszustand in einen energetisch niedrigeren Anregungszustand über, von dem aus es dann unter Aussendung von Fluoreszenzlicht in den Grundzustand zurückfällt. Außerdem gibt es noch verschiedene thermisch unterstützte Fluoreszenzmechanismen. Hierbei befindet sich entweder ein Atom schon vor der Absorption von Lichtenergie in einem angeregten Zustand oder das Atom wird nach erfolgter Absorption von Lichtenergie durch weitere thermische Anregung auf ein noch höheres Energieniveau angehoben.

Die Atomfluoreszenz-Spektrometrie (AFS) ist hinsichtlich ihrer praktischen Anwendung nicht so sehr verbreitet. Das rührt vor allem daher, daß der Aufwand, der für die Erzeugung einer intensiven, schmalbandigen Strahlung erforderlich ist, sehr hoch ist. Die Intensität der Atomfluoreszenz und damit die erreichbare Empfindlichkeit und Nachweisgrenze hängen neben der Anzahl Atome im Grundzustand insbesondere von der Intensität der anregenden Strahlungsquelle ab. Die ursprünglich eingesetzten Hohlkatodenlampen aus der AAS erweisen sich als nicht lichtstark genug. Es werden sehr leistungsstarke Laser, wie Excimer- oder Stickstofflaser, benötigt. Weiterhin ist zu berücksichtigen, daß die physikalischen Vorgänge und die Handhabbarkeit der Methode komplizierter als die der anderen atomspektroskopischen Methoden sind. Die laserangeregte Atomfluoreszenz hat jedoch den entscheidenden Vorteil, daß sie von allen atomspektroskopischen Methoden die nachweisstärkste Variante ist. Sie ist aber wie die AAS eine Einzelelementbestimmung, d.h., pro Analysengang läßt sich nur jeweils ein Element bestimmen.

Das bei der Resonanzfluoreszenz auftretende starke Streulicht wird durch die intensive Anregungsstrahlung des Lasers verursacht. Um das exzellente Nachweisvermögen der AFS für die Spurenanalyse in Mikroproben auszunutzen, wurden auch Versuche unternommen, diese Technik mit der elektrothermischen Atomisierung zu koppeln. Spektrale Störungen treten in der AFS auch auf. Hiermit sind absolute Nachweisgrenzen unterhalb eines Femtogrammes bzw. in Lösungen relative Nachweisgrenzen von unter 1 ppt erreicht worden. Die praktische Verbreitung der Methode blieb jedoch bisher weit hinter der Graphitrohr-AAS zurück.

11 Atomspektrometrie mit Plasmen

Neben den chemischen Flammen als Anregungsquelle für die qualitative und quantitative Spektralanalyse werden Plasmen sowohl als Quelle für die Emissions- als auch für die Massenspektrometrie genutzt. Die Atomemissionsspektrometrie nutzt die freiwerdende Energie beim Rückfall von Elektronenübergängen aus, die bei sehr hohen Temperaturen angeregt wurden. Da die Abkürzung AES schon für die Auger-Elektronen-Spektroskopie vergeben war, wird die Technik heute als optische Emissionsspektrometrie mit dem Kürzel OES bezeichnet. Daneben ist das Plasma auch als Ionenquelle für die Massenspektrometrie (MS) geeignet.

Da bei beiden Methoden meist mit einem induktiv gekoppelten Plasma (ICP = inductively coupled plasma) angeregt wird, bezeichnet man die beiden Methoden genauer als

- ICP-OES = Atomemissionsspektrometrie und
- ICP-MS = Plasmamassenspektrometrie.

Im täglichen Laborjargon hat sich eingebürgert, die Atomemissionsspektrometrie nur als «ICP» zu bezeichnen. Diese Abkürzung ist aber nicht korrekt, sie bezeichnet nur die Anregungsart und nicht das Meßprinzip. Analog dazu müßte dann die Atomabsorptionsspektrometrie, wenn mit der Flamme als Atomisierungseinheit gearbeitet wird, z. B. als «Acetylen-Luft-Flamme» bezeichnet werden.

Das ICP wurde Anfang der sechziger Jahre durch Fassel in den USA und Greenfield in Großbritannien unabhängig voneinander erstmals analytisch eingesetzt [11.1]. Mitte der siebziger Jahre waren erste kommerzielle Geräte erhältlich, die ersten Emissionsspektrometer wurden in den Laboratorien der stahlerzeugenden Industrie eingesetzt. In den 80er Jahren erfolgte eine ebenso rasante Entwicklung der Anwendung der Spektrometrie mit dem induktiv gekoppelten Plasma, wie sie in den 70er Jahren in der Atomabsorption erfolgte.

Die Preisspanne für ICP-Spektrometer beginnt bei etwa 80 000 DM und wird nach oben weniger von der Anregungseinheit als vom Spektrometer, dem Automatisierungsgrad und der Datenerfassung bestimmt. Heutige ICP-Spektrometer sind alle rechnergesteuert oder an einen Rechner angeschlossen. Rechnergesteuerte Peak-Suchroutinen und Verfahren zur Untergrunderfassung gehören bei Sequenz- und Simultanspektrometern zum Stand der Technik.

Gegenüber chemischen Flammen sind Plasmen vielseitiger; die wesentlichen Vorzüge sind:

- Multielementanalyse,
- geringe Matrixeffekte,

- Transparenz im Ultraviolett-Bereich,
- über mehrere Dekaden linearer Meßbereich.

Von der Wissenschaft, Wirtschaft, öffentlicher Verwaltung und vielen anderen Auftraggebern wird heute gefordert, alle natürlich vorkommenden Elemente in nahezu allen denkbaren anorganischen und organischen Matrizes und in weitem Konzentrationsbereich bis hin zur natürlichen Allgegenwartskonzentration zu erfassen. Mit der Plasmaspektrometrie können viele Elemente gleichzeitig angeregt werden. Für die Multielementbestimmung – d.h. die simultane Analyse von 20 und mehr Elementen – ist sie damit das leistungsfähigste Verfahren. Auch vom Preis-Leistungs-Verhältnis ist es die Methode der Wahl, wenn viele Elemente bei hohem Probendurchsatz bestimmt werden sollen.

Die Matrixeffekte sind geringer, und es wird wegen der hohen Kerntemperatur von über 5000 Kelvin eine bessere Dissoziation thermisch stabiler Oxide oder Carbide erreicht. Es treten keine störenden chemischen Reaktionen auf. Durch die geringere Störanfälligkeit kann deshalb oft auf aufwendige Vorbehandlungsverfahren mit ihren Fehlerquellen verzichtet werden. Außerdem ist ein Plasma im Gegensatz zu Flammen im ultravioletten Bereich transparent, womit der wählbare Wellenlängenbereich deutlich vergrößert wird. Im Gegensatz zur Atomabsorptionsspektrometrie kann hier zuätzlich noch der Vakuum-UV-Bereich genutzt werden. Der Einsatz von Vakuumspektrometern ermöglicht es, für Phosphor, Schwefel, Arsen, Kohlenstoff usw. oft sehr geeignete Analysenlinien zu verwenden. Als Alternative zur Evakuierung reicht eine Spülung mit Argon oder Stickstoff bei geringen Durchflußmengen völlig aus, um den Wellenlängenbereich bis zu 150 nm nach unten zu erweitern. Es muß jedoch darauf geachtet werden, daß der ganze Lichtweg bis hin zu Torch sorgfältig gespült wird.

Der lineare dynamische Bereich in der Atomemissionsspektrometrie liegt in der Größenordnung von 10^5 bis 10^6, so daß für die Analyse von Haupt- und Spurenelementen meist nur eine Probenpräparation erforderlich ist. Eine fehlerträchtige Mehrfachverdünnung kann damit entfallen. Die Atomabsorptionsspektrometrie hat dagegen nur eine analytische Linearität von 10^2 bis 10^3.

Der Schwachpunkt liegt aber auch hier, wie bei allen Lösungsverfahren, in der geringen Ausbeute bei der Zerstäubung. Unter Einsatz spezieller Techniken können mit dem ICP auch feste Proben direkt analysiert werden, wobei die Analyse von Mikroproben durch das direkte Einbringen ins ICP besonders gut geeignet ist. Zur quantitativen Analyse metallischer Proben wird das ICP mit der Funken- und Bogenerosion kombiniert. Die Funkenerosion ermöglicht z.B. bei schwerlöslichen Hochtemperaturlegierungen im Bereich der Haupt- und Nebenbestandteile präzise Bestimmungen mit relativ niedrigen Matrixeffekten.

Die Atomemissionsspektrometrie zur simultanen Spurenanalyse vieler Elemente ist damit nicht nur eine Ergänzung, sondern auch oft ein Ersatz für die AAS. Es gibt heute keine Universalmethode für eine umfassende Lösung aller analytischen Probleme.

Atomemissionsspektren sind sehr linienreich. Das hat zur Folge, daß eine große Anzahl von Linien für die Analyse eines Elementes zur Verfügung stehen, aber den Nachteil, daß spektrale Störungen eines der zentralen Probleme in der optischen

Emissionsspektrometrie darstellen. Bei der Atomabsorptionsspektrometrie spielt die optische Auflösung des Gerätes eine untergeordnete Rolle, denn hier erfolgt die Elementselektion durch die Atomabsorption der sehr schmalbandigen und elementspezifischen Emissionslinie der Hohlkatodenlampe. Bei der Emissionsanalyse dagegen entscheidet allein das optische System über die Elementselektion. Die Forderungen nach einer ausgesprochen guten Optik sind deshalb hier sehr hoch. Optische Systeme, wie sie für die ICP-Analyse eingesetzt werden, sind meist in der Lage, zwei gleich intensive Spektrallinien im Abstand < 0,02 nm aufzulösen. Dieser Wert liegt damit bereits um den Faktor 5 bis 10 unter dem der heute verwendeten Monochromatoren in der AAS.

Die Elementselektivität bei der Atomemissionsspektrometrie wird ausschließlich durch die hohe Auflösung des Monochromators bestimmt.

Eine Voraussetzung für die optische Emissionsspektrometrie ist es also, daß die Analysenlinien aus den linienreichen, komplexen Spektren einwandfrei ausgesondert werden können. Die Analysenlinien fallen oft mit anderen Linien der Matrix zusammen oder liegen auf einem strukturierten spektralen Untergrund. Zur Ermittlung der Atomlinien sind deshalb Spektrometer mit hoher spektraler Auflösung und einer Vorrichtung zur Untergrunderfassung notwendig. Hierzu werden entweder Monochromatoren mit hochwertigen Gittern hoher Brennweite oder die kompakten Echelle-Gitter eingesetzt.

Sie ermöglichen es in Analogie mit den von Bunsen und Kirchhoff im vorigen Jahrhundert in der Analytik eingesetzten Flammen, mit einer Vielzahl von Techniken Proben aufzunehmen, bei hoher Temperatur zu atomisieren und die anwesenden Elemente über ihre Strahlungsemission nachzuweisen. Die Emissionslinien der zu bestimmenden Elemente werden mit Hilfe geeigneter Spektrometer selektiert und simultan oder sequentiell gemessen. Dabei können Multielementbestimmungen bis in den ppm-Bereich durchgeführt werden.

Als Ergebnis der spektroskopischen Untersuchungen an einer Vielzahl von Quellen wurde Anfang der sechziger Jahre das induktiv gekoppelte Hochfrequenzplasma zuerst für die emissionsspektroskopische Analyse von flüssigen Proben eingesetzt und ist auch noch heute am weitesten verbreitet. Weitere Quellen wie das Gleichstrombogenplasma sowie das mikrowelleninduzierte Plasma sind heute als Strahlungsquellen für die optische Emissionsspektroskopie wichtige Verfahren der Elementanalytik.

Bei sequentiellen Spektrometern ist die Analysenzeit pro Einzelelement lang und der Probenverbrauch entsprechend höher. Dafür können aber flexible Multielementbestimmungen durchgeführt und die Analysenlinien im Hinblick auf Nachweisvermögen und minimale spektrale Interferenzen von Fall zu Fall gewählt werden.

Die Kopplung von Plasmen als Anregungsquelle mit der Massenspektrometrie (ICP-MS) stellt eine sehr moderne Methode zur Elementspurenanalytik dar. In den achtziger Jahren wurden von Houk und Gray die instrumentellen und methodischen Voraussetzungen entwickelt. Die ICP-MS weist eine Instrumentierung auf, die das ideale Anregungskonzept des induktiv gekoppelten Plasmas mit der sehr empfindlichen massenspektrometrischen Detektion verknüpft. Bei der ICP-

Massenspektrometrie werden Ionen aus dem Plasma durch eine kleine Apertur abgesaugt und in ein Massenspektrometer geleitet.

Diese Kopplung stellt eine sehr nachweisstarke, simultane Multielementmethode dar. Während bei der ICP-OES für die Mehrzahl der Elemente die Bestimmungsgrenzen im Bereich von 1 bis 10 ppb liegen, können mit der ICP-MS die meisten Elemente noch im Konzentrationsbereich von 0,1 bis 1 ppb bestimmt werden. Die Nachweisgrenzen unterscheiden sich von Element zu Element kaum, die Spektren sind sehr linienarm, Clusterionen führen jedoch auch hier zu Linienkoinzidenzen.

11.1 Grundlagen

Führt man einem Atom eine ausreichend hohe thermische Energie zu, so werden dadurch Elektronen entgegen der Anziehung durch den Kern von den energieärmeren, inneren Orbitalen auf energiereichere, äußere Orbitale angehoben. Das Atom befindet sich nicht mehr im Grundzustand, sondern in einem angeregten Zustand. In diesem angeregten Zustand verweilt es nur sehr kurze Zeit, nach durchschnittlich 10^{-8} s springen die energiereichen Elektronen wieder in den Grundzustand oder in energieärmere Orbitale zurück.

Bei der Rückkehr in energieärmere Zustände wird die jeweils freiwerdende Energiedifferenz zwischen Anfangs- und Endzustand als Lichtenergie ausgestrahlt, die als Spektrallinie zu beobachten ist. Ein angeregtes Atom kann zwar sehr verschiedenartige, aber nicht beliebig viele Energiezustände annehmen, so daß auch die mögliche Zahl der Spektrallinien begrenzt bleibt. Nach dem KIRCHHOFFschen Gesetz der Absorption und Emission kann naturgemäß jeder Stoff nur Licht der gleichen Frequenz absorbieren, die er selbst zu emittieren vermag.

Absorptions- und Emissionsspektren eines Elementes unterscheiden sich aber wesentlich in der Anzahl der zu beobachtenden Linien. Während sich bei den in der Atomabsorption verwendeten Temperaturen die überwiegende Mehrzahl der Atome im Grundzustand befindet, beobachtet man praktisch deshalb nur solche Übergänge, die vom Grundzustand ausgehen. Dagegen können bei den Anregungstemperaturen in der Atomemission die verschiedensten Anregungszustände des Atoms einschließlich der Bildung von Ionen erreicht werden. Das Zurückspringen der Elektronen unter Aussendung von Licht muß aber nicht immer beim Grundzustand enden, Elektronensprünge können auf alle energetisch niedrigeren Elektronenzustände erfolgen (Bild 11.1). Dies führt in der Atomemissionsspektrometrie durch die Vielzahl der möglichen Übergänge zu einem äußerst linienreichen Spektrum. Vom Eisen sind z. B. heute etwa 4700 Emissionslinien bekannt.

Emissionslinien können sowohl beim Zurückspringen der Elektronen aus angeregten Atomzuständen als auch aus angeregten Ionenzuständen entstehen. Man unterscheidet also

- □ Atomlinien und
- □ Ionenlinien.

Beide können für die Analytik genutzt werden. Da Ionen andere Energieniveaus der Elektronenbahnen als die entsprechenden ungeladenen Atome haben, trägt

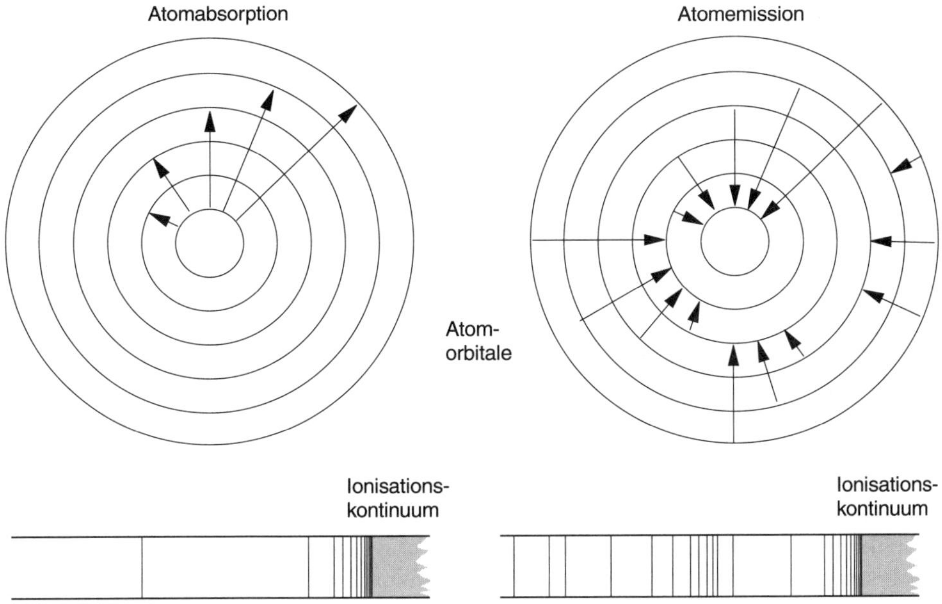

Bild 11.1 Schematische Darstellung der Elektronensprünge bei der Atomabsorption und Atomemission

dies zusätzlich zu dem großen Linienreichtum bei. Die Ionisation kann durch Elektronenstoß erfolgen, aber die Ionisationsverhältnisse im Plasma sind dadurch kompliziert, daß eine Vielzahl von Partnern an den Vorgängen beteiligt sind.

Ionen bilden zusätzlich ein kontinuierliches Spektrum, da beim Einfangen eines Elektrons aus dem freien Gaszustand dieses jede beliebige kinetische Energie besitzen kann und bei der Rekombination entsprechend abgibt. Aufgabe einer Anregungsquelle für die Atomemissionsspektrometrie ist es, möglichst viele angeregte Atome und Ionen, die ein Kontinuum emittieren, zu erzeugen. Auf diese Weise wird ein intensives Linienspektrum der in der Probe enthaltenen Elemente emittiert.

Die beobachtbare Linienintensität I folgt im thermischen Gleichgewicht bei nicht zu hoher Dichte der Teilchenzahl der Boltzmann-Verteilung:

$$I = \frac{h \cdot \nu}{4\pi} A \cdot N_1 = \frac{h \cdot \nu}{4\pi} A \cdot N_0 \frac{g}{Z} \cdot e^{\frac{-\Delta E}{kT}}$$

N_0 Teilchenzahl im Grundzustand
N_1 Teilchenzahl im angeregten Zustand
A Übergangswahrscheinlichkeit
g $2J + 1$
Z Zustandssumme

Der Faktor g gibt das statistische Gewicht des oberen Niveaus an, wobei J der Gesamtdrehimpuls ist. Die Zustandssumme ersteckt sich über die m möglichen Energieformen und ist definiert als:

$$Z = \Sigma g_m \cdot e^{\frac{-\Delta E_m}{kT}}$$

Die Linienintensität I einer Atomlinie steht damit in unmittelbarem Zusammenhang mit der Teilchenzahl N_0. Mit zunehmender Temperatur steigt zunächst die Linienintensität, die zudem noch vom jeweiligen Element und von der Art des Übergangs abhängig ist.

Mit zunehemder Temperatur tritt aber mehr und mehr die Ionisation in den Vordergrund, d.h., das Ionisationsgleichgewicht wird zugunsten der ionisierten Teilchen verschoben. Bei sinkender Zahl von neutralen Teilchen N_0 muß damit auch die Intensität der betrachteten Atomlinie absinken. Die erwartete Intensitätssteigerung mit wachsender Temperatur ist deshalb nur so lange zu beobachten, wenn der Ionisierungsgrad klein ist. Bei höheren Temperaturen überwiegt mit Abnahme an emittierenden Neutralteilchen die temperaturbedingte Intensitätssteigerung. Bedingt durch die physikalischen Vorgänge beobachtet man dann mit steigender Temperatur eine Intensitätszunahme der Ionenlinien und eine Abnahme der Intensität bei den Atomlinien. Das Vermessen der verschiedenen Intensitäten von Atom- und Ionenlinien eines Elementes stellt eine Methode zur Messung sehr hoher Temperaturen dar.

11.1.1 Was ist Plasma?

Wenn man davon ausgeht, daß oberhalb 4000 °C kein uns bekannter Stoff mehr als fester Körper existiert, erscheint die Frage berechtigt, ob es neben den klassischen Aggregatzuständen fest, flüssig und gasförmig, eventuell noch einen vierten gibt, den «Ultra-Gas-Zustand». Tatsächlich gibt es diesen. Er wird im weitesten Sinne als «Plasma» bezeichnet. Dieser Qualitätszuschlag, der aus einem gewöhnlichen Gas ein Plasma entstehen läßt, beruht in erster Linie darauf, daß im Gas elektrisch geladene Teilchen erscheinen, die durch Zerschlagen der Gasmoleküle entstehen.

Das Plasma ist ein strahlendes, quasineutrales und elektrisch leitendes Gas, das aus Atomen, Molekülen und Ionen in allen Anregungszuständen sowie freien Elektronen zusammengesetzt ist, so daß neben den neutralen Teilchen auch frei bewegliche, elektrisch geladene Partikel vorliegen. Schon bei sehr geringem Ionisierungsgrad von etwa einem Millionstel Prozent beobachtet man Plasmaeigenschaften. Der Bereich erstreckt sich dann bis zu solchen Plasmen, die nahezu vollständig aus Ionen und Elektronen bestehen. Dabei beträgt der Ionisierungsgrad durch inelastische Zusammenstöße zwischen Elektronen und Molekülen bzw. Atomen typischerweise nur 10^{-5} bis 10^{-8}, die hohe Elektronentemperatur im Plasma führt aber zu Dissoziationsprozessen, wobei der Dissoziationsgrad mehrere -zig Prozent erreichen kann [11.2].

Im Normalfall liegen im Plasma nebeneinander Elektronen, Ionen und Neutralteilchen vor. Die positiven und negativen Ladungsträger ziehen sich aufgrund elektrostatischer Kräfte an und neutralisieren sich beim Zusammentreffen unter

Freisetzung von Energie. Aufgrund solcher Rekombinationsvorgänge würde jedes Plasma sehr schnell erlöschen, wenn nicht durch ständige Dissoziationen neue Ladungsträger nachgeliefert und so die Verluste durch Rekombination kompensiert werden.

Die Anregung solcher Plasmen geschieht durch Übertragung elektrischer Energie. Wesentliche Voraussetzung für die Aufrechterhaltung des Plasmas ist die Anwesenheit einer ausreichenden Anzahl von Elektronen, die durch ihre Bewegung im elektrischen Feld ihre Bewegungsenergie durch Zusammenstöße mit anderen Partikeln im Plasma (Moleküle, Atome) übertragen [11.3]. Damit werden die notwendigen hohen Temperaturen zur Atomisierung und Ionisierung erreicht. Zur Ionisation eines Atoms müssen zwei Bedingungen erfüllt sein. Es muß eine bestimmte Energie, die **Ionisierungsarbeit**, vorliegen, und die Energie muß dem Atom zugeführt werden. Die Ionisierungsarbeit wird in der Maßeineiheit Elektronenvolt (eV) angegeben und liegt für die meisten Elemente zwischen 4 und 25 eV.

Als Plasmagas kommen die relativ leicht zu ionisierenden Edelgase Helium oder Argon in Frage. Helium hat eine sehr hohe Ionisierungsenergie von 24,6 eV, während die Ionisierungsenergie von Argon nur 15,8 eV beträgt. Bedingt durch den hohen Gasverbrauch wird aus Kostengründen meistens Argon verwendet, ein Plasmabetrieb mit Helium ist meist finanziell nicht tragbar. Die Ionisierungsenergie des Argons reicht aber für viele Nichtmetalle nicht aus, Emissionslinien oberhalb des leicht zugänglichen Wellenlängenbereichs von 190 nm anzuregen. Helium mit der sehr hohen Ionisierungsenergie wäre hierfür noch besser geeignet, womit alle Elemente des Periodensystems zur Emission im üblichen Wellenlängenbereich von 190 bis 800 nm angeregt werden.

11.2 Erzeugung von Plasma

Es gibt viele verschiedene Formen des Plasmas, die sich im wesentlichen durch den Ionisierungsgrad und durch die Teilchenenergie unterscheiden. Davon sind nur diejenigen Plasmen für die Analytik interessant, die leicht zugänglich, zeitlich stabil und vernünftig dimensionierbar sind. Es sind dies die Gleichgewichtsplasmen, bei denen wegen des hohen Ionisierungsgrades und der hohen Teilchendichte ein rascher Energieaustausch zwischen Elektronen, Ionen und Neutralteilchen erfolgt.

Ein Plasma kann durch die Atom-, Ionen- und Elektronendichte und durch die Temperatur der Bestandteile bei gegebenem Druck genau definiert werden. Um die Plasmabedingungen festzustellen, werden deshalb häufig die Anregungstemperaturen, Ionisationstemperaturen und die Elektronendichte bestimmt. Die Elektronendichte z. B. liegt typischerweise in der Größenordnung von 10^{15} cm^{-3}.

Elektrische Entladungen mit Plasmen bei atmosphärischem Druck sind seit den Anfangszeiten der optischen Emissionsspektralanalyse eingesetzt worden. Für die Elementanalyse werden drei verschiedene Verfahren zur Erzeugung des Plasmas genutzt:

- □ induktiv gekoppeltes Hochfrequenzplasma (ICP),
- □ Dreielektroden-Gleichstrombogenplasma (DCP) und
- □ mikrowelleninduziertes Plasma (MIP).

Diese Strahlungsquellen wurden in den sechziger Jahren entwickelt und werden gegenwärtig in kompletten Geräten für die Elementanalyse auf dem Markt angeboten. Wegen der hohen Plasmatemperaturen kommt es nur zu geringen chemischen Interferenzen und zu niedrigen Bestimmungsgrenzen.

11.2.1 Induktiv gekoppeltes Plasma

Von den erwähnten Plasmen ist das induktiv gekoppelte Hochfrequenzplasma am besten bekannt. Es nimmt als Anregungsquelle im Rahmen der Plasma-Emissionsspektrometrie eine herausragende Stellung ein. Die Anfänge wurden von Greenfield [11.4] und Fassel [11.5] im Jahre 1962 gemacht. In den darauffolgenden Jahren wurden die Grundlagen für den 1969 von Fassel vorgestellten Plasmabrenner geschaffen. Im Jahre 1975 wurde das erste kommerzielle ICP-Spektrometer vorgestellt.

Das induktiv gekoppelte Plasma stellt einen guten Kompromiß für die gleichzeitige Anregung nahezu aller wichtigen Elemente dar. Die für die Bildung und Aufrechterhaltung notwendige Leistung von 0,5 bis 2,5 kW liefert ein Hochfrequenzgenerator. In der Spule des HF-Generators ist ein Plasmabrenner aufgestellt. Im inneren Rohr wird die zerstäubte Probe mit Argon zugeführt. Nach Einschalten des HF-Feldes wird die Ionisation des Argons mit einem Funken hoher Energiedichte, einem **Teslafunken**, initiiert. Dabei werden freie Elektronen von der Teslaspule in das Gas geschossen, womit das Gas elektrisch leitend wird.

Das Plasma stellt nun eine Last für die HF-Spule dar. Der HF-Strom der Spule erzeugt ein axiales magnetisches Wechselfeld. Dieses Feld wirkt wiederum auf die freien Elektronen. Wenn die magnetische Feldstärke ausreichend hoch ist, werden die Elektronen in die Lage versetzt, das Gas zu ionisieren. Somit liegt ein induktiv angeregtes Plasma vor. Das HF-Feld überträgt induktiv elektrische Energie auf das Gas und heizt es auf. Solange die Feldstärke nicht unter einen kritischen Wert sinkt, bleibt das Plasma erhalten, d.h., die durch die Ionsisation entstandenen freien Elektronen ionisieren ihrerseits wieder andere Gasatome bzw. -moleküle.

Da das Plasma aus einem Gas erzeugt wird, das leitfähig geworden ist, muß es von der HF-Spule ferngehalten werden, um Kurzschlüsse zu verhindern. Dies wird durch ein für die Hochfrequenz transparentes Medium erreicht, in dem das Gas strömt. Dieses Medium ist ein Quarz- oder Saphirrohr und wird **Torch** genannt. Die Induktionsspulen sind mit Silber beschichtet, um die Korrosion und den Oberflächenwiderstand, den **Skineffekt**, zu reduzieren. Die Spulen sind alle wassergekühlt und eng an den Torch angelegt, um eine gute Kopplung ans Plasma und ein gleichmäßiges Magnetfeld zu gewährleisten (Bild 11.2).

Durch die Auswahl der Frequenz, Brennerkonstruktion und Gasgeschwindigkeit erhält das Plasma eine toroidale Form. Dies ermöglicht ein wirkungsvolles Einbringen des Probenaerosols in das Plasma, ohne seine Stabilität zu stören. Allerdings reagiert das im Inneren stromlose Plasma empfindlich auf Kühlung, z.B. durch nasse Aerosole. Das im Zerstäuber erzeugte Aerosol kann nur mit kleiner Injektionsgeschwindigkeit in das Plasma hineingeführt werden.

Beim induktiv gekoppelten Plasma handelt es sich also um ein in einem elektromagnetischen Hochfrequenzfeld ionisiertes Gas, das sich in einem Quarzröhrensystem befindet. Durch eine teilweise Ionisierung der Gasmoleküle oder

Bild 11.2 Das induktiv gekoppelte Plasma

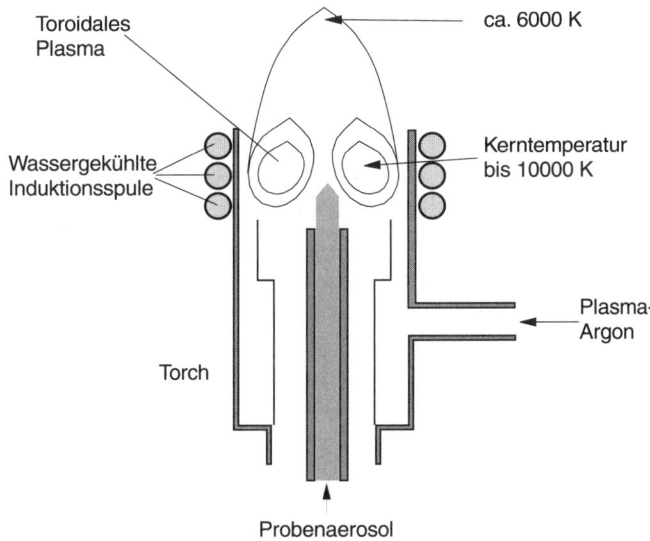

-atome und deren Wiedervereinigung wird Energie in Wärme umgesetzt. Energielieferant ist dabei der angekoppelte Hochfrequenzgenerator. Je nach angelegter HF-Leistung entstehen in dem aus dem Plasmabrenner austretenden Gasgemisch, der sog. Plasmafackel, Temperaturen von 6000 bis 10 000 K. Bei diesen Temperaturen werden in das Plasma eingesprühte flüssige oder gelöste Proben atomisiert und zu einer besonders intensiven Lichtemission angeregt.

Die hohen Temperaturen und die lange Verweilzeit von einigen Millisekunden des Probenaerosols sind entscheidend für die Energieübertragung von dem ionisierten Gas auf das Aerosol und damit für die Atomisierung, Ionisierung und Anregung.

Wegen der effizienten Atomisierung auch für Elemente, die stabile Oxide und Carbide bilden, liegen die Nachweisgrenzen meistens zwischen denen der Flammen – und denen der Ofen-Atomabsorptionsspektrometrie. Allerdings können die den Verfahren der Emissionsspektrometrie eigenen spektralen Interferenzen zu systematischen Fehlern führen. Diese können verursacht werden durch Koinzidenzen von Analytiklinien mit Matrixlinien oder durch Untergrundstörungen, die auf Änderungen der Intensität des Untergrundkontinuums oder auf die Emission von Bandenspektren zurückzuführen sind.

Das ICP war ein großer Schritt voran, da es nicht nur elektrodenlos arbeitete, sondern vor allem durch einen Skineffekt eine toroidale Form des Plasmas mit dem «Aerosoltunnel» sowie einen starken äußeren Kühlgasstrom besaß.

Nachteilig ist der hohe Argonverbrauch, der zu einem nicht unerheblichen Kostenfaktor beim Betrieb eines ICP-Spektrometers wird. Der Einsatz von luftbetriebenen ICP-Geräten wurde für die Online-Überwachung von Flüssigkeitsströmen in großtechnischen Anlagen vorgeschlagen. Für die Elementanalytik im Labor ist das mit Luft betriebene ICP im Vergleich zum mit Argon betriebenen weniger geeignet, da es erheblich geringeres Nachweisvermögen hat.

11.2.2 Dreielektroden-Gleichstromplasma

Neben dem ICP hat sich das Dreielektroden-Gleichstromplasma (DCP) für die Elementanalyse flüssiger Proben bewährt. Dieses stromführende Plasma wird aber durch leicht ionisierbare Elemente stark beeinflußt, deshalb zeigen sich größere Matrixeffekte bei Anwesenheit von Alkalimetallen [11.6].

Das DCP wird mit zwei Graphitanoden und einer Wolframkatode erzeugt. Die Elektroden liegen etwas zurückversetzt in keramischen Hülsen und werden mit Argon durchspült. Zum Zünden werden die Elektroden pneumatisch aus den Hülsen gefahren, die Katode wird abgesenkt. Nach Kurzschluß mit der einen Anode wird der Lichtbogen auseinandergezogen, wobei die zweite Anode von alleine nachzündet. Die Aerosolzufuhr erfolgt durch das zentrale Probenrohr und ist völlig getrennt von der Gasversorgung und Erzeugung des Plasmas (Bild 11.3).

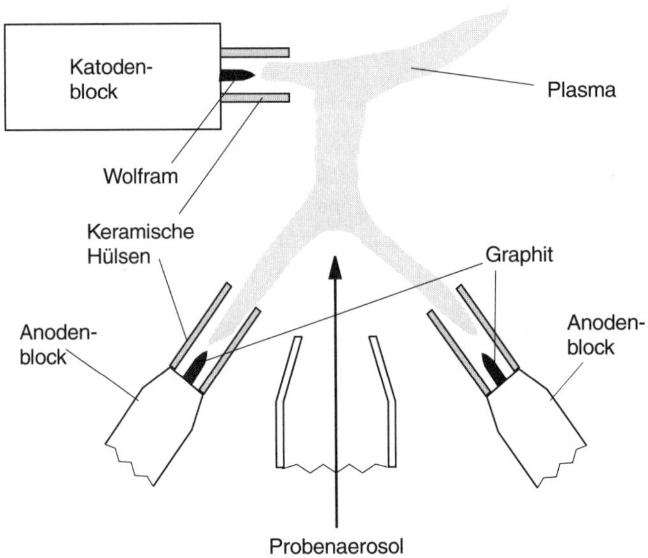

Bild 11.3 Das Dreielektroden-Gleichstromplasma

Die Eigenschaften des Dreielektroden-Gleichstromplasmas ähneln teilweise denen von stromlosen Plasmen wie dem ICP. Das Plasma selbst ist stromführend und dadurch energetisch sehr stabil. Die optimale Anregungszone befindet sich genau unter dem Punkt, wo die zwei Bogensäulen sich vereinigen, und ist an dieser Stelle stromfrei. Die Temperatur des Plasmas beträgt 15 000 K, die der Anregungszone 6000 K. Da die Anregung rein thermisch außerhalb des Plasmas stattfindet, erhält man ein untergrundärmeres Spektrum als beim ICP.

Die Anregungszone ist klein und beträgt etwa 1 mm^2, ist jedoch sehr lichtstark; das DCP läßt sich gut mit einem kompakten, hochauflösenden Echelle-Monochromator kombinieren. Das Nachweisvermögen des DCP-Echelle-Systems ist dem der ICP-OES sehr ähnlich. Für einige Elemente wie Bor, Phosphor und Arsen ist das DCP nachweisstärker.

Beim DCP kann oft mit höheren Salzkonzentrationen als beim ICP gearbeitet werden. Das DCP ist zwar spektroskopisch weniger untersucht als das ICP, es ist jedoch als Analysentechnik kommerziell erhältlich und wird gerade für Anwendungen, bei denen oben genannte Vorzüge wichtig sind (hochlegierte Stähle, Geologie, Ölanalyse, Serumanalyse, Analyse von Meerwasser), oft eingesetzt.

11.2.3 Mikrowelleninduziertes Plasma

Durch das sehr erfolgreich eingesetzte ICP ist das mikrowelleninduzierte Plasma (MIP) etwas in den Schatten gedrängt worden. Beim Mikrowellenplasma handelt es sich um eine elektrodenlose Entladung, das meist mit einer Frequenz von 2,4 GHz und einer Leistung von nur 40 bis 200 W angeregt wird [11.7]. Der entscheidende Vorteil bei dieser Anregung ist der geringe Gasverbrauch von weniger als 1 l/min. Durch diesen geringen Gasverbrauch ist der Einsatz von Helium finanziell tragbar, womit dann z. B. auch die Halogene Fluor und Chlor, Schwefel und Phosphor im normalen UV-Bereich gemessen werden können [11.8].

Ursprünglich konnte das mikrowelleninduzierte Plasma nur bei vermindertem Druck betrieben werden. Seit es Beenakker gelungen war, das MIP bei atmosphärischem Druck und niedriger Leistung zu betreiben, ist es für die spektrochemische Analyse interessant geworden [11.9]. Das Plasma wird in einem von Helium oder Argon durchströmten Quarzrohr von wenigen Millimetern Durchmesser erzeugt, das sich in einem zylindrischen Hohlraumresonator befindet. Die Mikrowellenfrequenz von 2,45 GHz wird in den Hohlraumresonator eingekoppelt (Bild 11.4).

Das MIP ist besonders zur Anregung von trockenen Aerosolen geeignet, d. h., die zu analysierenden Substanzen sollten möglichst gasförmig vorliegen. Das gilt natürlich auch für andere Plasma-Emissionsmethoden wie das ICP. Da das MIP wegen seiner geringen Leistungsaufnahme und Größe relativ empfindlich auf Ver-

Bild 11.4 Das mikrowelleninduzierte Plasma

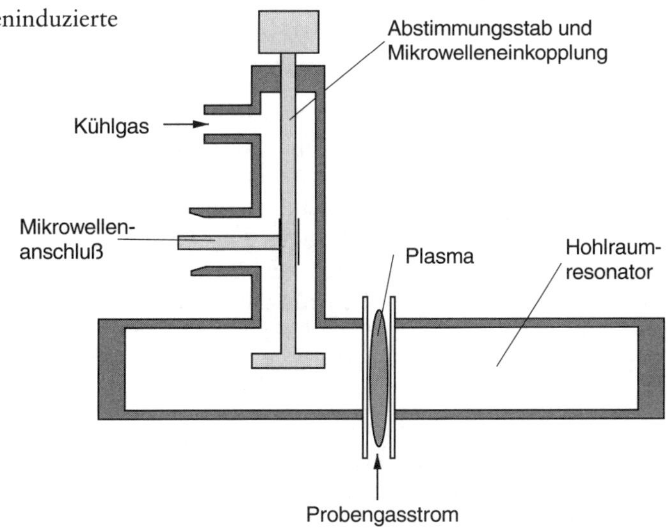

änderungen der Gaszusammensetzung reagiert, eignet es sich vorrangig zur Untersuchung kleiner Probenmengen, wie sie durch Verdampfung aus einem Graphitofen, in der Hydridtechnik oder als Effluent in der Gaschromatographie entstehen [11.10].

Die Kopplung eines Gaschromatographen mit einem MIP stellt einen selektiven Multielement-Detektor dar. Besonders das Helium-MIP ist hierzu geeignet, da mit diesem Edelgas gerade die so wichtigen nichtmetallischen Elemente gut erfaßbar sind [11.11]. Pro angewähltem Element kann damit ein eigenes Chromatogramm registriert werden. Die Detektion ist elementspezifisch und weitgehend unabhängig von der Art der Substanz. Durch Korrelation der erhaltenen Peaks läßt sich für jede Retentionszeit die elementare Zusammensetzung der Substanz errechnen. Heute sind integrierte Systeme, die einen Gaschromatographen, ein MIP und ein geeignetes Spektrometer enthalten, kommerziell erhältlich.

Es soll auch erwähnt werden, daß im toroidalen MIP höherer Leistung nasse Aerosole angeregt werden können, so daß sich als Detektor für die Flüssigkeitschromatographie Neuentwicklungen erwarten lassen [11.12]. Insgesamt sind aber die Nachweisgrenzen schlechter als beim induktiv gekoppelten Plasma, und Matrixeffekte durch Alkalimetalle sind größer.

11.3 Komponenten des ICP-Spektrometers

Die Atomemissionsspektrometrie mit der induktiv gekoppelten Plasmaanregung hat sich gegenüber den anderen Plasmaarten als anwenderfreundliche Analysenmethode durchgesetzt. ICP-Spektrometer vereinen die typischen Bauelemente der Atomabsorptionsspektrometer – wie Zerstäuber, Zerstäuberkammer und Brennersystem – mit denen der Emissionsspektrometrie – wie Gitter-Spektrometer mit hoher Auflösung. Eine ICP Apparatur setzt sich im wesentlichen aus drei Einzelkomponenten zusammen:

- □ Hochfrequenzgenerator mit Versorgungsgerät und Induktionsspule,
- □ Brennersystem mit Zerstäuber und Gasversorgung und einem
- □ leistungsfähiger Monochromator.

Ferner gibt es noch weitere wesentliche Gesichtspunkte für ein leistungsfähiges IC-Plasma zu beachten, z.B. die tatsächliche Höhe der HF-Leistung an der Induktionsspule sowie der Einsatz eines «kühleren» Gases als Kühlungsmantel. Weitere Faktoren sind die mechanische Flexibilität der gesamten Brennereinheit in x/z/y-Richtung zur Adaption an das externe optische System.

Die zu Anfang der ICP-OES verwendeten simultanen und sequentiellen Spektrometer waren ursprünglich für die Funkenemissionsspektrometrie und für die AAS entwickelt worden. Die klassische optische Emissionsspektrometrie mit Bogen und Funken wurde weitgehend durch Lösungsspektrometrie mit Plasmen verdrängt.

Wegen der stabilen Probenzuführung und Signalerzeugung kann die ICP-OES sowohl mit Simultanspektrometern wie auch mit sequentiell messenden Spektrometern durchgeführt werden. Im ersten Fall ist die Analysenzeit pro Element gering und die Präzision bei der Verwendung von Bezugselementen hoch. Dafür ist eine flexible Wahl von Elementen und Analysenlinien, wie sie für den Fall von stark wechselnden Aufgaben erforderlich ist, nicht möglich.

11.3.1 Hochfrequenzgenerator

Der Hochfrequenzgenerator liefert eine elektrische Leistung bestimmter Frequenz an die HF-Spule. Die meisten HF-Generatoren arbeiten bei einer quarzstabilisierten Frequenz von 27,12 MHz. Dies ist die ursprüngliche ICP-Frequenz. Die Leistungsabgabe ist regelbar und liegt im Bereich von 0,7 bis 2,5 kW [11.13]. Das Plasma wächst annähernd proportional mit der Leistung. Der Argonverbrauch ist dabei hoch und liegt bei 10 bis 15 l/min, die jährlichen Betriebskosten dafür sind nicht unerheblich. Trotz der hohen Leistungsaufnahme der ICP-Spektrometer fallen die Stromkosten dagegen nicht so stark ins Gewicht. Wesentlich ist aber die Tatsache, daß ein ICP-Spektrometer viel Wärme abgibt. Wie bei der Flammen-AAS ist deshalb eine eigene Absaugung erforderlich.

Mit steigender Frequenz eines Hochfrequenzgenerators sinken sowohl die Elektronendichte als auch die Temperatur des Plasmas. Gleichzeitig werden aber das Argonkontinuum und der Hintergrund in quadratischer Form geschwächt. Die Folge ist ein verbessertes Signal-Hintergrund-Verhältnis und somit eine bessere Nachweisgrenze. Der Trend bei den ICP-Spektrometern geht deshalb zu Generatoren mit höherer Frequenz von 40 oder 50 MHz. Eine höhere Frequenz erzielt auch einen besseren Wirkungsgrad in der Anregung des Gasflusses, der Argonstrom kann reduziert werden, und das Rauschen des Hintergrundkontinuums wird verringert. Eine sehr hohe Frequenz von über 60 MHz führt dann zu einer erheblichen Herabsetzung der Plasmatemperatur und folglich zu einer verstärkten Matrixbeeinflussung wie bei der Atomabsorptionsspektrometrie. Für beste Nachweisgrenzen bei vernachlässigbarer Matrixbeeinflussung ergibt die Frequenz von 40,68 MHz einen guten Kompromiß [11.14].

Allerdings müssen bei diesen höheren Frequenzen bessere Abschirmmaßnahmen und strengere Sicherheitsbestimmungen eingehalten werden. Eine Viertel-Wellenlänge von 40 MHz beträgt ungefähr 1,88 m und wird dadurch immer gefährlicher, je mehr die Menschen die Tendenz besitzen, die richtige Größe für eine «Viertel-Wellenlänge-Antenne» zu bekommen. Bei der Frequenz von 27,12 MHz ist das nicht so kritisch, da eine Viertel-Wellenlänge hierbei 2,77 m beträgt.

11.3.2 Plasmabrennersystem

Neben den hohen Anforderungen an den HF-Generator bezüglich Leistung und Stabilität des erzeugten Plasmas kommt auch dem Plasmabrennersystem große Bedeutung zu. In der Praxis bilden Zerstäuberkammer, Zerstäuber und Plasmabrenner (Torch) eine Einheit, obwohl jede der drei Positionen eine ganz spezielle Aufgabe zu erfüllen hat.

11.3.2.1 Torches

Torches bestehen aus drei konzentrischen Quarzrohren, die in der Spule des Hochfrequenzgenerators aufgestellt sind. Im inneren Rohr wird die zerstäubte

Probe von einem Argonstrom in das Plasma transportiert (Aerosol-Trägergas). Im mittleren Rohr wird Argon als Hilfsgas, im äußeren Rohr das Plasmagas zugeführt. Das Plasmagas übernimmt dabei sowohl die Funktion der Plasmabildung als auch die der Kühlung. Die notwendige Kühlwirkung zwischen dem sehr heißen Plasma und dem Quarzrohr wird dadurch erzielt, daß das Gas in der Nähe der Wandung eine so hohe Strömungsgeschwindigkeit hat, daß es nicht bzw, erst bei sehr hoher HF-Leistung ionisiert werden kann.

Plasma ist ein relativ dichtes Medium. Durch die Auswahl bestimmter Bedingungen (Frequenz, Brennerkonstruktion und Gasgeschwindigkeiten) erhält das Plasma eine toroidale Form. Die axiale Zone ist hierbei kühler als der umgebende Ring. Ursache für diese toroidale Struktur ist der sogenannte Skineffekt, der bewirkt, daß sich ein hochfrequenter Strom stets an der Außenseite eines Leiters konzentriert. Richtet man einen Gasstrom mit einem Durchmesser von 1 bis 2 mm auf die Mitte des Plasmas, so bohrt sich dieser einen «Tunnel» mit geringer Dispersion in das Plasma, ohne die Stabilität des Plasmas zu stören. Hiermit ergibt sich die Möglichkeit, Aerosole wirkungsvoll in das Plasma einzubringen, bei Fehlen der Toroidstruktur würde der Probenstrom größtenteils außen am Plasma vorbeilaufen und nicht ausreichend angeregt. Die Länge des Tunnels und die damit erzielte Verweilzeit des Aerosols im Plasma wird von der HF-Leistung und der Plasmagasmenge bestimmt.

> Die Toroidstruktur des ICP führt zu einem hohen Wirkungsgrad für das Einbringen des Aerosols in das Plasma und ist deshalb ein wesentlicher Grund für das gute Nachweisvermögen des ICP.

Gewöhnlich besitzt der axiale Kern des Plasmas eine Temperatur von ca. 6000 bis 8000 K. Die hohen Temperaturen im Tunnel und die lange Verweilzeit der Probe von einigen ms sind entscheidend für die Effektivität der Energieübertragung von dem ionisierten Gas auf die Probe und damit für ihre Atomisierung, Ionisierung und Anregung. Während Elemente mit niedriger Anregungsenergie, wie z. B. die Alkali- und Erdalkalimetalle, bereits bei 0,3 bis 0,5 kW atomisieren bzw. ionisieren, erfordern andere Elemente, z. B. Bor und Phosphor, Energien von über 2 kW.

Das Plasma existiert, ähnlich einer Flamme, innerhalb der Spule und darüber. Über dem Tunnel wird die Probe in die oberhalb der HF-Spule gelegenen Zone transportiert. Den Teil des Plasmas, der oberhalb der Spule liegt, nennt man Tail. Hier verschwindet die Toroidstruktur des Plasmas allmählich, und das Plasma nimmt die Form einer «Flamme» an. Für die spektroskopische Auswertung wird dieser Tail genutzt. Um die besten Resultate zu erzielen, wird die Positionierung empirisch unter exakt der später benutzten Leistung und Gasflußrate vorgenommen (Bild 11.5).

Für Emissionsmessungen hat sich eine Beobachtungshöhe von etwa 10 bis 20 mm oberhalb der HF-Spule als am günstigsten erwiesen. Die erzeugte Strahlung wird in der Regel in axialer Richtung beobachtet, d. h., das Licht wird mit einer senkrecht zur Plasma-Achse stehenden Quarzlinse auf den Eintrittsspalt eines hochauflösenden Spektrometers fokussiert.

Neben der hohen Temperatur und der langen Verweilzeit ist aber auch noch die chemische Umgebung von Bedeutung. Denn in jeder Flamme herrscht ein relativ hoher Partialdruck an Sauerstoff oder Sauerstoffverbindungen, der dazu führt,

Bild 11.5 Temperaturzonen im Plasma

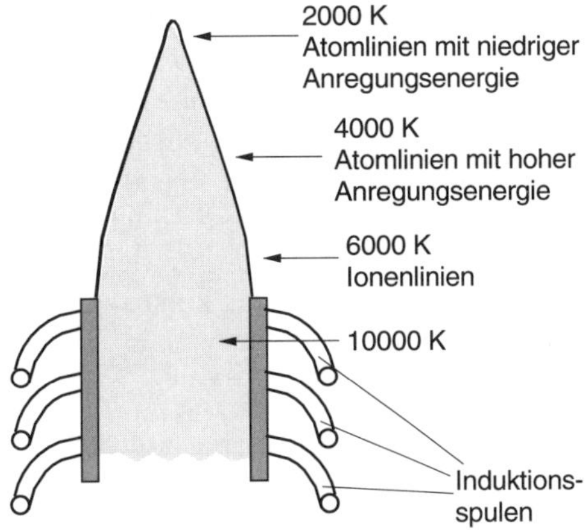

daß solche Elemente, die eine hohe Affinität zu Sauerstoff besitzen, in den für die AAS üblichen Flammen nicht in dem Maße atomisiert werden, wie dies anhand der herrschenden Temperatur der Fall sein sollte. Diese Elemente (z. B Erdalkali-Elemente, Lanthanoide, Bor, Silizium) bilden mit den Flammengasen häufig Oxide oder Hydroxidradikale, die nicht weiter dissoziiert werden.

Das Plasma besteht dagegen zunächst nur aus dem Edelgas Argon, und Sauerstoff entsteht lediglich in geringem Umfang durch Dissoziation des mit der Probe eingebrachten Wassers. Damit herrscht nur ein geringer Partialdruck an Sauerstoff, und die Bildung von Oxiden wird recht unwahrscheinlich. Im ICP lassen sich daher auch Elemente mit einer hohen Affinität zum Sauerstoff sehr wirkungsvoll atomisieren.

Torches werden meist aus Quarzglas oder aus anderen für die Hochfrequenz durchlässigen Materialien hergestellt, z. B. Aluminiumoxid oder Saphir. Bei Torches aus Quarzglas ist zu erwähnen, daß sich bei höheren Temperaturen Silizium löst und damit die Emissionen der Proben verfälscht werden können. Aluminiumoxid ist dagegen stabiler und dem Quarz vorzuziehen. Ein relativ neues Material ist Saphir, das eine größere Widerstandskraft gegen Temperaturverformungen und Temperaturwechsel aufweist.

11.3.2.2 Verschiedene Betriebsarten

Im wesentlichen werden Argonatome im Induktionsfeld ionisiert, die sich in der Mitte des Plasmas befinden, während die schnelle Gasströmung entlang des Außenrohres die Kühlfunktion übernehmen kann. Bei Leistungen über 2 kW wird auch das schnell strömende Gas ionisiert und die Temperatur so hoch, daß das Quarzrohr zu schmelzen beginnt. Das Kühlgas kann entweder Argon oder Stickstoff sein, so daß es verschiedene Betriebsarten des induktiv gekoppelten Argonplasmas gibt:

- □ Argonbrenner,
- □ Argon-Argon-Brenner und
- □ Argon-Stickstoff-Brenner.

Im **Argonbrenner** wird das Argon sowohl als Plasmagas als auch als Kühlgas eingesetzt (Bild 11.6). Das tulpenförmige Innenrohr sorgt zunächst für einen Gasstau und erst dann für eine hohe Beschleunigung entlang der Innenseite des Außenrohres. Aus dieser strömungsspezifischen Anordnung ergibt sich, daß die im Wirbelbereich befindlichen Gasatome vom Induktionsfeld zuerst erfaßt werden, während die schnelleren Teilchen entlang des Außenrohres die Kühlfunktion übernehmen. Mit zunehmender HF-Leistung werden aber auch diese schnellen Gasatome ionisiert. Das Leistungsmaximum für den Argonbrenner liegt deshalb unterhalb von 2 kW.

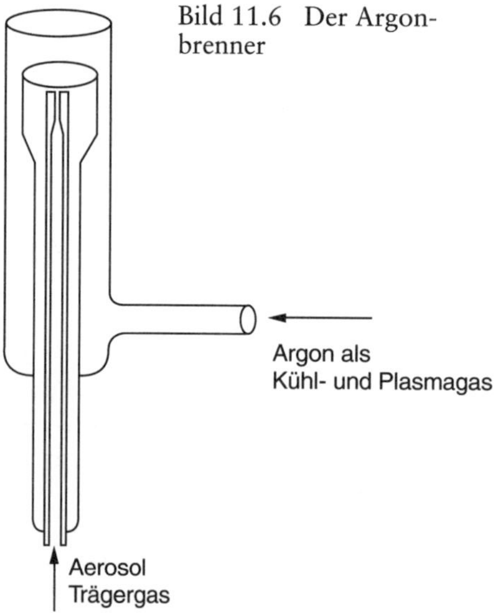

Bild 11.6 Der Argonbrenner

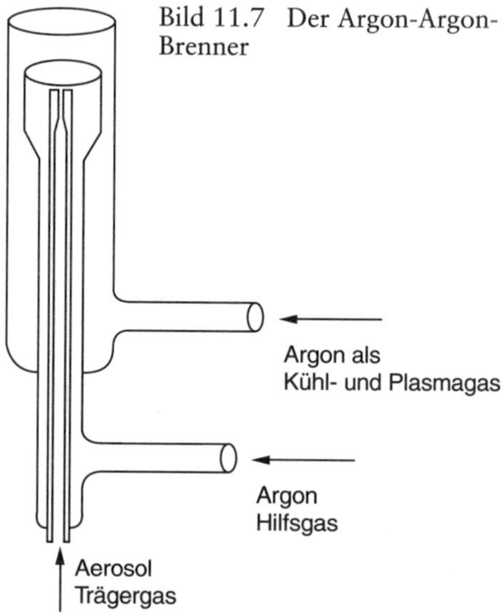

Bild 11.7 Der Argon-Argon-Brenner

Auch im **Argon-Argon-Brenner** übernimmt das Plasmagas Argon die Rolle des Kühlgases (Bild 11.7). Es wird dabei von einer zweiten Argonströmung unterstützt, die man auch als Hilfsgas bezeichnet. Diese Anordnung wird vorwiegend bei der Analyse von organischen Lösungen eingesetzt. Bei der Analyse wäßriger Lösungen ist der Einsatz des Hilfsgases nicht erforderlich. Bei der Untersuchung organischer Lösungen sind einige Besonderheiten zu beachten. Die Veränderung der Induktivität in der Spule führt bedingt durch das nichtwäßrige Lösungsmittel zu einer Verstimmung des Schwingkreises. Mit abnehmemder HF-Leistung tritt eine zunehmende Verstimmung und damit sinkende Plasmatemperatur auf. Dabei kann man eine Intensitätszunahme der Atomlinien und gleichzeitige Abnahme der Intensität von Ionenlinien desselben Elementes in wäßriger Lösung beobachten. Im ungünstigen Fall kann es zum Verlöschen der Plasmaflamme kommen. Für organische Lösungsmittel wird deshalb eine besonders hohe Generatorleistung empfohlen.

Im **Argon-Stickstoff-Brenner** dient Stickstoff als Kühlgas, während Argon ausschließlich als Plasmagas und Trägergas genutzt wird (Bild 11.8). Stickstoff ist ein

Bild 11.8 Der Argon-Stickstoff-Brenner

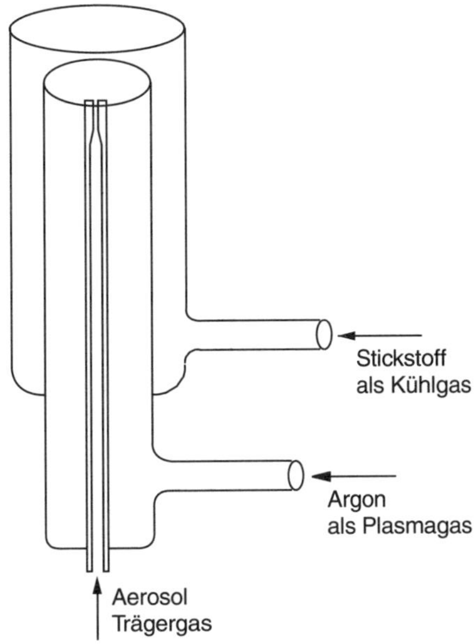

sehr wirkungsvolles Kühlgas. Es wird vom induktiven Feld nicht ionisiert, sondern übt im Gegenteil eine Mantelwirkung auf das Argonplasma aus. Während das Argon weitgehend ionisiert, bleibt der Stickstoff von der HF-Leistung nahezu unberührt. Damit erfüllt das Kühlgas vollständig seine Funktion und schafft die Möglichkeit, die Energie im Plasma durch Erhöhen der HF-Leistung beliebig zu steigern. Dadurch kann die Leistung ohne Bedenken bis auf 10 kW erhöht werden, ohne den Quarzbrenner zu zerstören. Der Manteleffekt des Stickstoffes hält dabei das Plasma zusammen und erhöht somit die Plasmadichte, Temperatur und Effektivität.

Plasmagasmenge und HF-Leistung geben den entscheidenden Ausschlag für das Plasmavolumen und damit für die Plasmahöhe. Doch auch der Manteleffekt des Kühlgases Stickstoff bestimmt die Plasmahöhe, ohne jedoch die Energie im Plasma selbst zu verändern. Daraus resultiert, daß sich die Meßhöhe auf eine vorgegebene Trägergas-Durchflußmenge und somit auf die Ionisationshöhe optimal einstellen läßt. Im Gegensatz zum Argon- bzw. Argon-Argon-Betrieb wird im Argon-Stickstoff-Betrieb oberhalb der Ionisation des Argons gemessen. Das hat zur Folge, daß das linienreiche Argonspektrum als Untergrund oder Überlagerung nicht in Erscheinung tritt. Für die verschiedenen Plasmabrenner sind in Tabelle 11.1 die typischen Arbeitsparameter aufgestellt.

Einen Vergleich der Nachweisgrenzen zwischen den verschiedenen Betriebsarten kann man aber nicht einfach ziehen. Im Argon-Stickstoff-Betrieb werden meist höhere Generatorleistungen zum Erzielen einer vergleichbaren Ionisation der Elemente benötigt als im Argon- bzw. Argon-Argon-Betrieb. Allgemein gilt für die Plasmaanregung, daß die Eigenstrahlung des Arbeitsgases und Lösungsmittels als Untergrundstrahlung die benutzten Spektrallinien nicht stören sollte. Mit Argon als Arbeitsgas treten nur die OH-Banden auf, während bei Stickstoff

Tabelle 11.1 Typische Arbeitsparameter der verschiedenen Plasmabrenner

	Brennertyp		
	Argon	Argon/Argon	Argon/Stickstoff
HF-Leistung	0,5 – 2,0 kW	0,5 – 2,0 kW	0,5 – 10 kW
Plasmagas	12 l/min	12 l/min	5 – 10 l/min
Argon Kühlgas			–
Argon Hilfsgas	–	1 – 3 l/min	–
Stickstoff Kühlgas	–	–	15 – 20 l/min

noch einige Banden von N_2^+- und N_2-Molekülen dazukommen. Die OH-Banden lassen sich bei Verwendung von wäßrigen Systemen nur dann unterdrücken, wenn ausreichend gut desolvatisiert wird.

11.3.2.3 Zerstäubung

Um die flüssige Probe in das Plasma einzubringen, muß diese vorher in sehr kleine Tröpfchen, d.h. in ein Aerosol, überführt werden. Größere Tröpfchen dürfen nicht in das Plasma gelangen, da sie die Stabilität des Plasmas und damit das resultierende Analysensignal beeinträchtigen würden. Der Weg zwischen Probe und Plasma läßt sich schematisch in drei Phasen aufteilen, nämlich Flüssigkeitstransport, Zerstäubung und Aerosoltransport. Die Zerstäubung kann entweder pneumatisch oder mit Ultraschall erfolgen. Für die pneumatische Zerstäubung ist ein Treibgas erforderlich. Für den Flüssigkeitstransport kann man entweder den Venturi-Effekt des Treibgases (d.h. freies Ansaugen) benutzen oder die Probe mit einer peristaltischen Pumpe dem Zerstäuber zuführen. Während bei der pneumatischen Zerstäubung das Zerstäubergas auch für den Aerosoltransport zum Plasma benutzt wird, muß beim Ultraschallzerstäuber ein Trägergas eingeleitet werden, um das durch Ultraschallwellen gebildete Aerosol zu transportieren.

Das Zerstäuben und Einbringen der Probenlösung ist entscheidend für die Elementbestimmung. Aufgabe des Zerstäubers ist es, ein möglichst feines Aerosol zu erzeugen. Dieses Aerosol muß mit einem möglichst geringen Trägergasstrom erzielt werden, um eine lange Verweilzeit der zerstäubten Probenanteile im Plasma zu erreichen. Andererseits darf die Ansaugrate der Probe nicht zu hoch sein. Die Leistung des Plasmagenerators und die Konstruktion der Plasmafackel ist auf ein geringes Probenvolumen pro min begrenzt, da sonst die Stabilität des Plasmas nicht mehr gewährleistet wäre.

Zum Erzielen günstiger Anregungsbedingungen ist der Trägergasstrom auf etwa 1 l/min und der Probenstrom auf etwa 3 ml/min begrenzt.

Außerdem haben die zu analysierenden Proben nicht alle die gleiche Beschaffenheit. Es gibt wäßrige und organische Lösungen, Lösungen mit hoher Salzfracht oder flußsaure Lösungen, für die meist eine spezielle Zerstäuber-Torch-Einheit erforderlich ist.

Die ursprünglich eingesetzten Zerstäuber entstammen der AAS, die anfänglich recht unbefriedigende Ergebnisse lieferten. Sie hatten für das ICP den Nachteil, daß die Probe mit einem relativ hohen Trägergasanteil von 3 l/min und mehr zerstäubt wurde. Aufgrund dieser hohen Gasgeschwindigkeit in der Kapillare des Plasmabrenners wurde die Verweilzeit der Probe im Plasma verkürzt und damit der thermische Wirkungsgrad reduziert. Als Nebenwirkung dieser Zerstäuber kam hinzu, daß die Atomemission für eine Reihe von Elementen in unterschiedlichen Zonen über dem Plasma erfolgte und somit ein Abrastern der Meßhöhe vor dem Eintrittsspalt des Spektrometers erforderlich machte.

Erst der konzentrische Glaszerstäuber von MEINHARD brachte für die ICP-Analyse den durchschlagenden Erfolg. Der Meinhard-Zerstäuber stellt einen universellen selbstansaugenden Glaszerstäuber dar (Bild 11.9). Dieser konzentrische Zerstäuber hat eine Ansaugrate von etwa 1 bis 3 ml/min bei einem Trägergasstrom von 1 l/min und sprüht in eine kleine Sprühkammer gegen eine Prallkugel. Der Wirkungsgrad der Zerstäubung liegt bei ca. 5 %. Zum Vermindern des Totvolumens kann ein dünner Schlauch in die Ansaugröhre gesetzt werden, der direkt an die Kapillare des Zerstäubers reicht. Das Totvolumen wird um 80 % reduziert und die Ansaugzeit verkürzt, bis die Probe vom Probengefäß zum Plasma gelangt. Damit verrringert sich auch der Probenverbrauch. Vom Prinzip her arbeitet der Glaszerstäuber wie jeder andere pneumatische Zerstäuber auch, nur mit dem Unterschied, daß er nicht justierbar ist und außerdem einen hohen Gasvordruck von etwa 10 bar erfordert.

Bild 11.9 Der Meinhard-Zerstäuber

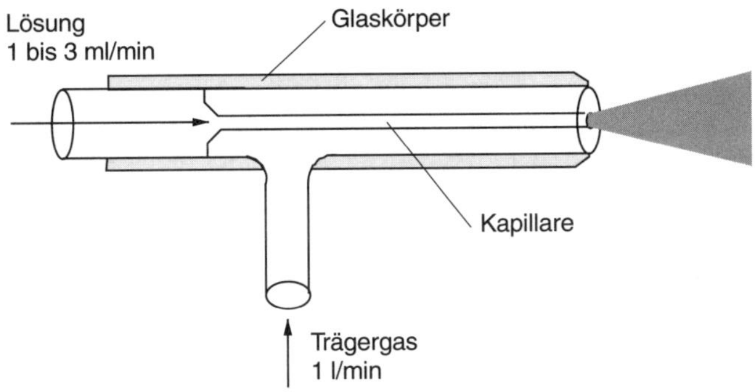

Beim Cross-flow-Zerstäuber liegt auch die pneumatische Wirkungsweise vor (Bild 11.10). Hierbei strömt das Trägergas Argon durch ein Rubinplättchen mit einer engen Bohrung von nur etwa 0,2 mm Durchmesser. Im rechten Winkel dazu wird durch eine Platinkapillare die Probenlösung angesaugt. Die Lösung wird zerstäubt und gelangt ins Plasma. Beide Kapillaren sind justierbar angeordnet und können so unter Plasmabedingungen gut optimiert werden. Bei 1 l/min Trägergasmenge werden je nach Kapillardurchmesser 0,5 bis 2 ml/m Probe angesaugt. Lösungen mit einem Salzgehalt bis 10 % können ohne Gefahr einer Verstopfung versprüht werden.

Mit Hilfe einer peristaltischen Pumpe läßt sich die Probenmenge noch entsprechend steigern. Dieser Zerstäuber ist für jedes ICP-Spektrometer geeignet und

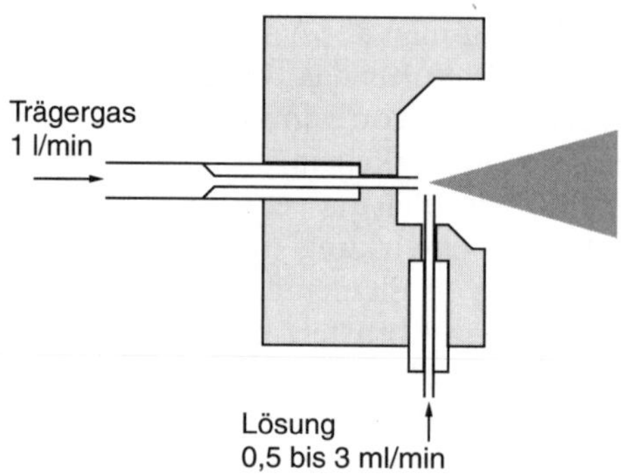

Bild 11.10 Der Cross-flow-Zerstäuber

zeichnet sich durch hohe Nachweisempfindlichkeit und einfache Handhabung aus.

Zerstäuber, die nach dem Babington-Prinzip arbeiten, gestatten darüber hinaus eine Zerstäubung von Suspensionen und Lösungen mit sehr hohem Salzgehalt. Die Verstopfungsgefahr ist gering. Obwohl dieser Zerstäuber auf dem ersten Blick dem Cross-flow-Zerstäuber ähnlich erscheint, arbeitet der V-Zerstäuber nicht nach dem pneumatischen Prinzip. Die Probe muß zunächst über eine peristaltische Pumpe der Kapillare zugeführt werden, um dann im sogenannten «V» selbsttätig weiterzufließen (Bild 11.11). In diesem Prozeß gelangt die Probe mit etwa 5 ml/m zur Trägergaskapillare. Hier wird sie vom Trägergastrom erfaßt und zerstäubt. Der geringfügig reduzierte Wirkungsgrad wird durch die erreichbare hohe Konzentration der Lösung ausgeglichen. Durch Einbau eines Platinnetzes im Aerosolstrom kann dabei die Zerstäuberwirkung noch verbessert werden.

Von allen bisher genannten Zerstäubern bietet der Ultraschallzerstäuber den bei weitem höchsten Wirkungsgrad. Die Probenlösung wird durch eine peristaltische Pumpe angesaugt und über eine Kapillare direkt zu einer mit Ultraschallfrequenz schwingenden Scheibe im Inneren der Zerstäuberkammer befördert (Bild 11.12). Es gelangt dadurch viel mehr Probenmaterial in das Plasma, was zu einer beträchtlichen Steigerung der Empfindlichkeit führt. Der Trägergasstrom

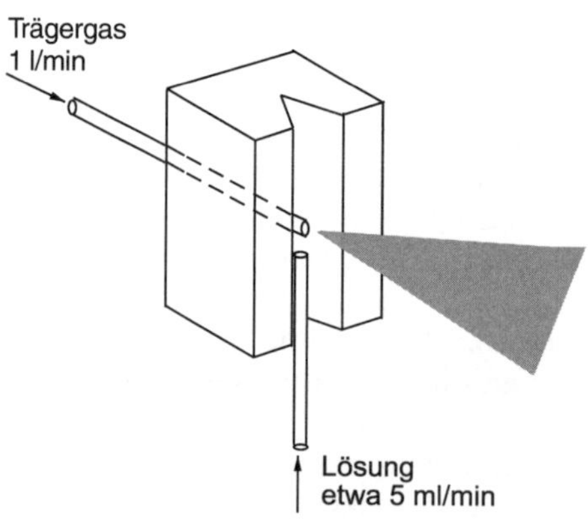

Bild 11.11 Der V-Zerstäuber

Bild 11.12 Der Ultraschallzerstäuber

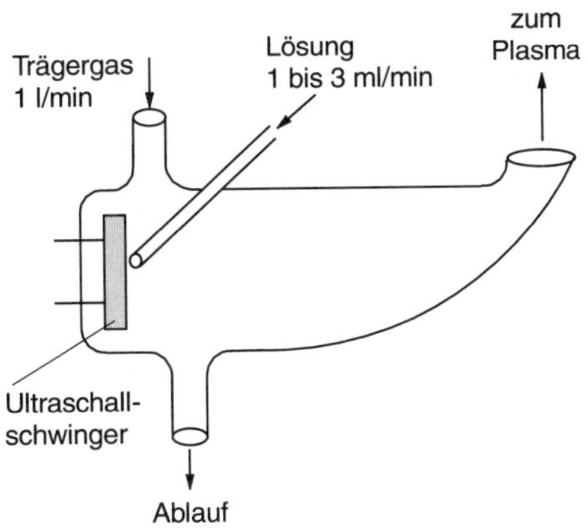

von etwa 1 l/min trägt nun die feinst zerstäubten Tröpfchen zum Plasma und erreicht hier eine Intensitätssteigerung um den Faktor 10 gegenüber pneumatischen Zerstäubern. Ultraschallzerstäuber erzeugen Aerosole mit kleinen Tröpfchen und haben einen so hohen Wirkungsgrad, daß das Plasma dabei von wäßrigen Proben stark gekühlt wird. Um niedrigere Nachweisgrenzen als beim pneumatischen Zerstäuber zu erreichen, muß das Aerosol deshalb vor der Anregung im ICP entwässert werden. Dies erfolgt durch Eindampfen der Tröpfchen in einer Heizstrecke, an die sich eine Kondensationseinheit anschließt [11.15].

Wie in der AAS stellt auch in der ICP-OES die hydraulische Hochdruckzerstäubung eine Alternative zur klassischen pneumatischen Zerstäubung und zur Ultraschallzerstäubung dar. Mit Hilfe einer üblichen HPLC-Pumpe zur Erzeugung eines konstanten Flüssigkeitsstromes unter hohem Druck und eines HPLC-Probenaufgabeventils wird die Probe einer speziellen Zerstäuberdüse zugeführt. Diese Düse ersetzt die Zerstäuberkammer. Es wird kein Zerstäubergas benötigt. Durch den hohen Druck können gesättigte Salzlösungen zerstäubt werden. Die Grundlinienstabilität wird verbessert, da dem Plasma ständig eine Lösung zugeführt wird, wodurch der Sprung in der Basislinie beim Wechsel der Proben entfällt.

Mit Techniken der Fließinjektion können Verdünnungen vorgenommen und Standardadditionen durchgeführt werden. Mit Ionenaustauschersäulen können Spuren angereichert bzw. die Matrix abgetrennt werden.

11.3.2.4 Zerstäuberkammer

Während der Zerstäuber eine möglichst feine Vernebelung des Aerosols erreichen soll, ist es Aufgabe der Zerstäuberkammer, als Filter für die erzeugten Nebeltröpfchen zu wirken (Bild 11.13). Sie dient zum Abscheiden zu großer Flüssigkeitströpfchen, die die Stabilität des Plasmas beeinträchtigen würden. Über 90 % der angesaugten Probe werden in der Sprühkammer wieder abgeschieden und laufen über einen Ablaufschlauch ab. Es gelangen nur etwa 5 bis 8 % der zerstäubten Substanz zum Plasma. Dieser Wirkungsgrad entspricht der Leistung anderer Zerstäubersysteme und ist typisch für das pneumatische Zerstäuberprinzip.

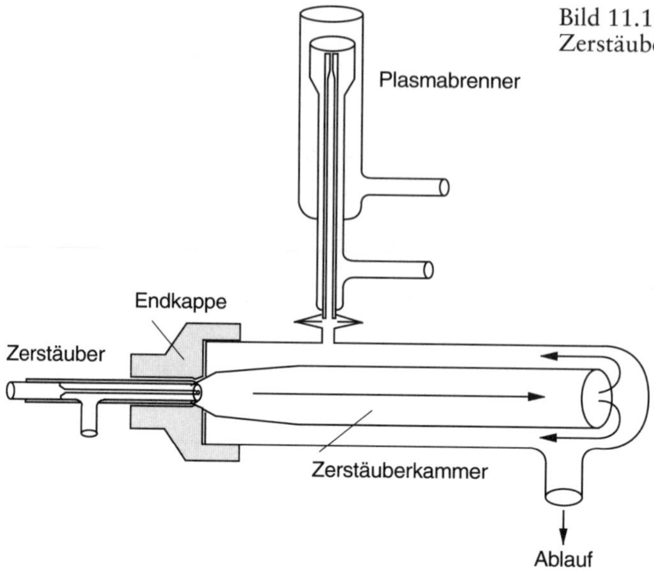

Bild 11.13 ICP-Brennereinheit mit Zerstäuber und Zerstäuberkammer

Die ursprünglich von SCOTT und FASSEL in den USA entwickelte erste Zerstäuberkammer wird im Prinzip mit einigen Variationen immer noch eingesetzt. Die Sprühkammer besteht aus Glas, Teflon oder anderen Kunststoffen, wie z. B. Ryton, einem Kunststoff mit guten Benetzungseigenschaften. Sie ist durch eine Endkappe abgeschlossen, die den Zerstäuber enthält. Es handelt sich um einen Doppelzylinder mit ausgezeichneter Filterwirkung.

11.3.2.5 Verringerung des Argonverbrauchs

Der Nachteil des induktiv gekoppelten Plasmas war seit der Einführung der relativ hohe Argonverbrauch. Die Dimensionen der ICP-Fackel waren schon von FASSEL und GREENFIELD festgelegt worden und haben sich bis heute im Prinzip nicht geändert. FASSEL arbeitete im Argon-Argon-Betrieb, der innere Durchmesser des äußeren Quarzrohres beträgt dabei etwa 18 mm. Bei der von GREENFIELD betriebenen Argon-Stickstoff-Fackel liegt der Durchmesser bei 28 mm. Diese Dimensionen bedingen die hohen Flußraten von 15 l Argon pro Minute. Bei Reduktion des Kühlgasflusses besteht die Gefahr, daß die Fackeln zu glühen anfangen. Wird die HF-Leistung vermindert, lassen sich zwar die Gasströme verringern, allerdings geht das zu Lasten der analytischen Leistung und der allgemeinen Stabilität. Die Form des induktiv gekoppelten Plasmas wird primär durch die Geometrie der Fackel und durch die Gasströme bestimmt, sekundär durch die Form der HF-Spule und die HF-Frequenz.

Um den Kühlgasverbrauch zu verringern, muß man die Dimensionen der Fackel verkleinern. Eine kleinere Fackel benötigt auch weniger HF-Leistung. Durch verschiedene kleine Modifikationen in der Fackelkonstruktion kann der hohe Kühlgasverbrauch gesenkt werden. Ein Quarzröhrensystem für das Plasma mit niedrigem Argonverbrauch bis etwa 6 l/min, das bei einer Leistung von bis zu 600 W arbeitet, hat sich inzwischen bewährt. Eine weitere Verringerung der Leistung und des Gasverbrauchs gehen deutlich zu Lasten der Betriebsstabilität und der Robustheit des ICPs im Routinebetrieb. Neben diesen Systemen bieten alle Gerätehersteller weiterhin die etwas größeren Standard-ICP-Systeme an, die entsprechend robuster sind und bei einer Leistung zwischen 1 und 2,5 kW sowie bei einem Gasverbrauch von 10 bis 15 l/min arbeiten.

11.4 Aufbau einer ICP-Apparatur

Das ICP hat sich seit seiner Einführung im Jahre 1964 als Anregung zur Emissionsspektrometrie durchgesetzt und Eingang in zahlreiche Laboratorien mit unterschiedlicher Aufgabenstellung gefunden. Es ist nicht zu bestreiten, daß die benötigten Geräte permanent verbessert worden sind, denn sonst hätte sich die ICP-Technik nicht in dem Maße durchgesetzt. Die heutigen Anforderungen an ein modernes ICP-Spektrometer sind vor allem hohe Automatisierbarkeit bei geringem Personaleinsatz und Vollauslastung des Gerätes auch über Nacht.

Auswahlkriterien für ICP-Spektrometer sind in allgemeinster Form bekannt. Z.B. lassen sich auf dem Markt befindliche Geräte in Typen einteilen:

- nach dem **Meßmodus:** in sequentiell messend, simultan messend und kombinierte Geräte;
- nach dem **Wellenlängenbereich:** in Vakuum-UV/UV-, UV-, UV/Vis- und Vakuum-UV/UV/Vis-Geräte;
- nach der **Auflösung:** in hochauflösend (< 0,005 nm) oder gering auflösend (> 0,01 nm);
- nach der **maximalen Hochfrequenzleistung:** < 1,5 kW, < 2,5 kW, > 2,5 kW;
- nach dem **benutzten Plasmagas:** Ar/Ar, N_2/Ar, O_2/Ar oder andere Mischgase.

Von den Hauptkomponenten eines ICP-Systems ist das Dispersionselement der wichtigste Teil, da es die Güte und Richtigkeit der Analytik unmittelbar beeinflußt. Weist das Spektrometer eine schlechte Auflösung auf, kann dies weder eine exzellente Anregungseinheit noch ein guter Detektor ausgleichen. Da es sich bei der Plasmaanregung um eine Atomemissionsmethode handelt, müssen die Anforderungen an das Dispersionselement sehr hoch sein. Im Gegensatz zur AAS, bei der die schmalbandige und elementspezifische Spektrallinie der Hohlkatodenlampe die Auflösung der Optik in eine untergeordnete Rolle versetzt, erfolgt in der ICP die Elementselektion einzig und allein über die Optik. Deshalb ist eine Nachrüstung vorhandener AAS-Geräte mit einer ICP-Anregung aufgrund der unzureichenden Auflösung der AAS-Geräte nicht möglich.

Vorteilhaft kann in der Atomemissionsspektrometrie auch der Vakuum-UV-Bereich unter 190 nm genutzt werden. Hierzu muß lediglich das Dispersionselement mit Inertgas gespült werden. Hierdurch sind viele Nichtmetalle, die Emissionslinien in diesem Spektralgebiet haben, wie z. B Schwefel und Phosphor, im Gegensatz zur Atomabsorptionsspektrometrie analytisch gut bestimmbar.

Neben diesen grundsätzlichen Geräteparametern sind insbesondere Funktionen der Geräte bezüglich der Analysenqualität, des Analysenablaufs und der Ana-

Tabelle 11.2 Die verschiedenen optischen Systeme der IPC-Spektrometer

Dispersionselement	Wirkung	Anwendung
Plangitter	Monochromator	Einzelelement und sequentielle Multielementbestimmung
Konkavgitter	Polychromator	Simultane Multielementbestimmung
Echelle-Gitter	Monochromator und Polychromator	Simultane und sequentielle Multielementbestimmung

lysenkosten von Bedeutung. Dazu gehören Reproduzierbarkeit und Richtigkeit der Ergebnisse, Schnelligkeit der Analyse, Kompliziertheitsgrad der Bedienung, Variabilität der Auswertesoftware, allgemeine Betriebskosten und damit die Kosten pro Analyse. Um eine Richtigkeit der Ergebnisse auch in einem automatisierten Nachtbetrieb zu gewährleisten, ist eine entsprechende Software zur Qualitätssicherung notwendig [11.16].

Grundsätzlich ist zu unterscheiden zwischen simultanen und sequentiellen Spektrometern, die sich in ihrem Dispersionselement unterscheiden (Tabelle 11.2). Bei Geräten der zweiten Generation handelt es sich um kombinierte Simultan- und Sequenzgeräte mit neuartiger Konzeption. Kernstück dieser Spektrometer ist ein ECHELLE-Gitter, das eine hohe Abbildungsgüte, geringes Streulicht, hohe spektrale Auflösung und hohe Lichtstärke aufweist.

11.4.1 ICP-Sequenz-Emissionsspektrometer

Hierunter versteht man ein in sich abgeschlossenes Analysensystem, bei dem die Messung der Elementbestandteile sequentiell, d.h. hintereinander erfolgt. Wichtigster Bestandteil dieses Analysensystems ist die ICP-Anregung selbst, die mit einem Spektralphotometer mit hochauflösendem Monochromator verbunden ist, der im einfachsten Fall manuell verstellt wird.

Für die Einzelelement- oder sequentielle Multielementbestimmung ist das dispergierende Element ein Plangitter. Beim Monochromator befindet sich im Minimum der Lichtablenkung ein fixierter Austrittsspalt, an dem die verschiedenen Wellenlängen durch Drehen des Gitters vorbeigeführt werden. Dabei kann das Drehen des Gitters mit einem Drehknopf (Einzelelementbestimmung) oder über einen rechnergesteuerten Schrittmotor (automatische sequentielle Multielementbestimmung) erfolgen.

Das Einsatzgebiet der Sequenz-Emissionsspektrometer ist die Spurenanalyse von Elementen in Lösung, ähnlich wie bei der AAS, jedoch ohne Hohlkatodenlampen, Lachgas und Acetylen und ohne Einschränkung der Aufgabenstellung. Das quantitative Ergebnis wird als Intensitäts- oder als Integrationswert ermittelt.

Da bei einem sequentiellen ICP-Spektrometer jede beliebige Wellenlänge eingestellt werden kann, bieten sie die maximale Flexibilität bei Elementen und Wellenlängen. In der Praxis erfolgt die quantitative Messung nach vorangegangener qualitativer Analyse, besonders wenn es sich um neuartige oder komplexe Proben handelt. Das Auswahlkriterium für die optimale Wellenlänge sind das Signal-Untergrund-Verhältnis und die Freiheit von eventuellen Linienüberlagerungen. Damit bietet das ICP-Sequenz-Emissions-Spektrometer ein Höchstmaß an Flexibilität sowohl für das Forschungs- als auch für das Routinelabor.

Durch die direkte Messung «on-peak» können sequentielle Geräte eine Genauigkeit erreichen, die genauso gut oder manchmal sogar besser als bei simultanen ICP-Spektrometern ist. Aufgrund der kontinuierlichen Atomemission ist die Möglichkeit auch zur qualitativen Spektralanalyse gegeben, die über den Linienschreiber und den synchron laufenden automatischen Wellenlängenvorschub erfolgen kann.

11.4.1.1 Monochromator beim sequentiellen Spektrometer

Dem Monochromator kommt in der optischen Emissionsspektrometrie die Aufgabe zu, die Analysenlinie aus jeglicher Fremdstrahlung auszusondern. Geschieht dies nicht, wird nicht nur die Strahlung des interessierenden Elementes, sondern die Summe aller durch den Austrittsspalt an den Empfänger fallenden Strahlungskomponenten gemessen. Diese Art der Fehlmessung bezeichnet man als spektrale Störungen. Um diese Störung zu vermeiden, benötigt man Monochromatoren mit möglichst hoher Auflösung. Da eine erhöhte Auflösung nur mit kleineren geometrischen Spaltbreiten zu erreichen ist, bedeutet dies gleichzeitig eine Verminderung der auf den Empfänger ankommenden Strahlungsenergie und eine erhöhte Driftgefahr.

Die wichtigste Funktion des Spektrometers besteht in der Trennung der elementspezifischen Emissionslinien. Diese Aufgabe ist schwierig, da infolge der hohen Temperaturen der Plasmaanregung sehr linienreiche Spektren angeregt werden. Dieser große Linienreichtum verursacht besonders bei hohen Konzentrationen eine Vielzahl von Störeinflüssen bei den für die Analyse interessanten Linien anderer Elemente. So wird z. B. die nachweisstärkste Linie des Kobalts bei 238,892 nm von der intensiven Eisenlinie bei 238,863 nm beeinflußt (Tabelle 11.3). Aus diesem Grund wurden bereits umfangreiche Linientabellen und Nachschlagewerke verfaßt, in denen eine große Anzahl von Störlinien und deren Intensitäten angegeben werden.

Tabelle 11.3 Beispiele von gegenseitigen Elementstörungen

Element 1	Wellenlänge in nm	Element 2	Wellenlänge in nm	Linienabstand in nm
Cd	228,802	As	228,812	0,010
Zn	202,548	Mg	202,582	0,034
Pb	216,999	Sb	217,023	0,024
Sb	231,147	Ni	231,097	0,050
Co	238,892	Fe	238,836	0,029
Co	231,160	Sb	231,147	0,013
Al	309,284	V	309,311	0,027
Be	313,042	Nb	313,079	0,037
Be	313,107	Nb	313,070	0,028

Infolge immer höher geschraubter Anforderungen im analytischen Labor verlangt der Anwender vom Gerätehersteller immer bessere Spezifikationen. Dem gegenüber stehen natürliche technische Schwierigkeiten und physikalische Gesetze. Insbesondere fordert der Linienreichtum von ICP-Spektren ausgesprochen leistungsfähige Spektrometer mit möglichst hoher Auflösung.

Für den großen Spektralbereich von 170 nm bis in den nahen Infrarotbereich von 900 nm, wo einige Elemente wie z. B. Na, K und Li Emissionslinien haben, ist die Verwendung eines einzigen Gitters nur mit größeren Abstrichen in der Effektivität der Anlage machbar. Der gesamte Spektralbereich wird deshalb auf zwei Gitter aufgeteilt, wobei jedes Gitter für seinen Teilbereich optimiert ist.

Zum Erzielen guter Nachweisgrenzen muß neben einer hohen Auflösung eine gute Lichtausbeute garantiert sein. Nachweisgrenzen können verbessert werden, wenn die Standardabweichung des Untergrundes gering ist. Die Standardabweichung des Untergrundes ist hauptsächlich von Torch und Generator abhängig, da das Rauschen von Fluktuationen im Plasma, dem sog. «Flicker noise», hervorgerufen wird. Allerdings ist bei den meisten Spektrometern die Lichtausbeute im UV-Bereich gering, so daß die Signalausbeute nicht nur vom Flicker noise, sondern auch vom Schrotrauschen begrenzt wird. Unter dem Schrotrauschen versteht man das Rauschen des Photomultipliers bei der Umsetzung von Photonen in Photoelektronen.

Das Schrotrauschen ist proportional zu $1/\sqrt{I}$. Folglich können gute Nachweisgrenzen nur bei einem optimalen Lichtdurchsatz gewährleistet werden, der wiederum mit großen Spaltbreiten erzielt wird. Ein gutes Signal-Rausch-Verhältnis ist aber nur mit engen Spaltbreiten gewährleistet. Eine gute Auflösung in Verbindung mit einem hohen Lichtdurchsatz stellt somit höchste Anforderungen an den Monochromator.

11.4.1.2 Auflösungsvermögen

Die optische Auflösung des Monochromators ist die Fähigkeit, zwei gleich intensive, dicht beieinanderliegende Spektrallinien zu trennen. Diese Definition wird nach dem Rayleigh-Kriterium präzisiert, das besagt, daß das Maximum des einen Peaks auf das Minimum des anderen Peaks fallen muß.

Für Peaks mit einer perfekten Gauss-Verteilung würde dieser Wert für $\Delta\lambda$, bezogen auf die Gesamtintensität, bei 50 % liegen (Bild 11.14). Die mathematische

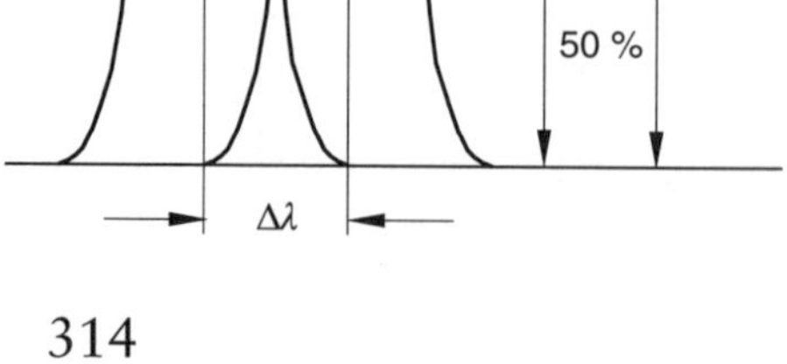

Bild 11.14 Optische Auflösung nach dem Rayleigh-Kriterium: das Maximum von λ_1 ist das Minimum von λ_2

Definition der Auflösung wird jedoch als das Verhältnis von $\lambda/\Delta\lambda$ ausgedrückt. Hieraus resultiert eine dimensionslose Zahl, die für den Analytiker nur wenig Bedeutung hat. Für ihn ist es weit wichtiger zu wissen, ob ein Gerät ein bestimmtes Linienpaar ausreichend trennt (coincidence) und damit eine interferenzfreie Analyse gewährleistet. Für den Praktiker ist der Wert $\Delta\lambda$ als Maß der Auflösung ausreichend. Bei Halbwertsbreiten von wenigen pm sollte ein gutes ICP-Spektrometer 15 pm oder mehr auflösen.

Die theoretische Auflösung eines Gitters wird beschrieben durch

$$\frac{\lambda}{\Delta\lambda} = k \cdot n \cdot l$$

k Ordnungszahl
n Anzahl Gitterlinien pro mm
l Gitterbreite

Die Auflösung eines Gitters wird also bei einer vorgegebenen Ordnung mit zunehmender Anzahl Linien pro mm und größerer Gitterbreite verbessert. Die mechanische Spaltbreite und die reziproke Lineardispersion ergeben die resultierende spektrale Spaltbreite.

Die Dispersion eines Spektralapparates, also die Fähigkeit, Licht unterschiedlicher Wellenlänge zu zerlegen, kann als Winkeldispersion oder als lineare Dispersion ausgedrückt werden. Die Winkeldispersion $\Delta\Phi/\Delta\lambda$ gibt die Änderung des Winkels $\Delta\Phi$ für eine Wellenlängendifferenz $\Delta\lambda$ an. Die lineare Dispersion $\Delta l/\Delta\lambda$ entspricht der Entfernung von zwei Linien Δl für eine Wellenlängendifferenz $\Delta\lambda$. Die reziproke lineare Dispersion ist die Kenngröße, die im allgemeinen in der Praxis verwendet wird und eine Funktion der Brennweite f ist.

$$\frac{\Delta\lambda}{\Delta l} = \frac{\cos\alpha}{k \cdot n \cdot f}$$

$\cos\alpha$ Einfallswinkel des Lichtstrahls
f Brennweite

Große Brennweite und kleiner Spalt sind also vorteilhaft. Die Brennweiten variieren bei den Spektrometern von etwa 0,4 bis 1 m. Durch die großen Brennweiten nehmen die Geräte beachtliche Dimensionen an. Mit wachsender Brennweite macht sich eine thermische Instabilität des Monochromators zunehmend bemerkbar, die mit aufwendiger Temperaturstabilisierung kompensiert werden muß.

Da der Eintrittswinkel und der Austrittswinkel auf das Gitter kleiner als 90° sein müssen, sinkt der nutzbare Spektralbereich eines Gitters mit der Erhöhung der Linienzahl. Moderne holographische Gitter verwenden meist 2400 Linien/mm, wobei für den sichtbaren Spektralbereich in 1. Ordnung gemessen wird, im ultravioletten Teil in der 2. Ordnung.

Für Atomemissionsspektrometer sind Monochromatoren mit einer spektralen Auflösung von bis zu 0,01 nm unbedingt erforderlich, um spektrale Interferenzen schnell und zuverlässig zu erkennen (Bild 11.15). Erst das Erfassen der Störung bietet dem Anwender die Möglichkeit, entsprechende Verfahren zur Beseitigung der Interferenzen zu ergreifen. Eine spektrale Überlagerung, nicht jedoch Koinzidenz, zeigt sich in der Regel durch eine Schulter in der Analysenlinie, die Peakhälften sind unterschiedlich breit. Eine Auflösung von < 0,001 nm ist für die Routine-Analytik nicht mehr sinnvoll, da die Halbwertsbreiten der Emissionslinien in

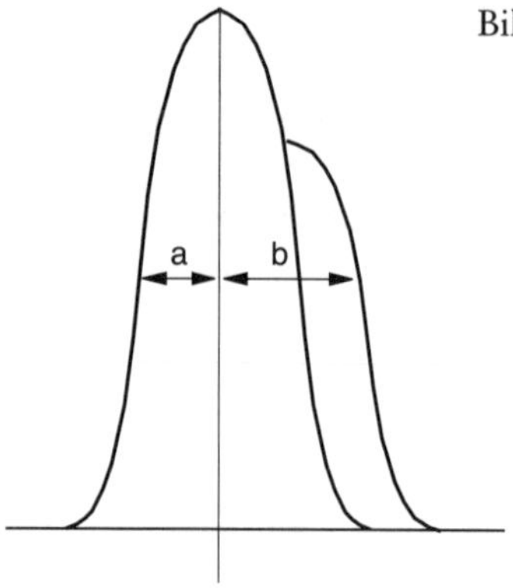

Bild 11.15 Spektrale Überlagerung in der Analysenlinie

Tabelle 11.4 Beispiele von Halbwertsbreiten in der ICP-OES

Element	Wellenlänge in nm	Halbwertsbreite in nm
Cd	228,802	0,005
Fe	249,653	0,006
B	249,678	0,005
W	249,748	0,005
Mg	285,213	0,007
Al	349,401	0,008
Ca	422,673	0,008
Na	588,995	0,019

der Größenordnung von 0,005 nm liegen. In Tabelle 11.4 sind beispielhaft die Halbwertsbreiten verschiedener Elementlinien angegeben.

Beim Gitter-Spektralapparat entsteht durch Beugung des Lichtes an den Gitterfurchen und Interferenz des gebeugten Lichtes für die verschiedenen Wellenlängen eine unterschiedliche Richtung des abgebildeten Lichtbündels. Jedes Gitter erzeugt aber einen gewissen Anteil Streulicht. Je geringer der Streulichtanteil, desto leistungsfähiger ist ein optisches System. Bei mechanisch geritzten Gittern wird das Streulicht im wesentlichen durch Abweichungen von der ideal glatten Furchenform (Rauhigkeiten) und durch periodische und nichtperiodische Unregelmäßigkeiten der Furchenabstände hervorgerufen. Bei den auf fotografischem Wege hergestellten holographischen Gittern sind diese Unregelmäßigkeiten erheblich geringer. Daher zeigen holographische Gitter geringes Streulicht und finden in Atomemissionsspektrometern verstärkt Einsatz.

Konventionelle Monochromatoren können ihre Auflösung steigern, indem größere Fokallängen bzw. engere Spaltsysteme eingesetzt werden. Beide Maßnahmen bringen folgende Nachteile mit sich:

- □ Enge Spaltsysteme reduzieren den Lichtdurchsatz.
- □ Eine Verlängerung der Fokallänge beeinträchtigt die mechanische und thermische Stabilität. So reicht für ein 1-m-Spektrometer mit einem Austrittsspalt von 25 µm eine Fehleinstellung des Gitters von nur 0,0007° aus, um die Signalintensität um 50 % zu reduzieren.

- □ Mechanisches Spiel und Verschleiß im Gitterantrieb führen dazu, daß die meisten sequentiellen Spektrometer Scans zum Auffinden der Peaks ausführen müssen. Diese zeitintensive Methode funktioniert bei wohldefinierten Peaks hoher Intensität. Demgegenüber werden schwache Signale im Spurenbereich nicht aufgefunden. Ferner können starke Signale in unmittelbarer Nachbarschaft des Meßpeaks zu Fehleinstellungen und somit falschen Analysenergebnissen führen.

11.4.1.3 Czerny-Turner-Monochromator

Der optische Aufbau eines hochauflösenden Monochromators erfolgt meist nach dem Czerny-Turner-Prinzip (Bild 11.16). Typisch für diese Aufstellung sind die beiden fokussierenden Spiegel, die es gestatten, das Gitter zu drehen, ohne den Brennpunkt zu verändern. Brennweite, Anzahl der Linien pro mm des Gitters, Spalthöhe und Spaltbreite bestimmen schließlich die optische Auflösung des Monochromators. Die Messung im Linienpeak ist Voraussetzung für eine richtige Spurenanalytik. Eine natürliche, physikalische Einschränkung besteht in der Linienverbreiterung durch die hohe Fackeltemperatur, deren Ursache im wesentlichen der Dopplereffekt und die Druckverbreiterung sind. Je nach Atomgewicht und Konzentration kann sie Werte bis zu 0,01 nm erreichen. Deshalb ist es für die meisten Linien unmöglich, eine wirklich vollständige Trennung zu erhalten.

Bild 11.16 Monochromatoranordnung nach CZERNY-TURNER

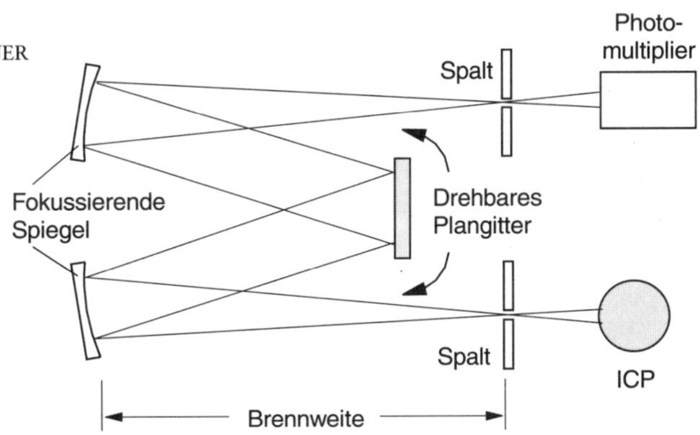

11.4.1.4 ICP-Analytik genau im Linienpeak

Die ursprünglichen Monochromatoren in Czerny-Turner-Bauart waren manuelle Geräte, bei denen die Linien von Hand eingestellt wurden. Ein solches System ist relativ billig, aber es ist langsam und schwierig einzustellen. Um die hohe Auflösung dieses Monochromators aber voll nutzen zu können, müssen die Einstellgenauigkeit und Reproduzierbarkeit der Wellenlänge gewährleistet sein.

Deshalb wurden für den Monochromator Rechnersteuerungen entwickelt, die aber nicht mit Sicherheit auf die genaue Wellenlänge gefahren werden konnten.

Mit einem konventionellen Monochromator hat man von der Mechanik her erhebliche Schwierigkeiten, einen Linienpeak exakt einzustellen.

Dies trifft besonders bei einem Wellenlängenantrieb mit Spindel, den Sinustrieb zum Gitter und die Wellenlängenanzeige zu. Selbst ein Schrittmotor mit hoher Übersetzung vermag die Toleranzen in der Mechanik nicht zu überwinden. Man benutzt deshalb Abtastungs-Meßverfahren. Die Linie wird abgetastet, und die Intensitäten werden dabei punktweise gemessen. In der Praxis hat sich diese Funktion besonders bewährt, denn sie erlaubt eine absolute Feinabstimmung auch entlang der Flanke eines Peaks und gewährleistet ein hohes Maß an Reproduzierbarkeit [11.17].

Die Unsicherheit beim Ansteuern der wahren Wellenlängeneinstellung wird dadurch behoben, daß man mit dem Gitter zunächst eine Grobabstimmung für die Elementlinie macht und dann eine Feinabstimmung vornimmt, indem eine Reihe von Meßpunkten über das Linienprofil gelegt wird. Solange der Peak innerhalb dieser Meßreihe auftritt, kann trotz der Unsicherheit des ersten Meßpunktes die wahre Peakintensität berechnet werden. Hierzu verwendet man die

- □ drehbare Quarz-Refraktorplatte und
- □ computergesteuerte Liniensuche.

Die drehbare Quarz-Refraktorplatte stellt eine einfache optische Maßnahme zur Lösung dieser Problematik dar (Bild 11.17). In den Strahlengang des Monochromators wird vor dem Austrittsspalt eine drehbare senkrecht stehende sogenannte Quarz-Refraktorplatte angebracht, die entsprechend ihrer Dicke von etwa 2 bis 5 mm und dem eingestellten Winkel zum Strahlengang von ca. ± 20° eine gut kontrollierbare und präzise (ca.) Wellenlängeneinstellung bis zu ± 0,0002 nm erlaubt. Dabei wird durch das Gitter eine Grobeinstellung vorgenommen, die Feineinstellung erfolgt durch Drehen der Quarzplatte.

Moderne computergesteuerte ICP-Spektrometer unterstützen alle wichtigen Operationen der Analyse, wie Peak-Suchverfahren, Spektrendarstellung und quantitative Auswertverfahren. Monochromatoren mit einem computergesteuer-

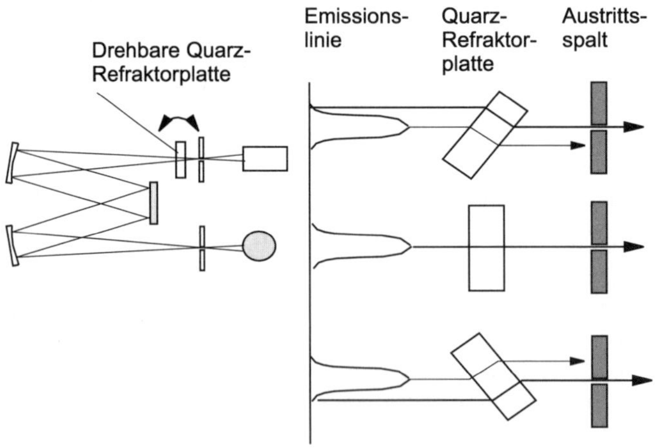

Bild 11.17 Wellenlängen-Feinabstimmung mit der drehbaren Quarz-Refraktorplatte

ten Schrittmotorantrieb für das Gitter bieten die Möglichkeit, die für die Intensitätsmessungen kritischen Größen – mechanisches Spiel und Temperaturschwankungen – auszugleichen. Die absolute Zuordnung der Wellenlänge geschieht mit Hilfe eines hochauflösenden Winkelcodierers. Der Winkelcodierer, auch Drehgeber genannt, ist starr mit dem Gitterantrieb verbunden und mißt auf fotoelektrischem Wege Winkeländerungen mit hoher Auflösung. Die Zählimpulse werden von einem Computer erfaßt.

Der Computer übernimmt die Steuerung des Monochromators. Dem Rechner werden die elementspezifische Wellenlänge und ein optisches Fenster vorgegeben, in dem die Peaksuche erfolgen soll. Das System verschiebt das optische Fenster so lange, bis das Linienmaximum in Fenstermitte liegt (Bild 11.18). Durch dieses Verfahren werden eine genaue Wellenlängenfindung und eine exakte Linienauswertung gewährleistet.

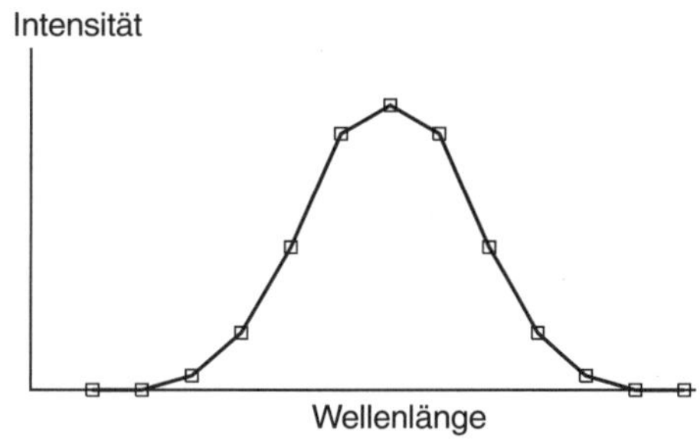

Bild 11.18 Computerunterstützte Peakabtastung

Inzwischen gibt es für die Monochromatoren modernere optische Systeme, die

- □ innerhalb weniger Sekunden,
- □ auf jede beliebige Wellenlänge,
- □ in einem Spektralbereich von 170 bis 800 nm und
- □ mit einer Einstellgenauigkeit von ± 0,001 nm einstellbar sind.

Die zunehmende Erkenntnis spektraler Interferenzen zeigt zur Zeit eine erhöhte Neigung zu sequentiellen Systemen, um in der Wahl der Elementlinien flexibel zu bleiben.

11.4.2 ICP-Multielement-Emissionsspektrometer

Das simultane ICP-Multielement-Spektrometer stellt ein analytisches System dar, mit dem eine Vielzahl von Elementen aus einer Lösung parallel und quantitativ innerhalb von 10 bis 30 Sekunden erfaßt werden kann. Auch hier steht wieder die ICP-Emissionsanregung im Mittelpunkt der Anlage.

Zur simultanen Mehrelementbestimmung werden Polychromatoren eingesetzt. Ihr dispergierendes Element ist ein Konkavgitter, mit dem der Eintrittsspalt bei den verschiedenen Wellenlängen nebeneinander abgebildet wird. Die heute im wesentlichen verwendete Konkavgitteraufstellung ist die nach RUNGE und PASCHEN. Bei diesen Geräten sind Eintrittsspalt, Gitter und bis zu 60 Austrittsspalte (Kanäle) fest auf dem sogenannten Rowland-Kreis montiert. Dabei dient das verwendete Konkavgitter gleichzeitig zum Dispergieren und Fokussieren. Die Austrittsspalte (Sekundärspalte) dieses Systems sind jeweils auf bestimmte Emissionslinien fest einjustiert. Hinter jedem Sekundärspalt befindet sich ein Photomultiplier mit eigener Hochspannungsversorgung, Verstärkung, Meßwertverarbeitung usw.

Ein weiteres, bei simultanen ICP-Spektrometern häufig auftretendes Problem ist, daß die optimale Wellenlänge für ein gegebenes Element wegen Platzmangels auf der Fokalebene nicht genutzt werden kann. Das bedeutet, daß der Chemiker zugunsten der Geschwindigkeit bei der Qualität Einschränkungen in Kauf nehmen muß. Manchmal können die optimalen Gitteranordnungen nicht verwendet werden, und mögliche alternative Wellenlängen zeigen spektrale Interferenzen. Wenn im Spektrum Interferenzen auftreten, gibt es nur eine Maßnahme: die Interelementkorrektur. Sie ist für sequentielle ICP die letzte Möglichkeit, interferenzfreie Messungen durchzuführen. Die Korrektur des Untergrundes ist bei vielen simultanen ICP-Spektrometern nicht möglich, jedoch verfügen einige der neuesten Modelle über eine frei wählbare Untergrundkorrektur, obwohl diese die Analysenzeit verlängert und so den Hauptvorteil der Methode zunichte macht.

Im Vergleich zum Monochromator mit Schrittmotorsteuerung bietet der Polychromator die Möglichkeit der simultanen Bestimmung von 40 und mehr Elementen in 1 bis 3 Minuten. Er hat jedoch auch zwei entscheidende Nachteile, die seinen Einsatz im Labor mit komplexer Aufgabenstellung stark einschränken. Zum einen muß sich der Benutzer beim Kauf des Gerätes entscheiden, welche Elemente auf welcher Wellenlänge gemessen werden sollen. Eine nachträgliche Änderung ist aufwendig und kostspielig und kann nur vom Gerätehersteller durchgeführt werden.

Zum anderen ist eine dynamische Untergrundkorrektur mit freier Wahl der Wellenlänge vor und hinter der Analysenlinie – wie beim schrittmotorgesteuerten Monochromator – beim Polychromator nur eingeschränkt möglich.

Einsatzgebiet des Systems ist das chemisch-analytische Labor mit großem Probendurchsatz. Simultan messende ICP-Spektrometer werden hauptsächlich dort eingesetzt, wo der Probendurchsatz sehr hoch ist und die analytischen Problemstellungen nicht variieren, d.h. wo stets die gleichen Elemente gefragt sind. Die Kombination von ICP-Emissionsanregung mit einem Multielement-Spektrometer bietet erstmalig der Lösungsanalyse ein schnelles Untersuchungsverfahren, wie es bislang nur in der Stahlindustrie an festen Proben bekannt ist.

11.4.2.1 Paschen-Runge-Polychromator

Die meisten Multielement-Emissionsspektrometer arbeiten in ihrer optischen Anordnung nach der Geometrie des Rowland-Kreises, der in der sog. Paschen-Runge-Aufstellung seine Anwendung findet (Bild 11.19). Das holographische Konkavgitter ist fest positioniert. Wenn Primärspalt, Gitter und Sekundärspalt auf einem Kreis so angeordnet werden, daß ein Spiegelbild des Primärspaltes zur Normalen entsteht, dann befindet sich das Spektrum zwischen Primärspalt und Spiegelbild im Fokus. Die Größe des Rowland-Kreises bestimmt gleichzeitig die

Bild 11.19 Polychromator nach PASCHEN-RUNGE

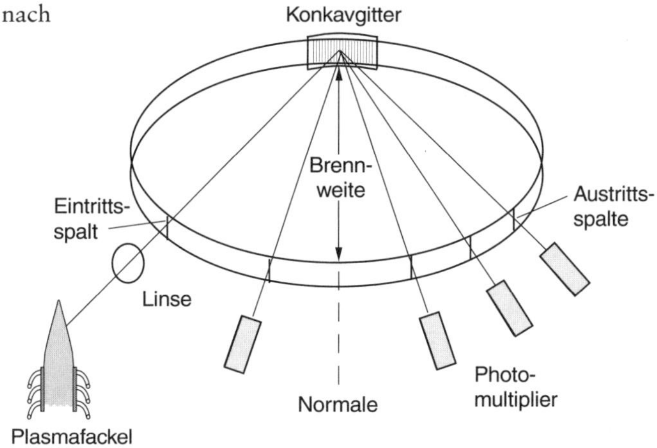

Brennweite des Spektrometers. die in der Regel zwischen 0,75 und 1,5 m beträgt und Platz für bis zu 60 Analysenkanäle bietet. Die zahlenmäßige Begrenzung ist durch die reziproke Dispersion gegeben, die der Wellenlängendifferenz von 1 mm der Fokalebene am Rowland-Kreis entspricht. Sie beträgt bei Spektrometern mit 1 m Brennweite ca. 0,5 nm/mm. Der minimale Abstand zweier Spalten in der Fokalebene beträgt etwa 1 bis 1,5 nm. Jeder Elementkanal besteht aus dem Sekundärspalt, Spiegel und Photomultiplier.

Im Gegensatz zu Sequenz-Spektrometern sind Primärspalt, Gitter und Sekundärspalt auf dem Rowland-Kreis fest montiert und können nur mit relativ großem Aufwand durch den Hersteller verändert werden. Diese Tatsache erfordert eine gründliche Kenntnis der analytischen Aufgabenstellung, unter anderem die Anzahl der zu analysierenden Elemente, die Kenntnis der Matrix und Begleitelemente, mögliche Linienüberlagerungen usw.

11.4.3 Kombinierte Simultan-Sequenz-ICP-Spektrometer

Ursprünglich wurden auf dem Markt ICP-Spektrometer entweder als sequentielle oder als simultane Geräte angeboten. Die Kombination eines Simultan- und eines Sequenz-Spektrometers mit einer ICP-Anregungsquelle vereinigt sämtliche Vorteile, die das ICP-AES als Methode überhaupt bietet. Somit ist das Simultan-Sequenz-ICP eine echte Alternative zu schnellen Sequenzgeräten, da hier höchste Meßgeschwindigkeit und analytische Flexibilität eine Einheit bilden. Ein kombiniertes Simultan-Sequenz-ICP-Spektrometer enthält sowohl einen Polychromator nach PASCHEN und RUNGE als auch einen Monochromator nach CZERNY-TURNER (Bild 11.20).

11.4.4 ICP-Spektrometer mit Echelle-Gitter

Diese Spektrometerkonstruktion unterscheidet sich wesentlich von allen bisherigen Anordnungen. Das Echelle-Spektrometer ist sowohl als Monochromator als

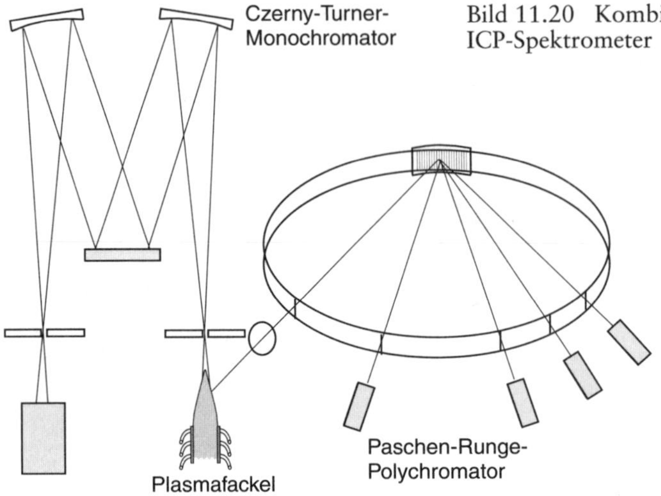

Bild 11.20 Kombiniertes Simultan-Sequenz-ICP-Spektrometer

auch als Polychromator anzusehen. Die extrem hohe Auflösung bei kompakten Gehäuseabmessungen wird beim Echelle-Spektrometer erreicht durch

- □ die in zwei Ebenen wirkende Dispersion und
- □ die Ausnutzung der höheren Gitterordnung.

Als dispersives Element werden ein fixiertes Echelle-Gitter mit nur 79 Linien/mm und ein 30°-Prisma verwendet. Das nachdispergierende Prisma hat gleichzeitig die Wirkung einer Linse und bildet die Emissionslinien auf einer zweidimensionalen Ebene ab. Die fixierte Anordnung dieser Dispersionseinheit bietet eine unerreichte Zuverlässigkeit in der Linienfindung und somit in der Reproduzierbarkeit der Wellenlängenansteuerung.

Die hohe Auflösung eines Echelle-Gitters wird gegenüber einem konventionellen Gitter durch ein anderes optisches Prinzip erreicht. Das Dispersionsvermögen eines Gitters ist direkt proportional der Anzahl Gitterfurchen pro mm bei einer vorgegebenen Ordnung bzw. proportional der Ordnung bei gleicher Linienzahl des Gitters. Bei konventionellen Gittermonochromatoren wird aus energetischen Gründen praktisch nur in der Beugung 1. und 2. Ordnung gearbeitet. Höhere Ordnungen für Standardgitter ergeben zwar um den Faktor der Ordnungszahl höhere Dispersionen und somit eine höhere Auflösung. In diesen Fällen kann aber die Auflösung praktisch nicht realisiert werden, da die Energieausbeute keine entsprechend engen Spalten zuläßt. Soll der Gitterwinkel in 1. Beugungsordnung deutlich erhöht werden, ist hierzu ein Gitter mit sehr hoher Liniendichte erforderlich. Für die hohe Auflösung werden deshalb bei konventionellen Gittern 2400 oder sogar 3600 Linien/mm eingesetzt.

Zur Steigerung der Auflösung kann ein weiterer Weg beschritten werden. Bei gegebener Gitterbreite und Wellenlänge hängt die Auflösung vom Sinus des Beugungswinkels ab. Standardgitter arbeiten normalerweise im Bereich um 15°, Echelle-Gitter um 63°. Bei gleichen Voraussetzungen bedeutet das für ein Echelle-Gitter bereits eine Erhöhung des Auflösungsvermögens um den Faktor 3.

Eine weitere Möglichkeit zur Optimierung der Auflösung besteht darin, höhere Beugungsordnungen heranzuziehen. Während konventionelle Gitter nur in 1. und 2. Beugungsordnung arbeiten, gibt das Echelle-Gitter alle Ordnungen mit nahezu gleicher Intensität wieder. Das auf das Gitter fallende Licht wird in Lichtstrahlen zerlegt, bei denen unterschiedliche Wellenlängen verschiedener Ordnungen übereinander liegen. Der enge Winkelbereich des Echelle-Systems resultiert in einer «Blaze-Winkeloptimierung» für einen sehr großen Spektralbereich. Daraus ergibt sich ein sehr enger nutzbarer Spektralbereich für jede Ordnung. Um nun Ordnungsüberlagerungen zu vermeiden, werden Echelle-Gitter fast ausschließlich mit Vor- oder Nachdispersionselementen eingesetzt.

Die einzelnen Ordnungen werden anschließend durch das Prisma in zweiter Dimension aufgespalten. Die Ordnungen sind gegeneinander versetzt, da die Blazewellenlänge eine Funktion der Ordnung ist. Einer der vom Gitter reflektierten Lichtstrahlen besteht aus den Blazewellenlängen aller Ordnungen und besitzt somit die maximale Intensität. Nach Durchgang dieses Lichtstrahls durch das Prisma liegen die Blazewellenlängen im Spektrum aufgefächert übereinander. Das Echelle-Spektrometer arbeitet in einem Bereich um die Blazewellenlänge herum, so daß eine Wellenlänge links in einer Ordnung und dann wieder rechts in der nächst niederen Ordnung auftritt. Diese Auswahl führt trotz der sehr hohen Auflösung zu guten Intensitäten [11.18].

Sehr hohe Anforderungen bei Echelle-Gittern werden an die Furchenform bzw. Furchenqualität gestellt. In keinem Fall ist die Lichtausbeute kleiner als 50 % der maximal möglichen. Werden 50 % Lichtausbeute unterschritten, wird eine benachbarte Ordnung herangezogen. Dagegen verringert sich die Lichtausbeute konventioneller Gitter, die in 1. Beugungsordnung arbeiten, drastisch, wenn vom Blazewinkel abgewichen wird.

Im Hinblick auf die Lichtausbeute gehört das Echelle-Gitter zu den effizientesten Aufstellungen. Es wird deshalb klar, daß durch seinen Einsatz extrem hochauflösende Geräte mit sehr kleinen Abmessungen hergestellt werden können. Ein weiterer Vorteil des Echelle-Gitters ist in dem Einsatz über einen sehr großen Spektralbereich zu sehen. Die geringe Furchenzahl pro mm und die Verwendung von hohen Gitterordnungen ergeben wesentlich weniger Probleme bezüglich hoher Polarisationsverluste gegenüber Standardgittern mit hoher Furchendichte (Woodsche Anomalie).

Bei höherer Lichtausbeute erreichen Echelle-Monochromatoren eine mehr als zehnfach bessere Auflösung als herkömmliche Monochromatoren gleicher Fokallänge und Spaltbreiten. Durch Aneinanderreihen der einzelnen Ordnungen zur Abdeckung eines Spektralbereichs von 180 bis 900 nm wäre z.B. eine Rowland-Kreisbogenlänge von etwa 5 bis 6 m erforderlich. Die ausgewählten Ordnungen und Wellenlängen werden durch das Prisma zusätzlich weiter auseinandergezogen. Bei einer Brennweite von 75 cm entspricht die Auflösung der Leistungsfähigkeit eines konventionellen Monochromators mit mehr als 3 m Brennweite, dessen Gitter üblicherweise 2400 Linien/mm hat.

Bei der gekreuzten Dispersion mit einem korrigierten Prisma, das gleichzeitig als Linse und Prisma fungiert, werden die betreffenden Ordnungen in eine zweite Ebene zerlegt. Das aufs Gitter fallende Licht wird in Lichtstrahlen zerlegt, bei denen unterschiedliche Wellenlängen verschiedener Ordnungen übereinanderliegen.

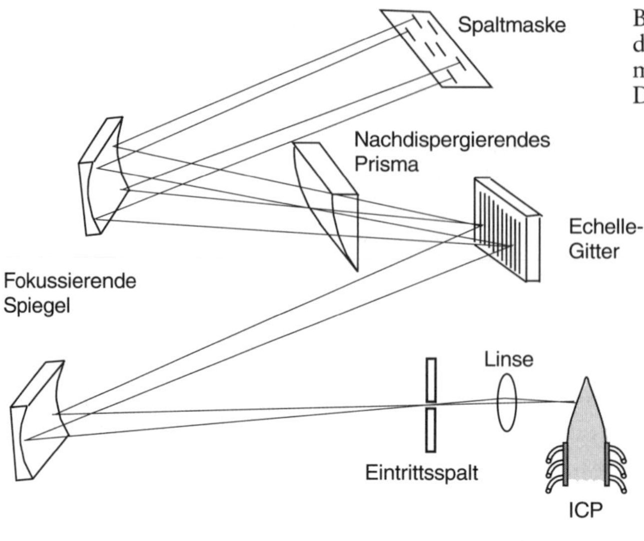

Bild 11.21 Funktionsbild des Echelle-Monochromators mit Prisma und überkreuzter Dispersion

Diese werden anschließend durch das Prisma in zweiter Dimension aufgespalten. Hieraus resultiert ein zweidimensionales Spektrum auf der Blendenplatte des Spektrometers (Bild 11.21).

Diese Echelle-Anordnung hat mehrere Vorteile:

- □ einwandfreie Linienabtrennung durch extrem hohe Dispersion,
- □ keine mechanisch bewegten Monochromatorteile; das erspart aufwendige Mechanik zur Gittersteuerung,
- □ gekreuzte Dispersion durch korrigiertes Prisma mit Einfachdurchgang, dadurch hohe Lichtausbeute und scharfe Spaltbilder,
- □ festgelegter Spektralbereich für jede Ordnung durch Spaltmaske bei optimaler Energieausbeute ohne aufwendige Rechenprogramme,
- □ Einsatz für sequentielle und simultane Multielementerfassung in einem optischen System.

Am Ausgang des Echelle-Spektrometers liegt das gesamte Spektrum einer Analysensubstanz auf einer Fläche von etwa $5 \times 5\ cm^2$ vor. Die flächenhafte Aufspaltung des Emissionsspektrums bietet die Möglichkeit einer sehr flexiblen Detektion. Mit Hilfe der Echelle-Prisma-Anordnung können sowohl sequentielle als auch simultane Multielementbestimmungen mit dem gleichen optischen Aufbau durchgeführt werden.

Bei der Simultanmessung wird eine Spaltmaske mit den entsprechenden Austrittsspalten für die einzelnen Elementlinien auf die Ausgangsfläche des Polychromators zentriert. Hinter jedem Austrittspalt befindet sich ein zugehöriger Photomultiplier. Diese Spaltmaske kann bei Bedarf für andere Analysenprobleme mit entsprechend anderem Spaltmuster gewechselt werden.

Im sequentiellen Betrieb fährt ein spezieller Detektorarm, auf dem der Photomultiplier befestigt ist, auf die entsprechende Elementposition. Dieser Vorgang ist mechanisch unkritisch, da eine große Photokatode nur grob die Elementspaltposition anfahren muß. Hierdurch ist ein extrem schneller und präziser Elementwechsel innerhalb einer Sekunde möglich. Zur Registrierung und Darstellung einer oder mehrerer Linienprofile wird die Spaltmaske in x-Richtung durch einen Schrittmotor bewegt und führt somit eine Wellenlängenaufzeichnung durch. Wahrnehmbar sind Linienabstände bis 0,001 nm. Eine Abweichung von der «Peakkoordinate» deutet auf eine Linieninterferenz hin.

11.4.4.1 Simultane Messung aller Elemente auf allen Wellenlängen

Die Echelle-Optik stellt die ideale Voraussetzung für den Einsatz einer zweidimensionalen Empfängermaske dar. Diese Möglichkeit bietet die Verwendung eines Halbleiterchips in Form des Charge **i**njection **d**evices als Detektor [11.19]. Ein CID-Halbleiter ähnelt dem Detektor einer Videokamera. Rund 95 000 einzelne Detektoren, in der Fachsprache als Pixels bezeichnet, enthält der Chip auf einer Fläche, die in 388 Linien und 244 Reihen aufgeteilt ist. Jeder Pixel ist 23,3 µm breit und 27,2 µm hoch. Die Lichtempfindlichkeit und der dynamische Bereich entsprechen mit einer Größenordnung von $10^{4,1}$ denen herkömmlicher Photomultiplier. Der CID kann aber seine Integration zeitweise steuern und abspeichern und so seinen Linearitätsbereich um den Faktor 10^3 auf 10^7 vergrößern.

Im Gegensatz zum CCD gibt es beim CID durch die steuerbaren Integrationszeiten keinen Blooming-Effekt, d. h., bei gesättigtem Pixel läuft dieser nicht über und füllt somit die nächstgelegenen Pixel nicht auf. Ein Schrotrauschen ist dem CID unbekannt, da er mit flüssigem Stickstoff auf −189 °C oder mit einer Peltier-Einheit gekühlt wird und der Dunkelstrom somit nicht mehr meßbar ist [11.20].

Die Echelle-Optik dispergiert das vom Plasma emittierte Licht zweidimensional und fokussiert das Spektrum über einen Toroidalspiegel auf den CID-Detektor (Bild 11.22). Jeder seiner 95 000 Pixel kommt einem Austrittsspalt mit dahinterliegendem Photomultiplier gleich. Somit wird der Spektralbereich von 170 bis

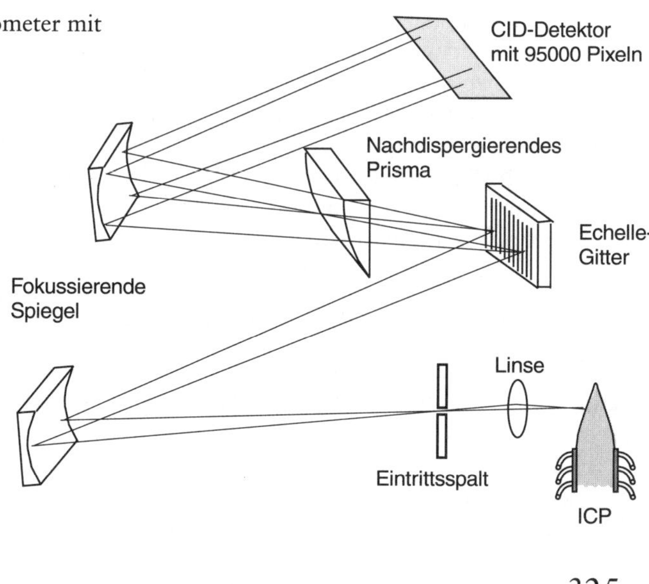

Bild 11.22 Echelle-Spektrometer mit CID-Detektor

850 nm komplett auf dem Detektor abgebildet und kann simultan gemessen werden. Er kann abgespeichert und zu jedem späteren Zeitpunkt wieder verwendet werden. Somit kann man eine Analyse nach vielen Jahren wiederholen oder auf neue Elemente hin untersuchen [11.21].

Das komplette Emissionsspektrum umfaßt

□ alle mit der ICP bestimmbaren Elemente
□ auf allen Wellenlängen.

11.4.5 Probleme der Multielementbestimmung

In der ICP-OES muß bei der Entwicklung der Analysenmethode besonders sorgfältig vorgegangen werden, und für das jeweilige Element ist eine sorgfältig Optimierung erforderlich. In der AAS, wo gewöhnlich nur ein Element bei der Analyse bestimmt wird, ist die Optimierung einfach. Bei einer Mehrkomponentenmessung in der ICP-OES wird die Optimierung üblicherweise für eine Elementlinie vorgenommen. Andere Elemente werden dann bei denselben, für sie nicht optimierten Bedingungen gemessen. Dies stellt dann eine «Kompromißbedingung» dar. Die Multielementbestimmung mit der ICP-OES hat deshalb manchmal den Nachteil ungenügender Nachweisgrenzen bei größerem Bedarf an Probenvolumen [11.22].

Für jede analytisch genutzte Wellenlänge existiert eine eigene Abhängigkeit des Signals sowohl von den Anregungsbedingungen des Plasmas als auch von der beobachteten Zone im Analytkanal des Plasmas. Die Anregungsbedingungen, die in hohem Maße von der Temperatur abhängen, variieren nicht nur von Element zu Element, sondern auch von Linie zu Linie eines Elementes zum Teil erheblich. Ziel einer Analyse sollte es sein, jede Linie bei optimalen Anregungsbedingungen zu bestimmen. Angesichts der Vielzahl der Parameter, durch die das Optimum beeinflußt wird – wie eingekoppelte Leistung, Zerstäubergasstrom, Beobachtungshöhe sowie äußere und mittlere Gasströme –, unterbleibt häufig eine Optimierung der Anregungsbedingungen.

Eine Optimierung kann dabei nach verschiedenen Kriterien erfolgen, wie Nachweisgrenze und Empfindlichkeit, Stabilität des Signals oder die Freiheit von spektralen Störungen. In der Praxis wird oft die Intensität einer Linie maximiert, um die bestmögliche Empfindlichkeit zu erzielen. Dabei ist aber zu berücksichtigen, daß sich das Signal aus Intensität der Emissionslinie plus Untergrundstrahlung zusammensetzt. Deshalb ist es besser, ein möglichst hohes Signal-Untergrund-Verhältnis anzustreben.

11.4.6 Lichtleiter bei ICP-Spektrometern

Durch Einsatz von Lichtleitern ergeben sich ganz neue Perspektiven aus der Tatsache, daß hierdurch verschiedene Zonen des Plasmas für eine Messung herangezogen werden können. Da die Plasmafackel eine radialsymmetrische Lichtquelle ist, können mehrere Lichtleiter angebracht werden, die das emittierte Licht gleichzeitig abnehmen und verschiedenen Eintrittsspalten des Monochromators zuführen (Bild 11.23). Damit läßt sich bei Multielementbestimmungen für jedes Ele-

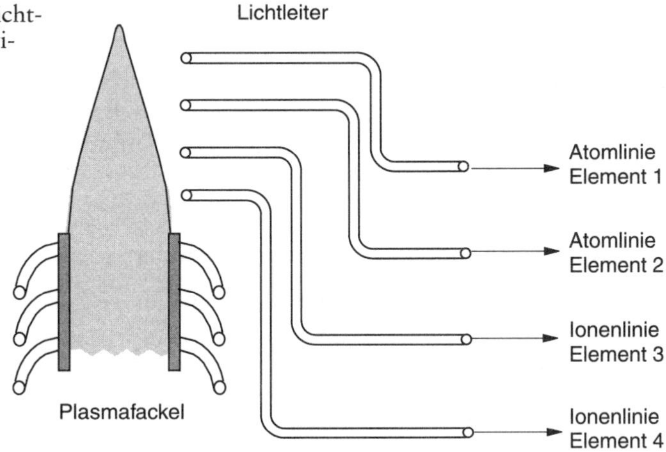

Bild 11.23 Einsatz von Lichtleitern zur optimalen Multielementbestimmung

ment die optimale Beobachtungshöhe durch entsprechende Positionierung des Lichtleiters einstellen. Je nach Position des Lichtleiters an der Plasmafackel kann das emittierte Licht aus verschiedenen Temperaturzonen abgegriffen werden, womit die optimalen Bedingungen zur Beobachtung einzelner Atom- oder Ionenlinien eingestellt werden können [11.23]. Die Anzahl der Linienüberlagerungen kann durch diese Technik weiter verringert und Kompromisse bei der Linienauswahl können weitestgehend vermieden werden [11.24].

11.4.7 Axiale Plasmabeobachtung

Traditionell erfolgt die Beobachtung des Plasmas radial. Eine zweite Variante der Plasmabeobachtung stellt das horizontale Plasma dar, bei dem axial beobachtet wird. Es ist schon seit längerem bekannt, daß die Nachweisempfindlichkeit bei einer axialen Betrachtung des Plasmas verbessert werden kann. Im Unterschied zur herkömmlichen radialen Betrachtung ist die Emission im Zentralkanal des Plasmas nutzbar, die eine zwei- bis dreifach höhere Lichtausbeute ermöglicht. Die Tatsache, daß die Beobachtung nicht durch den Plasmarand erfolgt, führt zu weniger Untergrundstrahlung und damit zu einem verbesserten Signal-Untergrund-Verhältnis bei gleich guter Stabilität des Plasmas.

Nachteilig können sich aber nicht-spektrale Störungen (Matrixeffekte) bei bestimmten Probenarten, wie z. B. bei hohem Gehalt von Alkalielementen oder Proben mit organischen Lösungsmitteln, bemerkbar machen. Diese entstehen hauptsächlich in der Spitze des Plasmas, wo das Plasma wieder abkühlt. Hier rekombinieren die entstandenen Atome zu Molekülen. Bei radialer Beobachtung ist diese Rekombinationszone weit oberhalb der Zone, die zur Messung herangezogen wird. Bei axialer Beobachtung hingegen wirkt die kühlere Plasmaspitze als Absorptionsschicht mit den damit verbundenen nicht-spektralen Störungen.

Deshalb wird ein zusätzlicher, entgegengesetzt gerichteter Argonstrom auf die Plasmaspitze gerichtet, wodurch die Spitze des querliegenden Plasmas abgeschnitten wird. Die Länge der Plasmafackel wird durch diese Maßnahme auf den optisch wirksamen Teil begrenzt. Damit wird nur die analytisch wirksame Zone des Plasmas mit dem günstigsten Signal-Rausch-Verhältnis betrachtet. Im äußeren Teil des Plasmas treten keine störenden Bereiche mehr auf, es gibt keine kühlere Zone, in der rekombinierende Ionen intensive Untergrundemissionen verursachen [11.25].

11.4.8 Verwendung eines inneren Standards

Die relativen Standardabweichungen in der ICP-OES betragen bei einem Simultangerät etwa 0,5 bis 1 %, bei Sequenzspektrometern etwa 1 bis 2 %. Diese Standardabweichungen lassen sich durch Verwendung eines inneren Standards auf ein Minimum reduzieren. Hierzu wird zusätzlich ein zweiter, freiprogammierbarer Monochromator installiert, der als interner Standard jede beliebige Linie simultan mit der Elementlinie mißt. Dies kann entweder eine Hauptkomponente der Probe sein, die in konstanter hoher Konzentration enthalten ist, oder die Proben werden mit einem bestimmten Element, das nicht in der Probe enthalten ist, dotiert. Ins Verhältnis gesetzt, erzielt man hiermit extrem gute Standardabweichungen bei hohen Konzentrationen und verbesserte Langzeitstabilitäten.

Zum schnellen Wiederauffinden der Ausgangsposition kann eine zusätzliche Hg-Niederdrucklampe verwendet werden. Die intensive Emissionslinie des Quecksilbers bei 253,652 nm wird als interner Standard des Spektrometers genutzt. Diese Korrekturmöglichkeit erfordert natürlich eine gute Kenntnis der spektralen Umgebung der Analysenlinie. Sie gibt dem Benutzer aber die größtmögliche Flexibilität bei der Kompensation der verschiedenen Untergrundstörungen. Bei einfachem Untergrund kann die Wellenlänge für die Untergrundmessung an einer der beiden Seiten der Analysenlinie erfolgen. Zeigt der Untergrund eine wellenlängenabhängige Veränderung der Intensität, kann der Untergrund links und rechts von der Analysenlinie im gleichen Abstand gemessen werden. Ist der Untergrund komplexer, können die Wellenlängenintervalle für die Untergrundmessung links und rechts von der Analysenlinie flexibel dem Untergrund angepaßt werden.

11.5 Störungen in der ICP-OES

Die Atomemissionsspektrometrie wird häufig als interferenzfreies Bestimmungsverfahren dargestellt. Diese Interferenzfreiheit bezieht sich aber ausschließlich auf chemische Störungen. Diese treten bei der Atomemission mit dem ICP, im Gegensatz zur AAS, nur selten auf. In der AAS ist z. B. der Einfluß von Phosphor auf die Ca-Bestimmung sehr groß. Im ICP dagegen beeinflußt der P-Gehalt die Ca-Bestimmung nicht. Verantwortlich für die chemischen Interferenzen sind die relativ niedrigen Atomisierungstemperaturen von rund 2000 bis 3000 °C in der Atomabsorptionsspektrometrie. Die hohen Temperaturen des Plasmas sind groß genug, um eine Dissoziation der meisten chemischen Verbindungen zu erreichen. Es sind deshalb keine Störungen, die auf Verbindungsbildungen der Elemente hindeuten, zu beobachten. Auch Ionisationsstörungen sind beim ICP aufgrund des hohen Elektronenüberschusses im Plasma nicht vorhanden.

Probentransport-Störungen, die durch unterschiedliche physikalische Eigenschaften der Probenlösung, wie Dichte, Oberflächenspannung und Viskosität, verursacht werden, können durch Anwendung der Additionsmethode, Angleichung des Standards an die Probenmatrix oder Abtrennung des zu bestimmenden Elementes von der Matrix wie bei der AAS behoben werden. Die Verwendung eines inneren Standards eliminiert zwar die physikalischen Einflüsse beim Probentransport, hat aber wenig Einfluß auf die störenden Ionisationseffekte.

Die Verwendung der Standardadditionsmethode, die sowohl physikalische wie auch Ionisationseffekte eliminieren kann, wird relativ ungern eingesetzt, da sie sehr zeitaufwendig und arbeitsintensiv ist. Diese Methode liefert aber bei schwierigen Proben die besten Ergebnisse. Moderne ICP-Spektrometer mit automatischem Probengeber und Verdünnungseinrichtung (Diluter) können nicht nur in regelmäßigen Abständen die Kalibration überprüfen und selbständig wiederholen, sondern auch automatische Standardadditionen durchführen, wobei die Errechnung der Konzentration in der Probe automatisch erfolgt.

Komfortabler ist der Einsatz der peristaltischen Pumpe zur Förderung des Analysenmediums, da hierbei ein konstanter definierter Probenstrom unabhängig von den physikalischen Eigenschaften gewährleistet ist. Die in der ICP-Technik kritischen Parameter, wie Pumpgeschwindigkeit, Aerosol- und Trägergasstrom und die Beobachtungshöhe müssen für jedes analytische System ermittelt und sorgfältig optimiert werden. Dies ist insbesondere dadurch begründet, daß eine Vielzahl von Untergrundstörungen auftreten können, die für jedes Analysenproblem genauestens untersucht werden müssen.

11.5.1 Untergrundstörungen

Diese Störungen führen zu einer Erhöhung des Meßergebnisses wie in der AAS. Sie haben verschiedenste Ursachen und zeigen sich in einer nicht elementspezifischen Erhöhung der Emissionsintensität auf der zu messenden Linie. Die Vielfalt der Ursachen für eine solche Störung macht grundsätzlich bei jeder Probe eine Untersuchung auf Untergrundstörungen erforderlich.

Bei den Untergrundstörungen unterscheidet man zwei Kategorien:

- □ Streulicht und
- □ spektrale Störungen.

11.5.1.1 Streulicht

Streulicht entsteht durch Unregelmäßigkeiten auf den reflektierenden Oberflächen (Spiegel, Gitter) des Monochromators. Durch den Einsatz von Spiegeln mit vergüteten Oberflächen und holographischen Gittern sind die Streulichtprobleme heute in gut konzipierten Monochromatoren relativ gering. Es sind jedoch eine Reihe von Störungen bekannt, die im wesentlichen bei hohen Konzentrationen von Ca, Mg u. a. in der Probenlösung auftreten können.

11.5.1.2 Spektrale Interferenzen

Die häufigsten Interferenzen der optischen Emissionsspektrometrie treten durch Linienüberlagerungen bekannter und unbekannter Fremdelemente auf. Während die Atomemissionsspektrometrie nur unwesentlich von chemischen Interferenzen beeinflußt wird, unterliegt sie häufig erheblichen spektralen Interferenzen. Im Gegensatz zur AAS erzeugt das Plasma eine Multielementstrahlung, da alle Elemente gleichzeitig angeregt werden. Diese Störungen nehmen bei hohen Matrixbelastungen beträchtlich zu und bleiben bei ungenügender spektraler Auflösung oft unerkannt. Die große Anzahl von Emissionslinien stellt die größte Herausforderung zum Erkennen und Vermeiden spektraler Interferenzen dar. Diese Interferenzen treten in verschiedenen Erscheinungsformen auf:

- □ direktes Zusammenfallen von Linien,
- □ Überlappung nahe beieinanderliegender Linien,
- □ Überlappung mit verbreiterten Linien,
- □ Kontinuumstrahlung aus der Matrix,
- □ Emission und Absorption von Molekülbanden.

Die häufigsten Interferenzen der Emissionsspektrometrie treten durch Linienüberlagerungen bekannter und unbekannter Fremdelemente auf (Bild 11.24). Diese Störungen nehmen bei hoher Matrixbelastung beträchtlich zu und können bei ungenügender spektraler Auflösung in vielen Fällen unerkannt bleiben.

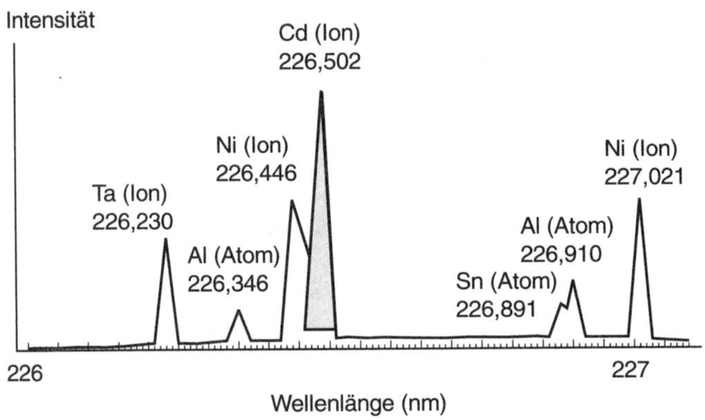

Bild 11.24 Beispiel einer Cd-Bestimmung neben Ta, Ni, Sn und Al

Weiterhin treten Verschiebungen des spektralen Untergrundes auf, die entsprechend korrigiert werden müssen. Stark emittierende Elemente – wie z. B. Ca, Mg und Al – zeigen, wenn sie in hohen Konzentrationen in der Probe vorliegen, zum Teil erhebliche Linienverbreiterungen. Diese führen dann zu Überlappungen, obwohl die Linien eigentlich weit genug auseinanderliegen, um vom Monochromator aufgelöst zu werden. Eine Untergrundkorrektur ist in solchem Fall schwierig, und man weicht auf eine andere Linie aus.

Die spektralen Interferenzen sind abhängig von der Matrixzusammensetzung der Probe. Die Matrix bestimmt damit die Linienauswahl. Die Folge ist dabei, daß bei schwieriger Matrix oft auf die Verwendung der nachweisstärksten Elementlinie verzichtet werden muß. Dies führt mitunter zu einer erheblichen Verschlechterung der Nachweisgrenze.

Die gleichen Elemente (Ca, Mg, Al) zeigen im fernen UV-Bereich ein Kontinuum, das auch mit hochauflösenden Monochromatoren nicht mehr aufgelöst werden kann. Aluminium hat z. B. von 190 bis 212 nm ein unstrukturiertes Kontinuum, das durch Rekombination von Ionen hervorgerufen wird. Will man in diesem Bereich ein anderes Element messen, so muß man unbedingt eine Untergrundkorrektur vornehmen.

Die Analysenlinien koinzidieren oft mit Matrixlinien oder mit Molekülbanden, die vom Lösungsmittel, wie z. B. OH, C_2, CN usw, von den Umgebungsgasen, wie N_2^+, NH usw., oder von undissoziierten Radikalen des Probenmaterials, wie insbesondere AlO, herrühren. Direktes Zusammenfallen von Linien oder Überlappung tritt auf, wenn die Auflösung des Monochromators nicht mehr ausreicht, um die Linien voneinander zu trennen. Zur Messung muß man auf eine andere Linie des Elementes ausweichen. Dies ist bei einem sequentiellen Gerät einfach, bei einem Simultangerät dagegen sehr viel schwieriger. Hier sind die Linien beim Gerätekauf festgelegt.

Neben den spektralen Interferenzen aus den in der Probenlösung befindlichen Elementen können auch noch Emissionslinien und Untergrund durch Emission von Molekülbanden und von dem eingesetzten Plasmagas entstehen. Im Wellenlängenbereich oberhalb 300 nm kann dies durch OH-, N_2- und C_2-Banden oder durch Ar- und H-Linien verursacht werden. Zwischen 190 und 240 nm können NO-Banden auftreten.

11.5.2 Erkennung und Kompensation von Untergrundstörungen

Die richtige Erkennung der Untergrundstörungen ist die wesentliche Voraussetzung für deren Beseitigung. Gerade die spektralen Störungen stellen hohe Anforderungen an den Anwender bei der Methodenentwicklung und an das Gerät bei der Ermittlung der Analysenergebnisse. Ein modernes Spektrometer unterstützt den Anwender bei der Linienauswahl und warnt vor Störungen, die während der Messung sichtbar werden.

Ein erstes Hilfsmittel zur Erkennung von spektralen Interferenzen sind der Spektrenatlas bzw. die Wellenlängentabellen. In vielen Fällen lassen sich spektrale Interferenzen durch diese ICP-OES-Tabellen vorhersagen. Diese Störungen können aber nur dann erkannt werden, wenn das Meßsignal in seiner Gesamtheit registriert und bewertet wird [11.26].

Aus diesem Grund ist es vor jeder Analyse einer in der Zusammensetzung unbekannten Probe erforderlich, ein Spektrum im Bereich der Analysenlinie aufzunehmen. Eine wichtige Voraussetzung zum Erkennen spektraler Interferenzen ist die Möglichkeit, den Spektralbereich von ± 0,5 nm um die Analysenlinie am Bildschirm darzustellen und auch mehrere Spektren übereinander abzubilden. Alle moderneren Spektrometer können spektrale Interferenzen grafisch darstellen, indem der Bereich um die gewählte Emissionslinie abgefahren wird.

Mit Hilfe von ICP-Methodensammlungen bzw. Spektrenatlanten werden die für den benötigten Konzentrationsbereich aufgrund ihrer Störfreiheit am besten geeigneten Analysenlinien ausgewählt. Im Bereich dieser Analysenlinien wird dann ein Spektrum einer Einzelelement-Bezugslösung und der Multielement-Bezugslösung aufgenommen und anschließend am Bildschirm des Rechners dargestellt. Anhand der erhaltenen Spektren werden Wellenlängenkalibrierung und die Intervalle der Untergrundkorrektur festgelegt.

Linienüberlappungen können somit sofort festgestellt werden. Als zweiten Schritt sollte man die Emissionsintensität auf der Analysenlinie von folgenden Lösungen bestimmen:

- □ Wasser-Blindwert (Plasma-Untergrund),
- □ schwach saurer Eichstandard,
- □ Probenmatrix ohne zu bestimmendes Element,
- □ Probenmatrix mit gleichem Elementgehalt wie der Eichstandard.

Aus den erhaltenen Emissionsintensitäten kann man Rückschlüsse auf eine Untergrundstörung ziehen. Nachdem die Art der Untergrundstörung für eine Analysenlinie in einer bestimmten Matrix ermittelt wurde, muß man untersuchen, wie die Störung kompensiert werden kann. Für die Kompensation stehen prinzipiell eine Reihe von Möglichkeiten zur Verfügung:

- □ Messung einer Blindlösung,
- □ Übersichtsanalyse,
- □ Ausweichen auf andere Linien und
- □ Messung des Untergrundes neben der Analysenlinie.

11.5.2.1 Messung einer Blindlösung

Die ICP-OES ist wie fast alle spektrometrischen Verfahren eine Vergleichsmethode. Das bedeutet, die Ermittlung des Gehaltes der Elemente in der Probenlösung erfolgt im Vergleich zur Messung gegen Bezugslösungen. Eine korrekte Bestimmung setzt jedoch voraus, daß die Elemente in den Bezugslösungen gleich oder zumindest chemisch sehr ähnlich gebunden sind wie die Elemente in der Probenlösung. Die eigentlich ideale und zuverlässigste Methode zur Erkennung und Beseitigung von Untergrundstörungen ist die Messung einer «Blindlösung».

Die Verwendung einer Blindlösung gestattet die Messung der Untergrundstörung exakt auf der Analysenlinie und damit ihre recht zuverlässige Beseitigung. Das ist eine Lösung, die die gesamte Matrix – d. h. alle Begleitelemente in der gleichen Konzentration – enthält wie die Probe, nicht aber das zu bestimmende Element. Da eine solche Blindlösung in den meisten Fällen aber nicht verfügbar ist, wird das Arbeiten mit einer matrixangepaßten Kalibrierfunktion als Korrekturmöglichkeit auch in der Praxis nur selten durchgeführt. Dazu ist es erforderlich, den Untergrund so nahe wie möglich an der Analysenlinie zu messen.

11.5.2.2 Übersichtsanalyse

Das Konzept der Übersichtsanalyse basiert auf der Nutzung von zwei oder drei Analysenwellenlängen pro zu bestimmendem Element. Bei dieser halbquantitativen Analyse werden alle Elemente, die mit dem ICP überhaupt analysierbar sind, angesteuert und die Peakintensitäten erfaßt. Dabei wird zunächst in Kauf genommen, daß spektrale Störungen auftreten können. Die Fehlermeldungen des Spektrometers werden als Bewertungshilfen genutzt, um die wahrscheinlichen Werte für jedes Element zu ermitteln. Die Auswertung auf Eignung einer Linie für die Quantifizierung erfolgt dann im nachhinein.

Neben den gewünschten zu bestimmenden Elementen kann die Übersichtsanalyse Hinweise auf weitere Elemente liefern, die dann quantitativ zu bestimmen sind. Auch entscheidet sich meist nach einer Grobklassifizierung, ob eine quantitative Bestimmung erforderlich ist. Diese Notwendigkeit ergibt sich dann, wenn die Werte der Übersichtsanalyse das Vorhandensein eines Elementes als in gefährlichen Konzentrationen definierten Bereichen wahrscheinlich erscheinen lassen oder die Aussage wegen spektraler Interferenzen auf allen Linien eine gründliche nachfolgende Analyse erfordern. Wenn bestimmte Elemente nicht in der Probe enthalten sind, kann man sie einfach von der Elementliste streichen. Dadurch läßt sich die Gesamtanalysenzeit erheblich verkürzen.

Erster Ansatz für die Linienwahl sollte die DIN 38406 E 22 sein. In dieser Vorschrift sind von der Fachgruppe Wasserchemie in der GDCh in Gemeinschaft mit dem Normenausschuß im DIN die Bestimmung von derzeit 33 Elementen durch ICP-OES angegeben. Hier werden Analysenwellenlängen und untere Anwendungsbereiche vorgeschlagen. In schwieriger Matrix ist oft die Wahl mehrerer Analysenlinien für ein Element unvermeidlich. Dieser Aufwand ist nur mit einem computerunterstützten Analysenprogramm vertretbar, denn der Analytiker muß Hinweise erhalten, welche der Analysenlinien nicht eindeutig ist.

Da es keine universell ungestörte Emissionslinie gibt, ist insbesondere in der Spurenanalytik eine Elementbestimmung auf mehreren Analysenlinien zu empfehlen.

Spektrale Interferenzen wie Linienüberlappungen, Anhebung des Untergrundes sowie strukturierter Untergrund durch Molekülbanden gehören zu den Eigenschaften der Atomemissionsspektrometrie. Daher ist eine sorgfältige Auswahl der Analysenlinie und der dazugehörigen Untergrundkorrektur neben der Optimierung des Systems eine wichtige Vorarbeit für eine zuverlässige Analytik.

11.5.2.3 Ausweichen auf andere Linien

In jedem Fall sollte, nachdem die Anwesenheit von Untergrundstörungen erkannt wurde, versucht werden, ob nicht auf einer anderen Emissionslinie des interessierenden Elementes störfrei gemessen werden kann. In Tabelle 11.5 sind als Beispiel für das Nickel verschiedene Emissionslinien mit abnehmender Empfindlichkeit angegeben. Jede Untergrundstörung – selbst wenn Korrekturmaßnahmen ergriffen werden – kann sowohl die Präzision als auch die Richtigkeit der Bestimmung beeinflussen. Daher kann es durchaus von Vorteil sein, auf eine weniger empfindliche Linie auszuweichen, wenn dort keine Untergrundstörungen auftreten. Jede Bestimmung sollte daher auch bezüglich der Wahl der geeigneten Analysenlinie optimiert werden.

Tabelle 11.5 Beispiele für verschiedene Emissionslinien des Nickels

Wellenlänge in nm	Linienart	Abnehmende Empfindlichkeit
221,647	Ion	
232,003	Atom	
231,604	Ion	
216,556	Ion	
217,467	Ion	
230,300	Ion	
227,021	Ion	
225,386	Ion	
234,554	Atom	
239,452	Ion	
352,454	Atom	
341,476	Atom	

11.5.2.4 Messung des Untergrundes neben der Analysenlinie

Zur Identifikation und Korrektur des Untergrundes werden bei den verschiedenen Spektrometertypen die Verfahren angewandt, die auch zur Peaksuche eingesetzt werden. Die jeweilige optische Anordnung bietet neben der Einstellung des Peakmaximums einer Emissionslinie außerdem die Möglichkeit, den spektralen Untergrund neben dem Peak zu überprüfen und gegebenenfalls zu messen.

Bei Simultanspektrometern mit Paschen-Runge-Polychromator wird der Untergrund über eine rechnergesteuerte Spaltverschiebung erfaßt. Dabei wird der Eintrittsspalt mit einem Schrittmotor bewegt. Die Steuerung des Motors erfolgt über einen Rechner. Die dabei gewonnenen Linienprofile mit einem Spektralbereich von etwa ± 0,5 nm von allen Elementkanälen werden gespeichert. Eine Bildschirmdarstellung erleichtert das Erkennen spektraler Interferenzen. Nach Identifikation des Untergrundes wird dieser festgelegt und im Korrekturprogramm der Elementtabelle abgelegt. Durch dieses Verfahren läßt sich für jedes Element eine eigene Untergrundkorrektur durchgeführen.

Eine andere Möglichkeit zur Untergrundmessung besteht im Einsatz der schwingenden Quarz-Refraktorplatte. Die planparallele Quarzscheibe befindet sich hinter dem Eintrittsspalt und wird vom Rechner gesteuert. Durch geringfügiges Drehen dieser Scheibe wird das Licht abgelenkt, so daß der Untergrund neben jeder Linie bestimmt werden kann.

Bei den sequentiellen Spektrometern wird abwechselnd das Gitter mit dem rechnergesteuerten hochauflösenden Schrittmotor gedreht, wobei die Wellenlänge am Austrittsspalt verschoben und während einer kurzen Zeit von z. B. 0,1 s integriert wird. Wenn viele Elemente bestimmt werden müssen und eine hohe Präzision im Spurenbereich erforderlich ist, sind diese Verfahren langsam im Vergleich zu den schnellen, aber in der Flexibilität des Analysenprogramms sehr eingeschränkten Simultanverfahren.

Der Einsatz von Lichtleitern ermöglicht die simultane Ausleuchtung mehrerer Optiken, so daß gleichzeitig Linien- und Untergrundintensitäten gemessen und eine größere Anzahl von Meßkanälen untergebracht werden können. Die neue Generation der ICP-Spektrometer mit Echelle-Gitter und CID-System ermöglicht die Simultanbestimmung mit größter Flexibilität in der Element- und Linienauswahl. Durch diese Gerätetechnik sind eine intelligente und im Hinblick auf spektrale Interferenzen optimierte Linienauswahl und Untergrundkorrektur möglich.

11.6 Standardlösungen für die Atomemissionsspektrometrie

Die Kalibration eines ICP-Spektrometers wird oft für problemlos gehalten. Spektrale Interferenzen können aber auch durch Anwesenheit von Fremdstoffen in den Kalibrierlösungen auftreten. Auf die Reinheit des Standards ist deshalb besonders zu achten. Da die Linienspektren aller Elemente gleichzeitig emittiert werden, ist die Methode nicht spezifisch. Verunreinigungen im Standard können spektrale Interferenzen und damit eine fehlerhafte Kalibration verursachen, die dann zu falschen Meßergebnissen führt. Dagegen erfordert die Herstellung eines AAS-Standards durch die Selektivität der Hohlkatodenlampe lediglich, daß die Konzentration des Hauptelementes in dieser Standardlösung exakt bekannt ist [11.27].

Die ICP-Geräte sind aber heute so hoch entwickelt, daß die analytische Richtigkeit oft durch die Kalibrierstandards begrenzt wird. Es sind deshalb spezielle «Plasma-Grade»-Standards im Handel, die aus hochreinen Ausgangsmaterialien hergestellt wurden.

11.7 Hydridsystem

Die Hydridtechnik hatte als analytische Methode ihre Bedeutung zunächst mit der AAS erlangt. Genauso kann das Hydridverfahren für die hydridbildenden Elemente in der Atomemissionspektrometrie eingesetzt werden. Auch hierbei kommt dem Abtrennen der Matrix die Bedeutung zu, daß eine mögliche Linienbeeinflussung im Emissionsspektrum praktisch ausgeschlossen werden kann. Hierdurch wird das Nachweisvermögen für diese Elemente bis zu einem Faktor 100 gesteigert. Ebenso kann diese Technik nach dem Fließinjektionsprinzip ausgelegt werden.

Mit der gleichen Apparatur wie in der AAS werden die gasförmigen Metallhydride mit einer $NaBH_4$-Lösung erzeugt und mit einem Argonstrom in das Plasma geführt. Da hierbei ein Gemisch aus Argon, Wasserstoff und den Metallhydriden in das Plasma gelangt, muß das Plasma sehr stabil sein. Vorteilhaft ist dafür das Stickstoff-Argon-Plasma mit hoher HF-Leistung.

So ist es schwierig, eine für verschiedene Elemente optimale Vorschrift auszuarbeiten. Bei simultaner Bestimmung muß die Beobachtungshöhe fest eingestellt werden, so daß für die verschiedenen Elemente der bestmögliche Kompromiß gesucht werden muß. Dementsprechend stellt die Hydridtechnik eher eine Monoelementmethode dar, die besser für die AAS als für die ICP-OES geeignet ist [11.28].

11.8 Analyse fester Proben

Mit speziellen Techniken können mit dem ICP auch feste Proben direkt ohne Aufschluß analysiert werden, wodurch eine oftmals sehr langwierige Probenvorbereitung eingespart werden kann. Wie für Festkörperfahren aber üblich, wirken sich Inhomogenitäten der Probe besonders störend aus. Daher sollte der Einsatz eines nachweisstarken Lösungsverfahrens, mit dem sich nach dem Aufschluß noch Spurenbestandteile aus der festen Probe bestimmen lassen, nicht außer acht gelassen werden.

Einige mg einer Probe werden in einen Graphittiegel eingewogen. Der Graphittiegel wird über einen Quarzstab von unten in den Quarzbrenner hineingefahren (Bild 11.25). In einer Halteposition im unteren Teil des Plasmas wird die Probe zunächst verascht. Dann erst wird der Tiegel in das Zentrum des Plasmas eingefahren, wo die Probe verdampft wird. Der Probendampf entweicht durch ein kleines Loch im Deckel des Graphittiegels. Da das emittierte Licht nur eine relativ kurze Zeit existent ist, wird sinnvollerweise mit einem Simultanspektrometer gemessen. Für die Festprobenanalyse ist zum Erzielen einer hohen Plasmatemperatur eine hohe Leistung, z. B. 3,5 kW, vorteilhaft.

11.8.1 Funkenemissionsspektrometrie

Die Funkenemissionsspektrometrie ist seit Beginn des Jahrhunderts bekannt und hat besonders in der metallurgischen Analyse bis in die Gegenwart seine Bedeu-

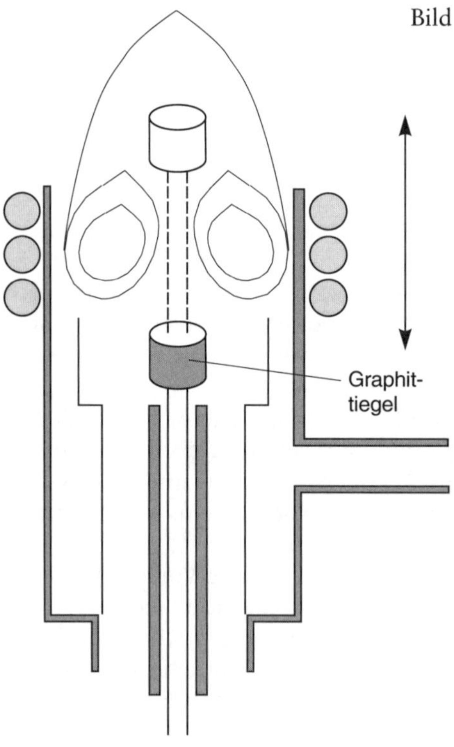

Bild 11.25 Vorrichtung zur Analyse fester Proben

tung behalten. Ursprünglich wurden auch Lösungen analysiert, die auf einer entsprechend ausgeformten Elektrode eingedampft und anschließend abgefunkt wurden. Durch viele Probleme, z.B. ungleichmäßiges Abtrocknen des Flüssigkeitsfilms und damit unregelmäßige Funkenentladung, wurde diese Technik vollständig durch die AAS und ICP-OES verdrängt. Für die Direktanalyse metallischer Proben ist der Funkenabtrag sehr leistungsfähig und wird als Zusatz zu einem ICP-Spektrometer kommerziell angeboten.

Bei der optischen Emissionsspektrometrie mit Funkenanregung werden durch eine Funkenanregung Probenmaterial verdampft, die vom Funkenplasma ausgehende Strahlung spektral zerlegt und die Intensitäten gemessen. Die traditionelle Funkenemissionsspektrometrie ist sehr einfach zu realisieren. Durch die Funkenerzeugung werden sehr hohe Anregungsenergien erzeugt. Es sind keine Plasmagase, Brenngase oder sonstige Hilfsgase erforderlich. Außerdem läßt sich das Funkenplasma auf kleinem Raum konzentrieren, wodurch sich besonders effektiv kleine Probenmengen untersuchen lassen. Ein Funkenplasma wird zwischen zwei Graphit- oder Kupferelektroden erzeugt. Durch Isoformierung der Probe, z.B. durch Schmelzaufschlüsse, können Inhomogenitäten eliminiert werden [11.29].

Unter Anwendung spezieller elektronischer Auswertetechniken lassen sich mit der Funkenanregung noch bessere Bestimmungsgrenzen erzielen. Bei diesem Verfahren wird der «Afterglow-Effekt» der Atomlinien genutzt. Die Intensitäten für Ionenlinien und Untergrund haben kürzere Abklingzeiten als die Intensitäten der Atomlinien. Unter Anwendung der «elektronischen» Fenstertechnik können dadurch Untergrund und störende Ionenlinien ausgeschaltet oder stark reduziert werden [11.30].

Für die Richtigkeit der Kalibrierung ist die Richtigkeit des Analytgehaltes der Standardproben ebenso maßgebend wie die korrekte Berücksichtigung aller Einflüsse der Matrix und des Untergrundes. Die Kalibrierung sollte, soweit dies möglich ist, unter Verwendung von zertifiziertem Referenzmaterial vorgenommen werden. Die Analysenproben müssen repräsentativ sein und in einem einwandfreien Zustand vorliegen, d.h., die Proben müssen homogen und frei von Seigerungen sein.

Ein energiereiches Vorfunken der Proben ist hilfreich, um den Einfluß von Gefügeunterschieden, von nichtmetallischen Einschlüssen wie z.B. Sulfiden oder Probeninhomogenitäten im Mikrobereich auszuschalten. Durch Auswertung der einzelnen Entladungen während des Vorfunkens sind diffuse Entladungen, die beispielsweise durch Sauerstoff aus oxidischen Einschlüssen hervorgerufen werden, schon in dieser Phase erkennbar. Die Vorfunkzeit kann nach der Anzahl einwandfreier Einzelfunken gesteuert werden. Dies kann bei Proben mit Gefügeunterschieden oder Ausscheidungen von Bedeutung sein. Die Integration der Signale der einzelnen Entladungen stellt eine weitere Verbesserung dar. Hierbei wird die Messung nicht nach einer vorgegebenen Zeit, sondern nach Vorliegen einer vorgegebenen Anzahl einwandfreier Entladungen abgeschlossen.

Die spektrometrische Kohlenstoff- und Stickstoffbestimmung in Stählen ist durch das Erschließen weiterer Wellenlängenbereiche im UV-Gebiet mit guter Analysengenauigkeit und tiefer Bestimmungsgrenze bis in den ppm-Bereich möglich geworden. In zahlreichen Fällen hat sich gezeigt, daß die Verwendung einer

Bogenanregung zu tiefen Bestimmungsgrenzen führt. Wegen der von Bögen und Funken abweichenden Temperaturen und Anregungsmechanismen unterscheiden sich ihre Intensitäten von den ICP-Linien.

Die Meßzeiten von Emissionsspektrometern moderner Bauart sind kurz. So werden z.B. bei simultan arbeitenden Funken-Emissionsspektrometern für eine Abfunkung an unlegierten Proben Analysenzeiten von unter 15 s benötigt. Selbst bei komplizierter Zusammensetzung und großer Anzahl zu bestimmender Elemente liegt sie unter 1 min. Die Kombination der klassischen Funkenspektroskopie mit moderner elektronischer Detektionstechnik und einer geeigneten Probeneinführung verspricht eine Wiederbelebung der Funkentechnik.

11.8.2 Glimmentladung

Eine vielversprechende Quelle in der analytischen Atomspektrometrie zur Untersuchung von Feststoffen stellt die Ionisierung durch Glimmentladungen dar [11.31]. Glimmentladungsspektroskopie (GDOS) erlaubt die schnelle, simultane Multielementbestimmung auch für Nichtmetalle, wenn im Vakuum-UV gearbeitet wird. Glimmentladungen sind Niederdruckentladungen zwischen zwei Elektroden. Das zu analysierende Material bildet die Katode einer Entladungsröhre von begrenzten Abmessungen und spezieller Geometrie. Ein Potential von mehreren hundert Volt wird zwischen Anode und Katode gelegt. Durch den Stromdurchgang im Argon-Gas bei niedrigem Druck gelangen durch Katodenzerstäubung Atome des Katodenmaterials in die Entladungszone, wo sie ionisiert und angeregt werden. Es werden Linienspektren emittiert, die neben den Spektrallinien des Entladungsgases die Spektren der Atome des Katodenmaterials enthalten. Derartige Entladungen werden schon lange in den Hohlkatodenlampen als Primärstrahlungsquelle in der AAS genutzt.

Bei der Glimmentladung zur Direktanalyse fester Stoffe wird die Probe durch atomare Katodenzerstäubung bei niedrigem Druck angeregt [11.32]. Die Katodenzerstäubung mittels Argon-Glimmentladung wird in einer von W. Grimm entwickelten und patentierten Apparatur durchgeführt [11.33]. Aufgrund des Potentialunterschiedes zwischen Glimmentladung und Katode, der als Katodenfall bezeichnet wird, werden die im Plasma generierten, meist positiv geladenen Ionen zur Katode hin beschleunigt. Ab einem bestimmten Wert der kinetischen Energie der Ionen, die als Schwellenenergie bezeichnet wird, setzt die Katodenzerstäubung ein. Der Zerstäubungsvorgang ist das Ergebnis von Stoßfolgen, bei denen durch Impulsübertragung Probenatome austreten und in die Entladung gelangen können. Die aus dem katodischen Probenmaterial herausgeschlagenen Teilchen werden im Plasma durch Stoß mit Elektronen oder metastabilen Argonatomen angeregt und emittieren dann ihr Linienspektrum.

Im Gegensatz zu Bögen und Funken erfolgt der Abtrag nicht durch Verdampfung der Elektrode infolge lokaler Überhitzung, dadurch wird die Oberfläche sehr kontrolliert abgebaut. Die Glimmentladung ist eine homogene und stabile Emissionsquelle, die eine schichtweise Bestimmung der Tiefenverläufe der Elemente ermöglicht. Der fast planparallele Probenabbau durch die Katodenzerstäubung mit Abtragsraten von einigen nm/s bis zu einigen hundert nm/s ermöglicht die Aufnahme von Konzentrationsverläufen senkrecht zur Oberfläche [11.34]. Aufgrund der für die analytischen Zwecke verwendeten Glimmentladungsparameter ist die gesamte Katodenoberfläche in die Entladung miteinbezogen. Während der analytische Ablauf mit dem in der quantitativen Emissionsanalyse identisch ist, werden bei der Glimmentladung Meßzeiten bis hinunter zu ein paar Millisekunden benutzt [11.35]. Dabei können Eindringtiefen von wenigen Nanometern bis zu mehreren hundert Mikrometern realisiert werden.

Die Gleichstrom-Glimmentladungen setzen elektrisch leitende Proben voraus, dagegen können mit Niederdruckentladungen von wenigen mbar Gasdruck bei hohen Frequenzen im MHz-Bereich auch elektrisch nichtleitende Proben untersucht werden [11.36]. Als Plasmagas wird meist Argon benutzt, das gute Zerstäubungseigenschaften aufweist. Durch den niedrigen Gasdruck weisen die Spektrallinien im Vergleich zu den Linien, die von Funken und Bögen emittiert werden, nur eine geringe Druckverbreiterung auf. Die schmalen Atom- und Ionenlinien ermöglichen Nachweisgrenzen im unteren ppm-Bereich, wobei sich der dynamische Konzentrationsbereich über mehrere Zehnerpotenzen erstrecken kann. Matrixeffekte sind in Glimmentladungen generell als niedrig zu bezeichnen, der Zusammenhang zwischen Linienintensität und Konzentration ist meist linear [11.37].

11.8.3 Laserinduzierte Mikroplasmen

Betrahlt man die Probe mit einem Laserstrahl, verdampft innerhalb von 10^{-9} bis 10^{-8} s die Materie und geht in den Plasmazustand über, wofür in der Regel ein einziger Laserbeschuß ausreicht. Das lasererzeugte Plasma wird dann mit einem optischen Emissionsspektrometer vermessen. Das Licht eines Nd:YAG-Lasers wird durch eine Linse auf die Probe fokussiert. Das emittierte Licht wird wird über einen Parabolspiegel gesammelt und über eine Lichtleiterfaser ins Spektrometer geleitet. Durch Einsatz von elektronischen Detektorarrays ist eine simultane Multielementmessung über einen großen Wellenlängenbereich möglich. Mit einer entsprechend großen Bestrahlungsstärke der Laserpulse im Nanosekundenbereich lassen sich praktisch alle Substanzen anregen, wobei bei einem Schuß einige Mikrogramm von der Oberfläche verdampft werden. Die gesamte Meß- und Analysenzeit beträgt nur 100 ms.

Als Folge der komplexen Vorgänge der Plasmabildung und -rekombination kommt es neben der Linienemission auch zur Kontinuum- und Bremsstrahlung. Um die Emissionslinien der einzelnen Atome aus dem überlagerten Untergrund zuordnen zu können, werden die Abklingvorgänge bei der Plasmarekombination mit hoher zeitlicher Auflösung verfolgt. Dieses patentierte Verfahren stellt eine ultraschnelle Multielementbestimmung dar, das als Tischgerät oder als automatisierte Anlage für den kontinuierlichen Betrieb angeboten wird [11.38].

11.8.4 Graphitrohrtechnik

Die Graphitrohr-Atomemissionsspektrometrie wurde Anfang der achtziger Jahre von OTTAWAY eingeführt. Diese Methode zeichnet sich durch ihren potentiellen Multielementcharakter aus. Allerdings ist zu berücksichtigen, daß die im Graphitrohrofen erzeugbaren Maximaltemperaturen bei etwa 3000 °C liegen. Das bedeutet, daß durch die entsprechende thermische Energie nur Atome mit niedriger Anregungsenergie effektiv angeregt werden können.

Unter dieser Voraussetzung wurde von H. FALK die «Furnace atomic nonthermal Emission Spectrometry» (FANES) entwickelt [11.39]. Hierbei wird die elektrothermische Atomisierung im Graphitrohrofen mit einer Anregung der Atome durch eine Glimmentladung kombiniert. Die Probe wird wie bei der AAS-Technik im Graphitrohr zunächst getrocknet und pyrolysiert. Danach muß die Küvette evakuiert werden, wobei dann die elektrothermale Atomisierung und die Glimmentladung synchron ablaufen. Das Graphitrohr ist dabei als Katode gegen eine Hilfsanode geschaltet.

Die von den angeregten Atomen ausgehende Strahlung kann in einem Polychromator zerlegt werden, wodurch mit dieser Technik eine Multielementanalyse im Spurenbereich möglich ist. Durch den Einsatz von Helium als Entladungsgas sind auch viele Nichtmetalle wie P, S, Cl, N und O bestimmbar. Nachteilig ist zum einen die notwendige Evakuierung, zum anderen treten durch den Anregungsschritt zusätzliche Matrixeffekte auf.

11.9 AAS oder ICP? Die Wahl des richtigen Spektrometers für die Elementanalyse

Sowohl die Atomabsorptionsspektroskopie (AAS) als auch die ICP-Emissionsspektroskopie werden zur Analyse von Metallen genutzt, doch unterscheiden sich die beiden Techniken in der Methode und bieten damit unterschiedliche Vorteile. Bei der Wahl des richtigen Spektrometers ist entscheidend, wie es eingesetzt werden soll. Für Spektroskopiker sind gewöhnlich mehrere Aspekte wichtig. Dazu gehören die erwarteten Konzentrationsbereiche, die Zahl der zu bestimmenden Elemente, die Art der Proben und die Laborkosten [11.40].

Um die jeweiligen Anforderungen zu erfüllen, sind Informationen über die Vor- und Nachteile jeder Technik nötig. Manchmal wird die richtige Auswahl deswegen schwierig, weil weder AAS noch ICP-OES alle Erwartungen erfüllen können. Ein Verfahren allein ist selten die richtige Antwort auf alle Wünsche und Vorgaben. So stellen viele Wissenschaftler fest, daß sie beide Instrumente benötigen [11.41].

Die Atomabsorptionsspektrometrie ist ein relativ preiswertes Analysenverfahren. Zur Bestimmung von wenigen Elementen im Routineeinsatz ist es normalerweise schneller, die Flammen-AAS zu benutzen, als das entsprechende Analysenprogramm für die ICP-OES zu erarbeiten. Dazu kommt noch, daß gewisse Proben mit einer Technik schwierig, aber leicht mit dem anderen Verfahren zu bestimmen sind. Hierzu können bei der AAS die chemischen und bei der ICP-OES die spektralen Interfrenzen gezählt werden. Einfache Handhabung bei günstigen Anschaffungs- und Betriebskosten sind die Merkmale der Flammen-AAS. Die Graphitrohr-AAS ist die wesentlich nachweisstärkere Variante, die durch ein angepaßtes Temperatur-Zeit-Programm eine Vortrennung von Matrix und Analyt ermöglicht [11.42].

Die ICP-OES ist insbesondere für die Bestimmung mehrerer Elemente in kürzester Zeit vorteilhaft [11.43]. Es werden aber größere Analytvolumina benötigt, die

Nachweisgrenzen der Graphitrohr-AAS werden nicht erreicht, und der hohe Argonverbrauch macht sich in den Kosten bemerkbar [11.44]. Der Betrieb eines ICP-Spektrometers erfordert einen erheblichen Computereinsatz. Tatsächlich war die rasche Entwicklung auf dem Computersektor einer der Gründe für das schnelle Wachstum der ICP-Technik. Als Aufgaben des Computers sind zu nennen:

- allgemeiner Betrieb des Gerätes,
- Methodenspeicherung,
- Überwachung der Sicherheitsschaltungen,
- Kalibrierung,
- Untergrundkorrektur und
- grafische Darstellung.

Gerade die grafische Darstellung ist sehr wichtig für die Entwicklung von Analysenprogrammen. Die Software erkennt Interferenzen und legt Meßstellen für den spektralen Untergrund fest. Um die Untergrundkorrektur kritisch beurteilen zu können, ist eine Betrachtung der Rohdaten sehr hilfreich.

Wenn in einem analytischen Labor die Konzentrationen von metallischen Elementen zu bestimmen sind, muß man sich zuächst Klarheit darüber verschaffen, welche Konzentrationsbereiche zu erwarten sind, wie viele Elemente analysiert werden, welche Probenarten vorliegen. Mit Simultanspektrometern ist die Analysenzeit pro Element gering, dafür ist eine flexible Wahl von Analysenlinien, wie sie im Fall von stark wechselnden Proben erforderlich ist, nicht möglich. Bei sequentiellen Spektrometern ist die Analysenzeit pro Einzelelement lang, dafür können aber flexible Multielementbestimmungen durchgeführt und die Emissionslinien im Hinblick auf Nachweisvermögen und minimale spektrale Interferenzen individuell gewählt werden. Die beste Lösung bieten heute die ICP-Geräte mit Echelle-Gitter, die in Kombination mit einem CID-Detektor hohe Flexibilität in der Wahl der Linien und der Untergrundkorrektur bei simultaner Messung ermöglichen, und das bei sehr kompakter Bauweise der Spektrometer.

Es könnte zunächst scheinen, daß für den typischen Wissenschaftler unter den ICP-OES-Techniken das sequentielle ICP die bessere Wahl wäre. Die richtige Wahl hängt aber auch von der Art des Labors ab. Ein Vergleich von sequentiellem ICP und AAS wäre wie ein Vergleich von Äpfeln und Birnen, ist aber eine Aufgabe, der sich viele Spektroskopiker gegenübersehen. Zunächst einmal gehen die Arbeitstemperaturen im ICP bis zu 10 000 °C ein, verglichen mit der Grenze von 2900 °C bei der AAS. Es folgen jetzt weitere Vergleiche dieser Techniken anhand einer Anzahl Parameter, die der Wissenschaftler beachten und werten muß, bevor er sich für ein System entscheidet.

11.9.1 Nachweisgrenzen

Für die Bestimmungsgrenzen werden verschiedene Definitionen verwendet. Die IUPAC definiert die Nachweisgrenze DL (Detection limit) als den kleinsten noch nachweisbaren Gehalt eines Elementes. Er ist der Gehalt, der ein Meßsignal liefert, das vom Untergrund unterschieden werden kann, d.h., das Meßsignal ist größer als die dreifache Standardabweichung der Untergrundstreuung. Diese Angabe ermöglicht theoretische Vergleiche, jedoch nicht die Ausage, in welchem realen Konzentrationsbereich in der Routine gemessen werden kann. Da in der Praxis in einer Matrix bestimmt wird, sollte nach IUPAC das Meßsignal nicht kleiner als das Zehnfache der Detection limit sein.

Die meisten Hersteller von ICP-Geräten sind ziemlich zurückhaltend bei ihrer Angabe der Nachweisgrenze. Sie verwenden im allgemeinen den BEC-Wert, die sog. Backround equivalent concentration, und den IEC-Wert, die sog. Interferent equivalent concentration.

Der BEC ist definiert als die Konzentration eines Elementes, die ein gleiches Signal auf der gewählten Wellenlänge gibt wie die Untergrundemission. Die BEC wird also beeinflußt durch die Untergrundemission des Plasmas, die Emission von Matrixbestandteilen, die Beobachtungshöhe des Plasmas und die Zerstäubungscharakteristik. Die IEC ist die Kenngröße für spektrale Störungen. Sie ist definiert als der Gehalt des zu bestimmenden Elementes, der durch eine bestimmte Konzentration eines Störelementes ohne Korrektur des Untergrundes vorgetäuscht wird. Die IEC-Werte sind durch praktische Messungen ermittelt und geben dem Anwender durch entsprechende Kennzeichnung gleichzeitig einen Hinweis auf die Stärke und die Art der Störung.

Dennoch scheinen viele Leute eine übertriebene Vorstellung von dem zu haben, was mit der ICP-OES erreichbar ist. Vernünftig scheint die Erwartung zu sein, daß die ICP-Nachweisgrenzen für die meisten Elemente im wesentlichen mit der Flammen-AAS vergleichbar sind. ICP-OES ist besser geeignet für schwer atomisierbare Elemente und Nichtmetalle wie P, S, B, AL, V, Ba oder Ti. Die AAS ist besser geeignet für flüchtige Elemente und Metalle der ersten Hauptgruppe wie Pb, Cd, Zn, Na und K. Die Graphitrohrofen-AAS liefert für die Mehrzahl der Elemente die absolut besten Nachweisgrenzen und ist die Methode der Wahl für die Ultraspurenanalyse. Die Graphitrohrtechnik kommt außerdem mit nur wenigen Mikrolitern Probe pro Bestimmung aus und ist deshalb ohne Alternative, wenn für die Spurenanalyse nur kleine Probenmengen zur Verfügung stehen.

Bei der ICP-OES bestimmt die Matrix die Auswahl der Linie. Zur Vermeidung spektraler Interferenzen muß oft auf einer weniger empfindlichen Emissionslinie gemessen werden. Deshalb lassen sich Aussagen über die Nachweisgrenzen nicht generalisieren, da Angaben über Nachweisgrenzen sich meist auf die empfindlichste Emissionslinie beziehen.

Für die Elemente, die gasförmige, kovalente Hydride bilden, liefert die AAS mit der Hydridtechnik die besten Nachweisgrenzen und ist außerdem schnell und unproblematisch. Die AAS mit der Kaltdampftechnik schließlich ist das mit Abstand empfindlichste und zuverlässigste Verfahren für die Bestimmung von Quecksilber.

11.9.2 Linearer dynamischer Arbeitsbereich

Hierbei hat die Emissionsspektrometrie große Vorteile gegenüber der AAS. Die Flammen-AAS weist nur einen linearen Bereich von etwa 10^3 auf, mittels Kurvenkorrektur mit mehreren Standards kann dieser Bereich um den Faktor 5 erweitert werden. Dagegen beträgt der lineare dynamische Arbeitsbereich der ICP-OES annähernd 10^5. Dies liegt daran, daß durch den relativ geringen Probenstrom Absorptionsvorgänge durch nicht angeregte Atome in den Randzonen des Plasmas weitestgehend vermieden werden.

Ein großer linearer Bereich ist von besonderem Vorteil, wenn viele Elemente in einer Probe bestimmt werden müssen, da hohe Konzentrationen und Spuren in derselben Probe aus einer Verdünnung gemessen werden können. Zusätzlich vereinfacht eine großer linearer Bereich die Probenvorbereitung und den Kalibriervorgang.

11.9.3 Meßgeschwindigkeit

Es wird häufig hervorgehoben, daß simultane ICP-Spektrometer 3600 Bestimmungen pro Stunde ermöglichen, also eine Bestimmung pro Sekunde. Zwar ermöglicht ein Simultangerät einen enorm hohen Probendurchsatz, es ist aber zu bedenken, daß für jede neue Probe eine gewisse Ansaugzeit benötigt wird, bis die Probenkonzentration in der Fackel das Gleichgewicht erreicht hat und die Messung beginnen kann. Nach dem Erreichen des Gleichgewichtes ermittelt das Gerät den Meßwert, verschiebt die Wellenlänge für die Untergrundmessung, mißt den Untergrund und berechnet die Konzentration.

Die kontinuierliche Probenzuführung führt zu einem zeitstabilen Analysensignal, so daß bei sequentiellem Betrieb die Emissionslinien der zu bestimmenden Elemente nacheinander abgefahren werden können. Um den Probenbedarf und die Analysendauer bei einer sequentiellen Multielementanalyse gering zu halten, ist es erforderlich, die Analysenlinien und die Untergrundstellen schnell und genau anzufahren. Es werden daher Gitterantriebe hoher Präzision und entsprechende Liniensuchroutinen benötigt.

Bei der Methodenentwicklung und bei geringer Probenanzahl ist die Flammen-AAS viel einfacher. Für die meisten Analysen ist es nur erforderlich, den ziemlich einfachen Hinweisen in den «Kochbüchern» der Gerätehersteller zu folgen oder bei moderneren Geräten das entsprechende Analysenprogramm im Computer aufzurufen. Bei der ICP-OES machen die Überprüfung und das Vermeiden von spektralen Interferenzen die größten Schwierigkeiten. Es muß auch für jedes Element geprüft werden, ob Untergrundeffekte vorliegen. Außerdem ist es vorteilhaft, die richtige Beobachtungshöhe, die Energiezufuhr zur Plasmafackel und die Ansaugrate der Probenlösung zu optimieren und auch vergleichbare Multielementstandards herzustellen.

Ist ein Analysenprogramm erstellt und im Computer abgespeichert, sieht die Situation ganz anders aus. Das Gerät stellt dann bei Aufruf dieses Analysenprogramms die vorher festgelegten Parameter automatisch ein.

Die Meßgeschwindigkeit der AAS variiert zwischen den Modellen der einzelnen Hersteller beträchtlich. Pseudodoppelstrahl-AA-Spektrometer machen Messungen, die etwa dreimal 4 Sekunden dauern, ziehen dann Brenner oder Spiegel für rund 5 Sekunden aus dem optischen Strahl, messen 4 Sekunden lang und schieben den Brenner für weitere rund 5 Sekunden zurück. Dies entspricht einer Gesamtzeit von annähernd 26 Sekunden pro Probe und Element. Echte Doppelstrahlspektrometer ermöglichen eine präzise Analyse in üblicherweise 3 Sekunden pro Probe und Element.

Die Analysengeschwindigkeit kann nur in Kauf genommen werden, wenn Konzentrationen von nur wenigen Elementen interessieren. Der Wechsel von einem Element zum nächsten braucht bei einem AAS-Gerät etwa 2 Minuten. Wenn man die Flammenstabilisierungszeit, die Zeit des Programmaufrufs und den Monochromator entsprechend verändert, liegt der Schnittpunkt, an dem das sequentielle ICP typischerweise schneller wird, in der Routineanalytik bei ungefähr sechs Elementen. Wenn eine einzige Probe für einige wenige Elemente vorgelegt wird, ist die AAS viel schneller.

11.9.4 Interferenzen

Bei der ICP-OES spielen im Prinzip chemische Wechselwirkungen keine Rolle. Neben minimalen Ionisationsproblemen besteht allerdings die Gefahr spektraler Interferenzen. Bei der Flammen-AAS sind die chemischen Wechselwirkungen beträchtlich, spektrale Interferenzen im Prinzip nicht vorhanden und Ionisationsprobleme leicht zu bewältigen. Die Graphitrohrofen-AAS hat weniger Ionisationsprobleme, zeigt aber eine erhebliche Anzahl chemischer Probleme und ein paar spektrale Interferenzen, die mittels der Zeeman-Untergrundkorrektur korrigiert werden können.

11.9.5 Reproduzierbarkeit

Bei der ICP-OES liegt die Reproduzierbarkeit im Normalfall bei 0,5 bis 2 %; die Reproduzierbarkeit bei längerem Betrieb (1 bis 8 Stunden) liegt bei etwa 2 bis 5 %. Bei der Flammen-AAS beträgt die Reproduzierbarkeit normalerweise 0,1 bis 1 %, doch ist bei Messungen über einen langen Zeitraum oft neu zu kalibrieren. Die Graphitrohrofen-AAS weist im allgemeinen eine Reproduzierbarkeit von 1 bis 5 % beim Normalbetrieb auf.

11.9.6 Weitere wichtige Punkte

Ein Flammen-AA-Spektrometer kann man aufgrund von Arbeitsschutz- und Sicherheitsvorschriften, die in den meisten Ländern bestehen, nicht völlig ohne Überwachung lassen. Das Gerät darf nur betrieben werden, wenn ausgebildetes Personal in der Nähe ist. Dagegen kann ein ICP-OES, wie auch ein Graphitrohrofen-AAS, selbständig über Nacht laufen und so den Arbeitstag von 8 auf 24 Stunden ausdehnen.

Anschaffungs- und Betriebskosten sind weitere Punkte, die zu berücksichtigen sind. Die Kosten für Gase, Energie und Verbrauchsmaterial können beim ICP-OES hoch sein im Vergleich zu einem Graphitrohrofen-AAS, das seinerseits im Betrieb teurer ist als ein Flammen-AAS. Simultane ICP-Spektrometer haben einen sehr hohen Anschaffungspreis. Ein sequentielles ICP ist nicht so teuer, kostet aber mehr als ein Graphitrohrofen-AAS, das auch in der Anschaffung wiederum teurer ist als ein Flammen-AAS.

Dies sind nur einige der Punkte, die man berücksichtigen muß, wenn man zwischen ICP-OES und AAS wählt. Der Preis oder technische Extras sollten nicht zum einzigen Kriterium werden; es ist wichtig, daß jeder das richtige Instrument für seine Ansprüche bekommt und sich nicht mit einem Instrument zufriedengeben muß, mit dem er seine Experimente nicht zu seiner höchsten Zufriedenheit durchführen kann.

11.10 Plasmamassenspektrometrie

Formuliert ein Analytiker die Anforderungen an ein ideales Gerät für die Spurenanalytik, so nennt er, möglichst viele Elemente in kürzester Zeit mit geringstem Aufwand in allerkleinsten Konzentrationen reproduzierbar und richtig zu bestimmen. So konzentrierte sich das Interesse auf die optische Emissionsspektrometrie mit dem ICP als Anregungsquelle. Um mit gesetzlichen Auflagen Schritt halten zu können, zeigt sich dabei aber, daß die Nachweisgrenzen für viele in der Umweltanalytik relevanten Elemente nicht wesentlich verbessert werden können. Im Ultraspurenbereich ist man auf die Graphitrohr-AAS angewiesen, die aber eine Einzelelementtechnik darstellt.

Anfang der achtziger Jahre wurde die Verwendung eines ICPs als Ionenquelle für die Massenspektrometrie von Houk sowie von Date und Gray beschrieben [11.45]. Das ICP-MS-Verfahren vereinigt zwei bewährte Komponenten der Elementanalytik:

- □ die einfache und stabile Probenzuführung im ICP als Ionenquelle und
- □ die sehr universelle und empfindliche Detektion der erzeugten Ionen mit der Massenspektrometrie (MS)

zu einer leistungsfähigen Analysenmethode. Die ICP-MS-Technik ist eine schnelles und empfindliches Verfahren für die

- □ Multielement- und
- □ Isotopenanalyse.

Die möglichen Nachweisgrenzen der ICP-MS sind oft um mehrere Zehnerpotenzen niedriger als die der ICP-OES [11.46]. Dies ist besonders bei einer Einzelelementoptimierung beider Methoden der Fall. Die Vorteile der Elementmassenspektrometrie, wie hohes Nachweisvermögen, hohe Multielementkapazität und Nachweis von Isotopen einerseits sowie die guten Möglichkeiten der Probenzuführung beim ICP andererseits stellten hier eine sehr leistungsfähige neue Methode für die Elementanalytik dar.

Niedrige Nachweisgrenzen bis in den ppt-Bereich sind die Domäne der ICP-MS, wobei die meisten Elemente im Gegensatz zu den anderen atomspektrometrischen Verfahren im Prinzip alle mit sehr ähnlicher Nachweisempfindlichkeit bestimmt werden können [11.47]. Bei Schwermetallen wie Cadmium und Quecksilber liegen diese unter 1 ng/l, ebenso gut wie die Graphitrohr-AAS. Bei den Seltenen Erden liegt sie sogar bis zu zwei Größenordnungen unter der GAAS [11.48]. Unbedingte Voraussetzung für diese Ultraspurenanalytik ist eine saubere Laborluft.

Obwohl die ICP-MS keine Technik zur echten simultanen Multielementbestimmung ist, erlaubt sie doch, eine Vielzahl von Elementen einer Probe in sehr kurzer Zeit zu bestimmen. Prinzipiell kann das gesamte Periodensystem nachgewiesen werden. Die ICP-MS ist ideal geeignet für die schnelle Übersichtsanalytik.

Mit Hilfe der ICP-MS kann man in zwei Minuten prüfen, welche Elemente des Periodensystems in einer Probe vorhanden sind.

Während bei der optischen Emissionsspektroskopie bei einigen Elementen bis zu Tausenden von Linien im Spektrum vorhanden sind, hat man bei der Massenspektroskopie pro Masse nur eine Linie. Von den bestimmbaren Elementen vom Lithium bis Uran gibt es 333 natürliche Isotope mit einem Massenbereich von $m = 6$ bis $m = 240$. Mit diesen Isotopen deckt man das gesamte Periodensystem ab. Es können die verschiedenen Isotope eines jeden Elementes gleichzeitig auch in komplexen Proben nachgewiesen werden. Aber natürlich gibt es auch hier Beschränkungen bei der Analyse realer Proben.

Die massenspektrometrische Detektion liefert eine deutlich bessere Empfindlichkeit gegenüber der optischen Detektion [11.49]. Elementbestimmungen mit der ICP-MS basieren auf der Messung der Masse des jeweiligen Elementes und damit auf einer der fundamentalen Elementcharakteristiken. Aber die anspruchsvollen technischen Anforderungen der ICP-MS-Technologie haben zu Beginn weltweit bisher nur wenige Hersteller bewältigen können, heute gibt es schon über 10 Anbieter von ICP-MS-Geräten. Viel Neuland gibt es mit dieser Technologie noch zu entdecken. Billig ist der Einstieg in die Plasmamassenspektroskopie nicht, aber natürlich ist das Preisgefüge durch zunehmende Konkurrenz in Bewegung. Seit Einführung der ersten Generation 1983 haben die Gerätehersteller sehr wesentliche Fortschritte auf den Gebieten Zuverlässigkeit, Bedienbarkeit und Nachweisstärke erzielt.

11.10.1 Verfahrensprinzip der ICP-MS

Von der zu analysierenden Lösung wird in einer Zerstäuberkammer ein sehr fein verteilter Nebel erzeugt, der im Plasma schnell desolvatisiert und verdampft wird. Im Zentrum des Plasmas werden die Moleküle vollständig dissoziiert und die Elemente bei Atmosphärendruck und Temperaturen von 7000 bis 10000 K ionisiert. Bei nahezu allen Elementen beträgt der Ionisierungsgrad mehr als 90 %. Aus dem Zentrum des Plasmas gelangen die zumeist einwertigen positiv geladenen Ionen über eine Interfacezone in das Massenspektrometer. In dieser Zone wird der Druck im Hinblick auf die Arbeitsbedingungen des MS bereits mittels Vakuumpumpe auf wenige Torr reduziert. Dabei wird der Großteil des Argongases abgesaugt.

Die Ionen passieren zunächst zwei wassergekühlte, metallische Lochblenden (Sampler und Skimmer) mit Öffnungsdurchmesser von ca. 1 mm. Dabei werden sie zu einem Ionenstrahl gebündelt und in die «Ionenoptik» geführt (Bild 11.26). In diesem Bereich werden im wesentlichen die Photonen abgefangen, die ebenfalls im Plasma erzeugt werden. Das Quadrupol-Massenspektrometer wirkt wie ein Massenfilter und selektiert die Ionen entsprechend ihres Massen-Ladungs-Verhältnisses. Die Ionen werden z.B. mit einem Kanalelektronenvervielfacher (Channel electron multiplier, CEM) gemessen. Der spektrale Ausgang besteht aus einer Reihe von Isotopenpeaks, die den natürlichen Isotopen der Ionen der Analysensubstanz in Lösung entsprechen.

11.10.2 ICP-Einheit

Die Ionenquelle beeinflußt in hohem Maße die Qualität der Messung. Das induktiv gekoppelte Argonplasma gilt als sehr effektive Quelle zur Erzeugung von

Bild 11.26 ICP-MS-Kopplung

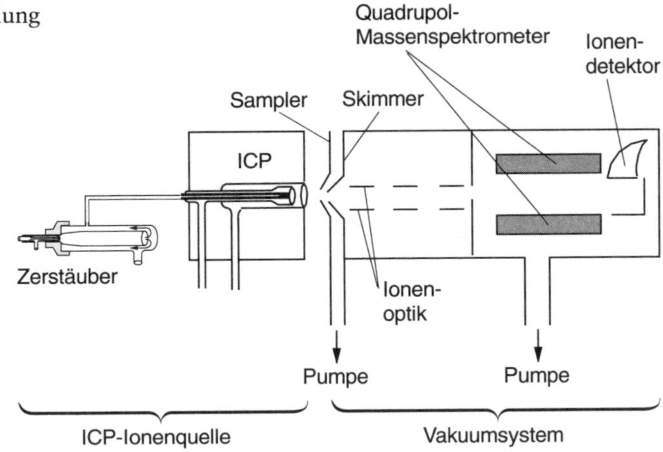

einfach geladenen Ionen für nahezu alle Elemente. Die optimale Leistung dieses Anregungssystems ist aber von einer Reihe von Parametern wie z. B. der Stabilität der Energie-Übertragung durch den Hochfrequenzgenerator und dem störungsfreien Betrieb des Probeneinführungssystems (konstante Gasströme im Zerstäuber und der Plasmafackel) abhängig. Sowohl auf dem Gebiet der Probenzuführung, der verwendeten Plasmen, der Massenspektrometer wie auch der Datenerfassung und -verarbeitung findet eine rasante Entwicklung bei den Geräten statt. Für die Probenzuführung ist neben den aus der ICP-OES bekannten pneumatischen Zerstäubern insbesondere die elektrothermale Verdampfung erprobt. Mit trockenen Aerosolen lassen sich eine Reihe von Interferenzen mit Clusterionen vermeiden und für einzelne Elemente (z. B. Fe und As) die Nachweisgrenzen erheblich verbessern. Zur Direktanalyse fester Proben ist die Laserverdampfung als Zubehör erhältlich. Diese Technik ist sowohl für neue Anwendungsbereiche, wie die Analyse keramischer Proben oder von Materialien in der Mikroelektronik, von potentiellem Interesse.

11.10.3 ICP-MS-Interface

Für die experimentelle Realisierung ist ein leistungsfähiges Pumpsystem erforderlich, um das Vakuum des Massenspektrometers bei einer genügend großen Apertur für die Ionenabsaugung gegen den atmosphärischen Druck des ICP aufrechtzuerhalten. Die Aufgabe des ICP-MS-Interface ist es, den Eintritt der im Plasma erzeugten Ionen in das Massenspektrometer zu ermöglichen. Dabei ergibt sich als Hauptproblem der Übergang vom Normaldruck der Ionenquelle zum Arbeitsdruck des Quadrupol-MS von 10^{-4} bis 10^{-5} Torr, wofür ein leistungsfähiges Pumpsystem verwendet werden muß.

Darüber hinaus werden in der Interface-Zone durch die «Ionenoptik» die energiereichen Photonen herausgefiltert, da die Impulszähleinrichtung auch auf diese Spezies anspricht.

11.10.4 Massenspektrometer

Wie bei jedem Analysenverfahren ist die Qualität des Detektors entscheidend für die Leistungsfähigkeit des Systems. Das Quadrupol-Massenspektrometer selektiert die Ionen entsprechend ihres Massen-Ladungs-Verhältnisses, d.h., es können jeweils nur Ionen mit identischen Massen diesen Massenfilter passieren. Durch Änderung der Filtereigenschaften können größere Bereiche eines Massenspektrums aufgenommen werden. Die Ionen werden schließlich mit einem Kanalelektronenvervielfacher gemessen. Dabei kann man u.a. zwischen folgenden Betriebsarten wählen:

- □ Aufnahme kompletter Massenspektren (Massenbereich 0 bis 300),
- □ Aufnahme von beliebigen Massensegmenten und
- □ Aufnahme von Massen ausgewählter Elemente (Isotopen).

Eine hohe Empfindlichkeit, die auf der einen Seite niedrige Nachweisgrenzen ermöglicht, beschränkt auf der anderen Seite den nach oben nutzbaren Meßbereich. Für die optimale Leistung eines Massenspektrometers sind niedrige Drücke unverzichtbar, die mit leistungsfähigen Diffusionspumpen erzeugt werden. Diese Pumpen müssen neben Argon auch Helium abpumpen können, wenn ein Helium-Plasma für spezielle Analysenprobleme eingesetzt wird.

11.10.5 Vorteile der ICP-MS

Die Spektren sind auffallend einfach im Vergleich zu den klassischen Spektren mit ICP-OES und frei von Störungen durch die Matrix. Die quantitative Auswertung geht problemlos mit Eichproben oder mit Verdünnung stabiler Isotopen. Das Isotopenverdünnungsverfahren läßt sich auf etwa 90 % der Elemente im Periodensystem anwenden. Bedingt durch die niedrigen Nachweisgrenzen liegt der entscheidende Vorteil der ICP-MS in einem Gewinn an Zuverlässigkeit und Richtigkeit der Analysenwerte.

Der lineare Arbeitsbereich reicht im allgemeinen über 4 bis 5 Dekaden und weist damit oft günstigere Werte als die ICP-OES auf. Mit modernen Dynodendetektoren ist der gesamte dynamische Arbeitsbereich sogar auf 8 Dekaden erweitert worden. Diese Eigenschaft der ICP-Massenspektrometrie beschleunigt erheblich den Probendurchsatz in der Routinemessung, da zeitaufwendige und fehlerträchtige Verdünnungsschritte entfallen können. Darüber hinaus wird durch diese ausgeprägte Linearität die Kalibrierungsproblematik besonders bei der Multielementanalyse stark vereinfacht [11.50]. Andererseits können durch eine entsprechende Verdünnung der Probe Matrixeinflüsse indirekt vermindert werden.

Neben dem im Vergleich zur ICP-OES besseren Nachweisvermögen (z.T. um den Faktor 100 niedriger) ist es ein wesentlicher Vorteil der ICP-MS, daß die spektralen Interferenzen für Matrizes mit linienreichen Emissionsspektren bedeutend niedriger sind als in der ICP-OES, d.h., man hat ein einfaches Linienspektrum von 250 Massen gegenüber ca. 100 000 Emissionslinien (Bild 11.27).

Die Interferenzprobleme sind glücklicherweise zum größten Teil gelöst. Entweder verändert man die Plasmaparameter oder verwendet eine Mischung als

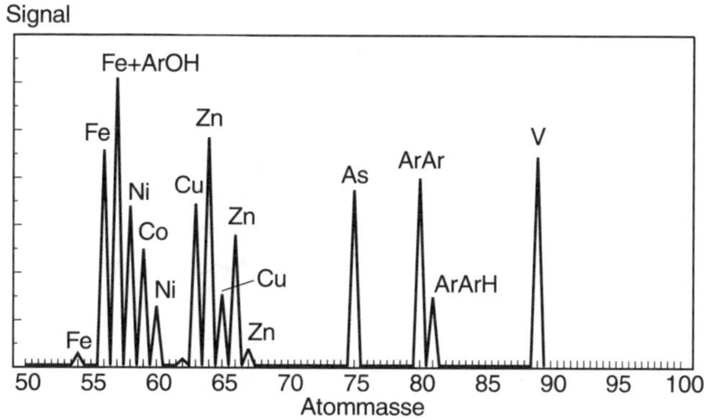

Bild 11.27 Beispiel einer Multielementbestimmung mit ICP-MS

Plasmagas. Oder man sucht eine interferenzfreie Linie, da die meisten Elemente ja mehrere Isotopen haben. Bei der Interpretation der Spektren werden von der zugehörigen Software Beurteilungskriterien, wie das natürliche Isotopenverhältnis der Elemente und die Vielzahl der möglichen Interferenzen durch Metalloxide, doppelt geladene Ionen usw., berücksichtigt. Wer mehr Geld ausgeben kann, kann sich auch statt eines Quadrupol-MS ein hochauflösendes Sektorfeldgerät leisten.

11.10.5.1 Semiquantitative Analyse

Mit dem semiquantitativen Meßverfahren kann innerhalb kürzester Zeit das Elementspektrum einer unbekannten Probe erfaßt und bestimmt werden, welche Elemente in signifikanter Konzentration in dieser Probe enthalten sind. Da die Empfindlichkeit eines Massenspektrometers über den gesamten Massenbereich gleichförmig verläuft, können alle Elemente mit etwa derselben Empfindlichkeit nachgewiesen werden. Das bedeutet gleichzeitig, daß sehr schnelle semiquantitative Analysen ohne Verwendung von Kalibrierstandards durchgeführt werden können. In der Regel weichen diese nicht kalibrierten Ergebnisse max. um 30 % vom tatsächlichen Analysenwert ab. Bei unbekannten Proben können hierdurch aussagekräftige Ergebnisse im gesamten Massenbereich in weniger als einer Minute erhalten werden.

11.10.5.2 Bestimmbare Elemente

Bei der Messung mit dem ICP-Massenspektrometer handelt es sich wie bei der AAS und der ICP-OES ebenfalls um ein lösungsanalytisches Verfahren. Der Einsatz in der Wasseranalytik liegt daher auf der Hand. Grundsätzlich kann die etablierte Probenvorbereitung der o.g. Verfahren beibehalten werden. Das gilt insbesondere für die Verwendung von Salpetersäure als Aufschlußreagenz. Mit Hilfe der Laserablations-ICP-MS ist auch die Untersuchung von leitenden und nichtleitenden Festkörpern möglich, weshalb diese Technik insbesondere bei der Spurenanalyse von Keramiken genutzt wird. Hierbei wird ein fokussierter Laserstrahl auf die Oberfläche gerichtet, wodurch die Materie verdampft und atomisiert wird. Im angeschlossenen konventionellen ICP-MS-Spektrometer werden die Atome dann anschließend und räumlich getrennt ionisiert und massenselektiv getrennt. Hiermit sind auch lokale Verteilungsanalysen mit einer lateralen Auflösung von etwa 10 µm möglich [11.51].

Das ICP-MS ermöglicht die Messung nahezu aller Elemente des Periodensystems. Es lassen sich auch negativ geladene Ionen, die vom Fluor, Chlor und Brom gebildet werden, quantitativ bestimmen. Eine Ausnahme bilden das Argon, der Stickstoff und der Sauerstoff als Bestandteil des Plasmagases bzw. des Aerosols. Prinzipiell können diese drei Elemente zwar auch mit hoher Nachweisempfindlichkeit durch diese Technik bestimmt werden, doch ist die Analyse nicht sinnvoll, da sie praktisch überall vorhanden sind.

11.10.5.3 Analytische Beschränkungen

Nicht nur unter Berücksichtigung der Kosten ist die ICP-MS keineswegs der analytische Supermann. Spektrale Interferenzen können dem Anwender das Leben schwer machen. Molekülionen, die sich aus Elementen, die in der Probe enthalten sind, und aus Sauerstoff oder Lösemittelresten im Plasmastrom bilden, können im Massenspektrum die Linie eines zu bestimmenden Elementes überlagern. Das Plasmamedium selbst – Argon – kann mit einem Isotop das $^{38}Ar/^{18}O$-Ion mit der Massenzahl 56 bilden, das die Hauptlinie des Eisens bei 56 überlagert. Auch sogenannte isobare Interferenzen können stören. So interferiert das Titanisotop mit der Massenzahl 48 mit dem seltenen Calcium-Isotop 48.

Bei den leichteren Elementen treten auch Beschränkungen auf, weil Analytsignale mit den Signalen anderer Spezies interferieren. Dies ist auf die niedrige Auflösung von Quadrupol-Massenfiltern zurückzuführen. Zu den Interferenzsignalen gehören Signale von Argonspezies, wie Ar^+, $ArOH^+$, $ArCl^+$, und Clusterionen, wie H_2O^+, NH^+, CO^+, aber auch Signale von anderen Isotopen, Begleitelementen, doppelt geladenen Analytionen und Analytoxiden usw. Diese Interferenzen schränken das Nachweisvermögen nicht nur im Falle von realen Proben ein, sie können darüber hinaus zu systematischen Fehlern führen. Auch treten in der ICP-MS Ionisationsinterferenzen auf. Sie können durch Verschiebungen der Ionisationsgleichgewichte infolge von Begleitsubstanzen, aber auch durch Änderung der Plasmageometrie verursacht werden. Dementsprechend sollen quantitative Analysen in der ICP-MS in der Regel nach dem Zugabeverfahren gemacht werden.

Da die natürliche Häufigkeit der Isotope bei den meisten Elementen konstant und genau bekannt ist, lassen sich die isobaren Überlagerungen berechnen. Eine intelligente Software kann bei der Erkennung von Interferenzen sehr hilfreich sein. Bei der quantitativen Bestimmung können potentielle Störungen durch isobare Element- und Molekülionen durch rechnerische Korrektur vermieden werden, wobei das natürliche Isotopenverhältnis der einzelen Elemente in der Software abgespeichert ist. So ist z. B. die Angabe des Verhältnisses von Ba^{2+}/Ba^+ bzw. BaO^+/Ba^+ von großem Interesse, da sich an diesen Beispielen die Bildungstendenz der Störionenspezies erkennen läßt.

Problematischer sind spektrale Überlagerungen von mehratomigen Ionen, da die Bildung dieser Spezies wesentlich von den apparativen Bedingungen abhängen und sich daher nur bedingt voraussagen lassen. Wegen der zum Teil geringen natürlichen Häufigkeit mancher Isotope ist aber die Anzahl von mehratomigen Ionen im wesentlichen auf die Kombination der häufigsten Isotope beschränkt, so daß z.B. bei der Stahlanalyse mit etwa 250 Signalüberlagerungen von mehratomigen Ionen zu rechnen ist [11.52].

11.10.6 Neue Anwendungen

Fraglos hat die ICP-MS die Spurenanalytik bereichert und wird sie noch weiter bereichern. Die Anwendungsmöglichkeiten sind vielfältig: Geochemie, biologische Analytik, Nukleartechnik, Halbleitertechnologie und vor allem auch die Umweltanalytik [11.53]. In der Wasseranalytik ist die ICP-OES zur Zeit neben der AAS zwar als das Standardverfahren anzusehen, doch auch hier dringt die Massenspektroskopie ein [11.54]. Man kann eine Aufdeckung von Zusammenhängen erwarten, die bisher jenseits der analytischen Leistungsfähigkeit lagen. Als Beispiel sei erwähnt, daß nun auch Elemente wie Ce, U, La, Y, Li und Be im Trinkwasser auffindbar sind [11.55].

Durch die besondere Eigenschaft der Massenspektrometrie lassen sich die individuellen Isotope der Elemente bestimmen. Einige Isotope des Bleis entstehen durch den radioaktiven Zerfall verschiedener Ursprungselemente (Thorium- und Uranzerfallsreihe). Diese Tatsache erlaubt es, die ICP-MS zur Bestimmung des Herkunftsortes von geologischen Proben einzusetzen. Reichert man biologische Proben mit stabilen Isotopen an, kann der Metabolismus von Spurenelementen in derartigen Systemen verfolgt werden, ohne auf den Einsatz von Radioisotopen angewiesen zu sein.

Die insbesondere im Massenbereich unterhalb von 80 auftretenden spektralen Störungen, die ein Quadrupol-Massenspektrometer nicht auflösen kann, können durch Verwendung von hochauflösenden Massenspektrometern – wie den Flugzeit-Massenspektrometern – ganz erheblich gesenkt werden. Bei gleichzeitigem Zugewinn an Nachweisvermögen für die leichteren Elemente, deren Interferenzen eine maßgebliche Beschränkung der Quadrupol-Massenspektrometer darstellen, wird die ICP-MS zukünftig bevorzugt mit hochauflösende Massenspektrometern betrieben werden.

Auch bei der ICP-MS kann das Nachweisvermögen durch Matrixabtrennung verbessert werden. Durch direkte Kopplung mit Chromatographen (GC, HPLC, IC) werden hierdurch Konzentrationsbestimmungen im ppt-Bereich möglich. Damit ist für die Speziationsbestimmung eine neue Situation geschaffen. Die Frage nach der Elementspeziation gewinnt ständig an Bedeutung und kann durchaus wichtiger als die Gesamtkonzentration sein. Online-Verfahren, wie die Fließinjektion, lassen sich im Prinzip auch in der ICP-OES sowie in der ICP-MS einsetzen. Ebenso sind die automatische Verdünnung und die Zugabe eines internen Standards möglich. In der ICP-MS interessiert vor allem die Multielementbestimmung der Hydridbildner im sub-ppb-Bereich und die Anreicherung und Matrixabtrennung.

Da bei der Aerosoltechnik die Probe in einer zerstäubbaren Form, also in Lösung, vorliegen muß, darf sie ein Mindestvolumen nicht unterschreiten. Bei der Injektionstechnik sind hierzu mindestens 0,5 ml erforderlich. Um auch Mikromengen der Plasmaspektrometrie zugänglich zu machen, werden die aus der AAS kommerziell erhältlichen elektrothermischen Verdampfer (ETV) für die ICP-MS eingesetzt. Die ETV-ICP-MS ist eine Technik zur simultanen Multielementbestimmung in Mikromengen, wobei die Nachweisgrenzen meist unter denen der Graphitrohr-AAS liegen. Damit können auch Proben, wie Suspensionen von Pulvern, untersucht werden, die in Zerstäubern leicht Störungen verursachen. Zur direkten Bestimmung von Festproben dient die Laserverdampfung, wobei der von einem Laser erzeugte Dampf in das Plasma übergeführt wird.

Neben dem ICP finden auch Mikrowellenplasmen (MIP) Einsatz als Anregungsquellen in der Plasma-Massenspektrometrie. Hierzu wird ein ganz aus Metall angefertigter Torch verwendet, der bei einigen 100 Watt mit einer Heliumentladung arbeitet [11.56]. Auch die Ionisierung durch Glimmentladung (GD-MS) wurde gründlich untersucht [11.57].

11.11 Zusammenfassung und Ausblick

Die Bestimmung von Spurenelementen durch optische Emissionsspektralanalyse mit induktiv angekoppeltem Plasma ist seit einigen Jahren ein Routineverfahren, das im analytischen Labor neben der AAS sein festes Einsatzgebiet hat. Sie ist für Bereiche wie die Umweltanalytik wie auch für die Eingangskontrolle, die Qualitätskontrolle fertiger Produkte in der Industrie (Metallindustrie, chemische Industrie, Keramik und Glas) und die die Prozesse begleitende Offline-Analytik essentiell. In der DIN 51 008 Teil 2 sind die gebräuchlichen Begriffe der OES zusammengefaßt 11.58]. Die Methode wird bereits in mehreren Normen und Verordnungen zitiert. Hierzu gehören die Einheitsverfahren zur Wasser-, Abwasser- und Schlammuntersuchung (DIN 38 406 Teil 22), die Verordnung über Verbrennungsanlagen für Abfälle (17. BImSchV), die Prüfung von Schmierstoffen (DIN 51 391 Teil 3), die Klärschlammverordnung (AbfKlärV) und die Abwasser-Verwaltungsvorschrift.

Die ICP-OES ist eine Multielementmethode und zeichnet sich durch ihre Schnelligkeit beim Nachweis von zahlreichen Spurenelementen in einer großen Anzahl von Proben aus. Wegen ihrer Multielementkapazität stellt sie in vielen Bereichen eine Alternative zur Atomabsorptionsspektrometrie dar. Aufgrund der heute benutzten optischen Systeme, der Verwendung der bestmöglichen Analysenlinien und der wesentlich empfindlicheren Detektion sind die Nachweisgrenzen in der 30jährigen Geschichte der der ICP-OES erheblich verbessert worden. Sie liegen heute in der Größenordnung von ng/l. Durch Spülen der Optik mit Argon oder Stickstoff bzw. deren Evakuierung sind Messungen im Vakuum-UV unter 190 nm möglich, womit z.B. Schwefel und Phosphor auf wenig gestörten Emissionslinien gemessen werden können.

Im Falle der Simultanspektrometer mußte insbesondere das Auflösungsvermögen verbessert und eine Vorrichtung zur Erfassung des Intensitätsverlaufs in der Nähe der Analysenlinien vorgesehen werden. Mit einer rechnergesteuerten Spaltverschiebung oder einer sich hinter dem Eintrittsspalt drehenden Quarzreflektorplatte kann man die spektrale Umgebung für alle Analysenlinien simultan abfahren und die gemessenen Intensitäten abspeichern.

Alle modernen ICP-Spektrometer sind rechnergesteuert. Rechnergestützte Peak-Suchroutinen und Verfahren zur Untergrunderfassung gehören bei Sequenz- und Simultangeräten zum Stand der Technik. Spektrenausschnitte werden auf dem Bildschirm dargestellt, Linien identifiziert und Daten für die Korrektur der Linieninterferenzen ermittelt.

Die heutigen Anforderungen an ein modernes ICP-Spektrometer sind vor allem eine hohe Automatisierung bei geringem Personaleinsatz und eine Vollauslastung des Gerätes auch über Nacht. Dies wird erreicht durch den Einsatz von intelligenten Rechnern in Verbindung mit Probengebern und automatischen Dilutern. Entscheidungen, die früher von dem Anwender getroffen wurden, werden heute vom Rechner mit einer sinnvollen Qualitätssicherungssoftware übernommen. Hierzu gehören die selbständige Rekalibrierung, das Einstellen aller Geräteparameter sowie die automatische Durchführung von Qualitätssicherungsanalysen.

Die Plasmaspektrometrie gehört zu den leistungsfähigsten Methoden zur simultanen Multielementbestimmung für flüssige Proben, aber auch für Feststoffsuspensionen in flüssiger Phase. Die Emissionsspektrometrie mit dem induktiv gekoppelten Plasma (ICP-OES) hat instrumentell bereits einen hohen Entwicklungsstand erreicht, jedoch sind z. B. auf dem Gebiet der Spektrometer durch den Einsatz von ECHELLE-Systemen und vor allem von neuartigen Detektoren, wie das Charge injection device (CID), wegen der besseren Erfassung der spektralen Information noch Fortschritte zu erwarten. Bei den Geräten geht der Trend zu rationeller konstruierten und kleineren Einheiten. So sollen die Beschaffungs- und Betriebskosten sinken. Bemerkenswert ist auch, daß sich kombinierte Sequenz-Simultan-Spektrometer durchsetzen. Sie gestatten neben einer schnellen simultanen Bestimmung vieler, jedoch von vornherein festgelegter Elemente auch eine flexible Bestimmung von Elementen, die von Fall zu Fall andere sein können.

Die Emissionsspektroskopie mit induktiv gekoppeltem Plasma (ICP) ist heute als Methode in praktisch jedem größeren analytischen Labor vorhanden. Auch bei der ICP-Emissionsspektrometrie findet ein wichtiger Teil der Innovation auf dem Gebiet der Probenzuführung statt. Alternativen zu den üblichen Zerstäubungssystemen wie Ultraschallzerstäubung oder dem Babingtonzerstäuber, die es gestatten, mit Suspensionen zu arbeiten, und die Funkenerosion zur direkten Identifizierung metallischer Proben sind einige Beispiele, welches Zubehör erhältlich ist. Andere Plasmen wie die Mikrowellenplasmen spielen eine Rolle als elementspezifische Detektoren bei der Chromatographie und sind in diesem Zusammenhang heute in kommerziellen Systemen erhältlich.

Neben dem ICP finden auch Mikrowellenplasmen (MIP) als Anregungsquellen in der optischen Emissionsanalyse (MIP-OES) reges Interesse. Inzwischen sind verbesserte elementspezifische MIP-OES-Detektoren für die Gaschromatographie kommerziell verfügbar. Ihre Weiterentwicklung im Hinblick auf einen Betrieb mit molekularen Gasen als elementspezifische Detektoren für die Chromatographie mit überkritischen Flüssigkeiten ist der nächste Schritt.

Für die Analyse von Materialien mit linienreichen Emissionsspektren oder in Fällen, in denen höheres Nachweisvermögen gefordert wird, wie z. B. in der Trinkwasseranalytik, bietet die Massenspektrometrie mit induktiv gekoppelten Plasmen (ICP-MS) Vorteile gegenüber der ICP-OES. Auch die Kopplung der ICP-

Spektrometrie – vor allem der ICP-MS – mit der HPLC ist ein sehr leistungsfähiges Konzept für eine direkte Bestimmung der Elemente in ihren verschiedenen Bindungsformen.

Verfahren zur Laserverdampfung sind für Studien an elektrisch nichtleitenden Proben wie Keramiken grundsätzlich geeignet. Ihre volle Leistungsfähigkeit wird aber erst in Kombination mit der Laseranregung oder mit der im Vergleich zur ICP-OES nachweisstärkeren ICP-MS voll ausgenutzt.

Für die simultane Bestimmung sind heute auch Photodiodenspektrometer von Interesse. Es können nach Vorzerlegung und Aussonderung der Analysenlinien mit Diodenarrays geringer Abmessung (12,5 mm) und niedriger Pixelzahl (500 bis 1000) 5 bis 10 Elemente noch simultan bestimmt werden. Durch auswechselbare Masken zur Voraussonderung läßt sich das Analysenprogramm schnell abändern. Das Nachweisvermögen bei Photodiodenspektrometern wird im niedrigen Wellenlängenbereich durch Detektorrauschen eingeschränkt.

Bei den heutigen sequentiellen Spektrometern wird abwechselnd das Gitter mit einem rechnergesteuerten, hochauflösenden Schrittmotor gedreht, wobei die Wellenlänge am Austrittsspalt verschoben und während einer kurzen Zeit integriert wird. Wenn viele Elemente bestimmt werden müssen und eine hohe Präzision im Spurenbereich erforderlich ist, sind diese Verfahren langsam im Vergleich zu den schnellen, jedoch in der Flexibilität des Analysenprogramms sehr eingeschränkten Simultanverfahren.

Die Steuerung, die Datenerfassung und die Datenverarbeitung kann bei vielen der Geräte über einen Personalcomputer und einen höheren Rechner geschehen. Bei Simultanspektrometern wird oft ein geräteeigener Prozessor für die Gerätesteuerung (Thermostatisierung, Spülung, Diagnostik) verwendet. Die meisten Systeme verfügen über menügeführte Software, die Softwarepakete enthalten Programme zur Steuerung des Analysenablaufs, zur Bestimmung der Untergrundmeßstellen, zur Untergrundkorrektur, zur Kalibrierung mit externen Standards, nach dem Aufstockverfahren sowie unter Verwendung eines internen Standards, zur Rekalibrierung und zur Datenverarbeitung. Letztere kann auch die Statistikprogramme, die Erstellung eines Analysenprotokolls und die Archivierung einschließen und in Handshake mit einem externen Rechner arbeiten.

Die wesentlichen Anforderungen, die ein Gerät in der Praxis erfüllen muß, sind leichte Bedienbarkeit durch eine elegante Software im Computer. Außerdem sollte es ein Multielementsystem sein, um schnelle Resultate von vielen Elementen gleichzeitig zu erhalten. Es soll aber auch ein sequentielles, scannendes Spektrometer sein, um eine absolut freie Linienauswahl für alle nicht fest eingestellten Wellenlängen zu haben. Das Gerät sollte hohe Lichtstärke über den gesamten Spektralbereich von 170 bis nahe 800 nm bieten, um höchste Empfindlichkeit und beste Nachweisgrenzen zu gewährleisten.

Vor allem muß ein ICP-Spektrometer ein extremes Auflösungsvermögen haben, um Probleme von Interferenzen zu eliminieren, damit man möglichst die empfindlichste Analysenlinie benutzen kann. Das Auflösungsvermögen eines Spektrometers ist ein entscheidender Parameter für die Genauigkeit eines Meßresultats. Ein modernes ICP-System muß darüber hinaus eine Reihe von gut erprobtem Zubehör haben, damit es beispielsweise mittels eines Probenwechslers automatisiert werden kann.

Zu erstaunlich hoher Praxisreife wurde zwischenzeitlich auch die instrumentelle Kombination des ICP mit der Massenspektrometrie entwickelt. Während die erste Gerätegeneration noch weitestgehend für den manuellen Betrieb ausgelegt war und damit hohe Anforderungen an der Betreiber gestellt hat, sind die neuen ICP-MS-Geräte durch hohen Automatisierungsgrad gekennzeichnet. Rechnergesteuert werden alle wichtigen Parameter des Plasmas und des Quadrupols optimal eingestellt.

Bei der ICP-MS-Technik wird der hohe Ionisierungsgrad des induktiv gekoppelten Plasmas mit der Empfindlichkeit und Trennschärfe des idealen Detektors, des Massenspektrometers, zu einer einzigartigen analytischen Methode für die Element- und Isotopenanalyse kombiniert. Die Plasmamassenspektrometrie (ICP-MS) ist vom Nachweisvermögen her der ICP-Emissionsspektrometrie weit überlegen. Es ist ein schnelles Analysenverfahren zur Bestimmung von mehr als 75 Elementen. Die Nachweisgrenzen liegen im Ultraspurenbereich. Die ursprünglich sehr teuren Geräte sind inzwischen relativ preiswert zu haben. Diese Technik gewinnt zunehmend an Bedeutung und ergänzt sowohl die ICP-OES als auch die Graphitrohr-AAS. In der oberen Preisklasse dürfte diese Technik die ICP-Emission zum Teil ablösen. Allerdings braucht auch die ICP-MS im Zweifelsfall eine zweite analytische Bestimmungsmethode, so daß nicht zu befürchten ist, daß in Zukunft die AAS durch die ICP-MS überflüssig werden könnte.

Die Methode ermöglicht auch Multielementbestimmungen an festen Proben. Die Nachweisgrenzen liegen für die meisten Elemente im sub-ng/g-Bereich und unterscheiden sich nur wenig von Element zu Element. Die Matrixbeeinflussungen sind gering, die Spektren sind zwar linienarm, Clusterionen führen aber zu ungewissen Linienkoinzidenzen. Die meisten kommerziellen ICP-MS-Geräte sind mit einem Quadrupol-Massenspektrometer ausgestattet. Geräteentwicklungen mit hochauflösenden Flugzeit-Massenspektrometern sind erst am Anfang. Durch die hohe Auflösung dieser Geräte können aber die Einschränkungen für die leichteren Elemente durch spektrale Störungen im Massenbereich unterhalb 80 weitgehend eliminiert werden.

12 Massenspektrometrie

Der Massenbestimmung zur Charakterisierung von Substanzen kam in der Chemie schon immer eine entscheidende Bedeutung zu. Bereits 1910 gelang THOMPSON die Aufnahme eines Massenspektrums der beiden Isotope des Neons. F. A. ASTON aus Cambridge erhielt 1922 den Nobelpreis für Chemie für seine Entdeckung vieler Isotope in nichtradioaktiven Elementen mit dem Massenspektrographen. Aber erst um 1960 begann die umfassende Anwendung der Massenspektrometrie (MS), die heute zu den Routinemethoden der modernen Analytik geworden ist. Sie ist inzwischen zu einer anerkannten, leistungsfähigen Methode zur absoluten Bestimmung von Molmassen geworden. Die Massenspektrometrie ist gekennzeichnet durch große Empfindlichkeit und hohen Informationsgehalt der Spektren. Neben der kernmagnetischen Resonanzspektroskopie (NMR) und der IR-Spektroskopie ist die Massenspektrometrie das wichtigste Verfahren der instrumentellen Analytik zur Strukturaufklärung von Verbindungen. Als Analysenmethode der 90er Jahre dient die MS zur Identifizierung von Substanzen sowohl allein als auch in Verbindung mit vorgeschalteten Verfahren der Stofftrennung.

Bei diesem Verfahren wird eine organische Verbindung im Hochvakuum verdampft, durch Elektronenbeschuß ionisiert und in Bruchstücke zerschlagen. Als Zerfallsprodukte treten hierbei vorwiegend positiv geladene Ionen auf, daneben aber auch ungeladene Radikale und kleinere Neutralmoleküle. Die verschiedenen, in der Ionenquelle erzeugten Ionen werden in einem Magnetfeld aufgrund ihres massenabhängigen Ablenkungsverhaltens im Verhältnis von Massenzahl und Ladung (m/e) getrennt und einem Empfänger zugeführt. Man erhält so das Massenspektrum.

Die Anwendung der Massenspektrometrie ist sehr vielfätig. Die MS dient nicht nur der organischen Analytik, sondern findet auch in der anorganischen Chemie, in der Biologie, der Physik und anderen Wissenschaften Anwendung. So lassen sich mit der Hochauflösungs-Massenspektrometrie Rückschlüsse auf die elementare Zusammensetzung bzw. die Struktur einer neuen Verbindung ziehen. Andererseits kann man mit Hilfe des Massenspektrums die Identität zweier Verbindungen beweisen. Darüber hinaus eignet sich die Massenspektrometrie für die qualitative und quantiative Analyse von Gemischen bzw. für die Spuren- und Isotopenanalyse [12.1]. Außerdem lassen sich mit ihrer Hilfe Kenntnisse über die Eigenschaften von Ionen in der Gasphase wie Reaktionsmechanismen sowie die Struktur und Lebensdauer von Ionen gewinnen. Mit der Entwicklung von leistungsfähigen Massenspektrometern in Verbindung mit verbesserten Ionisierungstechniken ist es möglich geworden, auch Substanzen mit Molmassen bis zu 10^5 g mol^{-1} und damit Polymere und Biopolymere zu untersuchen.

Bei der großen Zahl an Fragmentierungen können aber meist nur die Massenspektren von Reinsubstanzen interpretiert werden. Deshalb wird die MS häufig mit chromatographischen Trennverfahren wie der Gaschromatographie (GC) und Hochleistungs-Flüssigkeitschromatographie (HPLC) gekoppelt. Andererseits wird die klassische Ionisierung durch Elektronenstoß dabei zunehmend durch andere Verfahren bereichert, die eine schonendere Ionisierung und damit weitgehende Unterdrückung der Fragmentierung verursachen. Zusammen mit der geringen Fragmentierung wird dadurch eine weitgehende Entzerrung der Massenspektren und damit eine qualitative und quantitative Analyse komplexer Gasgemische bis in den Spurenbereich erzielt. Zu diesen Verfahren zählen die chemische Ionisierungs- (CI-MS) und die Ionen-Molekül-Reaktionsmassenspektrometrie (IMR-MS).

12.1 Grundlagen

Das physikalische Grundprinzip beruht auf der Lorentz-Kraft, wonach geladenene Teile durch ein äußeres Magnetfeld auf ihrer Flugbahn abgelenkt werden. Die erste Voraussetzung zur Aufnahme eines Massenspektrums ist also, daß die zu analysierenden Moleküle ionogen vorliegen. Einfach geladenene Ionen werden dann in einem Magnetfeld auf Kreisbahnen abgelenkt, deren Radien proportional zu den Quadratwurzeln der Ionenmassen sind.

Bei der Massenspektrometrie können zwei Hauptgebiete voneinander unterschieden werden:

- □ der Ionisierungsprozeß und
- □ die Massenbestimmung.

Der klassische Ionisierungsprozeß ist die **Elektronenstoßionisation**, die auch noch heute die wichtigste Methode zur Erzeugung von Ionen darstellt.

Zur Trennung von Ionen, die sich um mindestens eine Masseneinheit unterscheiden, genügt eine einfache Ablenkung der Ionen in einem starken magnetischen Feld. Ionen größerer Masse werden dabei weniger abgelenkt als solche mit kleinerer Masse (Bild 12.1).

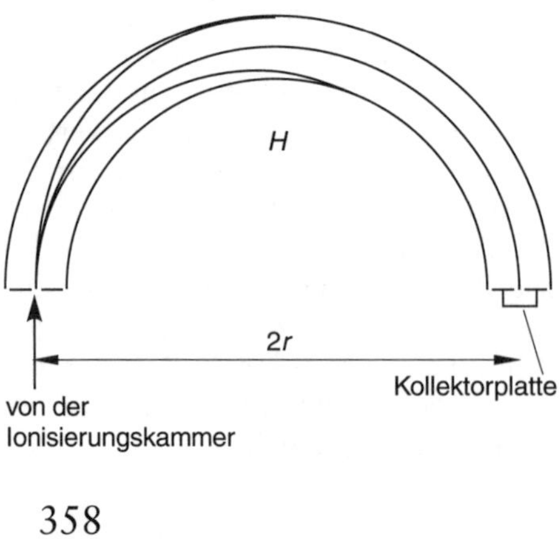

Bild 12.1 Prinzip des Magnetfeld-Massenspektrometers

$$m/e = \frac{H^2 r^2}{2V}$$

H magnetische Feldstärke
r Radius der Kreisbahn
V Beschleunigungsspannung

Durch Variation der magnetischen Feldstärke H bei konstantem Radius r, auf dem sich die Ionen bewegen, und der Beschleunigungsspannung V können alle Werte von m/e durchlaufen werden. Andererseits kann auch bei konstantem Magnetfeld H durch Variation der Beschleunigungsspannung V ein Massenspektrum aufgenommen werden. In beiden Fällen ist es möglich, Ionen aller m/e-Werte nacheinander durch den Kollektorschlitz treten zu lassen und das Massenspektrum zu registrieren.

12.2 Massenspektrum

Massenspektren werden gewöhnlich von tieferen nach höheren Massen aufgenommen. Den intensivsten Peak im Massenspektrum bezeichnet man als Basispeak. Um eine klare und übersichtliche Darstellung eines Massenspektrums zu erreichen, wird die Intensität des Basispeaks willkürlich gleich 100 gesetzt, und alle anderen Signale werden relativ darauf bezogen. Gewöhnlich ist der Basispeak nur bei besonders stabilen Verbindungen gleich dem Molekülpeak. In Bild 12.2 ist das Massenspektrum von Benzoesäuremethylester dargestellt.

Die relative Molekülmasse wird in der Chemie häufig kurz als Molekülmasse oder, historisch bedingt, auch noch als Molekulargewicht bezeichnet. Die relative Molekülmasse einer chemischen Verbindung gibt an, wie groß die Masse dieser Verbindung im Vergleich zu einem Zwölftel der Masse des häufigsten Atoms des Kohlenstoffisotops ^{12}C ist.

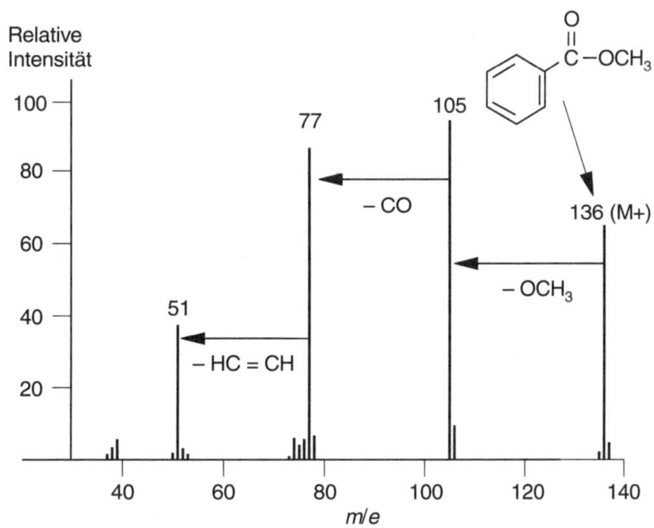

Bild 12.2 Massenspektrum von Benzoesäuremethylester

Da die chemischen Elemente aus einem Isotopengemisch bestehen, findet man neben dem Molekülpeak und neben den Peaks der Fragmentionen stets einen oder mehrere Isotopenpeaks. Die Intensitätsverhältnisse einer derartigen Gruppe von Peaks entsprechen der natürlichen Häufigkeit der einzelnen Isotope in der Atomkombination. Die Bestimmung der Isotopenzusammensetzung aus dem Massenspektrum eignet sich zur Ermittlung der Summenformel einer Verbindung. Wegen des relativ großen Anteils an schweren Isotopen bei den Elementen Schwefel, Chlor und Brom sind Verbindungen, die diese Elemente enthalten, besonders gut zu identifizieren.

Es gibt aber bis heute nur wenige einfache, allgemein anwendbare Regeln für die Spektreninterpretation. Die vom angeschlossenen Rechner gemachten Strukturvorschläge beim Spektrenvergleich mit einer Datensammlung sind nicht immer eindeutig. Die primär gebildeten Ionen können auf ihrer Flugbahn ihre Überschußenergie manchmal in erhebliche Umlagerungen umsetzen. Es entstehen Molekülanordnungen, die mit dem Ausgangsmolekül kaum noch in Zusammenhang stehen. Durch diese weitreichenden Umlagerungen kann dann das erhaltene Massenspektrum sehr irreführend werden.

Jedes Fragmention besitzt ein bestimmtes Verhältnis der Masse zur Ladung, also einen definierten *m/e*-Wert. Da die meisten Ionen die Ladung 1 besitzen, ist der *m/e*-Wert im allgemeinen der relativen Masse des Ions gleichzusetzen. Andererseits spiegelt die Intensität eines Signals die Häufigkeit des entsprechenden Ions wider. Besonders charakteristische Fragmentionen werden als Schlüsselbruchstücke bezeichnet. Die Spaltung der Moleküle tritt vorwiegend so ein, daß

- □ Fragmentionen gebildet werden, in denen die positive Ladung durch Mesomerie oder induktive Effekte stabilisiert ist, oder
- □ Fragmentionen, die durch Eliminierung energiearmer Neutralteilchen, wie z. B. H_2O, H_2S, NH_3, CO, CO_2, N_2 usw., entstehen.

12.2.1 Stabilität von Bruchstücken

Molekülionen sind positive Radikalionen. Ein Molekülion AB^+, bestehend aus den Hälften A und B, zwischen denen eine chemische Bindung besteht, kann deshalb in ein Carbeniumion und ein Radikal zerfallen:

$$AB^{\bullet +} \rightarrow A^+ + B^\bullet \quad \text{oder} \quad A^\bullet + B^+$$

Die Bindungsspaltung erfolgt vorzugsweise so, daß jeweils das stabilste Radikal gebildet wird, z. B. bei aliphatischen Kohlenwasserstoffen bevorzugt an den C-Atomen mit der größten Verzweigung. Das ungeladene Radikal wird im Massenspektrometer natürlich nicht registriert.

Die allgemeinen Gesetzmäßigkeiten, die sich beim Studium der Chemie des Grundzustandes als so nützlich erwiesen haben, können auch eine wertvolle Hilfe für das Verständnis von massenspektrometrischen Fragmentierungsprozessen darstellen. Ein Radikalion stabilisiert sich unter Eliminierung eines Radikals zu einem Carbeniumion mit gerader Elektronenzahl. Ein weiterer sehr zahlreich auftretender Fall ist derjenige, bei dem eine Fragmentierung nicht von der Bildung eines relativ stabilen Carbeniumions kontrolliert wird, sondern von der Möglichkeit, ein sehr stabiles, ungeladenes Molekül zu eliminieren. So spalten aliphatische Alkohole gewöhnlich eher Wasser als ein OH-Radikal ab, aliphatische Acetate eliminieren eher Essigsäure als ein Acetoxy-Radikal. Ferner beobachtet man oft die Abspaltung von HCN aus Chinolin oder die Abspaltung von CO aus Chinonen.

12.2.2 Umlagerungsprozesse

Diese Beispiele zeigen zwar allgemeine Richtlinien auf, andererseits werden viele Ausnahmen beobachtet. Wenn bei einer Fragmentierung nicht nur Bindung gelöst, sondern auch neue gebildet wird, spricht man von Umlagerungen. Die Neubildung einer Bindung kann dabei im eliminierten Neutralteilchen vorkommen, wie beim Verlust von Wasser aus Alkoholen, oder auch in der die Ladung tragenden Hälfte des Fragments. Der wandernde Rest ist in den meisten Fällen Wasserstoff, wobei ein oder auch mehrere H-Atome übertragen werden können.

Neben der häufig zu beobachtenden Wanderung von Wasserstoff tritt gelegentlich auch eine Wanderung organischer Gruppen auf, worunter man Umlagerungsprozesse im engeren Sinne versteht. Als wandernde Gruppen sind solche geeignet, die wenig Neigung zur Fragmentierung besitzen, wie z. B. Methyl- und Phenylreste.

12.2.3 Metastabile Ionen

Massenspektren enthalten häufig neben den scharfen Peaks bei ganzen Massenzahlen kleine, breite Peaks, die auch bei nicht ganzzahligen Werten auftreten. Diese werden von metastabilen Ionen verursacht und deshalb im Laborjargon oft «metastabile Peaks» genannt. Wenn ein Ion mit der Masse m_1 so stabil ist, daß es seine Flugzeit von der Entstehung bis zur Registrierung intakt übersteht, wird es auch als m_1 registriert. Ist aber m_1 instabil und zerfällt noch vor der Beschleunigung zu m_2, so wird nur m_2 am Detektor registriert. Ein besonderer Fall tritt jedoch auf, wenn m_1 zwischen Beschleunigung und Registrierung zu m_2 fragmentiert. Das Teilchen wird dann weder als m_1 noch als m_2 registriert, sondern tritt als metastabiler Peak m^* auf. Ein solcher Zerfall wird mit einem * gekennzeichnet und m_2 als Tochterion bezeichnet.

Metastabile Peaks sind für die Interpretation wichtig, weil sie eine sichere Zuordnung von Massendifferenzen erlauben. In der Praxis ist es nützlich zu wissen, daß der Abstand zwischen m_1 und m_2 im Spektrum von ähnlicher Größe ist wie zwischen m_2 und m^*. Ein metastabiler Peak ist meist ein Beweis für einen einstufigen Zerfallsprozeß, in Ausnahmefällen können jedoch auch zwei oder mehrere Neutralbruchstücke abgespalten werden.

Erwähnt sei noch das Auftreten doppelt geladener Ionen. Da in diesem Fall das Verhältnis durch $m/2e$ bestimmt wird, können scheinbar halbzahlige Massen auftreten. Doppelt positiv geladene Ionen treten meist bei Aromaten auf. Ihre Intensität ist jedoch wegen der geringen Bildungswahrscheinlichkeit wesentlich schwächer als die von einfach geladenen Ionen.

12.3 Ionenerzeugung

Das physikalische Prinzip der Massenspektrometrie – die unterschiedliche Ablenkung von geladenen Teilchen in einem äußeren Magnetfeld – setzt die Ionisierung der Moleküle voraus. Die Ionisierung kann durch Elektronenstoß oder auf chemischem Wege erfolgen. Außerdem muß die zu beobachtende Substanz eine gewisse Flüchtigkeit besitzen, damit die gebildeten Ionen im Vakuum auf ihrer Flugbahn abgelenkt werden können. Zur massenspektrometrischen Untersuchung schwerflüchtiger Verbindungen gibt es besondere Techniken.

12.3.1 Elektronenstoßionisation

Die Erzeugung positiver Ionen durch Elektronenstoß (EI) ist die klassische Anregung zur Erzeugung geladener Teilchen für die Massenspektrometrie. Die Energie eines Elektronenstrahls, die zur Entfernung eines Elektrons aus einem Molekül erforderlich ist, wird Ionisierungspotential genannt und beträgt etwa 10 eV. Deshalb werden keine Ionen gebildet, wenn die Energie des Elektronenstrahls viel tiefer als 10 eV liegt. Einige Milligramm Dampf der Probe werden im Hochvakuumsystem des Spektrometers in eine Ionisierungskammer überführt. Hier wird der Probendampf mit einem von einem Heizdraht ausgehenden Strahl beschleunigter Elektronen bombardiert, die gewöhnlich eine Energie von etwa 70 eV besitzen. Als Folge der Elektronenbombardierung der Gasmoleküle kann deren Ionisierung durch Herausschlagen eines Elektrons eintreten, wobei ein positives Molekülion entsteht.

$$M + e^- \rightarrow M^+ + 2e^-$$

π-Elektronen und freie Elektronenpaare werden leichter zum Austritt angeregt als σ-Elektronen. Da organische Moleküle fast ausnahmslos eine gerade Anzahl von Elektronen besitzen, führt die Entfernung eines einzelnen Elektrons zu einem Radikalion mit einem ungepaarten Elektron. Die Alternative zu diesem Prozeß – das Einfangen eines Elektrons unter Bildung eines negativ geladenen Radikalions – ist etwa um den Faktor 10^2 weniger wahrscheinlich. Die Massenzahl M^+ entspricht der relativen Molekülmasse der Verbindung.

Da die Elektronenenergie jedoch meist 70 eV beträgt, kommt es durch die zusätzliche Energie im Molekülion zum Aufbrechen von Bindungen unter gleichzeitiger Bildung positiv geladener Fragmentionen. Derartige Fragmentierungen sind mit chemischen Abbaureaktionen vergleichbar und folgen bestimmten Regeln. Bei Kenntnis dieser Gesetzmäßigkeiten ist es möglich, aus dem Auftreten charakteristischer Bruchstücke auf die Anwesenheit spezieller funktioneller Gruppen bzw. Struktureinheiten zu schließen.

Die Elektronenstoßionisation liefert ein sehr fragmentreiches Massenspektrum. Dabei kann es vorkommen, daß gar kein Molekülionsignal im Spektrum erhalten wird, da das Molekül bei der Ionisierung sofort in Bruchstücke zerschlagen wird. Es fehlt damit die so wichtige Aussage über das eigentliche Molekülion und somit über das Molekulargewicht der Verbindung. Es sind deshalb schonendere Ionisierungsverfahren entwickelt worden.

12.3.2 Chemische Ionisierung

Die hohe Fragmentierung durch Elektronenstoß bei 70 eV ist nicht steuerbar und führt bei empfindlichen Verbindungen zu sehr starker Fragmentierung. Bei Substanzgemischen führt das zu starken Überlappungen zwischen den Fragmenten einzelner Moleküle, die eine quantitative Analyse in komplexen Gemischen nahezu unmöglich macht. Deshalb gewinnen schonendere Ionsisierungsmethoden zunehmend an Bedeutung. Die chemische Ionisierung (CI) wurde in den sechziger Jahren entwickelt, bei der die Ionisierung durch Ionen-Molekül-Reaktionen erfolgt. Bei der CI werden die zu untersuchenden Moleküle durch Protonenübertragung von Reaktandionen ionisiert. Als Reaktandgas wird meist Methan verwendet, das zunächst durch einen konventionellen Elektronenstoß ionisiert wird. Im Gegensatz zu den Elektronenstoß-Massenspektren beobachtet man hierbei meist intensive M-H^+-Ionen. Die Fragmentierung wird durch die weiche Ionisierung dabei erheblich unterdrückt. Die CI ist zu einer der wichtigen schonenden Ionisierungsmethoden geworden.

Die dominierenden Prozesse sind hierbei die Anlagerung eines Protons an das Reaktandgas; im Falle von Methan laufen folgende Reaktionen ab:

Primärreaktion $CH_4 + H^+ \rightarrow CH_5^+$

Sekundärreaktion $CH_5^+ + M \rightarrow MH^+ + CH_4$

Durch diese Derivatisierung in der Gasphase erhält man das intensive Signal eines Molekülions. Bei der CI-MS wird das Reaktandgas in die Ionenquelle bei relativ hohen Drücken von etwa 1 mbar eingeleitet. Durch die Protonierung der Substanzmoleküle entsteht ein Carboniumion, und man erhält das um 1 vergrößerte Molekulargewicht der Substanz. In Gasgemischen ist aber auch hierbei eine quantitative Aussage durch die starken Querreaktionen bei dem verwendeten Druck schwer möglich. Diese Technik wird mit hervorragendem Erfolg als Detektionsmethode in der Gaschromatographie eingesetzt. Durch die Vortrennung der Substanzen erhält man eine Entzerrung der Massenspektren und damit eine hohe Selektivität auch für komplexe Gasgemische.

Durch Wahl des Reaktandgases läßt sich das Ausmaß der Fragmentierung steuern. Durch Ausnutzung unterschiedlicher Basizitäten des Reaktandgases lassen sich aus einem Gemisch heraus nur bestimmte Verbindungen ionisieren, was die Analyse eines komplexen Gemisches erheblich vereinfacht. Außerdem ist mit dieser Methode eine negative chemische Ionisierung möglich, die bei der EI praktisch keine Rolle spielt. Bei der Elektroneneinfang-Ionisationsmassenspektrometrie werden Moleküle mit hoher Elektronennegativität bevorzugt ionisiert. Häufig ist diese Technik wesentlich empfindlicher als die Ionisation durch Elektronenstoß [12.2].

12.3.3 Ionen-Molekül-Reaktionsmassenspektrometrie

Die Ionen-Molekül-Reaktionsmassenspektrometrie (IMR-MS) ist ein Verfahren zur Analyse auch komplexer Gasgemische [12.3]. Hierbei wird wie bei der CI-MS die chemische Ionsisierung benutzt. Der entscheidende Unterschied besteht darin, daß die Reaktionen zwischen den Reaktandionen und den Probemolekülen bei niedrigen Drücken von $< 10^{-4}$ mbar stattfinden. Als Reaktandgase werden Edelgase wie Xenon oder Krypton verwendet, die durch Elektronenstoß ionisiert werden. Über ein Linsensystem gelangen die Edelgasionen in den Reaktionsraum, wo das Prüfgas über eine Kapillare ins Hochvakuum zugeführt wird. Hierbei reagieren die Edelgasionen in definierter Weise mit dem zu analysierenden Gas unter Einzelstoßbedingungen: Im günstigsten Fall findet ein einfacher Ladungstransfer durch Übergang eines Elektrons statt.

$$Xe^{+} + M \rightarrow Xe + M^{+}$$

Daneben können aber Protonierungs- und Deprotonierungsreaktionen auftreten, die aber alle eine eindeutige Zuordnung ermöglichen. Die positiv geladenen Edelgasionen haben bei diesem niedrigen Druck in der Reaktionskammer eine geeignete innere und niedrige kinetische Energie für den Ladungstransfer mit den Probemolekülen. Entscheidend für die einzelnen Reaktionen sind konstante Druck- und Temperaturverhältnisse sowie eine definierte kinetische Energie der Reaktions-Ionen.

Sowohl die Produkt-Ionen als auch die anregenden Ionen werden aus dem Reaktionsraum extrahiert und in einem Quadrupol-MS detektiert. Durch die geringe Fragmentierung erreicht man in Gasgemischen eine weitgehende Entzerrung des Massenspektrums, das bei der klassischen MS sehr stark durch Überlagerungen auf einzelnen Massenpeaks durch die starke Fragmentierung gekennzeichnet ist.

Durch die unterschiedlichen Rekombinationsenergien der verschiedenen Edelgase wird durch entsprechende Wahl des Edelgases eine selektive Ionisierung für die IMR ermöglicht. Z. B. gelingt die Ionisierung von CO_2 nur mit Krypton, mit Xenon dagegen nicht. Xenon kann dafür zur Ionisierung von Kohlenwasserstoffen verwendet werden. Als Reaktions-Ionen können auch verschiedene Edelgasgemische verwendet werden. Prinzipiell kann jedes Atom oder Molekül verwendet werden, das ein bekanntes Verhalten besitzt und sich nicht mit der zu analysierenden Probe überlagert.

Die IMR-MS findet Anwendung in der Online-Kontrolle von Prozeßgasen zur Emissionskontrolle von Kraftwerken oder Automobilen sowie zur Kontrolle von Gasgemischen in der chemischen Industrie und Umweltanalytik. Bei der Analyse von Verbrennungsgasen wird neben der Bestimmung von CO und CO_2 sowie NO und NO_2 in Gegenwart von Sauerstoff und Wasser auch eine quantitative Analyse verschiedener Kohlenwasserstoffe wie Benzol, Toluol, Xylol und anderen aromatischen und aliphatischen Verbindungen gefordert.

12.3.4 MALDI-MS

Das schwierigste Problem bei der Bestimmung großer Molekülmassen ist die Erzeugung von isolierten, ionisierten Molekülen in der Gasphase. Hillenkamp und Karras haben dieses Problem erstmals 1987 mit einem hochmolekularen Protein als Polymer und Nikotinsäure als Matrix gelöst [12.4]. Das Gemisch aus Matrix, Polymer und Lösungsmittel wird dabei mit einem UV-Laser mit einer Wellenlänge von etwa 300 nm bestrahlt, die ionisierten Moleküle werden anschließend mit einem Flugzeitmassenspektrometer (TOF, time of flight spectrometer) vermessen. Die Methode wird mit dem Bandwurmnamen **M**atrix **a**ssisted **l**aser **d**esorption (and) **i**onization **t**ime **o**f **f**light spectrometry (MALDI-TOF) bezeichnet [12.5].

Wie der Methodenname sagt, benötigt man eine Matrix und einen Laser, die zusammen die Ionisierung der zu analysierenden Substanz bewirken. Als Matrix werden normalerweise kleine organische Moleküle verwendet, deren Absorptionsmaximum im Bereich der verwendeten Wellenlänge des Lasers liegt. Matrix und Analytlösung werden gemischt, z. B. im Verhältnis 1000:1 und getrocknet. Beim Beschuß mit einem kurzen Laserimpuls wird Strahlung von der Matrix absorbiert. Nach Energieübertragung auf die Probenmoleküle werden diese von der Festphase desorbiert und ionisiert. Eine Klärung dieses Vorgangs ist aber noch nicht erfolgt.

Kommerzielle Geräte werden heute von fast allen MS-Herstellern angeboten. Bei minimalem Probenbedarf zeichnet sich diese Methode durch Genauigkeit, Schnelligkeit und Einfachheit zur Bestimmung von Molmassen aus [12.6]. MALDI-MS ist eine sehr leistungsfähige Methode zur Identifikation von Proteinen durch die Molmassenbestimmung einzelner spezifischer Fragmente. Die Molmassenbestimmung ist mit einer Genauigkeit von von 0,005 % möglich [12.7]. Durch die Massengenauigkeit und Massenauflösung ist die Detektion von Modifikationen an kleineren Molekülen möglich [12.8].

12.3.5 MS-Analyse schwerflüchtiger Verbindungen

Sowohl bei der Elektronenstoßionisation als auch bei der chemischen Ionisation müssen die Verbindungen vor der Ionisierung verdampft werden, d. h., es kommen nur Substanzen mit einer gewissen Flüchtigkeit in Frage. Die meisten polaren, thermisch labilen und hochmolekularen Verbindungen lassen sich aber nicht unzersetzt verdampfen. Es sind deshalb eine Reihe von Desorptionsverfahren entwickelt worden, bei denen durch eine geeignete Primäranregung eine direkte Desorption intakter Molekülionen aus festen oder flüssigen Phasen erfolgt, wobei kein gasförmiger neutraler Zwischenzustand erforderlich ist.

Durch Einführung der Felddesorptionstechnik (FD) im Jahre 1969 sind auch schwer verdampfbare, stark polare Verbindungen der massenspektrometrischen Analyse zugänglich. Bei dieser Technik wird die Probe auf einen speziellen Draht aufgebracht. Beim **Emitter** handelt es sich um einen feinen Wolframdraht mit 0,1 mm Durchmesser, auf dem feine Nadeln aus Kohlenstoff aufgewachsen sind. Durch hohe elektrische Felder in der Größenordnung von 10^7 bis 10^9 Vm^{-1} treten Ionen in die Gasphase über [12.9].

Ein neueres Verfahren zur massenspektrometrischen Analyse schwerflüchtiger Verbindungen stellt das **F**ast **a**tom **b**ombardement (FAB) dar [12.10]. Bei der FAB-Methode wird die Probe in einer flüssigen Matrix, wie z. B. Glycerin, gelöst und auf einem Kupferplättchen als Target aufgetragen. Die Substanz wird dann mit schnellen, energiereichen Argon- oder Xenonatomen oder auch Cäsiumionen von einigen keV kinetischer Energie beschossen, wodurch Moleküle und Ionen von der Oberfläche in die Gasphase austreten. Die FAB-Methode hat sich rasch verbreitet und ist geeignet für polare, nichtflüchtige Verbindungen im mittleren Molekulargewichtsbereich bis etwa 10000 amu.

Fast atom bombardement ist eine sehr «weiche» Ionisationstechnik; es können intakte Moleküle gemessen werden, die sich sonst bei einer Verdampfung leicht zersetzen. Nachteil dieser Technik ist aber ein hohes Untergrundrauschen, das eine leicht verdampfbare Matrix verursacht. Dadurch heben sich wenig intensive Fragmente kaum aus dem Rauschen ab [12.11].

Die Plasma-Desorptions-Massenspektrometrie (PDMS) ist ebenfalls ein massenspektrometrisches Verfahren zur Analyse großer Moleküle. Hierbei wird die Probe mit den hochenergetischen Fragmenten des radioaktiven ^{252}Cf bestrahlt. Die Probe befindet sich auf einer mit Aluminium bedampften Kunststoffolie. Die Spaltfragmente des Californiums, meist Technetium und Barium, treffen mit einer Geschwindigkeit, die im Bereich der Geschwindigkeit von Elektronen in Festkörpern liegt, auf die Probe. Dadurch werden sie resonant gestreut und die ionisierten Probenmoleküle mit hohem Impuls von der Oberfläche abgelöst [12.12].

Vom FAB unterscheidet sich dieses Verfahren, daß hier die Anregung durch schwere und schnelle Ionen erfolgt. Durch die lokal nur kurze Anregungszeit werden die Moleküle nur wenig fragmentiert. PDMS eignet sich daher besonders für große, labile Verbindungen und stellt damit eine sinnvolle Ergänzung zu anderen MS-Verfahren dar. Die Massenanalyse erfolgt mit einem Flugzeit-Massenspektrometer.

Laser werden seit etwa 20 Jahren in der Massenspektrometrie eingesetzt. Das Probenmaterial wird mit einem Impulslaser bestrahlt, wobei es verdampft und in dem sich ausbildenden Plasma ionisiert [12.13]. Da bei der Laserdesorption nur relativ kleine Moleküle angeregt werden, setzt man bei der matrixunterstützten Laserdesorption eine Matrix von z. B. Nikotinsäure zur Probe, mit der sie um das Hundert- bis Tausendfache verdünnt wird. Die Aufgabe der Matrix ist dabei zum einen, das Laserlicht selbst stark zu absorbieren, und zum anderen, die intermolekularen Wechselwirkungen zwischen den Analytmolekülen zu verringern. Hierdurch sind Molekulargewichtsbestimmungen hochmolekularer, komplexer Verbindungen möglich [12.14]. Eine weitere Möglichkeit zur massenspektrometrischen Analyse von Festkörpern stellt die Glimmentladung dar [12.15].

12.3.6 Massenspektrometrie mit negativen Ionen

Üblicherweise werden Moleküle durch Beschuß mit Elektronen hinreichender Energie, in der Regel 70 eV, zu positiven Molekülionen und Fragmentionen ionisiert, da bei dieser Energie die Ionisationsquerschnitte im allgemeinen ein Maximum durchlaufen. Die Erzeugung negativer Ionen durch Elektronenanlagerung erfolgt schon bei wesentlich kleinerer Energie. Nach den Regeln der Quantenmechanik kann ein Neutralmolekül aber nur Elektronen bestimmter Energie absorbieren, da das negative Ion eine diskrete Energie besitzt. Zur Beobachtung der Massenspektrometrie negativer Ionen (NIMS) benötigt man einen Elektronenstrahl definierter und variabler Energie. Das Anion liegt dann in einem energetischen Zustand nur wenig über dem entsprechenden Neutralmolekül vor.

Das eingefangene Elektron kann nach kurzer Zeit wieder emittiert werden. Die Anionen vieler Moleküle sind dabei so kurzlebig, daß sie die Flugdauer im Massenspektrometer nicht überleben. Nur wenn das Elektron in ein antibindendes Molekülorbital eingefangen wird, kann eine Fragmentierung in stabile Bruchstücke erfolgen, bevor das Elektron wieder emittiert wird. Aus diesem Grund ergibt sich für negative Ionen ein völlig anderes Bildungs- und Fragmentierungsverhalten. Durch Polaritätsumkehr der Spannungen im Massenspektrometer können die negativ geladenen Ionen auf dieselbe Art und Weise getrennt und nachgewiesen werden, wie dies bei den positiv geladenen erfolgt. Ganz besonders eignen sich dafür Halogenverbindungen, die einen hohen Einfangquerschnitt für langsame Elektronen haben [12.16].

12.4 Massenspektrometer

Ein Massenspektrometer besteht aus vier Hauptkomponenten:

- □ Probenzufuhrsystem,
- □ Ionenquelle,
- □ Massenseparator und
- □ Detektor.

Das älteste Verfahren der Massenspektrometrie ist das von THOMPSON entwickelte Parabelverfahren zur Bestimmung der spezifischen Ladung. Hierbei wird ein gleichgerichtetes elektrisches und magnetisches Feld verwendet, die sich beide am gleichen Ort befinden. Die in der Ionisierungskammer verdampften und danach beschleunigten positiven Ionen werden von beiden Feldern abgelenkt und auf einer fotografischen Platte oder Leuchtschirm sichtbar gemacht. Ionen mit gleicher spezifischer Ladung, aber verschiedener Geschwindigkeit, zeichnen eine Parabel auf der Platte, deren Krümmung proportional zu m/e ist und somit die Massenbestimmung bei bekannter Ladung erlaubt. Mit dieser Apparatur gelang THOMPSON 1910 der Nachweis der beiden Neonisotope mit den Massen 20 und 22.

Als Detektor für die Ionen werden meist Sekundärelektronenvervielfacher (SEV) oder neuerdings auch Photomultiplier eingesetzt. Der Nachteil der SEVs, daß die Empfindlichkeit mit zunehmender Masse sinkt, wird in modernen Geräten durch eine Nachbeschleunigung und Einsatz einer Konversionsdynode ausgeglichen.

Gasförmige oder leichtflüchtige Substanzen können über ein Probenzuführungssystem direkt in das Vakuumsystem des Massenspektrometers eingegeben werden. Bei Substanzen geringerer Flüchtigkeit kann die Probenampulle am Eingang des Spektrometers geheizt werden, um einen ausreichenden Dampfdruck zu erzeugen. Bei Substanzen, die entweder eine ungenügende thermische Stabilität oder selbst bei höheren Temperaturen einen zu kleinen Dampfdruck aufweisen, kann die Probe über eine Vakuumschleuse direkt in die Ionsiationskammer eingeführt werden. Die Substanz wird dabei durch die Nähe des Elektronenstrahls oder durch eine Zusatzheizung erwärmt. Ein wichtiges Einlaßssystem für die Probenzufuhr ist der Gaschromatograph.

Bei den heute kommerziellen Massenspektrometern kann man prinzipiell zwischen zwei Gerätetypen unterscheiden. Zum einen handelt es sich bei den Quadrupol-Massenspektrometern um einfache, möglichst leicht zu bedienende Analysengeräte. Auf der anderen Seite werden in Forschung und Wissenschaft teure und hochspezialisierte Magnetfeld-Massenspektrometer sowie mehrfache Tandem-Massenspektrometer eingesetzt. Insbesondere machen sich bei hohen Molekulargewichten die Abweichungen von der Ganzzahligkeit der Atommassen deutlich bemerkbar.

12.4.1 Quadrupol-Massenspektrometer

Ein Quadrupol-Massenspektrometer erreicht die Massentrennung anders als ein Magnetfeld-Massenspektrometer. Die Ionen werden durch Elektronenstoß oder durch chemische Ionisation erzeugt und in einem System aus vier Stabmagnenten, dem eigentlichen Massenfilter, beschleunigt (Bild 12.3). Zwischen den vier Stabmagneten wird ein elektrisches Hochfrequenzwechselfeld mit einer überlagerten Gleichspannung erzeugt. Wenn die Ionen in das Feld eindringen, treten sie mit dem Feld in Wechselwirkung. Die Ionen führen eine oszillierende Bewegung aus, deren Amplitude mit kleinerer Masse wächst, so daß zu leichte Ionen das Gebiet des Massenfilters nach außen verlassen und nicht in den Detektorraum gelangen. Durch die Gleichspannung werden umgekehrt die schweren Ionen, die kaum dem HF-Feld folgen können, langsam gegen die negativen Quadrupolstäbe gezogen. Nur Ionen mit einem bestimmten *m/e*-Verhältnis bewegen sich auf stabilen Bahnen und erreichen den Detektor. Durch Variation des elektrischen Feldes können somit die verschiedenen ionogenen Teilchen detektiert werden.

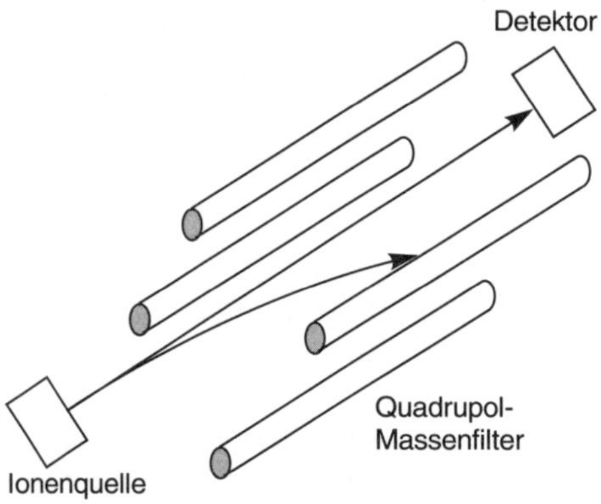

Bild 12.3 Prinzip des Quadrupol-Massenspektrometers

Der prinzipielle Aufbau eines Quadrupol-Massenspektrometers ist in Bild 12.4 dargestellt. Quadrupol-Massenspektrometer erlauben gegenüber Magnetfeldinstrumenten schnelle und exakt veränderbare elektrische Felder. Dadurch sind schnelle Spektrenaufnahmen im Zehntelsekundenbereich sowie ein schnelles Springen auf bestimmte Massen möglich. Sie lassen sich sehr viel preisgünstiger als kleine Tischgeräte herstellen und werden insbesondere als massenselektive Detektoren in der Säulenchromatographie eingesetzt. Magnetfeldinstrumente sind durch ihre hohen Scanzeiten der Magnete weniger geeignet. Während Magnet-

Bild 12.4 Aufbau eines Quadrupol-Massenspektrometers

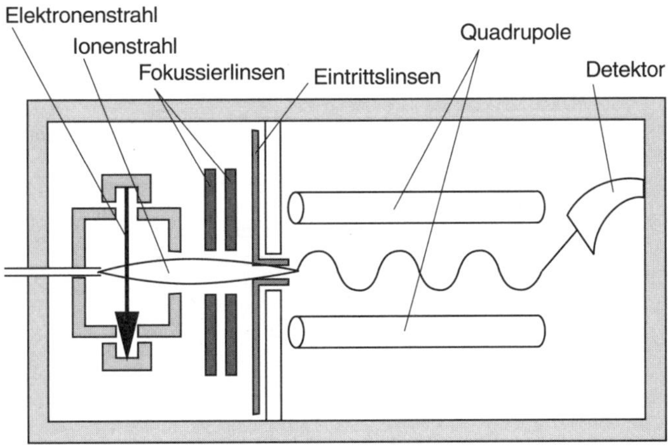

geräte Beschleunigungsspannungen im kV-Bereich benötigen, kommt ein Quadrupolgerät mit einer niedrigen Spannung von etwa 20 V aus. Dadurch sind höhere Quellendrücke und damit der Einsatz der chemischen Ionisation erst möglich geworden.

Während bei den früher verwendeten gepackten Trennsäulen in der Gaschromatographie (GC) aufwendige Separatoren zwischen dem Gaschromatographen und dem Massenspektrometer angebracht werden mußten, um das Trägergas teilweise zu entfernen, ist die direkte Kopplung mit der schnellen Kapillar-Gaschromatographie (CGC) problemlos. Die GC/MS-Kopplung ist heute fest etabliert.

Wesentlich schwieriger gestaltet sich die Kopplung mit der Flüssigkeitschromatographie. Dies liegt vor allem an den hohen Massenströmen der mobilen Phase. Eine Online-Kopplung ist deshalb nur möglich, wenn das Lösungsmittel vor der Einführung der Probe in das Massenspektrometer entfernt oder wenn bei niedrigen Flußraten gearbeitet wird. Hierzu werden bevorzugt drei verschiedene Methoden eingesetzt:

- Direct liquid inlet,
- Thermospray und
- Moving belt.

Bei kleinen Flüssen verwendet man das **Direct liquid inlet** (DLI), bei dem die Substanzen über Jetseparatoren zunächst weitgehend vom Fließmittel befreit werden und mit klassischer Elektronenstoßionisation angeregt werden können.

Am weitesten verbreitet ist heute das **Thermospray**-Verfahren (TSP). Die Substanz gelangt mit dem Eluat über eine geheizte Kapillare in die Ionenquelle. Das überhitzte Eluat verläßt die Kapillare als Strahl von Dampf und Aerosoltröpfchen, die durch die rasche Expansion in die Vakuumkammer bis auf nahezu Schallgeschwindigkeit beschleunigt werden (Bild 12.5). Dabei verlieren die Tröpfchen Lösungsmittelmoleküle. Enthält das Lösungsmittel ein Salz, z.B. Ammoniumacetat, so findet Ionenbildung selbst bei abgeschaltetem Elektronenstrahl statt, wobei die Substanz M dabei zu $M\text{-}H^+$ oder zu $M\text{-}NH_4^+$ ionisiert wird. Das

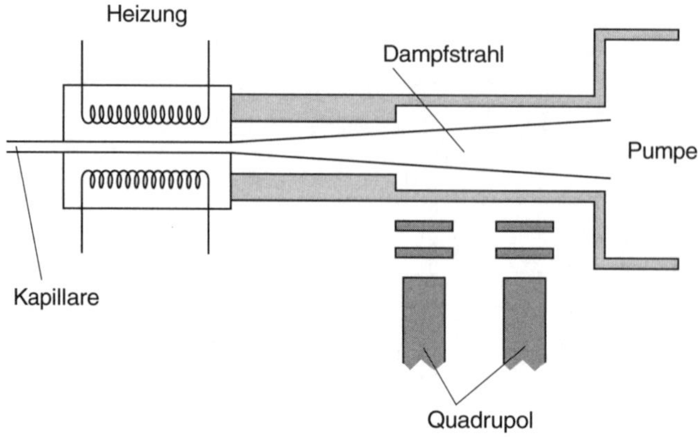

Bild 12.5 Thermospray-Interface

TSP-Verfahren wird auch als eigenständiges Ionsierungsverfahren, d.h. ohne Kopplung mit der HPLC, eingesetzt.

Beim **Moving-belt**-Verfahren tropft das Säuleneluat kontinuierlich auf ein endlos umlaufendes Band. Von dem dünnen Flüssigkeitsfilm wird in einer geheizten Verdampfungskammer zunächst das Fließmittel verdampft, bevor das Band über eine Schleuse in die Vakuumkammer gelangt, wo die verbliebenen Substanzen durch Elektronenstoß oder chemisch ionisiert werden.

Nachteilig bei den Quadrupol-Massenspektrometern ist die etwa um den Faktor 10 geringere Empfindlichkeit gegenüber den Sektorfeldgeräten, was eine Einschränkung in der Ultraspurenanalytik bedeutet. Sie können Massen bis zu etwa 4000 auflösen, wobei das Auflösungsvermögen aber auf ganze Massenzahlen begrenzt ist. Hochauflösungsdaten zur Bestimmung der Elementarzusammensetzung sind mit Quadrupolgeräten nicht möglich.

12.4.2 Magnetfeld-Massenspektrometer

Die Verwendung eines hochauflösenden Massenspektrometers erlaubt es, die Elementarzusammensetzung zu bestimmen. Dies ist durch eine sehr genaue Massenbestimmung möglich, da die Atomgewichte der einzelnen Nukleide in geringem, aber unterschiedlichem Maße von ganzzahligen Werten abweichen (Tabelle 12.1).

Der enorme Vorteil der hochauflösenden Massenspektrometrie besteht also in der zusätzlichen Information, die elementare Zusammensetzung eines Ions aus

Tabelle 12.1 Beispiele für verschiedene Moleküle oder Fragmente der Massenzahl 28

Atomgewicht		Molekulargewicht	
H	1,0079	CO	28,0004
C	12,0110	N_2	28,0134
N	14,0067	H_2CN	28,0335
O	15,9994	C_2H_4	28,0556

der exakten Massenbestimmung zu liefern, was wiederum Rückschlüsse auf seine Struktur zuläßt. Magnetische Sektorfelder gehören damit immer noch zu den wichtigsten Massenseparatoren, die zwischen Massen um Tausendstel-Bruchteile unterscheiden können. Die früher überwiegend einfach fokussierenden Geräte wurden inzwischen weitgehend durch die doppelfokussierenden ersetzt. Die Doppelfokussierung wird durch die Kombination von magnetischen und elektrischen Sektorfeldern erzielt.

Die durch Elektronenstoß ionisierten Teilchen werden durch ein starkes elektrisches Feld mit einer Spannung von etwa 8 kV durch einen Schlitz beschleunigt und gelangen so mit hoher Geschwindigkeit in den Analysatorteil des Massenspektrometers. Normalerweise verlassen die Ionen die Ionisierungskammer mit verschiedenen Energien, die durch Unterschiede an kinetischer oder thermischer Energie vor der Beschleunigung herrühren. Monoenergetische Ionen werden dann mit Hilfe eines elektrostatischen Analysators erzeugt.

Die Ionen durchlaufen dabei zunächst ein elektrostatisches Feld, das eine Geschwindigkeitsfokussierung der verschiedenen Ionen bewirkt, bevor sie im Magnetfeld abgelenkt werden. Für einen gegebenen m/e-Wert können Ionen gleicher Energie dann sehr genau fokussiert werden. Mit Sektorfeldgeräten kann man den metastabilen Zerfall von Substanzen, d.h. den Zerfall im feldfreien Raum des Analysators, verfolgen. Dies dient der Strukturaufklärung von unbekannten Verbindungen.

Da die Glühkatode der Ionenquelle eine Mindesttemperatur von etwa 70 bis 150 °C benötigt, ist beim Direkteinlaß mancher Substanzen eine Dampfdruckerniedrigung wünschenswert. Das läßt sich durch Kühlung der Sonde oder durch Absorption der Substanz an spektralreiner Aktivkohle erreichen. Bei der Direkteinführung kann schon mit 1 bis 20 µg Substanz die Aufnahme eines Spektrums gemacht werden.

12.4.3 Flugzeit-Massenspektrometer

Wachsende Bedeutung kommt den Flugzeit-Massenspektrometern, englisch Time-of-flight-spectrometer (TOF), zu. Sie decken im Prinzip einen unbegrenzten Massenbereich ab. Über die Flugzeitmessung können alle Elemente des Periodensystems, große Moleküle und Cluster bei einer Auflösung von $M/\Delta M$ = 2000 nachgewiesen werden. Außerdem haben sie eine optimale Transmission, denn etwa 10 % der erzeugten Ionen erreichen den Detektor mit hoher Massenauflösung und gleichmäßiger Transmissionscharakteristik.

In Verbindung mit der Plasmadesorption können unter anderem ganze Proteine untersucht werden, wobei nicht nur die Signale der einzelnen Untereinheiten, sondern des gesamten intakten Proteins mit mehreren Untereinheiten oberhalb von 100 000 amu erhalten werden können. Das Prinzip dieses Flugzeit-Massenspektrometers basiert darauf, daß alle entstandenen Sekundärionen in einem elektrischen Feld die gleiche Energie aufnehmen und dann eine feldfreie Driftstrecke mit unterschiedlichen Geschwindigkeiten entsprechend ihrer Masse durchlaufen (Bild 12.6).

Dies bedingt in dem Flugrohr des Massenspektrometers unterschiedliche Flugzeiten in Abhängigkeit von der Masse. Nach dieser definierten Flugstrecke

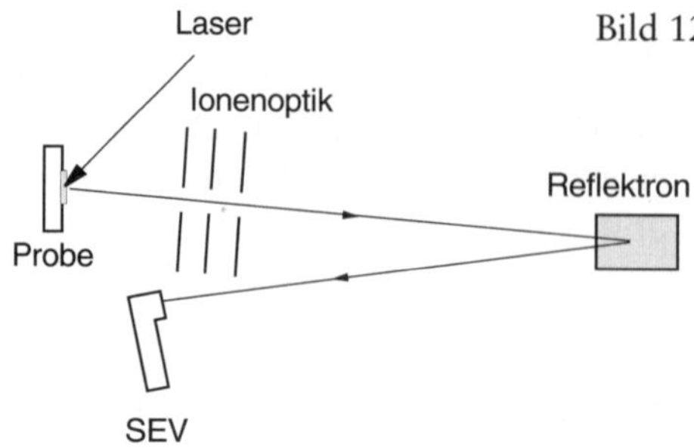

Bild 12.6 Prinzip des Flugzeit-Massenspektrometers

treffen die Ionen auf einen Detektor. Die am Detektor gemessene Flugzeit dient als strukturunabhängiger physikalischer Parameter für die Massenbestimmung. Die Kalibrierung erfolgt mittels definierter Molekulargewichtsstandards. Die Massenauflösung sowie die Massengenauigkeit können durch Einfügen eines Reflektrons in die Driftstrecke gesteigert werden. Bei einem Reflektron handelt es sich um einen Ionenspiegel, der eine Energiefokussierung bewirkt und somit mögliche, durch den Ionisierungsprozeß bewirkte Energieverteilungen der Ionen kompensiert.

12.4.4 Tandem-Massenspektrometer

Die Idee der Tandem-Massenspektrometrie (MS/MS) besteht darin, die Selektivität, die neben der Empfindlichkeit zur Bestimmung von Spurenkomponenten aus komplexen Mischungen benötigt wird, durch die Kombination zweier Massenspektrometereinheiten zu verbessern. Auf eine vorherige Auftrennung von Substanzen mit der GC oder HPLC kann dann unter Umständen verzichtet werden. In Verbindung mit einem speziellen Feststoffeinlaß können auch nichtlösliche Proben untersucht werden, womit der Anwendungsbereich der Massenspektrometrie erheblich erweitert wird [12.17].

Bei der MS/MS-Technik werden zwei Massenspektrometer hintereinandergeschaltet. Im ersten Spektrometer erfolgt die Auftrennung des Gemisches nach Molekülionen, die dann in das zweite Spektrometer gelangen und mit einem neutralen Gas durch Stoßaktivierung weiter dissoziieren. Die stoßinduzierten Zerfallsprodukte werden im zweiten Spektrometer aufgetrennt und analysiert. Durch den Selektivitätsgewinn kann man selbst bei stark matrixbelasteten Proben eindeutig identifizieren und quantifizieren [12.18].

Das Komponentengemisch gelangt in die Ionenquelle des ersten Massenspektrometers und wird dort durch EI oder CI ionisiert. Aus diesem entstandenen Ionengemisch werden die substanzspezifischen Ionen durch entsprechende Einstellung des ersten massentrennenden Quadrupolsystems herausgefiltert und durch ein Linsensystem in eine Stoßkammer geleitet. Hier werden die vom ersten Massenspektrometer durchgelassenen Ionen durch Stoßaktivierung mit einem neutralen Gas, in der Regel Argon, weiterhin angeregt und dissoziiert. Diese stoßinduzierten Zerfallsprodukte werden im zweiten Spektrometer aufgetrennt und analysiert (Bild 12.7).

Bild 12.7 Prinzip der Tandem-Massenspektrometrie

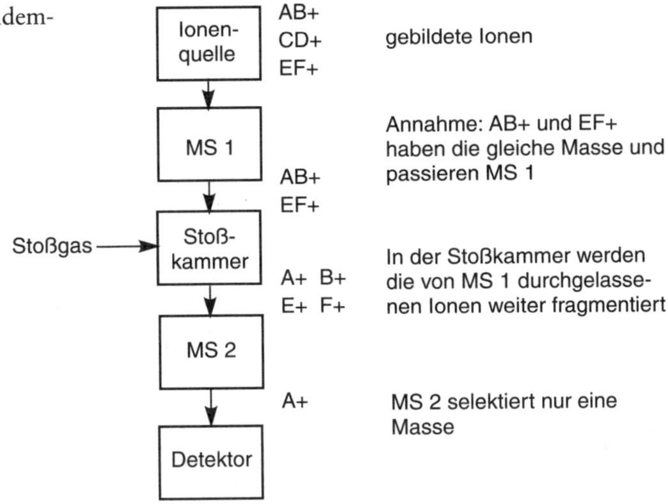

Dieses CID-Spektrum (Collision induced dissociation) ist für die Zusammensetzung auf die Struktur der in die Stoßkammer eingetretenen Ionen ebenso charakteristisch wie ein normales Massenspektrum für eine neutrale Verbindung. Im Tandembetrieb sind verschiedene Aufnahmetechniken möglich, die alle von einer Datenstation aus gesteuert werden. Die sogenannte Triple-stage-Quadrupol-Massenspektrometrie benutzt 3 hintereinandergeschaltete Quadrupolgeräte. Im ersten Quadrupol wird aus dem Ionengemisch der Ionenquelle eine Masse herausgefiltert, im zweiten wird gestoßen und im dritten das sogenannte Tochterspektrum (Daughter scan) aufgenommen.

Beim Elternspektrum (Parent scan) wird das erste Quadrupol über einen gewissen Massenbereich gescannt, wobei die verschiedenen Ionen nacheinander in die Stoßkammer gelangen und dort fragmentiert werden. Das dritte Quadrupol ist auf eine feste Masse eingestellt, die für eine bestimmte Substanzklasse spezifisch ist. Die Parent-scan-Einstellung liefert also Informationen über eine Substanzklasse in einem Stoffgemisch.

Eine weitere Einstellungsmöglichkeit stellt der Neutral loss scan dar, bei dem beide Quadrupole mit einer festen Massendifferenz gescannt werden. Hierbei passieren nur solche Ionen das gesamte System, die beim Stoßprozeß Neutralteilchen der eingestellten Massendifferenz verlieren.

12.5 Zusammenfassung und Ausblick

Die Massenspektrometrie dient sowohl zur Strukturaufklärung als auch zur Identifizierung bekannter Substanzen in komplexen Gemischen. Dies kann nach einer chromatographischen Auftrennung online erfolgen, wofür dann die kompakten und schnell registrierenden Quadrupolgeräte eingesetzt werden. Bei immer größerer Leistung dieser kleinen massenselektiven Detektoren sind mit den Preisen auch die Dimensionen geschrumpft, so daß man einen Chromatographen nicht mehr als Appendix an einem Massenspektrometer suchen muß.

Auf der anderen Seite der Größenskala, was sowohl das Instrument als auch die zu untersuchenden Moleküle betrifft, stehen die Magnetfeld- und Flugzeit-Massenspektrometer. Mit der hohen Auflösung dieser Geräte kann die Elementarzusammensetzung von Verbindungen genau bestimmt werden und ist zu einer anerkannten Methode zur absoluten Bestimmung von Molmassen geworden.

Auf dem Gerätesektor steht heute ein breites Spektrum an Magnet- und Quadrupolgeräten für die unterschiedlichsten Anwendungen zur Verfügung. Durch Entwicklung neuer Ionisationsmethoden ist die Technik der Massenspektrometrie noch lange nicht ausgereizt. **A**tmospheric **p**ressure **c**hemical **i**onization (APCI), **E**lectrospray **i**onization (ESI) und **M**atrix **a**ssisted **l**aser **d**esorption **i**onization (MALDI) sind neuere, sehr leistungsfähige Verfahren. Bei APCI erfolgt der Ionisierungsschritt bei Normaldruck, durch eine Korona-Entladung wird ein Plasmagas erzeugt. Die gebildeten Ionen werden dann über Skimmer in das Hochvakuum des Spektrometers eingeschleust. APCI ist besonders zur Kopplung mit der Flüssigkeitschromatographie (HPCL) interessant, wobei das Säuleneluat mit der MS identifiziert werden kann. Durch die einfachere Handhabung wird APCI möglicherweise das Thermospray langfristig verdrängen.

Beim Electrospray-Verfahren wird durch Anlegen von Hochspannung im kV-Bereich ein Spray hochgeladener Tröpfchen erzeugt, das zur Bildung von ein- oder mehrfach geladenen Teilchen führt. Mit dieser Methode, die vorrangig in der Proteinanalyse eingesetzt wird, können Molekulargewichte bis 100 000 bestimmt werden. Zur Analyse geringster Probenmengen im Femtomolbereich ist MALDI in Verbindung mit einem Time-of-flight-MS das Verfahren der Wahl.

An Bedeutung gewinnen werden sicher die Tandemgeräte, da bei dieser Technik die Probenvorbereitung ins Gerät verlagert ist. MS/MS-Techniken bringen eine deutliche Verbesserung in der Selektivität und damit der Nachweisgrenze von Spurenkomponenten in komplexen Matrizes. Da bedeutet, es kann bei Substanzgemischen häufig auf eine vorhergehende Auftrennung mit chromatographischen Verfahren wie GC oder HPLC verzichtet werden, womit der Einsatz dieser Methode kostengünstiger ist und einen höheren Probendurchsatz ermöglicht.

Besonders hohe Anforderungen werden an Isotopenmassenspektrometer gestellt. Es müssen die extrem kleinen Unterschiede in der relativen Häufigkeit von Isotopen reproduzierbar bestimmt werden. Sie finden nicht nur in der Kernforschung Einsatz, sondern mit Hilfe der Isotopenhäufigkeitsanalyse kann z. B. eine Altersbestimmung von Gesteinen aus dem Verhältnis der verschiedenen Pb-Isotope, ^{207}Pb und ^{206}Pb, aus der Uranzerfallsreihe gemacht werden. In der Lebensmittelanalytik kann aus dem Verhältnis der verschiedenen C-Isotope ^{13}C und ^{12}C auf die Herkunft geschlossen werden, da bei der Photosynthese verschiedene Pflanzen diese Isotope unterschiedlich aufnehmen.

13 Kernmagnetische Resonanzspektroskopie

Obwohl das Phänomen der kernmagnetischen Resonanz oder Nuclear magnetic resonance (NMR) erst 1946 von dem Schweizer Felix Bloch [13.1] an der Stanford-Universität und dem Amerikaner Edward M. Purcell an der Harvard-Universität unabhängig voneinander entdeckt wurde, erkannte man die enorme Leistungsfähigkeit dieser Methode für die analytische Chemie sehr schnell. Dies zeigt sich auch darin, daß den beiden Physikern bereits 1952 der Nobelpreis für Physik verliehen wurde. Die Erwartungen, die man damals an diese Entdeckung knüpfte, die schon von C. Gorter zehn Jahre vorher vorausgesagt wurde, sind seither weit übertroffen worden [13.2].

Mit dieser Methode registriert man die unter bestimmten Bedingungen eintretende Wechselwirkung zwischen Atomkernen und elektromagnetischer Strahlung des Radiowellenbereichs in einem starken homogenen Magnetfeld. Dabei beobachtet man Übergänge zwischen verschiedenen Energiezuständen von bestimmten Atomkernen, die bei freien Molekülen entartet sind und erst in einem äußeren homogenen Magnetfeld proportional der Feldstärke aufspalten. Da das angelegte Magnetfeld am Atomkern infolge des Einflusses der induzierten magnetischen Sekundärfelder der Elektronen verstärkt oder geschwächt sein kann, treten die Protonen mit unterschiedlicher elektronischer Umgebung nacheinander in Resonanz, wenn man das angelegte Feld bei konstanter Radiowellenfrequenz kontinuierlich verändert.

Die NMR-Spektroskopie hat sich als das bei weitem effektivste und vielseitigste Verfahren zur Strukturaufklärung chemischer Verbindungen entwickelt. Vor allem die organische Chemie wurde dadurch hinsichtlich der Vorstellung von den Molekülen so nachhaltig beeinflußt wie von kaum einer anderen physikalischen Methode. Durch die beiden Parameter

- □ chemische Verschiebung und
- □ Spin-Spin-Kopplung

kann die chemische Umgebung der einzelnen Atome in einem Molekül sehr genau bestimmt werden. In der organischen Chemie hat speziell die protonenmagnetische Resonanz-Spektroskopie eine weite Verbreitung gefunden, zumal Kohlenstoff und Sauerstoff als wesentliche Bausteine organischer Verbindungen keine störenden Einflüsse auf das magnetische Verhalten der Wasserstoffkerne ausüben. Die NMR-Spektroskopie ist heute das wohl wichtigste Instrument zur Strukturaufklärung in Lösung. Um eine hohe spektrale Auflösung zu erzielen, werden Spektrometer mit immer höheren Magnetfeldern eingesetzt. Magnete mit supraleitenden Spulen sind heute Stand der Technik.

Im Vergleich zu anderen spektroskopischen Verfahren ist die NMR-Spektroskopie relativ unempfindlich. Die Ursache liegt in dem sehr geringen Energieunterschied zwischen der parallelen und antiparallelen Einstellung der Kernspins in einem Magnetfeld; damit ist der die Empfindlichkeit bestimmende Besetzungszahlunterschied äußerst gering. Der zur Empfindlichkeitssteigerung notwendige hohe Substanzbedarf und die oft geringe Löslichkeit der Proben waren in der Anfangsphase der NMR-Spektroskopie für viele Untersuchungen ein limitierender Faktor.

Die Geschichte der magnetischen Resonanz-Spektroskopie ist durch eine Reihe signifikanter meßtechnischer Fortschritte gekennzeichnet, die wegen der Bedeutung dieser physikalischen Methode für die chemische Forschung stets auch unmittelbar zu neuen Erkenntnissen geführt hat. Die chemische Verschiebung bildete die Grundlage für die Anwendung der Kernresonanz-Spektroskopie in der Chemie. Später kamen die Spin-Spin-Kopplung und die dynamische NMR-Spektroskopie hinzu. Die NMR-Spektroskopie hat wohl die stärkste Entwicklung im Vergleich mit anderen Methoden erfahren.

Das erste leistungsfähige kommerzielle NMR-Spektrometer kam 1960 von der Firma Varian auf den Markt. Mitte der sechziger Jahre wurden zur Steigerung der Empfindlichkeit Mittelwertrechner eingeführt. Über einen oder mehrere Tage werden dabei die Spektrendurchläufe aufsummiert, wobei sich das Signal-Rausch-Verhältnis mit der Quadratwurzel der Anzahl der Messungen verbessert. Die Entwicklung der Fouriertransform-Methode eröffnete neue, bis dahin ungeahnte Möglichkeiten. Bei dieser Impulstechnik wird das Spektrum durch Fouriertransformation der Abklingkurve erzeugt. Die ursprünglichen, sequentiell messenden Geräte sind auch in der NMR-Spektroskopie fast vollständig durch die FT-Geräte ersetzt worden. Es hat dabei die gleiche Entwicklung der Gerätetechnik wie in der IR-Spektroskopie stattgefunden.

Den jüngsten Innovationsschub stellte Anfang der 80er Jahre die Entwicklung der zweidimensionalen NMR zur Aufklärung von Strukturen chemischer Verbindungen dar. Zur gleichen Zeit wurde die Technologie der Kryomagnete perfektioniert, so daß Hochfeld-NMR-Geräte heute zur Standardausrüstung gehören. Damit können größere und komplexere Moleküle auf Strukutur, Dynamik und Reaktivität untersucht werden. Mit der Entwicklung von 750-MHz-Geräten lassen sich biologische Makromoleküle untersuchen, wobei an Enzym-Substrat-Komplexen spezifische Wechselwirkungen untersucht werden können. Zur Untersuchung biologischer Proben bietet die Methode den Vorteil, daß sie nicht invasiv und nicht destruktiv ist.

Früher war die Aufnahme eines Spektrums mit dem Standardexperiment der Spinanregung und Signalaufzeichnung in der Regel abgeschlossen. Heute stehen eine ganze Serie von Einzelexperimenten mit unterschiedlicher Zielsetzung zur Disposition. Spektrometer der neuen Generation sind gekennzeichnet durch leistungsfähige Impulsprogramme, insbesondere computerunterstützte Multipulstechniken. Der Informationsgehalt ist dabei wesentlich höher, wobei der Meßzeitaufwand kaum höher als bei traditionellen NMR-Experimenten liegt. Durch die große Variationsbreite der Multipulstechniken mit komplexen Pulsfolgen nimmt die NMR-Spektroskopie im Vergleich zu anderen spektroskopischen Verfahren eine Sonderstellung ein.

Mit Hilfe der Magic-angle-spinning-Methode lassen sich auch Festkörper untersuchen. Oberflächenspulen erlauben das Studium biochemischer Prozesse in vivo sowie physiologischer und medizinischer Vorgänge. Mit der Kernspintomographie ist eine ganz neue Art der Bilderzeugung für die medizinische Diagnose entstanden. Im Gegensatz zur Röntgentomographie wird keine ionisierende Strahlung verwendet. Die verwendeten Radiofrequenzen sind um den Faktor 10^5 energieärmer als die chemischen Bindungen der untersuchten Moleküle, d.h., die dafür erforderliche Energiemenge führt zu keiner Gewebeaufheizung.

Da fast alle Elemente im Periodensystem ein stabiles Isotop mit magnetischem Moment besitzen, steht hier ein weites Feld offen, auch wenn das natürliche Vorkommen dieser Nukleide oft gering ist. Heute werden zunehmend auch Kerne mit sehr geringer natürlicher Häufigkeit untersucht. Hierzu zählen ^{33}S, ^{17}O, ^{15}N und ^{2}H. Mit der steigenden kommerziellen Verfügbarkeit von NMR-Spektrometern mit zwei oder mehr heteronuklearen Kanälen gewinnt die Untersuchung dieser Kerne an Bedeutung. Die quantitative Deuterium-NMR-Spektroskopie wird erfolgreich in der Lebensmitteluntersuchung und bei biologischen Fragestellungen eingesetzt. Die ^{31}P-NMR-Spektroskopie wird zur diagnostischen Untersuchungsmethode herangezogen, z.B. zur quantitativen Bestimmung von phosphorhaltigen Metaboliten im menschlichen Vollblut [13.3].

Die NMR-Spektroskopie dient zum Studium von Reaktionsmechanismen und für kinetische Messungen. Die Linienform der NMR-Signale ist bei vielen Molekülen von dynamischen Prozessen abhängig, die Kinetik von schnellen, reversiblen Reaktionen kann studiert werden, die mittels klassischer kinetischer Meßmethoden nicht verfolgt werden können.

Der Einstieg in die NMR-Spektroskopie fordert aber seinen Preis: Günstigste Einstiegsgeräte kosten etwa 300000 DM, für hochauflösende Geräte müssen je nach Ausstattung mehrere Mio. DM veranschlagt werden. Verglichen mit anderen spektroskopischen Verfahren ist die NMR-Spektroskopie technisch aufwendiger und die Interpretation der Spektren anspruchsvoller. Damit stellt die NMR-Spektroskopie kein Routineverfahren für ein analytisches Labor dar. Meist dient diese Technik nur dazu, ein analytisches Problem zu lösen, d.h. durch Spektrenauswertung ein Molekül zu identifizieren. Anschließend erfolgt dann der Umstieg auf ein billigeres Verfahren [13.4].

13.1 Grundlagen

Bereits bei der Behandlung des Zeeman-Effektes wurde erläutert, daß die Energie von Elektronen, beschrieben durch die innere Quantenzahl J, in einem äußeren Magnetfeld verschiedene Werte annehmen kann. Das gleiche gilt für die Nukleonen der Atomkerne, die aus Protonen und Neutronen aufgebaut sind, die wie die Elektronen alle Elementareigenschaften wie Bahndrehimpuls und Eigendrehimpuls besitzen. Wie der Elektronendrehimpuls ist auch der Kerndrehimpuls I mit einem magnetischen Moment μ verknüpft:

$\mu = \gamma I$ — γ gyromagnetisches Verhältnis
I Gesamtdrehimpuls eines Kerns

Das gyromagnetische Verhältnis γ ist eine Stoffkonstante und damit das magnetische Moment μ eines Atomkerns isotopenspezifisch. Der resultierende Spin der Kerne setzt sich aus den Spins der Protonen und Neutronen zusammen, er kann ganz- oder halbzahlige Werte zwischen 0 und 7 annehmen. Alle Kerne mit gerader Protonen- und gerader Neutronenzahl, sog. g,g-Kerne, haben den Kernspin $I = 0$ und scheiden daher für die kernmagnetische Resonanz aus. Zu dieser Gruppe gehören etwa 60 % aller stabilen Atomkerne. Nur diejenigen Atomkerne, bei denen entweder die Protonen- oder die Neutronen oder beide Kernbausteine ungeradzahlig sind, besitzen magnetische Momente. Atomkerne mit ungerader Protonen- und Neutronenzahl, die u,u-Kerne, besitzen wie die g,g-Kerne eine gerade Massenzahl und haben ganzzahlige Kernspins. Halbzahlige Kernspins findet man dagegen bei den g,u- und den u,g-Kernen, die eine ungerade Massenzahl haben. Alle diese Kerne sind zur kernmagnetischen Resonanzabsorption fähig (Tabelle 13.1).

Tabelle 13.1 Kerneigenschaften ausgewählter Isotope einiger Elemente

Kern	natürliche Häufigkeit in %	Anzahl Protonen	Anzahl Neutronen	Spin I	gyromagnetisches Verhältnis in 10^8 s^{-1} T^{-1}	Resonanzfrequenz bei 9,39 T	relative Empfindlichkeit
^{1}H	99,985	1	0	1/2	5,585	400,000	1
^{2}H	0,015	2	1	1	0,857	61,402	1,45 10^{-6}
^{11}B	80,000	5	6	3/2	1,7923	128,330	0,165
^{12}C	98,890	6	7	0	0,000	–	–
^{13}C	1,110	6	7	1/2	1,404	100,577	1,76 10^{-4}
^{14}N	99,630	7	7	1/2	0,404	28,894	1,01 10^{-5}
^{17}O	0,037	8	9	5/2	0,757	54,227	1,08 10^{-5}
^{19}F	100,00	9	10	1/2	5,255	376,116	0,833
^{31}P	100,00	15	16	1/2	2,261	161,841	6,66 10^{-2}
^{33}S	0,760	16	17	3/2	0,429	30,678	1,72 10^{-5}

Bei freien Molekülen sind diese Energiezustände entartet, in einem homogenen äußeren Magnetfeld spalten sie aber proportional der Feldstärke auf. Dabei nimmt der Gesamtdrehimpuls bezüglich der Feldrichtung ganz bestimmte Orientierungen ein. Ein Kern mit der Kernspinquantenzahl I kann insgesamt $2I + 1$ verschiedene Orientierungen zur Richtung des statischen Magnetfeldes der Induktion B_0 einnehmen. Die magnetischen Momente von Kernen mit $I = {}^1/_2$ können demnach zwei Richtungen im Magnetfeld einnehmen. Sie verhalten sich wie kleine Stabmagnete, die eine energiearme Orientierung, in der die Feldrichtung mit der des Kernmagneten übereinstimmt, sowie eine energiereiche, in der die beiden Feldrichtungen antiparallel stehen, einnehmen.

Um einen Kern auf das höhere Energieniveau zu bringen, muß ein Energiebetrag ΔE zugeführt werden. Dies ist durch Absorption eines geeigneten Energiequants $h\nu$ der elektromagnetischen Strahlung möglich.

$$\Delta E = h \cdot \nu = \gamma \cdot \frac{h}{2\pi} \cdot B_0$$

Bild 13.1 Aufspaltung der Energieniveaus von Kernspins in einem Magnetfeld

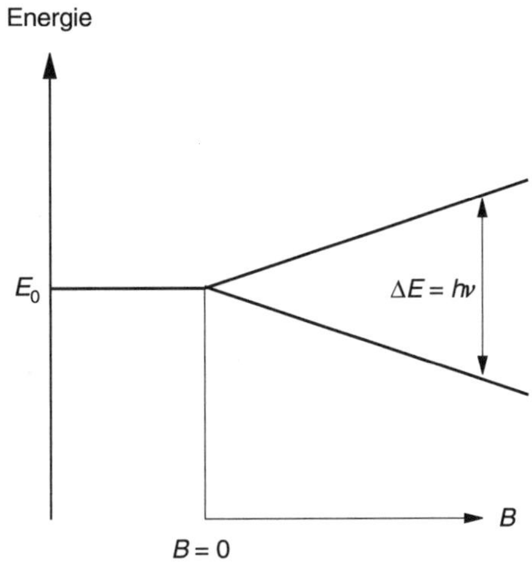

Die Gleichung zeigt, daß ΔE und damit auch die Resonanzfrequenz ν proportional der Induktion B_0 des gewählten statischen Magnetfeldes sind (Bild 13.1). Deshalb ist die Resonanzfrequenz in der NMR-Spektroskopie keine solche charakteristische festliegende Größe wie z.B. die Absorptionsfrequenz in der optischen Spektroskopie. In den käuflichen NMR-Spektrometern wird die Energie ΔE durch einen UKW-Sender eingestrahlt, denn bei einem Magnetfeld von z.B. 1,4 Tesla liegt die passende Frequenz für Wasserstoffkerne bei 60 MHz. Ist die Bedingung $\Delta E = h\nu$ erfüllt, dann wird das Energiequant absorbiert und in einem geeigneten Empfänger ein Energieverlust gemessen, der auf einem Schreiber als Signal registriert werden kann.

Das NMR-Phänomen ist beobachtbar, weil sich gewisse Atomkerne wie winzig kleine Stabmagnete verhalten (Bild 13.2). Jedes Element – oder genauer jedes der verschiedenen Isotope eines Elementes mit einem Kernspin – hat bei einem festgelegten Magnetfeld eine bestimmte Resonanzfrequenz. Am wichtigsten unter diesen Kernen sind ^{1}H, ^{13}C, ^{19}F und ^{31}P, die alle den Kernspin $^{1}/_{2}$ besitzen. Einige andere Kerne haben den Kernspin 0 und geben deshalb kein Kernresonanzsignal, dazu gehören ^{12}C und ^{16}O. Die magnetischen Momente der Kerne sind aber

Bild 13.2 Ausrichtung eines Atomkerns (Stabmagneten) in einem äußeren Magnetfeld

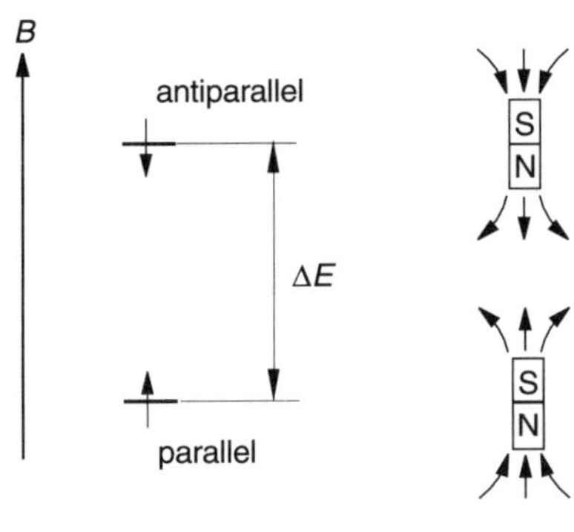

rund um den Faktor 10^3 kleiner als die Spin- und Orbitalmomente der Elektronen, so daß die durch die Kernmomente verursachte makroskopische Magnetisierung in der Regel mit den klassischen Methoden nicht nachgewiesen werden kann.

In dem Magnetfeld wird damit die thermische Unordnung der magnetischen Kerndipole, die außerhalb des Magnetfeldes vorlag, teilweise aufgehoben. Die vektorielle Summe aller Kerndipole ist dann nicht mehr Null, sondern hat einen endlichen Wert, der als makroskopische Magnetisierung bezeichnet wird. Im thermodynamischen Gleichgewicht befindet sich die Magnetisierung im Zustand niedrigster Energie parallel zum äußeren Magnetfeld. Dabei verhält sich diese Magnetisierung in dem Magnetfeld ähnlich wie ein Kreisel mit einem Drehimpuls im Schwerkraftfeld der Erde. Nach der Auslenkung der Kreiselachse aus der Richtung des Schwerefeldes beginnt dieser um die Richtung des Schwerefeldes mit einer Kreiselfrequenz zu präzedieren.

Genauer gesagt, führen also in einem homogenen Magnetfeld die Achsen der Kernmomente eine Präzessionsbewegung um die Feldrichtung aus (Bild 13.3). Im thermischen Gleichgewicht präzedieren gemäß der Boltzmann-Verteilung mehr Elementarmagnete «parallel», d.h. mit Einstellwinkeln $\delta < 90°$, als «antiparallel», d.h. mit Einstellwinkeln $\delta > 90°$. Die Präzessionsfrequenz heißt Larmor-Frequenz, die mit der jeweiligen Absorptionsfrequenz übereinstimmt.

Man nennt den Absorptionsvorgang in der NMR-Spektroskopie magnetische Resonanz, weil das Umklappen der Kernmagnete bei der gleichen Frequenz wie die Larmor-Frequenz erfolgt.

Die Energiedifferenzen zwischen den unterschiedlich orientierten Kernmomenten sind eine Funktion der Größe des kernmagnetischen Moments des entsprechenden Atomkerns sowie der Stärke des angelegten äußeren Magnetfeldes und liegen im Energiebereich der langwelligen Radiowellen. Entspricht die Energie der ein-

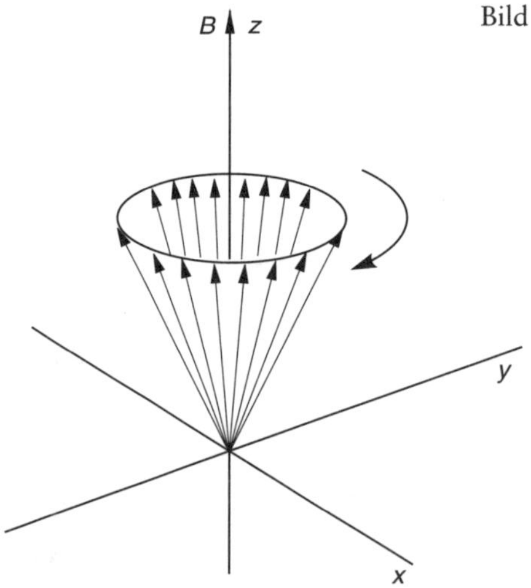

Bild 13.3 Präzessionsbewegung der Kernmomente

gestrahlten Radiowelle gerade dieser Energiedifferenz, so tritt magnetische Resonanz zwischen dem schwingenden Feld der Radiowelle und dem rotierenden Kern ein, wobei das magnetische Moment unter Absorption der entsprechenden Radiowellenfrequenz in die energiereichere Form umklappt.

Den entgegengesetzten Prozeß, die Abgabe magnetischer Energie in Form von thermischer Energie, bezeichnet man als **Relaxation.** Es wird also keine spontane Emission von Radiowellen beobachtet, d.h. beim Zurückspringen in den energieärmeren Zustand wird keine entsprechende Radiofrequenz emittiert. Vielmehr wird die magnetische Energie der Kerne an die Umgebung abgegeben und letztlich in thermische Energie umgewandelt. Der Relaxationsvorgang spielt sich im Bereich von Sekunden ab. Der Begriff Relaxation kommt aus dem Englischen und bedeutet Beruhigung oder Entspannung. Man versteht darunter alle Prozesse, die aus einem gestörten Zustand wieder in den normalen Zustand führen.

In organischen Molekülen besitzen die Protonen je nach Lage im Molekül verschiedene Resonanzfrequenzen. Dieses Phänomen bezeichnet man als chemische Verschiebung. Unabhängig davon tritt bei hoher Auflösung des Gerätes meist eine Feinstruktur der Resonanzsignale auf, und zwar immer dann, wenn sich in der Kernumgebung andere Kerne mit einem endlichen Kerndrehimpuls befinden. Ein Kernresonanzspektrum liefert damit das Abbild der chemischen, d.h. der elektronischen Umgebung des Kerns. Durch Messen der Resonanzfrequenz kann seine Lage im Molekül bestimmt werden. Etwas komplizierter wird die NMR-Spektroskopie, wenn sich mehrere Protonen im gleichen Molekül befinden und verschiedene Resonanzfrequenzen haben. Durch Auswertung des NMR-Spektrums können unbekannte Molekülstrukturen analysiert werden.

13.2 Chemische Verschiebung

Die chemische Verschiebung wird in erster Linie durch die Elektronen der betreffenden Bindung hervorgerufen. Das äußere Magnetfeld B_0 induziert in der Elektronenwolke Zirkulationen und damit ein magnetisches Moment μ, das gemäß der Lenzschen Regel dem Erregerfeld entgegengerichtet ist.

$$B_{\text{lokal}} = B_0\,(1 - \sigma)$$

σ ist die sogenannte Abschirmkonstante, σB_0 ist das am Atomkern induzierte Sekundärfeld. Das bedeutet, man benötigt für die Resonanzbedingung ein höheres äußeres Magnetfeld. Die chemische Verschiebung wirkt sich nach außen so aus, als ob dem äußeren Feld ein von der Umgebung des Protons herrührendes inneres Feld überlagert ist. Vorwiegend die Bindungselektronen der Kernumgebung schwächen mehr oder weniger das äußere Feld. Je größer die Elektronendichte in der Nähe des Protons ist, um so stärker ist die Abschirmung und bei um so höheren Feldern tritt deswegen die Resonanz ein.

Eine Absolutbestimmung der chemischen Verschiebung ist schwierig, man macht deshalb Relativmessungen, indem man Bezug auf eine Standardsubstanz nimmt. Als Standard wird allgemein die Protonenresonanzfrequenz von Tetramethylsilan $(CH_3)_4Si$ verwendet. Diese Verbindung besitzt wegen der 12 chemisch äquivalenten Protonen nur eine scharfe Linie im NMR-Spektrum, deren Lage willkürlich als Nullpunkt einer Skala definiert wird. TMS ist als Vergleichssubstanz auch deshalb gut geeignet, weil es keine intermolekularen Wechselwirkungen hervorruft. Hinzu kommt, daß die Protonen der meisten organischen Verbindungen bei tieferem Feld in Resonanz treten als die von TMS.

Um jedoch NMR-Spektren von 60-MHz- oder 100-MHz-Geräten miteinander vergleichen zu können, muß die Skala frequenz- bzw. feldunabhängig sein. Zu diesem Zweck ist der Parameter δ für die chemische Verschiebung (chemical shift) festgelegt worden.

$$\delta = \frac{\text{Resonanzfrequenz der Substanz im Hz}}{\text{Betriebsfrequenz des Gerätes in MHz}}$$

Die Angabe der chemischen Verschiebung erfolgt in ppm (parts per million). Kerne mit gleicher magnetischer Abschirmung und damit gleicher Signallage werden als chemisch äquivalent bezeichnet. Früher war in der Protonenresonanz auch die τ-Skala gebräuchlich, wobei $\tau = 10 - \delta$ ist.

Da die chemischen Verschiebungen von den Abschirmkonstanten, diese aber von der Elektronenverteilung und Geometrie im Molekül abhängen, lassen sich aus der Signallage Aussagen über die Struktur der untersuchten Moleküle gewinnen. Das gelingt bereits sehr einfach mit empirisch gewonnenen Verschiebungstabellen. Innerhalb der angegebenen relativ breiten Bereiche variiert die Signallage der angegebenen Gruppen je nach Art und Aufbau des restlichen Molekülteils. Die dabei auftretenden Gesetzmäßigkeiten werden durch die Betrachtung der Abschirmeinflüsse deutlich.

Die Lage von Protonenresonanzsignalen im 1H-NMR-Spektrum wird durch verschiedene Faktoren beeinflußt. Einmal besitzen die die C-H-Bindung vermittelnden σ-Elektronen ein dem angelegten Magnetfeld B_0 entgegengerichtetes magnetisches Moment, was zu einer Schwächung des äußeren Magnetfeldes unmittelbar am Ort des Protons führt und **Abschirmung** genannt wird. Zum anderen kann das induzierte magnetische Sekundärfeld der π-Elektronen von Alkenen, Alkinen und Aromaten durch seine räumliche Ausdehnung das äußere Magnetfeld am Ort des Protons schwächen oder verstärken (Anisotropieeffekt). Die Art des Einflusses derartiger Sekundärfelder auf ein Proton, d. h. Abschirmung oder Entschirmung, ist von dessen räumlicher Position abhängig. In Tabelle 13.2 sind beispielhaft die chemischen Verschiebungen organischer Gruppen angegeben.

Induktive Effekte, intermolekulare Wechselwirkungen durch Van-der-Waals-Kräfte, Wasserstoffbrücken oder andere Einflüsse verändern die Elektronendichte und somit die Stärke der induzierten Sekundärfelder an bestimmten Orten im Molekül, was an den Verschiebungen von Resonanzsignalen im NMR-Spektrum zu erkennen ist. Man unterscheidet paramagnetische Verschiebungen, die nach tieferem Feld und damit niedrigeren δ-Werten bzw. höheren σ-Werten verschoben sind, und diamagnetische Verschiebungen, die zu höherem Feld und damit größeren τ-Werten bzw. kleineren σ-Werten verschoben sind, von Resonanzsignalen. Paramagnetische Verschiebungen resultieren aus verminderter Abschirmung (shielding) der Protonen durch die Sekundärfelder der Elektronen, diamagnetische Verschiebungen dagegen aus verstärkter Abschirmung (deshielding).

Tabelle 13.2 Beispiele für charakteristische chemische Verschiebungen organischer Gruppen

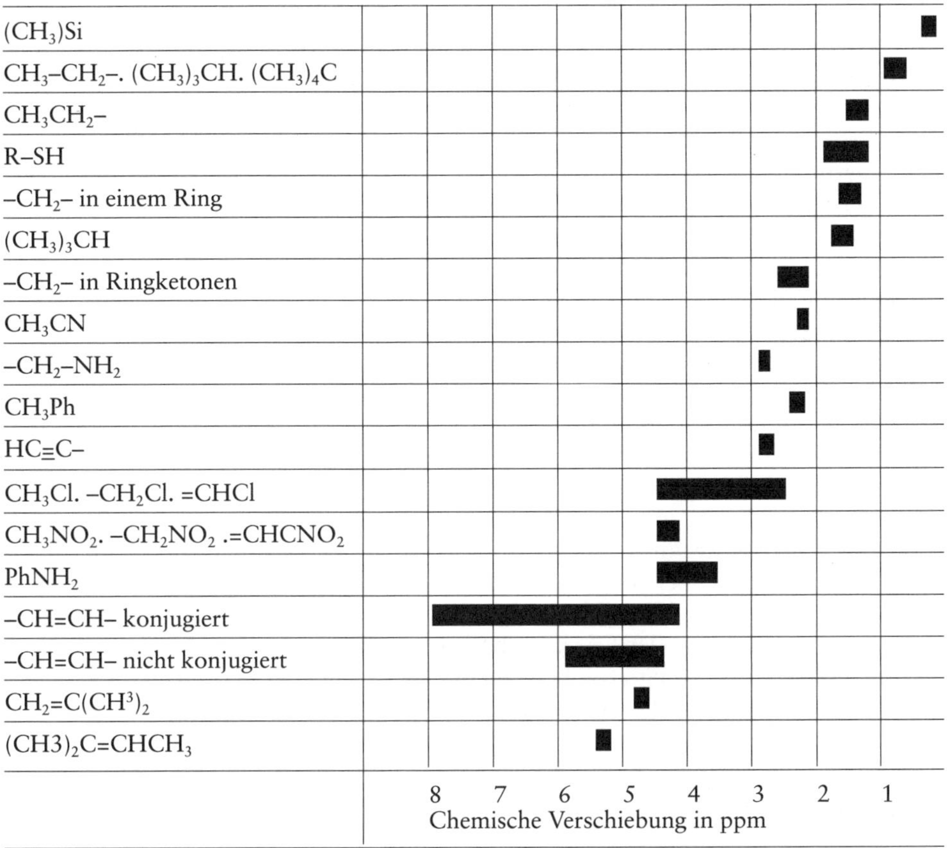

Die Abschirmung eines betrachteten Kerns setzt sich aus drei Beiträgen zusammen:

- □ Der diamagnetische Teil wird durch Elektronenströme um den Kern selbst erzeugt. Er steigt mit wachsender Elektronendichte am Kern und führt zur Signalverschiebung nach kleineren δ-Werten.
- □ Der paramagnetische Teil wird bei Behinderung der Elektronenbeweglichkeit um den Kern wirksam und führt zu steigenden δ-Werten. Bei steigender Elektronegativität benachbarter Gruppen sinkt durch Abzug von Elektronen vom betrachteten Kern dessen diamagnetische Abschirmung. Gleichzeitig wird aber der paramagnetische Abschirmungsbetrag am Kern größer. Durch beide Einflüsse verschiebt sich sein Signal im Spektrum zu größeren δ-Werten.
- □ Der dritte Abschirmbeitrag ist anisotrop und führt je nach der relativen molekularen Anordnung zwischen der abschirmenden Gruppe und dem betrachteten Kern zur Verschiebung seines Resonanzsignals zu größeren oder kleineren δ-Werten. Er wird durch Elektronenströme in größeren Gruppen, meist mit π-Elektronen aus der Molekülumgebung, am betrachteten Kern wirksam.

13.3 Spin-Spin-Kopplung

Bei genügend hohem Auflösungsvermögen des Spektrometers werden die NMR-Signale häufig in mehrere Einzelsignale aufgespalten. Ursache sind die $2\,I + 1$ verschiedenen Orientierungen, die die magnetischen Momente der Kerne zur Richtung des äußeren Magnetfeldes einnehmen können. Hierdurch entstehen am benachbarten Kern $2\,I + 1$ gerichtete Zusatzfelder, die sich dem äußeren Magnetfeld überlagern. Die magnetische Wechselwirkung zwischen den Kernen erfolgt dabei nicht über den freien Raum, sondern indirekt über die Elektronen der chemischen Bindung. Es handelt sich also um eine indirekt elektronengekoppelte Spin-Spin-Wechselwirkung, die kurz als Spin-Spin-Kopplung bezeichnet wird und zu einer Aufspaltung der Signale führt.

Da die häufigsten natürlichen Isotope in organischen Molekülen, ^{12}C und ^{16}O, den Gesamtdrehimpuls $I = 0$ haben, erfaßt man in der Protonenresonanz nur die Spin-Spin-Kopplung benachbarter Protonen. Chemisch äquivalente Protonen zeigen untereinander keine magnetische Wechselwirkung. Aus Symmetriegründen oder wegen schneller Umorientierung zeigen sie die gleiche Kopplungskonstante zu jedem anderen Kern des Moleküls.

Faßt man die Kerne wieder als kleine Stabmagnete auf, wird verständlich, daß sie sich gegenseitig beeinflussen, wenn sie sich zu nahe kommen (Bild 13.4). In einem Magnetfeld ergeben sich mehrere mögliche Einstellungen relativ zur Richtung des angelegten Feldes. Für ein Zweispin-System erhält man insgesamt vier Kernspineinstellungen. Der Energieinhalt der Stellung b und c ist jedoch bei Kernen verschiedener Resonanzfrequenz nicht gleich. Üblicherweise zeichnet man ein Energieschema, in das alle den möglichen Kernspineinstellungen entsprechende Energieniveaus eingezeichnet sind. Durch Absorption von Energie sind verschiedene Übergänge möglich, wobei der Übergang von a nach d aus dem Satz von der Erhaltung des Drehimpulses verboten ist. Die anderen vier Übergänge ergeben dann die entsprechenden Signale im NMR-Spektrum.

Die Größe der Kopplungsaufspaltung wird als Abstand zwischen zwei benachbarten Linien einer Aufspaltung gemessen und in Hz angegeben. Die Kopplungskonstanten sind im Gegensatz zur chemischen Verschiebung unabhängig vom jeweiligen äußeren Magnetfeld. Sie hängen aber ab von der Art

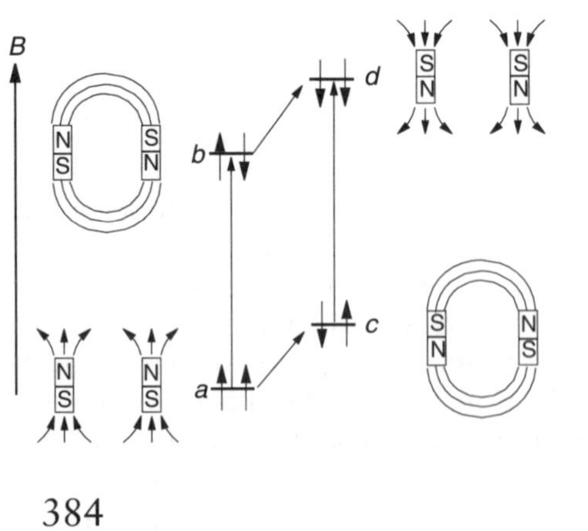

Bild 13.4 Schematische Darstellung der Spin-Spin-Kopplung zweier benachbarter Kerne

der koppelnden Kerne sowie von der Art und Anzahl der zwischen ihnen liegenden Bindungen. Die Kopplungen können über mehrere Bindungen hinweg erfolgen.

Derartige Wechselwirkungen führen je nach Anzahl der verschiedenartigen Kopplungsmöglichkeiten zur Feinaufspaltung der Resonanzsignale in Dubletts, Tripletts, Quartetts usw. Folgende Regeln können dabei für die Spin-Multiplizität eines Protonensignals formuliert werden:

- □ Wenn ein Proton mehrere Arten von chemisch äquivalenten Protonen n_a, n_b, n_c... als Nachbar hat, ist die Multiplizität seiner Resonanz $(n_a + 1)\ (n_b + 1)\ (n_c + 1)$ ...
- □ Für eine benachbarte Gruppe von n äquivalenten Protonen sind die relativen Intensitäten der $(n+1)$-Multiplettkomponenten durch die Koeffizienten der einzelnen Terme von $(x + 1)^n$ gegeben.

Diese zwei wichtigen Verallgemeinerungen bilden die Basis zur Interpretation der Spin-Spin-Kopplung bei NMR-Spektren. Größe und Art der Aufspaltung sind charakteristisch für eine bestimmte Molekülgruppierung und können als weitere Strukturinformation Aussagen über Anzahl der koppelnden Nachbarkerne machen.

Dies soll am Beispiel des Ethanols, CH_3CH_2OH, näher erläutert werden (Bild 13.5). Die drei Protonen der CH_3-Gruppe oder die zwei Protonen der CH_2-Gruppe im Ethanol sind nicht nur chemisch, sondern auch magnetisch äquivalent. Die Protonen der Methylgruppe befinden sich aber nicht nur im äußeren, von der elektronischen Umgebung schon gestörten, sondern auch in dem durch die Methylengruppe zusätzlich beeinflußten Feld. Die Spins der Methylprotonen koppeln mit den Protonen der Methylengruppe. Die Protonen der Methylgruppe liefern dabei ein Triplett bei 1,22 ppm, da die beiden Nachbarprotonen an der Methylengruppe chemisch äquivalent sind. Dies führt zur Multiplizität (2 + 1), d. h. drei Linien, deren Intensitäten durch die Koeffizienten von $(x + 1)^2 = 1x^2 + 2x + 1$, also 1:2:1 gegeben sind.

Umgekehrt liegen die Methylenprotonen im Einflußbereich der Methylprotonen. Dabei treten die Methylenprotonen, die dem elektronegativen Sauerstoffatom benachbart sind, bei tieferem Feld mit 3,70 ppm in Form eines Quartetts mit

Bild 13.5 NMR-Spektrum von Ethanol

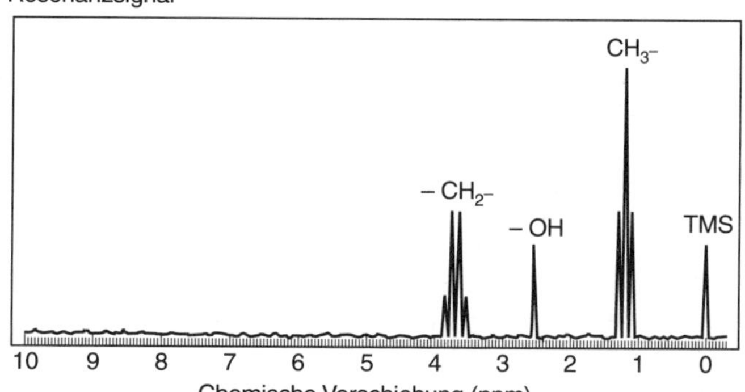

der Intensitätsverteilung 1 : 3 : 3 : 1 in Resonanz. Die Intensitäten ergeben sich aus den Koeffizienten von $(x + 1)^3$. Es wird hierbei keine Kopplung zwischen den Methylenprotonen und dem Proton der Hydroxylgruppe beobachtet. Dieser Schluß wird bestätigt durch das Auftreten der Resonanz dieser Gruppe als Singulett bei 2,58 ppm. Tatsächlich ist die chemische Verschiebung der OH-Resonanz nicht nur stark abhängig von Wasserstoffbrücken und chemischem Austausch, sondern auch die Spin-Spin-Kopplung der Protonen eines Systems CH-OH wird nur dann beobachtet, wenn kein schneller intermolekularer Austausch der Hydroxyprotonen erfolgt.

Betrachtet man dagegen Acetaldehyd, CH_3CHO, so kommt es zu einer anderen Aufspaltung (Bild 13.6). Die Spins der Methylprotonen koppeln mit dem Spin des Carbonylprotons. Weil sich der Spin dieses Protons parallel oder antiparallel zum Feld orientiert, befinden sich die Methylprotonen zusätzlich in einem etwas stärkeren und einem etwas schwächeren effektiven Magnetfeld. Daher resultieren eine zweifache Aufspaltung der Protonenenergieniveaus und eine Aufspaltung der Methylprotonenlinie in eine Doppellinie im Spektrum.

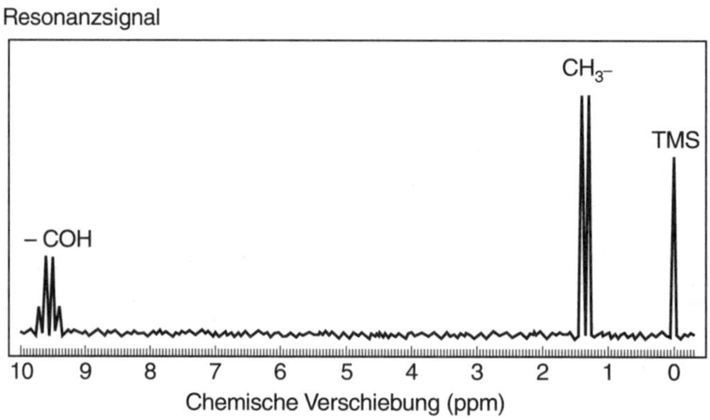

Bild 13.6 NMR-Spektrum von Acetaldehyd

Umgekehrt liegt das Carbonylproton im Einflußbereich der Methylprotonen. Abgesehen von der chemischen Verschiebung, die die Resonanz in Richtung niedrigerer Feldstärke verschiebt, verursachen die Methylkerne eine Aufspaltung der Carbonyllinie in vier Linien. Der Gesamtdrehimpuls der drei Methylprotonen kann sich nämlich bezüglich der Feldrichtung auf viererlei Weise einstellen. Das Carbonylproton erfährt dadurch vier zusätzliche Störfelder. Die Schwächung der Abschirmung ist beim Aldehydproton sehr groß, da dieses direkt an ein trigonales sp^2-Kohlenstoffatom gebunden ist. Deshalb treten Aldehydprotonen bei extrem tiefem Feld – gewöhnlich im Bereich von 9,3 bis 10,0 ppm – in Resonanz.

Dieses einfache Beispiel zeigt, daß die magnetischen Wechselwirkungen mit den Nachbarkernen interessante Aussagen über die Molekülstruktur zulassen. Gerade die Feinstrukturanalyse der Kernresonanzsignale ist zu einem wichtigen Zweig der NMR-Spektroskopie geworden.

13.4 Aufnahme von NMR-Spektren

^{1}H-NMR-Spektren organischer Verbindungen müssen in protonenfreien oder perdeuterierten Lösungsmitteln aufgenommen werden. Hierzu eignen sich z.B. CCl_4 oder deuterierte Lösungsmittel wie Deuterochloroform $CDCL_3$. Um bei der Auswertung der Resonanzsignale von Spektren einen Bezugspunkt zu haben, setzt man außerdem Tetramethylsilan (TMS) als Vergleichssubstanz zu. Die flüssigen oder gelösten Proben werden in zylindrische Glasröhrchen mit einem Durchmesser von 5 bis 10 mm gefüllt. Das Probenvolumen beträgt für die Protonenresonanz 0,5 bis 1,5 ml.

Wegen der wesentlich geringeren Empfindlichkeit verwendet man in der ^{13}C-NMR-Spektroskopie größere Probenvolumina von 1 bis 3 ml und Probenröhrchendurchmesser von 8 bis 20 mm, um die Zahl der nötigen Akkumulationen und damit den Zeitbedarf für die Spektrenregistrierung möglichst gering zu halten. Durch die Größe des Magnetspaltes zum Erzielen der Feldhomogenität ist dabei der Durchmesser der Meßzelle limitiert.

Bei allen NMR-Messungen wird die Meßzelle mit Hilfe einer kleinen Luftturbine schnell um ihre Längsachse gedreht. Da der Betrag des magnetischen Feldes stets in gewissen Grenzen über das Probenvolumen variiert, führt dies effektiv zu einer Verbesserung der Feldhomogenität, da die einzelnen Kerne dann infolge der makroskopischen Bewegung der Probe einem zeitlichen Mittelwert des äußeren Feldes ausgesetzt sind. Zur Aufnahme scharfer Resonanzlinien ist diese Technik unerläßlich.

Wichtige Voraussetzung für die Aufnahme gut aufgelöster NMR-Spektren ist die **Homogenität** des Magnetfeldes. Die Datenakkumulation über größere Zeitintervalle setzt eine sehr hohe Feld-Frequenz-Stabilität des Spektrometers voraus. Da die chemische Verschiebung feldabhängig ist, ist es wichtig, das Feld-Frequenz-Verhältnis des Spektrometers während der Messung konstant zu halten. Dazu dient der sogenannte **Lock-Kanal**. Durch kontinuierliche Aufnahme eines Referenzsignals ist es möglich, auch kleinste Feldstärkeänderungen festzustellen und über einen Regelkreis zu korrigieren.

Ältere CW-Geräte besitzen ein **Homolock-System**, bei dem das Signal des Standards TMS als Locksignal dient. Moderne Geräte benutzen statt dessen das ^{2}H-NMR-Signal des deuterierten Lösungsmittels, es handelt sich um einen internen **Heterolock**.

13.4.1 Empfindlichkeit

Ein entscheidender Nachteil der NMR-Spektroskopie ist die geringe Empfindlichkeit im Vergleich zu anderen spektroskopischen Verfahren. Dies liegt an der äußerst geringen Energiedifferenz zwischen den verschiedenen magnetischen Zuständen im Verhältnis zur mittleren Energie der Wärmebewegung. In einem gegebenen Magnetfeld sind die Besetzungszahlen der möglichen Energieniveaus eines Spinsystems durch die Boltzmann-Verteilung gegeben. Der Besetzungsunterschied liegt z.B. bei einer Resonanzfrequenz von 60 MHz in der Größenordnung von $^1/_{1000}$ Promille. Die Besetzung beider Zustände ist nahezu gleich, der winzige Besetzungsüberschuß im unteren Niveau ist für die Wahrscheinlichkeit einer Anregung und damit für die Empfindlichkeit des Meßverfahrens maßgebend.

Wegen der gleichen Wahrscheinlichkeit von Absorption und induzierter Emission beruht die Möglichkeit der Beobachtung des Absorptionssignals auf diesem winzigen Besetzungsunterschied. Das bedeutet, daß bei einer NMR-Messung nur 1 von 100 000 Atomkernen zum beobachteten Signal beiträgt.

Bei einem so geringen Besetzungsunterschied kann leicht der Fall eintreten, daß durch die Absorption der Besetzungsüberschuß des unteren Energieniveaus schneller beseitigt wird, als er durch Relaxation wiederhergestellt werden kann. Das bedeutet, daß der Absorptionskoeffizient nicht konstant ist, sondern von der Intensität der eingestrahlten Radiofrequenz abhängig ist. Wegen dieses Sättigungseffektes sind die Relaxationsmechanismen bei der Kernresonanz von besonderer Bedeutung.

13.4.2 Substanzbedarf

Für die Protonenresonanz genügen Probenmengen von etwa 50 bis 100 µg, wobei auch bis zu 1 µg Probenmenge gearbeitet werden kann. Bei noch geringeren Probenmengen, z. B. 100 ng, beträgt die Gesamtmeßzeit durch die Spektrenakkumulation etwa 1 bis 2 Tage. Noch längere Meßzeiten sind im allgemeinen nicht vertretbar. Für die ^{13}C-NMR-Spektroskopie wird entsprechend der geringeren Empfindlichkeit etwa 1 mg Probe benötigt.

13.4.3 Spektrenakkumulation

Da die NMR-Spektroskopie im Vergleich zu anderen spektroskopischen Methoden wegen der kleinen Energiedifferenzen zwischen Grundzustand und angeregtem Zustand sehr unempfindlich ist, können bei einmaliger Spektrenregistrierung die Signale oft im Rauschen verschwinden. Nach der Theorie steigt mit der Anzahl n der Messungen das Rauschen um $\sqrt{n}$, d. h. mit n Aufnahmen eines Spektrums verbessert sich das Signal-Rausch-Verhältnis um $\sqrt{n}$.

Durch eine Spektrenakkumulation werden die Spinsysteme mehrmals hintereinander angeregt, die Signalspannungen gesammelt und dann gemeinsam als Spektrum ausgeschrieben. Für diese oft auch mit dem Kürzel CAT (Computer of averaged transients) bezeichneten Technik benötigt man einen Computer. Ein Spektrum, in dem man besonders schwache Linien messen will, wird wie üblich aufgenommen und im Computer gespeichert. Dann wird dasselbe Spektrum ein zweites Mal aufgenommen und die zweite Version zum ersten addiert. Diese Prozedur läßt sich beliebig oft wiederholen.

Dabei wird das stochastisch verteilte Rauschen teilweise ausgemittelt, während sich die Signalintensitäten addieren. Häufig sind zur Registrierung deutlicher Spektren mehrere tausend Akkumulationen notwendig. Bei geringen Probenmengen und bei der Messung unempfindlicher Kerne werden dabei manchmal Aufnahmezeiten von bis zu mehreren Tagen in Kauf genommen. Dabei werden besonders hohe Anforderungen an die Gerätetechnik zum Einhalten konstanter Aufnahmebedingungen gestellt.

Die Anzahl der dabei aufgenommenen Einzelspektren ist von der Aufnahmezeit eines Einzelspektrums abhängig. Zur Akkumulation von 1000 Einzelspektren werden mit einem CW-Gerät bei einer Aufnahmezeit von 5 min insgesamt 3 Tage benötigt. Mit einem schnellen PFT-Spektrometer können bei einer Aufnahmezeit von 1 s in der gleichen Zeit mehrere hunderttausend Spektren unter entsprechendem Gewinn am Signal-Rausch-Verhältnis akkumuliert werden.

13.4.4 Integration

Die Intensität A eines Kernresonanzsignals hängt von der Besetzungsdifferenz benachbarter Energieniveaus ab: $A\ (N_0 - N_1)$. Dieses wird wiederum vom Besetzungsverhältnis bestimmt, das durch die Boltzmann-Verteilung gegeben ist. In der NMR-Spektroskopie ist die Signalintensität der Gesamtzahl der Teilchen direkt proportional.

Während die Lage eines Resonanzsignals im NMR-Spektrum Aussagen über die elektronische Umgebung von Protonen zuläßt, kann man aus der Fläche eines solchen Signals die Anzahl der Protonen ermitteln, von denen es herrührt. Die Fläche eines Peaks ist der Anzahl der Protonen proportional. Aus diesem Grund registriert man bei der Aufnahme eines NMR-Spektrums mit Hilfe eines elektronischen Integrators gleichzeitig Stufenkurven, deren Stufenhöhe der Fläche des dazugehörigen Resonanzsignals proportional ist (Bild 13.7). Bei der Bestimmung der Stufenhöhen muß die Spin-Spin-Kopplung beachtet werden, damit alle zu einem Signal gehörenden Multiplettlinien gemeinsam erfaßt werden. Somit lassen sich bei bekannter Summenformel weitgehende Aussagen über Art und Anzahl der Protonen verschiedener Struktureinheiten eines Moleküls machen.

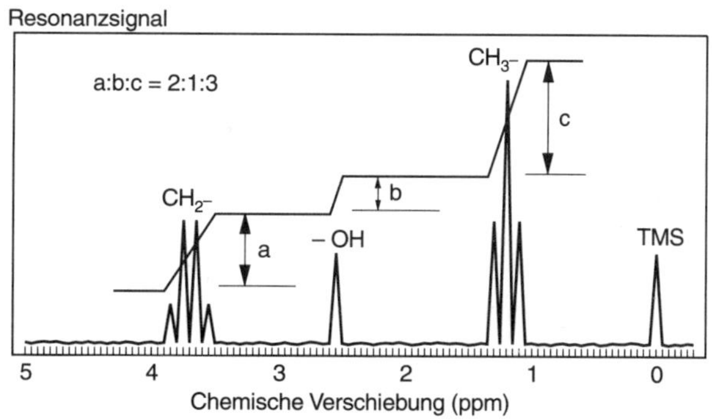

Bild 13.7 NMR-Spektrum von Ethanol mit Integrationskurve

Änderungen aller Größen, die das Besetzungsverhältnis ändern, wirken sich stark auf die Signalintensität aus. Deshalb müssen die Einflußgrößen auf die Intensität – Relaxationszeiten, Temperatur, magnetische Induktion, Frequenz – für die Zeit der Registrierung eines Spektrums konstant gehalten werden. Für quantitative Aussagen über eine Probe werden in der Regel nur die Intensitätsverhältnisse von Signalen innerhalb eines Spektrums ausgewertet, da sich die verschiedenen Einflüsse der Signalintensitäten aus verschiedenen Spektren meist nicht exakt miteinander vergleichen lassen.

13.4.5 Quantitative Analyse

Bei der Untersuchung von qualitativ bekannten Substanzgemischen lassen sich quantitative Analysen durchführen, wenn für jede Einzelsubstanz ein deutlich isoliertes Schlüsselsignal vorhanden ist. Die direkte Proportionalität zwischen den Intensitäten der Schlüsselsignale und den Molzahlen gestatten quantitative Analysen anhand eines einzigen NMR-Spektrums des Gemisches. Die experimentelle Kalibrierung wie in der optischen Spektroskopie entfällt.

13.4.6 Magnetfeld

Ein experimentelles Hauptproblem bei der kernmagnetischen Resonanzmessung besteht in den geringen Halbwertsbreiten der Resonanzlinien bis herab zu etwa 0,5 Hz bei einer Resonanzfrequenz von 60 MHz. Um diesen Faktor 10^8 muß mindestens sowohl das Magnetfeld als auch die Radiofrequenzquelle stabil sein.

Man unterscheidet Spektren 1. Ordnung von Spektren höherer Ordnung. Bei den Spektren 1. Ordnung ist die chemische Verschiebung zwischen den einzelnen Gruppen groß gegenüber den Kopplungskonstanten. Sie sind deshalb wesentlich einfacher zu deuten als die Spektren höherer Ordnung, bei denen es zu Überlagerungen kommt. Hohe Magnetfelder erleichtern die Interpretation von Spinsystemen höherer Ordnung. Oft ermöglichen sie überhaupt erst die Zuordnung von Signalen mit ähnlichen Verschiebungen.

Da die chemische Verschiebung feldabhängig ist, die Kopplungskonstanten aber als stoffeigene Parameter konstant bleiben, lassen sich komplizierte Spektren oft in einfachere Spektren 1. Ordnung überführen, wenn man die Messung bei höherer Feldstärke durchführt. Es ergibt sich eine bessere Trennschärfe zwischen Signalen von Kernen mit ähnlichen Verschiebungen. Entsprechend der größeren Energiedifferenzen benötigt man höhere Resonanzfrequenzen.

Der zweite Vorteil eines Hochfeld-Gerätes liegt in einer Zunahme der Empfindlichkeit. Mit steigender Feldstärke vergrößert sich die Energiedifferenz zwischen den möglichen Zuständen, womit es aufgrund der Boltzmann-Verteilung zu einer größeren Besetzungsdifferenz kommt.

Zur Klassifizierung der Spektrometer und damit der NMR-Spektren verwendet man nicht die Stärke des verwendeten Magnetfeldes, sondern gibt die entsprechende Protonenresonanzfrequenz an. Die ersten kommerziellen Geräte, die Anfang der 50er Jahre vertrieben wurden, besaßen Elektromagnete mit etwa 1,0 Tesla Feldstärke, entsprechend einer Protonenfrequenz von 40 MHz. Im Vergleich dazu beträgt das Magnetfeld der Erde etwa $6 \cdot 10^{-5}$ Tesla. Es folgten dann Spektrometer mit stärkeren Magneten von 1,4 und 2,3 Tesla, entsprechend 60 bzw. 100 MHz. Damit war aber die Grenze für die Verwendung konventioneller Elektromagnete erreicht, da sich mit den herkömmlichen ferromagnetischen Materialien keine höhere Magnetisierung erreichen läßt. 1967 kam dann das erste NMR-Spektrometer mit einem supraleitenden Magneten auf dem Markt, das mit einer Protonenfrequenz von 200 MHz arbeitet. Zum Erreichen der Supraleitung müssen diese Magnete aus Niob und Titan mit flüssigem Helium auf 4 K gekühlt werden, weshalb sie auch Kryomagnete genannt werden. Heute liegt die Obergrenze der Kryomagnete bei 17 Tesla, entsprechend einer Protonenresonanzfrequenz von 750 MHz.

In hohen Magnetfeldern tritt der Effekt ein, daß kleinere Moleküle im Magnetfeld orientiert werden, was die Spektren kompliziert. Deshalb sind der Entwicklung der Hochfeld-Geräte, abgesehen von technologischen Schwierigkeiten und aus Kostengründen, gewisse Grenzen gesetzt.

13.5 NMR-Spektrometer

Ein NMR-Spektrometer besitzt im Prinzip die gleichen Elemente wie jedes Spektrometer, d.h. Strahlungsquelle, Monochromator, Absorptionszelle und Detektor. Es gibt aber einige wesentliche Unterschiede. Die Voraussetzung für die Absorption von Energie wird erst durch die Anwendung eines Magnetfeldes geschaffen. Die Absorptionszelle befindet sich in einem starken Magnetfeld, damit es zur Aufspaltung in Grund- und angeregten Zustand kommt. Der bei der Umorientierung erfolgende Energieentzug aus der Strahlungsquelle wird als Absorptionssignal gemessen.

Da die Frequenz der absorbierenden Strahlung im MHz-Bereich, d.h. im UKW-Gebiet, liegt, sind viele Begriffe der NMR-Spektroskopie mehr der Radiotechnik als der optischen Spektroskopie zugeordnet. So ist die Strahlungsquelle ein UKW-Sender, dessen in einer Hochfrequenzspule erzeugte Strahlung von sich aus schon monochromatisch ist; man benötigt also keinen zusätzlichen Monochromator.

Der Detektor wird in der NMR-Spektroskopie Empfänger genannt. Die Empfängerspule registriert dabei nicht das durch die Probe geschwächte Signal der Strahlungsquelle, sondern ein von ihr in der Materie induziertes Signal, die **Quermagnetisierung**. Die Absorption der Strahlung nennt man magnetische Resonanz, weil das Umklappen der Kernmagnete bei der gleichen Frequenz wie die Larmor-Frequenz erfolgt.

Es gibt zwei Gerätetypen zur Beobachtung der kernmagnetischen Resonanz:

- □ CW-Spektrometer und
- □ FT-NMR-Spektrometer.

Beim **CW-Gerät** (continuous wave) erfolgt die Messung während der Einstrahlung der Radiofrequenz, die einzelnen Resonanzlinien werden nacheinander vermessen. Beim **Fouriertransform-Gerät** wird dagegen die Relaxation nach Abschalten der Radiofrequenz gemessen. Die Anregung erfolgt beim FT-Gerät für alle Atomkerne gleichzeitig mit einem kurzen polychromatischen Puls. Man spricht deshalb genauer von der Puls-Fouriertransform-NMR-Spektroskopie, der PFT-NMR. Die Abklingkurve wird mit einer Fouriertransformation in das Frequenzspektrum umgewandelt.

Der Hauptunterschied zwischen beiden Geräten liegt aber in der wesentlich geringeren Meßzeit beim FT-Gerät. Die heutige Dominanz der PFT-NMR-Spektroskopie geht in erster Linie auf den enormen Zeitgewinn zurück. Während die übliche Meßzeit zur Aufnahme eines NMR-Spektrums bei einem CW-Gerät etwa 5 Minuten dauert, ist die gleiche Messung mit einem PFT-Gerät bereits nach einer Sekunde abgeschlossen.

Die maximal erreichbare Empfindlichkeit der kommerziellen Spektrometer ist in den letzten 30 Jahren um mindestens den Faktor 1000 gestiegen. Diese Empfindlichkeitssteigerung beruht vor allem auf den immer höheren Magnetfeldstärken und der verbesserten RF-Technik. Analog zur IR-Spektroskopie, bei der die konventionellen Gittergeräte fast vollständig durch die FT-IR-Geräte ersetzt wurden, hat sich auch der Wandel in der NMR-Spektroskopie vollzogen. CW-Geräte, die heute nur noch gelegentlich für einfache Routineaufgaben eingesetzt werden, sind durch die PFT-NMR-Spektrometer mit Computersteuerung verdrängt worden.

13.5.1 CW-Spektrometer

Schon der Entdecker der kernmagnetischen Resonanz, Felix Bloch, mit seinen Mitarbeitern W. Hansen und M. E. Packard verwendeten Anfang Januar 1946 eine solche Apparatur zum Nachweis der Protonenresonanz im Wasser. Das erste kommerzielle NMR-Spektrometer kam 1960 auf den Markt. Die wichtigsten Bauteile eines CW-Spektrometers sind der Magnet, der HF-Sender und der HF-Empfänger (Bild 13.8). Der Sender liefert über eine Spule im Probenkopf das HF-Signal, eine zweite, um 90° gedrehte Spule bildet den Empfänger. Diese Anordnung nennt man daher auch Kreuzspulen-Spektrometer.

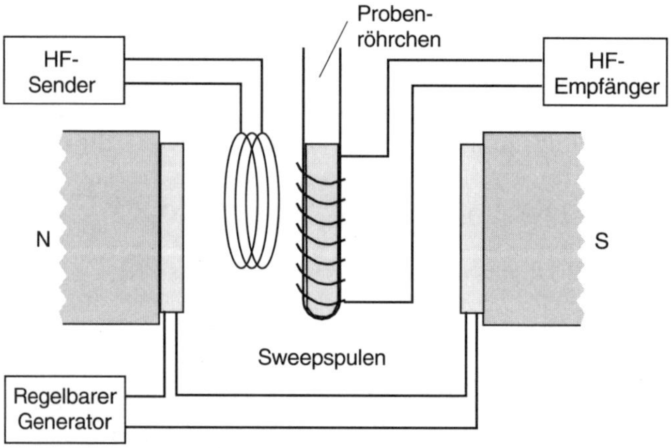

Bild 13.8 Das CW-Spektrometer

Die Resonanzbedingung läßt sich technisch auf zweierlei Arten erreichen. Beim **Feldsweep**-Verfahren wird das Magnetfeld bei konstanter Senderfrequenz variiert. Beim **Frequenzsweep**-Verfahren ändert man die Senderfrequenz bei konstantem Magnetfeld. Beides ist in der Praxis realisiert. Da hierbei jeweils das Spektrum kontinuierlich durch Änderung des Magnetfeldes oder der Senderfrequenz abgefahren wird, heißt dieses Verfahren Continuous wave (CW).

Meist wird mit dem Feldsweep-Verfahren gearbeitet. Die Änderung des Magnetfeldes zur Aufnahme des Spektrums beträgt dabei nur ein 100 000stel der Gesamtfeldstärke. Diese extrem kleinen Änderungen des Magnetfeldes lassen sich kaum durch eine entsprechende Steuerung des Elektromagneten verwirklichen. Statt dessen wird durch Sweep-Spulen ein kleines Magnetfeld überlagert und entsprechend variiert.

Bild 13.9 Prinzip der CW-NMR-Messung

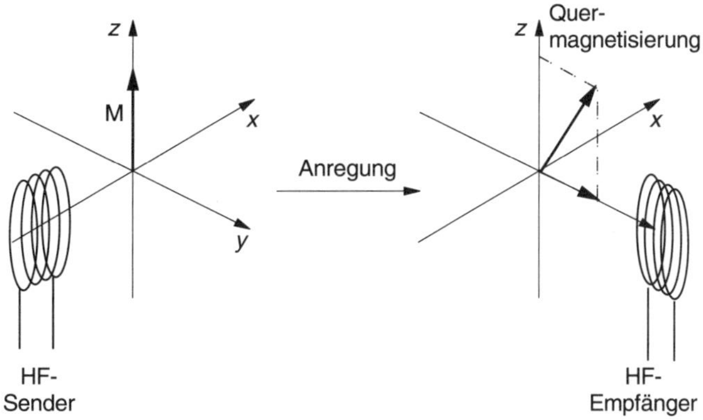

Beim CW-Gerät wird kontinuierlich Punkt für Punkt mit jeweils monochromatischer Senderfrequenz eines schwachen HF-Senders das Magnetfeld durch die Sweep-Spulen kontinuierlich geändert. Der makroskopische Magnetisierungsvektor *M*, der eine Resultierende der einzelnen Kernmagnete μ darstellt, wird im Fall von Resonanz durch die gemeinsame Einwirkung von HF-Sender und Magnetfeld B_0 in Richtung der y-Achse ausgelenkt. Die dabei entstehende y-Komponente, die Quermagnetisierung, induziert in der Empfängerspule das Signal (Bild 13.9). Die Signalamplitude entspricht dem Stationärzustand zwischen Kernanregung und Relaxation, d. h. Rückkehr in den Grundzustand. Es muß hier mit kleiner HF-Leistung gearbeitet werden, damit es nicht zur Sättigung kommt.

Bis etwa 1970 arbeiteten alle NMR-Spektrometer nach diesem Verfahren. Das CW-Verfahren ist nur geeignet für empfindliche Kerne wie ^{1}H, ^{19}F und ^{31}B mit großen magnetischen Momenten und hoher natürlicher Häufigkeit. Heute finden CW-Geräte nur noch vereinzelt als Routinegeräte mit geringen Feldstärken für die Protonenresonanz Verwendung. Sie sind fast vollständig durch die PFT-Geräte ersetzt worden. Die PFT-Technik gestattet durch die vorteilhaften Akkumulationsmöglichkeiten sowohl in der ^{1}H- als auch in der ^{13}C-Resonanz die Registrierung von auswertbaren Spektren kleinster Substanzmengen, z. B. aus biologischen Präparaten.

13.5.2 PFT-NMR-Spektrometer

Grundsätzlich anders als das CW-Gerät arbeitet das Fourier-Transform-NMR-Spektrometer. Die FT-NMR-Spektroskopie geht auf Richard R. Ernst zurück, der für seine Arbeiten 1991 den Chemienobelpreis erhielt. Das erste kommerzielle FT-NMR-Gerät kam 1966 auf den Markt. Mit einem polychromatischen Impuls starker Leistung und kurzer Dauer von 10 bis 50 µs werden alle Resonanzfrequenzen der jeweils untersuchten Kernart gleichzeitig angeregt. Hier liegt der eminente Zeitgewinn gegenüber dem Sweep-Verfahren. Im optimalen Fall wird die Magnetisierung um 90° gedreht, d. h. vollständig in die x-y-Ebene. Hierdurch wird natürlich ein wesentlich stärkeres Signal beobachtet, was neben dem Zeitgewinn ein weiterer Vorteil der PFT-Technik ist. Im CW-Verfahren ist der Dreh-

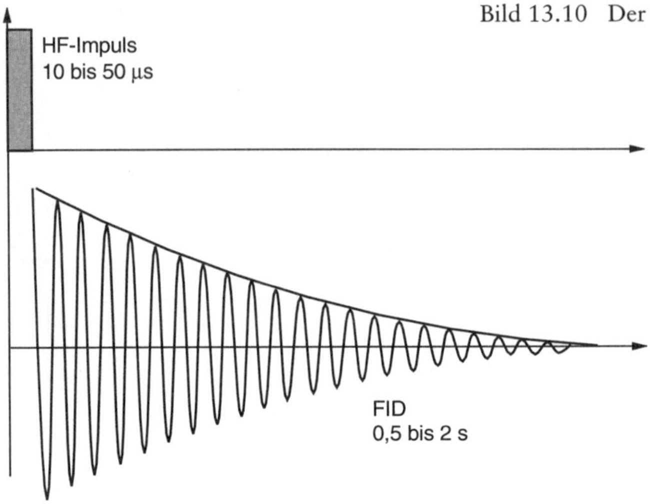

Bild 13.10 Der freie Induktionsabfall (FID)

winkel dagegen wesentlich kleiner, denn die HF-Leistung muß hierbei zur Vermeidung von Sättigungseffekten reduziert werden.

Nach Abschalten des Impulses unterliegt *M* nur noch der Kraftwirkung des äußeren Magnetfeldes B_0. Relaxationsvorgänge führen dazu, daß die Quermagnetisierung in einem Zeitraum von etwa 0,5 bis 2 Sekunden abgeklungen ist, der Empfänger zeigt dann kein Signal mehr an (Bild 13.10). Diesen Vorgang, der exponentiell mit der Zeit abnimmt, bezeichnet man als den freien Induktionsabfall FID (free induction decay). Da die Probe im Realfall Kerne mit verschiedenen Resonanzfrequenzen enthält, überlagern sich die Abklingkurven der einzelnen Quermagnetisierrungen, d.h., die mit ihren jeweiligen Larmor-Frequenzen präzedierenden Kerne beginnen zu interferieren, und man registriert an der Empfängerspule das beim Abklingen der Magnetisierung entstehende Interferogramm. Dieses wird anschließend mathematisch mit Hilfe der Fourier-Transformation in das eigentliche Spektrum umgewandelt, wofür ein leistungsfähiger Computer erforderlich ist.

Da ein FID im allgemeinen nach 0,5 bis 2 s abgeklungen ist, können in diesem Zeitabstand weitere Impulse auf die Probe eingestrahlt werden. So ist es in viel kürzerer Zeit als mit der CW-Technik möglich, die für ein gutes Signal-Rausch-Verhältnis nötige Anzahl von Spektren zu gewinnen. Die PFT-Technik erlaubt somit die Messung von NMR-Spektren weit weniger empfindlicher Kerne, wie ^{13}C und ^{2}H mit vertretbarem Aufwand.

Gerätetechnisch muß gegenüber dem CW-Gerät der HF-Sender gegen einen Impulsgenerator ausgewechselt werden. Ein HF-Generator arbeitet normalerweise bei einer festen Frequenz ν. Wird er aber nur für eine kurze Pulsdauer t eingeschaltet, erhält man ein breiteres Frequenzband über einen Bereich von $\nu \pm 1/t$. Zum Beispiel ergibt ein Puls von 10 μs ein Frequenzband von 105 Hz Breite. Ist also die Frequenz ν richtig gewählt, sind in dem Frequenzband alle Frequenzen des zu messenden Spektrums enthalten. Da die Amplitude mit zunehmendem Abstand von ν abnimmt, alle Kerne aber gleich angeregt werden sollen, wählt man die Pulslänge immer so, daß das resultierende Frequenzband 1 bis 2 Zehnerpotenzen größer ist als der interessierende Spektralbereich.

Die PFT-Technik erlaubt durch ihre Schnelligkeit eine sehr große Spektrenakkumulation in vertretbarer Zeit. Dieser Gewinn ist zum einen von Vorteil, wenn zur Aufnahme eines Protonenspektrums nur geringe Substanzmengen vorliegen. Zum anderen ist diese Technik Voraussetzung zur Messung der weniger empfindlichen Kerne. Der Computer ist dabei unabdingbare Voraussetzung für die Durchführung eines FT-NMR-Experiments. Neben der Summierung und der Fouriertransformation steuert der Rechner praktisch alle Funktionen des Spektrometers, so daß ein modernes Spektrometer ein komplettes System zur Datenverarbeitung und Steuerung enthält.

13.5.3 Relaxationsmessungen

Nach der Boltzmann-Statistik gibt es einen geregelten Besetzungsunterschied zwischen den Energiezuständen, die der parallelen und der antiparallelen Lage zum äußeren Magnetfeld entsprechen. Da sich im energetisch tieferliegenden Zustand mehr Kerne befinden, wird in Richtung des äußeren Magnetfeldes eine «longitudinale» Magnetisierung aufgebaut. Wegen der Ausmittelung der Komponenten der einzelnen Spinvektoren senkrecht zur z-Achse, in der nach Konvention das äußere Magnetfeld liegt, existiert im Normalzustand keine «transversale» Magnetisierung.

Im Resonanzfall, wenn die LARMOR-Frequenz mit der eingestrahlten Frequenz übereinstimmt, wird nun dieses System in zweifacher Hinsicht gestört. Erstens wird eine transversale Magnetisierung induziert, und zweitens wird durch die Induzierung von Umklappvorgängen der Besetzungsunterschied zwischen Grundzustand und angeregtem Zustand und damit die makroskopische Magnetisierung abgebaut. Bis zur antiparallelen Stellung der Magnetisierung nehmen die Kernspins Energie auf, danach geben sie sie wieder ab. Je nach Länge des Hochfrequenzimpulses wird die Magnetisierung um andere Winkel von der z-Achse ausgelenkt. So können vor allem Auslenkungen um 90° und 180° erreicht werden.

Bei der Relaxation kann man zwei verschiedene Zeiten unterscheiden, die longitudinale oder Spin-Gitter-Relaxationszeit T_1 und die transversale oder Spin-Spin-Relaxationszeit T_2. Die Spin-Gitter-Relaxationszeit T_1 gibt Auskunft über die Dauer der Wiederherstellung der Boltzmann-Verteilung der betreffenden Energiezustände eines Kerns. Bei diesem Spin-Gitter-Relaxationsprozeß wird mit der Umgebung des Kerns Energie ausgetauscht. Die Spin-Spin-Relaxationszeit T_2 kennzeichnet das Abklingen der Intensität der induzierten Magnetisierung.

Nach einem 90°-Impuls präzediert die Magnetisierung in der x-y-Ebene um das Magnetfeld. Die einzelnen Magnetsierungskomponenten präzedieren jedoch aufgrund etwas unterschiedlicher Magnetfelder an den Orten der Atomkerne mit leicht unterschiedlichen Frequenzen. Dadurch laufen die Magnetisierungskomponenten auseinander, und die makroskopische Magnetisierung verschwindet mit einer charakteristischen Zeit T_2.

Die von dem Hochfrequenzimpuls aufgenommene Energie wird mit einer im allgemeinen größeren Zeitkonstanten T_1 von den Kernspins auf die Umgebung übertragen, so daß die Magnetisierung wieder in den thermodynamischen Gleichgewichtszustand relaxiert. Die Larmor-Präzession der Magnetisierung induziert in der Empfängerspule nach dem Dynamoprinzip ein oszillierendes Signal, das aufgezeichnet wird. Dieser freie Induktionsabfall klingt exponentiell mit der Zeit ab.

In echten Lösungen wird die Spin-Gitter-Relaxationszeit T_1 vor allem durch Relaxationsprozesse innerhalb des Probenmoleküls bestimmt. Durch Molekülbewegungen flukturieren die lokalen Magnetfelder, die von einem Kern oder einer Molekülgruppe ausgehend auf benachbarte Kerne wirken. T_1 setzt sich aus verschiedenen Anteilen zusammen. Sie werden verursacht durch Dipol-Dipol-Relaxation zwischen den magnetischen Momenten benachbarter Kerne im Molekül, durch Spin-Rotations-Relaxation, die besonders in sehr kleinen Molekülen und frei rotierenden Molekülgruppen auftritt, und durch Relaxation infolge der chemischen Verschiebungsanisotropie.

Unter speziellen Voraussetzungen dominieren einzelne Anteile oder können mit speziellen Meßverfahren voneinander getrennt werden. Aus T_1-Messungen lassen sich dann z. B. Aussagen gewinnen über innere Rotation von Molekülgruppen oder Segmentbewegungen in großen bzw. assoziierten Molekülen. Bei Molekülen mit rotationsgehinderten Gruppen sind Aussagen über die Moleküldynamik möglich. Aus der Temperaturabhängigkeit der Spektren lassen sich thermodynamische Daten wie z. B. die **freie Aktivierungsenthalpie** gewinnen [13.5]. Durch Anwendung spezieller Impulsfolgen gelingt es in der ^{13}C-NMR-Spektroskopie, die Relaxationszeiten für einzelne C-Atome innerhalb eines Moleküls nebeneinander zu bestimmen, wodurch vielfach die Zuordnung der Signale zu einzelnen Molekülgruppen erleichtert wird. Durch die Impulstechniken ist heute die Messung der Relaxationszeiten relativ leicht zugänglich geworden.

13.6 Doppelresonanz-Technik

Diese Methode gestattet, die Spin-Spin-Kopplung zwischen einzelnen Kernen aufzuheben. Komplizierte Multipletts, die durch die gleichzeitge Kopplung mit mehreren Partnern entstehen, lassen sich mit dem Doppelresonanz-Experiment vereinfachen. Bei einem gegebenen Magnetfeld kommen zwei verschiedene Kerne A und X bei unterschiedlichen Frequenzen zur Resonanz. Normalerweise sind die Kerne über die sie verbindenden Elektronen gekoppelt, und jeder Kern spaltet das Signal des anderen auf. Wird jedoch, während das Signal des einen Kerns A gemessen wird, gleichzeitig die Resonanz des anderen Kerns X mit einem zweiten Hochfrequenzfeld angeregt, so wird die Spin-Spin-Kopplung zwischen A und X aufgehoben und das Signal von A als Singulett beobachtet.

Die Erklärung dieses Phänomens erklärt sich daraus, daß die Spin-Spin-Wechselwirkung dem Skalarprodukt der betreffenden Kernkomponenten proportional ist und daß andererseits ein starkes Hochfrequenzfeld für den Kern X diesen permanent zu Resonanz, d. h. zur Präzession um die x-Achse, zwingt. Dagegen präzediert der A-Kern weiterhin um die z-Achse. Die beiden Kernmomente stehen danach effektiv senkrecht aufeinander, und ihr Skalarprodukt, d. h. die Spin-Spin-Wechselwirkung, verschwindet.

Das Phänomen ist nicht auf Zweispin-Systeme beschränkt. Wird in einem beliebig komplizierten System ein Kern X durch ein Hochfrequenzfeld angeregt, so werden sämtliche vorhandenen Kopplungen mit dem Kern X aufgehoben. Heteronukleare Doppelresonanz-Experimente sind in der ^{13}C-Resonanz besonders wichtig, da hierbei die Spin-Spin-Kopplung zwischen ^{1}H und ^{13}C in der Größenordnung der chemischen Verschiebung der ^{13}C-Kerne liegt. Dadurch überlappen sich die einzelnen Multipletts teilweise, und die Spektrenauswertung wird schwierig. Strahlt man jedoch neben der ^{13}C-Resonanzfrequenz eine zweite, modulierte Frequenz mit hoher Intensität im Protonenresonanz-Gebiet ein, dann werden alle ^{13}C-^{1}H-Kopplungen gelöscht.

Für die meisten Benutzer ist das Doppelresonanz-Experiment gleichbedeutend mit der Spin-Entkopplung zur Spektrenvereinfachung, da hierdurch die Spektren linienärmer werden. Dies ist zwar das bekannteste Verfahren, doch sind damit nicht alle Anwendungsmöglichkeiten erschöpft. Mit der ^{1}H-Breitbandentkopplung sowie auch mit anderen Doppelresonanz-Experimenten ist eine Steigerung der Signalintensität durch den Kern-Overhauser-Effekt verbunden. Dieser Effekt hat ganz wesentlich dazu beigetragen, daß die ^{13}C-NMR zur Routinemethode wurde. Neben der **heteronuklearen** Entkopplung gibt es auch die **homonukleare** Entkopplung, die vor allem in der Protonenresonanz zum Entkoppeln der Protonen untereinander dient.

In vielen Fällen sind die Spektren trotz Entkopplung immer noch nicht leicht zu analysieren. Durch die Veränderung des Spektrums erkennt man aber zumindest, wo die Signale der miteinander koppelnden Protonen zu finden sind. Im Prinzip kann man durch mehrere aufeinanderfolgende Entkopplungsexperimente das ganze Spektrum zuordnen. In der Praxis treten immer dann Schwierigkeiten auf, wenn die Resonanzfrequenzen der koppelnden Kerne zu nahe beieinanderliegen. Viel eleganter lassen sich solche Nachbarschaftsbeziehungen durch die 2D-NMR klären.

Ein modernes PFT-NMR-Spektrometer benötigt deshalb mehrere Hochfrequenzsender:

- □ Pulssender für die Pulsfrequenz des interessierenden Kerns. Er arbeitet üblicherweise mit einer festgelegten Leistung;
- □ zweite Hochfrequenzquelle mit variabler Frequenz zur Durchführung der verschiedenen Doppelresonanz- oder Entkopplungsexperimente, die sowohl im CW- wie auch im Pulsbetrieb arbeiten können;
- □ interner Heterolock zur Regelung der Feld-Frequenz-Stabilität, der im CW-Betrieb arbeitet.

Das Gerätekonzept moderner NMR-Spektrometer ist auf die vollständige Automation des NMR-Experimentes ausgerichtet. Alle manuellen Abläufe und Kalibrierungen werden von einem Rechner übernommen.

13.7 Zweidimensionale NMR-Spektroskopie

Das generelle Problem in der Spektroskopie besteht darin, daß auf der einen Seite eine Substanz durch ein möglichst kompliziertes Spektrum eindeutig gekennzeichnet wird, auf der anderen Seite muß es aber auch auswertbar sein. Man unterscheidet heute zwischen den eindimensionalen und den zweidimensionalen Experimenten. Bei einem eindimensionalen Experiment erhält man ein Spektrum, das die chemische Verschiebung des gemessenen Kerns und die Kopplungskonstanten zeigt. Durch die Entwicklung der mehrdimensionalen NMR-Spektroskopie wurde es möglich, Struktur und Dynamik von Makromolekülen in Lösung zu untersuchen. Apparative Voraussetzung war dabei die schnelle rechnerische Bearbeitung großer Datenmengen und die erhöhte Empfindlichkeit durch supraleitende Hochfeldmagnete [13.6].

Zweidimensionale NMR-Spektren erhält man durch komplexe Impulsfolgen, d.h. eine Folge von hintereinandergeschalteten Impulsen, die durch feste oder variable Wartezeiten getrennt sind. Bei einem solchen zweidimensionalen Experiment erhält man weitere Information über die Korrelationen zwischen chemischer Verschiebung und Kopplungskonstanten oder Korrelationen zwischen chemischer Verschiebung von 1H- und 13C- oder auch anderen Kernen [13.7]. Man erhält einen Plot, der zwei Parameter zeigt, z.B. kann die chemische Verschiebung der Protonen gegen die chemische Verschiebung von 13C aufgetragen sein; man spricht von einer C-H-Korrelation.

Die 2D-NMR-Spektroskopie ist die Domäne der PFT-Geräte. Bei der zwei- oder mehrdimensionalen NMR-Spektroskopie werden mehrere RF-Impulse eingestrahlt. Man unterscheidet dabei 3 verschiedene Zeitintervalle:

- Präparation,
- Evolution und
- Detektion.

Während der **Präparation** erfolgt die transversale Magnetisierung mit oder ohne Entkopplungsexperiment. Die Evolutionszeit zwischen Anregung und Detektion wird in einer Serie von Einzelexperimenten systematisch durch Addition von Zeitinkrementen variiert (Bild 13.11). Es wird fast immer mit einem 90°-Impuls gearbeitet, durch die Sättigung erhält man große Relaxationszeiten. Die zusätzliche Datenakkumulation erfordert dann eine umfangreiche Datenverarbeitung.

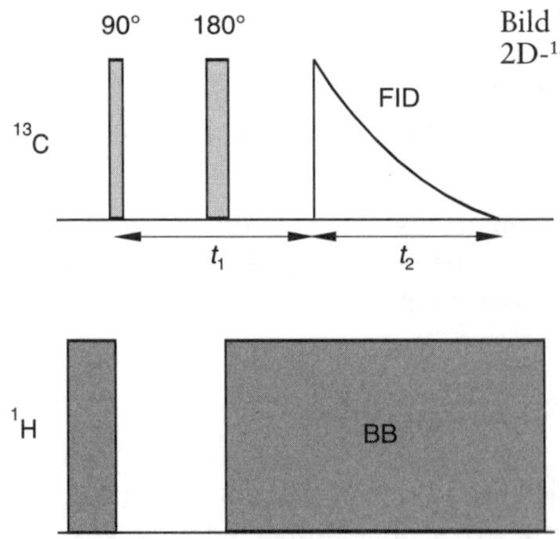

Bild 13.11 Pulssequenz für das heteronukleare 2D-^{13}C-Spektrum

Hierdurch können die chemischen Verschiebungen verschiedener Kerne eines Moleküls auf getrennten Frequenzachsen dargestellt werden. Damit können im Molekül benachbarte Kerne anhand ihrer gegenseitigen Wechselwirkung erkannt und komplexe, linienreiche Spektren entwirrt und damit einer einfacheren Auswertung zugänglich werden. Resonanzfrequenzen und Spin-Spin-Kopplungsfrequenzen, die im 1D-Spektrum nicht unterscheidbar sind, lassen sich auf zwei getrennten Frequenzachsen darstellen und damit separieren.

Die Auswertung von NMR-Spektren komplexer Spinsysteme gelingt oft nur mit Hilfe eines Computerprogramms im Rahmen eines rechenintensiven Iterationsverfahrens. Mit der Verfügbarkeit schneller PCs und kostengünstiger UNIX-Workstations wurde die Entwicklung moderner NMR-Software vorangetrieben. Das wichtigste mathematische Hilfsmittel zur Analyse von Multipuls-Experimenten, die oft aus mehreren tausend Radiofrequenz-Pulsen bestehen, ist der sogenannte effektive Hamilton-Operator, der den Gesamteffekt einer Multipuls-Sequenz auf ein gegebenes Spinsystem in Form von effektiven Magnetfeldern und Kopplungen beschreibt [13.8].

Bei der 3D-NMR-Spektroskopie wird noch zusätzlich eine zweite Evolutionszeit eingeführt. Hierdurch lassen sich die chemische Verschiebung des ^{13}C-Kerns und die Spin-Spin-Kopplungen zwischen 13C und ^{1}H sowie zwischen ^{13}C und ^{2}H separieren. Diese Technik dient zur Untersuchung komplizierter Spektren biologischer Makromoleküle. 3D-NMR erfordert lange Meßzeiten und eine aufwendige Datenverarbeitung. Die 4D-NMR schließlich nutzt zusätzlich den Kern-Overhauser-Effekt [13.9].

13.8 Kern-Overhauser-Effekt

Der Kern-Overhauser-Effekt wird so genannt, weil er eine Analogie zu einem von Overhauser entdeckten Effekt bei der Wechselwirkung zwischen Elektronen und Atomkernen darstellt. Er ist eine erfreuliche Begleiterscheinung der Entkopplung von Protonen. Er beruht auf der magnetischen Dipol-Dipol-Wechselwirkung zwischen einem ^{13}C-Kern und einem Proton, die es dem angeregten ^{13}C-Kern erlaubt, seine Energie abzugeben und in den Grundzustand zurückzukehren. Hierbei wird der Effekt ausgenutzt, daß die Kernspin- und Elektronenspinsysteme nicht völlig unabhängig voneinander sind. Die Sättigung eines benachbarten Kernspinsystems führt zu einer veränderten Besetzung in den möglichen Niveaus und damit zu einer Zu- oder Abnahme der Intensität eines Resonanzsignals bei Einstrahlung der Frequenz eines benachbarten Kerns.

Erregt man die Protonenresonanz mit einem starken Hochfrequenzfeld, so wird das Gleichgewicht stark gestört und versucht durch vermehrte ^{13}C-Relaxation die normale Boltzmann-Verteilung wiederherzustellen. Als Folge davon wird der Grundzustand des ^{13}C-Kerns stärker besetzt, als er es üblicherweise wäre. Wird deshalb unter diesen Bedingungen die ^{13}C-Resonanz beobachtet, so können viel mehr Kerne als gewöhnlich angeregt werden, womit die Signalintensität beträchtlich ansteigt; der Kern-Overhauser-Effekt kann bis zu 50 % Intensitätszunahme eines Signals bewirken. Er ist stark abhängig von der Entfernung der beiden Kerne und nimmt mit der 6. Potenz der Entfernung ab. Aus Messungen des

Kern-Overhauser-Effektes können wegen dieser Abhängigkeit vom Abstand wertvolle Aussagen zur Stereochemie einer Verbindung gemacht werden.

13.9 Anwendungen der NMR-Spektroskopie

Einem hochaufgelösten NMR-Spektrum können insgesamt fünf Parameter entnommen werden: Anzahl, chemische Verschiebung δ, Kopplungskonstanten sowie Multiplizität und Intensität der Signale. Als sechster Parameter kommen noch Relaxationsmessungen hinzu. Bei der Lösung chemischer Probleme nehmen Strukturuntersuchungen nach wie vor die erste Stelle ein. Die Empfindlichkeit der Spektren auf feinste Strukturunterschiede und die kleine Halbwertsbreite der Signale gestatten auch geringste Strukturunterschiede der Proben aufzudecken. Mit der Entwicklung der PFT-NMR-Spektroskopie sind sehr detaillierte Strukturuntersuchungen an komplizierten Molekülen wie Kohlenhydraten, Terpenen, Steroiden, Proteinen und Peptiden möglich.

Oft ist es für Strukturuntersuchungen gar nicht nötig, das gesamte Spektrum zu interpretieren. Zur Unterscheidung zwischen wenigen möglichen Strukturen genügt häufig die Bestimmung einer einzigen charakteristischen Kopplungskonstante, die Identifizierung einer Signalmultiplizität oder einer typischen chemischen Verschiebung eines Signals zur Festlegung der gesuchten Konstitution, Konfiguration oder Konformation. Bei Untersuchungen von Substanzgemischen lassen sich die einzelnen Komponenten oft anhand charakteristischer Schlüsselsignale nicht nur qualitativ, sondern über das Verhältnis der Intensitäten der Schlüsselsignale sogar quantitativ aus einem einzigen Spektrum nebeneinander bestimmen [13.10].

Neben der Strukturaufklärung von Einzelkomponenten – insbesondere mit der Protonenspektroskopie und der ^{13}C-NMR-Spektroskopie – wurde der Anwendungsbereich zur Ermittlung der Herkunft natürlicher oder synthetischer Stoffe erweitert. Erfolgreiche Ergebnisse liegen über die strukturspezifischen und quantitativen Bestimmungen von Einzelkomponenten in komplexen Stoffgemischen vor.

13.9.1 ^{13}C-NMR-Spektroskopie

Die Anfänge der ^{13}C-NMR-Spektroskopie gehen auf das Jahr 1957 zurück. Es gibt schwerwiegende Gründe, die einem schnellen und erfolgreichen Einzug dieser Technik im Wege standen. Die Empfindlichkeit der Resonanzanregung ist für Kerne mit gleicher Spinquantenzahl proportional zu μ^3. Da das magnetische Moment von ^{13}C nur etwa ein Viertel des magnetischen Momentes von ^1H beträgt, ist die Empfindlichkeit von ^{13}C-Kernen bei gleicher Konzentration in der Probe etwa 64mal kleiner als die der ^1H-Kerne. Wird noch die natürliche Häufigkeit der verglichenen Kerne betrachtet, die für ^{13}C-Kerne nur 1,1 % gegenüber 99,99 % bei ^1H-Kernen beträgt, so ergibt sich eine um den Faktor 5700mal geringere Empfindlichkeit der ^{13}C-NMR gegenüber der Protonenresonanz.

Außerdem zeigt das ^{13}C-NMR-Spektrum eine starke Hyperfeinaufspaltung der Resonanzsignale durch die Spin-Spin-Kopplung mit Protonen, das ebenfalls zu einem Empfindlichkeitsverlust führt. Dagegen tritt durch die geringe Häufigkeit der ^{13}C-Kerne der signalverbreiternde Einfluß durch ^{13}C- ^{13}C-Dipol-Dipol-Wechselwirkung praktisch nicht auf. Deshalb werden ^{13}C-Spektren normalerweise mit einer ^{1}H-Breitbandentkopplung aufgenommen; man spricht von BB-Spektren. Bei dieser Doppelresonanz-Technik wird die Resonanzfrequenz für Protonen bis zur Sättigung eingestrahlt. Es gibt dann keine Spin-Spin-Kopplung zwischen ^{13}C- und ^{1}H-Kernen mehr, d.h., die verteilte Intensität eines Multipletts wird auf ein Singulett vereint. Man erhält somit Spektren 0. Ordnung, die nur Singuletts enthalten. Da man alle Protonenresonanzen anregen muß, wird die Grundfrequenz des Entkopplungsfeldes im Protonenresonanzbereich moduliert. Dadurch entsteht effektiv ein Frequenzband, das die gleichzeitige Entkopplung aller Protonen gestattet; man spricht von einer Breitbandentkopplung.

Wegen der höheren Elektronendichte um den ^{13}C-Kern wirken sich diamagnetische und paramagnetische Abschirmbeiträge auf das Resonanzsignal viel stärker als auf ^{1}H-Verschiebungen aus. Das heißt, der Verschiebungsbereich ist mit etwa 250 ppm viel breiter als in der ^{1}H-Resonanz.

Heute ist die ^{13}C-NMR-Spektroskopie gleichbedeutend mit der ^{1}H-NMR-Spektroskopie. Dabei gestattet die moderne Gerätetechnik ohne Probleme die Aufzeichnung eines ^{1}H-Spektrums und eines ^{13}C-Spektrums in der gleichen Apparatur ohne Wechsel des Probenröhrchens.

13.9.2 Deuterium-NMR-Spektroskopie

War der Zugang zur ^{13}C-NMR-Spektroskopie – bedingt durch die wesentlich geringere Empfindlichkeit – erst durch die Hochfeld- und PFT-Technik zugänglich, ist die Deuterium-NMR noch einmal um den Faktor 100 unempfindlicher. Die natürliche Häufigkeit des Deuteriums ist sehr klein und beträgt 0,016 %. Deuterium kann jedoch spezifisch chemisch oder biochemisch an verschiedenen Stellen in Molekülen den normalen Wasserstoff ersetzen, wodurch C–D-Bindungen entstehen. Die D-NMR-Spektroskopie bietet damit die Möglichkeit, die molekulare Struktur und die Dynamik von Biopolymeren mit Segmentauflösung zu untersuchen, wodurch sie zu einer der wichtigsten spektroskopischen Methoden für biophysikalische Untersuchungen geworden ist.

Mit der Deuterium-NMR-Spektroskopie ist es möglich, Naturstoffe und Syntheseprodukte eindeutig zu unterscheiden sowie beide Stoffgruppen nach ihrer Herkunft zu charakterisieren. Die Methode beruht auf der quantitativen Bestimmung des natürlichen Deuterium-Gehaltes in chemisch unterschiedlichen Positionen von organischen Verbindungen. Es handelt sich also um die Erfassung von **Isotopomeren**, das sind Verbindungen gleicher Elementzusammensetzung und gleicher Strukturformel, aber mit unterschiedlichem Isotopengehalt. Spektakuläre Bedeutung hat dieses Verfahren erlangt, als es gelang, aufgrund der unterschiedlichen Isotopenverhältnisse die Wege der alkoholischen Gärung nachzuweisen und somit ein Panschen von Wein durch Zuckerung vor der alkoholischen Gärung nachzuweisen [13.11].

Die Grundlage für diese Art der Bestimmung bildet die Tatsache, daß D–C-Bindungen etwas stärker und damit geringfügig reaktionsträger als die entsprechenden H–C-Bindungen sind. Durch diese unterschiedliche Reaktivität machen sich bei Biosynthesen kinetische Isotopeneffekte bemerkbar. Man kann also davon ausgehen, daß für die einzelnen Positionen im Molekül das D/H-Verhältnis je nach Herkunft, d.h. Syntheseweg, variiert.

Der natürliche Deuterium-Gehalt auf der Erde ist nicht überall gleich. Im Mittel beträt er 155 ppm, der massenspektrometrisch sehr exakt bestimmt wurde. Durch die Zentrifugalkraft bei der Erdrotation ist das Isotopenverhältnis D/H im Wasser am Äquator etwa doppelt so groß wie an den Polen. Da das Wasser die Wasserstoffquelle für alle organischen Verbindungen auf der Erde ist, wird das Isotopenverhältnis D/H in Naturstoffen von der geographischen Breite bzw. der Vorgeschichte der Substanz bestimmt. Andere Elemente oder Verbindungen in der Erdatmosphäre unterliegen zwar auch der Zentrifugalkraft der Erdrotation, die Massenunterschiede sind aber so klein, daß keine nennenswerte Auftrennung zu beobachten ist.

Beim Deuterium-Kern handelt es sich im Gegensatz zum Proton, das eine Kernspinquantenzahl von $I = 1/2$ hat, um einen Quadrupolkern mit $I = 1$. Solche Kerne besitzen eine asymmetrische Ladungsverteilung und damit ein Quadrupolmoment, das man sich aus zwei elektrischen Dipolen zusammengesetzt denken kann. In einem örtlich inhomogenen elektrischen Feld, d.h. mit einem elektrischen Feldgradienten, das z.B. durch die umgebenden Bindungselektronen einer C–D-Bindung hervorgerufen wird, führt die elektrische Quadrupolwechselwirkung zu einer Aufspaltung der Kernresonanzlinien. So spaltet die D-Resonanzlinie im NMR-Spektrum in zwei Linien auf. Diese **Quadrupolaufspaltung** ist nur in Festkörpern oder mikroskopisch geordneten Systemen, wie z.B. Lipid-Doppelschichten, beobachtbar. Die schnelle Rotation der Moleküle isotroper Flüssigkeiten führt dagegen zu einer Ausmittelung der Quadrupolwechselwirkung und damit zu einer einzigen Absorptionslinie.

Mit Hochfeld-FT-Geräten und Spektrenakkumulation ist heute eine problemlose D-NMR-Spektroskopie möglich. Die Deuterium-Resonanzfreqeunzen liegen in einem Magnetfeld von 9,39 Tesla bei etwa 61,4 MHz. Die Interpretation der Deuterium-NMR ist nicht schwierig, da die chemischen Verschiebungen von ^2H in organischen Verbindungen praktisch identisch sind mit denen von ^1H.

13.9.3 NMR-Tomographie

Der Einsatz der NMR-Spektroskopie in der Humanmedizin bietet ein vielfältiges Einsatzfeld, da die Patienten mit keinerlei schädlichen Strahlen belastet werden [13.12]. Kontrolluntersuchungen im Verlauf einer Therapie können beliebig oft wiederholt werden. Die verwendeten Radiofrequnzen sind um fünf Zehnerpotenzen energieärmer als die chemischen Bindungen, es kommt zu keiner Gewebeaufheizung. Im Gegensatz zur Röntgentomographie ist die Methode nichtinvasiv und nichtdestruktiv [13.13].

Eine Einschränkung bildet die Unempfindlichkeit der Methode, weshalb am lebenden Organismus meist nur die Hauptkomponenten der am Stoffwechsel beteiligten Moleküle gemessen werden können. Andererseits brauchen aber die zu untersuchenden Metabolite nicht notwendigerweise vorher bekannt zu sein, da die NMR-Spektren in der Regel ausreichende Informationen enthalten, um die Substanz zu identifizieren. Die Proben benötigen auch keine laborklinische Vorbereitung.

Am lebenden Organismus besteht die Möglichkeit, während und nach einem Belastungstest Spektren aufzunehmen und mit dem Normalzustand zu vergleichen, um Aussagen über den Energiestoffwechsel zu gewinnen. Für klinische Anwendungen kommen vor allem die Isotope ^{1}H, ^{31}P und ^{23}Na in Frage. ^{13}C-Spektren erforden dagegen wegen der geringen natürlichen Häufigkeit eine unzumutbar hohe Meßzeit und werden deshalb nur in Sonderfällen, meist mit Isotopenanreicherung angewandt. Neben Untersuchungen am lebenden Organismus werden auch von verschiedenen Körperflüssigkeiten wie Blut, Urin, Speichel und Zellextrakte NMR-Spektren aufgenommen.

Eine noch recht junge Anwendung ist der Einsatz der NMR-Technik in der medizinischen Diagnostik, die sogenannte **Kernspin-Tomographie**. Bei diesem bildgebenden Verfahren werden anhand von Protonensignalen Schichtbilder aus dem Körper gewonnen. Da Protonen in Wassermolekülen überall im Körper vorliegen und mit der NMR-Technik sehr empfindlich nachgewiesen werden können, erhält man detailreiche anatomische Bilder.

Die neueste Entwicklung auf diesem Gebiet stellt die «lokalisierte» NMR-Spektroskopie dar, die Aufschluß über die biochemischen Verhältnisse in bestimmten, örtlich umschriebenen Bereichen eines Organs oder Gewebes liefert. Die biomedizinische NMR kann z. B. Stoffwechselvorgänge im Gehirn analytisch verfolgen. Diese Technik kann einerseits dazu dienen, verschiedenartige Tumore des Gehirns anhand ihrer spezifischen biochemischen Muster zu unterscheiden, andererseits lassen sich Art und Ausmaß der Schäden als Folge eines Hirninfarktes feststellen und ebenso die Wirkung therapeutischer Maßnahmen beurteilen und kontrollieren.

Das gleiche gilt aber auch für andere Erkrankungen des Gehirns, etwa für degenerative oder psychische Leiden, die sich auf den Stoffwechsel auswirken. Dazu gehören z. B. Multiple Sklerose, Epilepsie, AIDS oder die Alzheimer-Krankheit. Die NMR-Spektroskopie kann auch auf andere Organe wie Leber, Nieren und Herz ausgeweitet werden. Neben der Diagnostik und Therapiekontrolle zeichnet sich als weiteres wichtiges Anwendungsgebiet die Wirkungsprüfung von Drogen und Medikamenten ab. Zum einen läßt sich die Wirkung einer bestimmten Substanz auf den Stoffwechsel eines bestimmten Organs oder Gewebes feststellen, zum anderen kann man aber auch verfolgen, wie ein Medikament im Zuge des Stoffwechsels ab- oder umgebaut wird und welche seiner Folgeprodukte an welchem Ort wirksam werden.

13.9.4 NMR-Mikroskopie

Bei den bildgebenden Verfahren der NMR-Spektroskopie tritt neben den lange bekannten medizinischen Anwendungen in Form der Kernspin-Tomographie neuerdings immer mehr der Aspekt der Erfassung von Strukturen im sub-mm-Bereich. Routine-NMR-Spektrometer können zu NMR-Bildgebungsgeräten umgerüstet werden, wobei die Ortsauflösung in den letzten Jahren erheblich verbessert wurde. Der Schwerpunkt der Anwendung liegt bei biologischen Proben oder auch in der Materialforschung. Der Name NMR-Mikroskopie, der sich mittlerweile fest etabliert hat, soll dabei an die hohe Auflösung hinweisen, die aber nur in Ausnahmefällen an die Größenordnung optischer Mikroskope heranreicht. Im

Unterschied zur medizinischen NMR-Bildgebung mit einer räumlichen Auflösung im Bereich von 1 mm können mit entsprechend umgerüsteten NMR-Spektrometern auch Objekte mit wenigen Mikrometern Durchmesser beobachtet werden.

13.9.5 Festkörper-NMR

Das enorme analytische Potential der hochaufgelösten NMR-Spektroskopie wird auch seit Anfang der siebziger Jahre zur Untersuchung von Festkörpern genutzt, da sie Aussagen über molekulare Strukturen wie kristalline und amorphe Bereiche einer Probe möglich macht. Wegen des anisotropen Verhaltens vieler Festkörper entstehen nicht nur Resonanzen, die einer unterschiedlichen chemischen Umgebung entsprechen, sondern auch solche, die aus der unterschiedlichen Orientierung der Teilchen relativ zum äußeren Feld resultieren. Eine weitere Komplikation beruht auf der anisotropen Wechselwirkung der magnetisch aktiven Kerne untereinander. Je weniger symmetrisch die Umgebung eines Kerns ist, um so stärker macht sich die Anisotropie der chemischen Verschiebung in Festkörper-NMR-Spektren bemerkbar. Das können indirekte, über die Elektronendichte vermittelte oder auch direkte, durch den Raum wirkende Dipol-Dipol-Wechselwirkungen sein. In festen Proben bestimmt die Dipol-Dipol-Wechselwirkung das Aussehen der NMR-Signale [13.14].

Bei polymeren Verbindungen sind alle Linien in der Regel bis zu mehrere kHz breit, da in einem amorphen Polymer keine klar definierte molekulare Umgebung vorliegt. Enthält die Probe außerdem noch Kerne mit einem Quadrupolmoment, d.h., $I > {}^1/_2$, so beeinflussen anisotrope Wechselwirkungen des Quadrupols mit dem elektrischen Feldgradienten Linienform und Anzahl der Resonanzen.

Bei Festkörpern tritt gegenüber Lösungen eine zusätzliche direkte Spin-Spin-Kopplung auf. In Lösung sorgt die BROWNsche Molekularbewegung für eine weitgehende Ausmittelung anisotroper Effekte, so daß Kerne mit $I = {}^1/_2$, d.h. mit symmetrischer Ladungsverteilung im Kern, im allgemeinen NMR-Spektren mit sehr hoher Auflösung liefern. Die Linienbreite der Resonanzsignale ist sehr gering und geht herab bis zu 0,1 Hz. Dagegen können die Linien von Festkörpern sehr breit sein und bis zu mehrere kHz betragen. Da die longitudinale Relaxationszeit T_2 sehr groß ist, ist eine rasche Akkumulation vieler Spektren nicht möglich.

Zur Aufnahme von Festkörper-NMR-Spektren wird deshalb das CP-MAS-Experiment durchgeführt (Bild 13.12). Das Akronym steht für **C**ross **p**olarization **m**agic **a**ngle **s**pinning. MAS wurde schon 1959 von I. J. LOWE und E. R. ANDREW vorgeschlagen, während das CP-Experiment zum erstenmal 1972 diskutiert wurde. Da Protonen im Vergleich zu anderen Kernen über ein sehr großes magnetisches Moment verfügen, tragen sie durch anisotrope Wechselwirkungen besonders zur Verbreiterung der ^{13}C-Resonanzsignale bei. Cross polarization ist ein mehrdimensionales Experiment, bei dem ein Teil der Empfindlichkeit der ^1H-Kerne auf die weniger empfindlichen ^{13}C-Kerne übertragen wird [13.15].

Jeder magnetisch aktive Kern produziert ein lokales magnetisches Feld, das eine Komponente in Richtung des äußeren Magnetfeldes besitzt. Es läßt sich zeigen, daß diese Komponente in Abhängigkeit von der Richtung dieses lokalen Feldes ihr Vorzeichen wechselt und bei einem Winkel $\Phi = 54°44'$ den Wert Null an-

Bild 13.12 CP-MAS-Experiment zur Aufnahme von Festkörper-NMR-Spektren

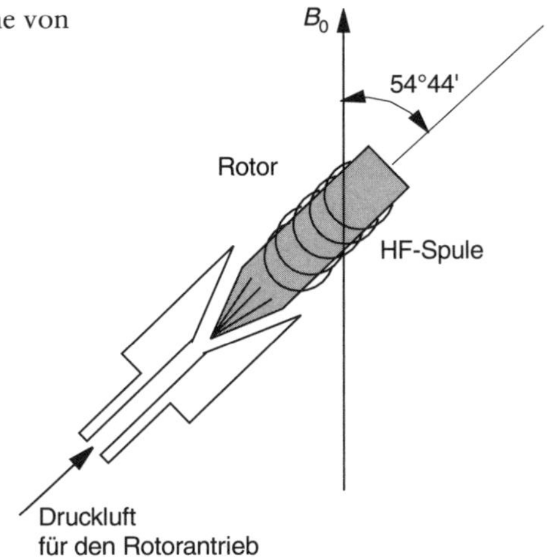

nimmt, entsprechend dem Faktor $3\cos^2 \Phi - 1 = 0$ für die Richtungsabhängigkeit. Dieser Winkel $\Phi = 54°44'$ wird als magischer Winkel (magic angle) bezeichnet. Die Probe rotiert in der Meßanordnung um eine Achse, die mit dem äußeren Magnetfeld den Magic angle bildet. Es folgt dann, daß bei hinreichend schneller Rotation (Spinning) im zeitlichen Mittel alle Vektoren in der Probe den Winkel Φ einnehmen und somit anisotrope Wechselwirkungen unwirksam werden. Die Rotationsgeschwindigkeit muß der zu erwartenden Differenz der chemischen Verschiebung entsprechend hoch sein und mindestens 4 kHz bei hoher Konstanz über mehrere Stunden betragen. Mit dieser Technik werden z. B. synthetische Makromoleküle untersucht, um aus den gewonnenen Struktur-Eigenschafts-Beziehungen gezielt neue polymere Materialien herstellen und die Eigenschaften optimieren zu können [13.16].

13.9.6 Ionen-Cyclotron-Resonanz

Eine Kombination der Massenspektrometrie und der NMR-Spektroskopie ist die Ionen-Cyclotron-Resonanz (ICR). Bei diesem ultrahochauflösenden Verfahren werden Ionen, die in einem Magnetfeld auf einer durch das Verhältnis *m/e* definierten Kreisbahn rotieren, einer elektromagnetischen Strahlung im Radiowellenbereich ausgesetzt. Wenn die Radiowellenfrequenz mit der Rotationsfrequenz im Cyclotron übereinstimmt, absorbieren die Ionen Energie und erhöhen ihre Umlaufgeschwindigkeit. Die Kreisbahn wird dabei zu einer wachsenden Spirale, während die Frequenz konstant bleibt. Bei diesen Umläufen können Reaktionen in der Gasphase beobachtet werden.

13.10 Zusammenfassung und Ausblick

In vielen Zweigen der chemischen Industrie spielt die Strukturanalyse organischer Verbindungen eine überragende Rolle. Neben den eigentlichen Wirkstoffen müssen vor allem Zwischen-, Neben- und Zersetzungsprodukte sowie Metabolite charakterisiert und identifiziert werden. Hierzu hat sich die NMR-Spektroskopie als wichtigste Methode zur Strukturaufklärung etabliert. Kein anderes Verfahren ist in der Lage, in kurzer Zeit eine solche Fülle an Informationen über eine chemische Verbindung zu liefern, wie z.B. Anzahl der Protonen, Bindungsart und funktionelle Gruppen. Natürlich haben die optischen Methoden UV/Vis, IR und Raman immer noch erhebliches Gewicht, aber die NMR- wie auch die Massenspektrometrie mit ihren vielen Varianten liefern heute die meiste Information. Diverse zweidimensionale Techniken sowie die NMR-Messungen an Kernen wie ^{13}C, ^{15}N, ^{19}F, ^{31}P und andere geben dieser Spektroskopie eine enorm breite Anwendungsvielfalt. Heute kann ohne weiteres mit einem Probenröhrchen ein ^{1}H-Spektrum und anschließend direkt ein ^{13}C-Spektrum gemessen werden, ohne daß Hardware ausgetauscht werden muß.

Das Potential der NMR-Spektroskopie zum Einsatz in Medizin, Biologie und auch Werkstoffwissenschaften ist noch lange nicht erschöpft. Die Strukturaufklärung von Biomolekülen kann unmittelbar in Lösung erfolgen. Damit ist die dynamische Struktur erfaßbar, wogegen bei Röntgenverfahren ein Protein kristallin vorliegen muß. Viele neue und immer kompliziertere Impulsverfahren sind dazugekommen. Die Problematik dabei liegt in der richtigen Interpretation der Spektren und dann in der Aufnahmetechnik. Die heutigen NMR-Spektrometer bieten eine Vielzahl von verschiedenen Meßmethoden an, die für den Einsteiger in diese Technik nicht so einfach anwendbar sind. So müssen z.B. von Kopplungskonstanten abhängige Wartezeiten richtig gesetzt werden, da sie sonst zu größeren Fehlern bei der Spektreninterpretation führen.

Sie erfordern immer komplexere Auswertprogramme, haben aber alle das Ziel, Spektren von komplizierten molekularen Strukturen zu entflechten und damit auswertbar zu machen. Um allen Benutzern diese Vielzahl an Möglichkeiten zur Verfügung zu stellen, insbesondere Anfängern und Studenten, ist es notwendig, ein bedienerfreundliches Konzept anzubieten, das auf schon vorhandene Meßparameter zurückgreifen kann, ohne vom Benutzer detaillierte Kenntnisse der Meßmethodik zu verlangen. Die hohe anfallende Datenmenge erfordert die Auswertung mit komplexen Rechenverfahren. Expertensysteme dienen als Hilfsmittel für die verbesserte Interpretation von Spektren, bei denen Datenbankvergleiche unbefriedigend bleiben. Dieses Konzept darf jedoch nicht zu starr sein, es muß nach wie vor flexibel sein, damit alle Möglichkeiten ausgeschöpft werden können.

Die Entwicklung von Pulsfolgen bei der 2D- und 3D-NMR-Spektroskopie erlaubt Aussagen über die unterschiedlichsten Fragestellungen. Neuerdings hat sich die NMR-Spektroskopie unter Ausnutzung des Kern-Overhauser-Effektes an isotopenmarkierten Proteinen auch schon in die 4. Dimension begeben. NOESY-Spektren (**N**uclear **O**verhauser **e**nhancement **s**pectroscop**y**) werden erfolgreich bei der Strukturaufklärung von Proteinen eingesetzt. Eine homonukleare zweidimensionale Verschiebungskorrelation liefert ein sog. COSY-Spektrum (**Co**rrelated **s**pectroscop**y**). Neben dem «normalen» Spektrum treten Kreuzsignale auf der Diagonalen auf und zeigen eine Spin-Spin-Kopplung an. Bei einem DEPT-Experiment (**D**istortionless **e**nhancement by **p**olarization **t**ransfer) erhält man neben der chemischen Verschiebung der ^{13}C-Signale auch die Multiplizität, d.h. ob es sich um ein tertiäres oder primäres C-Atom handelt.

Damit ist aber die Gerätechnik noch nicht abgeschlossen. NMR-Spektrometer der neuen Generation sind gekennzeichnet durch leistungsfähige Impulsprogramme mit der dazugehörigen computerunterstützten Auswertung. Komplexe Impulsfolgen – d.h. eine Folge von hintereinandergeschalteten Impulsen, die durch feste oder variable Wartezeiten getrennt sind – dienen dazu, einen höheren Informationsgehalt zu liefern und damit Spektren von immer komplizierteren Verbindungen interpretieren zu können. Nur beispielhaft sind hier einige Pulsprogramme erwähnt: SPI (Selective population inversion experiment), INEPT (Insensitive nuclei enhancement by polarization transfer) und INADEQUATE (Incredible natural abundance double quantum transfer).

Einen Bereich schneller Entwicklung stellt die Festkörper-NMR dar, da sie nicht nur Aussagen zu chemischen, sondern auch zu übermolekularen Strukturen wie kristalline und amorphe Bereiche einer Probe möglich macht. Zusätzlich können Informationen über die Dynamik von Molekülen bzw. Molekülsegmenten gewonnen werden. Historisch bedingt, ist das Haupteinsatzgebiet der Festkörper-NMR-Spektroskopie die Untersuchung organischer Polymere, aber auch zur Untersuchung heterogener Werkstoffe und keramischer Verbundwerkstoffe gewinnt die Festkörper-NMR zunehmend an Bedeutung.

Weltweit sind etwa 15 000 NMR-Geräte im Einsatz, wovon heute etwa 90 % hochauflösende Geräte sind. Rund ein Drittel aller NMR-Geräte wird in der Medizin verwendet. Das NMR-Imaging oder MRI (Magnetic resonance imaging) ist das bildgebende Verfahren der NMR-Spektroskopie am lebenden Menschen. In Krankenhäusern dient diese Technik dazu, den Gesundheitszustand an irgendwelchen Organen zu diagnostizieren.

14 Röntgenfluoreszenzanalyse

Bei der Entdeckung der nach ihm benannten Strahlen schrieb CONRAD WILHELM RÖNTGEN im Jahre 1895: «Mit den neuen Strahlen kann man die Knochen einer lebenden Hand auf die photographische Platte zaubern». Die Presse hielt das für ein Hirngespinst eines Kranken oder Spaßvogels. Selbst F. BRAUN (BRAUNsche Röhre) äußerte dazu: «Bisher war der RÖNTGEN doch ganz vernünftig». Erst mit einem Foto von den Knochen einer Hand brach RÖNTGEN den Bann. Ärzte erkannten sofort die praktische Bedeutung, RÖNTGEN wurde mit Ehrungen überhäuft. Den Adelstitel lehnte er ab, nicht aber den ersten Nobelpreis für Physik im Jahre 1901. Das erste Element, das mit Hilfe der Röntgenspektroskopie entdeckt wurde, war das Hafnium durch G. VON HEVESY im Jahre 1922.

In der analytischen Praxis setzt man die optischen Atomspektren und die Röntgenspektren zum qualitativen Nachweis und zur quantitativen Bestimmung von Elementen ein. Während bei den optischen Atomspektren Emission, Absorption und Fluoreszenz genutzt werden, wertet man bei den Röntgenspektren vorzugsweise wegen der leichteren experimentellen Zugänglichkeit die Beobachtung der Fluoreszenz aus. Die Röntgenfluoreszenzanalyse (RFA) wird heute in der Fertigung, in der Mineralogie und in der Materialidentifizierung als Routinemethode eingesetzt, mit der sich fast alle flüssigen und festen Proben zerstörungsfrei untersuchen lassen. Die klassische Röntgenfluoreszenzanalyse erfordert in der Regel keine zeitaufwendige Probenvorbereitung und ist daher besonders gut geeignet für die Analyse von festen Proben in der industriellen Produktion.

Bei der Röntgenfluoreszenz entstehen charakteristische Emissionslinien durch Entfernen von Elektronen aus den inneren Orbitalen. Dabei werden die frei gewordenen Plätze durch Übergang von Elektronen aus den äußeren Schalen unter Emission von Röntgenstrahlung aufgefüllt. Im Gegensatz zur UV/Vis-Spektroskopie, bei der Elektronenübergänge in den äußersten Elektronenbahnen beobachtet werden und sich durch die höhere Zahl der möglichen Elektronenübergänge komplizierte Spektren ergeben, sind Röntgenspektren wesentlich einfacher. Außerdem sind sie zumeist von der Art der chemischen Bindung des Atoms unabhängig, da eine chemische Bindung nur durch elektronische Wechselwirkung mit den äußeren Valenzelektronen zustande kommt.

Die Energiedifferenzen zwischen den inneren Orbitalen sind aber sehr groß, so daß die elektromagnetische Strahlung zur Beobachtung dieser Übergänge sehr energiereich ist und im Bereich der Röntgenstrahlung liegt. Die Röntgenstrahlung umfaßt das Gebiet mit Wellenlängen von 0,01 bis 20 nm, wobei analytisch meist nur der Bereich von 0,02 bis 2 nm genutzt wird. Derzeit reichen die verschiedenen Spektrometertypen von den einfachen, billigen Ausführungen für die Bestimmung einzelner Elemente bis zu den komplizierten, teuren Systemen, die einen sehr hohen Probendurchsatz ermöglichen.

Grundlage der Röntgenfluoreszenzanalyse ist das Moseleysche Gesetz, nach dem die Wellenlänge der von der Probe emittierten Strahlung durch die Ordnungszahl des aussendenden Elementes bestimmt wird. Durch die Bestimmung der Wellenlänge oder der Energie der Spektrumslinie ergibt sich qualitativ die chemische Zusammensetzung der Probe. Dagegen setzt der erfolgreiche Einsatz der optischen Spektrometrie wie AAS oder ICP-OES voraus, daß über die Zusammensetzung der Probe schon eine Vorstellung besteht, wonach gesucht werden soll. Die RFA bietet die Möglichkeit zur Rationalisierung der Multielementanalytik von Roh-, Hilfs- und Betriebsstoffen, die durch chemische Vielfalt und weite analytische Meßbereiche für eine Vielzahl von Elementen charakterisiert sind.

Da die Intensität der Strahlung von der Menge der gleichzeitig angeregten Atome abhängt, läßt sich die RFA auch zur quantitativen Analyse nutzen. Abhängig vom zu bestimmenden Element sind Bestimmungen bis in den ppm-Bereich möglich. Prozeßrechner haben in der jüngsten Zeit dazu geführt, daß die Spektrometer besser gesteuert werden. Sie steigern gleichzeitig mit aufwendigen mathematischen Korrekturverfahren die Präzision der Methode. Mit der Röntgenfluoreszenzanalyse lassen sich heute Elemente mit einer relativen Genauigkeit von 0,05 % bestimmen. Aufgrund relativ schlechter Nachweisgrenzen ist sie jedoch weniger geeignet für die Spuren- und Ultraspurenanalyse.

Wenn auch die Röntgenstrahlung schon vor recht langer Zeit entdeckt wurde und schon Moseley 1913 erkannte, daß zwischen der Frequenz der Röntgenstrahlung eines Elementes und dem Quadrat der Ordnungszahlen der Elemente eine lineare Beziehung besteht, so dauerte es doch bis in die fünfziger Jahre, bis die Röntgenemissions-Spektralanalyse mittels serienmäßig gefertigter Geräte in den verschiedensten Laboratorien eingesetzt wurde. Da sich mit dieser Methode fast alle festen und flüssigen Proben absolut zerstörungsfrei untersuchen lassen, hat sie sich schnell verbreitet. Allerdings konnten im wesentlichen nur die schwereren Elemente (Ordnungszahl > 20) erfaßt werden, zudem waren höhere Konzentrationen notwendig. Der steigende Einsatz der RFA für Routineuntersuchungen hat zu einem hohen Automatisierungsgrad geführt. Benutzerfreundliche Software erleichtert die Bedienung zusätzlich.

Das Röntgenfluoreszenz-Verfahren zur Schichtdickenmessung steht als ausgereifte, industriell einsetzbare Meßmethode erst seit Anfang der 80er Jahre zur Verfügung. Es hat sich aber sehr schnell als eine der wichtigsten Methoden zur berührungslosen und zerstörungsfreien Schichtdickenmessung etabliert mit der Eigenschaft, dünne Schichten auf kleinster Meßfläche zu messen. Mit dem RF-Verfahren lassen sich viele galvanische Schichten inklusive Mehrfachschichten schnell und problemlos messen.

Die Vorteile der Röntgenfluoreszenzanalyse führten dazu, daß viele erfolgreiche apparative Entwicklungen den Anwendungsbereich der Methode auch auf die leichteren Elemente – heute mit Einschränkungen bis herab zum Bor – und in den Bereich der Mikro- und Spurenanalyse hinein erweiterten. Zudem gelang es durch mathematische Korrekturverfahren, die gerade in der Röntgenemission sehr starken gegenseitigen Einflüsse der Elemente untereinander auf die Intensität der jeweils charakteristischen Röntgenstrahlung soweit zu berücksichtigen, daß heute auch in bezug auf die Präzision kaum noch Wünsche offen geblieben sind. Die dazu notwendige umfangreiche Datenverarbeitung hat durch die Prozeßrechner in jüngerer Zeit erhebliche Verbesserungen erfahren, ebenso verbesserten sich parallel dazu die Möglichkeiten zur Steuerung der Spektrometer [14.1].

Die Mikroprozessortechnik hat viel dazu beigetragen, daß das RFA-Verfahren überhaupt industriell genutzt wird. Allerdings verbirgt die Elektronik die tatsächlichen Vorgänge, die mit einer Messung verbunden sind. Was früher mit Messung, Umrechnung, Diagrammlesen und statistischer Auswertung geschah, erfolgt heute auf einfachen Tastendruck. Hoher Automatisierungsgrad und benutzerfreundliche Software haben zu einem steigenden Einsatz für Routineuntersuchungen geführt. Das eigentliche Gefühl für die Grundlagen eines Verfahrens geht verloren. Um so wichtiger ist es daher, die Wirkungsweise und Terminologie dieses Verfahrens zu verstehen.

Aus dem Bereich der Röntgenspektrometrie ist besonders die Totalreflexions-Röntgenspektrometrie (TRXRF) hervorzuheben, die ein extrem hohes absolutes Nachweisvermögen hat. Die Anregung erfolgt mittels eines am Probenträger totalreflektierten Primärstrahls. Das absolute Nachweisvermögen liegt im pg-Bereich, da unter diesen Bedingungen der Totalreflexion die Anregungsstrahlung nicht in den Probenträger eindringt und somit der Untergrund im Spektrum wegen der fehlenden Streustrahlung extrem niedrig bleibt. Durch multiple Reflexion ist es gelungen, das Absolutnachweisvermögen noch weiter zu steigern.

14.1 Begriff Röntgenfluoreszenz

Unter Fluoreszenz versteht man die bei festen Körpern, Flüssigkeiten und Gasen vorkommende Erscheinung, daß auffallende elektromagnetische Strahlung (z. B. Licht oder Röntgenstrahlen) teilweise absorbiert und als Strahlung der gleichen oder größeren Wellenlänge wieder emittiert wird. Zum Unterschied von Phosphoreszenz erlischt bei der Fluoreszenz die sekundäre Lichtemission praktisch gleichzeitig mit dem Aufhören der Primärstrahlung.

Bei der Röntgenfluoreszenz handelt es sich um die Anregung von Emissionslinien im Bereich des Röntgenspektrums, wobei die Anregung ebenfalls durch Röntgenstrahlen erfolgt. Bei der Bestrahlung einer Probe mit weicher Röntgenstrahlung werden die für jedes Atom charakteristischen Wellenlängen im Gebiet der Röntgenstrahlung als Fluoreszenzstrahlung ausgesandt. Diesen Effekt nutzte man schon längere Zeit zur quantitativen Analyse, um die chemische Zusammensetzung der Oberfläche von Metallen, Gesteinen und dergleichen zu untersuchen. Die Oberfläche wird praktisch zerstörungsfrei analysiert. Neuerdings wird dieser Effekt auch zur Schichtdickenmessung genutzt.

14.2 Grundlagen

Allein 1896 erschienen mehr als 1000 Arbeiten über Röntgenstrahlen. Doch niemand wußte, was sie sind. RÖNTGEN beschrieb nur, daß sie entstehen, wenn Elektronen in einer Vakuumröhre auf ein Hindernis prallen. Erst 1912 wurden sie als elektromagnetische Wellen erkannt. Röntgenstrahlung ist elektromagnetische Strahlung mit Wellenlängen im nm-Bereich und Quantenenergien im keV-Bereich, wobei für die Umrechnung gilt: 1,24 keV = 1 nm. Damit ist die Energie der Röntgenstrahlung ca. 5000mal höher als die Energie des sichtbaren Lichtes. Erzeugt wird die Röntgenstrahlung – ebenso wie das sichtbare Licht – in der Hülle der Atome. Jedoch kommt sie aus dem innersten Bereich der Elektronenbahnen. Eine Probe, die Röntgenstrahlung emittiert, muß zuvor durch Wechselwirkung mit Elektronen-, Röntgen- oder Gammastrahlen angeregt werden. Dabei sind die Anregungswahrscheinlichkeit der Elemente und das Absorptionsvermögen der Probe für die Intensität der Emission von entscheidendem Einfluß. Das durch Elektronen entsprechender kinetischer Energie angeregte Röntgenspektrum besteht aus dem

- □ Bremskontinuum, das durch das Abbremsen der anregenden Elektronen in der Probe entsteht, und aus dem
- □ Linienspektrum, das für die Elemente der Probe charakteristisch ist.

Die Anregung mit Elektronen ist jedoch nur im Hochvakuum möglich, so daß sie vor allem dann genutzt wird, wenn man mit der dadurch erzeugten Röntgenstrahlung weitere technische Untersuchungen durchführen will. Da das Hochvakuum gerätetechnisch sehr aufwendig ist, wird diese Art der Anregung heute praktisch fast nur noch in Rasterelektronenmikroskopen (Mikrosonden) verwendet [14.2].

Wesentlich weniger aufwendig ist dagegen die Anregung mit entsprechend energiereichen Photonen, also mit Röntgenstrahlen entsprechend kurzer Wellenlänge oder Gammastrahlen entsprechender Energie. Wegen dieser eingestrahlten kurzwelligen, energiereichen elektromagnetischen Strahlung heißt die Methode **Röntgenfluoreszenz**. In der Praxis erfolgt also die Anregung, die zur Emission der für die Probe charakteristischen Röntgenstrahlung führt, durch die Strahlung einer Röntgenröhre oder Gammastrahlung eines Radionukleids.

Nach dem Schalenmodell umkreisen die Elektronen den Atomkern in ganz bestimmten Bahnen oder Schalen. Die Schale, die dem Atomkern am nächsten ist, nennt man die K-Schale, die anderen, weiter entfernten, L-, M-, N-Schalen usw. Möchte man ein Elektron von einem Atom entfernen, so muß Energie aufgewandt werden. Diese Energie (Ionisierungsenergie) ist um so größer, je näher sich das Elektron am Atomkern befindet, d.h., den größten Energiebetrag benötigt man, um Elektronen aus der K-Schale zu entfernen (Bild 14.1).

Um dies deutlicher darzustellen, kann man sich als Modellvorstellung eines Atoms auch lediglich ein Energiezustandsdiagramm des Atoms aufzeichnen. Dabei ist die Bindungsenergie der Elektronen, die sich in der K-Schale befinden, am größten, d.h., sie sind am stärksten gebunden, und man benötigt den höchsten Energiebetrag, um diese Elektronen vom Atom zu entfernen.

Beim Bestrahlen von Atomen mit Elektronen oder Röntgenquanten genügender Energie werden Elektronen aus den inneren kernnahen Elektronenschalen herausgeschlagen. Wird dabei z.B. ein Elektron aus der K-Schale entfernt, so wird spontan diese Leerstelle mit einem Elektron aus einer kernferneren Schale aufgefüllt. Die Energiedifferenz ΔE, die dabei frei wird, kann als Röntgenstrahlung $h\nu$ ausgesandt werden.

Bild 14.1 Schalenmodell eines Atoms und Entstehung von Röntgenfluoreszenz

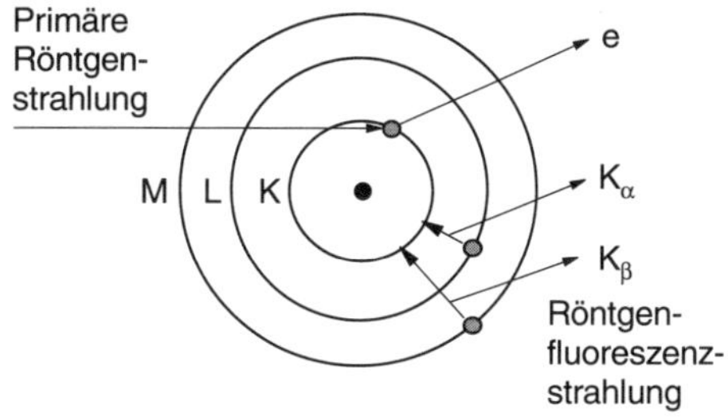

Dabei ist:

$$\Delta E = \frac{2\pi^2 m_e e_0^4 (Z - \sigma)^2}{h^2}\left(\frac{1}{n_1^2} - \frac{1}{n_2^2}\right) = h\nu$$

m_e Ruhemasse des Elektrons
e_0 Elementarladung
σ Abschirmkonstante
Z Ordnungszahl
n_1, n_2 Hauptquantenzahlen

Da nun jedes einzelne Atom ein für sich charakteristisches Energieniveaudiagramm besitzt, sind auch die Energiedifferenzen zwischen den einzelnen Schalen ganz charakteristisch für die verschiedenen Atomsorten. Das charakteristische Röntgenspektrum ist linienärmer als die optischen Spektren. Dies erklärt sich durch die begrenzte Zahl der Energieniveaus, die an der Erzeugung von Röntgenstrahlen beteiligt sind. UV-Spektren, bei denen Elektronen in äußere teilweise oder vollkommen leere Orbitale angehoben werden, sind infolge der höheren Zahl möglicher Elektronenübergänge wesentlich komplizierter als die Röntgenspektren. Außerdem sind die Röntgenspektren zumeist von der Art der chemischen Bindung unabhängig. Diesen Zusammenhang hat als erster der englische Physiker MOSELEY entdeckt, und er wurde ihm zu Ehren das Moseleysche Gesetz genannt.

Alle Übergänge, die auf einer bestimmten Schale enden, werden in Analogie zu den optischen Spektren zu einer Serie zusammengefaßt. Die K-Serie umfaßt demzufolge alle Röntgenlinien, deren Endterm die K-Schale ist (Bild 14.2). Man unterscheidet weiterhin zwischen einer Kα-Strahlung – dies ist die Strahlung, die entsteht, wenn ein Elektron aus der L-Schale in die K-Schale springt – und einer Kβ-Strahlung, die entsteht, wenn das Elektron aus der M-Schale in die K-Schale springt. Hat die charakteristische Röntgenfluoreszenz-Strahlung ihre Ursache darin, daß die Elektronen des Atoms in eine freie Stelle der L-Schale springen, so bezeichnet man diese Strahlung als L-Strahlung. Entsprechend der oben beschriebenen Unterteilung unterscheidet man hier ebenfalls zwischen einer Lα-Strahlung, die entsteht, wenn sich das Elektron vorher in der M-Schale befand, und einer Lβ-Strahlung, bei der sich das Elektron zuvor in der N-Schale befand.

Dieser Vorgang kann so lange fortgesetzt werden, bis das Atom wieder in den Grundzustand zurückkehrt, d. h., der Austausch des letzten Elektrons erfolgt da-

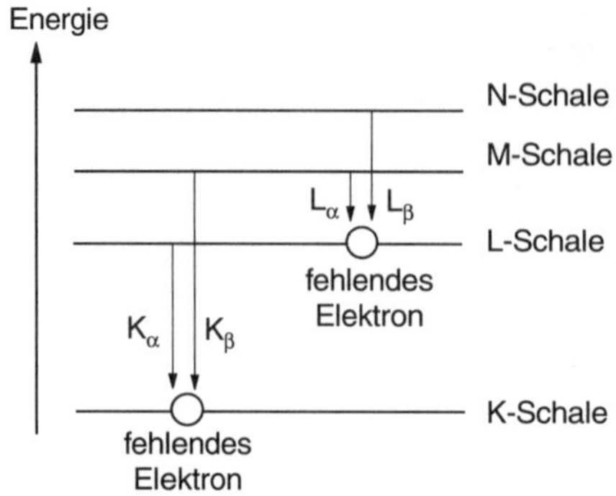

Bild 14.2 Energieniveaudiagramm und Entstehung von Röntgen-K- bzw. Röntgen-L-Strahlung

bei aus niederenergetischen äußersten Schalen des Atoms, wo die Änderungen in der Elektronenanordnung quasi-kontinuierlich erfolgen.

14.2.1 Auger-Effekt

Um das Atom in den nichtangeregten oder «Grundzustand» zurückzuführen, gibt es neben der Röntgenfluoreszenz eine zweite Variante, die mit einem strahlungslosen Übergang verbunden ist. Dieser Prozeß wird als Auger-Effekt bezeichnet. Der erste Anregungszustand wird hier durch eine Leerstelle in der K-Schale hervorgerufen. Daran schließt sich ein Ausgleichsvorgang an, bedingt durch den Übergang eines Elektrons der L-Schale in die K-Schale. Bei diesem Übergang wird $K\alpha$-Strahlung produziert, die jedoch das Atom nicht verläßt, sondern ihrerseits ein M-Elektron herausschlägt (Bild 14.3). Beim Auger-Effekt wird also die Energie einem 3. Elektron übertragen, das damit genügend Energie erhält, um den Atomverband zu verlassen. Dies ist das «Auger-Elektron». Es wird also zunächst ein energiereiches Röntgenquant durch den Elektronensprung des «nachrutschenden» Elektrons erzeugt, dieses trennt aber beim Verlassen des Atomverbandes durch einen inneren Photoeffekt ein Elektron einer äußeren Schale mit entsprechender kinetischer Energie ab.

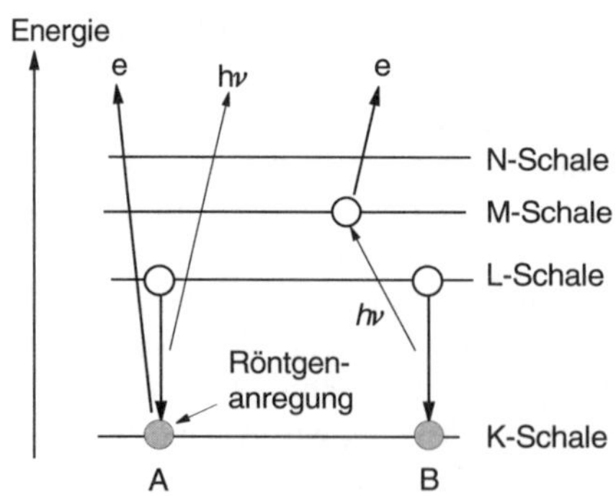

Bild 14.3 Röntgenfluoreszenz (A) und Auger-Effekt (B)

14.2.2 Fluoreszenzausbeute

Wann geschieht nun Röntgenquantenemission und wann wird ein Auger-Elektron herauskatapultiert? Das regelt die **Quantenmechanik**, die die Anregungswahrscheinlichkeiten berechnen kann. Tatsächlich finden stets beide Vorgänge gleichzeitig statt, und es liegt an der Art der angeschlossenen Spektrometer und Detektorsysteme, welches der Signale für eine Informationsgewinnung ausgenutzt wird.

Bei Elementen mit hohen Ordnungszahlen überwiegt die Röntgenquantenanregung, bei den leichten Elementen überwiegt die Emission von Auger-Elektronen.

Die Intensität der Röntgenfluoreszenzstrahlung und damit die Empfindlichkeit des Nachweises und die Genauigkeit der Bestimmung sind von der Art des anzuregenden Elementes sowie von der Energie und der Intensität der anregenden Strahlung abhängig. Von den insgesamt n ablaufenden Elektronenübergängen führen nur n_f/n zur Abstrahlung eines Röntgenquants.

Die Fluoreszenzausbeute ist definiert als die Anzahl n_f der je Zeiteinheit von einer bestimmten Serie emittierten Röntgenphotonen, geteilt durch die Gesamtheit n der je Zeiteinheit im zugehörigen Niveau erzeugten Leerstellen.

Die durch die restlichen $(n - n_f)$ Elektronenübergänge freigesetzten Röntgenquanten verbleiben im Atom und führen zur Emission von AUGER-Elektronen. Sowohl für die K- als auch für die L-Serie nimmt die Fluoreszenzausbeute mit abnehmender Ordnungszahl merklich ab (Bild 14.4). Deshalb erfordert die Röntgenfluoreszensanalyse leichter Elemente besonders günstige Anregungsbedingungen.

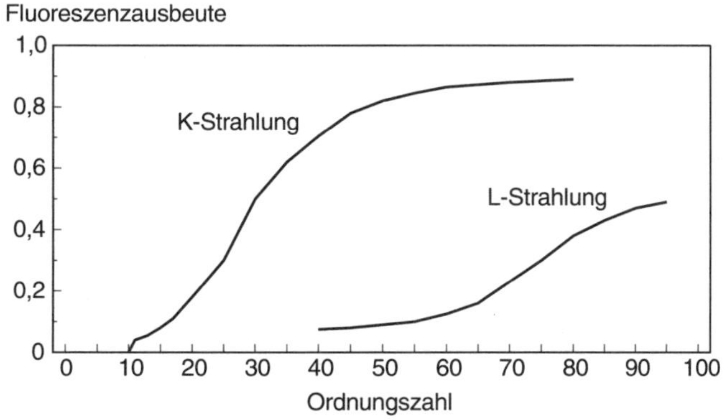

Bild 14.4 Fluoreszenzausbeute in Abhängigkeit von der Ordnungszahl

14.3 Charakteristische Spektrallinien

Die schrittweise Rückkehr in der Grundzustand folgt einfachen Auswahlregeln, die die Majorität der beobachteten charakteristischen Strahlungen zu erklären gestatten. Es können drei Kategorien von Übergängen unterschieden werden:

- □ normale Übergänge – entsprechend einfachen Auswahlregeln,
- □ verbotene Übergänge – die den Auswahlregeln nicht gehorchen,
- □ Satellitenlinien – die von mehrfach ionisierten Atomen oder von Übergängen in den Molekülorbitalen herrühren.

Für die normalen Übergänge gelten folgende Auswahlregeln:

$\Delta n \geq 1$	n	Hauptquantenzahl
$\Delta l = \pm 1$	l	Nebenquantenzahl
$\Delta j = \pm 1$ oder 0	j	Spinquantenzahl

Der Übergang von einem s-Orbital in ein s-Orbital ($\Delta l = 0$) bzw. von einem d-Orbital in ein s-Orbital ($\Delta l = 2$) ist demnach verboten.

Die häufigste Ursache für Satellitenlinien sind Übergänge, die während einer doppelten Ionisierung eines Atoms stattfinden. Jegliche Emission als Folge eines Elektronenübergangs in einem einfach ionisierten Atom differiert von jener, bei der sich das Atom in einem doppeltionisierten Zustand befindet. Dies ist einleuchtend, da die zweite Leerstelle Anlaß zu einer Störung gibt und im allgemeinen Fall zu einer Erhöhung der Bindungsenergie der restlichen Elektronen führt.

Aus diesem Grund sind die Wellenlängen der von doppeltionisierten Atomen emittierten Strahlungen vergleichsweise kürzer. Die Doppelionisation kann auf verschiedene Arten zustande kommen, wobei der Auger-Effekt der beherrschende Prozeß ist.

Die verschiedenen Arten der erlaubten Übergänge lassen sich am besten anhand von Übergangsdiagrammen und entsprechenden Emissionslinien aufzeigen. Im folgenden sind zwei typische Beispiele herausgegriffen.

14.3.1 Zinn-K-Spektrum

K-Spektren haben ihren Ursprung im Auffüllen der Leerstellen der K-Schale durch Elektronen. K-Spektren sind in ihrem Aufbau meist einfach. Beim Herausschlagen eines K-Elektrons aus dem Zinn können sieben Linien beobachtet werden (Bild 14.5). Gemäß den Auswahlregeln sollten nur sechs Linien auftreten, drei Dubletts entsprechend den Übergängen von den 4p-, 3p- und 2p-Niveaus. Diese Linien treten auch tatsächlich auf, wobei im Emissionsdiagramm allerdings nur α_1 und α_2 als Dublett zu erkennen sind.

Es gibt zwei verbotene Übergänge, nämlich die Übergänge 3d $\rightarrow$ 1s und 4d $\rightarrow$ 1s. Sie werden deshalb als verboten bezeichnet, da für beide der Unterschied in der Nebenquantenzahl den Wert Zwei annimmt und sie daher in Widerspruch zu den Auswahlregeln stehen. Wie alle verbotenen Linien sind sie sehr schwach und im beobachteten Spektrum kaum zu erkennen.

Bild 14.5 Das K-Emissionsspektrum von Zinn

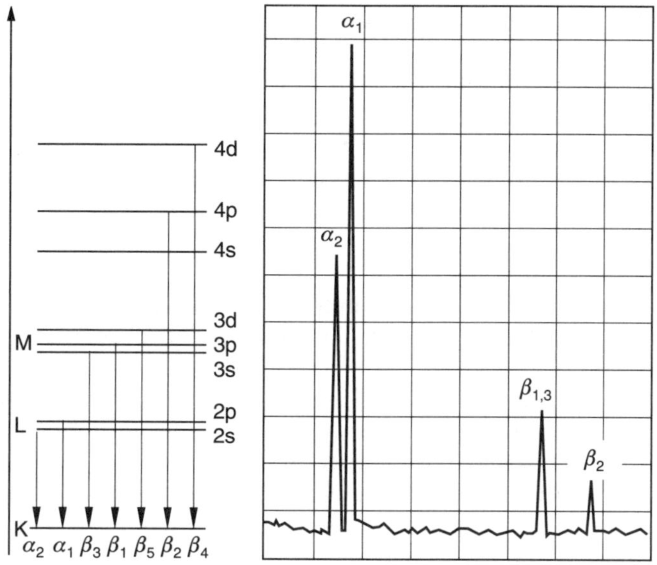

14.3.2 Gold-L-Spektrum

L-Spektren entstehen immer im Anschluß an Elektronenübergänge, die Leerstellen des L-Niveaus auffüllen. Im Gegensatz zu einem einzigen K-Niveau existieren drei L-Niveaus, wodurch die Zahl der erlaubten L-Übergänge – entsprechend den Auswahlregeln – wesentlich größer ist. L-Spektren sind deshalb in ihrem Aufbau auch wesentlich komplexer, und bei Elementen mit höherer Ordnungszahl können 20 bis 30 normale Linien beobachtet werden. In Bild 14.6 ist das L-Spektrum von Gold dargestellt.

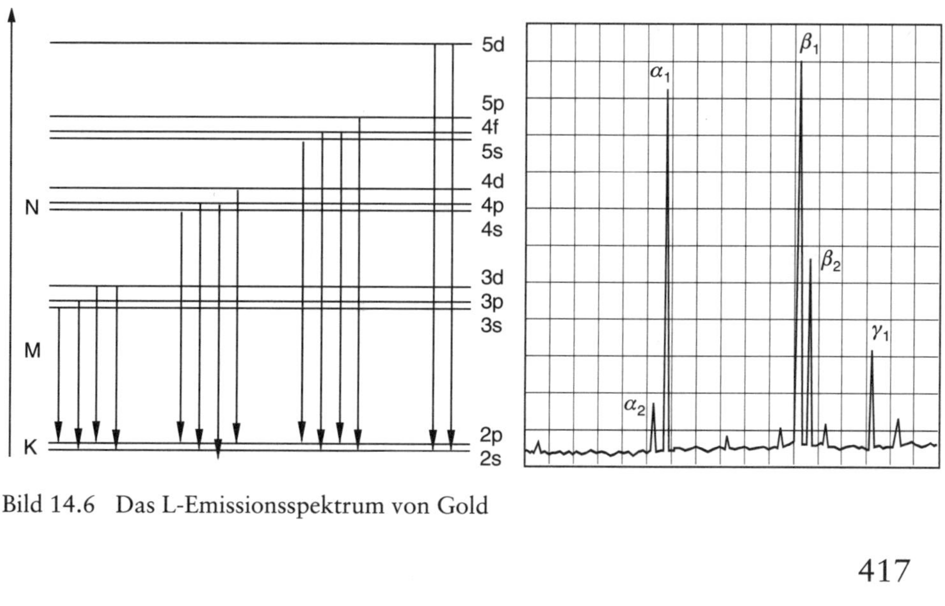

Bild 14.6 Das L-Emissionsspektrum von Gold

14.4 Gesetz von Moseley

MOSELEY ermittelte für eine Reihe von Elementen die Emissionsspektren und stellte 1913 das nach ihm benannte Gesetz auf, wonach ein direkter Zusammenhang zwischen der Energie E bzw. der Wellenlänge λ der Linie einer Spektralserie und der Ordnungszahl Z des emittierenden Atoms besteht.

$$\Delta E = p\,(Z - \sigma)^2 = h\nu$$

Die Wellenlänge der Röntgenlinie ist umgekehrt proportional dem Quadrat der Kernladungszahl des entsprechenden Elementes

Die Abschirmkonstante σ beschreibt die abschirmende Wirkung der Elektronenhülle gegenüber dem Kern. Mit wachsender Ordnungszahl nimmt σ zu. $(Z - \sigma)$ wird als effektive Kernladungszahl bezeichnet. Im Gegensatz zur optischen Atomspektrometrie ist es mit diesem Zusammenhang möglich, die Linienlage in Röntgenspektren gesetzmäßig vorherzusagen (Bild 14.7). Ist man in der Lage, die Energien bzw. Wellenlängen des von der Probe emittierten charakteristischen Spektrums zu bestimmen, so kann man daraus Rückschlüsse auf die in der Probe enthaltenen Elemente ziehen (qualitative Analyse). Das ist die Grundlage der Röntgenspektralanalyse. Dabei ist diese Beziehung bis auf wenige Ausnahmen bei Elementen mit kleiner Ordnungszahl unabhängig vom Bindungszustand.

Da die Intensität der von der Probe bei einer bestimmten Wellenlänge bzw. Energie emittierten Röntgenstrahlung von der Menge der gleichzeitig angeregten Atome abhängt, läßt sich die Intensitätsmessung nach entsprechender Kalibrierung zur quantitativen Analyse nutzen. Dabei ist die Röntgen-K-Strahlung wesentlich energiereicher als die Röntgen-L-Strahlung.

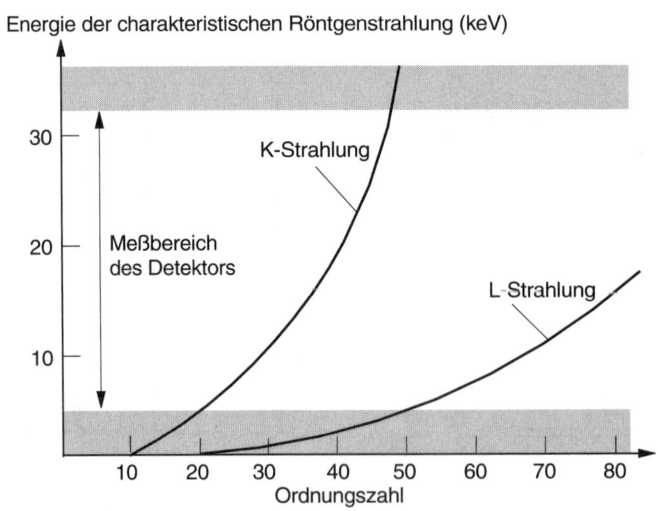

Bild 14.7 Das Moseleysche Gesetz

14.5 Anregung

Röntgenfluoreszenzstrahlung entsteht nur dann, wenn vorher die Atome des zu untersuchenden Materials ionisiert werden. Prinzipiell kann jedes hochenergetische Teilchen zur Anregung von charakteristischer Strahlung verwendet werden. Wird die zur Erzeugung eines Röntgenquants $h\nu$ notwendige Energie durch Elektronenstoß geliefert, spricht man von **Röntgenemission**, bei Anregung durch energiereiche Röntgenprimärstrahlung von **Röntgenfluoreszenz**. Die Anregung mit Elektronen entsprechender kinetischer Energie ist nur im Hochvakuum möglich. Sollen auf diese Weise Proben untersucht werden, so müssen sie erst in ein Hochvakuum gebracht werden und dann dort eine elektrisch leitende Anode bilden. Diese gerätetechnisch sehr aufwendige Methode wird praktisch nur in Rasterelektronenmikroskopen benutzt.

Viel einfacher ist die Anregung der Probe mit Röntgenstrahlung aus einer Röntgenröhre oder durch γ-Strahlung von Radionukleiden. Die Mehrzahl der im Handel erhältlichen Röntgenspektrometer ist mit einer Primär-Röntgenröhre ausgestattet, die aus einer abgeschlossenen Röntgenröhre mit einem stabilisierten Hochspannungsgenerator besteht. Die Materie wird also mit Röntgenstrahlen ionisiert, wobei die Energie dieser Strahlung höher ist als die Energie der darauffolgenden ausgesandten charakteristischen Strahlung. Man kann aber auch Elektronen, Protonen, Ionen und γ-Strahlen zur Anregung heranziehen.

14.5.1 Erzeugung von Röntgenstrahlen

Die schon im Jahre 1913 von COOLIDGE beschriebene Röntgenröhre hat sich als Quelle schlechthin für röntgenanalytische Untersuchungen bewährt, die von einem stabilisierten Hochspannungsgenerator von 2 bis 5 kW Leistung bei bis zu 100 kV Spannung gespeist wird. Von einer Wolfram-Glühkatode werden Elektronen emittiert, die durch Anlegen einer negativen Hochspannung im elektrischen Feld beschleunigt werden. Damit die freie Weglänge der Elektronen hinreichend groß ist, wird die Röntgenröhre evakuiert. Beim Aufprall der Elektronen auf die Anode kann die kinetische Energie der Elektronen durch Wechselwirkung mit den Atomen des Anodenmaterials in Röntgenstrahlung umgesetzt werden (Bild 14.8). Dabei läßt sich in Röntgenröhren prinzipiell nur polychromatische Strahlung erzeugen. Die entstehende Röntgenstrahlung setzt sich zusammen aus dem Linienspektrum des Anodenmaterials und dem kontinuierlichen Bremsspektrum.

14.5.1.1 Röntgenbremsstrahlung

Beim Auftreffen des Elektronenstrahls auf die Anode verursacht nur ein Teil der stoßenden Elektronen die Anregung der charakteristischen Strahlung. Die sogenannten Primärelektronen dringen in die Anode ein und werden durch Wechselwirkung mit den Targetatomen abgebremst. Erfolgt die Abbremsung der Primärelektronen durch die elektrischen Felder der Atome (Coulomb-Felder), so wird die kinetische Energie der Elektronen teilweise oder vollständig in elektromagnetische Strahlung umgewandelt. Es entsteht die sogenannte Röntgenbremsstrah-

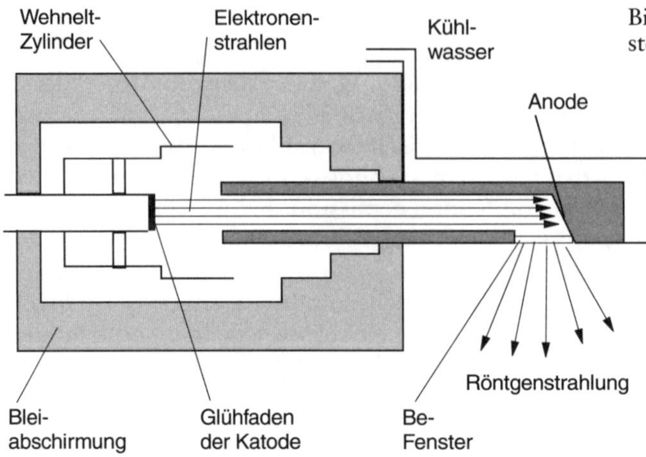

Bild 14.8 Schematische Darstellung einer Seitfensterröhre

lung. Da die Abnahme der kinetischen Energie bei diesem Prozeß keinen Einschränkungen unterliegt, sondern Beträge zwischen Null und der Maximalenergie der Elektronen annehmen kann, liefert die Röntgenbremsstrahlung ein kontinuierliches Spektrum, das **Bremskontinuum**.

14.5.1.2 Charakteristische Strahlung

Beim Eindringen der Primärelektronen in die Anode werden diese nicht nur durch Coulomb-Felder der Atome abgebremst, sondern auch durch direkte Stöße mit den Hüllenelektronen der Targetatome. Als Folge dieser Stoßprozesse können die Primärelektronen innere Elektronenschalen der Targetatome ionisieren. Die entstandene Lücke wird durch Sprünge von Elektronen aus höheren Energieniveaus wieder aufgefüllt, und es entsteht die Röntgenfluoreszenzstrahlung des Anodenmaterials. Neben der charakteristischen Strahlung ($K\alpha_1$, $K\alpha_2$ und $K\beta$) bezeichnet man die in Bild 14.9 schraffiert dargestellte Strahlungskomponente als das kontinuierliche Spektrum (Bremsstrahlung).

14.5.1.3 Wahl des Anodenmaterials

Zur Anregung der Röntgenfluoreszenz kann bei einer Röntgenröhre sowohl die Bremsstrahlung als auch die Eigenstrahlung des Anodenmaterials genutzt werden. Um hohe Intensitäten und damit geringe Aufnahmezeiten zu erreichen, wählt man Röntgenröhren mit hoher thermischer Belastbarkeit der Anode.

Über 99 % der kinetischen Energie, die die von der Katode emittierten Elektronen besitzen, werden in der Anode in Wärme umgewandelt. Weniger als 1 % läßt sich als Röntgenstrahlung nutzen.

Deshalb müssen Röntgenröhren mit mehr als 200 W Leistung mit Wasser gekühlt werden. Bei Röntgenröhren mit geringerer Leistung kann auf die Wasserkühlung

Bild 14.9 Spektrum einer technischen Röntgenröhre

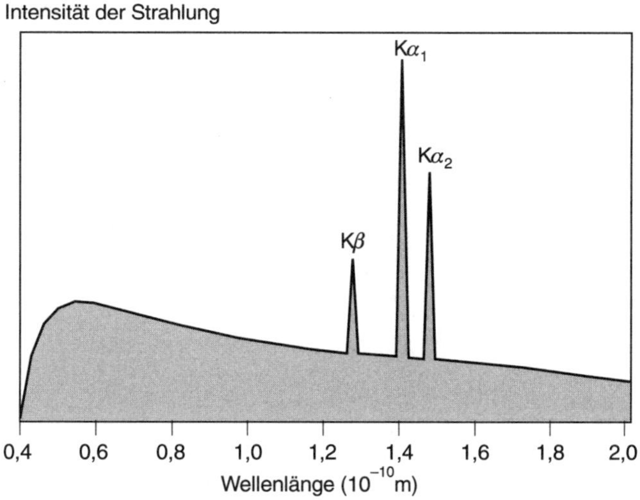

verzichtet werden. Es bieten sich Röhren mit Wolfram-, Molybdän-, Chrom-, Eisen- oder evtl. auch Kupferanoden an. Dabei ist die Fluoreszenzstrahlung um so intensiver, je näher die anregende Strahlung auf der kurzwelligen Seite an der im nächsten Kapitel erläuterten Absorptionskante des anzuregenden Elementes liegt.

Die Eigenstrahlung der Anode ist am wirksamsten, deren Ordnungszahl um 2 größer ist als jene des anzuregenden Elementes.

Für besonders empfindliche Nachweise kann so die Auswahl der Röhre erfolgen. In der Praxis sind jedoch meistens die Bestimmungen von mehreren Elementen in einer Probe notwendig, so daß bei der Anodenauswahl Kompromisse einzugehen sind. Für die Analyse eines Elementgemisches benutzt man meist das intensive Bremsspektrum von Wolfram oder Molybdän.

14.6 Absorption der Röntgenstrahlung

Trifft Röntgenstrahlung auf einen Absorber, so kann neben der eigentlichen Röntgenfluoreszenz noch eine Anzahl unterschiedlicher Prozesse auftreten (Bild 14.10). Röntgenstrahlen werden beim Durchgang durch Materie absorbiert und gestreut. In dem gezeigten Beispiel trifft ein Röntgenstrahl mit der Wellenlänge λ und der Intensität I_0 auf ein Absorbermaterial i mit der Dicke x_i und der Dichte ρ_i. Jedes einzelne einfallende Röntgenphoton kann einen der drei folgenden Prozesse durchlaufen.

Photoelektrischer Effekt

Das heißt: Herausschlagen von Elektronen infolge von Photonenwechselwirkung. Photoelektrische Absorption tritt in jedem Energieniveau eines Atoms auf.

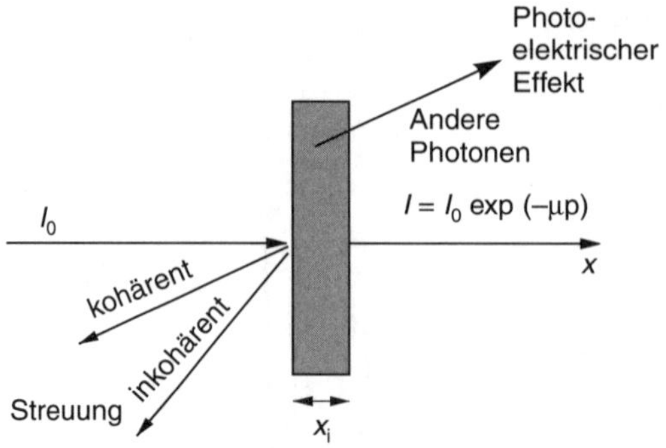

Bild 14.10 Wechselwirkung von Röntgenstrahlung mit Materie

Streuung

Streuung kann bei einer Wechselwirkung zwischen einem Röntgenphoton und einem Elektron des Absorbermaterials auftreten. Ist der Stoßvorgang dabei elastisch, tritt also durch den Zusammenstoß kein Energieverlust auf, spricht man von kohärenter Streuung (Rayleigh-Streuung). Dieser Streuvorgang ist mit keiner Energieänderung verbunden, deshalb ist die Wellenlänge der gestreuten Strahlung gleich der der einfallenden Strahlung. Es kann aber auch der Fall eintreten, daß das Röntgenphoton beim Zusammenstoß einen Teil seiner Energie verliert, besonders wenn das Elektron lose gebunden ist. Die Streuung wird als inkohärente Streuung bezeichnet. Infolge des damit verbundenen Energieverlustes ist die Wellenlänge bei diesem sogenannten Compton-Effekt größer als die der Primärstrahlung.

Absorption

Ein Teil der Strahlung geht durch den Absorber hindurch. Die Wellenlänge der durchgehenden Strahlung hat dabei keine Änderung erfahren. Für die Absorption gelten im wesentlichen die gleichen Gesetzmäßigkeiten wie für die Lichtabsorption, d.h., für die Intensität des durchgehenden Strahls I gilt:

$$I = I_0 \exp(-\mu p_x)$$

μ ist der Massenabsorptionskoeffizient des Absorbers für eine bestimmte Wellenlänge, der von der photoelektrischen Absorption und der Streuung abhängig ist.

Bild 14.11 stellt für Wolfram die Abhängigkeit des Massenabsorptionskoeffizienten von der Wellenlänge dar. Der Massenabsorptionskoeffizient nimmt mit steigender Wellenlänge stetig zu, wobei die Zunahme mit der dritten Potenz der Wellenlänge und der vierten Potenz der Ordnungszahl des Absorbers erfolgt. Die Kurve weist einige Sprungstellen auf, die sogenannten Absorptionskanten, die mit K, L_1, L_2, L_3 usw. bezeichnet werden.

Die Absorptionskanten entsprechen der Bindungsenergie der Elektronen in den entsprechenden Niveaus. Ist die absorbierte Wellenlänge kleiner als die Wellenlänge dieser Kante, kann ein Elektron des entsprechenden Niveaus entfernt werden. Wenn die Wellenlänge einen Wert erreicht, der die Absorptionskante

Bild 14.11 Änderung des Massenabsorptionskoeffizienten in Abhängigkeit von der Wellenlänge

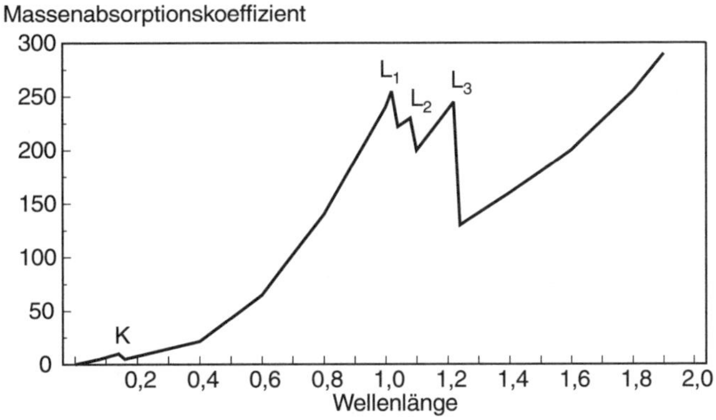

übersteigt, kann keine photoelektrische Absorption erfolgen, und der Gesamtabsorptionskoeffizient nimmt entsprechend ab. Die Werte für die Massenabsorptionskoeffizienten sind für einen Großteil der Röntgenstrahlung bekannt und liegen in Tabellenform vor.

14.6.1 Anregung der charakteristischen Strahlung

In Bild 14.12 ist die Strahlengeometrie dargestellt, wie sie allgemein in einem Röntgenspektrometer Verwendung findet. Um die Verhältnisse zu vereinfachen, wird in der grafischen Darstellung nur eine Wellenlänge λ herausgegriffen, obwohl die einfallende Primärstrahlung polychromatisch ist. Die Primärstrahlung besitzt eine Intensität $I_{\Phi\lambda}$. Ein Teil davon tritt bis zu einer Tiefe d_p in die Probe ein, legt dabei den Weg x_p zurück und hat dann die Intensität I. Die Größe von x_p wird durch den Massenabsorptionskoeffizienten der Probe bestimmt.

Unter der Annahme, daß die Energie der einfallenden Röntgenphotonen größer als das Anregungspotential der Probe ist, werden die charakteristischen Linien angeregt. In der Abbildung ist nur eine dieser Linien herausgegriffen. Die Ausgangsintensität für die Sekundärstrahlung $I_{\Phi\lambda i}$ wird in einer Probentiefe *ds* angenommen, und die meßbare Intensität der Sekundärstrahlung $I_{\lambda i}$ hängt wiederum vom Massenabsorptionskoeffizienten der Probe ab.

Bild 14.12 Wirkung des Primärstrahls in der Probe

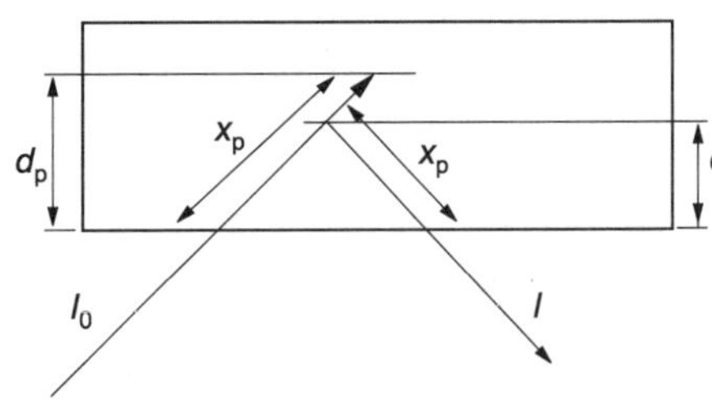

14.6.2 Primär- und Sekundärabsorption

Aus dem vorangegangenen Abschnitt folgt, daß die Intensität der Sekundärstrahlung von der Absorption der Primärstrahlung in der Probe und von der Schwächung der sekundär angeregten Strahlung abhängt. Bild 14.13 skizziert allgemein den Anregungsprozeß, wo in einem bestimmten Element die Wellenlänge λ_i durch ein Kontinuum aus einer Röntgenröhrenquelle angeregt wird. Der wirksame Bereich dieser kontinuierlichen Strahlung liegt zwischen dem kurzwelligen Ende des Kontinuums λ_{min} und der Absorptionskante λ_k des angeregten Elementes (Bild 14.13).

Im allgemeinen ist die für die Anregung wirkungsvollste Strahlung der Absorptionskante am nächsten.

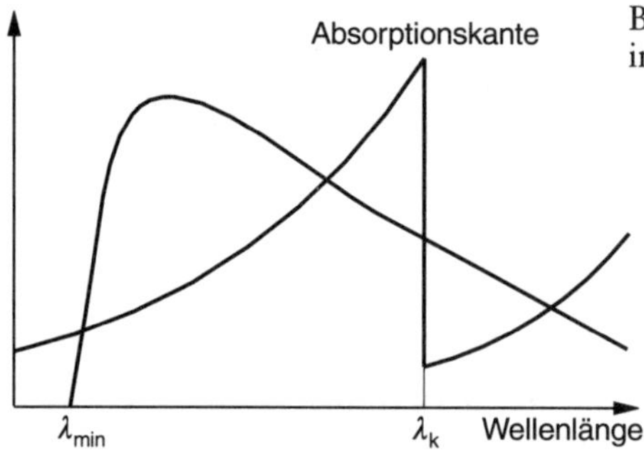

Bild 14.13 Entstehung der Sekundärstrahlung in der Probe

Die kurzwellige Primärstrahlung dringt verhältnismäßig tief in die Probe ein, da sie durch die Probenmatrix meist weniger absorbiert wird als die niederenergetische, durch Fluoreszenz angeregte Strahlung. Der kurzwellige Bereich des Primärkontinuums verursacht wohl eine Anregung, jedoch entsteht die charakteristische Strahlung in einer Probentiefe, aus der ein Verlassen der Probe nicht mehr möglich ist. Das bedeutet, die Wellenlängen, die der Absorptionskante auf der kurzwelligen Seite am nächsten liegen, eignen sich für die Anregung am besten.

Die Intensität der Strahlung hängt von der Absorption vor dem Austritt aus dem Probenmaterial ab. Dieser Effekt wird als **Sekundärabsorption** bezeichnet. Eine weitere Einflußgröße ist die Absorption des anregenden Kontinuums in der Probe, die sogenannte **Primärabsorption.** Da es sich bei der angeregten charakteristischen Strahlung um eine monochromatische Linie handelt, ist diese für eine Änderung der Absorptionscharakteristik der Probe weitaus empfindlicher als das polychromatische Kontinuum. Die Sekundärabsorption beträgt deshalb in jedem Fall ein Vielfaches der Primärabsorption.

Befinden sich mehrere Elemente in der Probe, dann wird die Fluoreszenzintensität des Analysenelementes durch die Art und Anzahl der Begleitelemente beeinflußt. Die Primärstrahlung wird auch von der Matrix absorbiert; damit sinkt die Fluoreszenzintensität des Analysenelementes. Die vom Analysenelement ausgehende Fluoreszenzstrahlung wird von der Matrix teilweise absorbiert. Die von den Begleitelementen ausgehende Fluoreszenzstrahlung regt das Analysenelement zu weiterer Fluoreszenz an. Durch diese Interelementeffekte ist die Proportionalität zwischen Fluoreszenzintensität und Teilchenzahl nicht mehr erfüllt. Im Gegensatz zur optischen Spektrometrie kann aber in einfachen Fällen die Fluoreszenzintensität eines Elementes bei gegebener Probenzusammensetzung rechnerisch korrigiert werden.

14.7 Röntgenröhre

Die Primärstrahlung einer Röntgenröhre regt die Elemente in einer Probe zur Fluoreszenz an. Die Röhren haben das Strahlenaustrittsfenster meist an der Seite, man nennt sie **Seitfensterröhren.** Daneben gibt es auch **Stirnfensterröhren**, die das Strahlaustrittsfenster auf der Stirnfläche haben. Das Fenstermaterial ist ausschließlich Beryllium mit einer Dicke von 0,3 mm. Stirnfensterröhren werden zunehmend genutzt, da bei diesem Typ im Gegensatz zu den Seitfensterröhren sich die Katode auf Erdpotential und die Anode auf einem entsprechend positiven Potential befinden. Dadurch kommt es zu einer geringeren Rückstreuung der Katodenstrahlelektronen, womit das Fenstermaterial weniger belastet wird. Als Folge kann das Fenster wesentlich dünner mit einer Dicke von nur 0,125 mm ausgelegt werden.

Bevor die in der Röhre erzeugten Strahlen mit der Probe in Wechselwirkung treten können, müssen sie dieses Fenster durchdringen. Dabei ist der Verlust um so geringer, je leichter und je dünner das Fenstermaterial ist. Deshalb besteht es fast immer aus Beryllium. Einer Verringerung der Fensterdicke, wie sie besonders für die Anregung der leichten Elemente von Bedeutung ist, sind jedoch Grenzen gesetzt, weil von der Anode rückgestreute Elektronen das Fenstermaterial belasten. Da diese Elektronenrückstreuung jedoch mit abnehmender Ordnungszahl des Anodenmaterials abnimmt, wird heute zur Bestimmung der leichten Elemente meist eine Scandiumröhre (Ordnungszahl = 21) statt der früher meist verwendeten Chromröhre (Ordnungszahl = 24) eingesetzt.

Da die Nachweisempfindlichkeit in nicht unerheblichem Maße durch die Untergrundstrahlung beeinflußt wird, diese aber vor allem aus der von der Probe gestreuten Röhrenstrahlung besteht, läßt sich dieser Einfluß durch Primärstrahlfilter erheblich verringern.

Zur Anregung der Röntgenfluoreszenzstrahlung benötigt man nur die Röntgenstrahlung, die energiereicher als die Absorptionskante des zu bestimmenden Elementes ist.

Die zur Analyse benötigte charakteristische Strahlung des Elementes ist jedoch längerwellig als die Absorptionskante, so daß Streustrahlung dieses Wellenlängenbereichs durch Primärstrahlfilter erheblich reduziert werden kann. Die Auswahl muß dann aber alle zu bestimmenden Elemente der Probe berücksichtigen.

Bei der Anregung mit einer Röntgenröhre sind sowohl die Bremsstrahlung als auch die Eigenstrahlung des Anodenmaterials entscheidend. Einerseits möchte man eine möglichst hohe Röntgenfluoreszenzintensität erzeugen, da dann besonders große Empfindlichkeit und damit niedrige Nachweisgrenzen erreicht werden können. Zum anderen ist die angeregte Fluoreszenzintensität um so größer, je näher die anregende Strahlung auf der kurzwelligen, energiereicheren Seite der jeweiligen Absorptionskante liegt. Da aber fast immer Proben mit einer größeren Anzahl von Elementen analysiert werden, ist man stets auf Kompromisse angewiesen. Am universellsten ist die Rhodium-Anode, für die leichten Elemente wird meist die Scandiumröhre und für die schweren Elemente die Wolfram-Anode eingesetzt.

Für spezielle Anwendungen ist auch noch die Nutzung von Doppelanodenröhren zu prüfen. Sie bestehen z.B. aus einer dünnen Chromschicht auf einer Goldanode. Betreibt man solche Röhren mit geringer Spannung, dringen die Elektronen nur in die Chromschicht ein, und man erhält die Wirkung einer Chromröhre, die für die Fluoreszenzanregung der leichten Elemente gut geeignet ist. Bei höheren Beschleunigungsspannungen für die Elektronen in der Röhre wirkt diese dann wie eine Goldröhre, die für die Anregung der schwereren Elemente gut geeignet ist.

14.7.1 Anregung durch Radionukleide

Als geeignete radioaktive Isotope zur Anregung der Röntgenfluoreszenz werden ^{55}Fe, ^{109}Cd, ^{241}Am und ^{244}Cm eingesetzt. Bei diesen Anregungsquellen muß man zusätzlich die Halbwertszeit der Radionukleide berücksichtigen, da bei kleiner Halbwertszeit häufig nachkalibriert und ein Quellenwechsel vorgenommen werden muß. Dieser ist aber aus strahlungstechnischen Gründen oft recht problematisch.

Während Röntgenröhren alle Elemente einer Probe außer denen mit ganz kleiner Ordnungszahl anregen, können mit Radionukleiden nur ganz bestimmte Gruppen von Elementen angeregt werden. Daher müssen solche Geräte mit mehreren Quellen ausgestattet sein. Meist handelt es sich bei diesen Typen um tragbare Geräte für spezielle Anwendungen, die alle mit dem energiesdispersiven Detektionssystem ausgerüstet sind.

14.8 Röntgenspektrometer

Da für die qualitative Analyse die Wellenlänge der emittierten Strahlung charakteristisch ist und für die quantitative Analyse die Intensität in Abhängigkeit von der Wellenlänge gemessen wird, muß vor der Intensitätsmessung die Strahlung in die einzelnen Wellenlängen zerlegt werden. Die Dispersion der Röntgenstrahlung in die einzelnen Wellenlängen ist mit Beugungskristallen möglich, wobei die Strahlung an den Netzebenen der Kristalle gebeugt wird. Die unterschiedliche Energie der Strahlung kann aber auch mit Halbleiterdetektoren, deren Spannungsimpuls der jeweiligen Energie der Strahlung direkt proportional ist, aufgeteilt werden.

Somit unterscheidet man gerätetechnisch zwischen

- □ wellenlängendispersiver und
- □ energiedispersiver

Röntgenfluoreszenzanalyse.

Um das Röntgenspektrum einer Probe aufzunehmen, werden bei der wellenlängendispersiven Technik durch kontinuierliche Drehung des Beugungskristalls und des Detektors im Goniometer die einzelnen Wellenlängen nacheinander abgetastet und das Spektrum dann z. B. mit einem Linienschreiber registriert. Bei der energiedispersiven Röntgenfluoreszenzanalyse werden alle Energiebereiche gleichzeitig erfaßt und dann das Spektrum – Intensität in Abhängigkeit von der Energie – simultan z. B. auf einem Bildschirm eines angeschlossenen Datenverarbeitungssystems dargestellt und anschließend eventuell ausgedruckt (Bild 14.14).

Für die quantitative Analyse einer Probe kann das Spektrometer die Intensitäten der einzelnen charakteristischen Linien nacheinander messen. Dies geschieht in wellenlängendispersiven Geräten mit mehreren Beugungskristallen und Detektoren auch und bei energiedispersiven Geräten stets gleichzeitig. Daher unterscheidet man aus der hieraus sich ergebenden Betriebsweise zwischen

- □ Sequenz-Geräten und
- □ Mehrkanal-(Simultan-)Geräten.

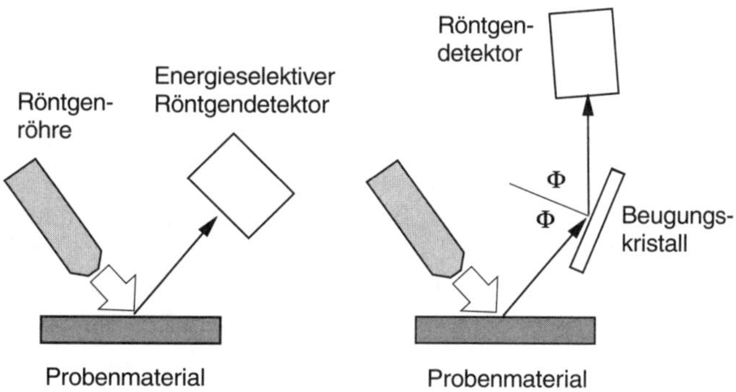

Bild 14.14 Energie-Dispersionsmethode (links) und Wellenlängen-Dispersionsmethode (rechts)

14.8.1 Wellenlängen-Dispersionsmethode

Beim wellenlängendispersiven Verfahren wird die Fluoreszenzstrahlung des Probenmaterials mit Hilfe eines großen Einkristalls entsprechend der Braggschen Beugungsbedingungen spektral zerlegt. Es wird hier festgestellt, welche elementspezifischen Wellenlängen mit welcher Intensität in der Fluoreszenzstrahlung enthalten sind. Die spektrale Zerlegung erfolgt durch Beugung an Kristallen, die sie an jeder Netzebene des Gitters reflektieren. Von diesen reflektierten Strahlen verstärken sich diejenigen durch Interferenz, für die die Braggsche Beziehung

$$n \lambda = 2 d \sin \Phi$$

erfüllt ist. Alle anderen Strahlen werden dagegen durch Interferenz eliminiert. In dieser Beziehung ist d der Abstand der beugenden Netzebenen im Kristall, Φ der Winkel der einfallenden Strahlung zu dieser Netzebene und n eine natürliche Zahl, die die Ordnung der Beugung angibt.

Da bekannt ist, unter welchem Winkel eine bestimmte Wellenlänge am Einkristall gebeugt wird, mißt man die Winkel und ordnet anschließend jedem Winkel die entsprechende Wellenlänge zu. Da nun der Sinus maximal den Wert 1 annehmen kann, kann von einem Kristall auch nur maximal die Wellenlänge 2 d/n abgestrahlt werden, d.h., es gibt für jeden Kristall eine maximal analysierbare Wellenlänge, die gleich dem doppelten Abstand der Netzebenen ist. Da zudem die Winkelauflösung mit abnehmendem Beugungswinkel abnimmt, gibt es eine untere Wellenlängengrenze für die Nutzbarkeit von Kristallen, die bei etwa 15 % des Netzebenenabstandes für die Beugung in erster Ordnung liegt. So gibt es für jeden einzelnen Kristall nur einen bestimmten Wellenlängenbereich, in dem er eingesetzt werden kann. Für eine vollständige Analyse, also vom Beryllium bis Uran, werden 8 bis 10 verschiedene Kristalle verwendet.

Für die Röntgenspektrometrie stehen genügend verschiedene Kristalle zur Verfügung, so daß für jeden Wellenlängenbereich ein optimaler Kristall ausgewählt werden kann. Zu jedem Einkristall gibt es Tabellen, in denen die Beugungswinkel für die entsprechenden Wellenlängen abzulesen sind. Zur Messung der Strahlungsintensität einer Wellenlänge wird ein Zählrohr in die entsprechende Winkelposition zum Einkristall gebracht und die Anzahl der einfallenden Röntgenquanten über einen festgelegten Zeitraum gemessen. Die Impulsrate entspricht der Strahlungsintensität und ist proportional zur Konzentration des zu messenden Elementes in der Probe.

Die wellenlängendispersiven Röntgenfluoreszenzspektrometer arbeiten sequentiell, da bei der Messung ein Element nach dem anderen sequentiell angefahren wird. In simultanen Mehrkanalspektrometern sind vollautomatische Goniometer eingebaut, die den gesamten Bereich der mit Röntgenfluoreszenz meßbaren Elemente erfaßt. Das Spektrum der meßbaren Elemente ist bei diesem Gerätetyp aus apparativen Gründen wesentlich größer als bei der simultan messenden energiedispersiven Methode. Zudem kann bei der sequentiellen Technik flexibel auf die unterschiedlichsten Probenzusammensetzungen reagiert werden. Dies betrifft beispielsweise die Messung von Untergrundsignalen und die Korrektur von Linienüberlagerungen [14.3].

Die aufwendige wellenlängendispersive Technik arbeitet – im Gegensatz zur energiedispersiven RFA – mit einer hochauflösenden Optik und weist bauartbedingt bessere Nachweisgrenzen für leichte Elemente auf. Üblicherweise werden Röntgenröhren mit 3 kW Leistung eingesetzt, wofür diese Geräte eine Wasserkühlung benötigen. Neu entwickelte Keramik-Endfenster-Röntgenröhren verbrauchen nur noch 200 W [14.4]. Bei hoher Langzeitstabilität dieser Geräte sind sie auch gut für die Spurenanalytik geeignet. Dies gilt ebenso für die nichtmetallischen Elemente wie Halogene, Phosphor und Schwefel, die mit der optischen Atomspektrometrie nicht ohne weiteres erfaßbar sind [14.5].

14.8.2 Energie-Dispersionsmethode

Beim energiedispersiven Verfahren wird die Fluoreszenzstrahlung mit Hilfe anderer physikalischer Methoden analysiert. Man macht sich hierbei zunutze, daß die Wellenlängen streng mit der Energie der Röntgenquanten korrelieren. Bei der Analyse der Fluoreszenzstrahlung wird bei diesem Verfahren durch geeignete physikalische oder elektronische Filterung dafür gesorgt, daß nur Röntgenquanten gleicher Energie zur Auswertung verwendet werden. Dazu benutzt man Halbleiter oder auch Proportionalzähler, die bei Bestrahlung Stromimpulse abgeben, deren Stärke der Energie der auftreffenden Röntgenquanten proportional ist.

Jedes einzelne Röntgenquant wird in einem Halbleiterkristall, der als Diode geschaltet ist, detektiert. Durch die umgesetzte Energie bei der Absorption werden Ladungsträgerpaare erzeugt, deren Anzahl der Energie des einfallenden Röntgenquants proportional ist. Mittels eines elektronischen Vielkanalanalysators kann man die Stromimpulse nach ihrer Stärke sortieren und anschließend in Abhängigkeit von der Quantenenergie bzw. von der Wellenlänge auf dem Bildschirm darstellen. Somit läßt sich einer elementspezifischen Energie eine Intensität zuordnen, die ebenfalls zur Konzentration des gemessenen Elements proportional ist. Durch die Impulshöhenanalyse erhält man eine Häufigkeitsverteilung der Energien der einfallenden Quanten, die als Spektrum interpretiert werden kann.

Diese kostengünstigere Methode erlaubt den Bau kleiner kompakter Tischgeräte. Für die Untersuchung von Proben mit stark wechselnder Zusammensetzung ist die energiedispersive Röntgenfluoreszenzanalyse ein ideales Verfahren, weil sämtliche Elemente vom Natrium ($Z = 11$) bis zum Uran ($Z = 92$) und der gesamte Konzentrationsbereich simultan erfaßt werden können. Dabei ist kein verfahrensspezifischer Aufwand für die Probenvorbereitung notwendig. Spurenanalytik ist in einem breiten Elementbereich schneller und kostengünstiger als mit anderen Methoden möglich.

Durch Fortschritte in der Verstärkertechnik und Einsatz polarisierter Strahlung, die eine starke Reduzierung des Streuuntergrundes erzielt, sind Nachweisgrenzen bis in den sub-ppm-Bereich erreichbar, die mit der wellenlängendispersiven RFA vergleichbar sind. Die anregende Strahlung wird insbesondere von den leichteren Elementen gestreut und verursacht das Rauschen, das die Nachweisgrenze beeinflußt. Mit polarisierter, polychromatischer Strahlung wird der atomare Streuquerschnitt minimiert [14.6]. Da die Empfindlichkeit einer Meßmethode durch das Verhältnis von Nutzsignal zu Untergrundsignal bestimmt wird, ergibt eine Reduzierung der Untergrundstrahlung bei gleichbleibender Intensität des Nutzsignals eine Verbesserung der Nachweisgrenze.

14.9 Röntgendetektoren

Zum Nachweis von Röntgenstrahlen lassen sich die in der Radiochemie genutzten Detektoren einsetzen. Hauptsächlich werden Szintillationszähler für den kürzerwelligen Bereich und Gaszählrohre für den längerwelligen Bereich eingesetzt. Die von einer Probe emittierte Röntgenstrahlung wandeln Detektoren oder Zählrohre in proportionale elektrische Größen, meist Spannungsimpulse, um. Die Szintillationszähler haben dabei eine wesentlich höhere Quantenausbeute – bis zu 100 %.

14.9.1 Szintillationszähler

Szintillationszähler entsprechen in ihrem Aufbau einem Sekundärelektronenvervielfacher. Sie enthalten zusätzlich noch einen Leuchtkristall, der die Röntgenquanten in Fluoreszenzlicht umwandelt. Das zu registrierende Röntgenquant regt einen mit Thallium dotierten Natriumjodid-Kristall zur Emission eines Lichtquants an, das in einem Photomultiplier Elektronen auslöst, die dort entsprechend vervielfacht werden. Der Szintillationszähler wird bevorzugt eingesetzt bei Untersuchungen mit härteren Röntgenstrahlen, d. h. ab Molybdänstrahlung aufwärts, also auch beim Arbeiten mit Silber- oder Goldstrahlung. Die Quantenausbeute beträgt in diesem Bereich über 90 %.

14.9.2 Gaszählrohre

Hier wird die Fähigkeit der Röntgenquanten zur Ionisation von Gasatomen zum Nachweis dieser Quanten benutzt. Gaszählrohre bestehen aus einem Metallrohr und einem darin zentral angeordneten dünnen Draht und sind mit einem Gas, meistens ein Edelgas, gefüllt. Auftreffende Röntgenquanten werden vom Zählgas absorbiert und ionisieren dieses, wodurch bei zwischen Metallrohr und Draht angelegter Hochspannung ein Stromimpuls entsteht. Geschlossene Gaszählrohre mit einer bestimmten Gasmischung bezeichnet man als **Proportionalzähler**. Werden sie kontinuierlich von einer Gasmischung durchströmt, handelt es sich um **Durchflußzähler**.

Ein Proportionalzähler hat gegenüber einem Szintillationszähler eine schlechtere Quantenausbeute, vor allem in der härteren Strahlung. Gaszählrohre werden vor allem im längerwelligen Bereich der Röntgenstrahlung eingesetzt. Um Absorptionsverluste klein zu halten, besteht das Strahleneintrittsfenster aus einer Polypropylenfolie.

Wenn auch die in den Gaszählrohren und Szintillationszählern pro Röntgenquant erzeugten Spannungsimpulse der Energie der Röntgenquanten proportional sind, so ist mit diesen Zählern eine Dispersion der Strahlung in Abhängigkeit von der Energie ohne Analysatorkristalle nur unzureichend und damit nur für bestimmte Anwendungsfälle möglich. Die Impulse der Proportionalzähler zeichnen sich durch eine geringere relative Halbwertsbreite, d. h. durch eine bessere Energieauflösung, gegenüber den Szintillationszählern aus.

14.9.3 Halbleiterdetektoren

Viel besser ist die Energieauflösung bei speziellen Halbleiterdetektoren. Eingesetzt werden im wesentlichen lithium-dotierte Siliziumdetektoren, in denen beim Auftreffen eines Röntgenquants eine der Energie dieses Quants direkt proportionale Anzahl von Elektron-Loch-Paaren entsteht. Durch die an diese Halbleiterdiode angelegte Hochspannung entsteht aus den Elektron-Loch-Paaren ein Ladungsstoß, der in weniger als einer Mikrosekunde mit einem direkt mit dem Detektorkristall verbundenen Feldeffekttransistor als Spannungsimpuls gemessen und verarbeitet werden kann.

Zur Auslösung eines Elektrons im Detektor wird eine bestimmte Energie benötigt. Die Messung der Zahl von Elektronen, die durch Absorption eines einzelnen Röntgenquants simultan ausgelöst wurden, gibt recht einfach die Energie des betreffenden Quants. Die analog anfallenden Spannungsimpulse werden digitalisiert, und ein Vielkanalanalysator ordnet sie je nach ihrer Größe entsprechenden Kanälen zu, wobei die «Kanalnummer» ein Maß für die Energie des registrierten Röntgenquants ist. Über die Meßzeit werden die Impulse nach der Energiesortierung in den entsprechenden Kanälen aufsummiert und dann auf einem Bildschirm oder Schreiber grafisch dargestellt.

Das Auflösungsvermögen solcher energiedispersiver Systeme wird vor allem durch die Anzahl der Kanäle des Vielkanalanalysators bestimmt. Je nach Ausführung und Aufgabenstellung enthalten sie zwischen 1024 und 4096 Kanäle. Der Si(Li)-Detektor ist in der Lage, Fluoreszenzstrahlung im Bereich von 0,05 bis 0,7 nm mit fast 100 %iger Ausbeute zu erfassen. Daher ist er für alle Elemente ab der Ordnungszahl 11 (Natrium) geeignet. Für die K-Strahlung der Elemente Sn und schwerer wird jedoch besser ein Ge(Li)-Detektor eingesetzt. Er hat zudem den Vorteil, daß er im abgeschalteten Zustand bei Raumtemperatur gelagert werden kann, während der Si(Li)-Detektor immer mit flüssigem Stickstoff gekühlt werden muß.

14.10 Analytische Anwendungen

Mit der Röntgenfluoreszenzanalyse können kompakte oder pulverförmige feste Proben, flüssige Substanzen und in begrenztem Umfang auch Gase untersucht werden [14.7]. Bei der qualitativen Analyse werden die Proben mit glatter Oberfläche unmittelbar in der anfallenden Form untersucht. Für die quantitative Analyse erfolgt eine spezielle Präparation der Proben, z. B. Zusatz von Kalibriersubstanzen sowie Standards zur Ausschaltung des Matrixeffektes. Metalle müssen sorgfältig poliert und geätzt werden, da an tiefen Rillen eine Verminderung der Fluoreszenzintensität eintritt. Bei inhomogenen Proben ist eine Homogenisierung durch Lösen möglich. Zusätze von sehr leichten oder sehr schweren Elementen dienen zum Ausschalten des Matrixeffektes. Die Proben können auch nach Schmelzaufschluß mit B_2O_3 tablettiert oder mit Füllstoffen wie Cellulosepulver oder Wachs vermischt und verpreßt werden. Matrixeffekte nehmen mit steigender Verdünnung ab.

Die RFA eignet sich zur qualitativen und quantitativen Elementanalyse oberhalb der Ordnungszahl $Z = 9$, d. h. dem Element Fluor. Die Fluoreszenzstrahlung leichter Elemente besitzt sehr große Wellenlängen. Sie wird deshalb von der atmosphärischen Luft besonders stark absorbiert und läßt sich mit den üblichen Röntgenspektrometern nicht oder nur schwer nachweisen. Mit speziellen Techniken können auch Elemente bis zur Ordungszahl $Z = 3$, d. h. Beryllium, erfaßt werden. Prinzipiell ist jede Probe unabhängig von Form und Größe zerstörungsfrei analysierbar. Eine qualitative Übersichtsanalyse liefert das vollständige Röntgenspektrum, aus dem man sich zunächst die stärksten Linien zum Identifizieren der einzelnen Elemente heraussucht. Zur quantitativen Analyse wird die Intensität einer oder mehrerer Linien digital gemessen.

Mit der RFA ist eine simultane Bestimmung von Kationen und Anionen im Trinkwasser möglich. Im Vergeleich zur AAS und ICP-OES ist die Methode aber nicht so empfindlich, zur Bestimmung niedriger Konzentrationen ist eine Voranreicherung erforderlich. Da aber keine aggressiven Chemikalien benötigt werden, ist die RFA als umweltfreundliches Verfahren anzusehen [14.8].

14.10.1 Kalibration

So elegant die RFA bezüglich der Meßtechnik ist, so mathematisch aufwendig ist es, aus den für ein bestimmtes Element gemessenen Intensitäten der charakteristischen Strahlung die Konzentration dieses Elementes in der Probe zu berechnen. Einerseits wird die Bruttointensität der Strahlung einer Linie im Spektrum eines Elementes beeinflußt durch die Detektortotzeit, den Untergrund und durch die Intensitäten mit der sich überlappenden Linien von anderen Begleitelementen. Andererseits wirken die Begleitelemente auf die anregende Strahlung und auf die Fluoreszenzstrahlung absorbierend, und die Fluoreszenzstrahlung der Begleitelemente kann zusätzlich noch zur Fluoreszenzanregung führen.

Ein mathematisches Verfahren zur Berechnung der Röntgenstrahlintensitäten wurde erstmals 1952 von GILLAM und HEAL vorgestellt. Die gemessene Fluoreszenzintensität muß zunächst korrigiert werden unter Berücksichtigung der Totzeit des Detektors, denn mit zunehmender Impulsrate nimmt die Wahrscheinlichkeit zu, daß zwei Röntgenquanten nicht in so großem zeitlichen Abstand auf den Detektor fallen, daß zwischenzeitlich die Ionisation wieder gelöscht worden ist. In welchem Umfang die Totzeit zu berücksichtigen ist, hängt von der Art des verwendeten Detektors und von der gemessenen Impulsrate ab.

Bei der Untergrundkorrektur wird von der Bruttointensität die bei der Meßwellenlänge vorhandene Untergrundstrahlung abgezogen, die im wesentlichen von an der Probe gestreuter Röntgenstrahlung herrührt und von der Art der Probe abhängt. Man kann den Untergrund nur indirekt bestimmen durch Intensitätsmessungen links und rechts neben der Linie. Bei der energiedispersiven Röntgenspektrometrie ist eine echte Korrektur möglich, wenn man für das gesamte Spektrum der Bruttointensitäten eine Fouriertransformation durchführt und dann die Linienanteile herausfiltert. Der dazu erforderliche mathematische und rechnerische Aufwand ist aber hoch.

Auch nach einer mathematischen Korrektur sind die gemessenen Intensitäten nur in seltenen Ausnahmefällen direkt der Konzentration proportional, vielmehr spielen gerade in der RFA die Interelementeffekte eine so bedeutende Rolle, daß die Kalibrierkurven meist stark von der Linearität abweichen. Der schnelle Fortschritt der Computertechnologie hat dabei zur Entwicklung von Auswertprogrammen geführt, mit deren Hilfe nahezu alle Probleme gelöst werden können. Heutige Röntgenspektrometer bieten zahlreiche Optionen für die schnelle qualitative, semiquantitative und quantitative Analyse der verschiedensten Materialarten. Die Software berechnet aus nur wenigen Standards Kalibrierkurven für einen großen Konzentrationsbereich. Damit sind schnelle Analysen unbekannter Proben möglich mit einer Genauigkeit, die oft der von mit herkömmlichen Kalibrierverfahren erhaltenen Ergebnissen entspricht [14.9].

Die Interelementeffekte beruhen einmal darauf, daß die Dicke der Schicht, in der die Fluoreszenzstrahlung erzeugt wird und aus der sie herausgelangen kann, vom Absorptionsverhalten der Probe bestimmt wird. Dieses ist aber von den Massenschwächungskoeffizienten und Konzentrationen aller Begleitelemente abhängig. Zusätzlich wird die Fluoreszenzstrahlung eines Elementes nicht nur von der Strahlung der Röntgenröhre bestimmt, sondern die Fluoreszenzstrahlung der Begleitelemente mit um zwei höherer Ordnungszahl regt auch noch Strahlung des zu bestimmenden Elementes an. Durch diese Sekundärfluoreszenz erhöht eine steigende Konzentration von schwereren Begleitelementen die Absorption und verringert die Schichtdicke, aus der die Fluoreszenzstrahlung kommt. Außerdem nimmt die Sekundärfluoreszenz zu, die zu einer Erhöhung der Fluoreszenzstrahlung des gemessenen Elementes führt.

Beide Einflüsse können mathematisch korrigiert werden, wozu es verschiedene Rechenprogramme gibt, die von unterschiedlichen mathematischen Ansätzen ausgehen und weitestgehend empirischer Natur sind. Da es kaum ein Modell gibt, das für alle Anwendungsbereiche gleich gute Ergebnisse liefert, sind viele Geräte so ausgelegt, daß mehrere unterschiedliche Rechenmodelle für die Auswertung verwendet werden können.

Unabhängig von der Präparationstechnik ist der Nachteil der klassischen RFA die aufwendige Kalibration. Da die Kalibrationsgeraden nach Möglichkeit äquidistant belegt sein sollen, steigt die Anzahl der notwendigen Referenzproben überproportional mit der Anzahl der zu messenden Elemente. Für ausgefallene Probenarten sind jedoch nur wenige oder gar keine Referenzmaterialien verfügbar. Die Beeinflussung einzelner Probenelemente stellen problematische Matrixeinflüsse dar, die aber durch mathematische Algorithmen korrigiert werden können.

Von allen RFA-Geräteherstellern werden sogenannte «semiquantitative» Scanprogramme für die Übersichtsanalyse angeboten. Das aufwendige Erstellen einer Kalibrierkurve mit geeigneten Standards entfällt dabei. Die unterschiedlichsten Proben können in einer großen Vielfalt ohne Vorbereitung semiquantitativ bestimmt werden. Der Einsatz ist besonders interessant für unbekannte Proben stark wechselnder Zusammensetzung. Die Meßergebnisse geben jedoch wegen fehlender mathematischer Korrektur von Beeinflussungsfaktoren in der Probe bei schlechter zählstatistischer Sicherheit oft nur Größenordnungen wieder. Für eine genaue Analyse ist dieses Ergebnis aber hilfreich für die Auswahl entsprechender Standards [14.10].

14.10.2 Nachweisgrenze

Die Nachweisgrenze für röntgenfluorimetrische Bestimmungen wird fast ausschließlich durch das Signal-Untergrund-Verhältnis bestimmt: Ein Element kann daher als sicher nachgewiesen gelten, wenn sein Signal sich signifikant aus dem Untergrund heraushebt. Entscheidend dafür ist dann die Standardabweichung des Untergrundes. Je nach gewünschter Wahrscheinlichkeit gilt dann ein Element als sicher nachgewiesen, wenn seine Impulsrate um das Zwei- bis Dreifache der Standardabweichung des Untergrundes größer ist. Die bei der normalerweise durchgeführten Technik der Röntgenfluoreszenzanalyse erhaltene relativ hohe Untergrundstrahlung ergibt sich daraus, daß die Primärstrahlung der Röhre an der Probe und eventuell auch am Probenträger gestreut wird, wobei die Streuung mit abnehmender Ordnungszahl der Elemente der Probe zunimmt.

14.11 Totalreflexions-Röntgenfluoreszenzanalyse (TRXRF)

Die Röntgenfluoreszenz-Spektrometrie ist in den vergangenen Jahren durch die Anregung mittels eines am Probenträger totalreflektierten Primärstrahls auch für die extreme Spurenanalyse interessant geworden [14.11]. Die Totalreflexions-Röntgenfluoreszenz (TRXRF) unterscheidet sich in vielen Eigenschaften wie Probenvorbereitung, Kalibrierung, Datenanalyse und Nachweisgrenzen von der klassischen RFA [14.12]. Durch Matrixeffekte ist die RFA weniger geeignet für die Spuren- oder gar Ultraspurenanalyse. Das Verfahren der Totalreflexion von Röntgenstrahlen, das 1930 von COMPTON entdeckt und 1971 erstmalig praktisch genutzt wurde, brachte hierzu einen bedeutenden Beitrag.

Da bei der röntgenfluorimetrischen Untersuchung sehr kleiner Probenmengen die Streustrahlung fast ausschließlich durch den Probenträger verursacht wird, läßt sich in diesen Fällen die Nachweisgrenze erheblich dadurch senken, daß bei den Untersuchungen hochglanzpolierte Probenträger, z.B. aus Quarzglas, Glaskohlenstoff oder Plexiglas die Anregungsstrahlung total reflektieren. Diese Totalreflexion der Primärstrahlung erreicht man mit hochebenen Probenträgern dadurch, daß man sie in einem sehr flachen Winkel von nur wenigen Bogenminuten über einen speziellen Reflektor auf die Probe richtet und dann die Fluoreszenzstrahlung im Winkel von 90° zur Probenträgeroberfläche energiedispersiv mißt. Dagegen arbeitet die klassische RFA mit Einfallswinkeln der Anregungsstrahlung von etwa 45°.

Unterhalb des kritischen Winkels für Totalreflexion von Röntgenstrahlen an Quarz findet kaum eine inelastische Wechselwirkung der anregenden Strahlung mit dem Probenträgermaterial statt, so daß eine drastische Reduktion des spektralen Untergrundes gegenüber herkömmlichen Anregungsgeometrien erreicht wird. Die Reflektivität und die Eindringtiefe sind abhängig vom Einfallswinkel. Unterhalb des Grenzwinkels für Totalreflexion ist die Reflektivität nahezu 1, und die Eindringtiefe beträgt nur wenige Nanometer. Durch die extrem geringe Eindringtiefe kann die TRXRF besonders gut zur Oberflächenanalyse eingesetzt werden. Oberhalb dieses Grenzwinkels fällt die Reflektivität stark ab, und die Eindringtiefe gelangt in den µm-Bereich [14.13].

Durch diese drastische Senkung der vom COMPTON-Kontinuum herrührenden Untergrundstrahlung bei der Totalreflexions-Röntgenfluoreszenzanalyse werden Nachweisgrenzen im pg-Bereich und weniger für mehr als 60 Elemente ermöglicht, wenn an matrixfreien Lösungen gemessen wird. Zum anderen sind die Matrixeinflüsse gering, da keine Fluoreszenzstrahlung durch die Probe absorbiert wird. Somit hat die TRXRF ein extrem hohes absolutes Nachweisvermögen, und die Kalibrierung ist einfach, sofern der Analyt auf einer für die Anregung geeigneten Oberfläche, etwa auf einem flachen Quarz- oder Plexiglasplättchen, vorgelegt wird. Große Probleme bringt jedoch prinzipiell die Probenpräparation im Mikromaßstab, da schon geringe Matrixmengen die Streustrahlungsintensität erhöhen. Ein Beispiel für die Anwendung ist die Spurenelementbestimmung in histologischen Dünnschnitten.

Wie bei jeder RFA werden jedoch auch bei der TRXRF die Nachweisgrenzen schnell höher, wenn die Zahl der streuenden Atome mit der Menge der Matrix wächst. Ein weiterer Unterschied zur normalen RFA ergibt sich daraus, daß die Vorteile nur dann genutzt werden können, wenn die Probe als sehr dünner Film auf eine polierte Trägeroberfläche aufgebracht ist. Dazu müssen die Proben vorher in Lösungen oder zumindest in sehr feine Suspensionen überführt werden können.

Auch zur Lösungsanalyse ist die TRXRF hervorragend geeignet – unter der Voraussetzung allerdings, daß nur sehr geringe Mengen an festen Bestandteilen in der Lösung vorliegen. Die beim Eintrocknen eines kleinen Probentropfens auf dem Probenträger aus Quarzglas entstehenden Salzkrusten würden sonst den Streustrahlungsanteil wesentlich erhöhen. Durch Anregung von Lösungsmittelrückständen in flüssigen Proben können mit der TRXRF mit nur geringem Kalibrieraufwand sehr nachweisstarke Direktbestimmungen zur Analyse hochreiner Reagenzien, Regenwässer oder Öle durchgeführt werden. Im Bereich der Werkstoffanalytik wird die TRXRF nach Matrixabtrennung erfolgreich für die Analyse von hochreinem Aluminium und Reineisen eingesetzt. Für die Mikroanalyse werden nur wenige Mikroliter einer Lösung bzw. wenige Mikrogramm eines Feststoffes benötigt.

Durch die geringe Eindringtiefe unter Totalreflexionsbedingungen ist diese Technik besonders für oberflächensensitive Messungen geeignet. Bei biologischen Proben findet die Methode Anwendung zur direkten Bestimmung von Metallen in dünnen Schichten, wie etwa Gewebeschnitten oder Ausstreichen von Blutproben. In der Halbleiterindustrie wird die TRXRF zur Bestimmung von Oberflächenverunreinigungen auf den Siliziumwafern eingesetzt. Außerdem ist eine zerstörungsfreie Charakterisierung von Farbstoffen bei Gemälden möglich, wobei die mit einem Wattestäbchen von der Gemäldeoberfläche gesammelte Substanz ausreicht zur Bestimmung der Elementzusammensetzung.

Die polychromatische Strahlung der Röntgenröhre wird über einen Spiegel gelenkt, der als Tiefpaßfilter die höher energetische Bremsstrahlung durch Streuung und Absorption vernichtet und nur die Strahlung unterhalb des kritischen Winkels für Totalreflexion auf die Probe lenkt. Während Spektrometer zur Spurenanalyse mit einem fest eingestellten Winkel arbeiten, wird bei der Oberflächenanalyse die hohe Empfindlichkeit des Einfallswinkels auf das Meßsignal genutzt. Geringe Änderungen des Einfallswinkels und der Anregungsenergie bewirken deutliche Veränderungen im Fluoreszenzsignal. Die Winkeleinstellung erfolgt dabei mit einer Genauigkeit von ±0,005°. Hierzu muß das Röntgenlicht monochromatisch sein. Dazu verwendet man Kristallmonochromatoren, die ein definiert schmales Energieband, z. B. die $K\alpha$-Linie aus dem Molybdänspektrum oder die $L\beta$-Linie aus dem Wolframspektrum herausfiltern.

14.12 Schichtdickenmessung nach dem Röntgenfluoreszenz-Verfahren

Schon lange besteht in der Industrie der Bedarf für eine Gerätetechnik, mit der Materialien schnell und zerstörungsfrei, qualitativ und quantitativ im Werk, in der Produktion, im Lager, auf der Baustelle oder «online» analysiert werden können, ohne daß Proben entnommen und im Zentrallabor analysiert werden müssen. Ein solches Gerät soll auch in der Lage sein, alle Probenformen wie Gußteile, Rohre, Bleche, Barren usw. zu analysieren. Besonders in der Elektronikfertigung werden höchste Qualitätsstandards an immer kleineren Teilen mit immer komplexerer Form gestellt. Eine der größten Schwierigkeiten besteht darin, auch an kleinsten Teilen mit hoher Genauigkeit die Schichtdicke zu messen. Die immer mehr zur Verwendung kommenden Überzüge von teuren Edelmetallen wie z. B.

Gold, Silber, Rhodium und dergleichen erfordern ein sicheres, genaues Schichtdicken-Meßverfahren [14.14].

Aber das beste Schichtdicken-Meßgerät nutzt nicht viel, wenn es nur von hochqualifiziertem Personal bedient werden kann. Schichtdickenmessungen müssen auch während der laufenden Fertigung von angelernten Mitarbeitern mit hoher Meßsicherheit ausgeführt werden können. Die Entwicklung der Mikroelektronik und der Mikroprozessortechnik hat eine einfache Gerätebedienung mit sofortiger Maßangabe der ermittelten Schichtdicke sowie die Ermittlung verschiedener statistischer Daten ermöglicht. Sie hat ferner auch den Bau von kompakten und preiswerten Schichtdicken-Meßgeräten auf der Basis der Röntgenfluoreszenz (kurz XRF- oder RFA-Verfahren genannt) ermöglicht [14.15].

Zunehmende Bedeutung erlangen Schichtdickenmessungen mit hoher Genauigkeit bei gleichzeitiger kleinster Meßfleckgeometrie. Häufig hat man einen zwei- oder mehrfachen Schichtaufbau bzw. Legierungszusammensetzung. Es ist somit erforderlich, gleichzeitig die Dicke und die Zusammensetzung zerstörungsfrei zu messen. Folgende Anforderungen werden an die Messung gestellt:

- □ zerstörungsfreie Messung mit hoher Genauigkeit,
- □ kleine Meßfleckgeometrie,
- □ Zwischenschicht und Zusammensetzung des Grundwerkstoffes sollen keinen Einfluß auf den Meßwert haben,
- □ gleichzeitige zerstörungsfreie Messung von Deck- und Zwischenschichtdicken,
- □ gleichzeitige Messung von Schichtdicke und Legierungsanteil von zweikomponentigen Legierungsschichten.

Die heute am meisten eingesetzte Methode der Schichtdickenmessung, die diese Anforderungen erfüllt, ist die Röntgenfluoreszenz. Ein Meßgegenstand wird auf dem Meßgerät so ausgerichtet, daß er an der Meßstelle von einem ausgeblendeten Röntgenstrahl bestrahlt wird. Dort entsteht die charakteristische Röntgenstrahlung im Schicht- sowie im Grundwerkstoff und, wenn vorhanden, in den Zwischenschichten. Mit dem Detektorsystem (Proportionalzählrohr) erhält man energieproportionale elektrische Signale. Als Beispiel ist in Bild 14.15 für verschiedene Materialien ein Spektrum der elektrischen Impulse aufgezeigt. Auf der X-Achse ist die Impulshöhe des elektrischen Signals dargestellt. Da dies proportional zur Energie der Röntgenstrahlung ist, kann auch hier gleich die Energie der Röntgenstrahlung dargestellt werden. Auf der Y-Achse ist die Häufigkeit des Nachweises eines solchen elektrischen Signals zu sehen. Eine Schichtdickenmeßaufgabe wird nun dadurch definiert, daß elektronisch aus dem Spektrum ein Teil herausgefiltert wird. Dieser Teil im Spektrum, auch Fenster im Spektrum genannt, wird zur Registrierung des Meßsignals verwendet [14.16].

Schichtdickenmessung nach dem Röntgenfluoreszenz-Prinzip ist somit eine Strahlungsintensitätsmessung einer ganz bestimmten Strahlungsenergie.

Es gibt zwei prinzipielle Meßverfahren (Bild 14.16):

- □ das Meßverfahren nach dem **Emissionsprinzip** – hier wird die Strahlung zur Messung herangezogen, die von dem Schichtwerkstoff erzeugt wird;

Bild 14.15 Energiespektren von Röntgenstrahlen; oben: Spektrum von Gold, unten: Spektrum von Kupfer

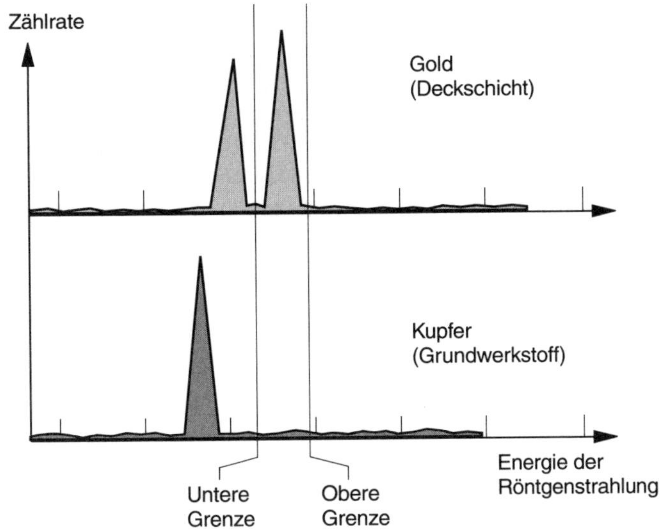

Bild 14.16 Zusammenhang zwischen Schichtdicke und Zählrate für das Emissions- und das Transmissionsprinzip

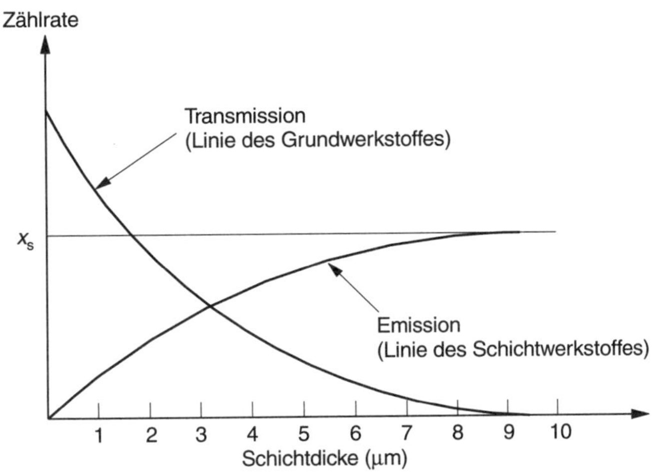

□ das Meßverfahren nach dem **Transmissionsprinzip** – hier wird die Strahlung zur Messung herangezogen, die vom Material des Grundwerkstoffes erzeugt wird.

Die gemessene Strahlungsintensität ist ein Maß für die Schichtdicke. Das zu verwendende Meßverfahren wird bei der Festlegung des Fensters im Spektrum bestimmt. Arbeitet man nach dem Transmissionsverfahren, so ist folgendes zu beachten: Es darf keinerlei Zwischenschicht zwischen der zu messenden Beschichtung und dem Grundwerkstoff vorhanden sein, da durch diese Zwischenschicht ebenfalls die Strahlung des Grundwerkstoffes geschwächt würde; die Dicke des Grundwerkstoffes bezüglich der verwendeten charakteristischen Röntgenstrahlung des Grundwerkstoffes muß Sättigungsdicke aufweisen, z. B. bei Cu ca. 60 µm; die Zusammensetzung des Grundwerkstoffes darf sich nicht ändern, d. h., Intensitätsänderungen der nachgewiesenen Strahlung dürfen ihre Ursache allein in der Schichtdickenänderung der Deckschicht haben.

Die Intensität einer Röntgenstrahlung wird in Form einer **Zählrate** nachgewiesen. Bedingt durch die Art des Detektors wird jedes einzelne Lichtphoton oder Quant einzeln registriert und gezählt. Eine hohe Intensität bedeutet somit in dieser Darstellung viele Lichtquanten bzw. Photonen, d. h. eine hohe Zählrate.

Die Zählrate wird umgerechnet in eine normierte Zählrate nach der folgenden Formel:

$$x_n = \frac{x - x_0}{x_s - x_0}$$

Darin bedeutet x_0 die Zählrate, die mit unbeschichtetem Werkstück gemessen wird, x_s die Zählrate von Sättigungsschichtdicke und x die gemessene Zählrate. Diese Umrechnung der gemessenen Zählrate in eine **normierte Zählrate** hat mehrere Vorteile. Zum einen hat das nun zu verarbeitende Meßergebnis die Größenordnung zwischen 0 und 1. Die normierte Zählrate 0 stellt das Ergebnis dar, das man mit dem unbeschichteten Werkstoff erhält; die normierte Zählrate 1 bedeutet, daß die Schichtdicke bezüglich des Meßeffektes Sättigungsschichtdicke aufweist.

Unter Sättigungsschichtdicke versteht man die Schichtdicke, ab der eine Zunahme der Schichtdicke keine Zunahme des Meßeffektes mehr verursacht.

Dies bedeutet, daß eine Messung ab dieser Schichtdicke nicht mehr möglich ist.

Der Vorteil dieser Darstellung ist weiterhin, daß unabhängig davon, ob nach dem Emissions- oder Transmissionsprinzip gearbeitet wird, mit zunehmender Schichtdicke die normierte Zählrate zunimmt. Ferner wird durch den Ausdruck der normierten Zählrate im Nenner gewährleistet, daß bei Intensitätsänderungen, die ihre Ursachen in apparativen Größen haben – z. B. Intensitätsänderungen der ausgesandten Röntgenstrahlung der Röhre –, durch Neubestimmung der Zählraten x_o und x_s das Meßgerät vollständig neu abgeglichen ist, ohne daß eine Neubestimmung der Kennlinie notwendig würde (Bild 14.17).

Aus dem Zusammenhang zwischen normierter Zählrate und Schichtdicke kann nun die Schichtdicke selbst berechnet werden. Die Form dieser Kennlinie hängt von der einzelnen Meßaufgabe ab. Diese Form wird mit Hilfe von Standards bekannter Schichtdicken bestimmt. Durch eine geeignete Mathematik, die in den mikroprozessorgesteuerten Meßgeräten programmiert ist, kann die Form durch wenige Koeffizienten beschrieben werden. Somit beschreibt der Satz der Koeffizienten die einzelne Meßaufgabe. Dieser Koeffizientensatz wird mit dem sogenannten Eichprogramm bestimmt und ist dann für alle Zeiten für diese Meßaufgabe gültig [14.17]. In Bild 14.18 ist die Kennlinie für die Messung von Gold auf Nickel nach dem Emissionsprinzip dargestellt.

Zum Verständnis des Programms ist es wichtig, daß eine klare Unterscheidung zwischen den Koeffizienten getroffen wird, die die Kennlinie beschreiben und so-

Bild 14.17 Zusammenhang zwischen Zählrate und Schichtdicke; Verdeutlichung der Normierung der Kennlinie

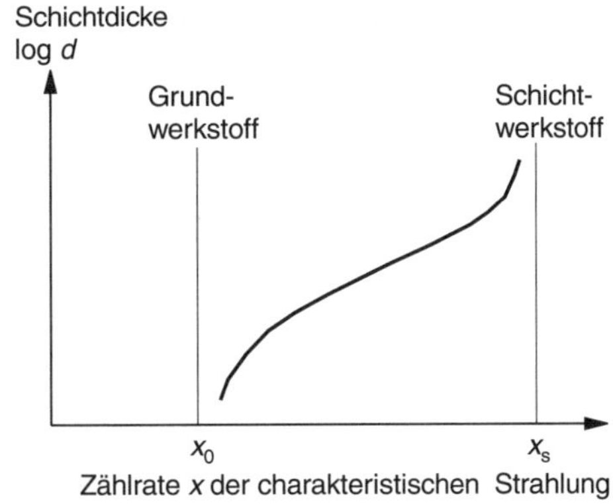

Bild 14.18 Kennlinie für das Meßproblem Gold auf Nickel (Emissionsprinzip)

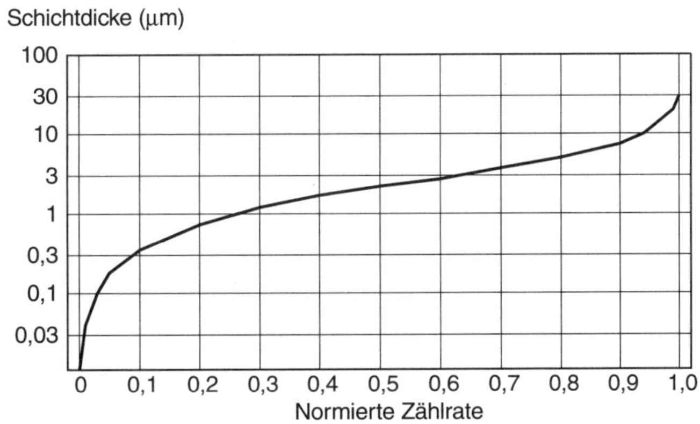

mit typisch für die Meßaufgabe sind, und den Konstanten x_0 und x_s, die verwendet werden, um aus der gemessenen Zählrate eine normierte Zählrate zu berechnen, und zwar aus der oben ausgeführten Formel. Die beiden Größen x_0 und x_s können von den apparativen Gegebenheiten abhängen und sollten in regelmäßigen Abständen neu bestimmt werden. Diese Normalisierung des Meßgerätes ist vergleichbar mit der Nullpunkteinstellung eines anderen Meßgerätes, z.B. eines Voltmeters, und hat nichts mit der Bestimmung der Kennlinie zur Umrechnung des gemessenen Ergebnisses in die zu messende physikalische Größe zu tun.

Betrachtet man die Meßgenauigkeit, die mit einem Röntgenfluoreszenzgerät erreicht werden kann, so ist von besonderer Bedeutung, daß nur die Strahlung eines bestimmten Materials zur Registrierung herangezogen wird. Dies erreicht man durch Wahl des Fensters im Spektrum. Dadurch erhält man ein sehr gutes Signal-Rausch-Verhältnis oder ein sehr günstiges Verhältnis der Zählrate x_s zur Zählrate x_0. Theoretisch müßte an sich die Zählrate $x_0 = 0$ sein, jedoch ist aufgrund physikalischer Eigenschaften des Detektors und des gesamten Meßaufbaus eine geringe Untergrundzählrate auch bei unbeschichtetem Material zu messen.

14.12.1 Verwendung von selektiven Absorptionsfolien (Filter)

Bei Elementen, die im Periodensystem nebeneinanderliegen, wie z. B. Ni und Cu, ist der Energieunterschied der erzeugten charakteristischen Strahlung sehr gering. Aufgrund der Tatsache, daß das Proportionalzählrohr nur eine begrenzte Trennschärfe für die Strahlung verschiedener Energie aufweist, kann die charakteristische Strahlung von Nickel nicht vollständig von der charakteristischen Strahlung des Kupfers getrennt werden. Mißt man in diesem Fall nach dem Emissionsprinzip die Schichtdicke von Nickel auf Kupfer, so erhält man in dem ausgewählten Fenster einen gewissen Strahlungsanteil, der vom Kupfer ausgesandt wird. In diesem Fall würde das Meßergebnis von der Beschaffenheit des Grundwerkstoffes beeinflußt, d. h., man erhält unterschiedliche Nickel-Schichtdicken abhängig davon, ob das Nickel auf Kupfer, auf Cu-Zn, auf Kupferbronze oder ähnlichen Materialien aufgebracht ist. Dies kann durch ein zusätzliches Hilfsmittel umgangen werden.

Röntgenstrahlung wird von Material ebenfalls wieder absorbiert. Dabei wird die Energie der Strahlung dazu verwendet, die Atome dieses Materials zu ionisieren. Dabei ist mehr Energie notwendig, um ein Elektron aus der K-Schale eines Atoms zu entfernen, als bei dem darauffolgenden Prozeß des Auffüllens dieser Fehlstelle durch den Sprung eines Elektrons aus der darüberliegenden L-Schale in diese Leerstelle frei wird. Die Energie, die notwendig ist, ein Elektron aus der K-Schale zu entfernen, ist die Bindungsenergie der K-Schale. Als darauffolgenden Prozeß erhält man die charakteristische K-Strahlung. Diese enthält als Energie nur die Energiedifferenz zwischen der Bindungsenergie der K-Schale und der Bindungsenergie der L-Schale. Somit ist die Energie dieser Strahlung geringer als die Energie, die zur Ionisierung des K-Elektrons notwendig war. Aufgrund des Moseleyschen Gesetzes findet man nun folgenden Zusammenhang, der nahezu immer gültig ist:

Die charakteristische Strahlung eines Atoms der Ordnungszahl Z kann Atome mit einer Ordnungszahl Z-2 in der K-Schale ionisieren. Es ist aber nicht möglich, mit dieser Strahlung Atome mit der Ordnungszahl Z-1 zu ionisieren.

In dem praktischen Beispiel heißt dies: Wenn Strahlung von Nickel ($Z = 28$) und Kupfer ($Z = 29$) auf eine Kobaltfolie ($Z = 27$) mit einer Dicke von 8 bis 12 µm trifft, tritt die Strahlung von Nickel mehr oder weniger ungeschwächt durch diese Kobaltfolie hindurch, während die Strahlung von Kupfer sehr stark in dieser Folie geschwächt wird aufgrund der Tatsache, daß die Kupferstrahlung dazu verwendet wird, die Kobaltatome in der K-Schale zu ionisieren. Diese Ionisierung ist nicht möglich mit der Strahlung, die von Nickelatomen ausgesandt wird. Der Absorptionskoeffizient ist ein Maß für die Stärke der Intensitätsabsorption einer Strahlung beim Durchdringen einer Folie. Man erkennt diese scharfe Kante in dieser Kurve, d. h., ab einer bestimmten Energie (Schwellenenergie) wird es möglich, Kobaltatome in der K-Schale zu ionisieren. Energien, die höher als diese Schwellenenergie sind, werden somit sehr stark in der Folie absorbiert (Bild 14.19).

Bild 14.19 Funktionsweise einer Absorptionsfolie

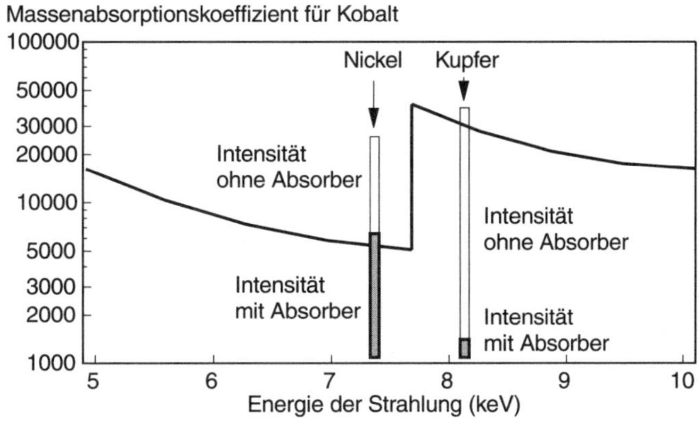

Gleichzeitig wird in diesem Bild schematisch die Strahlungsintensität von Nickel oder Kupfer dargestellt, die mit einem Strahlungsdetektor gemessen wird, und zwar ohne Kobaltfolie zwischen Meßpunkt und Strahlungsdetektor. Als dicke Balken ist dann die Intensität dargestellt, die gemessen wird, wenn zwischen Meßpunkt und Strahlungsdetektor eine Kobaltfolie eingeschwenkt ist.

Natürlich wird auch die Nickelstrahlung etwas geschwächt, jedoch ist die Schwächung für die Kupferstrahlung wesentlich stärker. Die Intensitätsschwächung der Nickelstrahlung und, damit verbunden, eine gewisse Verschlechterung der Meßgenauigkeit wird bei weitem aufgehoben durch die nahezu totale Absorption der Kupferstrahlung und den damit erreichten Ausschluß von etwaigen Störeffekten bei Änderungen der Zusammensetzung des Grundwerkstoffes.

Dies läßt sich für jede andere Stoffkombination durchführen. Man könnte sich zum Beispiel vorstellen, daß man Zinkschichten ($Z = 30$) auf Messing (Z von Cu $= 29$) messen möchte. In diesem Fall würde man eine Absorptionsfolie aus Nickel ($Z = 28$) verwenden.

14.12.2 Schichtdickenmessung von Deck- und Zwischenschicht

Ist ein Werkstück nicht nur einfach beschichtet, sondern ist noch zusätzlich eine Zwischenschicht aufgebracht, z. B. Gold als Deckschicht über einer Nickel-Zwischenschicht auf Kupfer oder Messing als Grundwerkstoff, so wird bei einer Schichtdickenmessung nach dem Röntgenfluoreszenz-Prinzip nicht nur die Strahlung des Materials der obersten Schicht (Gold) und die Strahlung des Grundwerkstoffes (Kupfer oder Messing) beobachtet, sondern auch die Strahlung des Materials der Zwischenschicht (Nickel). Alle drei charakteristischen Strahlungen gelangen zum Strahlungsdetektor. Durch die Wahl des geeigneten Fensters im Spektrum kann die jeweilige Strahlung getrennt analysiert werden. Da die drei verschiedenen Strahlungen gleichzeitig zum Strahlungsdetektor gelangen, wird man sinnvollerweise die Elektronik so ausrüsten, daß gleichzeitig die Strahlung der Deckschicht und die Strahlung der Zwischenschicht in zwei getrennten Zählkanälen nachgewiesen werden können (Bild 14.20).

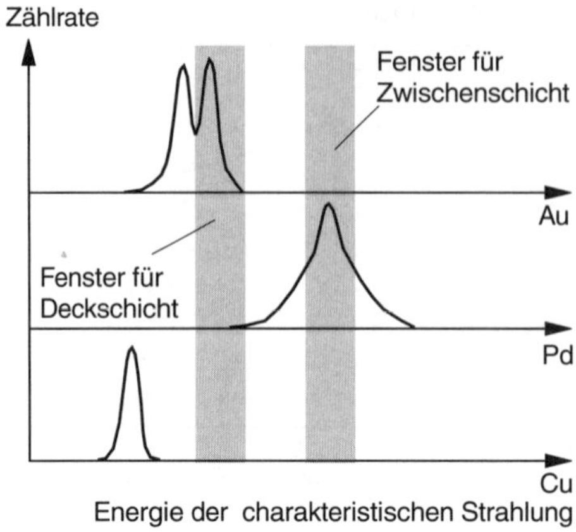

Bild 14.20 Gleichzeitige Messung von Deck- und Zwischenschicht am Beispiel Gold (Deckschicht) und Palladium (Zwischenschicht), Grundwerkstoff Kupfer

Aus der normierten Zählrate, bestimmt mit der gemessenen Zählrate der Strahlung der Deckschicht, läßt sich in gewohnter Weise die Schichtdicke der Deckschicht bestimmen. Mit dieser bekannten Deckschicht läßt sich nun das gemessene Zählratenergebnis der Zwischenschicht so korrigieren, daß der Absorptionseinfluß der Deckschicht auf das Meßergebnis der Zählrate der Strahlung, die von der Zwischenschicht kommt, richtiggestellt wird. Aus dieser korrigierten Zählrate lassen sich dann wieder eine entsprechende normierte Zählrate aufstellen und in gewohnter Weise mit Hilfe einer bekannten Kennlinie die Dicke der Zwischenschicht bestimmen.

Wichtig ist, daß gleichzeitig an derselben Meßstelle beide Zählraten gemessen werden, so daß die Korrektur der gemessenen Zählrate der Strahlung auf der Zwischenschicht mit der richtigen Schichtdicke der Deckschicht durchgeführt wird. Ein wesentlicher Punkt für das Gelingen einer derartigen, gleichzeitigen Messung von Deck- und Zwischenschichtdicke ist die korrekte Bestimmung der entsprechenden Kennlinien mit Hilfe eines Kalibrierprogramms und unter Zuhilfenahme von Schichtdicken-Einstellnormalen bekannter Dicke. Insbesondere ist es wichtig, die Konstanten für die Korrektur des gemessenen Zählratenergebnisses der Zwischenschicht aufgrund der Existenz einer darüberliegenden Deckschicht richtig zu bestimmen. Um dies durchzuführen, verwendet man sinnvollerweise folgende Eichnormale:

- □ einen Satz mit Standards des Deckschichtmaterials bekannter Schichtdicke auf unendlich dickem Zwischenschichtmaterial,
- □ einen Satz mit Standards des Zwischenschichtmaterials bekannter Schichtdicke auf unbeschichtetem Grundwerkstoff.

Zum Beispiel verwendet man für den Fall Gold über Nickel auf Kupfer somit einen Satz Eichnormale von Gold auf Nickel und einen Satz Nickel auf Kupfer. Insbesondere um die Korrektur auf richtige Weise durchzuführen, ist es erforderlich, daß die Schichtdickenwerte der Standards solche Werte aufweisen, wie sie die Kennlinien in eindeutiger Weise beschreiben, d.h. gleichmäßig im jeweiligen Meßbereich verteilt sind.

14.12.3 Schichtdickenmessung einer zweikomponentigen Legierungsschicht

Besteht der Schichtwerkstoff nicht aus einem reinen Material, sondern aus einer Legierung, so werden natürlich an der Meßstelle die charakteristischen Strahlungen aller Legierungsbestandteile erzeugt. Als Beispiel eines derartigen Schichtaufbaus ist eine Blei-Zinn-Schicht (Lötzinn) aufgeführt. An der Meßstelle wird die charakteristische K-Strahlung von Zinn, die charakteristische L-Strahlung von Blei und natürlich auch die Strahlung des Grundwerkstoffes erzeugt, wobei letztere in diesem konkreten Fall schon nach wenigen µm Schichtdicke der Blei-Zinn-Legierung nicht mehr zum Detektor gelangen kann. Aufgrund des großen Energieunterschiedes der beiden charakteristischen Strahlungen lassen sich mit dem Nachweissystem diese beiden Strahlungen recht gut getrennt registrieren.

Eine besondere Schwierigkeit bei der Schichtdickenmessung von Legierungsschichten mit dem Röntgenfluoreszenz-Verfahren besteht dadurch, daß die Strahlungsintensität der charakteristischen Strahlung einer Komponente ganz erheblich beeinflußt werden kann von der Existenz anderer Komponenten. Die Ursache hierfür ist die sogenannte Queranregung der einzelnen Bestandteile der Legierung. Zum Beispiel ist es leicht verständlich, wenn man sich an die Ausführungen des Kapitels über den Einsatz eines Absorbers bei der Messung erinnert. Vereinfacht ausgedrückt heißt dies: Die charakteristische Strahlung, die von Zinn-Atomen ausgesandt wird, kann Blei-Atome wieder ionisieren und somit zur Strahlung anregen.

Dies hat zur Folge, daß man bei der Schichtdickenmessung einer Blei-Zinn-Schicht unproportional weniger Zinn- und überproportional mehr Bleistrahlung nachweist. Die Größe dieses Einflusses hängt natürlich von dem Verhältnis Blei/Zinn ab. Es ist somit nicht möglich, die Schichtdicke einer Legierungsschicht zu bestimmen, wenn nur die Strahlungsintensität einer Komponente (z. B. die Zinn-Strahlung) registriert würde.

Die Kennlinien, die den Zusammenhang zwischen Strahlungsintensität und Schichtdicke wiedergeben, hängen sehr stark von der Zusammensetzung der Schicht ab. Auf diese Weise kann die Schichtdicke einer zwei- oder mehrkomponentigen Legierungsschicht nur dann bestimmt werden, wenn sich die Zusammensetzung des Schichtwerkstoffes nicht ändert und wenn die Kennlinie mit Eichnormalen aufgenommen wurde, die aus dem gleichen Schichtwerkstoff bestehen.

Sind diese Forderungen nicht einzuhalten, z. B. bei Zinn-Blei-Schichten, und ist zusätzlich die Queranregung besonders ausgeprägt, wie es ebenfalls bei Zinn-Blei-Schichten der Fall ist, so ist es unabdingbar, gleichzeitig mit der Schichtdickenmessung eine Konzentrationsbestimmung durchzuführen, wobei die Genauigkeitsanforderung für die Konzentrationsbestimmung nicht sehr hoch sein muß. Die Konzentrationsbestimmung muß nur mit einer Genauigkeit von ca. 0,5 bis 1 Gewichts-% vorgenommen werden.

Meßtechnisch ist dies dann zu lösen, wenn gleichzeitig Strahlungen beider Komponenten getrennt nachgewiesen werden können, was im Fall von Zinn-Blei auf Kupfer oder Messing relativ leicht möglich ist. Dieses Verfahren läßt sich natürlich dann nicht einsetzen, wenn einer der Legierungsbestandteile des Schichtwerkstoffes auch ein Bestandteil des Grundwerkstoffes ist, also z. B. beim

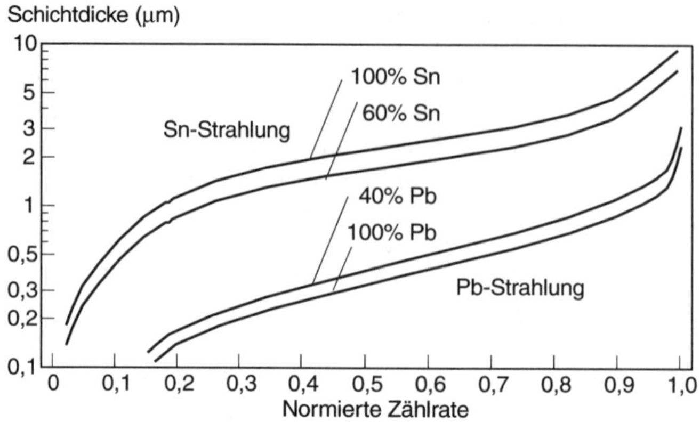

Bild 14.21 Darstellung der Kennlinien für die charakteristische Strahlung von Blei und Zinn als Funktion der normierten Zählrate. Gleichzeitig ist der Einfluß auf die Kennlinie bei sich ändernden Konzentrationsanteilen von Zinn und Blei dargestellt

Schichtwerkstoff Palladium-Nickel auf Nickel oder bei Gold-Kupfer-Legierungen auf Kupfer oder Messing. In diesem Fall ist natürlich nicht zweifelsfrei festzustellen, ob die nachgewiesene Intensität der Kupferstrahlung ihre Entstehung im Schichtwerkstoff oder im Grundwerkstoff hat. Hier läßt sich eine genaue Schichtdickenmessung mit dem Röntgenfluoreszenz-Verfahren nur unter der Annahme durchführen, daß die Zusammensetzung der Legierung konstant bleibt (konstant heißt hier, die Konzentrationsänderung ist kleiner als 0,5 bis 1 Gewichts-%.

In Bild 14.21 ist der Zusammenhang zwischen der normierten Zählrate und der Konzentration in einer zweikomponentigen Legierung wiedergegeben. Als Beispiel ist hier die Intensität der Bleistrahlung dargestellt, die aus einer Zinn-Blei-Legierung erhalten wird. Das Abweichen dieser Kennlinie von der 45°-Geraden gibt genau diesen überproportionalen Anteil der Bleistrahlung in einer Zinn-Blei-Legierung an. Bei einer 50 %igen Zinn-Blei-Legierung erhält man also beispielsweise als normierte Intensität eine Intensität, die größer ist als 50 % der Intensität, die man erhalten würde, wenn man die Bleistrahlung von einem reinen Bleimaterial nachweisen würde.

Die Bestimmung dieser Kennlinie, die den Zusammenhang zwischen der Strahlungsintensität eines unendlich dicken Werkstückes und dem Anteil dieser Komponente im Werkstück in Gewichtsprozenten darstellt, ist notwendig für die Durchführung der Schichtdickenmessung an einer Legierungsschicht. Mathematisch läßt sich die Kurve mit einer einzigen Konstanten beschreiben und somit auch mit einem einzigen Referenzstandard bekannter Zusammensetzung unendlich großer Schichtdicke bestimmen.

Die besondere Schwierigkeit bei der Schichtdickenmessung einer Legierungsschicht liegt nun in der Tatsache, daß die Sättigungsschichtdicke und die Zählrate der Sättigungsschicht sowie die Form der Kennlinie eine Funktion der Konzentration der einzelnen Komponenten in dem Schichtwerkstoff sind. Bild 14.21 gibt nur einen Überblick über den Einfluß unterschiedlicher Zinn-Blei-Konzentrationen auf den Zusammenhang zwischen normierter Zählrate und Zinn- bzw. Bleistrahlung. In dieser Darstellung ist bereits eine Normierung durchgeführt worden, d.h., es wurde auf die jeweilige Sättigungszählrate normiert, wobei dies ebenfalls eine Funktion der Konzentration ist (Bild 14.22).

Bild 14.22 Zusammenhang zwischen normierter Zählrate der charakteristischen Strahlung von Blei und dem Bleianteil in einer Zinn-Blei-Legierung mit Sättigungsdicke

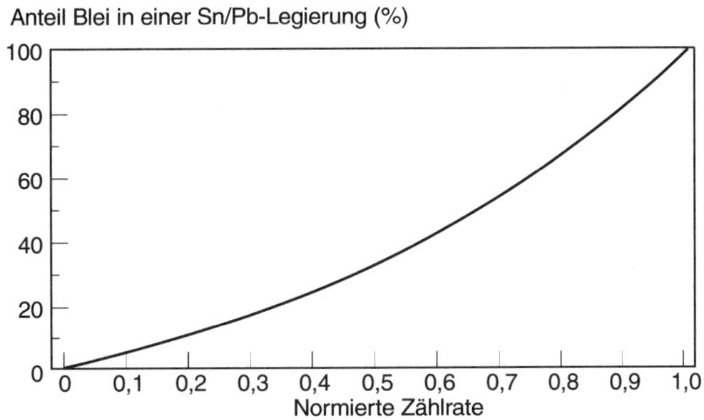

Dieses scheinbar unlösbare und recht komplexe Problem ist allerdings mit Hilfe einer geeigneten Mathematik und der modernen, mikroprozessorgesteuerten Auswertgeräte relativ einfach zu bewältigen. Wie bereits anfangs erwähnt, ist diese Art der Schichtdickenmessung mit dem Röntgenfluoreszenz-Verfahren nur dann möglich, wenn die Strahlungsintensitäten der beiden Komponenten getrennt nachgewiesen werden können.

14.13 Neuere Entwicklungen in der Röntgenspektrometrie

Mit der Röntgenfluoreszenzanalyse lassen sich Elemente mit einer relativen Genauigkeit von 0,05 % bestimmen. Allerdings ist dafür eine ausgefeilte Technik in der Probenvorbereitung notwendig. Für die Bestimmung leichter Elemente bedeutet die Entwicklung von Mehrschichten-Pseudokristallen, die anstelle der herkömmlichen Kristalle verwendet werden, einen wichtigen Fortschritt. Durch Fortschritte in der Detektortechnologie können hochauflösende und für bestimmte Elementbereiche entwickelte Gas- und Gas-Szintillations-Proportionalzähler eingesetzt werden. Auch die Verwendung verbesserter Methoden der Datenverarbeitung und die Kopplung mit Labordaten-Managementsystemen machen die Röntgenfluoreszenzanalyse zu einer noch leistungsfähigeren Analysentechnik.

Der steigende Einsatz der RFA für Routineuntersuchungen hat zu einem hohen Automatisierungsgrad geführt. Benutzerfreundliche Software erleichtert die Bedienung zusätzlich. Der Ersatz von Mechanik durch Elektronik und weiter von Elektronik durch Software hat zu einem Preis-Leistungs-Verhältnis geführt, das heutzutage günstiger ist als je zuvor. Dieser hohe Stand der Technik der RFA hat aber auch dazu geführt, daß für die Spektrometer Entwicklungen vorangetrieben wurden, deren Wert fragwürdig ist. Dazu gehören z. B. die Kohlenstoffbestimmung und die Erhöhung der Intensität auf Kosten der Auflösung und Elementzuordnung.

14.13.1 RFA-Analyse der leichten Elemente

Die Möglichkeit, mit der RFA Kohlenstoff zu bestimmen, sollte als Test für die Leistungsfähigkeit eines Systems angesehen werden, aber nicht als Lösung eines

Analysenproblems. Die Kohlenstoffbestimmung ist physikalisch begrenzt und nicht apparativ. Die Fluoreszenzausbeute für Kohlenstoff beträgt nur 0,001 und die Eindringtiefe der Strahlung (90 %) nur 0,02 µm [14.18]. Oberflächenverunreinigungen haben einen sehr großen Einfluß auf das Ergebnis. Einfaches Berühren der Oberfläche kann den Kohlenstoffgehalt schon um einige Prozent erhöhen. Daraus folgt jedoch umgekehrt, daß die Methode dazu benutzt werden kann, Kohlenstoffverbindungen auf Stahloberflächen zu bestimmen. Industriell wird dieses Verfahren eingesetzt, um Kohlenstoffverunreinigungen auf Blechen für die Kraftfahrzeugindustrie zu bestimmen, weil die Rostbildung durch diese Verunreinigungen stark begünstigt wird [14.19].

Der Trend in der Bestimmung von Kohlenstoff und anderer leichter Elemente geht dahin, andere Kristalle oder Pseudokristalle zu benutzen [14.20]. Am vielversprechendsten sind Pseudokristalle in Form von Mehrfachschichten. Mit einer Gesamtanalysenzeit von 15 Minuten sind heute auch die leichten Elemente Kohlenstoff, Stickstoff und Sauerstoff möglich [14.21]. Trotz der Fortschritte in der Bestimmung der leichten Elemente sollte die RFA nur zu sorgfältig ausgewählten Aufgaben herangezogen werden. Das Wissen um methodische Grenzen muß dabei stets berücksichtigt werden.

14.13.2 Pseudokristalle

Der wichtigste Fortschritt auf dem Gebiet der Kristalle war die Entwicklung der Mehrfachschichten (Multilayer). Leichte und schwere Elemente werden in dünnen Schichten nacheinander aufgebracht und bilden eine Mehrschichtstruktur. Als schwere Elemente werden W, Ni, Ti, Nb oder Mo benutzt. Die Dicke und der Abstand der Einzelschichten müssen bis auf einige 10^{-6} cm eingehalten werden. Als leichtes Element für die Zwischenschichten ist Kohlenstoff ideal. Die Diffusion innerhalb der Struktur wird durch Carbidbildung mit den schweren Elementen herabgesetzt.

Mit der Entwicklung dieser Pseudokristalle wurde die Analyse der leichteren Elemente überhaupt erst zugänglich gemacht. Da die Strahlung der leichten Elemente bereits von Luft erheblich absorbiert wird, muß dabei der Raum zwischen Probe und Detektor evakuiert oder mit Helium gespült werden.

14.14 Zusammenfassung und Ausblick

Der Begriff Röntgenfluoreszenz wird im allgemeinen dann verwendet, wenn Röntgenstrahlphotonen benutzt werden, um eine charakteristische Strahlung von den in einer Probe enthaltenen Elementen zu erzeugen. Die zur Erzeugung einer Röntgenfluoreszenz notwendige primäre Röntgenstrahlung muß von ausreichender Energie sein, um ein Elektron von der inneren Schale eines Elementes aus dem Atomverband zu entfernen. Die dabei entstehende Elektronenlücke wird durch ein äußeres Elektron aufgefüllt, das die dabei freiwerdende Energie als Röntgenquant abgibt. Das daraus resultierende Röntgenspektrum ist einfach zu identifizieren und wird in der Regel nur durch wenige Linien beschrieben.

Dabei ist die Röntgenfluoreszenzanalyse eine außerordentlich vielseitig einsetzbare Methode, die sich durch geringe Zufallsfehler und geringen Zeitbedarf auszeichnet. Die RFA arbeitet zerstörungsfrei, benötigt wenig Probenmaterial und hat sich damit für die verschiedensten analytischen Problemstellungen auf dem Gebiet der Elementanalytik etabliert. Es ist möglich, nahezu alle Elemente nachzuweisen, der Anwendungsbereich erstreckt sich auf feste und flüssige Proben der verschiedensten Art. Das ereichbare Nachweisvermögen hängt stark von der jeweiligen Elementkombination ab. Besonders günstig sind schwere Elemente in leichter Matrix.

Grundsätzlich wird zwischen energiedispersiven und wellenlängendispersiven Röntgenfluoreszenz-Systemen unterschieden. Ein **energiedispersives** Spektrometer zeichnet sich dadurch aus, daß alle sekundären Röntgenstrahlen simultan von einem Detektor gemessen werden. Dieser Gerätetyp ist der einfachste, kompakteste und damit auch preisgünstigste Röntgenfluoreszenzanalysator. Preisgünstige energiedispersive Röntgenfluoreszenzanalysatoren im Tischgeräteformat bieten dem Benutzer schon seit vielen Jahren den Vorteil einer unkomplizierten und schnellen Elementanalyse mit einfacher Probenvorbereitung. Es werden hierzu bevorzugt die leistungsschwächeren Röntgenröhren verwendet, die ohne Kühlwasser auskommen. Der damit verbundene Empfindlichkeitsverlust wird durch die kompakte Bauart dieser Geräte kompensiert. Durch die begrenzte Trennung nebeneinanderliegender Elemente ist die Einsatzmöglichkeit beschränkt.

Wellenlängendispersive Systeme bieten eine weitaus bessere Auflösung der Spektrallinien bei hohen Zählraten, die Empfindlichkeit ist damit sehr gut. Dazu ist der Einsatz einer Hochleistungsröhre mit einer Leistung bis zu 3 kW notwendig mit einer entsprechenden Kühlwasser- und Drehstromversorgung zum Betrieb der Anlage. Die Zerlegung der Sekundärstrahlung erfolgt mittels eines Kristalls, der unter einem dem Element entsprechenden Winkel zum Detektor steht. Die einzelnen Wellenlängen für die Elementlinien werden sequentiell angefahren. Diese Spektrometer findet man meist in Zentrallabors sowie Forschungs- und Entwicklungseinrichtungen. Aus apparativen Gründen ist das Spektrum der meßbaren Elemente bei diesem Gerätetyp wesentlich größer. Außerdem kann mit der sequentiellen Technik flexibel auf die unterschiedlichsten Probenzusammensetzungen reagiert werden. Durch die hochauflösende Optik werden bessere Nachweisgrenzen für die leichten Elemente erzielt.

Der Einsatz des Röntgenfluoreszenz-Verfahrens zur Schichtdickenmessung erschließt eine Vielzahl von Meßaufgaben, die mit demselben Meßgerät bearbeitet werden können. Aufgrund der Trennung der Strahlung, die vom Schichtwerkstoff kommt, und der Strahlung, die vom Grundwerkstoff oder von Zwischenschichten ausgesandt wird, ist es möglich, Schichtdickenmessungen durchzuführen, die unbeeinflußt von Änderungen des Grundwerkstoffes oder von der Existenz unterschiedlich dicker Zwischenschichten sind. Geeignete mathematische Verfahren in Verbindung mit der entsprechend ausgelegten Nachweiselektronik ermöglichen es, gleichzeitig die Schichtdicken von Deck- und Zwischenschichten zu bestimmen. Eine andersgeartete Mathematik erlaubt es, die Schichtdicken von Legierungsschichten bei gleichzeitiger Bestimmung der Konzentration der einzelnen Komponenten zu messen. Eine kontinuierliche Weiterentwicklung ermöglicht auch, komplexere Schichtsysteme und Schichtaufbauten zu bestimmen, wobei natürlich immer leistungsfähigere Rechnersysteme bei den Auswertgeräten einen großen Vorteil bieten, so daß auch komplexere mathematische Programme innerhalb kürzester Zeit verwirklicht und dann auf Knopfdruck abgerufen werden können.

Da es sich bei der Röntgenfluoreszenz um ein relatives und nicht um ein absolutes Meßverfahren handelt, muß eine Kalibrierung mit Proben ähnlicher Zusammensetzung wie die zu analysierenden unbekannten Proben vorgenommen werden. Oftmals sind es Proben, die mit üblichen Analysenmethoden vorher vermessen wurden. Voraussetzung sind stabile Standards, die in der gleichen Weise vorbereitet werden wie die zu analysierenden Proben und den gesamten Konzentrationsbereich, der von Interesse ist, überstreichen. Nur in den einfachsten Fällen ergibt sich dann ein geradliniges Verhältnis zwischen der Strahlungsintensität und der vorliegenden Konzentration. In den meisten Fällen muß eine mathematische Korrektur vorgenommen werden. Von der Analysensoftware werden die optimalen Kalibrierparameter vorgeschlagen. Die Kalibrierung erfordert damit nur die Messung der Standardproben. So erhält der Benutzer die besten Analysenergebnisse, ohne über umfangreiche Kenntnisse der Röntgenfluoreszenzanalyse verfügen zu müssen.

Die Verfügbarkeit kleiner Tischgeräte für die RFA ermöglicht die Lösung vieler Anwendungsprobleme. Die Vorbereitung der Proben geht oft sehr einfach und schnell vonstatten. Vielfach können Flüssigkeiten, Feststoffe oder Pulver direkt analysiert werden. Durch Einfachheit und Schnelligkeit der Vorbereitung sowie die einfachen Spektren und die Möglichkeit zur Mehrelementanalyse machen dieses Verfahren zu einer praktischen Methode. Der steigende Einsatz der RFA für Routineuntersuchungen hat zu einem hohen Automatiserungsgrad geführt. Ein Computer übernimmt die oft notwendige umfangreiche Datenverarbeitung. Dadurch ist es möglich, bei hohen Anforderungen an die Analysenqualität eine große Anzahl von Bestimmungen wirtschaftlich durchzuführen.

Die Empfindlichkeit und damit die Nachweisgrenze hängen nicht nur von der anregenden Strahlung, sondern auch von der Probe gestreuten Röntgenstrahlung ab. Je geringer die Untergrundstrahlung im Bereich der zu messenden Fluoreszenzlinie ist, desto kleiner ist auch die Nachweisgrenze. Die Streustrahlung im Bereich der Fluoreszenzlinie kann man durch geschickte Auswahl von Primärstrahlfiltern erheblich senken. Da die Streustrahlung mit abnehmender Ordnungszahl stark zunimmt, ist diese Maßnahme besonders bei der Analyse von Proben mit leichter Matrix sinnvoll. In der Röntgenspektrometrie hat sich der Anwendungsbereich auf leichtere Elemente bis hinab zum Bor erweitert und das Nachweisvermögen verbessert. Für die Erfassung der leichteren Elemente sind neue Anregungsröhren, Analysatorkristalle und Detektoren entscheidend gewesen.

Die Effizienz der meisten für die RFA verwendeten Detektoren liegt zwischen 50 % und 90 %, sie hängt von der Wellenlänge ab. Als Effizienz wird der Bruchteil der gezählten zu den einfallenden Quanten bezeichnet. Bei Sequenzspektrometern läßt sich die optimale Auswahl des Detektors häufig nicht realisieren. Im Hinblick auf den großen Wellenlängenbereich muß ein Kompromiß geschlossen werden. Der Trend bei Sequenzspektrometern geht dahin, mehr als einen Gasproportionalzähler zu verwenden. Damit ließe sich die Bestimmung des gesamten

Elementbereichs optimieren, der heute mit dem Gasdurchflußdetektor erfaßt wird. In Simultanspektrometern kann man den Detektor für jedes einzelne Element optimieren. Dafür werden Gasproportionalzähler mit He-, Ne-, Kr- und Xe-Füllung verwendet, außerdem auch Szintillationszähler. Die Auswahl geeigneter Fenstermaterialien und der Gasfüllung ermöglicht es, die interessierende Strahlung zu einem hohen Prozentsatz im Detektor zu absorbieren, wobei durch das Fenster die Kristall-Fluoreszenzstrahlung herausgefiltert wird und die in höherer Ordnung reflektierte Strahlung durch den Detektor hindurchgeht. Optimale Wahl des Detektorgases beseitigt zugleich Escape-Peak-Probleme.

Der Gas-Szintillations-Proportionalzähler verspricht wesentliche Verbesserungen in der Detektortechnik. Bei diesem Zählertyp wird das Gas im Zähler durch die Röntgenstrahlung ionisiert. Ein zwischen zwei Drahtelektroden liegendes elektrisches Feld beschleunigt die Elektronen. Durch Stoßprozesse regen sie die Gasatome an, die bei dem nachfolgenden Übergang in den Grundzustand Ultraviolettstrahlung emittieren. Diese Strahlung wird mit einem Szintillationszähler oder Photoionisationsdetektor registriert. Dieser Detektortyp eröffnet neue Möglichkeiten für die Verbesserung der Energieauflösung. Das hohe Auflösungsvermögen des GSPC für die Strahlung der leichtesten Elemente ist deshalb besonders interessant, weil Elemente wie Bor und Kohlenstoff ohne Benutzung eines Kristalls bestimmt werden können.

Korrekturen, speziell für Matrixeffekte, werden in Zukunft aus Fundamentalparametern berechnet. Gegenwärtig liegt die wesentliche Beschränkung dafür in der zu geringen Rechengeschwindigkeit der eingesetzten Computer. Mit der Einführung neuer Prozessortypen wird diese Schranke fallen. Gegenwärtig erfolgt die Berechnung der Korrekturen aus Fundamentalparametern im wesentlichen aus Nicht-Routineaufgaben. Dadurch lassen sich auch Proben analysieren, für die keine oder nur wenige Standards zur Verfügung stehen. Eine Hauptfehlerquelle bleibt die Unsicherheit hinsichtlich der Kenntnis des Massenabsorptionskoeffizienten. Die zuverlässigste Methode wird jedoch die Kalibrierung mit passenden Standards bleiben, wobei gemischte empirische und theoretische Alpha-Koeffizienten benutzt werden. In diesem Fall werden die Unsicherheiten in der Elementbestimmung auf Fehler in der Probenvorbereitung und Fehler in den chemischen Daten der Standards beschränkt.

Da inzwischen genügend Hard- und Software für die Datenverarbeitung in den Geräten vorhanden ist, haben etliche Gerätehersteller ihre Geräte so ausgelegt, daß mehrere unterschiedliche Rechenmodelle für die Auswertung verwendet werden können. Dies ermöglicht dann bei der Methodenentwicklung eine Optimierung der mathematischen Konzentrationsberechnung aus den Meßwerten nach entsprechender Kalibrierung, wobei dann auch die Zahl der zur Verfügung stehenden Kalibrierstandards und die Zahl der darin enthaltenen Elemente eine große Rolle spielen.

Extrem niedrige Nachweisgrenzen bis in den pg-Bereich werden mit der Totalreflexions-Röntgenfluoreszenzanalyse (TRXRF) erzielt. Da bei der röntgenfluorimetrischen Analyse kleiner Probenmengen die Streustrahlung fast ausschließlich durch den Probenträger verursacht wird, läßt sich dieser Einfluß durch Totalreflexion der Primärstrahlung an hochglanzpolierten Probenträgern weitgehend eliminieren. Die Vorteile dieser Ultraspurentechnik können aber nur genutzt werden, wenn die Probe als Lösung oder zumindest sehr feiner Suspension vorliegt und als dünner Film auf den hochebenen Probenträger aus Quarz, Plexiglas oder Glaskohlenstoff aufgebracht werden kann.

Für die Totalreflexion von Röntgenstrahlen sind Einstrahlwinkel von nur wenigen Bogenminuten notwendig; die Fluoreszenzstrahlung wird dann im 90°-Winkel zur Probenoberfläche gemessen. Für die Mikroanalyse ist die Totalreflexions-Röntgenfluoreszenzanalyse, wie sie heute kommerziell erhältlich ist, sehr leistungsfähig. Diese Methode kann bei etwa 70 Elementen zerstörungsfrei Absolutmengen von 2 bis 20 pg noch nachweisen.

15 Oberflächenanalytik

Analytiker sind nur schwer zufriedenzustellende Menschen. Als vor Jahren die Rasterelektronenmikroskopie populär wurde und die erste Begeisterung an den schönen dreidimensional erscheinenden Aufnahmen ein wenig abgeflaut war, wurde immer öfter die Frage gestellt, was man da eigentlich sehe, genauer, welche chemische Zusammensetzung denn in dem einen oder anderen Partikel vorläge. Also wurden die Rastermikroskope bald mit Zusätzen für die Mikroanalyse ausgerüstet (energiedispersiver Röntgen-Mikroanalysator). Kaum hatte sich dann die Möglichkeit eingebürgert, Teilchen von wenigen Mikrometern Durchmesser analysieren zu können, d.h. ihre Zusammensetzung bezüglich ihrer chemischen Elemente zu bestimmen – also die Frage zu beantworten: «An welcher Stelle der Oberfläche befindet sich welches Element?» –, da kamen die unzufriedenen Analytiker schon wieder mit einem neuen Wunsch. Nun wollten sie wissen, wieviel denn wohl von jedem Element an jeder Stelle vorhanden sei.

Diesmal dauerte es etwas länger, nämlich fast 10 Jahre, bis man die quantitative energiedispersive Röntgenmikroanalyse so einigermaßen im Griff hatte. Waren nun alle Wünsche erfüllt? Keineswegs! Neue Probleme taten sich auf: Die Analyse dünner Schichten war es, die nun immer häufiger verlangt wurde. Da kam beispielsweise ein Hersteller, der Relaiskontakte für die Deutsche Bundespost produziert, mit zwei Kontaktsätzen und wollte wissen, weshalb der eine Satz einen viel zu hohen elektrischen Übergangswiderstand hatte. Nach allen Regeln der Kunst wurde nun im Labor gerastert und geEDAXt, aber es half alles nichts (EDAX ist die Abkürzung für **E**nergy **d**ispersive **a**nalysis of **X**-rays. Auf deutsch: energiedispersive **R**öntgenmikroanalyse, EDX). Die Ursache konnte nicht gefunden werden. Jedoch wurde die Vermutung ausgesprochen, daß die Kontaktoberfläche mit einer extrem dünnen Bedeckungsschicht überzogen sein könnte, die unterhalb der Nachweisgrenze des Verfahrens lag. Jahre später konnte diese Behauptung dann durch Einsatz der Auger-Elektronenspektroskopie bestätigt werden. Es wurden 3 nm einer Schwefelverbindung auf der Oberfläche nachgewiesen.

Oberflächeneigenschaften sind generell für die Einsatzmöglichkeiten, aber auch für das Aussehen eines Werkstücks verantwortlich. In der Materialwissenschaft stehen Entwicklungen metallischer Werkstoffe, Sensormaterialien, Keramiken, Gläser, Supraleiter, Halbleiter, Isolatoren sowie Ferroelektrika im Mittelpunkt des Interesses. Die genaue Kenntnis der Prozesse an der Werkstoffoberfläche erlaubt es, Materialien zielgerichteter zu verbessern und Fertigungsprozesse zu optimieren. Dabei können potentielle Fehlerquellen schon im Ansatz erkannt und ausgeschaltet werden.

Oberflächen- und grenzflächenanalytische Verfahren werden auch bei der Katalyse und Adsorption benötigt, um Informationen über die mechanischen Eigenschaften oder ihr Verhalten bei verschiedenen Anwendungen zu erkennen. In zunehmendem Maße werden Werkstoffoberflächen mechanisch vorbehandelt, chemisch modifiziert, beschichtet und strukturiert, um unterschiedliche Materialanforderungen wie Haftungs-, Reibungs- und Korrosionsverhalten für den jeweiligen Einsatzzweck zu erhöhen. Zur Untersuchung der Strukturen, der Zusammensetzung und den physikalisch-chemischen Eigenschaften ist eine genaue Charakterisierung der Oberfläche erforderlich. Die Oberflächenanalytik stellt dabei eine wichtige Ergänzung zu den bekannten Verfahren der Werkstoffprüfung dar [15.1].

Was ist nun aber mit «extrem dünn» gemeint, und was ist unter dem Begriff «Oberfläche» zu verstehen? Im allgemeinen Sprachgebrauch bezeichnet man mit Oberfläche eine dünne, äußere Randschicht, die Farbe, Glanz und Rauheit eines Werkstückes bestimmt. Jede Oberfläche ist also nur in Verbindung mit einer gewissen endlichen Dicke vorstellbar. Leider ist der Begriff nicht genormt, und so hängt die gemeinte Dicke davon ab, aus welcher Sparte derjenige kommt, der den Begriff benutzt.

Für einen Mechaniker zeigen Werkstoffoberflächen Gestaltsabweichungen in Form von Welligkeiten und Rauheiten infolge einer mechanischen Bearbeitung. Die chemische Zusammensetzung unterscheidet sich in der Größenordnung bis zu einigen µm vom Volumenmaterial. Der Rasterelektronenmikroskopiker dagegen meint, wenn er von Oberflächenrauhigkeit spricht, einen Bereich von 10 bis 100 nm, und wenn man gar einen Oberflächenphysiker fragt, dann versteht dieser unter Oberfläche die ersten paar Atomlagen, mithin weniger als 1 Nanometer.

Allgemein kann mit Oberfläche eine Rand- oder Grenzschicht bezeichnet werden, die ein Werkstück von dem umgebenden Medium bzw. von einem zweiten angrenzenden Werkstoff trennt. Die Dicke dieser Schicht wird durch die jeweiligen technologisch wichtigen Eigenschaften und Prozesse bestimmt und kann zwischen etwa 1 nm und 1 µm variieren. Die erste Atomlage ist im allgemeinen für die Haftung, die Benetzbarkeit, die Katalyse und Bioverträglichkeit verantwortlich, während Korrosionsprozesse sich in einer Größenordnung von mehreren Nanometern abspielen. Die optischen Eigenschaften einer Oberfläche wie Glanz und Rauheit werden erst durch eine etwa 100 nm dicke Schicht bestimmt.

Während die klassischen Verfahren der Werkstoffprüfung die Bestimmung der verschiedenen Sekundäreigenschaften eines Werkstoffes oder Produktes bestimmen, werden bei der Oberflächenanalytik Informationen über den mikroskopischen Aufbau der Materie, d.h. die Chemie, Topographie und Struktur von Mikrobereichen, gewonnen. Die Oberflächenanalysenverfahren, die hier im folgenden näher behandelt werden, sind in der Lage, zwischen 0,1 und 10 nm dicke Schichten zu erfassen. Bei Einsatz von Verfahren, die die Oberfläche abtragen, lassen sich aber auch noch Schichten bis zu etwa 1 µm Dicke analysieren.

15.1 Methoden

Wie funktionieren nun diese Methoden der physikalischen Analytik? Die zu untersuchende Probe wird je nach gewünschter Information mit einer ausgewählten

Sonde angeregt. Man benötigt für diese Sondentechnik eine Primärstrahlung zum Beschuß der Probe. Als Primärstrahlung kommen dabei zum Einsatz:

- □ Elektronen,
- □ Ionen,
- □ Röntgenstrahlen und
- □ Licht.

Als Folge dieser Anregung geht von der Probe eine Sekundärstrahlung aus, die dann analysiert wird. Die Probe kann dabei ebenfalls Elektronen, Ionen, Röntgenquanten oder Licht als Antwortreaktion aussenden oder aber auch mehrere dieser Teilchen gleichzeitig (Bild 15.1). Diese von der Probe ausgehende Sekundärstrahlung enthält Informationen über die Zusammensetzung und Eigenschaften der Oberfläche. Die Frage nach der besten Methode läßt sich nicht allgemein, sondern immer nur im Hinblick auf das vorliegende Analysenproblem beantworten [15.2].

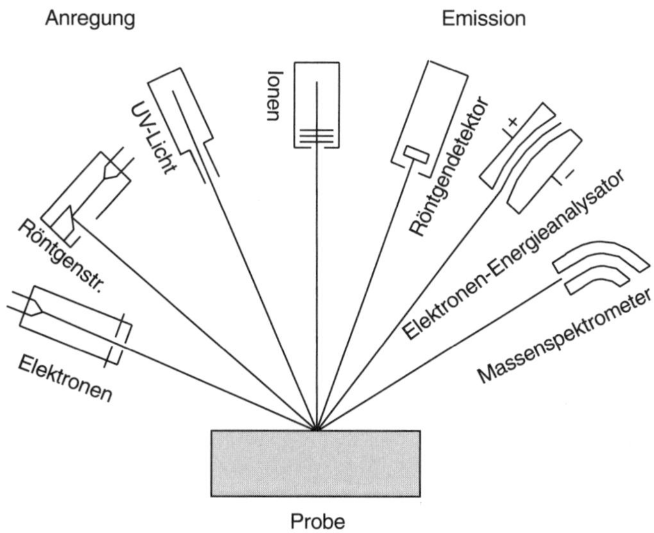

Bild 15.1 Anregungs- und Emissionsmöglichkeiten bei Festkörperoberflächen

Der Experimentator wählt nun einen oder mehrere Detektoren aus und bestimmt damit, welche der von der Probe emittierten Partikel er analysieren will. Wenn jede der möglichen Kombinationen zugelassen ist, dann erhält man ein quadratisches Schema mit 16 Feldern, in das nun die Abkürzungen der Analysenverfahren eingetragen werden, um in die Vielzahl der Verfahren eine Systematik zu bringen. Zum besseren Verständnis wurden auch einige abbildende Verfahren mit aufgenommen. Tabelle 15.1 beschränkt sich auf die bekanntesten Verfahren und ist nicht als vollständig anzusehen.

Die Zahl der Verfahren hat wohl die Zahl 50 längst überschritten. Leider sind die Bezeichnungen nicht einheitlich. Beide Möglichkeiten von Mißverständnissen treten auf: Einige identische Verfahren tragen verschiedene Bezeichnungen (z.B. Röntgen-Mikroanalyse = Elektronenstrahl-Mikroanalyse), und verschiedene Ver-

Tabelle 15.1 Übersicht über die wichtigsten Oberflächenanalysen- und Abbildungsverfahren

Anregung durch	Nachweis von			
	Elektronen	Ionen	Röntgenstrahlen	Licht
Elektronen	SEM, TEM, STEM, ELS, LEED/HEED/RHEED	ESID	ESMA/EDX	CL
Ionen		SIMS/IMMA	PIXE	
Röntgenstrahlen	ESCA/XPS		RFA, XRD	
Licht	ESCA/UPS	LAMMA		OES, Lasersonde, Ramansonde

Abbildende Verfahren		Analysierende Verfahren	
SEM	Scanning Electron Microscopy	AES	Auger-Elektronen-Spektroskopie
TEM	Transmission Electron Microscopy	SAM	Scanning Auger Microprobe
STEM	Scanning Transmission Electron Microscopy	ESCA	Elektronenspektroskopie für die chemische Analyse
CL	Cathode Lumineszenz	ELS	Energy Loss Spectroscopy
PHEEM	Photoemissions-Elektronenmikroskopie	LEED	Low Energy Electron Diffraction
		HEED	High Energy Electron Diffraction
		RHEED	Reflection High Energy Electron Diffraction
		ESID	Elektronenstimulierte Ionendesorption
		IMMA	Ion Microprobe Mass Analysis
		RIBS	Rutherford Ion Backscattering Spectroscopy
		LAMMA	Laser-Mikrosonden-Massenanalyse
		PIXE	Particle Induced X-Ray Emission
		RFA	Röntgenfluoreszenzanalyse
		XRD	X-Ray Diffraction
		XPS	X-Ray Photoelectron Spectroscopy
		EDX	Energy dispersive X-Ray Analysis
		OES	Optische Emissionsanalyse
		UPS	Ultraviolett-Photoelektronenspektroskopie
		SIMS	Sekundärionen-Massenspektroskopie
		ISS	Ionenspektroskopie
		ESMA	Elektronenstrahl-Mikroanalyse

fahren tragen gleiche Bezeichnung. Verkompliziert werden die Verhältnisse noch dadurch, daß manche Verfahren in Deutsch anders bezeichnet werden als im Englischen.

Von den in Tabelle 15.1 aufgeführten Verfahren werden nun die wichtigsten herausgegriffen und näher besprochen, und zwar diejenigen, die das Laborstadium schon hinter sich haben und bereits routinemäßig eingesetzt werden. Die zu besprechenden Oberflächenanalysenverfahren unterscheiden sich voneinander bezüglich folgender Eigenschaften:

- □ Informationstiefe,
- □ Zerstörungsfreiheit,
- □ Nachweisgrenze,
- □ laterales Auflösungsvermögen,
- □ nachweisbarer Elementbereich und
- □ Quantifizierbarkeit.

Eine wichtige Größe ist die **Informationstiefe.** Damit ist die Tiefe gemeint, aus der die Teilchen kommen, die analysiert werden. Die eigentlichen Oberflächenanalysenverfahren zeichnen sich dadurch aus, daß sie eine um 3 bis 4 Größenordnungen geringere Informationstiefe haben als die Röntgenstrahlmikroanalyse, was bedeutet, daß sie um 3 bis 4 Zehnerpotenzen dünnere Schichten erfassen können. Bild 15.2 zeigt dies schematisch. Der in der Mitte der Balken dunklere Bereich soll andeuten, daß die Informationstiefe keine fixe Größe ist, sondern von mehreren Parametern abhängt, z. B. von der Energie der auftreffenden Teilchen und natürlich von der Art des Materials selbst.

Wegen der geringen Informationstiefe spielen bei oberflächenanalytischen Verfahren die Ultra-Hochvakuum-Bedingungen eine sehr wichtige Rolle, da die ein-

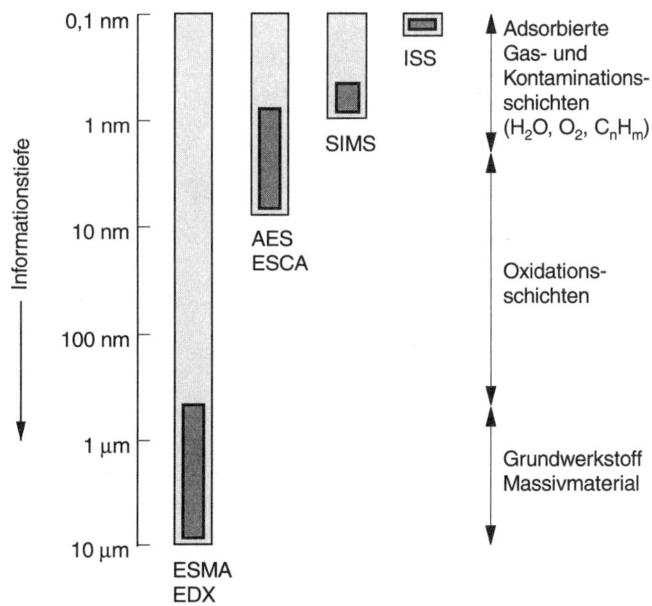

Bild 15.2 Informationstiefen verschiedener Oberflächenanalysenverfahren im Vergleich zur Röntgenstrahl-Mikroanalyse

zelnen Strahlungsarten in den meisten Fällen von Luft stark absorbiert werden. Außerdem ist eine Ablagerung aus dem Restgas auf die Oberfläche zu unterbinden. Für einen zuverlässigen Betrieb sind heute Vakuumsysteme bis zu einem Bereich von 10^{-8} Pascal kommerziell verfügbar. Das Bild soll außerdem klarmachen, daß jede Probe, die sich vorher in natürlicher Umgebung befunden hat, auf ihrer eigentlichen Oberfläche Bedeckungsschichten trägt, die sich auch durch vorheriges Reinigen im Ultraschallbad nicht entfernen lassen. Es handelt sich dabei um festhaftende Schichten aus Wasser und Kohlenwasserstoffen, die chemisorbiert sind, so daß sie auch durch das Ultrahochvakuum der Probenkammer nicht zum Verschwinden zu bringen sind.

Abhilfe bringt entweder Aufheizen noch Wegschießen durch Ionenbeschuß. Unter der Kontaminationsschicht befindet sich meist eine mehr oder weniger dünne Oxidationsschicht, und dann erst stößt man zum eigentlichen Grundwerkstoff vor. Dieser Schichtdickenbereich ist nun oft gerade von größtem Interesse – sei es, daß man die Dicke der Oxidschicht bestimmen möchte oder daß man nach Verunreinigungsschichten sucht.

Mit Bild 15.3 soll an einem Beispiel gezeigt werden, wie wichtig es sein kann, ein Analysenverfahren mit geringer Informationstiefe zur Verfügung zu haben. Es seien zwei verschiedene Proben gegeben, die innerhalb der obersten Schicht von 1 µm Stärke eine gleich große Fremdatomkonzentration aufweisen, die jedoch in unterschiedlicher Weise in der Probe verteilt seien (die Fremdatome sind in der Abbildung durch kleine Kreise dargestellt).

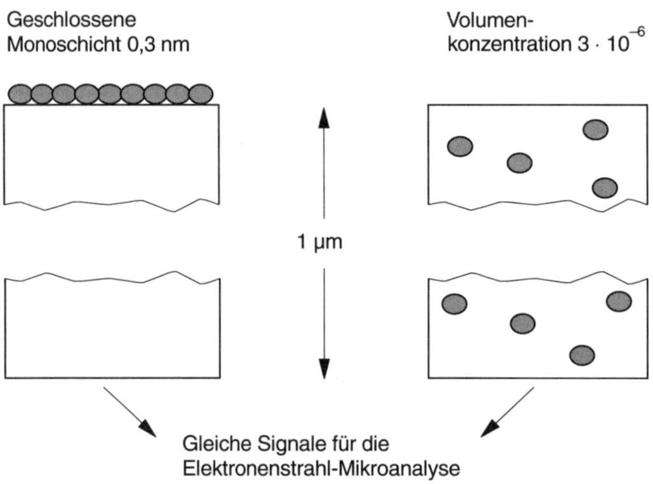

Bild 15.3 Zur Bedeutung der Informationstiefe bei der Oberflächenanalyse

Eine mit der Röntgen-Mikrosonde durchgeführte Analyse würde für beide doch so unterschiedlichen Proben ein gleich großes Meßsignal ergeben und zu der Aussage führen, daß beide Proben hinsichtlich ihrer chemischen Zusammensetzung gleich seien. Das sind sie auch – integral betrachtet, nicht jedoch bezüglich ihrer Tiefenverteilung. Führt man nun an beiden Proben eine Oberflächenanalyse durch, so werden sich zwei voneinander völlig verschiedene Spektren ergeben, die sofort offenbaren, daß sich das Fremdelement bei der einen Probe auf der Oberfläche angereichert hat.

15.2 Energiedispersive Röntgenmikroanalyse

Die durch Beschuß einer Probe mit Elektronen erzeugten Sekundärelektronen ermöglichen im **R**aster**e**lektronen**m**ikroskop (REM, engl. SEM = **S**canning **e**lectron **m**icroscope) eine Abbildung der Objektoberfläche mit hoher Tiefenschärfe und eine laterale Auflösung von ca. 5 bis 7 nm. Der Elektronenstrahl wird fokussiert und tastet rasterweise die Probenoberfläche ab. Die Intensität der erzeugten Sekundärelektronen – abhängig von Elementverteilung, Probentopographie und Kristallstruktur – wird zur Abbildung der Probe verwendet.

Die zentrale Einheit eines Rasterelektronenmikroskops bildet die elektronenoptische Säule, die zur Erzeugung eines feinfokussierten Elektronenstrahls dient. Im oberen Teil der elektronenoptischen Säule befindet sich die Elektronenkanone. Sie besteht in der Regel aus einer Wolfram-Haarnadelkatode, die infolge von Glühemission Elektronen emittiert. Ein Wehnelt-Zylinder, der gegenüber der Katode ein negatives Potential von etwa 100 V besitzt, regelt den Elektronenstrom. Die Anode beschleunigt die austretenden Elektronen und verleiht ihnen die gewünschte Energie. Durch eine geeignete Formgebung erzeugt der Wehnelt-Zylinder eine Bündelung der Elektronen in unmittelbarer Nähe der Anodenblende, den sogenannten Crossover, mit einem Durchmesser von 20 bis 50 µm. Die aus zwei bis drei magnetischen Linsen und einem System von Blenden bestehende Elektronenoptik verkleinert den Crossover auf den benötigten Strahldurchmesser und bildet ihn auf der Oberfläche ab.

Unter der elektronenoptischen Säule schließt sich die Probenkammer mit der Probenschleuse an. Diese dient dazu, das Einbringen der Probe in das unter Vakuum stehende System zu bringen. In der Probenkammer befindet sich ein Goniometer, das eine Bewegung der Probe in x-, y- und z-Richtung gestattet. Gute Goniometer erlauben außerdem eine Neigung des Präparates bezüglich der optischen Achse des Systems sowie eine Drehung. Außer dem Goniometer für die Objektbewegung enthält die Probenkammer Detektoren für die rückgestreuten, die sekundären und die absorbierten Elektronen sowie Anschlußmöglichkeiten für wellenlängen- und energiedispersive Spektrometer.

Je nach Gerätetyp ist vor oder nach der letzten Elektronenlinse ein Ablenkungsspulenpaar eingebaut. Dieses hat die Aufgabe, den Elektronenstrahl in x- und y-Richtung abzulenken, wodurch eine Abrasterung des Objektes möglich wird. Ein Rastergenerator sorgt dafür, daß der Elektronenstrahl synchron mit dem Strahl einer Bildröhre über die Probe geführt wird. Damit wird einem bestimmten Punkt auf der Probe ein entsprechender Punkt auf dem Bildschirm zugeordnet. Die durch die Wechselwirkung der Elektronen mit dem Target erzeugten Signale werden durch Detektoren registriert, anschließend verstärkt und danach der Bilderzeugung zugeführt. Zur Abbildung der Probenoberfläche sind vor allem die Sekundärelektronen hervorragend geeignet. Aufgrund ihrer niedrigen Energie von etwa 50 eV stammen sie aus sehr oberflächennahen Bereichen. Obwohl der Primärelektronenstrahl bis zu einigen µm in die Probe eindringen kann, stammen die Sekundärelektronen aus der unmittelbaren Nähe der Probenoberfläche. Die maximale Tiefe, aus der Sekundärelektronen stammen, beträgt bei Metallen etwa 5 nm und bei Isolatoren etwa 50 nm [15.3].

Der im REM benutzte Primärelektronenstrahl, der bis zu mehreren µm in die Probenoberfläche eindringt, regt gleichzeitig die Atome in einem oberflächennahen Volumen zur element-charakteristischen Emission von Röntgenstrahlen an, die dazu dient, die chemische Zusammensetzung des abgebildeten Probenausschnittes zu bestimmen (Bild 15.4). Die spektrale Zerlegung kann dabei zum einen mit der Methode der wellenlängendispersiven Analyse und zum anderen mittels der energiedispersiven Analyse durchgeführt werden. Die energiedispersive Röntgenanalyse (EDX) hat sich dabei gerade durch die Möglichkeit schneller qualitativer Analysen der in einer Probe enthaltenen Elemente als eine ideale Ergänzung zum Rasterelektronenmikroskop erwiesen. Die Anwendungsmöglichkeiten einer Kombination REM-EDX reichen dabei von Werkstoff- und Bauteiluntersuchungen über Homogenitätsbetrachtungen bis zur Analyse von Einschlüssen und Verunreinigungen in den unterschiedlichsten Materialien (z. B. Metalle, Legierungen, Halbleiter).

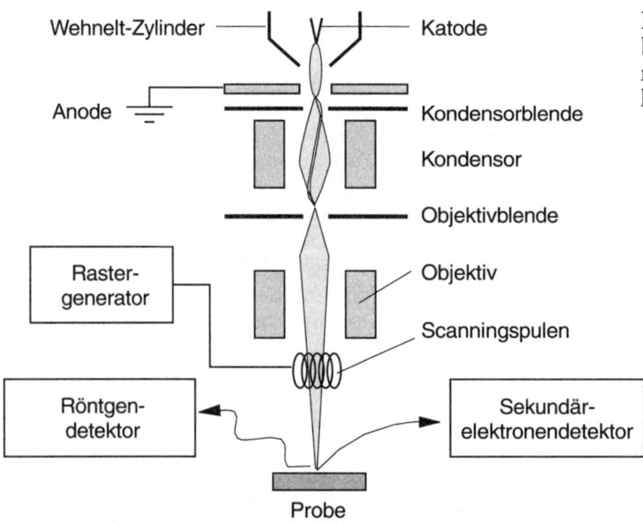

Bild 15.4 Prinzipieller Aufbau eines Rasterelektronenmikroskops mit EDX-Einheit

Das Auftreffen eines Elektronenstrahls auf eine Probenoberfläche bewirkt neben der Anregung unterschiedlicher Sekundärstrahlung im Prinzip die Entstehung zweier Arten von Röntgenstrahlung: Röntgenbremsstrahlung und charakteristische Strahlung. Aus dem kontinuierlichen Bremsstrahlungsspektrum lassen sich keine Informationen bezüglich der beteiligten Elemente ermitteln. Bei rein qualitativen Analysen wird das sogenannte Röntgenkontinuum nicht weiter berücksichtigt, im Falle einer quantitativen Auswertung muß dieser Anteil des Röntgenspektrums durch geeignete Methoden rechnerisch eliminiert werden [15.4].

15.2.1 Qualitative Röntgenanalyse

Mit einem energiedispersiven Röntgensystem ist es möglich, alle Elemente des Periodensystems bis hinunter zu Natrium ($Z = 11$) ohne Probleme nachzuweisen. Die Nachweisempfindlichkeit variiert dabei mit der Ordnungszahl des untersuchten Elementes, sie ist im allgemeinen größer für hohe Ordnungszahlen. Die Nachweisgrenzen für mittelschwere Elemente liegen in der Größenordnung von 1000 ppm. Es gibt verschiedene Möglichkeiten der Aufnahme und Darstellung von Röntgenspektren bzw. -bildern, die in erster Linie qualitative Aussagen bezüglich der Elementzusammensetzung einer Probe ermöglichen. Man unterscheidet dabei zwischen Ganzflächen- und Teilflächen- bzw. Punktanalysen sowie Elementverteilungsbildern und Linienprofilen [15.5].

Im Falle von Punkt- und Flächenanalysen werden ausgewählte Bereiche einer Probe vom Primärelektronenstrahl überstrichen und die dabei emittierten Röntgenquanten über einen Detektor zum Aufbau eines Röntgenspektrums verwendet. Die Punktanalyse dient dabei im wesentlichen der Charakterisierung von Einschlüssen oder Ablagerungen. Dabei liegt das laterale Auflösungsvermögen bei kompakten Proben in der Größenordnung des Durchmessers der Elektronendiffusionswolke von ca. 1 µm. Es ist also zu beachten, daß es aufgrund dieses begrenzten Auflösungsvermögens im allgemeinen nicht möglich ist, Einschlüsse < 1 µm für sich allein zu analysieren.

Einen weiteren wichtigen Punkt bei der Interpretation von Röntgenspektren bilden Abschattungseffekte bei stark zerklüfteten Oberflächen. Letztere können dazu führen, daß bestimmte Elemente im Spektrum völlig unterdrückt werden, wenn sie für den Detektor im «Schatten» einer Erhebung vorliegen, bzw. im anderen Fall im Vergleich zur Umgebung unverhältnismäßig stark berücksichtigt werden.

Zur Erzeugung von Elementverteilungsbildern wird die Intensität einer vorher bestimmten Röntgenspektrallinie (Fenster) zur Helligkeitssteuerung des REM-Bildschirms benutzt, während der Primärelektronenstrahl einen ausgewählten Flächenbereich auf der Probe abrastert (Flächenraster). Ein Elementverteilungsbild dieser Art erlaubt damit eine durchaus «quantitativ» zu nennende Identifikation von Materialunterschieden einer Objektprobe.

Analog zur Herstellung eines solchen Elementverteilungsbildes kann man auch langsam entlang einer beliebigen Linie in x-Richtung rastern (Linienraster) und die Intensität einer charakteristischen Röntgenlinie eines bestimmten Elementes als y-moduliertes Signal auf dem REM-Bildschirm aufzeichnen. Diese Art der Linienanalyse ergibt ein sog. Konzentrationsprofil, bei dem qualitativ die Häufigkeitsverteilung eines Elementes entlang einer Strecke dargestellt wird.

15.2.2 Quantitative Analyse

Während man sich bei der qualitativen Röntgenanalyse im allgemeinen damit begnügen muß, Art und Verteilung der in einer Objektprobe befindlichen Elemente aufzuzeigen, bietet eine quantitative Analyse die Möglichkeit, mit Hilfe eines Rechnersystems und unterschiedlicher Rechenmodelle genaue Konzentrationswerte anzugeben. Je nach verwendetem Formalismus ist es notwendig, dem Rechner entweder zusätzliche Angaben zum Probenspektrum einzugeben oder unter Umständen Vergleichsspektren von Reinstelementen der in der Probe vorkommenden Substanzen zusätzlich aufzunehmen. Diese sog. Standards gehen dann als Vergleichswerte in die Korrekturrechnungen ein. In allen Berechnungen geht man dabei in erster Näherung von einem linearen Zusammenhang zwischen der Konzentration *c* und Röntgenintensität *I* aus.

Ohne Standard lassen sich semiquantitative Analysen mit typischer Unschärfe von ± 10 % der Konzentration in At.-% und Gew.-% machen. Mit Eichstandards sind quantitative Analysen mit ± 1 % der Konzentration in At.-% oder Gew.-% möglich.

15.3 Protoneninduzierte Röntgenemission

Erfolgt die Ionisation des Atoms in einer der inneren Schalen nicht durch Elektronen, sondern durch einen hochenergetischen Protonenbeschuß mit nachfolgender Emission von Röntgenstrahlung, handelt es sich um die «Proton induced X-ray emission» mit der Abkürzung PIXE. Die Vorteile des Verfahrens liegen in der Möglichkeit, den Durchmesser des Protonenstrahls durch Blenden und magnetische Quadrupollinsen auf etwa 1 µm zu fokussieren. Mit dieser lateralen Auflösung kann der Strahl dann durch Ablenkmagnete über die Probe gerastert werden. Als Multielementmethode können alle Elemente ab der Ordnungszahl $Z = 12$ mit einer Nachweisempfindlichkeit bis in den ppm-Bereich erfaßt werden. Mit einer Genauigkeit von etwa 10 % kann die Probenzusammensetzung nach vorheriger Kalibrierung ohne Bezugnahme von internen oder externen Standards und ohne naßchemischen Aufschluß ermittelt werden. Die Informationstiefe ist matrixabhängig und beträgt etwa 10 bis 30 µm [15.6].

Mit PIXE können Feststoffproben geringer Masse und Größe mit guter Genauigkeit analysiert werden, der Protonenstrahl kann auch als Abbildungsverfahren genutzt werden, um eine Elementverteilung mit mikroskopischer Auflösung darzustellen. Die benötigten Protonen werden in einer Glimmentladung von Wasserstoff erzeugt und müssen dann auf Energien von 2 bis 4 MeV beschleunigt werden. Der Bedarf dieses sehr teuren Beschleunigers steht aber einer größeren Verbreitung dieses Analysenverfahrens entgegen.

15.4 Auger-Elektronenspektroskopie

Mit der Auger-Elektronenspektroskopie (AES) lassen sich außer Wasserstoff und Helium prinzipiell alle Elemente im Festkörper-Oberflächenbereich und in Verbindung mit der Edelgasionenätzung die Abhängigkeit der Konzentration mit der Tiefe bestimmen. Dabei sind Aussagen zum Bindungszustand möglich. Die AES ist grundsätzlich an allen festen Proben durchführbar, bei Isolatoren bzw. nichtleitenden Schichten infolge Aufladungen mit Einschränkungen. Die Informationstiefe umfaßt nur wenige Nanometer, die Informationsfläche wird durch das Elektronenstrahlsystem nach unten begrenzt.

Bei dieser Methode ist der erste Teil des Vorganges mit dem der Röntgenmikroanalyse identisch. Jedoch wird hier die freiwerdende Energie einem 3. Elektron übertragen, das damit genügend Energie erhält, um den Atomverband zu verlassen. Dieser Effekt wurde 1925 von dem französischen Naturwissenschaftler PIERRE AUGER entdeckt. Das nach ihm benannte «Auger-Elektron» fliegt dann mit einer bestimmten Geschwindigkeit davon. Um seine Geschwindigkeit zu messen, bedarf es eines Elektronenspektrometers [15.7].

Wenn ein auftreffendes Elektron mit hinreichend großer Energie ein Elektronenorbital mit der Energie E_K in der Nähe des Atomkerns ionisiert, so wird durch das nun unbesetzte Energieniveau sofort ein Übergang eines anderen Elektrons (z.B. L_I nach K) induziert. Die Energie ($E_K - E_{L1}$), die bei diesem Übergang frei wird, kann als charakteristische Röntgenstrahlung auftreten. Sie kann aber auch auf ein anderes Elektron (z.B. im Energieniveau L_{III}) übertragen werden (Bild 15.5). Das Elektron aus dem Energieniveau verläßt das Atom mit der kinetischen Energie

$$E_{kin} = E_K - E_{LI} - E_{LIII}$$

Bild 15.5 Darstellung des Auger-Prozesses

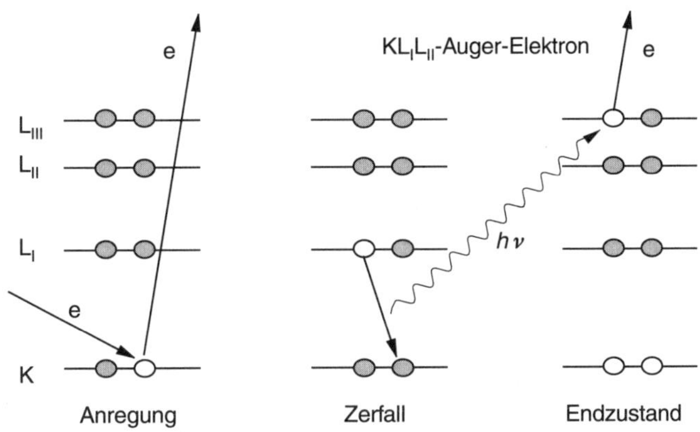

Die Energien der AUGER-Elektronen sind eine Materialeigenschaft und von der Energie des anregenden Elektronenstrahls unabhängig. Das heißt, die Energie des Auger-Elektrons hat für jedes Element einen spezifischen Wert. Somit erlaubt die Ermittlung dieser Energie die Bestimmung des Elementes.

Da am Auger-Prozeß drei Elektronen beteiligt sind, läßt sich ableiten, daß Wasserstoff und Helium keine Auger-Elektronen emittieren können. Bei Elementen mit hohen Ordnungszahlen überwiegt die Röntgenquantenanregung, bei den leichten Elementen überwiegt die Emission von Auger-Elektronen. Die AES besitzt also gegenüber der Röntgenmikroanalyse den großen Vorzug, gerade für die interessanten leichten Elemente B, C, N und O eine besonders hohe Anregungswahrscheinlichkeit zu besitzen. Bekanntlich sind diese Elemente mit der Röntgenmikroanalyse nur mit Klimmzügen (Verwendung künstlicher Kristalle aus seifenähnlichen Substanzen) nachweisbar.

Die primäre Ionisation kann durch eine beliebige Anregungsmethode erfolgen, ausgeprägt ist die mittels Elektronen. Dies ist vor allem wegen der leicht zu realisierenden Variation der Intensität und Energie eines Elektronenstrahls, seiner guten Fokussierbarkeit und Benutzung im Rasterbetrieb vorteilhaft. Je nach Gerätetyp beträgt die laterale Auflösung 10 bis 50 nm. Sie ist von der Fokussierung des Elektronenstrahls abhängig. Die Nachweisgrenze reicht bis ca. 0,01 Atom-%. AES wird im Ultrahochvakuum durchgeführt [15.8].

Bild 15.6 stellt die Aufnahme eines Auger-Spektrums für Silber dar. Die Ableitung d*N*/d*E* wird u.a. gebildet, um die Lage der Maxima, die in der Energieverteilungskurve enthalten sind, deutlicher sichtbar zu machen. Über Eichung sind quantitative Messungen möglich. Verbindungen können aus den Spektren nur in begrenztem Umfang ermittelt werden. Organische Moleküle eignen sich weniger zur Analyse mit AES, da durch den Beschuß mit Elektronen Bindungsvalenzen zerstört werden.

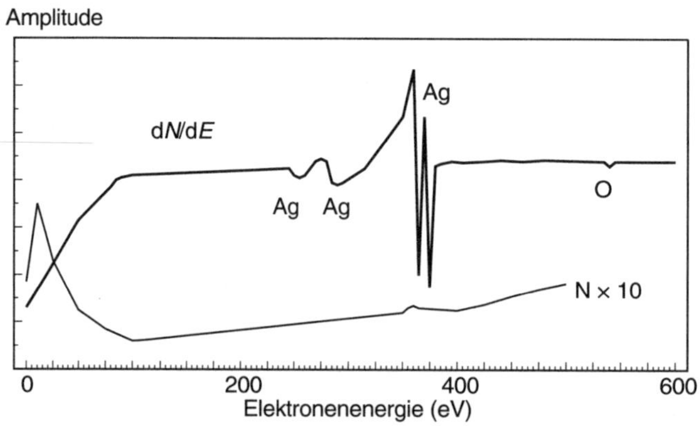

Bild 15.6 Energieverteilung $N(E)$ und $dN(E)/dE$ für Silber

Die Informationstiefe beträgt bei der AES nur einige Nanometer, weil die niederenergetischen Elektronen keine große Reichweite haben, d.h., es werden zwar auch in größeren Tiefen vom eindringenden Elektronenstrahl noch Auger-Elektronen erzeugt, doch gelangen diese nicht mehr bis zur Oberfläche, treten also auch aus dieser nicht aus und können mithin vom Detektor nicht erfaßt werden.

Bild 15.7 stellt ein Auger-Spektrum der Oberfläche eines «schlecht gespülten» Aluminiumblechs nach dem Beizen dar. Auf der Oberfläche (Informationstiefe ca. 2 nm) sind die Elemente S, Cr, O, Na und Al vorhanden. Es handelt sich hiermit um eine Al_2O_3-Schicht, in die Na-Chromat und Schwefel infolge schlechter Spülung eingebaut sind.

AES wird oft in Verbindung mit Inertgas-Ionenzerstäubung (engl. ion-sputtering), auch Ionenätzen genannt, verwendet. Als Inertgas wird dabei meist Argon verwendet. Durch Ionenbeschuß wird die Oberfläche abgetragen. Die Zusammensetzung der dabei exponierten Atomschicht im entstandenen Krater wird als Funktion der Zeit verfolgt. Bei bekannter Abtragsgeschwindigkeit kann man daraus den Konzentrationsverlauf als Funktion der Tiefe berechnen. Letzteres wird auch AES-Tiefenprofil genannt und gestattet die Schichtdickenbestimmung dünner Schichten. Sputtering kann kontinuierlich während des Messens oder diskontinuierlich erfolgen (Bild 15.8).

Bild 15.7 AES-Analyse eines schlecht gespülten Al-Blechs

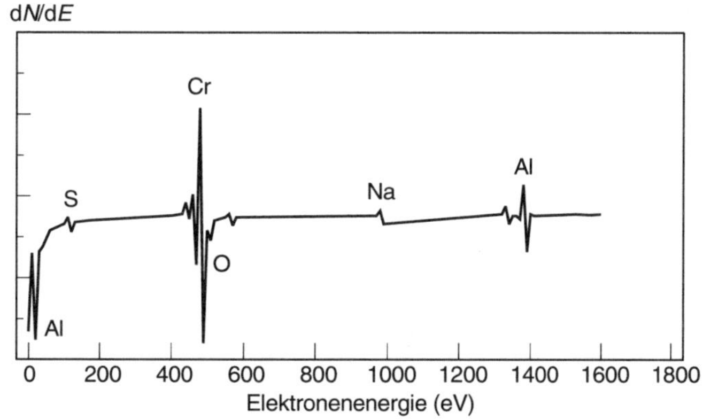

Bild 15.8 Prinzip der Auger-Tiefenprofilanalyse

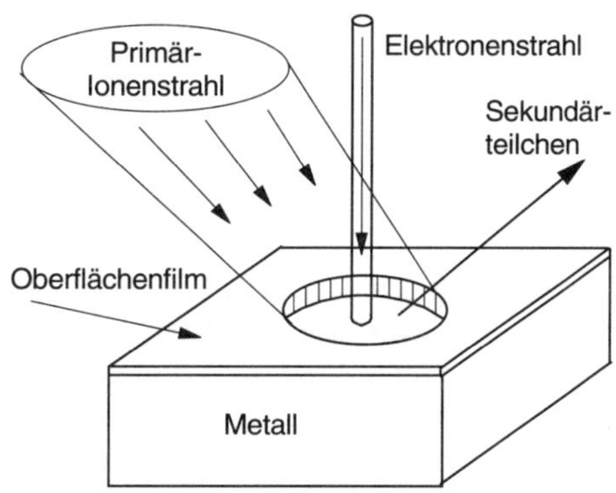

Bild 15.9 zeigt das AES-Tiefenprofil des Al-Blechs bis zu einer Tiefe von 40 nm. Der Abfall in der Sauerstoff(O)-Kurve und der Anstieg in der Aluminium(Al)-Kurve kennzeichnen das «Ende» bzw. die Schichtdicke der Al_2O_3-Schicht. Letztere beträgt ca. 15 nm und wird durch den Abfall der O-Konzentration auf der Hälfte der O-Konzentration auf der Oberfläche bestimmt [15.9].

15.4.1 Scanning Auger Microscope

Auger-Signale können auch zur Abbildung benutzt werden. Man spricht dann von einem «**S**canning **a**uger **m**icroscope, womit Elementverteilungsbilder hergestellt werden können. SAM ist eine Weiterentwicklung von AES in der Weise, daß der monoenergetische Primärelektronenstrahl die Probe abrastert, wobei nur die für das jeweils interessierende Element charakteristischen Sekundärelektronen einer bestimmten Energie zur Erzeugung eines elektronenmikroskopischen Konzentrationsbildes der Oberfläche herangezogen werden. Zusätzlich kann durch Verwendung aller Sekundärelektronen zum Bildaufbau ein rasterelektronenmikroskopisches Bild der Oberfläche erzeugt werden. Weiterhin läßt sich die elementare Zusammensetzung jedes beliebigen Punktes des rasterelektronenmikroskopischen Bildes über Auger-Spektren ebenso ermitteln wie die Konzentrations-

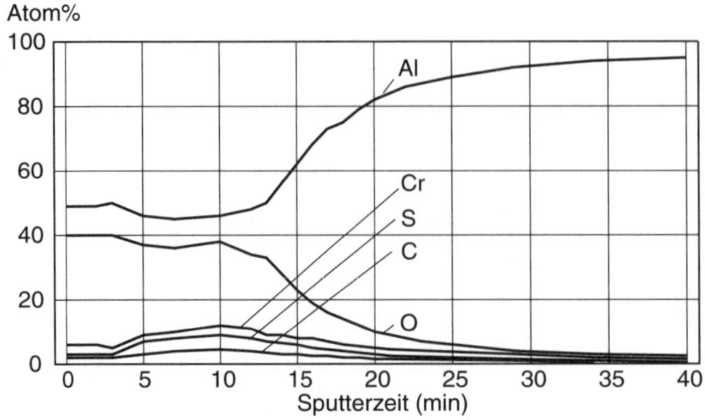

Bild 15.9 AES-Tiefenprofil des Al-Blechs

variation eines Elementes längs einer ausgewählten Linie (line scan). Nachweisgrenze, Erfassungstiefe und laterale Auflösung entsprechen der AES [15.10].

15.5 Elektronenspektroskopie für die chemische Analyse

Bei der ESCA (engl.: electron spectroscopy for chemical analysis), auch **Photoelektronenspektroskopie** genannt, wird der Photoeffekt ausgenutzt, der beim Bestrahlen von Materie mit Röntgen- oder UV-Licht beobachtet wird. ESCA ist ein zerstörungsfreies Analysenverfahren mit einer Informationstiefe von wenigen Nanometern, das auch Bestimmungen von organischen Verbindungen und Polymeren ermöglicht. Das Meßverfahren basiert auf der strahlungsinduzierten Emission von Elektronen, die entsprechend ihrer kinetischen Energie spektroskopiert werden. Alle Elemente bis auf Wasserstoff und Helium können nachgewiesen werden [15.11].

Es handelt sich um nichts anderes als den klassischen Photoeffekt nach LENARD und EINSTEIN: Eine saubere Metalloberfläche wird mit ultraviolettem Licht oder mit Röntgenquanten bestrahlt und emittiert daraufhin Elektronen. Das damals, als dieser Effekt untersucht wurde, so erstaunliche Ergebnis war, daß die Energie der Elektronen nicht zunimmt, wenn man die Beleuchtungsstärke der Strahlung erhöht, sondern daß nur die Anzahl der Elektronen steigt. Dagegen war die Energie der die Metalloberfläche verlassenden Elektronen von der Wellenlänge der auffallenden Strahlung abhängig. Dieser Befund entsprach nicht den herkömmlichen Vorstellungen und wurde durch die Annahme erklärt, daß die Lichtemission in Quanten erfolgt, wobei die Energie eines jeden Quants ein ganzzahliges Vielfaches des Wirkungsquantums h ist: $E = h\nu$.

Das erste Instrument zur Beobachtung der Photoelektronenspektroskopie wurde im Jahre 1956 von den Schweden KAI SIEGBAHN und K. EDVARSON beschrieben [15.12]. Aber erst Mitte der sechziger Jahre wurde ESCA bekannter. SIEGBAHN erhielt 1981 für seine Verdienste um die Elektronenspektroskopie zur Hälfte den Nobelpreis für Physik, die andere Hälfte erhielten die beiden Amerikaner N. BLOEMENBERGEN und A. L. SCHAWLOW für die Entwicklung der Laserspektroskopie.

Im Falle der Photoelektronenspektroskopie muß jedes Elektron, das den Atomverband verlassen will, zunächst die Bindungsenergie am Atom aufbringen. Alles, was darüber ist, steht dann für die Bewegungsenergie (E_{kin}) zur Verfügung. In erster Näherung gilt folgende einfache Beziehung:

$E_{kin} = h\,\nu - E_{bind}$ wobei: E_{bind} = Bindungsenergie

Da man die Wellenlänge – und mithin die Energie – der einfallenden Strahlung kennt und die kinetische Energie der Elektronen mit einem Elektronenenergie-Analysator messen kann, läßt sich aus obiger Gleichung die Bindungsenergie berechnen. Die kinetische Energie der Photoelektronen ist charakteristisch für die Elemente in ihren jeweils vorliegenden Bindungszuständen.

Das ist jedoch nur dann richtig, wenn das Photoelektron keine inelastischen Stöße innerhalb des Festkörpers erleidet. Die durchschnittliche Austrittstiefe für Elektronen ohne Energieverlust durch Stöße ist eine Funktion der Elektronenenergie, sie liegt für die Photoelektronen im Bereich von 0,5 bis 5 nm. Die Messung erfolgt im Hochvakuum. Es dominieren die Untersuchungen an festen Substanzen, Messungen an Flüssigkeiten und Gasen sind mit spezieller Technik möglich. Das Hauptanwendungsgebiet liegt in der Untersuchung der Elektronenstruktur von Valenz- und Rumpfniveaus [15.13].

- □ Wird zur Anregung ultraviolette Strahlung benutzt, so spricht man von der **Ultraviolett-Photoelektronenspektroskopie** (UPS);
- □ wird dagegen eine Röntgenquelle verwendet, so heißt das Verfahren **Röntgen-**(oder X-ray-)**Photoelektronenspektroskopie** (XPS).

Während die analytische Nachweisgrenze – abhängig von der Ordnungszahl- im Volumen bei etwa 0,1 % liegt, können oberflächenanalytisch erheblich weniger als eine Monolage nachgewiesen werden. Diese Oberflächenempfindlichkeit bedingt den großen Nutzen der Methode zur Untersuchung physikalisch-chemischer Phänomene an Grenz- und Oberflächen, wie Oxidation, Adsorption, heterogene Katalyse, Korrosion usw. Die ESCA-Ergebnisse können zur Erhöhung der Aussagekraft mit anderen spektroskopischen Verfahren verglichen und korrigiert werden.

Die grundlegenden Arbeiten zu dieser Technik sind von K. SIEGBAHN Ende der sechziger Jahre gemacht worden. Bei allen Verfahren der Photoelektronen-Spektroskopie treffen monochromatische Photonen, d.h. mit definierter Energie, auf die Probe und erzeugen über den photoelektrischen Effekt Elektronen, die mit einer kinetischen Energie E_{kin} in den Analysator gelangen (Bild 15.10). Aus der bekannten Photoenergie $h\,\nu$ und der kinetischen Energie E_{kin} des Elektrons kann auf die Bindungsenergie E_{bind} des Elektrons im Atom bzw. Molekül geschlossen werden. Die ermittelte Energie wird mit bekannten tabellierten Bindungsenergien verglichen, wodurch das Atom oder Molekül identifiziert werden kann.

Als wichtigste Größe der Photoelektronen-Spektroskopie erhält man die Bindungsenergie der Elektronen. Ihre experimentelle Bestimmung erfolgt durch Messung der kinetischen Energie E_{kin} in einem entsprechenden Energie-Analysator. Die kinetische Energie der ausgesandten Photoelektronen liegt im gleichen Energiebereich wie die der Auger-Elektronen, die im übrigen gleichzeitig mit den

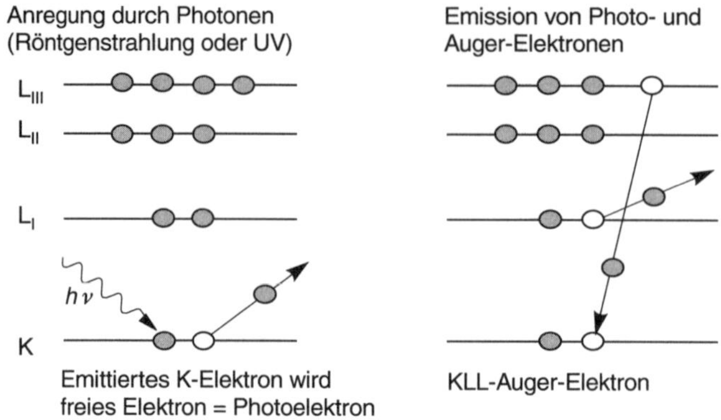

Bild 15.10 Elektronenübergänge bei der Photoelektronenemission

Photoelektronen emittiert werden. Infolgedessen ergeben sich auch etwa gleich große Informationstiefen von einigen Nanometern.

Die Bedeutung der ESCA-Methode liegt darin, daß zusätzlich zu der analytischen Information, welche Elemente vorliegen, noch Aussagen über die Art der Bindung gemacht werden können. Da die Bindungsenergie des Elektrons im Atomverband nicht unabhängig von den Nachbaratomen ist, ergibt sich eine geringfügige Differenz zwischen der Bindungsenergie eines Reinelementes und einer Verbindung. Diese Differenz macht sich in einer Linienverschiebung (chemical shift) der entsprechenden Peaks bemerkbar.

Wenn man ein Elektronenspektrometer mit hoher spektraler Auflösung einsetzt, dann lassen sich diese Verschiebungen, die höchstens einige eV betragen, messen. Dadurch wird es z. B. möglich zu unterscheiden, ob eine Kohlenstoff-Sauerstoff-Verbindung, eine C—O-Einfachbindung oder eine C=O-Doppelbindung enthält und mit welchem Anteil welcher Bindungstyp vorliegt. Bei einem Metalloxid ist es möglich, den Oxidationszustand, d. h. die Wertigkeit, anzugeben.

Zur exakten Berechnung der Bindungsenergien müssen aber noch weitere Einflüsse berücksichtigt werden. Neben der dominierenden Einelektronen-Ionisationsenergie sind Beiträge durch intra- und extraatomare Relaxation sowie Korrelations- und relativistische Energieanteile zu berücksichtigen. Von diesen erlangen insbesondere die Relaxationsenergien beträchtliche Werte. Nach dem Ionisationsprozeß findet man durch die Reorganisation der Orbitale eine neue Energieverteilung für den ionogenen Zustand gegenüber dem atomaren Zustand. Im Ergebnis des Lochzustandes berücksichtigt der Relaxationsbeitrag sowohl den intraatomaren Beitrag durch die lokale Veränderung der Elektronendichte am Atom durch die größere Elektron-Kern-Anziehung als auch die extraatomare Relaxation durch die Abschirmung des positiv geladenen Loches durch die Nachbaratome.

Bei der Aufnahme der Spektren treten durch den Photoemissionsprozeß, der die Reorganisation der Orbitale einschließt, stets Prozesse der Relaxation auf. Die wahre Bindungsenergie kann nur dann bestimmt werden, wenn der Relaxationsbeitrag bekannt ist. Häufig beobachtet man neben der Elektronenhauptlinie zusätzliche Peaks und Strukturen, deren Ursache Multiplettaufspaltungen, Vielelektronenprozesse oder charakteristische Energieverlusteffekte sein können. Diese Satellitenstrukturen erschweren zum Teil die Interpretation der Meßspektren, andererseits stellen sie eine Quelle für weitere Informationen dar.

Noch stärker als die absoluten Bindungsenergien interessiert die chemische Verschiebung eines Energieniveaus, die durch einen unterschiedlichen Bindungszustand des Atoms hervorgerufen wird. Dabei wirkt nicht nur die Valenzbindung selbst, sondern es kommen auch induktive Effekte entfernterer Atome in Betracht. Die chemische Verschiebung setzt sich zusammen aus einem intraatomaren Term, der die COULOMB-Wechselwirkung der Valenzelektronen mit den Rumpfelektronen infolge der durch den Bindungszustand verursachten Ladung berücksichtigt, und einem interatomaren Beitrag, der die COULOMB-Wechselwirkung der effektiven Ladung benachbarter Atome berücksichtigt.

Der **interatomare** Beitrag hängt in erster Linie von der Art der Atome, ihrer Geometrie zueinander sowie der Ladungsverteilung und Polarisierbarkeit der Valenzelektronen ab. Der **intraatomare** Beitrag ist näherungsweise proportional dem Ladungszustand des nichtionisierten Atoms und enthält weiterhin einen Term, der die Kontraktion der atomaren Orbitale infolge des Ionisierungszustandes berücksichtigt. Praktisch beobachtet man Verschiebungen der Bindungsenergie für ein Element in verschiedenen Zuständen bis etwa 5 eV, bei kleinen Molekülen sogar bis 10 eV. Diese Spektrenverschiebungen genügen im allgemeinen, um den betreffenden Ladungs- oder Oxidationszustand der Atome zu identifizieren.

Allgemeingültig kann gesagt werden: Je höher die formale Valenz der Atome in einer Verbindung ist, desto größer ist die entsprechende Bindungsenergie der Elektronen. Die Abweichungen vom exakt linearen Verhalten sind dadurch zu erklären, daß neben der einfachen Vorstellung vom Ladungsübergang noch Kovalenzeffekte zu berücksichtigen sind.

Die Leistungsfähigkeit von ESCA kann wie folgt definiert werden:

- □ Alle Elemente außer Wasserstoff können nachgewiesen werden. Die Meßgenauigkeit ist so hoch, daß man nicht nur die Art des Atoms identifizieren kann, sondern daß die Verschiebung der Elektronenenergieniveaus Informationen über die Art der chemischen Bindung gestattet. Bei sehr kleinen Verschiebungen ergibt sich eine Begrenzung des Auflösungsvermögens der Spektren. Der Elementnachweis ist eindeutig. Mehrdeutigkeiten durch Überlagerung von Linien verschiedener Elemente sind selten. Fast immer ist ein Ausweichen auf ein anderes Niveau oder Auger-Linien möglich. Auch Intensitätsverhältnisse bei Spin-Bahn-Kopplungen sowie die vom Bindungszustand unabhängigen Unterschiede in den Ionisierungsenergien können zur Identifizierung herangezogen werden.
- □ Die Linienintensität ist ein Maß für die Anzahl der Atome in einem bestimmten Bindungszustand (mittels Eichung sind quantitative Analysen gegeben).
- □ In Kombination mit einer Sputtereinrichtung können Tiefenprofile aufgenommen werden, wobei aber diskontinuierlich gesputtert bzw. gemessen werden muß.
- □ Die Untersuchungstechnik ist im Vergleich zu anderen Verfahren im wesentlichen nicht destruktiv. Deshalb können organische Substanzen (z. B. Polymere) untersucht werden.

15.6 Sekundärionen-Massenspektrometrie

Mit den bisher besprochenen Methoden lassen sich leider nur die in den Verbindungen enthaltenen Elemente nachweisen, jedoch nicht die Verbindung selbst. Die Sekundärionen-Massenspektrometrie führt hier einen kleinen Schritt weiter, indem sie Bruchstücke der Verbindungen liefert. Ein geschickter Puzzlespieler kann dann aus diesen Bruchstücken rekonstruieren, welche Verbindung ursprünglich vorgelegen hat.

Unter dem Begriff Sekundärionen-Massenspektrometrie (SIMS) versteht man die Kombination von Zerstäubungsprozeß mittels eines gebündelten Ionenstrahls und Massenspektrometrie der dabei ausgelösten Sekundärionen von der Oberfläche. Das massenspektrometrische Nachweisverfahren gestattet die Analyse aller Elemente des Periodensystems und Isotopenanalysen. Das SIMS kommt überall dort zum Einsatz, wo die chemische Zusammensetzung der Oberfläche oder des oberflächennahen Bereichs von Interesse ist [15.14]. Tiefenprofilanalysen von dünnen Schichten können mit hoher Tiefenauflösung gemacht werden. Quantitative Analysen lassen sich dabei für die einzelnen Elemente bis in den ppm-Bereich durchführen. Ein besonderer Vorteil der SIMS liegt in der guten Nachweisbarkeit auch der leichten Elemente, wie H, B, Be und C [15.15].

Das SIMS-Verfahren arbeitet grundsätzlich zerstörend. Die Probenoberfläche wird mit positiven Edelgasionen (Argon) der Energie von etwa 1 bis zu 20 keV bombardiert. Dabei finden verschiedene Effekte statt, die alle analytisch genutzt werden:

- □ die elastische Streuung der Primärionen an der Oberfläche durch die Ionenstreu-Spektroskopie (ISS),
- □ die ioneninduzierte Auger-Elektronenemission,
- □ die Sekundärionenemission durch SIMS,
- □ die Neutralteilchenemission durch SNMS (Sputtered neutral mass spectrometry,
- □ die ioneninduzierte Lichtemission durch BLE (Bombardement induced light emission).

Allen Verfahren ist gemeinsam, daß die Primärionen zu einem Strahl fokussiert werden, dessen Durchmesser zwischen 1 mm und bis herab zu 1 µm liegt. Während die elastische Streuung – zumindest bei Energien unter 1 keV – zerstörungsfrei ist, verursachen die in den Festkörper eindringenden Primärionen mehr oder minder starke Störungen bzw. tragen ihn ab. Der Sputter-Prozeß ist in Bild 15.11 dargestellt. Die ioneninduzierte Auger-Elektronenemission wird ähnlich der durch Elektronen ausgelösten genutzt.

Der Vorgang des Sputterns findet statt, wenn die rückstoßenden Festkörperatome in der Nähe der Oberfläche die erforderliche Energie und Richtung besitzen, um den Festkörper zu verlassen. Die Primärionen dringen je nach Energie, Masse und Targetatommasse sowie Einschußwinkel gegenüber der Probenoberfläche unterschiedlich tief in die Probe ein und geben ihre Energie durch Stöße an die Probenteilchen ab. Die dadurch ausgelösten Stoßkaskaden verleihen Teilchen an oder in der Nähe der Probenoberfläche Energien, die höher sind als die Bindungsenergien. Es kommt zur Emission von Teilchen. Diese können

Bild 15.11 Sputter- und Emissionsprozeß an einer Festkörperoberfläche

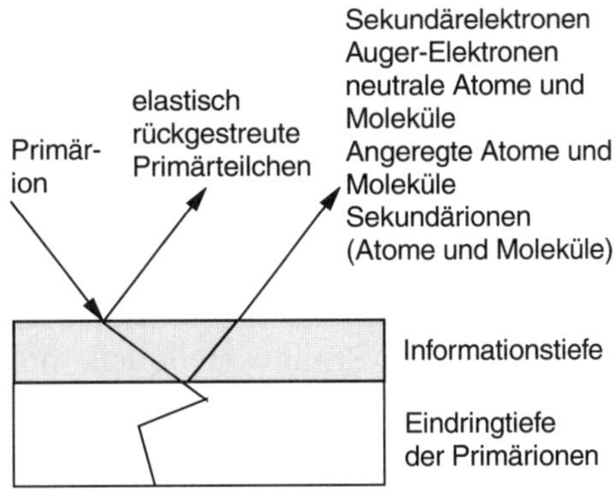

die Oberfläche als Neutralteilchen oder als negative bzw. positive Ionen verlassen.

Beim Edelgasionenbeschuß im Hoch- oder Ultrahochvakuum sind die emittierten Teilchen überwiegend elektrisch neutral. Der Anteil an angeregten bzw. ionisierten Teilchen ist gering und beträgt im allgemeinen weniger als 1 %. Es werden sowohl positive als auch negative Ionen erzeugt, wobei als Faustregel gilt, daß elektropositive Elemente, also z. B. Metalle, überwiegend positive Ionen und elekronegative Elemente, wie z. B. die Halogene, überwiegend negative Ionen bilden.

Die Austrittstiefe der Sputter-Teilchen beträgt ca. 20 Å in Abhängigkeit z. B. von der Energie der Primärionen, den Massenzahlen der Stoßpartner und der Ladungszahl. Die Nachweistiefe liegt in der Größenordnung weniger Monolagen bei langsamem Abbau der Oberfläche. Die Empfindlichkeit ist in manchen Fällen größer als 10^{-6} Teilchen pro Monolage.

Die SIMS-Spektren sind gewöhnlich sehr linienreich, da es meist viele Möglichkeiten gibt, Bruchstücke zu bilden, und da auch Bruchstücke rekombinieren können. Daher sind der Interpretation der Sekundärionen Grenzen gesetzt, weil durch den Ionenbeschuß neue chemische Verbindungen entstehen können. Um von einem Spektrum auf die exakte Zusammensetzung der Oberfläche schließen zu können, sind umfangreiche Vergleichsmessungen erforderlich. SIMS gestattet den Nachweis von Isotopen. Die Aufnahme von Tiefenprofilen zur Elementverteilung ist vergleichbar mit SAM.

Je nach Anwendungszweck unterscheidet man zwei Betriebsarten: das statische SIMS und das dynamische SIMS. Das Verfahren ist auch bei kleinen Abtragsraten, zumindest beim dynamischen Betrieb, destruktiv.

Beim **statischen SIMS** wird mit einem niederenergetischen Primärionenstrahl gearbeitet; die Stromdichte liegt unter 10^{-9} A cm^2, entsprechend einer Ionendosis $< 10^{12}$/cm^2. Das bedeutet, es trifft ein Argonion auf eine Fläche von 1600 Å^2. Während der Meßzeit werden nur Bruchteile von Monolagen abgetragen. Zum Erzielen von Nachweisgrenzen im ppm-Bereich einer Monolage liegen die Strahldurchmesser bei einigen mm. Wegen des großen Einflusses der Restgasumgebung auf die Sekundärionenemission ist ein sehr hohes Vakuum erforderlich.

Beim **dynamischen SIMS** wird mit einer um den Faktor 10^4 höheren Dosis gearbeitet. Die Primärionenenergien liegen im keV-Bereich, der Strahldurchmesser liegt zwischen 1 µm und 1 mm. Da SIMS-Signale vom Prinzip her keinen Untergrund aufweisen, sollte es möglich sein, sogar noch ein einziges Ion nachzuweisen. Das bedeutet, daß SIMS die Methode der Wahl ist, wenn es darum geht, Spurenanalysen durchzuführen.

Seit 1986 wird das erste kommerziell verfügbare Time-of-flight-Spektrometer (TOF) für die Sekundärmassenspektrometrie angeboten. Entwicklung und Einsatz eines energiefokussierenden Flugzeitspektrometers bildeten den Anfang einer neuen Analysatorgeneration in der Oberflächenanalytik. Durch Anschluß einer gepulsten Primärionenquelle oder eines gepulsten Lasers kann ein TOF-Spektrometer zu einem SIMS-Gerät oder zu einer Laser-Mikrosonde ausgebaut werden.

Wird anstelle eines Ionenstrahls die Probenoberfläche mit einem Laser bestrahlt, lassen sich durch die Laseraufheizung Moleküle von der Oberfläche desorbieren. Bei dieser LAMMA-Technik wird zur Aufheizung ein stark fokussierter Laser mit einer typischen Leistungsdichte von über 10^8 W cm^{-2} verwendet. Die meisten Teilchen verlassen ungeladen die Oberfläche; der kleine Anteil an Ionen, der aus der Oberfläche austritt, wird im Massenspektrometer analysiert.

15.7 Ionenstreu-Spektroskopie

Die Schwächen und Begrenzungen, die das eine Analysenverfahren hat, sind manchmal gerade die Stärken eines anderen. Während die Auger-Elektronenspektroskopie die ideale Ergänzung zur Röntgenmikroanalyse darstellt – besonders was die Analyse leichter Elemente angeht –, so ist die Ionenstreu-Spektroskopie die komplementäre Technik zum SIMS-Verfahren.

Während beim SIMS-Verfahren die von der Oberfläche abgesputterten Ionen untersucht werden, wird bei ISS (= Ion scattering spectroscopy) der Energieverlust gemessen, den die an der Oberfläche gestreuten Edelgasionen erlitten haben. Genauer gesagt: Es wird das Energieverhältnis E/E_0 der Ionen vor und nach dem Streuprozeß bestimmt (Bild 15.12). Dabei wird angenommen, daß die ankommenden Edelgasionen und die einzelnen Oberflächenatome binäre Kollision erleiden. Da die gestreuten Ionen immer die gleiche Masse haben, braucht man kein Massenspektrometer, sondern kann einen elektrostatischen Analysator zur Energietrennung benutzen. Aus der Energieverteilung der elastisch reflektierenden Ionen kann mit Hilfe des Impuls- und Energiesatzes auf die Massenzahl der Atome auf der Oberfläche geschlossen werden.

Alle Elemente, die schwerer sind als das einfallende Ion, können nachgewiesen werden. Wasserstoff in monomolekularer Schicht – adsorbiert oder chemisch gebunden – ist somit mit ISS nicht nachweisbar. Mit Ionen höherer Energie (0,1 bis 1 MeV) lassen sich Aufschlüsse auf die Tiefenstruktur der Werkstoffe gewinnen. Man bezeichnet diese spektroskopische Methode mit der Abkürzung RIBS (Rutherford ion back scattering) oder HEIS (High energy ion scattering). Sie ist besonders empfindlich für schwere Elemente in leichter Matrix. Ab Eisen sind benachbarte Elemente aufgrund des limitierten Massenauflösungsvermögens kaum noch unterscheidbar. Ein Störeffekt der ISS – die Neutralisation niederenergeti-

Bild 15.12 Schematische Darstellung der Sekundärionen-Massenspektrometrie (SIMS) und Ionenstreu-Spektroskopie (ISS)

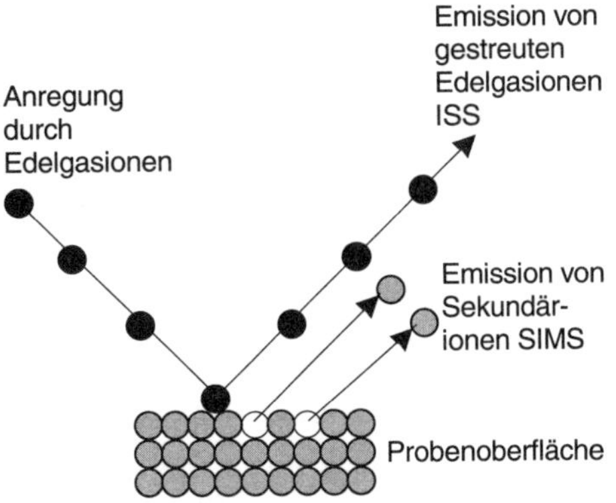

scher Ionen – wird in der Ionen-Neutralisations-Spektroskopie (INS) gezielt als Methode genutzt.

Die Nachweisgrenze ist beachtlich schlechter als bei SIMS, da das Verfahren einen relativ hohen Untergrund aufweist. Die Leistungsfähigkeit des Verfahrens besteht darin, daß es möglich ist, die oberste Monolage (Informationstiefe über eine Monolage) zu untersuchen. In der Regel erfolgt kein Nachweis von Verbindungen. Die Kombination mit einer Sputtereinrichtung zur Aufnahme von Tiefenprofilen ist möglich.

15.8 Raster-Sonden-Mikroskopie

Die Raster-Sonden-Mikrospopie, auch Nanoskopie genannt, eröffnet Wissenschaftlern aus Physik, Chemie und Biologie ein neues Feld von Analysenmethoden an Objekten im Nanometer-Bereich. Während alle anderen Methoden zur Betrachtung von kleinsten Objekten an der Abbè-Grenze scheitern (d.h. Objekte, die kleiner als die halbe Wellenlänge der verwendeten Strahlung sind, können nicht mehr aufgelöst werden), überschreiten die Raster-Sonden-Mikroskope aufgrund ihres anderartigen Meßprinzips diese Grenze. Seit der Einführung im Jahr 1981 hat dieses Verfahren zu einer Reihe von bisher nicht möglichen Einblicken im wissenschaftlichen und technologischen Bereich geführt. Dazu gehören die ersten Bilder von Atomen auf einer Oberfläche oder die Beantwortung der Frage nach der kristallinen Anordnung von Oberflächenatomen des Siliziums.

Die Raster-Sonden-Mikroskopie (engl.: Scanning probe microscopy, SPM) ist eine revolutionierende Technik. Mikrostrukturen, bis hin zu einzelnen Atomen, sind erstmals direkt in 10^8facher Vergrößerung darstellbar. Damit eröffnen sich viele Anwendungsbereiche, die vorher nicht denkbar waren. Keine andere Methode zur Analyse von Oberflächen hat wohl in den letzten zehn Jahren seit ihrer Einführung ein so breites Anwendungsprofil gewonnen wie die Raster-Sonden-Mikroskopie [15.16]. Die ersten Bilder, die gleichzeitig Atome auf der Oberfläche eines festen Körpers und die sie haltenden Bindungen zeigen, gelangen einer Gruppe von Wissenschaftlern am Thomas J. Watson Research Center der IBM in Yorktown Heights, USA.

Ein Raster-Sonden-Mikroskop hat drei Eigenschaften, die es von allen anderen Mikroskopen unterscheidet:

- □ extrem hohe Auflösung bis in atomare Dimensionen,
- □ dreidimensionale Vermessung – Abstandsmessung in traditionellen Mikroskopen ist auf 2 Dimensionen beschränkt,
- □ Einsatzmöglichkeiten auch unter Umgebungsbedingungen wie Vakuum, zirkulierenden Luftbewegungen oder in Flüssigkeit.

Die Familie der Raster-Sonden-Mikroskope kann in zwei große Gruppen geteilt werden:

- □ Raster-Tunnel-Mikroskope (RTM), **S**canning **t**unneling **m**icroscope (STM) und
- □ Raster-Kraft-Mikroskope, **A**tomic **f**orce **m**icroscope (AFM).

Der langgehegte Wunsch vieler Wissenschaftler, die einfache Abbildung der atomaren Struktur von Festkörperoberflächen, gelang 1982 den beiden Physikern GERD BINNIG und HEINRICH ROHRER mit dem von ihnen im Forschungszentrum Zürich der Fa. IBM entwickelten **Raster-Tunnel-Mikroskop** [15.17]. Für diese geniale Idee wurde den beiden Wissenschaftlern 1986 der Nobelpreis für Physik verliehen. Zugleich wurde damit auch der Grundstein für die Entwicklung einer ganzen Reihe von neuartigen Mikroskopen gelegt. Das Prinzip der Raster-Tunnel-Mikroskopie wird somit auf die unterschiedlichsten Wechselwirkungen zwischen einer Sonde und einer Probe angewandt, wobei statt des Tunnelstromes andere Parameter zur Messung herangezogen werden.

Der einfache Aufbau dieser Mikroskope mit der Möglichkeit der Höchstauflösung bis hin zu atomaren Dimensionen erklärt die rasante Entwicklung, die dieser Zweig der Mikroskopietechnik in den letzten Jahren erfuhr. So entwickelte sich, durch die Erfindung des RTM stimuliert, in der Folgezeit eine ganz neue Klasse von **Raster-Sonden-Mikroskopen**, kurz **RXM** genannt. X steht hierbei für einen physikalischen Effekt (z.B. T für den Tunneleffekt), mit dem der Abstand zwischen einer geeigneten spitzen Meßsonde und der Probe geregelt wird. Je nach verwendeter Sonde lassen sich so zum Beispiel lokale oberflächennahe Temperaturvariationen (Raster-Wärmemikroskopie [15.18]) oder optische Eigenschaften (optische Nahfeld-Rastermikroskopie [15.19]) mit hoher Ortsauflösung messen.

Das neben dem RTM wichtigste Rastersonden-Mikroskop ist das ebenfalls von BINNIG et. al. entwickelte Raster-Kraft-Mikroskop, kurz RKM genannt [15.20]. Die prinzipielle Einschränkung beim RTM, daß nur elektrisch leitende Proben untersucht werden können, besteht beim RKM nicht.

15.8.1 STM-Prinzip

Das Raster-Tunnel-Mikroskop wurde zum Untersuchen von Oberflächen leitender oder halbleitender Festkörper entwickelt. Das Funktionsprinzip des STM ist bestechend einfach (Bild 15.13). Dabei wird der Effekt des «Elektronentunnels» ausgenutzt – ein Vorgang, der sich nur mit Begriffen der Quantenmechanik erklären läßt, die den Elektronen gleichzeitig Wellen- und Teilchencharakter zuschreibt. Ihr Wellencharakter macht es Leitungselektronen möglich, durch die

Bild 15.13 Allgemeines Funktionsschema der Raster-Tunnel-Mikroskopie

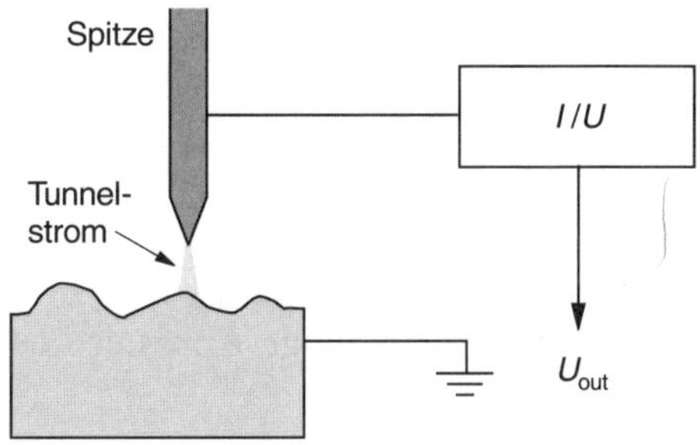

Oberfläche eines Materials nach außen zu gelangen und die Oberfläche eines leitenden Materials mit einer Elektronenwolke zu umgeben.

Wird eine feine Metallspitze, die ja ebenfalls von einer Elektronenwolke umgeben ist, so nahe an die Oberfläche eines leitenden Materials herangebracht, so überlappen sich die Elektronenwolken und bilden einen Tunnel. Legt man nun eine Spannung zwischen Tastspitze und die zu untersuchende Oberfläche, so bewegen sich die Elektronen durch diesen Tunnel, es fließt ein Strom. Die Stärke dieses Tunnelstromes hängt von der Entfernung der Metallspitze zu der zu untersuchenden Oberfläche ab. Das Prinzip des Tunnelstromes geht bereits auf das Jahr 1928 zurück [15.21].

Es werden also zwei metallisch leitfähige Materialien, in diesem Fall eine feine, als Sonde fungierende Spitze und eine zu untersuchende Probe, einander auf einen Abstand von nur wenigen Atomdurchmessern angenähert (Bild 15.13). Gleichzeitig wird zwischen beiden eine elektrische Spannung U_T angelegt, wobei die klassische Physik einen Stromfluß aufgrund der vorhandenen Potentialbarriere verbietet. Unter Berücksichtigung der Quantenmechanik jedoch besteht für die Elektronen eine gewisse Wahrscheinlichkeit dafür, diese Barriere zu überwinden und von einem Metall in das andere zu gelangen, wobei ein entsprechender Tunnelstrom I_T im Piko- und Nanoamperebereich fließt [15.22].

Das Heranführen der Sonde aus Pt/Ir oder Wolfram auf 1 bis 2 nm an die Oberfläche der elektrisch leitenden Probe erfolgt mit einem piezoelektrischen Stellelement, die sich nach Anlegen einer Spannung ausdehnen oder zusammenziehen können. Bewegt man die Testspitze über die zu untersuchende Oberfläche, so schwankt der Tunnelstrom in Abhängigkeit von Änderungen des Abstandes der Spitze zur Oberfläche. Dabei ist der Tunnelstrom exponentiell von der Breite der Potentialbarriere, d.h. vom Abstand Spitze—Probe, abhängig. Die Stromschwankungen sind dann ein Maß für die Beschaffenheit der Oberfläche. Dies wird nun zur Bilderzeugung genutzt, wofür es zwei Betriebsarten gibt.

Constant Current Mode

Hierbei hält man den Tunnelstrom über eine Rückkopplungsschleife an allen Punkten konstant. Zum Messen wird die Testspitze zeilenweise über die Oberfläche geführt. Trifft die Testspitze beim Bewegen über eine glatte Oberfläche zum Beispiel auf ein einziges zusätzliches Atom, so steigt der Tunnelstrom plötzlich an, weil die sonst gleichmäßige Elektronenwolke dort eine Beule bildet. Über den

Rückkopplungskreis wird die Spitze so weit angehoben, daß der Tunnelstrom wieder den alten Wert erreicht. Die Spitze fährt somit genau das Profil der Oberfläche nach, so daß sich durch das Aufzeichnen der vertikalen Bewegungen der Testspitze eine Konturenkarte der Atome auf der Oberfläche ergibt. Um den extremen Genauigkeitsansprüchen der Bewegungssteuerung im Pikometerbereich zu genügen, werden piezokeramische Stellelemente verwendet. Mit Auswertung der Steuerspannungen und Umsetzung in eine Höheninformation erhält man so durch das zeilenförmige Abrastern ein dreidimensionales Abbild der Probentopographie.

Constant Height Mode

Eine andere Möglichkeit zur Aufnahme der Probentopographie besteht darin, den Abstand Sonde–Probe nicht zu variieren und nur die Änderung des Tunnelstromes beim Abrastern der Oberfläche zu detektieren. Die so dargestellten Probenoberflächen stellen jedoch nicht die Topographie im bekannten Sinne dar, sondern vielmehr Flächen konstanter Tunnelwahrscheinlichkeit. Diese hängt sowohl von der Aufenthaltswahrscheinlichkeit der Elektronen an der Oberfläche als auch von der Verteilung der verschiedenen Energieniveaus ab.

Mit einem zusätzlichen Verfahren lassen sich weitere Informationen über die Form und die Dichte der Elektronenwolken auf der Oberfläche und zwischen den Oberflächenatomen gewinnen. Diese Elektronenwolken bestimmen die Bindungskräfte zwischen den Atomen. Für die zusätzlichen Messungen wird die Rückkopplungsschleife in bestimmten Abständen unterbrochen, gleichzeitig die Spannung zwischen Testspitze und Oberfläche variiert und der dazugehörige Strom aufgezeichnet (Bild 15.14). Damit erhält man eine Karte der lokalen elektronischen Eigenschaften der untersuchten Oberfläche, die ein Abbild der Bindungsverhältnisse der Oberflächenatome sind. Legt man die Konturenkarte und die elektronische Karte übereinander, so läßt sich das Verhältnis zwischen Oberflächenatomen und den zwischen ihnen bestehenden Bindungen erkennen.

Dadurch lassen sich z.B. bei einem Scan mit atomarer Auflösung Strukturen aus unterschiedlichen chemischen Elementen darstellen. So ist die chemische Zusammensetzung einer Oberfläche spektroskopieartig analysierbar, indem Abstand, Tunnelspannung oder Tunnelstrom entsprechend variiert werden (Bild 15.14). Grundvoraussetzung all dieser Varianten bleibt die elektrische Leitfähigkeit der Probe.

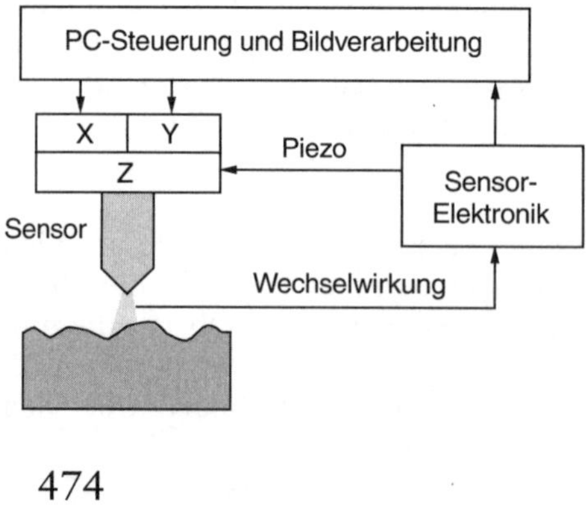

Bild 15.14 Durch die Auswertung der Steuerspannungen und Umsetzung in eine Höheninformation erhält man ein dreidimensionales Abbild der Probentopographie

15.8.2 AFM-Prinzip

Im Zuge der Weiterentwicklung der STM-Technik wurde Ende der 80er Jahre ein neues Funktionsprinzip mit Erfolg zur Anwendung gebracht, die Atomare Kraftmikroskopie (engl.: Atomic force microscopy, AFM, bzw. Scanning force microscopy, SFM). Der Grundaufbau eines AFM ist dem eines STM recht ähnlich. Wie beim STM wird auch hier eine feine Sondenspitze rasterförmig, von Piezoaktuatoren gesteuert, über die Probenoberfläche geführt (Bild 15.15). Die Spitze ist in diesem Fall an einer als Hebelarm dienenden weichen Feder montiert, dem sogenannten Cantilever. Indem ein Laserstrahl vom Cantilever auf eine positionsempfindliche Photodiode reflektiert wird, läßt sich die Durchbiegung des Cantilevers und somit die vom Abstand zur Probenoberfläche abhängige Kraft auf die Sonde registrieren [15.23].

Im einfachsten Fall wird auch hier auf konstanten Abstand bzw. Kraftwirkung geregelt, wobei die Kräfte im Bereich von nur wenigen Nanonewton einem Abstoßungsgesetz folgen. Die Regelgrößen werden dann wieder von einem Meßrechner in ein dreidimensionales Höhenbild der Oberfläche umgesetzt. Der wichtigste Unterschied zum STM ist entsprechend dem dargestellten Funktions-

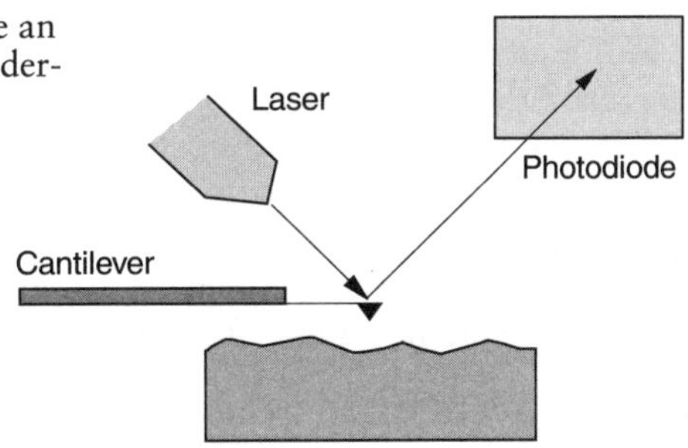

Bild 15.15 Beim AFM wird die Sondenspitze an einem Cantilever montiert, der als weicher Federarm wirkt

prinzip, daß die Anwendung des AFM nicht auf elektrisch leitfähige Proben beschränkt ist. Vielmehr können nun auch Isolatoroberflächen oder organische Materialien dargestellt werden. Dieses Verfahren bietet deshalb auch an biologischen Materialien interessante Anwendungen [15.24].

Nano-Sonde

Es ist offensichtlich, daß die Güte der Spitze sowie die Federfestigkeit des «Balkens» Auflösung und Empfindlichkeit eines Rasterkraftmikroskops entscheidend bestimmen. Bei der Untersuchung von Oberflächen spielt die Spitzengeometrie eine entscheidende Rolle. Ist der Spitzenradius zu groß, so können kleine Strukturen nicht mehr aufgelöst werden, und Kanten und Spitzen erscheinen abgerundet. Kleine Löcher werden u. U. nicht mehr erfaßt. Selbst wenn der Spitzenradius unendlich klein ist, liefert ein zu großer Konuswinkel der Spitze falsche Bilder. Steile Flanken werden nicht mehr abgetastet, und der Boden von Gräben mit hohem Tiefe-Breite-Verhältnis kann mit der Spitze nicht mehr erreicht werden, kurz:

Schlechte Spitzen liefern unter Umständen zwar schöne, aber falsche Bilder.

Die Hebelarm-Sonden-Kombination besteht im einfachsten Fall aus einem wenige Mikrometer dünnen Draht von einigen hundert Mikrometern Länge, dessen eines Ende um 90° umgebogen ist und zu einer feinen Spitze ausläuft. Solche, aus dünnen Metalldrähten bestehenden Sonden lassen sich leicht durch einen elektrochemischen Ätz- und Polierprozeß präparieren und durch einen Mikroschmelzprozeß in der Form beeinflussen. Die Spitzenradien solcher Sonden liegen typischerweise im Nanometerbereich.

Im Hinblick auf eine hohe Empfindlichkeit für die zu detektierende Kraft sollte der Cantilever möglichst weich sein, während der Wunsch nach Unempfindlichkeit gegen äußere Störungen hohe Resonanzfrequenzen und damit steife Cantilever erfordert. Diese auf den ersten Blick widersprüchlichen Forderungen können durch eine Miniaturisierung des Kraftsensors erfüllt werden. Neuere, lithographisch hergestellte, integrierte Hebelarm-Sonden-Systeme haben z.B. eine Dimension von $L \times B \times H = 100 \times 10 \times 1\ \mu m^3$. Die typischen Federkonstanten der Hebelarme liegen im Bereich von etwa 1 N/m. Eine Kraftwechselwirkung von 1 Nanonewton entspricht dann einer Hebelarmauslenkung von 1 nm.

Zur Zeit sind auf dem Markt zwei verschiedene in Serie hergestellte Sensortypen erhältlich. Die bisher verwendeten Siliziumnitrid-Sensoren zeichnen sich durch einen einfachen und kostengünstigen Herstellprozeß aus. Sie haben jedoch ihre Grenzen in der Spitzengeometrie. Der Konuswinkel ist mit 70° relativ groß, der Spitzenradius beträgt ca. 500 Å. Außerdem ist Siliziumnitrid bekannt dafür, elektrische Ladungen festzuhalten (man spricht von einer Ladungsfalle). Die dadurch verursachten unkontrollierten elektrostatischen Kräfte bewirken u.a. die oft hohen «Klebekräfte» bei diesen Sensoren. Neuerdings sind Sensoren aus einkristallinem Silizium erhältlich. Der Spitzenradius beträgt typischerweise weniger als 100 Å, und der Konuswinkel liegt bei 40° bis 50°. Im obersten Bereich der Spitze (einige 100 nm) wird der Konuswinkel kleiner und erreicht ca. 10° am Ende der Spitze. Damit ist eine wahrheitsgetreue Abbildung der Oberfläche erreichbar.

Zwischen Sondenspitze und Probenoberfläche treten eine Vielzahl von Wechselwirkungen auf: Sehr kurzreichweitige abstoßende Kräfte werden überlagert von etwas länger reichweitigen anziehenden Van-der-Waals-Kräften. Zusätzlich zu diesen Kräften treten bei Arbeiten an Luft Kapillarkräfte – wegen Kontaminations- und Wasserschichten – auf. Ein SFM läßt sich im Prinzip auf zwei verschiedene Arten betreiben: im Contact mode und im Non contact mode.

Contact mode

Bei diesem auch Repulsive mode genannten Verfahren wird die Spitze mit Nettokräften von 10^{-7} bis 10^{-9} N – quasi im Kontakt – über die Oberfläche gerastert. Die langreichweitigen anziehenden Kräfte und die kurzreichweitigen abstoßenden Kräfte halten sich etwa die Waage, wobei jedoch trotz kleiner oder gar vernachlässigbarer Nettokräfte relativ hohe Abstoßungskräfte an den vorderen Spitzenatomen auftreten können.

Non contact mode
Im zweiten, auch Attractive force mode oder Dynamic mode bezeichneten Verfahren werden der Cantilever und die Spitze zu Resonanzschwingungen angeregt. Die bereits in einigen Nanometern zur Probenoberfläche wirkenden anziehenden Kräfte wirken wie eine kleine Zusatzfeder an der Spitze. Dadurch wird die Resonanzfrequenz verschoben. Dieses läßt sich detektieren und ähnlich wie bei den bereits beschriebenen Fällen zur Regelung benutzen. Man erhält auf diese Art Bilder mit konstantem Kraftgradienten. Im Fall von Topographieabbildungen bedeutet dies, daß die Probenoberfläche mit konstantem (und einstellbarem) Abstand Spitze-Probe von wenigen Nanometern abgerastert wird. Die hierbei auftretenden Kräfte sind rein anziehend und um einige Größenordnungen kleiner (Nachweisgrenze etwa 10^{-12} N).

15.8.3 Magnetokraft-Mikroskop

Sind Probe und Spitze magnetisch beschichtet, so können magnetische Wechselwirkungen ausgenutzt werden, um eine Magnettopographie der magnetischen Oberfläche zu erzeugen. Man spricht in diesem Fall von einem Magnetic force microscope, MFM [15.25]. Als Sonden werden üblicherweise nadelförmige Nickelspitzen verwendet. Diese weisen neben einer definierten Geometrie auch eine definierte magnetische Eigenschaft auf. So ist die Magnetisierung aufgrund der sehr hohen Formanisotropie dieser Sonden primär parallel zur Sondenlängsachse und damit senkrecht zur Probenoberfläche orientiert. Die Kraftwechselwirkung wird dann durch das magnetische Moment der Sonde in einem lokalen inhomogen oberflächennahen Magnetfeld einer Probe senkrecht zur Oberfläche bestimmt. Die Kraftwechselwirkung ist vergleichbar mit dem Mechanismus, daß zwei Magnete sich je nach Orientierung der Polenden abstoßen oder anziehen.

Der Einsatzbereich des MFM ist nicht nur auf die Grundlagenforschung beschränkt, sondern dehnt sich auch auf die industrielle Anwendung aus. Bei den magnetischen Datenspeichern ist die einzelne Informationseinheit nur noch wenige Mikrometer groß. Die Untersuchung solcher Bitstrukturen ist mit einem MFM ohne aufwendige Probenpräparation möglich und erlaubt eine schnelle, zerstörungsfreie und hochauflösende Qualitätskontrolle dieser Speichermedien [15.26].

15.8.4 Rasterelektrochemisches Mikroskop

Schaltet man die Testspitze als Arbeitselektrode und die zu untersuchende Oberfläche als Gegenelektrode mit einer zugehörigen Referenzelektrode an einen Potentiostaten an, lassen sich elektrochemische Prozesse mit hoher Ortsauflösung untersuchen. Das rasterelektrochemische Mikroskop, englisch Scanning electrochemical microscope (SECM), wurde 1989 entwickelt und dient zur Untersuchung von Abscheidungen, Korrosions- oder Ätzprozessen. Die Arbeitselektrode aus Edelstahl mit wenigen Mikrometern Durchmessern dient als Ultramikroelektrode zum Abrastern der Oberfläche in einem Abstand im Mikrometerbereich. Je nach angelegtem Potential wird eine elektrochemische Reaktion auf der Oberfläche ausgelöst, deren resultierender Strom proportional zur lokalen Konzentration ist. Hierbei sind Auflösungen bis zu etwa 1 µm Durchmesser möglich.

Eine vielversprechende Möglichkeit dieser Technik liegt in der Mikrostrukturierung, um lokale Oberflächenveränderungen vorzunehmen. Die Ultramikroelektrode kann dabei entweder zum strukturierten Ätzen oder zum Abscheiden von Metallen oder Polymeren im Mikrobereich eingesetzt werden [15.27].

15.8.5 Anwendungen

Atome bestehen aus einem Kern, den eine bewegliche Elektronenwolke umhüllt. Einige dieser Elektronen sind kontaktfreudig und finden sich in Molekülen zusammen. Die mehr oder weniger große Neigung von Elektronen, Bindungen einzugehen, ist ausschlaggebend dafür, wie Atome miteinander reagieren. Atome im Innern eines Körpers ordnen sich in Abhängigkeit von den Bindungskräften der sie umgebenden Atome in charakteristischer Weise an. Atome nahe der Oberfläche ordnen sich anders an, weil aus einer Richtung keine Bindungskräfte auf sie einwirken. Dieser Unterschied ist für die voneinander abweichenden elektronischen Eigenschaften der Oberfläche und des Innern eines festen Körpers verantwortlich. So können Bindungen aus der Oberfläche eines festen Körpers herausragen und chemische Reaktionen hervorrufen.

Sowohl die Rasterkraft- und Tunnelmikroskopie als auch die Magnetokraft-Mikroskopie stellen eine neue, wertvolle Ergänzung zur bisherigen konventionellen Mikroskopietechnik dar. Eigenschaften wie die extrem hohe Auflösung bis in den molekularen und atomaren Bereich, eine echte dreidimensionale Darstellung von Oberflächenstrukturen und die Möglichkeit, unter verschiedensten Umgebungsbedingungen, wie Vakuum, Luft und anderen Atmosphären, oder Flüssigkeiten zu arbeiten, unterscheidet diese Technik wesentlich von anderen Mikroskopiearten. Der präparative Aufwand ist ebenfalls auf ein Minimum reduziert und beschränkt sich meist auf die Fixierung der Probe. Damit sind entsprechende Artefakte von vornherein weitgehend ausgeschlossen und In-situ-Untersuchungen möglich.

Es können sowohl Atome als auch ihre Bindungen sichtbar gemacht und damit die Kräfte, die Eigenschaften und Unterscheidungsmerkmale einzelner Materialien bestimmt werden. Diese Kräfte sind beispielsweise dafür verantwortlich, daß sich das eine Material wie ein Edelmetall, ein anderes dagegen hochreaktiv verhält. Mit diesem Wissen eröffnen sich neue Aussichten für eine Vielzahl von Forschungsbereichen. So konnte man bisher in der Natur nicht bekannte Stoffe herstellen oder besser verstehen, wie wichtige biologische Prozesse im atomaren Bereich ablaufen.

Neben dem Einsatz in der Grundlagenforschung in Physik und Chemie werden STM und AFM zur Analyse in der Elektrochemie und der Materialforschung eingesetzt. Ein Anwendungsgebiet, das besonders hervorgehoben werden muß, ist die Analyse der Oberflächenstruktur von elektronischen Bauteilen, Halbleitern und optischen Datenspeichern. Beispielsweise können kleine Defekte, die sich mit dieser Methode schnell erkennen lassen, zu Störungen in der Produktion und beim Einsatz von Halbleiterschaltungen führen. Da diese Schaltungen immer schneller und in ihren Dimensionen immer kleiner werden, wird es auch immer wichtiger, solche Defekte zu finden und zu eliminieren.

Zunehmend werden Sondenmikroskope für biologische und biotechnische Applikationen genutzt, zeigen sie doch gerade hier neue Möglichkeiten der Untersuchung an lebendem, unpräpariertem Material bis hin zur gezielten Manipulation im molekularen Maßstab. Die Abbildung der DNS im atomaren Maßstab deutet möglicherweise auf einen späteren Einsatz des AFM als Mini-DNS-Sequenzer hin.

Die rasante technische Entwicklung dieser Mikroskope, deren Unterschiede im wesentlichen nur durch die Art der physikalischen Wechselwirkung zwischen der Meßsonde und der Probenoberfläche bestehen, führt zu immer kompakteren und empfindlicheren Geräten, die sich leicht auf spezielle Anwendungen oder geänderte Bedürfnisse anpassen lassen. Mittlerweile gibt es eine Vielzahl kommerzieller Systeme, die den Einstieg in dieses faszinierende Gebiet erleichtern.

Die konsequente Weiterentwicklung wird eine Fülle von neuen Applikationen abdecken können, die bis jetzt noch nicht absehbar sind. Schon bekannt sind Berichte über thermische, kapazitive oder optische Sonden, und weitere werden folgen, die andere physikalische Wechselwirkungen nutzen. Man darf auf die nächsten Erfolge dieser Technik gespannt sein.

16 Schlußbetrachtung

Eindimensionale Analysenverfahren liefern für jede Substanz einen Meßwert (z.B. Schmelzpunkt). Die Methoden der Spektroskopie sind mindestens zweidimensionale Analysenverfahren, sie liefern von einer Substanz für jedes auflösbare Wellenlängenintervall eines Spektrums mindestens einen Intensitätswert. Daher ist ihr Informationsvermögen groß genug, um praktisch jede sinnvolle analytische Frage beantworten zu können. Dies ist wohl eine der Ursachen für die erstaunliche Entwicklung der spektroskopischen Analysenmethoden.

Die analytischen Techniken, die von der Spektroskopie Gebrauch machen, nutzen Übergänge in den Termschemata von Molekülen und von Atomen mit Strahlungsquanten aus Bereichen von der Röntgenstrahlung bis hin zu den Ultrakurzwellen. Die Vielfalt der verfügbaren Methoden erlaubt es, sehr spezielle Fragestellungen zu beantworten durch Mikro- und Spurenanalyse sowie Oberflächenanalyse. Viele spektroskopische Methoden arbeiten zerstörungsfrei, man kann also die gleiche Probe mit verschiedenen Verfahren analysieren und hat sie trotzdem anschließend noch zur Verfügung. Das ist von größtem Wert zum Beispiel für die Untersuchung von Kunstwerken oder der Endkontrolle von Fertigprodukten.

Neben den methodischen Entwicklungen stehen zahlreiche Strategien der problemorientierten Nutzung der Methoden zur Lösung komplexer Fragestellungen aus sehr unterschiedlichen Gebieten an. Wie bereits erwähnt, strebt man für die Routineanalytik mehr und mehr an, die Trenn- und Voranreicherungsmethoden zu koppeln, wozu die Fließinjektion (FIA) besonders gute Voraussetzungen bietet. In der angewandten Analytik ist die Kopplung von FIA-Systemen mit der AAS am weitesten fortgeschritten.

Die instrumentellen Möglichkeiten der kommerziellen Geräte wurden durch den Einsatz von leistungsfähigen Systemen der Datenerfasung und Meßdatendarstellung mit Hilfe von Personal-Computern erheblich verbessert, so daß sich auch interessante Anwendungen zur Online-Überwachung, z.B. in Prozeßströmen oder in Gewässern, ergeben. Auf das breite und sehr innovative Gebiet der elektrochemischen Sensoren kann hier nur hingewiesen werden.

Bei den methodischen Neuentwicklungen kommt auch der Verfeinerung der Methoden zur Datenverarbeitung und der Informationsgewinnung aus größeren Datenkollektiven große Bedeutung zu. Für die Datenverarbeitung stehen heute verschiedene Software-Pakete zur Verfügung. Diese enthalten Verfahren zur Datenreduktion und zur räumlichen Darstellung sowie zur Clusteranalyse.

Zusammenfassend kann man feststellen, daß der Fortschritt in der Elementanalytik im speziellen und der Analytik im allgemeinen verstärkt der Notwendigkeit nachkam, das richtige Gleichgewicht zwischen dem unbedingt erforderlichen

Fortschritt und den damit unabdingbar verbundenen Risiken für unsere Sicherheit und Gesundheit herauszufinden. Mit anderen Worten: Die zahlreichen analytischen Aktivitäten haben einerseits dazu beigetragen, chemische Prozesse und Produkte zu optimieren und bei Materialien den Einfluß von Verunreinigungen – teilweise bis in den extremen Spurenbereich – auf die physikalischen und chemischen Eigenschaften zu verstehen, andererseits aber auch, um Schadstoffe aufzuspüren.

Es soll an dieser Stelle bewußt gemacht werden, daß die analytische Grundlagenforschung nicht nur die Basis für eine möglichst wirtschaftliche Routineanalytik von morgen bildet. Sie ist auch unabdingbare Voraussetzung, um noch unverstandene Prozesse in der Biologie, Medizin und Umwelt aufzuklären. Erwähnt sei hier besonders das komplexe und erst wenig erforschte Gebiet der Bedeutung der «Spurenelemente» für das Leben, die in zu hohen Konzentrationen toxisch wirken, in bestimmten Konzentrationsbereichen essentiell sind und in zu geringen Mengen Mangelerscheinungen verursachen.

Wie wird die Entwicklung in der Atom- und Molekülspektroskopie wohl weitergehen? Sicherlich wird man noch weitere bisher ungenutzte Prinzipien in der Grundlagenforschung und Analytik anwenden, aber ganz große Überraschungen sind eher unwahrscheinlich. Ein derzeit beobachtbarer Trend zu immer komplexeren Großgeräten wird sich nicht auf allen Gebieten mit gleicher Geschwindigkeit fortsetzen können. Einerseits wäre dies nicht finanzierbar, andererseits ist es wohl nicht notwendig. Betrachtet man nämlich die Entwicklung im Detail, so sieht man, daß zunächst die klassischen Geräte durch den Einsatz einzelner Bausteine modernisiert werden:

- □ Thermische Lichtquellen werden durch Laser abgelöst, Lichtleiter ermöglichen die Untersuchung entfernter Proben.
- □ Prismen wurden durch Gitter ersetzt, mechanisch geritzte Plangitter durch holographisch hergestellte Konkavgitter; Interferometer werden eingesetzt.
- □ Photoplatten wurden zunächst durch abtastende Einkanal-Detektoren und weiter durch Zeilen- und Array-Detektoren ersetzt.
- □ Die Digitalrechner, die zunächst nur zur Verarbeitung der Spektren dienten, steuern nun auch die gesamte Meß- und Auswertprozedur.

Die Phase der Umrüstung scheint noch nicht abgeschlossen zu sein. Ganz neue und große Anwendungsbereiche der spektroskopischen Methoden verlangen neuartige Geräte: Mehr und mehr muß die Analyse in «Echtzeit» am Ort des Problems durchgeführt werden; dazu sind robuste, kompakte Spektrometer notwendig. Spektroskopische Verfahren nutzt zunehmend die Umweltanalytik. Man wird sicherlich diese Verfahren zur Müllsortierung verwenden. Auch in der medizinischen Diagnostik gibt es noch vielfältige Anwendungen.

Man erhält den Eindruck, als ob nun die Zeit reif ist, neu über die Möglichkeit einer Optimierung aller Methoden und Verfahren nachzudenken, bei der man sämtliche Komponenten der Geräte und alle Stufen der Analysenverfahren optimal auslegt und aufeinander anpaßt. Es ist zu erwarten, daß dabei Instrumente und Verfahren entstehen, die viel leistungsfähiger, dabei aber weniger aufwendig sind [16.1]. Die dabei zwangsläufige Miniaturisierung kann das Signal-Rausch-Verhältnis vergrößern und damit die Nachweisgrenze erniedrigen und die Präzision erhöhen. Gleichzeitig hätte dies zur Folge, daß die erforderliche Probenmenge vermindert wird. Insgesamt können damit die Kosten sinken.

Die Methoden der Spektroskopie, insbesondere der Molekülspektroskopie, können oft nur dann sinnvoll zur Identifizierung von Stoffen eingesetzt werden, wenn zuverlässige Spektrensammlungen zur Verfügung stehen. Selbstverständlich sollten die Spektren in digitaler Form vorliegen. Solche Sammlungen erhalten erst dann ihre volle Wirksamkeit, wenn für die wichtigsten Methoden eine «kritische Masse» von weit mehr als 10000 Spektren zur Verfügung steht. Dazu ist es erforderlich, daß man die vorhandenen Spektren systematisch und kritisch sammelt und vor allem die Chemiker veranlaßt, Spektren neu hergestellter oder aus Naturstoffen isolierter Substanzen in einer globalen Sammlung zu publizieren.

Abschließend sei bemerkt, daß der sinnvolle Einsatz der spektroskopischen Methoden trotz fortgeschrittener Automatisierung nur dann möglich ist, wenn er unter der Kontrolle von Spektroskopikern erfolgt, die solide in der Analytik ausgebildet sind und die mehr davon verstehen als diejenigen, die als «Analytik» nur die anorganische quantitative Analyse kennengelernt haben. Auch gut gebildete Techniker gehören zur Ausstattung der analytischen Laboratorien. Pflicht der wissenschaftlichen Gesellschaft ist es, gemeinsam mit den Hochschulen, den praktizierenden Naturwissenschaftlern in Grundlagen- und Fortbildungskursen sowie durch Tagungen die erforderlichen Grundkenntnisse und die Entwicklungen auf den Gebieten der Spektroskopie zu vermitteln. Nicht zuletzt will auch das vorliegende Buch dazu beitragen.

Verzeichnis der Geräteanbieter

Firma	GC	UV/Vis	IR	HPLC	CE	LIMS	NIR	RAMAN	IC	Fluoreszenz	MW	AAS	ICP-OES	ICP-MS	MS	NMR	DC	SFC	RFA	Oberflächenanalytik	GD-OES	GC-TOFMS
Airmotec Vertriebsgesellschaft mbH Gillesweg 21, 45257 Essen Tel.: 0201-480570, Fax: 0201-483940	•																					
Angetec GmbH Fürstenwalder Damm 473 12587 Berlin Tel.: 030-6452925, Fax: 030-6452947	•																					
Ansyco analytische Systeme und Componenten GmbH Ostring 4, 76131 Karlsruhe Tel.: 0721-617021, Fax: 0721-621332	•	•	•																			
Beckman Instruments GmbH Frankfurter Ring 115 80807 München Tel.: 089-35870-0, Fax: 089-35870-490		•		•	•	•																
Bio-Rad Laboratories GmbH Heidemannstr. 164 80939 München Tel.: 089-31884-0 Fax: 02151-515911			•	•	•		•	•														
Bischoff Chromatography Böblinger Str. 23 71229 Leonberg Tel.: 07152-6064-0 Fax: 07152-606434/35	•			•	•				•													
Bodenseewerk Perkin Elmer GmbH Postfach 101761 88647 Überlingen Tel.: 07551-810 Fax: 07551-1612 e-mail: http://www.perkin-elmer.com	•	•	•	•		•	•	•		•	•	•	•	•	•							
Bran + Luebbe GmbH Postfach 1360, 22803 Norderstedt Tel.: 040-52202-0 Fax: 040-52202-473							•															
Bruker Analytische Meßtechnik GmbH Wikingerstr. 13, 76189 Karlsruhe Tel.: 0721-9528-0 Fax: 0721-9528-712			•				•	•							•	•						

Firma	GC	UV/Vis	IR	HPLC	CE	LIMS	NIR	RAMAN	IC	Fluoreszenz	MW	AAS	ICP-OES	ICP-MS	MS	NMR	DC	SFC	RFA	Oberflächenanalytik	GD-OES	GC-TOFMS
Bruker-Franzen Analytik GmbH Fahrenheitstr. 4, 28359 Bremen Tel.: 0421-2205-0 Fax: 0421-2205-104 e-mail: http://www.bruker.com															•							
Bühler AG, Anatec CH-9240 Uzwil/Schweiz Tel.: ++41-71-9553793 Fax: ++41-71-9553356							•															
CAMAC GmbH Bismarckstr. 27-29, 12169 Berlin Tel.: 030-7957081 Fax: 030-7957073																	•					
Chrompack GmbH Postfach 580164, 60406 Frankfurt Tel.: 069-500019-0 Fax: 069-50001950	•			•																		
Desaga GmbH In den Ziegelwiesen 2-7 69168 Wiesloch Tel.: 06222-92880 Fax: 06222-928892																	•					
Deutsche Metrohm GmbH & Co. In den Birken 3 70794 Filderstadt Tel.: 0711-77088-0 Fax: 0711-77088-55									•													
Dilor GmbH Wiesenstr. 4, 64625 Bensheim Tel.: 06251-4042 Fax: 06251-64871 e-mail: 100271.330@compuserve.com								•														
DIONEX GmbH Am Wörzgarten 10, 65510 Idstein Tel.: 06126-991-0 Fax: 06126-991-277				•	•				•									•				
Eppendorf-Netheler-Hinz-GmbH Werk Maintal, Postfach 1330, 63463 Maintal Tel.: 06181-4203-0 Fax: 06181-4203-24/26				•					•													
Finnigan MAT GmbH Barkhausenstr. 2 2917 Bremen Tel.: 0421-54930 Fax: 0421-5493396	•													•	•							
Helmut Fischer GmbH + Co Industriestr. 21, 71069 Sindelfingen Tel.: 07031-3030 Fax: 07031-30379										•									•			
Gerstel GmbH Aktienstr. 232, 45473 Mülheim an der Ruhr Tel.: 0208-76503-0 Fax: 0208-7650333	•	•		•											•							

Firma	GC	UV/Vis	IR	HPLC	CE	LIMS	NIR	RAMAN	IC	Fluoreszenz	MW	AAS	ICP-OES	ICP-MS	MS	NMR	DC	SFC	RFA	Oberflächenanalytik	GD-OES	GC-TOFMS
Gynkotek GmbH Dornierstr. 4 82110 Germering Tel.: 089-89468-0 Fax: 089-89468-200				•																		
Hewlett-Packard GmbH Analytische Meßtechnik Hewlett-Packard-Str. 76337 Waldbronn Tel.: 07243-602-0 Fax: 07243-602-212	•	•		•	•	•	•			•				•	•							
Hiden Analytical Niedmannweg 13 82431 Kochel/Ried Tel.: 08857-693010 Fax: 08857-9771															•					•		
Instruments S.A. GmbH Bretonischer Ring 13, 85630 Grasbrunn Tel.: 089-462317-0 Fax: 089-462317-99								•		•			•							•		
J & W Scientific Products GmbH Weißhausstr. 20, 50939 Köln Tel.: 0221-9415354 Fax: 0221-9415356	•			•	•													•				
Dr. Ing. Herbert Knauer GmbH Hegauer Weg 38, 14163 Berlin Tel.: 030-81608-0 Fax: 030-8015010				•																		
Kontron Instruments GmbH Werner-von-Siemens-Str. 1 85375 Neufahrn Tel.: 08165-922-0 Fax: 08165-922-203		•		•		•				•												
Laborgerätebörse Handelsgesell- schaft für Analysensysteme mbH Bruckstr. 58, 72393 Burladingen Tel.: 07475-9514-0 Fax: 07475-951444 e-mail: http://www.opennet.de/labexchange	•	•	•	•	•		•		•	•	•	•	•	•	•	•	•	•	•	•		
Dr. Bruno Lange GmbH Postfach 270247, 40521 Düsseldorf Tel.: 0211-52880 Fax: 0211-5288175		•																				
LECO Instrumente GmbH Benzstr. 5b 85551 Kirchheim b. München Tel.: 089-909020 Fax: 089-9090250													•							•	•	•
L.O.T.-ORIEL GmbH Im Tiefen See 58, 64293 Darmstadt Tel.: 06151-8806-0 Fax: 06151-896667		•	•				•	•		•										•		
Maassen GmbH Arbachtalstr. 26, 72800 Eningen Tel.: 07121-894-212 Fax: 07121-894-300		•	•				•				•	•	•	•								

Firma	GC	UV/Vis	IR	HPLC	CE	LIMS	NIR	RAMAN	IC	Fluoreszenz	MW	AAS	ICP-OES	ICP-MS	MS	NMR	DC	SFC	RFA	Oberflächenanalytik	GD-OES	GC-TOFMS
Merck KGaA Frankfurter Str. 250 64293 Darmstadt Tel.: 06151-72-0 Fax: 06151-727168, 06151-781339	•	•	•	•	•				•	•	•	•	•	•		•	•		•			
Metorex GmbH Wiesenweg 18 65824 Schwalbach Tel.: 06196-889550 Fax: 06196-889559																			•	•		
Nicolet Instrument GmbH Senefelderstr. 162 63069 Offenbach/Main Tel.: 069-984080 Fax: 069-98408122		•	•				•	•				•	•	•								
NORAN Instruments GmbH Lusshardtstr. 6, 76646 Bruchsal Tel.: 07251-9791-0 Fax: 07251-9791-11																			•	•		
Oxford Instruments GmbH Analytical Systems Division Kreuzberger Ring 38 65205 Wiesbaden Tel.: 0611-764177 Fax: 0611-764121																•			•			
Polytec GmbH Polytec-Platz 5-7, 76337 Waldbronn Tel.: 07243-604-04 Fax: 07243-699-44		•	•				•	•		•										•		
Radiometer GmbH Geschäftsbereich Analytik Linsellesstr. 142, 47877 Willich Tel.: 02154-818-0 Fax: 02154-818-143		•																				
Röntgenanalytik Meßtechnik GmbH Georg-Ohm-Str. 6 65232 Taunusstein-Neuhof Tel.: 06128-71080 Fax: 06128-73601																			•	•		
Shimadzu Europa GmbH Albert-Hahn-Str. 6-10 47269 Duisburg Tel.: 0203-7687-0 Fax: 0203-766625	•	•	•	•			•		•	•		•										
Sopra GmbH Schubertstr. 9-11 64572 Büttelborn Tel.: 06152-98030 Fax: 06152-980322		•			•		•	•		•												
SPECTRO A.I. GmbH Boschstr. 10, 47533 Kleve Tel.: 02821-892-0 Fax: 02821-23144 e-mail: spectro@topbusiness.com						•							•	•					•			

Firma	GC	UV/Vis	IR	HPLC	CE	LIMS	NIR	RAMAN	IC	Fluoreszenz	MW	AAS	ICP-OES	ICP-MS	MS	NMR	DC	SFC	RFA	Oberflächenanalytik	GD-OES	GC-TOFMS
SunChrom GmbH Max-Planck-Str. 22 61381 Friedrichsdorf Tel.: 06172-953350 Fax: 06172-953399				•																		
Thermo Separation Products GmbH Boschring 12, 63329 Egelsbach Tel.: 06103-408-0 Fax: 06103-408-222				•	•																	
TopoMetrix GmbH Pallaswiesenstr. 180 64293 Darmstadt Tel.: 06151-81090 Fax: 06151-810915																				•		
Varian GmbH Alsfelder Str. 6, 64289 Darmstadt Tel.: 06151-7030 Fax: 06151-703237 e-mail: http://www.varian.com	•	•		•		•	•		•	•		•	•	•		•				•		
Waters GmbH Hauptstr. 87, 65760 Eschborn Tel.: 06196-400-600 Fax: 06196-482388				•	•																	
Zinsser Analytic GmbH Eschborner Landstr. 135 60489 Frankfurt/M. Tel.: 069-7891060 Fax: 069-78910680				•	•																	

Quellenverzeichnis

[1.1] TÖLG, G.: *Analyst 112*, 365 (1987).

[1.2] ALDINGER, F., und H.-J. KALZ: *Angew. Chem. 99*, 381 (1987).

[1.3] KRAUS, G., J. GÖPPERT, W. ROSENSTIEL und G. GAUGLITZ: Neuronale Netze in der chemischen Analytik. *GIT Fachz. Lab. 38*, Nr. 10, 1133–1138 (1994).

[1.4] TÖLG, G.: *Anal. Chim. Acta 283*, 3 (1993).

[1.5] SCHMITZ, K.: Neue Impulse für die Materialwissenschaft. *Nachr. Chem. Tech. Lab. 42*, Nr. 11, 1138–1139 (1994).

[1.6] TÖLG, G., und R.P.H. GARTEN: *Angew. Chem. Int. Ed. Engl. 24*, 485 (1985).

[1.7] GARTEN, R.P.H., und H.W. WERNER: *Anal. Chim. Acta* 297, 3 (1994).

[1.8] WARNECKE, H.-J.: Interdisziplinär handeln! Statement über die Zukunft des Forschungsstandortes Deutschland. *Process 2*, Nr. 7/8, 20–21 (1995).

[1.9] EDER, A.: Das Wasser ist sein Element. Das Institut Fresenius und die Mineralwasseranalyse. *Labor 2000*, 18–24 (1994).

[1.10] HOLLEMANN, A.F., und E. WIBERG: *Lehrbuch der Anorganischen Chemie*. Berlin, New York: Walter de Gruyter Verlag, 1985.

[1.11] KABISCH, R., und I. WITTE: Wenn Ungiftiges giftig wird! *Labor 2000*, 66–73 (1988).

[1.12] HAUTHAL, H.G.: Abgaskatalysatoren – mehr Leistung, komplettes Recycling. *Nachr. Chem. Tech. Lab. 41*, Nr. 10, 1148 (1993).

[1.13] TSCHÖPEL, P., und G. TÖLG, J.: *Trace Microprobe Techn. 1*, 1 (1982).

[1.14] ANDRLE, C., und J.A.C. BROEKAERT: Speziation von Cr(III) und Cr(VI). *Nachr. Chem. Tech. Lab. 42*, Nr. 11, 1140–1146 (1994).

[1.15] HÄSSELBARTH, W.: Traceability – Rückführbarkeit in der chemischen Analytik. *GIT Fachz. Lab. 39*, Nr. 9, 835–838 (1995).

[1.16] BREMSER, W., und A. ZSCHUNKE: Zuverlässigkeit in der Analytischen Chemie. Die Abteilung «Analytische Chemie; Referenzmaterialien» der Bundesanstalt für Materialforschung und -prüfung (BAM) Berlin. *GIT Fachz. Lab. 39*, Nr. 9, 825–834 (1995).

[1.17] LINSCHEID, M., W. NIGGE und U. MARGGRAF: Kopplungstechniken Chromatographie/Spektroskopie. *Nachr. Chem. Tech. Lab. 43*, Nr. 9, M67–M78 (1995).

[1.18] BALLSCHMITER, K.: Analytische Chemie – ein Fach im Wandel. *GIT Fachz. Lab. 38*, Heft 10, 1042–1046 (1994).

[1.19] KURFÜRST, U.: Homogenität und Analysengenauigkeit. Theorie und Beispiele aus der Spurenanalytik der Elemente. *GIT Fachz. Lab. 37*, Nr. 10, 868–875 (1993).

[1.20] DIN/DEV 38 402–A11: *Probennahme von Abwasser* (Juni 1985).

[1.21] SCHMID, R.D.: Globale Umweltprojekte in Japan. *Nachr. Chem. Tech. Lab. 41*, Nr. 4, 428–434 (1993).

[1.22] HAUTHAL, H.G.: Das Umweltforschungszentrum Leipzig-Halle. *Nachr. Chem. Tech. Lab. 41*, Nr. 9, 984–989 (1993).

[1.23] CIKRYT, P.: Dioxine: Eine unendliche Geschichte? *Nachr. Chem. Tech. Lab. 41*, Nr. 5, 550–556 (1993).

[1.24] HOFFMANN, H.-J.: Analytik im Recht. Analytik in den rechtlichen Regelungen für Abwasser und Klärschlamm. *Labor 2000*, 158–165 (1993).

[1.25] HAHN, J.: Gesetzgebung und Analytik am Beispiel der Wasserwirtschaft. *Labor 2000*, 244–262 (1987).

[1.26] STROETMANN, C.: Umweltanalytik – ihre Bedeutung aus der Sicht der Bundesregierung. *LABO 22*, Nr. 6, 7–12 (1991).

[1.27] GAUWEILER, P.: Umweltanalytik und Gesetzgebung. *Labor 2000*, Ausgabe 1992, 3.
[1.28] MANDELATZ, K.W.: Chemische Emissionen und ihre Bewertung. *Labor 2000*, 102–105 (1994).
[1.29] FRITZ, R., und M. SPITELLER: Metabolismusforschung für den Umweltschutz. *Labor 2000*, 20–31 (1993).
[1.30] KERNDORFF, H., und H.H. DIETER: Das Gefährdungspotential von Altablagerungen – Trinkwasser aus Grundwasser und seine standortnahe wissenschaftliche Bewertung. *GIT Fachz. Lab. 37*, Nr. 5, 388–392 (1993).
[1.31] FRANZIUS, V.: Aktuelle Entwicklung zur Altlastenproblematik in der Bundesrepublik Deutschland. *UTA 5*, Nr. 6, 443–449 (1994).
[1.32] PUDILL, R.: Strategien der Altlastenuntersuchung. *LP Special: Chromatographie/Spektroskopie*, 80–84 (1991).
[1.33] Gesellschaft Deutscher Chemiker, Beratergremium für umweltrelevante Altstoffe (BUA): Umweltrelevante Alte Stoffe, Auswahlkriterien und Stoffliste. VCH-Verlagsgesellschaft, Weinheim 1986.
[1.34] WILLIAMS, R. H.: Gefordert sind neue und erschwingliche Technologien. Ein Rückblick auf die 2. Internationale Konferenz zur Altlastensanierung. *UTA 5*, Nr. 6, 450–453 1994).
[1.35] BAHDIR, M.: Organische Abfallanalytik als Screenig und auf Einzelstoffe. *GIT Fachz. Lab. 38*, Nr. 4, 308–316 (1994).
[1.36] HOFFMANN, H.-J.: *LaborPraxis* Mai 1992, 514.
[1.37] WAGNER, I., und W. FINK: Tips zur respirometrischen BSB-Bestimmung. *Labor Praxis 19*, Nr. 10, 30–32 (1995).
[1.38] LINK, M.: Biotests in der Abwasseranalytik. *LP Special: Chromatographie/Spektroskopie*, 99–101 (1991).
[1.39] FABIAN, P.: Das Ozonloch: chemische Aspekte. *Labor 2000*, 8–15 (1988).
[1.40] GÜNTHER, A.: Umweltprobleme. *Nachr. Chem. Tech. Lab. 41*, Nr. 10, 1114–1120 (1993).
[1.41] GÖKCEK, C., P. KUNIK und D. SCHMICKER: Umwelt auf dem Prüstand. *Labor 2000*, 103–110 (1991).
[1.42] SCHMIDT, F.: Umweltdaten, Sammeln, Verstehen, Entscheiden. *Labor 2000*, 48–58 (1989).
[1.43] BONGARTZ, A., S. SCHWEIGHOEFER und J. KAMES: Luftchemie – die Atmosphäre im Labor. *Labor 2000*, 146–154 (1989).
[1.44] RIEDE, K. P.: Mobile Analytik – 25 Jahre Fortschritt in der Umweltanalytik. *LABO 26*, Nr. 2, 48–49 (1995).
[1.45] HARTMANN, B.: EU-Umweltaudit. *Galvanotechnik 86*, Heft 9, 2970–2976 (1995).
[1.46] SCHEMMER, M.: Öko-Audit. Erfahrungen der AEG Daimler-Benz Industrie mit Umweltaudits nach EU-Vorgaben. *UTA 6*, Nr. 1, 58–61 (1995).
[1.47] HATZOPOULOS, I.: Chemiestandort Europa, Gentechnik und mehr. *Nach. Chem. Tech. Lab. 42*, Nr. 9, 864–868 (1994).
[1.48] HEIN, H.: Labormanagement in der Umweltanalytik. *Labor 2000*, 46–52 (1992).

[3.1] GAUGLITZ, G.: Trends in der UV/Vis-Spektroskopie. *Labor 2000*, 74–83 (1994).
[3.2] WENDLAND, E., *LABO 18*, Heft 6, 64 (1987).
[3.3] CHANCE, B., *Rev. Sci. Instrum. 22*, 634 (1951).
[3.4] BRIEHL, R. W., *J. Biol. Chem. 245*, 544 (1970).
[3.5] TALSKY, G., L. MAYRING und H. KREUZER: Feinauflösende UV/VIS-Derivativspektrometrie höherer Ordnung. *Angew. Chem. 90*, 840–854 (1978).
[3.6] TALSKY, G.: Warum Derivativspektrophotometrie höherer Ordnung? *GIT Fachz. Lab. 26*, 929–932 (1982).
[3.7] ESSER, G., und W. HANS, *LaborPraxis* Juni 1988, 676.
[3.8] MÜLLER, H.: Neues Spektrometerkonzept für die Routine-UV/VIS-Spektroskopie. *LaborPraxis* November 1988, 1218.
[3.9] BAYERBACH, S.: Moderne Werkzeuge zur Entwicklung einer UV-Vis-Methode im Hinblick auf eine Validierung. *GIT Fachz. Lab. 37*, Nr. 11, 978–980 (1993).
[3.10] EIFLER, K.-J., und C. COTTRELL: *LaborPraxis* April 1982, 248.
[3.11] MCCARTHY, C.J. und E.E. KING: Hochauflösende Photodiodenarray-Spektrometrie. *LaborPraxis Special: Chromatographie/Spektroskopie*, 126–129 (1989).

[3.12] Gauglitz, G.: UV/Vis-/Fluoreszenz-Spektroskopie. *Nachr. Chem. Tech. Lab. 42*, Nr. 11, M1–M5 (1994).
[3.13] Owen, T., und J. Emmert: Diodenarray-Technik für Routineanalysen. *LaborPraxis Special: Chromatographie/Spektroskopie*, 141–143 (1987).
[3.14] Emmrich, R., und F. Fiedler: Spektralphotometrie mit faseroptischen Sonden. *LaborPraxis 18*, Nr. 5, 42–51 (1994).
[3.15] Fitch, P., und A.G. Garges: *International Laboratory* Sept. 1987, 100.
[3.16] Schwedt, G.: *Laborpraxis* Dezember 1990, 1010.
[3.17] Wolfbeis, O. S.: Optoden und Fluorophore. *Nachr. Chem. Tech. Lab. 43*, Nr. 3, 313–316 (1995).
[3.18] Markert, B.: Wasseranalytik II. *Nachr. Chem. Tech. Lab. 41*, Nr. 11, M1–M12 (1993).
[3.19] Schwedt, G., B.C. Seo, S. Dreyer und E.-U. Ruhdel: Nitrit, Nitrat in Wässern. Photometrische Schnellverfahren und Ionenchromatographie im Vergleich. *LaborPraxis Special: Chromatographie/Spektroskopie*, 46–47 (1987).
[3.20] Schwedt, G.: *LaborPraxis* Mai 1988, 491.
[3.21] Schwedt, G.: *LaborPraxis* Juli/August 1990, 616.
[3.22] Bishop, J., G. Forderkunz und J. Maassen: Neue Wege in der UV/VIS-Spektroskopie. *LaborPraxis Special: Chromatographie/Spektroskopie*, 112–114 (1991).

[4.1] Lassak, H.-F.: Lumineszenz im Microplate-Format. *LaborPraxis 14*, Nr. 5, 370–374 (1990).
[4.2] DIN 38 407-F8: *Bestimmung von polycyclischen aromatischen Kohlenwasserstoffen in Trinkwasser*. Juni 1981.
[4.3] Greulich, K.-O., K. Kleinermanns, P. Monkhouse und J. Wolfrum: Laser im Labor. *Labor 2000*, 229–242 (1987).
[4.4] Bradley, A.B., und R.N. Zare: *J. Am. Chem. Soc. 98*, 620 (1976).
[4.5] Resch, U., K. Rurack und M. Senorer: Zeitaufgelöste Fluorometrie in der Wasseranalytik. *Nachr. Chem. Tech. Lab. 42*, Nr. 5, 504–506 (1994).
[4.6] Mingram, W.: Umweltverträgliche Umweltanalytik. Trennung von PAK in Trink- und Grundwasser. *LaborPraxis 16*, Nr. 9, 896–900 (1992).
[4.7] Jäger, E., und H. Lucht: Zeitaufgelöste Laserspektroskopie. Nachweis von PAK in Wasser. *LaborPraxis 16*, Nr. 9, 872–877 (1992).

[5.1] Lehrer, E. *Z. techn. Physik 23*, 169 (1942).
[5.2] Heisz, O. *LaborPraxis* Oktober 1986, 1138.
[5.3] Genzel, L. *Anal. Chem.* 273, 391 (1975).
[5.4] Gerwert, K., und G. Souvignier: Zeitaufgelöste FTIR-Differenzspektroskopie. *Nachr. Chem. Tech. Lab. 41*, Nr. 9, 950–956 (1993).
[5.5] Molt, K.: FT-IR-, NIR- und Raman-Spektroskopie. *Nachr. Chem. Tech. Lab. 42*, Nr. 9, M1–M12 (1993).
[5.6] Birch, J. R., und F. J. J. Clarke: Fifty Categories of Ordinate Error in Fourier Transform Spectroscopy. *Spectroscopy Europe 7*, No. 4, 16–22 (1995).
[5.7] Luft, K. F.: *Z. techn. Phys.* 24, 97 (1943).
[5.8] Heisz, O.: *LaborPraxis* Juni 1990, 496.
[5.9] Rager, A.: *LaborPraxis* April 1992, 320.
5.10] Wolters, J.: Die Langweg-Gaszelle. Eine Anwendungsmöglichkeit des zukunftsträchtigen IR-Zubehörs. *LaborPraxis 17*, Nr. 6, 78–79 (1993).
[5.11] Oelichmann, J., und A. Rau: Neuere Reflexionsmethoden in der FTIR-Spektroskopie. *LaborPraxis Special: Chromatographie/Spektroskopie*, 134 –140 (1987).
[5.12] Krohmer, P., und R. Dunelli: *UR-Tips 35*. Überlingen: Bodenseewerk Perkin-Elmer, 1967.
[5.13] Molt, K.: *Fresenius Z. Anal. Chem. 3/9*, 743 (1984).
[5.14] Oelichmann, J., und A. Rau: *LaborPraxis* Oktober 1986, 638.
[5.15] Herres, W., und G. Zachmann. *Z. Anal. Chem.* 391, 701 (1984).
[5.16] Weiss, J.: FIR-Messung von Festkörpern per ATR. *LaborPraxis 19*, Nr. 9, 36–38 (1995).
[5.17] Viktorin, M.: H-ATR. Spezielle FTIR-Techniken in der Anwendung. *LaborPraxis Special: Chromatographie/Spektroskopie*, 102–106 (1991).

[5.18] HOHMANN, H.: FTIR und ATR-Technik in wäßrigen Systemen. Qualitative und quantitative Analyse. *GIT Fachz. Lab. 38*, Nr. 4, 343–347 (1994).
[5.19] FISCHER, G., und M. BADER: Schmelzfilmtechnik für die IR-Spektroskopie. *LABO 25*, Nr.7–8, 28–32 (1994).
[5.20] GOLDEN, W.G., und D.D. SAPERSTEIN: *J. Phys. Chem. 88*, 574 (1984).
[5.21] ZACHMANN, G., J. MOL: *Structure* 115, 465 (1984).
[5.22] HAUSER, M., und J. OELICHMANN: 6th International Conference on Fourier Transform Spectroscopy, Wien 24.–28. Aug. 1987.
[5.23] POHL, M.: Dissertation Universität – GH Duisburg, 1992.
[5.24] KRISHNAN, K.: *Applied Spectroscopy 35*, 6 (1981).
[5.25] HERRES, W., und G. ZACHMANN: *LaborPraxis* Juni 1984, 632.
[5.26] BUSSE und B. BULLEMER: *Infrared Phys. 18*, 631 (1978).
5.27] RÖD: Photoakustische Gasdetektion. Von der Beobachtung bis zur industriellen Anwendung. *LaborPraxis 17*, Nr. 3, 54–65 (1993).
[5.28] ZACHMANN, G., und A. SIMON: *Kontrolle 11/12*, 34 (1985).
[5.29] Zachmann, G.: Productronic 11, 78 (1987).
[5.30] GÖKE, G.: Mikroskopie. *Nachr. Chem. Tech. Lab. 42*, Nr. 4, M1–M10 (1994).
[5.31] ZACHMANN, G., und A. SIMON: FTIR-Mikroskopie. *LaborPraxis Special, Chromatographie/Spektroskopie*, 122–127 (1987).
[5.32] BRUKER: *FT-IR-Application Note 24*.
[5.33] ZACHMANN, G., und A. SIMON: *LaborPraxis* April 1986, 342.
[5.34] OELICHMANN, J., und A. RAU: Mikro-Methoden in der FTIR-Spektroskopie. *LaborPraxis Special, Chromatographie/Spektroskopie*, 144–148 (1987).
[5.35] COMPTON, D.A.C., M.L. MITTLEMAN und J.G. GRASSELI: *Appl. Spectroscopy 39*, 909 (1985).
[5.36] UTSCHICK, H., und W. KUNZE: Qualitätssicherung durch Anwendung thermoanalytischer Methoden. *LABO 26*, Nr. 4, 33–35 (1995).
[5.37] SCHÖNHERR, R.: TGA-FTIR-Kopplung. Identifikation von Basispolymeren in Elastomeren. *LaborPraxis* September 1995, 24–27.
[5.38] OBRENSKI, R.J., J. MILLER und R. FISCHER: Anwendung von Vektoren in der analytischen IR-Spektrometire. *Labor Praxis Special: Chromatographie/Spektroskopie*, 205–212 (1986).
[5.39] Belz, H.-H., *GIT Fachz. Lab. 27*, 192 (1983)

[6.1] MOLT, K.: NIR-Spektroskopie für die Identitätsprüfung. *Nachr. Chem. Tech. Lab. 43*, Nr. 3, 330–336 (1995).
[6.2] KAYE, W.: *Spectrochim. Acta* 7, 181 (1955).
[6.3] MOLT, K.: *GIT Fachz. Lab. 16*, 107 (1992).
[6.4] KUROWSKI, CH.: Einsatz der NIR-Spektroskopie in der Qualitätssicherung für Lebensmittel. *GIT Fachz. Lab. 39*, Nr. 9, 785–788 (1995).
[6.5] SEEMANN, F.: *LABO* August 1983, 747.
[6.6] BÜNNING-PFAUE, H., und C. URBAN: Untersuchung von Fleischerzeugnissen mittels NIR-Spektrometrie und deren Leistungsparameter. *GIT Fachz. Lab. 39*, Nr. 9, 775–782 (1995). GIT Fachz. Lab. 39, Nr. 9, 775–782 (1995)
[6.7] MOLT, K.: FT-IR-, NIR- und Raman-Spektroskopie. *Nachr. Chem. Tech. Lab. 42*, Nr. 9, M1–M12 (1994).
[6.8] SEIBEL, W., und E. RABE: Backwaren. Einteilung und Analytik. *Labor 2000*, 184–196 (1987).
[6.9] ISENGARD, H.-D.: Wasserbestimmung in Lebensmitteln nach Karl Fischer. *GIT Fachz. Lab. 39*, Nr. 9, 792–794 (1995).
[6.10] ISENGARD, H.-D., und TH. KRAHL: Feuchtebestimmung – eine Übersicht. *GIT Fachz. Lab. 38*, Nr. 3, 158–160 (1994).
[6.11] BÖHME, W., W. LIEKMEIER, K. HORN und C. WILHELM: Wasserbestimmung mit NIR-Spektroskopie. *LaborPraxis Special: Chromatographie/Spektroskopie*, 86–89 (1990).
[6.12] KRAHL, T.: Schnelle Feuchtebestimmung. Neuheiten und Trends. *GIT Fachz. Lab. 38*, Nr. 4, 317–320 (1994).
[6.13] WINTER, B.: Intelligentes Sortieren. Berührungslose, automatisierte Erkennung von Kunststoffen. *Process 2*, Nr. 9, 56–57 (1995).

[7.1] SAWATZKI, J.: FT-Raman-Spektroskopie – Die Renaissance einer vielseitigen Analysenmethode. *GIT Fachz. Lab. 8*, 686–687 (1993).
[7.2] HIRSCHFELD, T., und D.B. CHASE: *Applied Spectroscopy 40*, 133 (1986).
[7.3] WILLIAMS, K.P.J., G.D. PITT, D.N. BATCHELDER und B.J. KIP: Confocal Raman Microspectroscopy Using a Sigmatic Spectrograph and CCD Detector. *Applied Spectroscopy 48*, No. 2, 232–235 (1994).
[7.4] VOGT, H.: FT-Raman – eine sinnvolle Methode? *Labor Praxis Special*: *Chromatographie/Spektroskopie*, 147–148 (1989).
[7.5] DAVIES, A.N.: Ordinary Trouble with Raman? *Spectroscopy Europe* 7, No. 5, 26–29(1995).
[7.6] GARTON, A., D.N. BATCHELDER und C. CHENG: Raman Microscopy of Polymer Blends. *Applied Spectroscopy 47*, No. 7, 922–927 (1993).

[9.1] ALKEMADE, C.TH.J.: *Appl. Sci. Res. Sect. B4*, 289 (1955).
[9.2] WALSH, A., *Spectrochim Acta 7*, 108 (1955).
[9.3] POHL, B., B. HORSTKOTTE und U. Steeg: *LaborPraxis* März 1992, 230.
[9.4] GOUY, G.L.: *Ann. Chim. Phys. 18, 5* (1879).
[9.5] DYMOTT, T. C., D.S. WIDMER und O. HEISZ: Die Probenzerstäubung in der AAS. *Labor-Praxis 7*, Nr. 10, 954–964 (1983).
[9.6] STEGLICH, F.: Optimierung flammenatomabsorptionsspektrometrischer Verfahren bei der analytischen Überwachung galvanischer Goldbäder. *Galvanotechnik 79*, Nr. 3, 762–769 (1988).
[9.7] L'VOV, B.V.: *Inzh. Fiz. Zh. 2*, 44 (1959).
[9.8] L'VOV, B.V.: *Spectrochim. Acta 17*, 761 (1961).
[9.9] MASSMANN, H.: *Spectrochim. Acta 23B*, 215 (1968).
[9.10] HARNLEY, J., und J. HOLCOMBE: *Anal. Chem.* 57, 1983 (1985).
[9.11] LANGMYHR, F.J.: *Z. Anal. Chem.* 322, 654 (1985).
[9.12] VÖLLKOPF, U., Z. GROBENSKI, R. TAMM und B. WELZ: *Analyst* 110, 573 (1985).
[9.13] SCHULZE, H.: Rationelle Überwachung von Metallspuren. *CAV Nr.* 2, 23–26 (1979).
[9.14] CHANG, S.B., und C.L. CHAKRABARTI: Prog. *Anal. At. Spectrosc.* 8, 83 (1985).
[9.15] L'VOV, B.V., V.G. NIKOLAEV, E.A. NORMANN, L.K. POLZIK und M. MOJICA: *Spectrochim. Acta 41B*, 1043 (1986).
[9.16] SCHLEMMER, G., und H.D. SCHULZE: AAS – 33 Jahre alt und immer noch jung. *Labor 2000*, 170–180 (1987).
[9.17] WELZ, B., *Z. Anal. Chem.* 279, 103 (1976).
[9.18] VÖLLKOPF, U., Z. GROBENSKI und B. WELZ: *GIT Fachz. Lab. 26*, 444 (1982).
[9.19] KÜLLMER, G., und P.J. WHITESIDE: Pyrographitrohre (TPC) für die AAS. *LaborPraxis Special: Chromatographie/Spektroskopie*, 156–163 (1986).
[9.20] L'VOV, B.V.: *Spectrochim. Acta 33B*, 153 (1978).
[9.21] VÖLLKOPF, U., R. LEHMANN und D. WEBER: Metallspurenbestimmung in Kunststoffen mit der «Cup-in-Tube»-Technik. *LaborPraxis Special:* Chromatographie/Spektroskopie, 182–187 (1986).
[9.22] SCHLEMMER, G.: Graphitrohrofen-AAS: auf dem Weg zu absoluter Analyse. *Nachr. Chem. Tech. Lab. 57*, Nr. 11, 1138–1149 (1989).
[9.23] SCHRAMMEL, P.: *Anal. Chim. Acta* 72, 414 (1974).
[9.24] REID, R.D., und E.H. PIEPMEIER, Anal. Chem. 48, 338 (1976).
[9.25] EDINGER, R.D.: *At. Absorpt. Newsl.* 14, 127 (1975).
[9.26] HATCH, W.R., und W.L. OTT: *Anal. Chem.* 40, 2085 (1968).
[9.27] PIWONKA, J., G. KAISER und G. TÖLG: *Fresenius Z. Anal. Chem.* 321, 225 (1985).
[9.28] DÊDINA J., und I. RUBESKA: *Spectrochim. Acta* 35B, 119 (1980).
[9.29] KURFÜRST, U., und B. RUES: Quecksilberbestimmung direkt aus dem Feststoff. *LaborPraxis 6*, Nr. 10, 1094–1099 (1982).
[9.30] TASCHE, H., M. OTTO, TH. GRÜNBERG, C. AHLEMEYER und K.E. VON MÜHLENDAHL: Quecksilberanalytik im unteren Nanogrammbereich. *GIT Fachz. Lab. 37*, Nr. 5, 411–413 (1993).
[9.31] SLAVIN, W., und D.C. MANNING: *Anal. Chem. 51*, 2, 261 (1979).
[9.32] BESSE, A., A. ROSOPULO, C. BUSCHE und G. KÜLLMER: Feststoff-AAS mit Deuterium-Untergrundkompensation. *LaborPraxis Special: Chromatographie/Spektroskopie,* 102–107 (1987).

[9.33] Liddel, P.R., N. Athanasopoulous und R. Grey: *LaborPraxis* Januar 1987, 34.
[9.34] Slavin, W., G.R. Carnick, D.C. Manning und E. Pruskowska: *At. Spectrosc.* 4, 69 (1983).
[9.35] Liddel, P.R.: *Anal. Chem.* 48, 1931 (1976).
[9.36] Koirtyohann, S.R.: *Anal. Chem.* 37, 601 (1965).
[9.37] Hadeishi, T.: *Appl. Phys. Lett.* 21, 438 (1972).
[9.38] Kurfürst, U.: 20 Jahre Zeeman-AAS. *Labor 2000*, 80–91 (1989).
[9.39] Fernandez, F.J., S.A. Myers und W. Slavin: *Anal. Chem.* 52, 741 (1980).
[9.40] Wirz, P., U. Kurfürst und K.-H. Grobecker: *LaborPraxis* Januar 1980, 16.
[9.41] Knowles, M., und E. Vanclay: Zeeman-Graphitrohr-AAS. Auswahlkriterien für den Anwender. *LaborPraxis 17*, Nr. 8, 50–57 (1993).
[9.42] Kurfürst, U.: Untersuchungen über die Schwermetallanalyse in Feststoffen mit der Direkten Zeeman-Atom-Absorptions-Spektroskopie. *Fresenius Z. Anal. Chem.* 315, 304 (1983).
[9.43] De Loos-Vollebregt, M.T.C., und L. de Galan: *Spectrochim. Acta* 35B, 495 (1980).
[9.44] De Loos-Vollebregt, M.T.C., und L. de Galan: *Spectrochim. Acta* 33B, 954 (1978).
[9.45] Schlemmer, G., W. Schrader und H. Schulze: Neues Konzept für die Graphitrohr-AAS. *LaborPraxis Special: Chromatographie/Spektroskopie*, 107–111 (1991).
[9.46] Fernandez, F.J.: At. *Spectrosc.* 2,3, 73 (1981).
[9.47] Grobecker, K.-H., und B. Klüssendorf: Routinebestimmung von Spurenelementen mit der ZAAS. *Labor Praxis Special: Chromatographie/Spektroskopie*, 214–217 (1986).
[9.48] Völlkopf, U., und H. Schulze: *LaborPraxis* Juli 1982, 410.
[9.49] Fernandez, F.J., W. Bohler, M.M. Beaty und W.B. Barnett: *At. Spectrosc.* 2, 73 (1981).
[9.50] Smith, S.B., und G.M. Hieftje: *Appl. Spectrosc.* 37, 419 (1983).
[9.51] Schulze, H.: Die neue Qualität der Routuíne-AAS. *LaborPraxis Special: Chromatographie/Spektroskopie*, 149–151 (1987).
[9.52] Whiteside, P.J., T.J. Stockdale, J.W. Price und G. Küllmer: *LaborPraxis* April 1983,284.
[9.53] Brauner, J., und H. de Laffolie: Anwendung der Lichtleitertechnik in de Spektrometrie. *Chromatographie/Spektroskopie '91*, 86–89.
[9.54] Schulze, H.: Höhere Produktivität in der Metallspurenanalytik. *LaborPraxis 19*, Nr. 2, 30–39 (1995).
[9.55] Barber, T.E., P.E. Walters, M.W. Wensing und J.D. Winefordner: *Spectrochim. Acta* 46B, 1009 (1991).
[9.56] Frenzel, W.: Separationstechniken in der Fließinjektionsanalyse. *Nachr. Chem. Tech. Lab. 41*, Nr. 4, 456–460 (1993).
[9.57] Ruzicka, J., und E.F. Hansen: *Anal. Chem. Acta* 78, 145 (1975).
[9.58] Schulze, H., und J. Baasner: Hoher Probendurchsatz garantiert. Vollautomatische Quecksilber-Spurenbestimmung mit Fließinjektions-Kaltdampf-AAS. *CAV Chemie Anlagen Verfahren* 4, 92–94 (1994).
[9.59] Schrader, W., und H. Schulze: FIAS – Die Innovation für die AAS. *Chromatographie/Spektroskopie*, 108–110 (1990).
[9.60] Fang, Z., und B. Welz: *J. Anal. Spectrom.* 4, 83 (1988).
[9.61] Elspass, R., *LaborPraxis* April 1992, 328.
[9.62] Projahn, H.-D., und A. Keim: Intelligentes Fließsystem für die Flammen-AAS. *LaborPraxis 19*, Nr. 6, 48–54 (1995).
[9.63] Bernd, H.: *Fresenius Z. Anal. Chem.* 331, 321 (1988).
[9.64] N.N.: Ein Hochdruckfließ- und Hochdruckzerstäubungssystem zum Probeneintrag in der Atomspektrometrie. *Nachr. Chem. Tech. Lab. 40*, Nr. 7/8, 820–828 (1992).
[9.65] Blödorn, W.: Atomspektrometrie: Anreicherungs- und Abtrenntechniken. *Nachr. Chem. Tech. Lab. 41*, Nr. 11, 1252–1258 (1993).
[9.66] Knapp, G., und M. Michaelis: *CLB Chemie Labor Biotechnik 44, 56* (1993).
[9.67] Werner, R.W.: Gesetzesvorschrift für die Reinhaltung der Laborluft. *Labor 2000*, Ausgabe 1995, 134 und 151–155

[11.1] Ohls, K.: 30 Jahre hochfrequente Plasmaflammen. *Nachr. Chem. Tech. Lab. 41*, Nr. 5, 572–577 (1993).

[11.2] VEPREK, S.: Plasmachemie heterogener Systeme. *Nachr. Chem. Tech. Lab. 36,* Nr. 3, 248–258 (1988).
[11.3] MANDELSTAM, S. *Spectrochim. Acta 15*, 255 (1959).
[11.4] GREENFIELD, S., I. L. JONES und C. T. BERRY. *Analyst* 89, 713 (1964).
[11.5] FASSEL, V. A., UND R. H. WENDT. *Anal. Chem. 37*, 920 (1965).
[11.6] LEIS, F., und J. A. C. BROEKERT: *Fresenius Z. Anal. Chem.* 333, 2 (1989).
[11.7] MASAMBA, W. R. I., B. W. SMITH und J. D. WINEFORDNER: *Appl. Spectrosc. 46*, 1741 (1992).
[11.8] CAMMAN, K., und H. MÜLLER: *Fresenius Z. Anal. Chem.* 331, 336 (1988).
[11.9] BEENAKKER, C. I. M: *Spectrochim. Acta* 31B, 483 (1976).
[11.10] RÖHL, R.: Mikrowelleninduzierte Plasmen und Atomemissionsspektrometrie. *Labor Praxis Special*: Chromatographie/Spektroskopie, 188–193 (1986).
[11.11] CAMMAN, K., L. LENDERO, H. FEUERBACHER und K. BALLSCHMITER: *Fresenius Z. Anal. Chem.* 316, 194 (1983).
[11.12] KOLLOTZEK, D., D. OECHSLE, G. KAISER, P. TSCHÖPEL und G. TÖLG: *Fresenius Z. Anal. Chem.* 318, 485 (1984).
[11.13] FONO, A., S. BIRCH, T. SCHMIDT und H. BILLHOFER: *LaborPraxis* Juni 1991, 512.
[11.14] BACKHAUS, G.: Weiterentwicklungen in der ICP-Technik, *LaborPraxis Special: Chromatographie/Spektroskopie*, 152–159 (1987).
[11.15] NÖLTE, J.: ICP-OES-Analyse mit Ultraschallzerstäuber. *LaborPraxis 17*, Nr. 2, 46–50 (1993).
[11.16] POHL, B., und R. BOMBELKA: Gesicherte ICP-Analysen durch vollautomatische Qualitätssicherung. *GIT Fachz. Lab. 37*, Nr. 11, 981–986 (1993).
[11.17] Nölte, J.: *LaborPraxis* April 1992, 332.
[11.18] LAUTENSCHLÄGER, W.: ICP mit Echelle-Gitter-Anordung. *LaborPraxis Special: Chromatographie/Spektroskopie*, 178–181 (1986).
[11.19] KOLCZYNSKI, J. D., D. A. RADSPINNER, R. S. POMEROY, M. E. BAKER, J. A. NORRIS, M. B. MORAN und M. J. PILON: *International Laboratory*, Mai 1991, 49.
[11.20] NÖLTE, J.: Spektrometer mit CCD-Detektoren. Neue Möglichkeiten in der ICP-Emission. *LaborPraxis 17*, Nr. 6, 70–77 (1993).
[11.21] REIPKE, J., und U. JERONO: Klärschlammanalyse mit einem Multisimultan ICP Spektrometer. *GIT Fachz. Lab. 38*, Nr. 2, 100–101 (1994).
[11.22] JAGDT, S., und H. SCHLESING: Erprobung eines Multielement-ZAAS. *LaborPraxis 13*, Nr. 11, 1036–1039 (1989).
[11.23] BRAUNER, J., und H. DE LAFFOLIE: Anwendung der Lichtleitertechnik in der Spektrometrie. *LaborPraxis Special: Chromatographie/Spektroskopie*, 86–89 (1991).
[11.24] BEWERTUNGE, J., J. BRAUNER, P. FRIEDHOFF, M. HEINEN, K.-J. KREMER und K. A. SLICKERS: Weiterentwicklung der Emissionsspektrometrie durch die Anwendung der Lichtleitertechnik und der Elektronik. *Stahl und Eisen 106*, 575–581 (1986).
[11.25] BOHLE, W., T. BRANDT, H. FALK und S. WOLF: Optisches Plasma-Interface für ICP-OES bis in den Vakuum-UV-Bereich. *GIT Fachz. Lab.* 8/95, 715–716.
[11.26] NÖLTE, J.: *CLB Chemie in Labor und Biotechnik* 42, 72 (1991).
[11.27] BACKHAUS, G.: *LaborPraxis* Oktober 1991, 854.
[11.28] KOLLOTZEK, D., P. TSCHÖPEL und G. TÖLG: *Spectrochim. Acta* 39B, 625 (1984).
[11.29] BRENNER, I. B., A. ZANDER, S. KIM und A. HENDERSON: Direct Solids Analysis of Geological and Related Non-Conducting Materials Using Spark Ablation and Slurry Nebulisation. *Spectroscopy Europe* 7, No. 4, 24–32 (1995).
[11.30] BRENNER, I. B., A. ZANDER, S. KIM und A. HENDERSON: *Spectroscopy Europe* 7, No. 4, 24 (1995).
[11.31] BOUMANS, P. W. J. M., J. A. C. BROEKERT und K. MARCUS: Analytical Atomic Spectrometry: Use and Exploration of Low Pressure Discharges. *Spectrochim. Acta*, Hefte 2 und 4 (1991).
[11.32] KO, J. B.: *Spectrochim. Acta 39B*, 1405 (1984).
[11.33] GRIMM, W.: *Spectrochim. Acta 23B*, 443 (1968).
[11.34] SINGER, R.: Universelle Analyse von Oberflächen. *LaborPraxis 19*, Nr. 10, 78–79 (1995).
[11.35] HEYNER, R., S. MÄNNEL und G. MARX: GDOS-Tiefenprofil und Spurenanalyse. *LaborPraxis 19*, Nr. 9, 28–34 (1995).

[11.36] WINCHESTER, M. R., C. LAZIR und R. K. MARCUS: *Spectrochim. Acta 46B*, 483 (1991).
[11.37] LEIS, F.: Glimmentladungen in der analytischen Atomspektrometrie. *Nachr. Chem. Tech. Lab. 43*, Nr. 9, 967–972 (1995).
[11.38] LÖBE, K., UND H. LUCHT: Millisekundenschnelle Multielementanalyse. *LaborPraxis 19*, Nr. 4, 92–102 (1995).
[11.39] FALK, H., E. HOFFMANN und CH. LÜDKE: *Spectrochim Acta 39B*, 283 (1984).
[11.40] BRAUNER, J.: *LaborPraxis* März 1992, 236.
[11.41] MAASSEN, J. R., und M. W. ROUTH: Gegenüberstellung verschiedener AAS- und AES-Techniken. *LaborPraxis Special: Chromatographie/Spektroskopie*, 153–157 (1989).
[11.42] TYLER, G.: ICP-MS, or ICP-AES and AAS? A Comparison. *Spectroscopy Europe 7*, No. 1, 14–22 (1995).
[11.43] BLÖDORN, W., T. RIPPERT, D. THIERIG und H. UNGER: Spuren- und Elementanalyse von Stählen und Ferrolegierungen. Emissionsspektrometrie mit ICP-Anregung. *LaborPraxis 16*, Nr. 10, 982–987 (1992).
[11.44] SCHMIDING, T., B. POHL UND R. BOMBELKA: Bestimmung von Blei in Paprikapulver. Vergleich von Flammen-AAS, Graphitrohr-AAS und ICP-OES. *GIT Fachz. Lab. 39*, Nr. 6, 569–571 (1995).
[11.45] HOUK, R. S., V. A. FASSEL, G. D. FLESH, H. SVEC, A. L. GRAY und C. E. TAYLOR: *Anal. Chem. 52*, 2283 (1980).
[11.46] GRAY, A. L., und A. R. DATE: *Analyst 108*, 1033 (1983).
[11.47] GRAY, A. L.: *Spectrochim. Acta* 40B, 1525 (1985).
[11.48] GOORDON, J. S.: *Phys. Bull. 39*, 277 (1988).
[11.49] HUTTON, R. C.: *LaborPraxis* April 1989, 286.
[11.50] HOFFMANN, H.-J.: *LaborPraxis* Juni 1988, 664.
[11.51] DIETZE, H.-J., und S. BECKER: Massenspektrometrische Festkörperanalyse. *Nachr. Chem. Tech. Lab. 43*, Nr. 5, 563–568 (1995).
[11.52] KUSS, H.-M.: Spurenelementanalytik von Stählen mit ICP-MS. Nachr. *Chem. Tech. Lab. 43*, Nr. 7/8, 804–808 (1995).
[11.53] BOMBELKA, R., und B. POHL: Vereinfachte Spurenanalytik per ICP-MS. *LaborPraxis 19*, Nr. 10, 80–86 (1995).
[11.54] HOFFMANN, H.-J.: Einsatz der ICP-MS in der Wasseranalytik. *LaborPraxis Special: Chromatographie/Spektroskopie*, 142–146 (1989).
[11.55] HUTTON, R. C.: *LaborPraxis Special Chromatographie/Spektroskopie* '90, 98.
[11.56] JIN, Q., C. ZHU, M. W. BORER und G. HIEFTJE: *Spectrochim. Acta 46B*, 417 (1991).
[11.57] JAKUBOWSKI, N., D. STÜWER und G. TÖLG: *Spectrochim. Acta 46B*, 155 (1991).

[12.1] BROEKERT, J. A. C., und G. TÖLG: *Fresenius Z. Anal. Chem. 326*, 495 (1987).
[12.2] HÜBSCHMANN, H.-J.: ECD-MS: Über Funktion und Einsatz der Detektion negativer Ionen in der Rückstandsanalytik. *GIT Fachz. Lab. 39*, Nr. 5, 434–438 (1995).
[12.3] RAUCH, W., U. TEGTMEYER und R. SCHLÖGL: Ionen-Molekül-Massenspektrometrie (IMR-MS). *GIT Fachz. Lab. 38*, Nr. 2, 93–98 (1994).
[12.4] KARRAS, M., und F. HILLENKAMP: *Anal. Chem. 60*, 2299 (1988).
[12.5] PAULUS, G., und M. RESCH: Molmassen-Bestimmung mittels MALDI-MS. *Nachr. Chem. Tech. Lab. 42*, Nr. 7/8, 719–722 (1994).
[12.6] KRÜGER, R.: Molmassenbestimmung mittels MALDI-MS. *Nachr. Chem. Tech. Lab. 42*, Nr. 7/8, 719–722 (1994).
[12.7] DAWELL, M. A.: MS – ohne geht nichts mehr in der Proteinchemie. *LaborPraxis 19*, Nr. 10, 46–49 (1995).
[12.8] KRÜGER, R.-P.: MALDI-TOF-MS synthetischer Polymere. *GIT Fachz. Lab. 39*, Nr. 3, 189–194 (1995).
[12.9] LATTIMER, R. P., und H. R. SCHULTEN: *Anal. Chem. 61*, 1201 (1989).
[12.10] BARBER, M., R. S. BORDOLI, R. D. SEDGWICK und A. N. TYLOR: *Nature 293*, 270 (1981).
[12.11] RÖLLGEN, F. W.: «Fast Atom Bombardement»-Massenspektrometrie. *Nachr. Chem. Tech. Lab. 31*, Nr. 3, 174–177 (1983).
[12.12] TUSZYNSKI, W., und E. HILF: Plasma-Desorptions-Massenspektrometrie. *Labor 2000*, 99–103 (1989).
[12.13] BECKER, J. S., und H.-J. DIETZE: *Fresenius J. Anal. Chem. 344*, 69 (1992).

[12.14] KARAS, M,. und U. GIESSMANN: Matrix-unterstützte Laserdesorptions-Massenspektrometrie. *Labor 2000*, 71–83 (1992).
[12.15] DIETZE, H.-J., und S. BECKER: Massenspektrometrische Festkörperanalyse. *Nachr. Chem. Tech. Lab. 43*, Nr. 5, 563–568 (1995).
[12.16] ILLENBERGER, E.: Massenspektrometrie mit negativen Ionen. *LABO 15*, Nr. 8, 868–870 (1984).
[12.17] JOHNSON, J.V., und R.A. YOST: Tandem Mass Spectrometry in Trace Analysis. *Anal. Chem. 758A*, 57 (1985).
[12.18] SCHUBERT, R.: Triple-Stage-Quadrupol-Massenspektrometrie. *LaborPraxis Special: Chromatographie/Spektroskopie*, 108–121 (1987).

[13.1] BLOCH, F.: *Phys. Rev. 70*, 460 (1946).
[13.2] DECKER, E. D.: *Analyt. Chem. 295A*, 65 (1993).
[13.3] KARAGHIOSOFF, K., H.A. MAYER und B. COSTISELLA: *Nachr. Chem. Tech. Lab. 43*, Nr. 9, 966 (1995).
[13.4] ASCHE, W.: Aus der Geschichte der NMR. 50 Jahre Kernresonanz. *LABO 26*, Nr. 1, 126–128 (1995).
[13.5] SEIMET, U.: Dynamische Moleküle im NMR. *Nachr. Chem. Tech. Lab. 41*, Nr. 5, 584–586 (1993).
[13.6] ROTH, K.: NMR-Spektroskopie. *Nachr. Chem. Tech. Lab. 37*, Sonderheft Spektroskopie, 249–260 (1989).
[13.7] GÜNTHER, H.: *Spektrum Wiss. 24*, 30 (1991).
[13.8] GLASER, S.J.: Entwicklung maßgeschneiderter Multipuls-Experimente für die NMR-Spektroskopie biologischer Makromoleküle. *GIT Fachz. Lab. 37*, Nr. 8, 677–678 (1993).
[13.9] OSCHKINAT, H.: *Angew. Chem. 106*, 284 (1994).
[13.10] MEUSINGER, R., und H. SCHINDLBAUER: Struktur-Eigenschaftsbeziehungen von Vielstoffgemischen (Oktanzahlbestimmung mit Hilfe der NMR-Spektroskopie. *GIT Fachz. Lab. 38*, Nr. 2, 115–116 (1994).
[13.11] RAPP, A., und A. MARKOWETZ: Anwendung der NMR-Spektroskopie in der Weinanalytik. *Labor 2000*, 113–120 (1991).
[13.12] MEUSINGER, R., R. HOMMEL und U. HIMMELREICH: In vivo NMR des Kohlenhydratstoffwechsels von Candida apicola. *GIT Fachz. Lab. 38*, Nr. 4, 363–366 (1994).
[13.13] LEIBFRITZ, D.: Medizinische Anwendungen der NMR-Spektroskopie. *Labor 2000*, 50–60 (1991).
[13.14] ERNST, H., D. FREUDE, H. PFEIFER und I. WOLF: Multinuclear Solid-State NMR. *GIT Fachz. Lab. 38*, Nr. 6, 708–710 (1994).
[13.15] BLÜMLER, P., und B. BLÜMICH: NMR of Polymers in the Solid-State. *Spectroscopy Europe* 7, No. 3, 8–16 (1995).
[13.16] SPIESS, H.W.: NMR-Spektroskopie von Makromolekülen. *Nachr. Chem. Tech. Lab. 43*, Nr. 2, 204–205 (1995).

[14.1] BERRIE, P.G.: *Hochpräzis bei dünnen Schichten*. Das Röntgenfluoreszenz-Verfahren zur Messung galvanischer Schichten. *Industrieanzeiger*, Nov. 334–337 (1986).
[14.2] SCHÄFER, W.: *LaborPraxis 7*, Nr. 9, 786 (1983).
[14.3] KNIPPING, B., M.G. SIEMANN und K. HERRMANN: Analyse von Bodenproben und Abfällen per RFA mit RDA. *LaborPraxis 18*, Nr. 11, 78–82 (1994).
[14.4] RÖD: Über 50 Jahre Röntgenanalytik. *LaborPraxis 17*, Nr. 9, 40–42 (1993).
[14.5] KOCH, K.H., K. OHLS und J. FLOCK: Rationalisierung der Multi-Elementanalytik durch Einsatz der RFA. *LaborPraxis Special: Chromatographie/Spektroskopie*, 120–124 (1991).
[14.6] HASCHKE, M., M. BRUMME und J. HECKEL: Neue Möglichkeiten der energiedispersiven Röntgenfluoreszenzanalyse. *LaborPraxis 15*, Nr. 9, 736–740 (1991).
[14.7] OLLMANN, B., und H. HÖLZER: Röntgenfluoreszenzanalyse. *Kontrolle 6*, 183–185 (1985).
[14.8] WARNER, T., H. RETHFELD und A. JANNSEN: RFA zur Mineralstoffbestimmung in Trinkwasser. *LaborPraxis 19*, Nr. 6, 66–69 (1995).
[14.9] VAN DE KEMENADE, J.: Röntgenanalyse – die ersten 100 Jahre (1985–1995). *Labor 2000*, Ausgabe 1995, 48–53.

[14.10] DE JONGH, W.K., H.-P. SCHÄFER und U. MEDUNE: Semiquantitatives Verfahren für die XRF-Analyse. *LaborPraxis 13*, Nr. 10, 870–872 (1989).
[14.11] WOBRANSCHEK, P., und H. AIGINGER: *Spectrochim. Acta 35B*, 607 (1980).
[14.12] KNOTH, J., und H. SCHWENKE: *Fresenius Z. Anal. Chem.* 301, 7 (1980).
[14.13] PRANGE, A.: Totalreflexions-Röntgenfluoreszenz. *Nachr. Chem. Tech. Lab. 41*, Nr. 1, 40–45 (1993).
[14.14] GÜHRING, W.H.: Meßverfahren und Geräte zur Dickenmessung metallischer Schichten. *Galvanotechnik* 72, Nr. 10, 1059–1071 (1981).
[14.15] LEHMANN, W.: Exakte Schichtdicken-Messung mittels Röntgenfluoreszenz. *Metalloberfläche 39*, Heft 3, 85–88 (1985).
[14.16] PAATSCH, W.: Verfahren zur Dickenmessung sehr dünner Schichten. *Galvanotechnik 68*, Nr. 10, 865–870 (1977).
[14.17] GOLLAN, D., G. HASCHKE und V. RÖßINGER: Röntgenfluoreszenzanalyse (RFA) galvanischer Messingüberzüge auf Drähten. *Metalloberfläche 37*, Nr. 12, 496–499 (1983).
[14.18] KIKKERT, J., und J. HÖHLER: Neuere Entwicklungen in der Röntgenspektrometrie. *LaborPraxis Special: Chromatographie/Spektroskopie*, 174–177 (1986).
[14.19] KIKKERT, J., und H. HÖHLER: Neuere Entwicklungen in der Röntgenspektrometrie. *LaborPraxis Special Chromatographie/Spektroskopie* '86, 174–177.
[14.20] UNTENECKER, H., S. JENTSCH und B. DIEBEL: Röntgenfluoreszenzanalyse (RFA) leichter Elemente in pastenartigen Proben. *GIT Fachz. Lab. 39*, Nr. 6, 577–581).
[14.21] N.N.: C-, N- und O-Analyse mit RFA. *LaborPraxis 17*, Nr. 10, 84–85 (1993)

[15.1] KANANI, N.: Oberflächenanaylse: technische Möglichkeiten, praktische Anwendungen. *Galvanotechnik 86*, Nr. 5, 1526–1534 (1995).
[15.2] MATTHIEU, H.J.: Moderne Oberflächen-Analysenmethoden. *Oberfläche/Surface 24*, 78–82 (1983).
[15.3] KOCH, M., UND K. SCHWITZGEBEL: Untersuchung von Oberflächen mit Licht-, Röntgen- und Elektronenstrahlen. *Metalloberfläche 20*, Nr. 6, 253–260 (1966).
[15.4] SCHÄFER, W.: Energiedispersive Röntgenmikroanalyse am Rasterelektronenmikroskop. *LaborPraxis 7*, Nr. 9, 786–796, Nr. 10, 946–952 (1983).
[15.5] HANTSCHE, H.: Energiedispersive Röntgenmikroanalyse – Anwendungsgebiete, Grenzen und Fehlermöglichkeiten. *GIT Fachz. Lab. 25*, 682–698 (1981).
[15.6] NIECKE, M.: PIXE-Pikogramm-Protonenmikrosonde. *Labor 2000*, 94–102 (1991).
[15.7] JITSCHIN, W.: *Physik in unserer Zeit 20*, 35 (1989).
[15.8] HOFMANN, S.: *Microchimica Acta 7*, 109 (1977).
[15.9] LANDOLT, D.: Elektrochemie und Oberflächenchemie von Metallen. *Material und Technik* Nr. 1, 72–76 (1985).
[15.10] FROMMEYER, G,. und H.-J. SÖLTER: Anwendung spektroskopischer Analysenmethoden für Oberflächen- und Grenzschichten. Teil 1. Scanning Auger Microscopy. *Metalloberfläche 33*, Nr. 12, 546–550 (1979).
[15.11] KAUFMANN, R., und H. HÖCKER: XPS eine Methode zur Charakterisierung von Faserveränderungen in der Oberfläche. *GIT Fachz. Lab. 38*, Nr. 4, 348–352 (1994).
[15.12] SIEGBAHN, K., und K. EDVARSON: *Nucl. Phys. 1*, 137 (1956).
[15.13] HAGSTRÖM, S.: *Vakuum-Technik 2*, 46 (1974).
[15.14] BENNINGHOVEN, A.: *Surface Science 53*, 596 (1975).
[15.15] FROMMEYER, G., und H.-J. SÖLTER: Anwendung spektroskopischer Analysenmethoden für Oberflächen- und Grenzschichten. Teil 2. ESCA, SIMS, ISS, LEED, Raman-Spectroscopy. *Metalloberfläche 34*, Nr. 1, 19–23 (1980).
[15.16] PERSCH, G., und H. STRECKER: Das Rastertunnelmikroskop. *Labor 2000*, 72–79 (1989).
[15.17] BINNIG, G., und H. ROHRER: Scanning Tunneling Microscopy. *Helv. Phys. Acta 55*, 726 (1982).
[15.18] WILLIAMS, C.C., und H.K. WICKRAMASINGHE: *Appl. Phys. Lett. 49*, 1587 (1986).
[15.19] DÜHRIG, U., D. POHL und F. ROHNER: *IBM J. Res. Develop. 30*, 478 (1986).
[15.20] BINNIG, G., C.F. QUATE und CH. GERBER: *Phys. Rev. Lett. 56*, 930 (1986).
[15.21] FOWLER, R.H., und L. NORDHEIM: Electron Emission in Intense Electric Fields. *Proc. Roy. Soc. Lond.* A 119, 173 (1928).

[15.22] BINNIG, G., UND H. ROHRER: Scanning tunneling microscopy. *IBM J. Res. Develop. 30*, No. 4, July 1986, 355–369.
[15.23] FRIEDBACHER, G.: Rasterkraftmikroskopie. *Nachr. Chem. Tech. Lab. 43*, Nr. 3, 342–346 (1995).
[15.24] FROMMER, J.: *Angew. Chem. 104*, 1324 (1992).
[15.25] MARTIN, Y., D. RUGAR und H.K. WICKRAMSINGHE: *Appl. Phys. Lett. 52*, 244 (1988).
[15.26] GÖDDENHENRICH, T.: Rasterkraft- und Magnetokraft-Mikroskopie. *Labor 2000*, 164–169 (1992).
[15.27] RICKEN, C., K. BORGWARTH, D.G. EBLING und J. HEINZE: Das Raster-Elektrochemische Mikroskop (SECM). *GIT Fachz. Lab.* 8/95, 730–731.

[16.1] OHLS, K.D., H. EDEL und K. CAMMANN: High-Tech fürs Labor. Neue instrumentelle Methoden, die noch nicht gerätetechnisch vermarktet sind. Hier: Varianten der spektroskopischen Analyse. *LABO-TREND* '95, 4–10.

Literaturverzeichnis

zu Kapitel 1:

BERNABEI, D.: *Sicherheit – Handbuch für das Labor.* GIT-Verlag 1993.

KROMIDAS, S.: *Qualität im analytischen Labor.* Weinheim: VCH-Verlag, 1995.

SÖHNGEN, K.: *Qualitätssicherungs-Handbuch.* Berlin, Heidelberg, New York, London, Paris, Tokyo, Hong Kong: Springer-Verlag, 1995.

CHRIST, G. A., F. J. HARSTON und H. W. HEMBECK: *GLP – Handbuch für Praktiker.* GIT-Verlag, 1992.

HUBER, L.: *Gute Labor-Praxis (GLP) – Ein Leitfaden.* Hewlett-Packard Publ. 1993.

FUSFELD, H. I.: *Industry's Future – Changing Patterns of Industrial Research.* Washington, DC: American Chemical Society, 1994.

SARGENT, M. und G. MACKEY: *Guideline for Achieving Quality in Trace Analysis.* Cambridge: Royal Society of Chemistry, 1995.

SCHWEDT, G.: *Analytische Chemie – Methoden und Praxis.* Stuttgart: Thieme-Verlag, 1995.

KOCH, O. G. und G. A. KOCH-DEDIC: *Handbuch der Spurenanalyse.* Berlin: Springer-Verlag, 1974.

KRULL, I.-S.: *Trace Metal Analysis and Speciation.* Amsterdam: Elsevier Science Publishers, 1992.

OTTO, M.: *Analytische Chemie.* Weinheim: VCH-Verlagsgesellschaft, 1995.

SMYTH, M. R.: *Chemical Analysis in Complex Matrices.* Chichester: Ellis Horwood, 1992.

BLIEFERT, C.: *Umweltchemie – schneller Einstieg.* Weinheim: VCH-Verlag, 1994.

HULPKE, H., H. HARTKAMP und G. TÖLG: *Analytische Chemie für die Praxis: Umweltanalytik – Eine allgemeine Einführung.* Stuttgart: Thieme Verlag, 1988.

ARENDT, G.: *Analytik bei Abfallentsorgung und Altlasten.* Düsseldorf: VDI-Verlag, 1991.

FABIAN, P.: *Atmosphäre und Umwelt; Chemische Prozesse, menschliche Eingriffe.* Berlin: Springer-Verlag, 1985.

SCHWEDT, G.: *Mobile Umweltanalytik.* Würzburg: Vogel Buchverlag, 1994.

STOEPPLER, M.: *Probennahme und Aufschluß. Basis der Spurenanalytik.* Berlin, Heidelberg, New York, London, Paris, Tokyo, Hong Kong: Springer-Verlag, 1994.

GÜNZLER, H., und R. BORSDORF: *Analytiker Taschenbuch.* Berlin, Heidelberg, New York, London, Paris, Tokyo, Hong Kong: Springer-Verlag, 1994.

RICHARDSON, M.: *Ecotoxicology Monitoring.* Weinheim: VCH, 1993.

zu Kapitel 2:

SCHMIDT, W.: *Optische Spektroskopie – Eine Einführung für Naturwissenschaftler und Techniker.* Weinheim, New York, Basel, Cambridge, Tokyo: VCH Verlagsgesellschaft, 1994.

PERKAMPUS, H.-H.: *Encyclopedia of Spectroscopy.* Weinheim: VCH-Verlagsgesellschaft, 1995.

ANDREWS, D. L., und A. M. C. DAVIES: *Frontiers in Analytical Spectroscopy.* Cambridge: Royal Society of Chemistry, 1995.

STAAB, H. A.: *Einführung in die theoretische organische Chemie,.* Weinheim: Verlag Chemie,

zu Kapitel 3:

PERKAMPUS, H.-H.: *UV-VIS Atlas of Organic Compunds.* Weinheim: VCH Verlagsgesellschaft, 1992.

PERKAMPUS, H.-H.: *UV-VIS-Spektroskopie und ihre Anwendungen.* Berlin, Heidelberg, New York, Tokyo: Springer-Verlag, 1986.

SVEHLA, G.: *Analytical Visible and Ultraviolet Spectrometry*, Vol. XIX. Comprehen. Analytic. Cehm. Amsterdam: Elsevier, 1986.
TALSKY, G.: *Derivative Spectrophotometry*. Weinheim: VCH-Verlagsgesellschaft, 1994.

zu Kapitel 4:
BAEYENS, W. R. G., D. DE KEUKELEIRE und K. KORDIKIS: *Luminiscence Techniques in Chemical and Biochemical Analysis*. New York: Marcel Dekker, 1991.
LAKOWICZ, J. R.: *Principles of Fluorescence Spectroscopy*. New York, London: Plenum Press, 1983.
SCHWEDT, G.: *Fluorometrische Analyse*. Weinheim: Verlag Chemie, 1981.
WOLFBEIS, O. S.: *Fluorescence Spectroscopy – New Methods and Applications*. Heidelberg: Springer-Verlag, 1993.

zu Kapitel 5:
BARROW, G. M.: *Introduction to Molecuar Spectroscopy*. McGraw-Hill 1962.
FERRARO, J. R. und L. J. BAISLE: *Fourier Transform Infrared Spectroscopy*. Academic Press, New York 1978.
GRIFFITH, P. R. und J. A. DEHASETH: *Fourier Transform Infrared Spectroscopy*. John Wiley & Sons, New York 1986.
HARRICK, N. J.: *Internal Reflection Spectroscopy*. Scientific Corporation, Ossining, New York 1987.
KORTÜM, G.: *Reflexionsspektroskopie*. Springer Verlag, Berlin 1969.
PAO, Y.-H.: *Optoacoustic Spectroscoy and Detection*. Academic Press 1977.
ROEGES, N. P. G.: *A Guide to the Complete Interpretation of Infrared Spectra of Complex Structures*. John Wiley & Sons Ltd, Chichester 1994.
ROSENWAIG, A.: *Photoacoustics and Photoacoustic Spectroscopy*. Wiley 1980.
SCHRADER, B.: *Infrared and Raman Spectroscopy*. VCH, Weinheim 1994.
WEITKAMP, H. und R. BARTH: *Einführung in die Infrarotspektroskopie*. Thieme-Verlag, Stuttgart 1976.

zu Kapitel 6:
BURNS, D. A. und E. W. CIURCZAK: *Handbook of Near-Infrared Analysis Practical Spectroscopy*. New York: Marcel Dekker Inc., 1992.
OSBORNE, B. G., T. FEARN und P. H. HINDLE: *Practical NIR Spectroscopy with Applications in Food an Beverage Analysis*. Longman Scientific & Technical, 1993.

zu Kapitel 7:
ANDREWS, D. L.: *Applied Laser Spectroscopy*. Weinheim: VCH Verlagsgesellschaft, 1992.
SCHRADER, B.: *Infrared and Raman Spectroscopy*. Weinheim: VCH, 1994.

zu Kapitel 8:
CHANTRY, G. W.: *Modern Aspects of Microwave Spectroscopy*. London: Academic Press, 1979.
GORDY, W. und R. L. COOK: *Microwave Molucular Spectra*. New York John Wiley & Sons, 1984.
VARMA, R. und L. W. HRUBESH: *Chemical Analysis by Microwave Rotational Spectroscopy*. New York: John Wiley & Sons, 1979.

zu Kapitel 9:
DEDINA, J. und D. L. TSALEV: *Hydride Generation Atomic Absorption Spectrometry*. Chichester: John Wiley & Sons, 1995.
FANG, Z.: Flow Injection Separation and Preconcentration, Weinheim: VCH-Verlagsgesellschaft, 1993.
GROBECKER, K.-H. und U. KURFÜRST: *Fortschritte in der atomspektrometrischen Spurenanalytik*. Weinheim: Verlag Chemie, 1984.
WELZ, B.: *Atomabsorptionsspektrometrie*. VCH, Weinheim 1990.

zu Kapitel 14:

HAHN-WEINHEIMER, P., A. HIRNER und K. WEBER-DIEFENBACH: *Grundlagen und praktische Anwendung der Röntgenfluoreszenzanalyse.* Braunschweig, Wiesbade:n Vieweg & Sohn, 1984.

EHRHARDT, H.: *Röntgenfluoreszenzanalyse.* Heidelberg: Springer-Verlag, 1989.

BERTIN, E. P.: *Principles and Practice of X-Ray Spectrometric Analysis.* New York, London: Plenum Press, 1975.

BLOCHIN, M. A.: *Methoden der Röntgenspektralanalyse.* München: Verlag Otto Sagner, 1964.

zu Kapitel 15:

GRABKE, H. J.: *Oberflächenanalytik in der Metallkunde.* Deutsche Gesellschaft für Metallkunde, 1983.

JOHANSSON, S. A. E. und J. L. CAMPBELL: *PIXE: Novel Technique for Elemental Analysis.* John Wiley & Sons, New York, 1988.

NIEMANTSVERDRIET, J. W.: *Spectroscopy in Catalysis.* Weinheim: VCH-Verlagsgesellschaft, 1993.

zu Kapitel 11:
ADAMS, F., R. GIJBELS und R. KLOCKENKÄMPER: *Inorganic Mass Spectrometry.* John Wiley & Sons, 1988.
BOUMANS, P. W. J. M.: *Inductively Coupled Plasma Emission Spectroscopy, Pa* New York, Chichester, Brisbane, Toronto, Singapore: John Wiley & Sons 19
BOUMANS, P. W. J. M.: *Line Coincidence Tables for Inductively Coupled Plas Emission Spectrometry.* Oxford: Pergamon Press, 1984.
MONTASER, A. und D. W. GOLIGHTLY: *Inductively Coupled Plasmas in Atomic S* New York: VCH-Verlagsgesellschaft, 1992.
WINGE, R. K., V. A. FASSEL, V. J. PETERSON und M. A. FLOYD: *Inductively Coup Atomic Emission Spectroscopy.* Amsterdam: Elsevier, 1985.

zu Kapitel 12:
BUDZIKIEWICZ, H.: *Massenspektrometrie – eine Einführung.* Weinheim: VCH V schaft, 1992.
BUSCH, K. L., G. L. GLISCH und S. A. MCLUCKEY: Mass Spectrometry. VCH 1988.
HOLLAND, G. und A. N. EATON: *Applications of Plasma Source Mass Spectro* bridge: Royal Society of Chemistry, 1993.
MCLAFFERTY, F. E.: *Tandem Mass Spectrometry.* New York: John Wiley, 1983.
MCLAFFERTY, F. W. und F. TURECEK: *Interpretation von Massenspektren.* Heid trum Akademischer Verlag.
VERTES, A., R. GIJBELS und F. ADAMS: *Laser Ionization Mass Analysis.* Chiches Sons, 1993.

zu Kapitel 13:
ABRAHAM, R. J.: *Introduction to NMR Spectroscopy.* Chichester: Wiley & Son
BLÜMICH, B. und W. KUHN: *Magnetic Resonance Microscopy – Methods and A Material Science, Agriculture and Biomedicine.* Weinheim: VCH-Verlag 1992.
BREITMAIER, E.: *Vom NMR-Spektrum zur Strukturformel organischer Verbind* gart, Leipzig: B. G. Teubner Verlag GmbH, 1992.
CALLAGHAN, P. T.: *Principles of Nuclear Magnetic Resonance Microscopy.* Ox University Press, 1992.
DEROME, A. E.: *Modern NMR Techniques for Chemical Research.* New Yo Press, 1987.
ERNST, R. R., G. BODENHAUSEN und A. WOKAUN: *Principles fo Nuclear Magne in one and two Dimensions.* Oxford: Clarendon Press, 1987.
FORSTER, M. A. und J. M. S. HUTCHISON: *Practical NMR Imaging.* Oxfor 1987.
FRIEBOLIN, H.: *Ein- und zweidimensionale NMR-Spektroskopie.* Weinheim: gesellschaft, 1988.
GÜNTHER, H.: *NMR-Spektroskopie.* Grundlagen, Konzepte und Anwendung nen- und Kohlenstoff-13-Kernresonanzspektroskopie in der Chemie. Stut Verlag, 1992.
HENNEL, J. W. und J. KLINOWSKI: *Fundamentals of Nuclear Magnetic Reson* Longman Scientific & Technical, 1993.
HERZOG, W.-D. und M. MESSERSCHMIDT: *NMR-Spektroskopie für Anwender* (ber und W. Klein). Weinheim: VCH Verlagsgesellschaft mbH, 1995.
PIHLAJA, K. und E. KLEINPETER: *Carbon-13 NMR Chemical Shifts in Structur chemical Analysis.* Weinheim: VCH-Verlagsgesellschaft, 1994.
ROBERTS, G. C. K.: *NMR of Macromelecules.* A Practical Approach. Oxford versity Press, 1993.
SCHMIDT-ROHR, K. und H. W. SPIEß: *Multidimensional Solid-State NMR and P* don: Academic Press, 1994.
STEJSKAL, E. O. und J. D. MEMORY: *High Resolution NMR in the Solid State:* of CP/MAS. Oxford: Oxford University Press, 1994.

Abkürzungsverzeichnis

AAS	Atomabsorptionsspektroskopie
AC	alternating current
AES	Auger-Elektronen-Spektroskopie
AFM	Atomic force microscope
AFS	Atomfluoreszenz-Spektrometrie
ATR	Attenuated total reflectance
BEC	Backround equivalent concentration
BLE	Bombardement induced light emission
BSB	Biologischer Sauerstoffbedarf
CARS	Anti-Stokes-Raman-Spektroskopie
CAT	Computer of averaged transients
CCD	Charged coupled device
CEM	Channel electron multiplier
CI	Chemische Ionisierung
CI-MS	Massenspektrometrie mit chemischer Ionisierung
CID	Charged injection device
CID	Collision included dissociation
COSY	Correlated spectroscopy
CP-MAS	Cross polarization magic angle spinning
CSB	Chemischer Sauerstoffbedarf
CW	Continuous wave
DC	Direct current
DCP	Dreieelektroden-Gleichstrombogenplasma
DDTC	Diethyldithiocarbaminat
DEPT	Distortionless enhancement by polarization transfer
DEV	Deutsches Einheitsverfahren zur Wasseruntersuchung
DL	Detection limit
DLI	Direct liquid inlet
D-NMR	Deuterium-NMR-Spektroskopie
DRIFT	Diffuse Reflexionsspektroskopie
EDAX	Energy dispersive analysis of X-rays
EI	Elektronenstoßionisation
ENL	Elektroden-Niederfrequenzlampe
ESCA	Electron spectroscopy for chemical analysis
ETV	Elektrothermischer Verdampfer
FAAS	Flammen-AAS
FAB	Fast atom bombardement
FANES	Furnace atomic nonthermal emission spectrometry
FD	Felddesorptionstechnik
FI	Fließinjektion
FIA	Fließinjektionsanalyse
FID	Free induction decay
FT	Fouriertransformation
FT-IR	Fouriertransformations-IR-Spektroskopie
GC-FT-IR	Kopplung der Gaschromatographie mit der FT-IR-Spektroskopie
GC-MS	Kopplung der Gaschromatographie mit der Massenspektrometrie

GD	Glimmentladung (glow discharge)
GDCh	Gesellschaft Deutscher Chemiker
GDOS	Glimmentladungsspektroskopie
GFAAS	Graphitrohr-AAS
GLP	Good laboratory practice
HEIS	High energy ion scattering
HKL	Hohlkatodenlampe
IC	Ionenchromatographie
ICP	inductively coupled plasma
ICP-MS	Plasmamassenspektrometrie
ICP-OES	Optische Emissionsspektrometrie mit induktiv gekoppeltem Plasma
ICR	Ionen-Cyclotron-Resonanz
IEC	Interferent equivalent concentration
IMR-MS	Ionen-Molekül-Reaktionsmassenspektrometrie
INADEQUATE	Incredible natural abundance double quantum transfer
INEPT	Intensive nuclei enhancement by polarization transfer
INS	Ionen-Neutralisationsspektroskopie
IR	Infrarot
IRRAS	Infrarot-Reflexions-Absorptions-Spektroskopie
ISS	Ionenstreu-Spektroskopie
IUPAC	International union of pure and applied chemistry
KKK	Kernquadrupol-Lopplungskonstante
LAMMA	Laser-Mikrosonden-Massenanalyse
LIF	Laserinduzierte Fluoreszenz
MAK	Maximale Arbeitsplatz-Konzentration
MALDI-MS	Matrix assisted laser desporption and ionisation time of flight spectrometry
MFM	Magnetokraft-Mikroskop
MIP	Mikrowelleninduziertes Plasma
MIP-OES	Optische Emissionsspektrometrie mit Mikrowellenplasma
MIR	Mittleres Infrarot
MRI	Magnetic resonance imaging
MS	Massenspektrometrie
MS/MS	Tandem-Massenspektrometrie
MW	Mikrowellen
NIMS	Massenspektrometrie negativer Ionen
NIR	Nahes Infrarot
NIR/L	Langwelliges nahes Infrarot
NIR/P	Kurzwelliges nahes Infrarot
NIRS	Nah-Infrarot-Reflexionsspektroskopie
NMR	Nuclear magnetic resonance spectroscopy
NOESY	Nuclear Overhauser enhanced spectroscopy
OES	Optische Emissionsspektrometrie
PAK	Polyzyklische aromatische Kohlenwasserstoffe
PAS	Photoakustischer Detektor
PDMS	Plasma-Desorptions-Massenspektrometrie
PFT-NMR	Puls-Fouriertransform-NMR-Spektroskopie
PIXE	Proton induced X-ray emission
ppb	Parts per billion
ppm	Parts per million
ppt	Parts per trillion
REM	Rasterelektronenmikroskop
RFA	Röntgenfluoreszenzanalyse
RIBS	Rutherford ionback scattering
RTM	Raster-Sonden-Mikroskop
SAM	Scanning Auger Microscope
SECM	Scanning electrochemical microscope

SEM	Scanning electron microscope
SERS	Surface enhanced Raman spectroscopy
SEV	Sekundärelektronen-Vervielfacher
SIMS	Sekundärionen-Massenspektrometrie
SNMS	Sputtered neutral mass spectrometry
SPI	Selective popularion inversion experiment
SPM	Scanning probe microscopy
STM	Scanning tunnel microscopy
TGA	Thermogravimetrische Analyse
TMS	Tetramethylsilan
TOC	Total organic carbon
TOF	Time of flight
TRSRF	Totalreflexions-Röntgenspektrometrie
TSP	Thermospray
TVO	Trinkwasserverordnung
UPS	Ultraviolett-Photoelektronenspektroskopie
UV	Ultraviolett
XPS	Röntgen-Photoelektronenspektroskopie
ZAAS	Zeeman-Atomabsorptionsspektrometer

Stichwortverzeichnis

K